第一届（2014 年）全国村镇规划理论与实践研讨会论文选集

住房和城乡建设部村镇建设司
住房和城乡建设部县镇建设管理办公室 编

中国建筑工业出版社

图书在版编目（CIP）数据

第一届（2014年）全国村镇规划理论与实践研讨会论文选集/住房和城乡建设部村镇建设司，住房和城乡建设部县镇建设管理办公室编. —北京：中国建筑工业出版社，2015.6
ISBN 978-7-112-18168-1

Ⅰ.①第…　Ⅱ.①住…②住…　Ⅲ.①乡村规划-中国-文集
Ⅳ.①TU982.29-53

中国版本图书馆 CIP 数据核字（2015）第 117165 号

责任编辑：唐　旭　焦　斐
责任校对：张　颖　刘　钰

第一届（2014年）全国村镇规划理论与实践研讨会论文选集
住房和城乡建设部村镇建设司
住房和城乡建设部县镇建设管理办公室　编

*

中国建筑工业出版社出版、发行（北京西郊百万庄）
各地新华书店、建筑书店经销
北京科地亚盟排版公司制版
北京市密东印刷有限公司印刷

*

开本：880×1230毫米　1/16　印张：28¼　字数：867千字
2015年7月第一版　2015年7月第一次印刷
定价：**98.00**元（含光盘）
ISBN 978-7-112-18168-1
（27297）

编 委 会

主　　　编：赵　晖

副 主 编：杨玉经　周　岚　王　凯　崔　恺

编　　　委：方　明　陈　伟　李志国

编写组成员：陈　伟　蔡立力　丁　奇　郭泾杉

　　　　　　李宛莹

前　　言

我国村镇规划事业进入了一个新时期。村镇规划的重要性日益凸显、各地积极性也日益高涨。但与城市规划相比，村镇规划理论和方法都不成熟，目前的状态难以完成使命。中央提出统筹城乡发展，县（市）乡村建设规划应如何发挥作用；大量村庄无规划和管理，乡村风貌破败，如何尽快建立农村空间秩序并有效管理；许多地区单纯追求村庄规划编制率，但规划脱离农村实际，如何让村庄规划更实际、更有用；小城镇规划照搬城市规划理念和方法，小城镇建设缺乏特色，如何尽快建立小城镇特色的规划理念和方法。

建立和完善符合村镇实际的规划理论和方法，需要全社会的实践、需要集思广益。为此，2014 年 9 月在宁夏召开了"第一届全国村镇规划理论与实践研讨会"。这是我国村镇规划领域一次高水平的学术盛会，参会的有中国工程院院士、规划院院长以及来自城乡规划、建筑学、地理学、经济学、社会学、艺术等多领域的专家学者，还有来自全国各地各级村镇规划管理人员，与会人数达 500 余人。研讨主题有四个方面：促进城镇化和新农村建设协调发展的县域乡村建设规划；不同类型的小城镇规划经验；解决当前我国农村主要问题和更具有用性、可操作性的村庄规划经验；各具特色的村镇规划实施管理经验。经专家组审查，选出比较优秀的论文 57 篇并汇编成论文集，供大家学习借鉴。

村庄规划和小城镇规划是一门独立的学问和专业，建立其科学体系，是长期的任务。今后每年我们都将召开一次全国研讨会，促进其成熟、成长，为我国的村镇建设发挥作用。

住房和城乡建设部总经济师、村镇建设司司长赵晖

2015 年 5 月

目　录

特邀专家论村镇规划

大力推进实用性村庄规划的编制和实施 ……………………………………………… 赵　晖 3

人居环境改善与美丽乡村建设的江苏实践 ……………………………………………… 周　岚 5

新型城镇化背景下的村镇规划 ………………………………………………………… 王　凯 8

乡土·乡音·乡愁——村镇建设中的本土设计思考 ………………………………… 崔　恺 15

县域乡村建设规划研究

基于城乡耦合发展的乡村建设探究——以安徽省当涂县龙山村美好乡村规划为例 …………… 李　伟 21

农工因素与生活需求影响下的县域村镇空间——以宜都为例 ……………………… 罗　赤　王　璐 29

新型城镇化背景下江苏省镇村布局规划的实践探索与思考——以高邮市为例

…………………………………………………………… 闾　海　许珊珊　张　飞 37

以农村金融改革为突破口，破解村镇建设管理资金难题——广西田东县在村镇建设管理上的

探索创新 ………………………………………………………………………………… 王　军 46

基于资源要素约束的西北十旱半十旱地区城镇体系布局研究 ……………………… 王　真 50

湖北省 21 个示范乡镇类型与发展特色研究 ……………………………… 王卓标　黄亚平 59

县域农村整体风貌控制研究框架 ……………………………… 夏　雨　李湘茹　张玉芳 68

面向公共服务设施配置的村镇中心布局规划研究 …………………………………… 武廷海 72

北京新时期乡镇域规划编制与实施的若干思考 ……………………………………… 邢宗海 84

城乡双重视角下的村镇养老服务（设施）研究——基于佛山市的村镇调查 ………… 张　立　张天凤 89

重塑乡村活力——基于一个实践教学案例的战略思考 ……………………………… 张尚武 99

我国农村基础教育设施配置模式比较及规划策略——基于中部和东部地区案例的研究

…………………………………………………………… 赵　民　邵　琳　黎　威 105

太行山前地区县域城乡统筹发展模式探析——以行唐县城乡总体规划编制为例

……………………………………………… 张　炜　李湘茹　刘建永　李雪峰 113

平原地区小城镇开敞空间适宜性布局研究——以淮北市濉溪县中心城区为例 ………… 张姚钰 120

小城镇规划研究

乡镇规划编制理念、体系与方法创新——以湖北省"四化同步"21示范乡镇规划为例
·················· 陈 霈 黄亚平 129

因循历史规律 建立再生逻辑——城市近郊古镇历史文化遗产保护探索 ·········· 冯天甲 马 睿 138

新时期下湖北省镇域规划编制方法的创新探索 ·················· 胡 飞 黄晓芳 胡冬冬 147

基于文化传承视角的古镇总体城市设计方法探索——以江南水乡古镇为例 ········ 马 睿 冯天甲 156

乡村规划的实践与展望 ·········· 梅耀林 汪晓春 王 婧 许珊珊 杨 浩 164

试论小城镇规划的困境和出路——兼论《镇规划标准》实施建议 ·········· 齐立博 174

宁夏镇村规划编制中"多规合一"的探讨 ·················· 单 媛 臧卫强 180

行动规划下乡镇规划项目库编制内容与方法研究 ·················· 杨 晨 黄亚平 184

碧溪实验：新型城镇化背景下的社会协同发展模式 ·················· 陈云岗 192

重庆市小城镇发展特征与规划策略 ·········· 邱建林 倪 明 许 骏 易德琴 尹晓水 200

合理定位、综合利用、产城一体——新型城镇化背景下苏南地区小城镇总体规划修编新思路探讨
·················· 陶特立 邱桃东 206

特大产地型农产品市场引领下的小城镇空间格局探讨——以邳州市宿羊山镇为例
·················· 李瑞勤 汪 涛 周 艳 225

湖北省平原地区乡镇发展特征及规划对策研究 ·················· 严 寒 234

村庄规划与管理研究

安徽省美好乡村建设规划肥东县实施经验总结 ·················· 陈 玲 245

皖北村庄特色规划的可行性思考 ·················· 程堂明 卢 凯 251

村庄及其意志——社会学视野下的村庄概念和规划实践 ·········· 冯楚军 刘克芹 260

乡村旅游嵌入式开发模式探析 ·················· 韩云峰 268

玉树州称多县灾后重建规划与实施的总结与反思 ·················· 邹艳丽 275

乡村规划设计应该走出"城市化"歧途 ·················· 李昌平 286

村庄聚落体系空间布局研究 ·················· 李 琳 冯长春 288

引领创新道路的新农村改造规划——以北京市海淀区某试点村项目为例 ·········· 李文捷 柴朋成 297

新型城镇化背景下村庄特色发展方式探析 ·················· 张志远 杨 欣 303

美丽乡村背景下浙江村庄规划编制探讨与思考——以桐庐县环溪村村庄规划为例
·················· 李乐华 沙 洋 313

村庄规划编制方略探讨——以广州市为例 ·················· 刘云刚 323

旅游区内村庄就地差异化发展的规划引导策略研究——以海口市东寨港旅游区为例

　　…………………………………………………………… 栾　峰　王雯赟　赵　华 332

贵州村庄风貌指引研究的思路与策略 ……………………………… 王　刚　单晓刚 340

实效指向型村庄规划方法的实践性探索与流程化解析——以江苏省宜兴市湖㳇镇张阳村村庄

　　规划为例 …………………………………………………………… 王　婧　汪晓春 349

逆城市化背景下的系统乡建——河南信阳郝堂村 ……………………………… 王　磊 357

关于我国村庄用地分类的思考——记《村庄规划用地分类指南》的编制

　　………………………… 王　粟　熊　燕　李菁丽　陈　伟　郭志伟　刘　贺 365

村落更新中本土文化保护的四有原则——以滇川地区典型村落为例 ………… 王　蔚　张秀峰 368

新型城镇化发展背景下的村镇规划管理思考——以云南省为例 ……………………… 郭凯峰 373

新社区规划：美好环境共同缔造 ……………………… 李　郇　黄耀福　刘　敏 380

广州市村庄规划的空间协调方法 ……………………………… 肖红娟　姚江春 386

北京市村庄改造模式回顾与思考 ……………………………………………… 于彤舟 393

探寻塑造新时代乡村风貌特色的内在机制——以浙江舟山海岛乡村为例 ………… 张　静　沙　洋 404

山东省农村新型社区和新农村规划实践探索 …………… 张卫国　刘效龙　朱　琦 411

浅析农村新型社区规划设计中的地域文化表达方法——以成都市新都区石板滩镇为例

　　………………………………………………………………………… 赵　兵　王长柳 420

浙江历史文化村落保护探索 ……………………………… 赵华勤　江　勇 429

一个中国乡村的死与生——城乡一体化的村庄规划方法论 ……………………… 赵宜胜 436

后记 …………………………………………………………………………………… 442

特邀专家论村镇规划

大力推进实用性村庄规划的编制和实施

赵 晖

住房和城乡建设部村镇建设司司长

我国乡村规划已进入新时期，新农村建设全面推进，加强农村建设管理的呼声日益高涨，另一方面乡村规划理论和方法尚不成熟，乡村规划的作用亟待提高。为适应这一时代要求，解决这一矛盾，我们需要在乡村规划的理论和工作方法上进行创新。实用性村庄规划的提出就是这样一个创新。

1 为什么要推进实用性村庄规划

原因一，农村建设主要任务急需规划指导。从发展阶段看，我国大部分农村处在生活性基础设施建设阶段的后期和环境治理阶段的前期。这一阶段的主要任务是全面保障基本生活条件和大力开展村庄环境治理。当前村庄规划的主要任务是科学安排以上两项工作。

原因二，农房建设合法性急需规划保障。我国城乡房地产登记工作正在全面推进，与城市住房不同，农房的合法性界定是一大难点，主要问题是因为大量村庄没有规划，造成农房建设缺乏合法认定依据。尽快实现村庄规划全覆盖，保证农民合法权益已迫在眉睫。但是按以往的规划内容和方法编制下去，需要很多年才能基本实现规划全覆盖，必须找到更加简便有效的规划编制方法。

原因三，现行村庄规划脱离农村实际问题急需解决。大量村庄规划不符合农民生产生活需要、盲目照搬城市规划内容和标准、超出村庄发展水平、忽视村庄现状、缺乏操作性。如果继续按照现行村庄规划理念和方法推进编制，则会产生大量的无用规划，这一局面必须尽快扭转。

2 什么是实用性村庄规划——实用性村庄规划的"ABC"

实用性村庄规划的基本要求是需求导向、解决基本、因地制宜、农村特色、便于普及、简明易懂、农民支持、易于实施，通俗讲就是好编、好懂、好用。

实用性村庄规划的特点反映在规划内容上。规划内容依据村庄不同可分为独立的A、B、C三部分。其中，A部分为农房建设规划要求内容，包括地块位置、用地范围和建筑层数或高度等规定。B部分为村庄整治规划内容，包括村庄基础设施、公共服务设施以及公共环境的整治措施。C部分为依据特定需求编制的内容。

我们提倡依据村庄不同选择A、B、C或其组合。一般来说，农户分散或村庄规模较小以及编制能力较低的地方，村庄规划内容可选择A，制订农房建设规划要求即可；一般村庄，规划内容可选择"A+B"，制订农房建设规划要求和村庄整治安排即可；传统村落、特色景观旅游村落、产业发展村落等特色村庄的规划内容则应为"A+B+C"。

需要强调的是，只制定了农房建设管理要求的，也是村庄规划的一种形式。根据情况，也可以采取更加简便的方法，即对若干乡镇或更大范围的农房建设，统一制定规划要求，作为每个村庄乡村建设规划许可管理的依据（图1）。

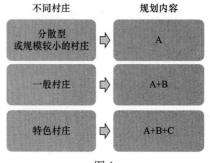

图1

3 如何推进实用性村庄规划

一是明确目标，落实责任。我们提出力争到 2020 年，全国基本实现"村村有规划，建设有管理"，实用性村庄规划可以保障这一目标的实现。我们将要求各地大力推进实用性村庄规划。

二是加强乡村建设规划许可管理。落实住建部下发的《乡村建设规划许可实施意见》，结合农房产权登记，增强农民依法申请许可、依许可建设的意识。

三是努力获得农民的支持。真正吸纳农民意见，专家要深入指导启发，不断开会磋商，说明规划意图。同时，培育和发挥村骨干作用。规划成果一定要让农民看得见、看得懂。

四是加强乡镇管理队伍建设。建立健全县及乡镇规划管理机构，推进乡镇建设管理员队伍建设，实现乡村建设规划有专人管理。

五是加强村庄规划队伍建设。各地要实事求是地制订村庄规划编制资质管理要求，让能编好村庄规划、更容易深入的人和单位都可以参与其中。同时，加大对村庄规划从业人员的培训力度。

六是加强理论研究。首届全国村镇规划理论与实践研讨会是一个良好的开端，以后将每年举办一次。在以后的村庄规划工作中，还将继续大力推进试点示范，探索总结符合乡村实际的规划理论和方法。规划设计单位、科研院校、管理部门等要结合实践展开研究探索，并进行不同形式的交流。

人居环境改善与美丽乡村建设的江苏实践

周　岚

江苏省住房和城乡建设厅厅长

乡村是中国人的心灵家园，乡村独有的田园景观、生存方式和文化意境，是中国新型城镇化不可或缺的互补型魅力空间、差别化人居环境。

"十二五"以来，为改善城乡人居环境，江苏省实施了"美好城乡建设行动"，我们的行动从农民意愿调查做起。2011 年，我们在全省 13 个省辖市选择了 283 个各种类型的村庄、每个村庄再选择 20 户不同家庭，开展了"江苏乡村人居环境改善农民意愿调查"，调查形成了非常详实的一手数据。共访谈农民 6411 人，整理形成有效问卷 5423 份、访谈录音 5428 份，绘制村庄图纸 5500 余份。

调查显示，江苏 90％以上的农房是 1979 年以后建造的，其中 20 世纪 90 年代以后建造的农房占 57.2％，而 1949 年以前和 1949～1978 年间建造的住宅仅占样本的 0.78％和 5.98％，因此农民对环境改善的最大需求，不同于全国层面上推进的农村危房改造，而是村庄公共环境卫生和基础设施改善。调查还显示，虽然江苏社会经济比较发达，但农村环境面貌的脏乱差现象仍然普遍存在，农民对于改善村庄环境有很高期待，愿意投工投劳、甚至愿意自己出钱参与改善（图 1）。

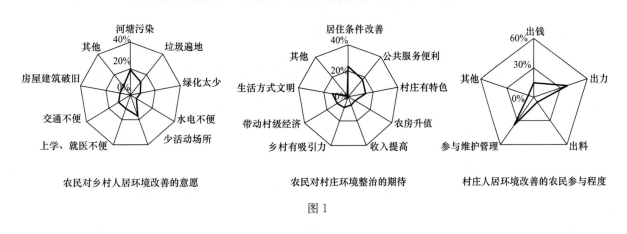

农民对乡村人居环境改善的意愿　　　　农民对村庄环境整治的期待　　　　村庄人居环境改善的农民参与程度

图 1

基于农民意愿调查，江苏确定了切合省情的整治方案，主要有以下 4 个特点：

一是强调普惠性。通过 3～5 年的努力，全面完成全省所有自然村（19.8 万个）的环境改善任务，惠及近 3000 万全体农村居民。不同于以往村庄环境整治的有限样本示范，江苏通过全面实施村庄环境整治，旨在普遍改善乡村人居环境，促进资源要素向乡村流动，逐步改变城乡二元结构，推进城乡发展一体化。省委省政府将"村庄环境整治率达到 95％"作为小康社会的指标要求。

二是强调务实性。按照乡村调查和农民意愿确定整治重点，从农民反映强烈的村庄垃圾整治、提供清洁的自来水、改善道路、清理河塘等做起，不搞大拆大建，尽量不动农民房子，这既保护了农民利益，也让村庄可以因村制宜、结合条件和可能推进改善。

三是强调乡土性。将村庄区分为 5 种类型："古村保护型、人文特色型、自然生态型、现代社区型、整治改善型"，分别施策，努力将"乡愁"记忆的保护落到实处，使平原地区更具田园风光、丘陵山区更有山村风貌、水网地区更含水乡风韵。

四是强调前瞻性。考虑到城镇化推进的动态特征，一些村落会集聚更多人口，一些自然村落会逐步消亡，江苏强调以镇村布局规划为引领实施分类整治、渐进改善，一般自然村通过"三整治一保障"①达到"环境整洁村"标准，规划发展村则通过"六整治六提升"②，在实施环境整治的同时提高基本公共服务水平，吸引农民自愿集中居住，建设康居乡村。

图2　环境改善后的江苏乡村特色

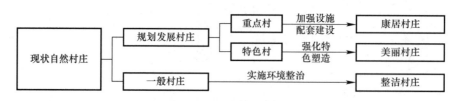

图3　以镇村布局规划为引导分类实施整治

经过三年的努力，目前江苏已经完成了2/3自然村的整治任务，整治后的村庄干净整洁，农民卫生习惯得到改善，乡村特色和风貌得到保护，规划发展村庄的公共服务水平提高了。改善后的特色乡村还吸引了更多的城里人来旅游和购买农产品，促进了要素向农村的流动。村庄环境整治不仅改善了农村的物质环境和农民的生活环境，还成为了乡村复兴的重要触媒。而最重要的变化则是村民对家园的热爱和自豪感的增加，在他们眼中，乡村已经成为不输于城市的宜居宜业之地。在2013年江苏开展的基本公共服务百姓满意度调查中，村庄环境整治行动的百姓满意率是87.3%，位居第一。反映出这项原本是"自上而下"政府发起推动的乡村行动，成为"自下而上"、受到农民群众拥护的村庄人居环境改善实践。

在全面推进村庄环境整治的同时，江苏也在大力推进城乡统筹基础设施建设。以农村饮水安全为例，江苏在20世纪90年代就完成了一轮农改水任务。在新的情况下，针对农村水源地面广量大、水质难以稳定达标的状况，江苏结合人口密集、城镇密集、地形平坦的省情，打破城乡分割和行政区划限

---

① "三整治一保障"即整治生活垃圾、乱堆乱放、河道沟塘，保障农民群众基本生活需求。

② "六整治六提升"即整治生活垃圾、生活污水、乱堆乱放、工业污染源、农业废弃物、河道沟塘，提升公共设施配套、绿化美化、饮用水安全保障、道路通达、建筑风貌特色化、村庄环境管理水平。

6

制，将城市水厂的水通过"达镇通村入户"工程供往镇村。经过持续努力，目前全省 1225 个乡镇中已有 83％实现了城乡统筹区域供水，镇村居民和城市居民一样喝上了"同源同网同质"水，江苏也因此获得了国家人居环境范例奖。在此基础上，我们形成了以"城乡供水管网无缝对接、城乡垃圾统一收集处理、乡镇污水处理设施全面覆盖"的工作思路，有序分步推动实施。目前，全省建制镇污水处理设施覆盖率已经达到 72％，"组保洁、村收集、镇转运、县处理"的城乡生活垃圾统筹处理率达到 78％。

江苏作为经济社会先发地区，近年来，在围绕乡村人居环境改善和美丽乡村建设等方面，做了一些探索和实践。但是相对于村镇这个广泛而深厚的领域，相对于建设"美丽乡村"的历史重任，还有大量的工作要做，我们现在已经在做的，仅仅是起步阶段的努力。希望通过我们的实践，引发全社会对乡村的更多关注，大家共同为促进乡村复兴、实现城乡共同繁荣作出我们行业的贡献。

新型城镇化背景下的村镇规划

王 凯

中国城市规划设计研究院副院长

1 当前村镇规划的宏观背景

1.1 中国城镇化进入稳健增长"新常态"，村镇发展将成为主要力量

依据住房和城乡建设部向中央财经领导小组办公室提交的《中国城镇化的道路、模式和政策》报告中对我国未来城镇化发展趋势的若干判断，"2030 年前后我国城镇化率将保持在 65% 左右，今后仍将有 5 亿左右人口生活在乡村地区；中西部地区发展加快，经济与人口聚集的区域化格局逐步强化；人口向大城市和小城市两端聚集，县级单元成为城镇化的重要层级"，研究判断未来 30 年县及县以下的城镇化将成为中国城镇化的主力（图 1）。

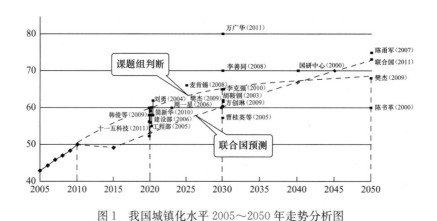

图 1 我国城镇化水平 2005～2050 年走势分析图

1.2 中央城镇化政策发生重大调整，城乡统筹发展成为必然要求

十八届三中全会通过的《中共中央关于全面深化改革若干重大问题的决定》中提出健全城乡发展一体化体制机制，包括建立城乡统一的建设用地市场、构建新型农业经营体系、推进城乡要素平等交换和公共资源均衡配置、完善城镇化健康发展机制体制等具体改革措施。在完善城镇化健康发展机制体制中，《决定》又特别提到要推进以人为核心的城镇化，推动大中小城市和小城镇协调发展、产业和城镇融合发展，促进城镇化和新农村建设协调推进。在这样一种政策背景下，城乡统筹发展成为一种必然要求。

1.3 学界高度关注村镇建设，积极推动该领域规划研究

2013 年 11 月 26 日中国工程院院士邹德慈先生牵头在北京召开第 478 次香山科学会议。与 10 年前香山会议主题"中国城市发展中的科学问题"不同的是，这次香山会议关注的对象发生了转变，从城市

转向了农村，主题是"我国村镇规划建设和管理的问题与趋势"。在现阶段，关注乡村问题并将其放置于中国科学界最高论坛上进行讨论，有着特别的意义，因为乡村建设问题与城市发展问题同样重要，是城镇化过程中的两个面，是一个复杂的科学问题。香山会议之后，中国工程院于 2014 年 1 月确定开展重大咨询研究项目"村镇规划建设与管理"，由邹德慈、崔愷、孟伟、石玉林四位院士牵头，多加单位共同参与，研究农村经济、规划管理、土地综合利用、环境基础设施建设、文化风貌传承等重大问题。

1.4 《关于改善农村人居环境的指导意见》的颁布有助于推动村镇 规划工作的科学开展

2014 年国务院办公厅下发了《关于改善农村人居环境的指导意见》，意见中明确要规划先行，分类指导农村人居环境治理；突出重点，循序渐进地改善农村人居环境；完善机制，持续推进农村人居环境改善。针对规划先行，《意见》又提出了更明确的要求，包括编制和完善县域村镇体系规划、加快编制建设活动以及需要加强保护村庄的规划、提高村庄规划可实施性等。这一意见的出台，有助于推动村镇规划工作的科学开展。

2 县级单元规划的技术方法探讨

2.1 县级单元正逐渐成为中国特色城镇化道路的重要组成部分

县级单元经济活力显现。2008～2010 年全国县级单元经济增速达到 16.1%，高于同期地级及以上城市市辖区的 11.8%。六普显示第二产业就业中县级单元占全国的比重达到 49%。"工农兼业"、"城乡双栖"等灵活的就业形式和相对较低的综合成本成为县级单元发展产业的优势所在。县级单元的消费潜力正在显现，2007 年以来县的社会消费品零售总额增速超过城市。城乡居民消费比由 2004 年的 3.8 下降到了 2012 年的 3.2。县级单元人口总量占全国半数以上，消费能力还有较大提升空间。县级单元的就业吸纳能力在逐步增强，当前我国 2.6 亿农民工中在本县内务工的农民工数量达到 1.32 亿人，占比达到 50.2%。以山东省临沂市为例，五普和六普数据显示，10 年间临沂中心城区人口增长了 24.4%，但县城人口增长了 97.33%。徐州在 2005～2010 年之间，县城的城镇人口占市域总城镇人口的比例增加了将近 10 个百分点，而中心城市的人口占比不升反降了 3.7%。同时，县级单元也逐步成为统筹城乡公共服务的核心平台。2013 年中国城市规划设计研究院开展的 20 个县城镇化调研数据显示，县级单元承担了 66.08% 的县域公共医疗设施投资支出（图 2）。

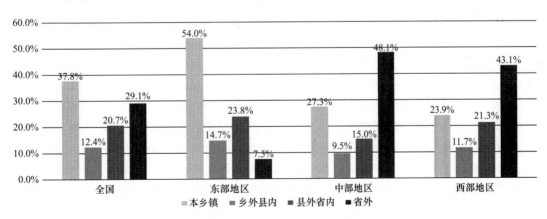

图 2　2012 年全国农民工分布情况示意图

2.2 县级单元发展存在一系列问题

在行政体制上，市管县矛盾凸显。市县争利、市县之间的财权事权不对称情况较为普遍。市级政府"钱多责轻"，县级政府"钱少责重"，县乡财政困难，农村的基本公共服务滞后。针对这一问题，部分地区进行改革探索，2002年起浙江、广东、河南、辽宁、湖北等地尝试在财政方面推动省直管县试点。

在产业构成上，县级单元污染型重化产业比重不断加大，对于带动本地劳动力就业作用有限。如2011年河南县域经济排名第一的义马市主导产业是煤和煤化工，第二名巩义市主导产业是铝和铝加工，排名前十的县主导产业都包含能源重化工。这样的产业结构下，出现的怪象是部分地区县域经济持续发展，但本地劳动力加速外流。

在城镇建设上，县城所在的城关镇带动力不足，难以支撑县域发展，下辖的小城镇发展又各自为政、缺乏统筹。在公共服务供给上，县级单元包袱大、底子薄，投入与效益难以平衡。

2.3 有关县级单元规划的思考

2.3.1 产业发展规划强调发展动力从"工业驱动"到"多轮驱动"

县级单元应当更多从就业导向出发，引入本土劳动密集型的企业、涉农产业以及规模以下的企业，而非仅仅是高端、大资本投入和规模以上的企业。20个县的调查显示，部分县级市（县）的特色服务业发展良好，如丹阳眼镜城、寿光蔬菜交易中心、青州的花卉交易中心等。并且随着人们收入和生活水平、需求的不断提高，县级单元消费潜力正在不断释放，从而促进商贸、餐饮等传统服务业的发展，对就业也有非常直接的拉动作用。2001年全国县域城镇从业人员数为6045万，其中单位从业人员数、私营企业和个体从业人员数占比分别为76.4%和23.6%。2011年私营企业和个体从业人员相对于2001年增长了3倍，占总从业人员的比例达到52.8%，超过单位从业人员5.6个百分点（图3）。另一趋势是传统农业开始走现代化和综合化的道路，农业与工业、旅游业相结合，呈现出第一产业的性质、第二产业的形式和第三产业的功能，成为和城市功能互补的新型产业，并能给农民带来可观的收益。如在昆山、临沂、青岛等现代农业发展好的地区，户均农业收益能达到10万元以上。

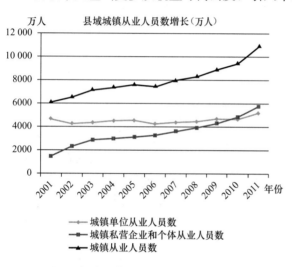

图3　全国县域城镇从业人员增长趋势图

2.3.2 城乡空间布局应从关注核心空间到注重全面协调

大城市不再成为唯一的空间增长核心。城镇化的空间增长动力，正从以大中城市为主逐渐转向大中小城市（包括小城镇）协同增长的多元化格局。在一些县级单元内部，传统以县城为绝对中心的单核心空间模式也逐渐转向以县城和重点镇共同构成的多极增长模式。随着区域产业发展格局的调整，特别是受到劳动力价格上涨、供给相对短缺等问题的影响，县、镇在区域产业分工中的角色正在发生改变。河南省周口市西华县的一家台资制鞋厂，由于招工困难，不得不通过调整自身的生产组织模式来适应当地农民就近就业的需求。该厂将制鞋的前期生产环节分散到全县十几个乡镇中，以技术把关、配送运输的方式完成生产的最终环节。随着县域、乡镇层面交通设施、基础设施条件的不断改善，现代交通方式带来了乡镇、村庄与县域中心城市之间时空格局的转变。特别是在距离中心城周边5公里范围内的乡村地区，当地农民越来越常采取"工作在城市、居住在乡村"的方式徘徊在城与乡之间。以此为基础，未来城市周边地区的村镇地区将不再是"脏乱差的城乡结合部"，也不简单是城市空间拓展的储备用地，而可能是空间形式更多元、空间组织更灵活、空间环境更宜居的美丽家园。

随着城乡空间格局关系的不断演化，城市的功能将更多的向乡村拓展，乡村的功能将更加多元和复杂。未来的乡村地区，也许不仅仅是居住的优美场所，也可能是对环境品质要求更高的生产功能的承载地。随着城市产业结构的不断升级，重大产业布局将不仅仅以城市为主要空间载体。在便利的交通设施的支撑之下，一些对环境品质要求高的高精尖制造业和生产性服务业可能"移居"到乡镇。为此，规划针对人口、经济、生态等要素在市县域范围内的统筹就显得尤为必要。

2.3.3 体系规划方法应关注村镇特色功能分类下的政策配套

传统"三结构一网络"的规划方法已经不能适应当前发展需求。镇村之间的功能组织关系不同于城镇体系，除了要识别小城镇规模之外，其在县域内的特定职能、文化特色或者自然禀赋都会影响小城镇在体系中的定位和未来的发展走向，因而需要在小城镇特色功能分类的基础上配套政策规划，以突出政策的针对性和对发展的指导性。

2.3.4 公共服务设施配置规划应强调从无差别的全覆盖到分级共享

乡村地区的服务设施配置需求正在发生着一些变化，如两极分化的态势较为明显，即小学、卫生室、超市等基本公共服务设施配置在村镇，而高、中、三级等较高级别的综合医院、拥有更多种类和更高档次货品的商业中心等服务设施则向县城集聚。为了应对这些变化，公共服务设施配置规划需要更加实事求是，通过社会学调研等手段，了解居民日趋提高和多元的实际需求，在此基础上对公共服务设施进行分级分类，采用多样化的配置手段以及更新、更本土的技术方案来实现高效、实用的供给。

3 村镇规划的技术方法探讨

3.1 当前村镇建设发展的特征与问题

3.1.1 村镇发展——模式粗放，小城镇发展乏力，公共服务供给不足

我国村镇发展模式一直偏于粗放。根据统计，至 2011 年，我国建制镇户籍人口增加了 54.8%，而建设用地却增加了 144.3%，远高于户籍人口增长。村庄户籍人口减少了 27.8%，但建设用地反而增加了 7.6%。近年来，村镇人均建设用地面积呈扩张趋势。2011 年底，全国乡和建制镇的人均建设用地面积已经接近 205 平方米/人，村庄的人均建设用地面积也接近了 200 平方米/人（图 4）。

小城镇发展乏力。我国小城镇人口占总城镇人口的比重呈下降趋势，小城镇对人口的吸引力整体减弱。至 2011 年底，建制镇平均人口规模仅为 0.84 万人/个，当年小城镇人口占全国城镇总人口的比重已下降至 24.6%，远远低于发达国家水平。村镇公共服务供给严重不足，村镇的市政公用设施投资与城市相差甚远，建制镇和乡的单位土地投资密度分别只有城市的九分之一和三十六分之一（图 5）。

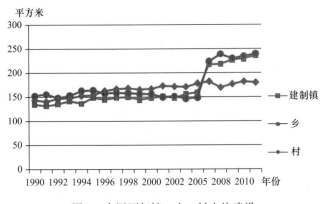

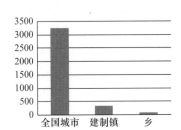

图 4　全国历年镇、乡、村人均建设用地面积图

图 5　2011 年全国城市、建制镇与乡单位用地市政公用设施投资额（万元/平方公里）

3.1.2 村镇建设——照搬城市模式，缺乏对乡土特色的尊重和延续

在村镇建设过程中盲目照搬城市模式，用城市建设的理论和标准指导乡村规划和村庄整治，结果出现了大量"兵营式"的村镇规划，"千村一面、千镇一面"的问题日渐突出。许多地区热衷于统一发放"农宅标准图册"，将乡村住宅标准化与模式化，忽略了农民的收入差别、地方民居的特色以及传统民居的各种使用特性。

村镇建设不注重科学选址，缺乏对传统格局、自然环境和本土多样性等乡土特色的尊重和延续。传统村镇的选址、空间格局、建筑形式都是长期演变而形成的，是与农业生产、农民生活习惯、地方文化与气候特征等相适应的，有其内在的合理性。一些村镇建设却要以"科学的"、"现代的"方法去改造传统的村镇，结果往往与村镇发展的现阶段需求相背离，不仅对周边的自然环境造成破坏，甚至会危害村镇的安全。

3.1.3 政策支持——建设资金匮乏，农村金融体系薄弱，小城镇土地指标紧缺

村镇建设资金匮乏。2006年农业部农村合作经济经营管理总站曾调查统计，全国的乡镇负债总额已超过2000亿元，全国负债乡镇占乡镇总数的84%，平均每个乡镇负债近450万元。至2009年，在上海郊区102个乡镇中，共有92个乡镇负债，负债乡镇占所有乡镇的90.2%。湖北部分乡镇负债，甚至连建防洪闸门的钱都没有，导致洪水时受灾严重。根据国务院发展研究中心《县乡财政与农民负担》的相关调研报告，我国义务教育投入中，78%由乡镇负担，9%左右由县财政负担，11%左右由省地负担，由中央财政负担的甚少。

农村金融体系薄弱。2012年湖北省的县域存贷比为40.2%，最低的仅为11.3%。也就是说，在农村地区，只有四成甚至一成左右的当地存款转化为贷款服务于当地的经济社会发展，而其余的绝大部分资金没有留在农村。截至2012年9月末，邮储银行县及县以下农村地区储蓄存款余额超过2.5万亿元，同年10月底，邮储银行累计向县及县以下农村地区发放小额贷款金额超过4300亿元，占储蓄总额的17.2%。

小城镇土地指标紧缺。1987年至1988年土地使用制度改革后，按照相关规定，乡镇新增建设用地需由上级主管部门分配指标，自此小城镇建设用地指标紧缺问题开始凸显。以山东省平邑县地方镇为例，该镇现有镇区沿国道绵延5公里，各类商业设施布局在交通繁忙的国道两侧。小城镇政府部门虽然想调整城镇建设框架，由于缺乏足够的新增建设用地指标，小城镇无法推动镇区集中改造，也不能通过土地置换的方式调整城镇空间格局。

3.2 有关村镇规划的思考

3.2.1 村镇规划编制的核心在于因地制宜，选择合适的规划深度与做法，提高规划的针对性和有效性

城乡规划法中的法定规划包括5个层次，即城镇体系规划、城市规划、镇规划、乡规划和村庄规划。在实践中，针对村镇发展、统筹全域公共服务和基础设施配置、保护和利用乡村非建设空间有更多阐述的市（县）域镇村体系规划往往被证明是更有需要的。并且，根据村镇"点小面大"的空间特点，规划应采用多层面组合式编制方法，将不同层面的规划灵活地垂直组合编制，可以实现面域规划与节点设计相结合，自上而下与自下而上相结合，规范化与灵活性相结合，提高规划的针对性和可操作性。如湖北"四化同步"示范乡镇试点镇村规划编制工作实施方案中提出，按照"全域统筹、多规协调、产城融合"的规划理念，科学编制覆盖全域"镇域、镇区、村庄"三个层面的规划。除此之外，还可以根据实际需要，有针对性地编制专题研究、专项规划或城市设计，如产业发展专项规划、土地利用专项规划、美丽乡村专项规划、镇区局部地段控规和城市设计、低碳生态城镇专题研究等，和法定规划共同形成全方位、多层面、系统完善、可操作的镇村规划体系。在西藏拉萨吞达村的村庄规划中，也采取了村庄规划和景观规划相结合、面域规划与节点设计相结合的方法来统筹村庄建设全局（图6、图7）。

3.2.2 村镇规划要加强分类指导，明确规划重点

在村庄规划中，如对象是中心村，即村域内聚集形成的规模较大的村庄，可编制综合性规划，规划重点是村域发展和村庄建设；如对象是保留村，如传统村落或是为了方便农业生产而保留的村庄，可编制改善性规划，规划重点是整治、保护和发展旅游服务等内容；如对象是萎缩村，即人口流失和空心化的村庄，可编制政策性规划，针对人口外流后的宅基地和承包地处置制定一些政策建议。

3.2.3 村镇规划中的设施配置应强调实用性、倡导节约

规划应根据村镇所在的区位、自然地理条件、经济水平和村民意愿等因素进行基础设施和公共服务

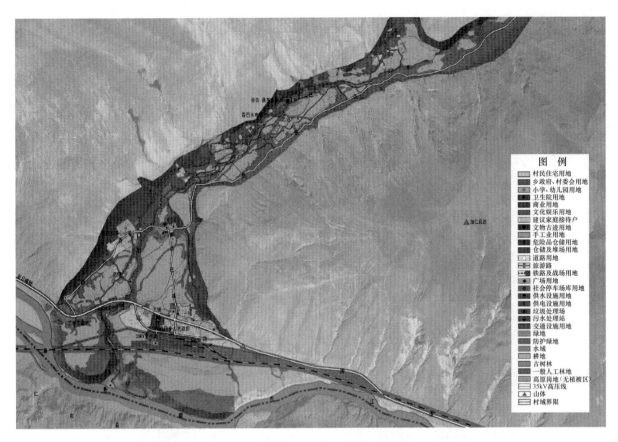

图 6　西藏拉萨吞达村土地利用规划图

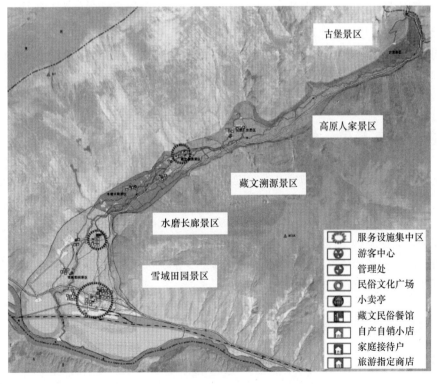

图 7　西藏拉萨吞达村旅游和景区规划图

设施的灵活配置，突出实用性和可操作性，如城郊地区应突出城乡公共服务设施的共享，如实现供电、供水、天然气、污水处理统一纳入城镇管网集中供应或处理。在远郊地区，污水排放可根据具体情况，采取村连村、单村处理、单户或联户处理等多种处理方式。在能源使用上，不同地区可以选择省柴节煤炉灶、沼气、太阳能、小水电或是其他清洁能源等不同方式。设施配置需要兼顾长远需求和现实经济水平，避免规模超前和超过村民承受能力的基础设施，造成闲置浪费。同时，规划也应根据设施的重要性进行建设时序上的安排，如给水安全、防灾等关系人身安全的基础设施需要优先考虑，道路、供电、能源等村民基本生存所需设施次之，最后才是其他涉及村民生活质量提高的设施。如临沂现代城镇体系规划就创新性地在全市域提出供水分区、排水分区等来分区引导设施配置，并且为了增加规划的可实施性，该规划还对具体建设项目进行详细的成本核算（图8、图9）。

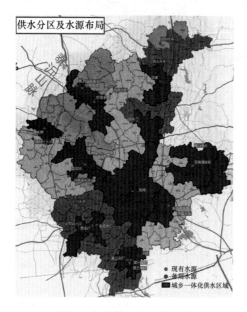 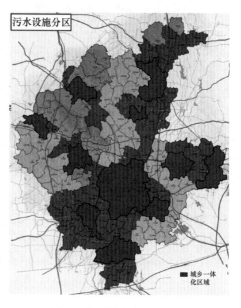

图8　临沂供水分区规划图　　　　　图9　临沂排水分区规划图

3.2.4　村镇规划应关注特色、文化和民生

村镇是我国乡土环境中生长出来的人居空间，深深地烙上了所在地域的乡土特色，鲜活地反映着中华文明的进步和历史记忆，传承了当地的传统文化和建筑艺术。因此，规划要延续传统空间格局，突出地域风貌特色。

4　新型城镇化背景下县、镇、村规划应实现四个转变

新型城镇化背景下县、镇、村的规划应实现四个转变。一是转变规划视角，从强调发展速度转变为注重发展质量，从重视物质建设转变为以人为本；二是调整发展动力，从投资和出口拉动转变为居民消费需求拉动和民生、环保型投资拉动，从只注重经济效益到兼顾三产协调发展、促进就业、扩大内需；三是均衡发展权利，既要发挥大城市的引领作用，也要提升中小城镇的发展水平，扭转人口和资源向大城市过度集中的局面；四是引入社会学调查、GIS、SPSS等新的技术方法，采用更加综合、社会治理的视角思考问题以及更新技术标准。

（衷心感谢中国城市规划设计研究院城乡所谭静规划师对本文的贡献）

乡土·乡音·乡愁
——村镇建设中的本土设计思考

崔　愷

中国工程院院士　中国建筑设计研究院副院长、总建筑师

各位同仁大家好！

　　非常高兴应邀参加这次盛会，我是来学习的，这话不是谦虚，主要是一直在城里做设计，为政府和甲方服务，下乡不多，在乡下做建筑少，为农民盖房子就更少，的确没有经验，缺少认识和研究，今天听了一天的会，看到来自全国各地的专家、学者这些年对乡村建设的研究成果，尤其看到一些建筑师们已经下乡进村为农民设计了不少优秀的建筑，让我很感动、很惭愧，真是要向大家好好学习！另外我来参会还有个具体任务，就是我们中国工程院有一个"村镇建设与管理"的重大课题，由中国城市规划设计研究院邹德慈院士牵头，我也参与其中，所以这一年来在繁忙的设计工作之外对乡村建设问题也一直在观察、在思考，我们的团队也开展了一些田野调查，虽然与在座的各位还有很大差距，但也是有了一些认识、一些收获，当然头脑中也积累了不少的困惑和问题，所以这次参会也是一个结识专家学者的好机会，希望在课题研究中能得到专家们的支持和指导。

　　各位都知道，2013年12月中央召开了全国城镇化工作会议，对今后的城镇建设工作提出了重要的指示，其中对规划的建筑设计的方向提出了很具体的要求，在行业里引起了非常积极地影响，"望得见山，看得见水，记得住乡愁"这句习主席的名言已经是大家常常挂在嘴边上的常用语，更成为建设领域各方面统一思想、统一认识的基本点，非常重要！

　　坦率说，我们国家在改革开放以后，城乡建设高速发展，虽然肯定是取得了巨大的成就，但毋庸置疑也存在着很大问题，造成了不少的建设性破坏，这点早已有共识。其中很主要的问题有两方面，一个是生态环境的恶化，一个是文化特色的缺失。中央的指示精神也正是针对这两方面问题而提出来的。

　　有些同行可能知道，我这几年提出了一个主题，叫"本土设计"，就是希望把设计的立场回归到建筑所处的土地上，从土地中富含的自然和人文信息中寻找设计的思路，汲取营养，让建筑反映不同土地的特色，以此来解决建筑特色问题，更希望让建筑与环境的关系更加和谐。比如敦煌莫高窟数字展示中心设计关注的是沙漠风光和气候环境问题；北京谷泉会议中心设计用再造地景的方式让建筑融入环境；河南安阳殷墟博物馆设计是为了保护遗址环境反映文化信息；拉萨火车站设计是向少数民族文化致敬；而苏州火车站的设计是要使这个庞大的现代交通建筑与小巧的江南古城建立某种文化上的联系；我们还在北京的故宫旁也为欧美同学会扩建了个多功能小体育馆，设计追求的是藏无不露，与古都风貌相协调；我们甚至还在中国驻南非大使馆的设计中综合考虑了中国文化和南非文化相融合的可能性，以寻找平衡点的态度来恰当的表达外交建筑特色。

　　正如前所说，虽然我们一直以本土设计的立场创作了不少作品，也得到了业界的认可，但对乡村建设还是做得太少，想的不深，但也想借此机会谈些不成熟的想法。

一、乡土——乡村十田园

　　乡土是有乡村也一定有土地、有田园。在城镇化的过程中许多城市的用地不断扩大，许多的乡村和田园都消失了，变成了城市的一部分，这似乎不可避免，理所当然，好像剩下的问题就是农民的安置和

土地指标的变性，规划设计的作用不外乎画好路网，切分地块，把城乡土地纳入到城市体系中去。但我是很质疑这种方式，其一是城市不断扩大造成的城市病的恶化；其二是乡土的蚕食造成大量的社会问题；其三是城市的特色和乡土的特色俱损。是否可以有一种新的规划方法，在城市发展中把田园留下，把村镇改造，让城市田园化，让乡村城镇化。这既有利于城市生态环境的改善，又能保持乡土的特色，改善和提升村镇的环境而不是让它衰败、消失。

今年夏天我们应邀到黔西南州规划万峰林新区，新区地处机场边，是兴义市区的扩展区，又是极有特色的喀斯特地貌，万峰林景区的外延部分，30多平方公里的土地上有河有山、有田有村，风景优美，要把这样的自然乡土变成人造城市真有一种负罪感，下不去手啊！当我们看到之前当地组织的规划竞赛和选定的规划方案，的确让人担心，"方格路网＋中央公园＋大轴线"，尽管也保留了几座小山和几个村落，但整个套路还是没有跳出一般的模式。非常感谢州政府主要领导，他们的担忧和期望使这片山水得以保护，也使我们有了一次机会来探讨不同的规划路径。我们学习农民的智慧，敬山爱田，把村落紧凑低阔地依偎在小山脚下，把城市建设用地分散到各个村落基地上形成小镇组团，各组团之间保留大片的田园和景观视廊，沿用原有的乡村道路蜿蜒弯曲梳理成网，路路有景。我们因形生义，取名"蔓藤城市"，即表达了一种顺应自然的状态，也暗示了回归自然、慢生活的愿景。这个规划方案得到了领导的认可和部分业界专家的关注，目前已经启动继续深化了。我想我们在深化中会更加关注村落文脉的保护和传承，让村落的历史融入到现代的城市生活中。

二、乡音——乡村＋非物质文化遗产

很难想象没有乡音的乡村会有多怪，而反过来失去了乡村的亦或背井离乡的农民因为有了乡音，就会有同乡的认同感。当然乡音在这里更泛指非物质文化，从方言到地名，从戏曲到手艺，都是乡村文化的重要组成部分。而乡村规划和设计中也应该重视乡音的保持和传播，这方面各地都有不少成功的案例。

我们去年在江苏的昆山碰到一个案例，是在阳澄湖边的单墩村。这里是昆曲的发源地，也是商周时期的稻作遗址的出土地，同时现在也是生态有机农业区。原来城投公司准备在这里规划一个文博园，结合遗址和水乡特色打造一个旅游区，建一批酒店、餐厅和商业以及博物馆之类的文化设施。规划方案也征集了不少，一直下不了决心，不知道市场的需求和建设的规模如何把控。由于我们这几年在昆山有文化项目与城投合作，所以公司领导也希望我们再找找思路，通过调研和查阅文献，我们决定抓住昆曲这个乡音，以最低介入的针灸方法寻找一条可持续的乡村规划之路。具体做法是我们的宋代昆曲作家顾阿瑛的《玉山佳处》集为蓝本，在乡村田园中模拟复建24佳处的情景，另外在村中新用一处已售民宅的宅基地设计一所小小的昆曲学校，让老师教授村里的孩子唱昆曲，昆曲的表演既可在学校的小舞台上，也可乘船游荡在河中湖面，将来还可以送到24佳处，而24佳处的佳景也将成为未来旅游文化设施的一部分，按需而建，有机成长。这样一来，乡音保住了，乡村复兴了，文化旅游的价值自然也就提高了。

同样的情况在昆山南面的祝家甸村也有，那是自古至今一直烧制一种古砖——金砖，我们也会以保护和传播古砖文化为切入点，让乡村的生活和文化都可以自然地得到改善甚至复兴。这两个村子的改造设计和规划工作正在进行当中，思路得到了当地政府和城投公司的认可和支持。

三、乡愁

当人们离开了乡土，当时代让乡土转变或消失，当人们随着年龄的增长而开始还念过往的岁月，乡愁就涌上了心头。但往往在此时，时过境迁，翻天覆地的变化早已让乡愁的要素消失殆尽，人们便不免失落，有一种无根的漂泊感，而我们家园的农民传统上是很恋乡土的，许多地方都有修宗祠、续家谱的习俗，许多优秀的传统民居更是在世代农民家族的传承延续中不断建造和维护出来的，而一旦这些不复存在，乡愁何以寄托？习主席说要让农民记得住乡愁，就是要让我们珍惜历史，注重传承。

我们在北京德胜尚城办公小区项目中结合景观设计，把现状大树保留，又利用老砖瓦按原来的测绘图少量地复建了门楼和屋架、房基等片段要素，并用铜板锻铸了这个地方的老地图，就是要在这片土地上留下一点城市的记忆。

我们在西安大华纱厂的改造中，把利用和保护相结合，让工业遗产空间成为有特色的城市商业环境。但同时让千千万万在这里工作和生活的人还能找到自己的记忆。

我们还在宝鸡把卷烟厂改造成文化中心，在北京把田园的大树留在北邮新校园中，在前门大栅栏的胡同四合院的肌理上扩展现代城市功能。

总之我们把乡愁当成一种文化，把乡愁要素尽可能地保留下来，成为立足本土建筑设计的根！

最后我呼吁规划和建筑设计界的同仁们要善待乡土、珍惜乡音、记住乡愁，这应该是我们的职业伦理的底线，必须坚守。

县域乡村建设规划研究

基于城乡耦合发展的乡村建设探究
——以安徽省当涂县龙山村美好乡村规划为例

李 伟

江苏省住房和城乡建设厅城市规划技术咨询中心

摘 要： 面对日益凸显的"三农"问题，如何实现城乡互哺和耦合发展成为问题解决的关键。基于此，本文采用理论探索与实证研究相结合的方法，首先对我国乡村建设模式进行了概括总结，包括工业化建设模式、新社区建设模式和综合建设模式；然后，在综合建设模式下从城乡功能分工的视角出发对乡村发展类型进行了划分，并区别化阐述了其发展建设思路；最后，依托当涂县龙山村美好乡村规划实践，从不同层面提出了基于城乡耦合发展的乡村建设策略。

关键词： 乡村规划；城乡一体化；规划策略；龙山村

1 引 言

农业的发展与乡村建设一直以来是国家和地方不可回避的发展主题，一直伴随着国家和地方的工业化、城镇化与现代化进程。近年来，伴随着"三农"问题的日益凸显，乡村建设受到了各级政府的普遍重视，特别是 2005 年以来，国家更是将农村建设与城镇化作为推进国民经济与城乡统筹发展的两大战略。同时，十八大政府报告中再次指出：解决好农业农村农民问题是全党工作的重中之重，城乡发展一体化是解决"三农"问题的根本途径。

但是在现实的乡村建设中，由于受长期城乡二元发展惯性的影响，乡村的发展不可避免处于孤立收缩状态，这就使得如何在实现城乡功能一体化的同时保持乡村特质、发展乡村多元活力成为新一轮农村政策制定及其空间规划的一大难题。各地在乡村建设中之所以陷入"一刀切、大拆大建"[1] 的建设误区，根本的还是城市和乡村各自发展的传统思路与模式没有改变，并未从城乡耦合的视角出发考虑乡村发展与建设。这种乡村建设思路使得乡村发展不能有效接受城市的反哺，乡村自身的潜力和活力也不能得到有效地激发。基于此，本文以安徽省当涂县"美好乡村"试点工作作为实践基础，以太白镇龙山村作为具体规划实施案例，从乡村发展模式与不同乡村发展类型的理论探索，到研究区自身乡村发展类型的判定，再到多层面城乡耦合发展策略的制定，意在构建符合城乡一体化发展思路的乡村建设新范式。

2 乡村发展模式与城乡功能耦合方式探究

2.1 乡村发展模式的选择

选择正确的发展模式和乡村建设路径，是有效解决"三农问题"的重要保障，也是实现城乡功能耦合和一体化的必要前提之一，所以在新一轮的乡村建设过程中应该科学地进行乡村发展模式和建设路径的选择，更要充分汲取前几轮和目前先行地区的乡村建设经验，避免进入乡村建设误区。总体而言，自改革开放以来，我国各地区的实践形成了三种乡村建设模式：（1）模式一——以乡村工业化为主要特征的乡村建设模式[2]；（2）模式二——以村庄迁并和土地整理为主要内容的新社区建设模式[3]；（3）模式三——注重城乡融合互补，强调村庄整治、制度创新和特色塑造有机结合的综合建设模式（表1）。

三种乡村发展模式对比分析　　　　　　　　　　　　　　表1

乡村建设模式	特点	国内典型代表
模式一	这种乡村建设实质是采用工业化和城镇化的策略来发展和建设乡村，农村地区的劳动力就地或就近向工业生产者转化，发展而成的是半城半乡的半城市化聚落	代表模式主要有苏南模式、温州模式、珠江模式
模式二	这种乡村建设模式下的农村新社区建设成为获取用地指标的重要手段，农村生产生活方式往往遭遇短期内强行改变	2005 年以来的多数新农村建设
模式三	这种乡村建设模式强调城乡的融合发展，强调制度创新和特色塑造在乡村建设中的关键作用，乡村建设工作以村庄整治、提升乡村生活品质作为主要立足点，是一种更加综合的乡村建设模式	2010 年以来江苏、浙江、广东等地的部分新型乡村建设

　　三种乡村建设模式的产生和发展均有其特定的历史背景和环境，目前的乡村建设已不适宜走乡村工业化模式，以村庄迁并和土地整理为主要内容的乡村建设也不适宜作为主流模式，诚然结合空心村治理，在规划引领下，模式二的思路在部分乡村规划建设中是适宜的。总体而言，新一轮的乡村建设应该紧紧依托当前乡村发展诉求，选择以城乡协同、村庄整治、制度创新和特色塑造有机结合的乡村综合建设模式作为主导模式，"让城市反哺乡村"、"让乡村回归乡村"、"让乡村恢复活力"。

2.2　综合建设模式下乡村类型划分及发展思路探讨

2.2.1　乡村建设类型划分

　　在以城乡耦合为主要特征的综合建设模式中，科学定位城市与乡村各自所承担的功能类型是制定乡村规划过程中需要解决的核心问题之一，但是现实中不同乡村往往在区位条件、资源禀赋和经济基础等方面存在诸多差异，如何科学划分不同乡村发展类型成为问题解决的关键。针对村庄类型的划分，目前国内学者多从社会经济情况[4]、聚落特征[5]和乡村景观[6]等方面着手，这在一定层面上对村庄的分类发展起到了积极的引导作用，但是这些发展类型的划分并未在促进城乡一体化发展的层面上展开。本文从城乡功能分工的视角出发，认为工业不应该作为乡村的主体职能和特色，应以占绝大多数的乡村功能和特色作为划分城乡功能耦合方式的依据。按照这种思路，可将乡村按照其所承担的主导功能和特色划分为四个类型，即农业型、城郊型、旅游型和生态型（产业功能弱的乡村一般以生态为主导功能）。而现状以工业为主体职能的乡村，基本的思路是"去工业"，引导产业向小城镇产业集中区集中布局，同时通过对农业、生态、旅游等第一、第三产业的提升，转变乡村劳动力的就业结构，逐渐实现乡村主体功能的转变。

2.2.2　农业型乡村建设与发展思路

　　农业型乡村是以现代农业发展为主体功能的乡村类型，乡村建设主要围绕现代农业发展和农村生活服务需求开展（图1a）。现代农业对于提高农业综合生产能力、增加农民收入、建设社会主义新农村具有关键作用，他的实现首先需要有较高素质的劳动力，这就要求乡村的生活居住条件具有足够的吸引力；其次还需要在农村土地规模化、农业经营方式等方面有制度层面的创新突破。因此农业型乡村的建设重点是：一方面通过提升乡村基础设施建设、公共服务和村容环境水平，促进乡村人居水平的提高；另一方面通过经营方式创新、加快土地流转、吸引外出劳动力返乡等方式支持现代农业发展，打造安居乐业的田园乡村。

2.2.3　城郊型乡村建设与发展思路

　　城郊型乡村是纳入城镇功能一体、以多元的城镇服务为主体功能的乡村，城郊型乡村建设的中心目标是促进城乡统筹、提升乡村服务能力（图1b）。城郊型乡村一般位于城镇化地区的边缘或者城市近郊区，受到城镇的辐射和影响很大，且远期极有可能转变为城镇化地区，因此城郊型乡村对于联系城镇和

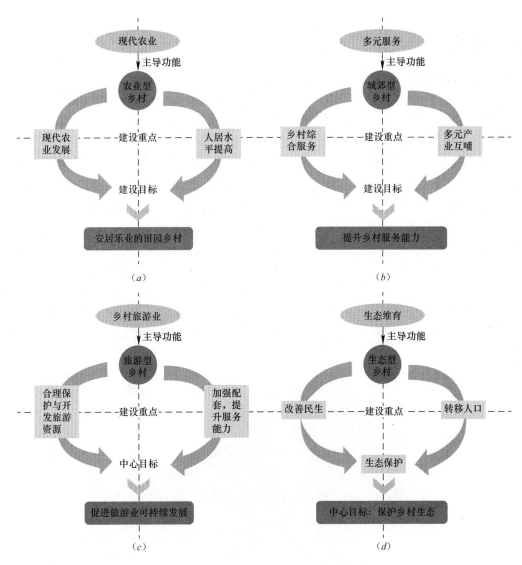

图 1　不同类型乡村建设模式图

（a）农业型乡村建设模式；（b）城郊型乡村建设模式；（c）旅游型乡村建设模式；（d）生态型乡村建设模式

外围乡村地区具有重要作用，作为两者的纽带，城郊型乡村是统筹城乡发展的关键环节。对于城郊型乡村的建设，一方面要主动配合城镇发展，在蔬菜等农产品供给、乡郊旅游等功能方面为城市提供服务，另一方面还要为外围乡村地区提供一般公共服务。基于此，城郊型乡村的建设重点是提升都市农业、旅游服务业等多元产业，促进城乡基础设施、公共服务、资源配置（比如城乡土地资源）、规划管理的一体化。

2.2.4　旅游型乡村建设与发展思路

旅游型乡村是以乡村旅游业发展为主体功能的乡村，乡村建设的中心任务是促进旅游业的可持续发展，以及构建旅游业发展与乡土社会可持续发展之间的良性互动关系，建设重点是合理保护与开发旅游资源，加强综合配套，提升乡村旅游服务能力，与此同时，加强乡土文化与社会保护，避免过度商业化，促进乡土社会可持续发展（图 1c）。

2.2.5　生态型乡村建设与发展思路

生态型乡村是以生态维育为主体功能的乡村，其建设的中心任务是保护乡村生态，构建人与自然和谐发展的关系。建设重点是保护生态、转移人口、改善民生，保护生态的前提条件其一是加快推进城镇化进程，异地转移乡村人口，减小乡村的生态压力；其二，由于限制部分产业的发展，作为发展权转移的补偿，应该加强转移支付力度，着力改善乡村民生，打造生态、富裕的美好乡村（图 1d）。

3 研究区概况

本次研究与规划的案例——龙山村位于安徽省当涂县太白镇镇区东南部（图2），村域辖18个村民小

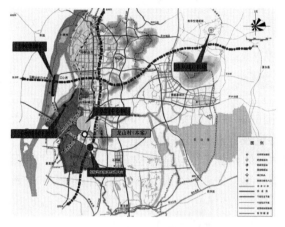

图2 龙山村区域位置图

组，总面积6.66平方公里，总人口3222人，2012年成为安徽省当涂县第一批美好乡村建设试点单位之一。

3.1 地处城镇化前缘的典型乡村地区

从交通区位条件上看，龙山村交通区位条件优越，一小时内可通达马鞍山、南京和芜湖三大都市区，伴随着区域发展和一体化进程的不断加速，宁—马—芜都市区的功能外溢效应逐步显现，消费升级背景下乡土消费也迅速增长，以乡村旅游为代表的乡村外向型产业类型在龙山村的发展中扮演者越来越重要的角色。同时，由于龙山村毗邻镇区，部分村域用地已经纳入镇区中远期建设范围（图3）。

图3 村域纳入镇区规划范围示意图

3.2 经济繁荣的表征下蕴含着发展危机

在社会经济方面，龙山村现状形成了"以工业和交通运输业为主，以农业为辅"的产业结构，目前村域经济总量可观，2011年村级产业总产值突破2亿元，但是，工业生产工艺落后、土地低效利用和生态环境恶化等问题逐步凸显。在人文地理方面，龙山村地处皖南地区，山水资源丰富，民俗文化浓郁，同时龙山是李白晚年重要活动区域，其东麓是李白最早墓址所在，这更是彰显出龙山村独特的地域文化底蕴，但是就目前来看资源并未得到有效利用。在区位条件和产业结构的影响下龙山逐步发展为典型的"半城半乡"聚落类型，城乡功能分工的混乱，造成目前龙山村发展进入迷茫期，如何科学引导龙山发展成为本次乡村建设的核心任务。

3.3 小结

从现状分析来看，龙山村是典型的城郊型乡村类型，如前文所述，其未来乡村建设的核心任务应该是：实现城乡耦合发展，积极培育面向城镇和自身的多元功能服务综合体。值得指出的是，在城镇化不断加速和安徽省新一轮乡村建设的背景下，作为安徽"美好乡村"的首批试点村庄，基于城乡耦合的角度研究破解这样一个城镇化前缘地区、具有独特山水人文资源的典型乡村地区如何科学、精明地规划建

设的问题具有突出的现实意义和指导意义。

4 基于城乡耦合发展的乡村建设策略

4.1 融入城镇化发展，重构产业发展格局

作为现状以工业为主的城郊型乡村，龙山村未来产业发展的基本思路应是融入城镇一体化产业布局，复苏乡村特色产业。现状龙山的产业结构是以二产为主第一产业为辅，但是随着社会经济的发展，村镇企业粗放的发展方式逐渐暴露出诸多弊端。规划按照"去工业"和呼应太白城镇化趋势的思路，整合现状散点布置的村域工业，在已经纳入太白镇区发展范围的区域内集中布置。同时，为实现第一产业、第三产业复苏，规划结合现状资源禀赋，积极策划以特色农业和乡村旅游为主导的产业发展类型。从而整体上，以南北向龙山山脉为天然界线，打造龙山村"一体两翼"的功能结构布局（图4）。"朝阳橙色西翼"融入城镇一体化发展，发展第二产业和面向城镇的第三产业服务业；"双梅绿色东翼"将回归乡村比较优势，依托现状经济作物，引导其成片化、特色化经营，同时融合乡村旅游产业，打造"水乡农田观光区"、"山林野趣体验区"和"田园果蔬游乐区"三大产业发展片。

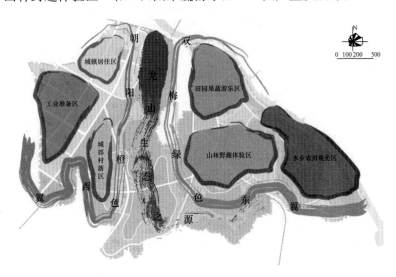

图4 村域功能结构布局图

4.2 提升乡村服务能力，培育多元功能综合体

乡村是我国层级最低、一般也是尺度最小的聚落，但不意味着它是最简单的空间和社会经济形态，在城乡耦合发展的模式下，特别是处于区域城镇化前缘的城郊型乡村，应在多个层面实现城乡功能一体化。首先，作为区域重要的生态源，乡村应该积极承担生态维育的功能角色，维护区域生态安全；其次，还应做好从"农村"向"乡村"的功能角色转变，要认识到乡村不再是仅为农业生产和农民生活服务的简单空间，而应该是传统和现代多元综合功能的载体；再次，作为城郊型乡村应在满足村民功能需求的同时积极承接周边城镇居民的功能需求。在规划中，村域充分保持现状生态基底，除西侧纳入城镇化发展的片区外充分保持了乡村生态特质。在服务功能配置方面，西侧片区结合城市社区的布局积极承接城镇化服务功能，东侧片区则结合居民点布局情况，从"质"和"量"两个层面上满足乡村居民在公共设施和基础设施等方面的需求（图5）。

4.3 上下结合，实现村域人居布局优化

人居布局优化是改善村庄土地粗放利用引领乡村走向集约化发展的重要环节，在城乡耦合发展的框

图 5　村域用地规划图

架下，人居布局优化应该尊重城镇化的背景，打破"就乡村论乡村"的封闭倾向，注重与城镇化战略统筹，注重与城镇发展相协调，不能过高标准建设乡村（甚至是不切实际地高标准建设）试图将人口固化在乡村，同时在村庄撤并过程中也要充分考虑基层村民的搬迁意愿，上下结合精明的部署人居格局。在这种思路下，规划基于现状自然村分布情况，结合未来镇区发展趋势，融入现状居民搬迁意愿，对村域聚落体系进行了梳理，最终形成"222"聚落体系（图 6）即 2 个城镇社区、2 个乡村中心社区和 2 个乡村一般社区。近期主要针对 4 个乡村社区进行整治建设，中远期结合太白镇发展建设 2 个城镇社区。

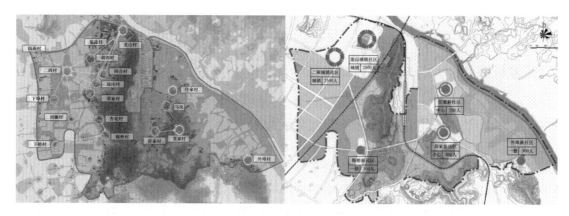

图 6　村庄聚落体系撤并和规划示意图

4.4　传承乡村特色基因，营造乡村气氛

乡土气息的保持是乡村在城乡一体化过程中保持自身特质提升生命力的重要前提，这在乡村建设中主要体现在乡土文化、乡土肌理和乡土空间的传承。乡土文化方面，规划放大龙山的山水价值和太白文化品牌效应，强势建树"龙栖福瑞乡、太白文化第一村"的山水文化品牌，形成"青山绿水畔，龙栖福

瑞乡，桃红柳林艳，淳美新龙山"的乡村名片。同时将乡土文化、皖南文化和太白文化三个层面的文化贯穿于村庄建设的各个层面之中。乡土肌理方面，规划对不同层面的空间肌理进行了提取（图7），延续村庄街巷肌理、传统特色空间的同时适当进行土地集约化处理，形成"山、水、田、人家"有机交融的秀美乡村图景。乡土空间方面，在精致空间塑造的过程中杜绝"大拆大建"的行为，依托现有本底进行整治和提升（图8），同时特别强调村口空间和公共空间的精细化处理。

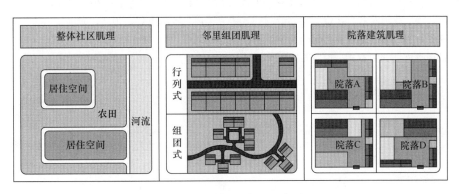

图7　不同层面空间肌理提取

图8　空间整治示意图

5　结　论

目前的乡村规划建设实践虽然已经逐步意识到城乡耦合发展的重要性，但是对以城乡一体化发展为主要特征的发展模式的分析和探讨几近空白，也并没有从城乡一体化发展的角度对乡村发展类型进行划分，本文通过对我国村庄建设历程进行总结，将村庄发展模式划分为三个类型，并指出以城乡一体化发展为主要特征的综合建设模式应该成为未来乡村建设发展模式选择的主流。同时，本文创新性地从城乡功能耦合视角将乡村划分为农业型、城郊型、旅游型和生态型四种类型，并依托龙山村规划实践对城郊型乡村的发展思路进行了验证，但是由于笔者学术能力有限，又限于时间和精力，并未深入探讨三种村庄建设模式，也没有对四个类型的乡村发展类型提出原则性的划分标准或指标量化标准，同时这也将是本文后续研究的主要方向。

参考文献

［1］ 仇保兴. 我国农村村庄整治的意义、误区与对策［J］. 城市发展研究，2006，13（1）：1-6.

［2］ 魏后凯. 对中国乡村工业化问题的探讨［J］. 经济学家，1994，（5）：75-82.

［3］ 沈兵明. 城镇化过程中农居点迁并整理与建设用地置换研究［J］. 人文地理，2001，16（2）：62-65.

［4］ 崔明，覃志豪，等. 我国新农村建设类型划分与模式研究［J］. 城市规划，2006，30（12）：27-32.

［5］ 单勇兵，马晓冬，等. 苏中地区乡村聚落的格局特征及类型划分［J］. 地理科学，2012，32（11）：1340-1347.

［6］ 董新. 乡村景观类型划分的意义、原则及指标体系［J］. 人文地理，1990，（2）：49-52.

农工因素与生活需求影响下的县域村镇空间
——以宜都为例

罗　赤　王　璐

中国城市规划设计研究院

摘　要： 工业化与城镇化进程中的县域规划，受到传统农业转型、工业发展选择、城镇生活需求等多重因素的影响，人口及生产要素在县域内的流动与再组织，使得县域内村镇和产业的布局与规模发生转变，县域一体化的程度随之提高。湖北省宜都市（县级）当前正处于由农业生产为主向工业化的过渡阶段。产业类型结构及空间布局的变化，使得当地农民的生活方式和居住空间面临再次选择：伴随农业的变革，在丘陵山区等主要农业生产区域，村镇空间将会由传统农业时期的散居状态，向大型集中居民点的方向转变，这是农民自发选择的结果，但是这个过程不会一蹴而就；伴随工业的发展，宜都沿江的城镇，将会由传统农业时期的分散布局，走向集中连绵的布局，形成功能互补、用地有机组合、交通联系密切的沿江连绵城镇带，土地使用更为细化。宜都的人口，在市域范围内，可借助便利的城乡交通体系，以一种"流动的、弹性的"就业—生活方式进行着他们的城镇化，力求逐步实现生活状况的改善。县域空间的规划布局需以此为导向进行组织和安排。

关键词： 农业生产；村镇空间；城镇化；县域规划

1　宜都简介

湖北省的县级市宜都，位于长江中游、清江与长江交汇处，与地级城市宜昌隔江相望，地形上处于西部山区向中部平原的过渡地带——由长江沿岸向西部内陆，地貌依次为沿江平原、丘陵和山区，其中，平原占 8.8%，丘陵占 79.5%，山区占 11.7%（图1）。当地居民以"七山一水两分田"来形容宜都的地势特征。2011 年底，宜都全市常住人口 39.4 万人，非农人口 11.5 万人，中心城区总人口 18 万人。官方统计的城镇化水平约在 50% 左右[1]。

近二十年，宜都正面临由农业生产为主向工业化过渡的阶段，呈现出的两个重要的转变：第一，产业类型由农业向工业转变；第二，城镇空间开始由均衡向沿江集中。宜都全市三次产业比重，由 2000 年的 17.4：52.2：30.6，变化为 2012 年的 10.2：61.7：28.1。其中，农业的比重下降了 6.2%，工业的比重上升了 9.5%，服务业比重微降 2.5%，说明宜都的工业正处于迅速崛起的时期。在宜都，工业主要分布在沿长江平原地带的城镇，产业类型以规模化的农产品加工及化工产业为主，分别位于上游段与下游段；而丘陵与山区则仍以农业和养殖业为主。宜都的市域空间范围内，呈现出了两种明显的产业功能分区——沿江的工业发展地带与丘陵山区的农业发展地带。伴

图1　宜都市地形特征图
（资料来源：宜都市城乡总体规划工作组）

---

①　数据来源：《宜都市城乡总体规划说明书》，中国城市规划设计研究院编制。

随者产业类型与空间分布的转变，在地农民也面临生活方式转变与居住地点的再次选择。

2 传统农业时期的宜都村镇空间分布

传统农业时期的宜都，以农业为主要产业类型。在这类山地丘陵为主的农业地区，缺少连续分布的大面积的耕地，而是更多地呈现出分散的、不规则的小地块形态。在生产力不发达的传统社会，农民的种植方式相对原始——用肩挑手搬的方式进行浇水和施用农家肥，起早贪黑的劳作才能够养活自己和家人。因此，为了方便进行农业生产，宜都农民的住宅会紧邻自己耕作的土地；同时，传统社会下农作物的产量有限，单位耕地面积能够养活的人口较少。这两种因素作用下，宜都的传统农村呈现出了完全散居的村庄形态：在地块面积相对比较大的耕地旁边，会居住着3～5户人家，相互之间大多是亲戚关系；而多数情况下，小面积、低产量的耕地仅够一家人在此居住生活，于是就形成了一家一户分散居住的局面（图2）。

那个时期的宜都农民，过的是相对自给自足的生活。少量的商品交换需求，则由当时的传统集镇承担。为了方便进行商品贸易，这些集镇大多分布在交通便利的地区，几乎都是沿着长江航运和古驿道进行分布。为了方便农民定期到集镇进行贸易，每个集镇都有若干条道路通向周边村庄地区。由于当时农民的交通方式基本依赖步行，所以集镇的分布半径，需要满足农民在同一天之内往返集镇的需求，于是形成了以下分布特点：

平原地区，集镇服务半径大约4公里，这样的距离可以保证大多数成年人步行1个小时左右到达，往返3个小时，再加上商品交换3～4个小时，可以保证农民早上出发，下午就能回到家中。

在山区，因为土壤贫瘠，人口稀疏，商品需求落后于平原地区，所以集镇的数量更少，服务半径也更大，能够达到7公里左右。此时农民花费在道路上的时间，往返可以达到4个多小时，但是也可以保证农民早上出发，太阳落山之前返回家中（图3）。

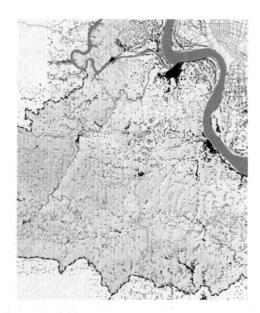

图2　宜都分散的农村建设用地分布图
（资料来源：王璐《从农业生产方式的变化看宜都村镇空间的变迁》）

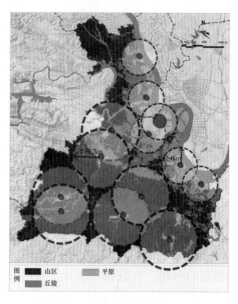

图3　宜都传统的城镇分布图
（资料来源：王璐《从农业生产方式的变化看宜都村镇空间的变迁》）

于是，传统时期的宜都村镇空间，就处于这么一种相对均衡的状态中——农村几乎完全散居；城镇的分布，按照地形不同，服务半径有所差别，但是同一地形下的城镇分布是相对均匀的。

3 农业发展影响下的宜都村镇空间

近年来，随着农业生产技术的提高，农作物种植所需要的用工量①大幅下降。以宜都市最主要的三种农作物类型——柑橘、茶叶和玉米为例：在宜都，柑橘种植用工量为 30 个工/亩（1 亩≈667m²），茶叶种植的用工量为 35 个工/亩，玉米种植的用工量只有 15 个工/亩②。在宜都人均耕地 1.0 亩，农民户均耕地 3.4 亩③的情况下，每户家庭每年的用工量不足 100 个工，只需要一个劳动力一年工作不到 100 天；或者 3 个劳动力，每人每年工作 30 多天即可。而且，随着化肥、农药的推广以及农用机械的使用，务农也已经不再是传统时期的那种高强度的劳作。换句话说，无论从时间安排还是劳动强度上，现在的农民已经不需要像以前那样，与自己的土地"捆绑"在一起了。农业生产已经不再是农民的主要日常活动。生产力的发展，使得当代宜都农民的生产空间与生活空间，出现了分离的可能。

伴随着宜都的农村经济从农业生产为主向农工相辅的转型，农产品加工业迅速发展，小城镇成为农产品加工的中心，形成了相对集中的特色农产品种植区域（图 4）。山区以茶叶等种植加工为多，而在东部沿江平原地区的城镇则聚集了大量的柑橘加工和销售的服务中心。随着农产品深加工业的发展，产业链延长，农产品的利润和农民的收入均得到提高。

农民富裕之后，开始购买摩托车、三轮车等机动车，逐渐出现了机动化交通取代步行交通的趋势（图 5）。

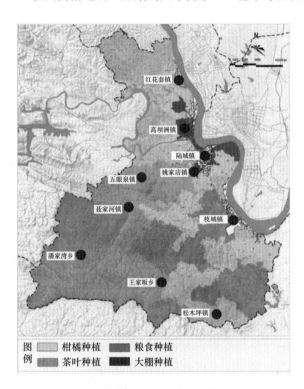

图 4 宜都市农作物现状分布图
（资料来源：王璐《从农业生产方式的变化
看宜都村镇空间的变迁》）

图 5 宜都农民的机动化
交通方式照片（王璐拍摄）

---

① 用工量，是指一年之中需要在田地里面务农的天数，比如柑橘种植的用工量为 30 个工/亩，是指种植一亩柑橘，按照现在的种植方式，需要一个劳动力一年在地里面工作 30 个整天。这 30 天当中，每天需要工作 7～16 小时不等。但是这 30 个整天并不是连续的，它们可以被分成播种、管理、收获等多个阶段，每个阶段都需要有若干天的劳作。由于农业种植并不需要每天都在田地里面干活，因此使用用工量这个指标，可以探究某种种植模式的工作强度。用工量与劳动效率有密切关系：同样的作物和面积，手工劳作的用工量明显大于机械劳作的用工量；同样手工劳作，青壮年用工量要明显小于老年人的用工量。

② 根据实际调研所得数据。

③ 根据统计资料及实际调研所得数据。

伴随农村路网硬化建设①，通过机动化的交通方式，使得农业生产空间与居住空间的距离可以进一步拉大。部分农民的居住地点与耕地的距离已经达到了5公里。他们表示，骑摩托车去劳作"没有感觉到任何不便"。收入的提高，以及机械化的交通方式，促使宜都农民频繁往来于县城和集镇，获取各类服务（表1）。生活便利性的需求已经取代了生产便利性的要求，成为他们选择居住地点的首要考虑因素，也是发生城镇化的主要动因之一。

农民进入集镇和县城所获取的服务类型 　　　　　　　　　　　　　　　　　表1

目的地	目的	特点
集镇	购买粮食、购买日用品、购买农业生产资料、走亲戚、获取理发等日常服务	紧密围绕农民基本生活所需
县城	买衣服、逛超市、购买家电、购买家具、去医院、交保险、汇款等金融服务、商店进货等	丰富的商品种类，高级的服务类型

资料来源：王璐《从农业生产方式的变化看宜都村镇空间的变迁》

　　尽管县城拥有最佳的生活便利性，而且宜都政府早在几年前就鼓励农民进城定居，并且给予了极低的获取城市户口的条件。但是根据宜都市公安局提供的数据，从2006年到2010年得这4年间，宜都县城的人口只增加了1191人，而且主要是外地人定居，宜都本地的农民进县城定居的非常少。通过实际调查，也验证了这一点：宜都农民进入县城定居的意愿并不强，他们普遍希望在农村地区定居（图6，图7）。他们认为："农村地区环境优美"，"城市生活成本高，环境差"，"农村交通条件好，住在农村也不耽误到城市获取服务"。

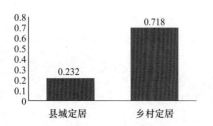

图6　愿意定居乡村与县城的农民比例
（资料来源：王璐《从农业生产方式的
变化看宜都村镇空间的变迁》）

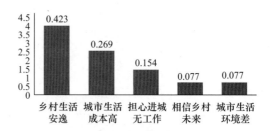

图7　农民不愿意进入县城定居的原因
（资料来源：王璐《从农业生产方式的
变化看宜都村镇空间的变迁》）

　　既然进城定居不是宜都农民的主流选择，那么我们就把视线转移到农村地区，看一下未来农村地区的居住空间形态会产生怎样的变化。事实上，为了改善自身的居住环境，近些年来，宜都农村的居住空间已经在发生改变——高海拔地区的农民正在向低海拔地区搬迁，出现了自发沿公路集聚的苗头（图6）。沿公路选择居住点最主要的考虑是联系生活服务中心的便利。

　　宜都市政府曾有通过并村集聚的方式，改变农村散居状况的规划方案（这个方案与希望向县城集聚的设想似乎存在一定的矛盾），提出到2030年，将宜都现有的123个行政村村庄合并调整为100个，并规划500个小型居民点，平均每个行政村范围内有5个，每个居民点可以容纳300～500人定居，用来引导农民搬迁进入。但在实施过程中，却并没有得到当地农民更好的配合。事实上，农民更希望定居点可以提供正规的卫生院、小学，甚至初中的服务，相当于接近镇区的配套服务水平，这种小型居民点对他们而言同样是一次搬迁，但在生活服务上得到的回报有限。由于宜都曾经进行过几次撤并乡镇的调整，一些镇区或乡政府（镇级设施所在地）距离他们现有居住、生产地过远，而难以接受。宜都市城乡总体规划方案中，提出一个新的解决方案，即配合现有的镇区与乡政府所在地，再根据一个合理的服务半径，设置几处大型农村集中居民点，能够容纳3000～5000人定居，辐射周边上万农民。这种居民点

---

　　① 从2003年开始，宜都农村的路网以每年200公里的建设速度进行硬化。截止到2012年底，宜都的农村公路硬化历程已经达到了1121公里。

数量少，平均3~4个行政村才有一个，居民点之间相距较远。建设形态上，不一定会像城市居住区那样住在楼房里，而是一种适度集聚的形态（图9）。

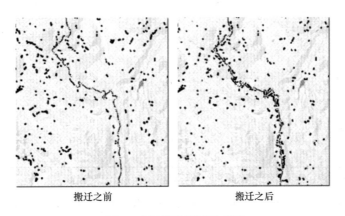

搬迁之前　　　　　　　　　　　　搬迁之后

图8　农民沿路搬迁示意图

（资料来源：王璐《从农业生产方式的变化看宜都村镇空间的变迁》）

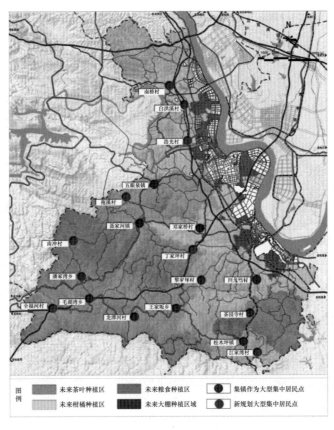

图9　大型集中居民点规划布局图

（资料来源：王璐《从农业生产方式的变化看宜都村镇空间的变迁》）

　　根据意愿调查也了解到，不同年龄段的农民，在居住地动迁意愿的选择上也有所不同：老年人普遍选择保持散居，他们的生产方式、生活习惯和思想观念已经定型，会按照既有的方式生活下去，几乎不考虑搬迁；中年人大部分愿意集聚，愿意获取更好的社会服务、安逸的生活环境，不愿意负担高昂的城市生活成本；青年人普遍愿意集聚，他们大部分愿意进入城镇生活，但生活成本的支付对于他们来说是选择合适居住地的主要因素，大型集中居民点对年轻人有着相当大的吸引力（表2）。

不同年龄段的农民对于未来居住模式的考虑　　　　　　　　　　　　　表 2

年龄段	考虑因素	居住倾向	搬迁时间
60 岁以上	生活方式、生产方式及思维方式已经定型	散居	永不搬迁
45～60 岁	翻修过老宅；个人习惯	散居	永不搬迁
	居住在高海拔地区；未翻修老宅	大型集中居民点	短期内
30～45 岁	对未来的希望；愿意做一番事业；教育、医疗服务；生活便利性	大型集中居民点	短期内
30 岁以内	城里无法定居的情况下，在乡村希望获取更好的服务	大型集中居民点	中长期

资料来源：王璐《从农业生产方式的变化看宜都村镇空间的变迁》

　　总体上讲，尽管宜都农民普遍意愿是希望从当前散居的居住状态，转向有规模集聚的居住状态，但是由于每一家庭的农业生产类型、经济收入水平等客观条件的不同，不同年龄段人群既定人生目标与生活习惯的不同，使得他们在实现以生活改善为目标的"城镇化"的过程中，不会一蹴而就，需要有一个合理和逐步适应的发展过程，也可能要持续三十年左右的时间才能有所见效。这个过程伴随着宜都的农业生产结构转型以及农产品加工业的发展而完成。任何主观上急于求成的决策都是不切实际之想，在实施的行动中容易遭遇更多的阻力。

4　工业发展影响下的宜都村镇空间

　　宜都工业的发展，主要依托这一地区既有的矿产资源、农业资源和长江流域的水利、航道资源，特别是在近几年在经济上的贡献较高。宜都市沿江分布有红花套镇、高坝洲镇、陆城镇（县政府所在地）、姚家店镇、枝城镇、洋溪镇（后来合并进入枝城镇），共六个乡镇，区位条件决定了它们是制造业重点集中的区域。在传统农业时期，这六个乡镇的建设空间，是各自独立的，随着近几年宜都的工业发展，沿江的城镇，开始呈现出空间连绵发展的态势（图 10）。

图 10　宜都沿江乡镇建设空间现状分布图
（资料来源：作者自绘）

　　一个有趣的现象是，虽然整体上来看，宜都农民进城居住的积极性不高，但是近些年，特别是 2010 年之后，沿江各个城镇的建设面积，却有了较大幅度的增长。有三个原因：第一，本地人口的影响——虽然整体上，宜都农民大多居住在农村地区，但是毕竟有不少青年人，选择了离开村庄，到沿江地区寻找非农就业机会，只是这部分人并不构成沿江地区新增人口的主力；第二，外来人口的影响——宜都市距离宜昌市仅一江之隔，在宜都市县城几公里之外，就是宜昌市的大型工业开发区，很多在宜昌打工的人选择居住生活在成本较低的宜都市；此外，宜都市本身工业实力较强，也能够吸引一部分外来务工人员，这一部分外来人口成为沿江城镇新增常住人口的主力；第三，产业发展的影响，在宜都的工业类型中主要有两大类，一类是资本密集型企业，如化工、建材、大型机械制造等，企业占地面积大，但提供就业岗位不多；另一类是依托本地的农产品的加工业，提供的就业多但存在一定的季节性变化（见后段的分析），很多进入了工业园区。大型企业和产业园区这几年发展迅速，成为了宜都沿江地区城镇空间扩张的最主要原因，也使得宜都市土地城镇化的速度，远远快于人口城镇化速度，且工业用地占比也较高。

　　正是由于以上三个因素的综合作用，使得宜都市沿江地区的城镇空间，由传统时期的相对分散，呈现出当前连绵的发展态势。即使行政区划上面，沿江地区依然分别隶属于五个乡镇（红花套镇、高坝洲镇、陆城镇、姚家店镇、枝城镇），但是各自在交通联系、用地构成、主要职能方面已经实现了有机互补，成为了一个完整的功能体，生态性保护与各类土地的使用功能进一步得到细化。宜都市政府正在积极谋划行政区划的调整，试图合并乡镇，以便于政府管理层面上，更加适应这种空间和功能上连绵的发展态势。

值得注意的是，依托种养殖的农产品加工业有以下几个特点：其一是农业生产的延伸产业，是在本地的农业资源如柑橘、茶叶、高山蔬菜种植，鱼类、家畜养殖的基础上发展起来的，一些专业经济合作社也由此形成；其二，农产品加工也是劳动密集型产业，为本地劳动力的二产就业提供较多的岗位；其三，农产品加工与农产品生产有着较强的关联性，也存在季节性特征，在收获加工的季节用工量多，而非收获季节则用工量少。如有一家外贸水果加工厂，平日用工仅有 800 人左右，而在秋天的生产季节则需用工 2000 多人。这也形成了其用工工人的兼业的状况，平日做农业生产或其他事情，而在生产旺季被招入工厂做工。这一特征更适合于在县域内距离农业生产地联系便利的地区进行工厂的选址，使得县域空间内的经济活动与人的生产活动高度相关。

顺应工业的发展规律，宜都的城乡总体规划，在沿江城镇的空间布局当中，打破了不同行政区划各自为政的局面，将其融合为一个整体，进行用地、功能、交通等的有机组织（图11），并积极配合市政府谋划行政区划的调整。同时，为了加强农业与工业、城市与乡村的有机联系，本次规划特别强调要提供便捷的城乡交通系统（图12），这是宜都市下一步良性发展的基础，也是宜都特色的城镇化能够继续深化的前提。

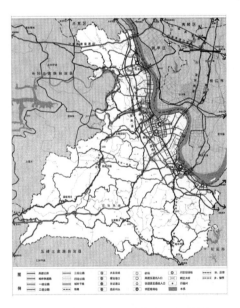

图 11　宜都沿江城镇空间远期建设规划图　　　　　图 12　宜都市城乡综合交通规划图
（资料来源：中规院宜都市城乡总体规划工作组）　　　（资料来源：中规院宜都市城乡总体规划工作组）

5　总结

随着农业的变革，宜都市以农业生产为主的丘陵山区，其空间形态将会从当前的散居状态走向大型集中居民点；随着工业的发展，宜都市的产业发展区和城镇建设将更多集中在沿江各个乡镇，形成连绵发展、有机组合的带状城镇空间。在产业结构上从农业为主转向工业主导，城镇空间布局上从均衡分布走向沿江集聚，成为近些年以及今后一段时间宜都市域城镇化发展的两条主线，前者是因，后者是果，而其在产业链接、人的生产活动组织上又有着高度的关联性。这里联系工业与农业，沟通城市与乡村的，正是便捷的县域城乡交通体系，使得宜都的人口可以在市域范围内进行"自由的流动"，而其作为"农民"或是"城镇居民"的身份在被淡化并难以分清。这种人口在市域范围内"流动的、弹性的"城镇化模式，并不体现在以被指定身份的"农业—非农业人口"城镇化率统计数据的提高上，而是表现在人们所从事的就业方式及其生活水平的提高上，并已形成宜都市践行新型城镇化的真实路径。宜都的城乡总体规划，则需要仔细辨别并适应这种模式，优化其空间组合，以便更好契合宜都自身的发展规律。

参考文献

［1］　中国城市规划设计研究院主编. 宜都市城乡总体规划. 2013.

［2］　王璐. 从农业生产方式的变化看宜都村镇空间的变迁［D］. 中国城市规划设计研究院硕士学位论文，2013.

［3］　国务院发展研究中心农村经济研究部课题组. 中国特色农业现代化道路研究［M］. 北京：中国发展出版社，2012.

［4］　中华人民共和国住房和城乡建设部. 建制镇规划建设管理办法［Z］. 1995.

［5］　宜都市统计局. 宜都统计年鉴2011［M］. 北京：中国统计出版社，2012.

［6］　宜都市地方志编纂委员会. 宜都市志（1979—2000）［M］. 武汉：湖北人民出版社，2010。

［7］　黄宗智. 中国的隐性农业革命［J］. 中国乡村研究第八辑，2010.

新型城镇化背景下江苏省镇村布局规划的实践探索与思考
——以高邮市为例

闫　海　许珊珊　张　飞

江苏省住房和城乡建设厅城市规划技术咨询中心

摘　要： 本文以高邮市镇村布局规划为例，探索新型城镇化背景下江苏省镇村布局规划编制的思路和方法的转变，重点关注四个方面：一是强化分类管理的思维，规划应以促进村庄发展、恢复农村活力为导向，对现状所有的自然村庄进行分类管理；二是倡导"自上而下与自下而上相结合"的编制方法，县（市）域层面应通过深入细致的现状调查分析和多种规划的统筹协调，提出刚性和弹性相结合的分类技术标准，镇、村层面强调在技术标准指引之下由管理者和被管理者互动协商酝酿形成方案；三是建立"设施有限配置、服务全面覆盖"的乡村公共服务体系，在保障基本公共服务全面覆盖乡村地区的同时，又强调服务设施的限量和差别化的配套建设，在城镇化进程中引导乡村建设提高集约化水平；四是强调村庄建设用地使用的动态管理，弱化人口规模控制。结合土地利用规划，根据村庄建设用地的现状使用强度制定相应农村建房的分类管理政策。

关键词： 新型城镇化；村庄布点规划；分类管理

1　引　言

自然村庄是农民生产生活的主要场所和乡土文化、乡村风貌的空间载体，科学合理的镇村布局是新农村建设的基础。2005 年以来，江苏组织开展了全省镇村布局规划①编制工作，明确了全省未来重点发展的规划布点村庄，为推进农村基础设施建设和村庄环境整治、引导农民将新建农房建到规划点上奠定了良好基础。镇村布局规划实施后取得了明显成效，但仍然存在因过于关注空间集聚而导致规划实施困难、村庄建设模式与城镇社区趋同、乡村地区产业类型单一、村庄空心化、老龄化现象突出、发展缺乏活力等问题。

党的十八大报告提出"坚持走中国特色新型城镇化道路，推进以人为核心的城镇化"、"促进城镇化和新农村建设协调推进"。之后中央一系列文件对乡村地区的规划建设、公共服务配套、乡村特色保持以及在规划建设中充分尊重村民意愿等方面提出了更高更新的要求②。中央的要求以及江苏镇村发展目前存在的问题，要求镇村布局规划无论是从思路、方法以及编制内容上需要更加关注在促进新型城镇化

---

① 镇村布局规划是村庄布点规划在江苏的提法。根据《江苏省镇村布局规划技术要点》（2005 年版），镇村布局规划的基本任务是在县（市）域城镇体系指导下，进一步明确村庄布点，统筹安排各类基础设施和公共设施。

② 2013 年中央 1 号文件《中共中央国务院关于加快发展现代农业 进一步增强农村发展活力的若干意见》提出"科学规划村庄建设，严格规划管理，合理控制建设强度，注重方便农民生产生活，保持乡村功能和特色。""农村居民点迁建和村庄撤并，必须尊重农民意愿，经村民会议同意。""不提倡、不鼓励在城镇规划区外拆并村庄、建设大规模的农民集中居住区，不得强制农民搬迁和上楼居住。"2013 年 11 月《中共中央关于全面深化改革若干重大问题的决定》又进一步提出"统筹城乡基础设施建设和社区建设，推进城乡基本公共服务均等化。""坚持走中国特色新型城镇化道路，推进以人为核心的城镇化，推动大中小城市和小城镇协调发展、产业和城镇融合发展，促进城镇化和新农村建设协调推进。"2013 年 12 月，中央城镇化工作会议提出"在促进城乡一体化发展中，要注意保留村庄原始风貌，慎砍树、不填湖、少拆房，尽可能在原有村庄形态上改善居民生活条件。"2014 年 1 月，《中共中央国务院关于全面深化农村改革加快推进农业现代化的若干意见》提出"健全城乡发展一体化体制机制"、"开展村庄人居环境整治""推进城乡基本公共服务均等化"、"加快推动农业转移人口市民化"。

的前提下，提升村庄活力；更加关注尊重农民意愿、强调引导村民积极参与决策；更加关注乡村功能和特色的保持以及传统村落的保护；更加关注城乡基本公共服务均等化。本文希望借助在高邮的规划实践探讨在新的发展背景下镇村布局规划编制的思路和方法。[①]

2 规划编制思路和方法探讨

结合国家和江苏有关城乡发展一体化和新型城镇化的要求，笔者以为镇村布局规划应在村庄布点规划常规做法的基础上做到四个转变：一是从就空间论空间的规划模式转变为经济、社会、空间等多重要素统筹规划；二是从以空间集聚为规划方案主导模式转变为以公共服务水平的提升优化为主导的模式；三是从蓝图式的规划转变为以蓝图为目标、渐进性实施的规划；四是以市镇两级主导的规划决策模式转变为在标准指引下的多方参与和村民自主决策模式。具体来说，在规划编制过程中，应该重点关注以下四个方面：

2.1 强化分类管理的思维

分类是镇村布局规划的基本要求。笔者以为应对分类的方法和分类管理的对象在原有的基础上进一步作出优化，强调发展分类的导向，强调对全域全部现状自然村的分类管理。

2.1.1 发展导向下的分类方法

一般将自然村庄分为规划保留村庄和规划撤并村庄或者规划布点村庄和一般自然村庄两大类。这种分类方法主要基于单一的建设管理思维。从分类的方法可以看出规划的目标。在当前背景下，应该更加强调村庄在产业、空间、社会、文化等多方面的综合发展，按照"发展"的思维可以将村庄分为规划发展村庄和一般自然村庄。其中，规划发展村庄中根据发展类型不同又可分为重点发展和特色发展两类，简称"重点村"和"特色村"。"重点村"为一定范围内的乡村地区提供综合公共服务；"特色村"不承担综合服务功能，但要在产业、文化、景观、建筑等方面突出特色，打造品牌。一般村则是重点村、特色村以外的其他自然村庄。从发展的思维来看，重点村、特色村和一般村确定后并不应是绝对的一成不变。确定的规划发展村庄要尽量保证不走偏，避免过程性浪费；而随着发展背景条件的变化，一些符合条件的一般村也应可以转换成为规划发展村庄。

2.1.2 面向全部现状自然村庄的分类管理

从规划管理的对象而言，镇村布局规划应该针对现状所有的自然村庄提出规划管理要求。过去一般只针对规划发展村庄提出规划要求，有意识地回避那些在规划中不予发展的一般自然村庄，在实际建设管理中容易带来"一刀切"的做法与矛盾。面向现状全部自然村庄的逻辑，在于承认现状所有的自然村庄是客观存在且不可忽视的管理对象，无论规划中发展与否，均应制定有针对性的有关发展、建设等方面的政策措施。

2.2 倡导"自上而下与自下而上相结合"的编制方法

镇村布局规划以空间规划为主要内容，但涉及乡村经济、社会、文化、管理等多方面纷繁复杂的内容，涉及市县、镇、村等各级政府及管理部门，更重要的是还与广大村民的切身利益密切相关。随着法制观念深入人心，镇村布局规划需要非常注重编制过程的合理合法，只有做到了过程的合理合法，实施操作才有强有力的法理依据。

规划编制应首先厘清市县规划管理者、镇村管理者、村民以及规划师四者各自的职责。按照"全市乡村建设发展现状调查分析——县市域规划技术指引——镇、村酝酿初步方案——县市域技术、政策校

---

① 2013年江苏省政府在全省选取了10个县市开展镇村布局规划优化试点工作，并将此项工作纳入了省政府2013年度十大重点工作百项考核指标中。本文基于试点城市之一——高邮市的规划实践而展开。

核——镇、村征求意见——最终规划成果"过程而展开。市县规划管理部门组织研究对市域各类相关规划进行统筹协调，制定总体目标，形成全域内刚性和弹性的村庄分类技术指引，指导各镇村开展自然村庄分类工作。镇、村层面建立由镇村干部和村民多轮互动协商机制，酝酿形成方案，最核心的决策主体在于行政村村民会议。而规划师在其中应全程参与，起到技术分析、情景模拟、辅助决策的作用。通过自上而下和自下而上相结合的统筹协调机制，保证规划的科学性和操作性。

事实上，与村民多轮互动协商过程也是一个深入了解农村社会文化发展的过程，可以有效地帮助规划尽可能的规避因村庄内部社会结构、家族文化的差异所可能引发的各类矛盾。

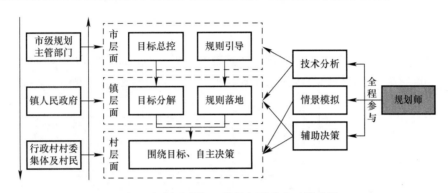

图 1　规划过程和四种角色职责分工示意图

2.3　建立"设施有限配置、服务全面覆盖"的乡村公共服务体系

城乡空间的优化必然会带来城乡公共服务体系的重构。在城镇化进程中，城乡公共服务体系的建立应该遵循基本公共服务均等化和公共服务分类差别化两个基本原则。基本公共服务均等化是建立在保障公平的基础之上，是乡村地区居民权益的保障；公共服务分类差别化体现了通过规划引导调控而非强迫命令，促进在城镇化进程中优化城乡空间的目标。

乡村公共服务体系应分清"服务覆盖"和"设施拥有"的两个基本概念。"服务覆盖"保障基本公共服务均等化，"设施拥有"体现差异化的空间引导要求。因此，规划应建立"设施有限配置、服务全面覆盖"的乡村公共服务体系，在城镇化进程中引导有限的公共财政投入发挥最大的效应，同时也有利于引导乡村人口流动，促进乡村建设提高集约化水平。

2.4　强调村庄建设用地使用的动态管理，弱化单个村庄的人口规模控制

对于具体的自然村庄而言，每一个村民都可能是建设需求的主体，从目前的趋势来看，农民人数和村庄建设用地总量总体上是逐年减少的。传统城市规划中以人口规模定建设用地规模的管理模式在增量规划中的管理作用较为明显，面对农村建设减量过程中的规划管理则很难操作。因此，笔者以为在规划发展村庄的建设管理中，应结合建设需求分析，以土地利用规划划定的村庄建设用地边界为核心管理内容，结合村庄内部空间使用强度等特征制定相应管理政策，避免出现用规划预测 20 年后大量缩减的人口规模来进行现状村庄建设管理的矛盾。

3　实证研究——以高邮市为例

3.1　研究区概况

高邮市地处苏中里下河平原，地势平坦，气候温和，是典型的鱼米之乡。2013 年城镇化率 45.75%，正处在城镇化加速发展期，城镇人口不断增加，农村人口外出现象明显，每年新建住宅户数量很少且逐年减少。全市自然村布局分散，形态差异大，建设用地集约水平低。

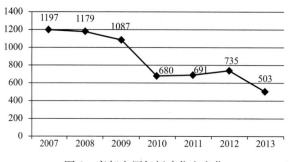

图 2　高邮市历年新建住宅变化

图 3　高邮市村庄形态差异图

3.2　规划路径

本次规划从市域和镇村两个层面进行探讨。市域层面工作可以概括为"两了解、两确定"。其中，"两了解"是指了解市域村庄发展和建设水平、了解上轮镇村布局规划实施情况；"两确定"为确定全市规划发展村庄的选取原则、确定规划发展村庄的总量范围。镇村层面可概括为"两酝酿、两统筹"。其中，"一酝酿、一统筹"中"村酝酿"为项目组落实市域规则要求，与各行政村进行讨论，酝酿初步方案；"镇统筹"为镇层面根据各行政村提出的调整方案，进行镇域层面汇总，规划对其进行耕作半径和公共服务设施校核。"二酝酿、二统筹"中"村酝酿"为根据规划调整情况，经村委会讨论提出修改意见，并报村民代表大会讨论通过；"镇统筹"对各行政村确定的方案进行镇域层面汇总，讨论确定最终方案。

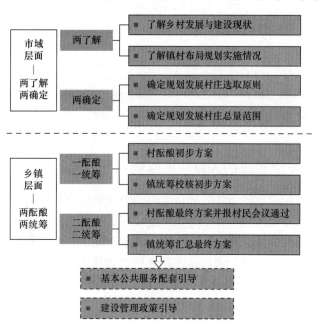

图 4　高邮市镇村布局规划技术路线

在分类定点的基础上，本次规划还提出"两引导"的配套措施，分别为基本公共服务设施配套引导，建设管理政策引导。

3.3　市域层面制定刚性和弹性相结合的分类技术标准

规划将市域各类相关规划进行统筹协调，制定总体目标，形成全域内刚性和弹性的村庄分类技术指引，指导各镇村开展自然村庄分类工作。

3.3.1　市域村庄管理政策分区

规划在市域总体目标中针对高邮地形地貌特色和城镇化路径的不同，通过分析乡村产业发展特征和趋势、地形地貌特征、人口分布特征，对全市划分为三个不同的管理政策分区，确定了规划发展村庄不同的选取标准，并估算各片区规划发展村庄数量。

图5 市域村庄管理政策分区要素

(注：左-产业发展特征及趋势；中-地形地貌特征；右-人口分布特征)

3.3.2 分类技术标准——刚性要求

刚性要求指在市域层面可直接明确作为规划发展村庄的和不应作为规划发展村庄的标准。

规划确定可直接明确作为重点村的村庄包括：规划不作为城镇建设区的被撤并镇镇区；已评为省三星级康居示范村的村庄；行政村村部所在村庄。

可直接明确作为特色村的村庄包括：历史文化名村或传统村落，特色产业发展较好的村庄，自然景观、村庄环境、建筑风貌等方面具有特色的村庄。

以下范围内村庄不应选为规划发展村：城市（镇）规划建设用地范围；区域市政设施控制范围；重要交通走廊控制范围；重要河流控制范围；高压线走廊控制范围；自然保护区核心区；滞洪区；其他因城乡发展需要实行规划控制的区域。具体控制范围见表1。

不应选为规划发展村庄区域一览表 表1

控制类别	控制内容	控制范围
高压走廊	500kv	2×40
	220kv	2×20
	110kV	2×15
	35kV	2×10
区域市政设施	污水处理厂	不小于300m
	垃圾填埋场	不小于500m
	变电站	不小于30m
	天然气门气站	不小于50m
	液化石油气供应基地	不小于150m
	高压调压站	不小于50m
重要河流	京杭运河	2×100
	三阳河	2×100
	北澄子河	2×50
交通廊道	淮扬镇铁路（规划）	2×100m
	宁盐高速公路（规划）	2×50m
	京沪高速	2×50m
	S237	2×20
	S332	2×20
	S264	2×20
	S333	2×20
	S203（规划）	2×20
	S125（规划）	2×20
	S352（规划）	2×20
	二级公路	2×10
	其他道路	2×(3~5)

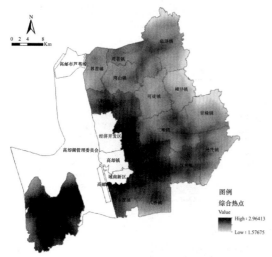

图 6　全市村庄发展潜力综合评价图

3.3.3　分类技术标准——弹性要求

刚性要求之外的自然村通过发展潜力综合评价和村民讨论具体确定其分类。

规划通过分要素评价、综合叠加的空间分析技术，开展村庄发展潜力综合评价。将各类规划战略要求、交通区位条件、经济发展水平、城镇职能、资源禀赋等要素综合量化，形成村庄发展潜力综合评价图，预测市场经济条件下未来人口空间分布的趋势，从而帮助村民更直观地进行村庄布点方案的酝酿讨论。

按照上述规划标准与规划原则，未来全市共有发展村庄 453 个，其中重点村 441 个，特色村 12 个，一般村庄 1783 个，具体如图 7 所示：

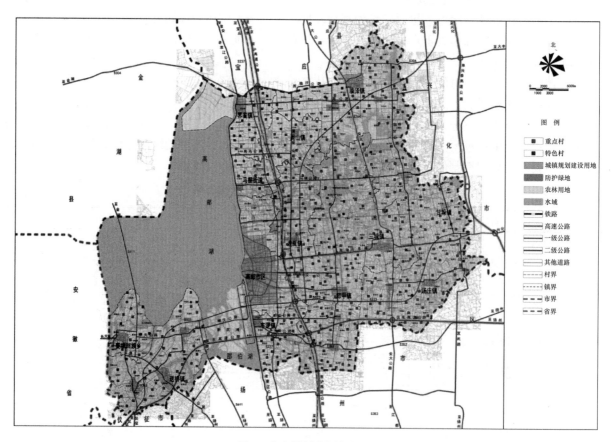

图 7　全市镇村布局规划图

3.4　镇、村层面建立由镇村干部和村民多轮互动协商机制，酝酿形成方案

在市域技术标准的指引之下，规划师根据镇、村意见初步拟定方案，组织发动农民在弹性要求的范围内进行多轮讨论，并加入相关技术校核工作（如公共服务覆盖水平的校核），最终形成自上而下和自下而上相结合的规划成果。

3.5　建设"设施有限配置、服务全面覆盖"的乡村公共服务设施配套

规划建立"一级公共服务——二级公共服务"两个层级分明、功能完善的综合公共服务体系，分别

图 8　高邮市卸甲镇镇村布局规划图

（注：卸甲镇现状共 374 个自然村，其中，重点村 32 个，特色村 2 个，一般村 340 个）

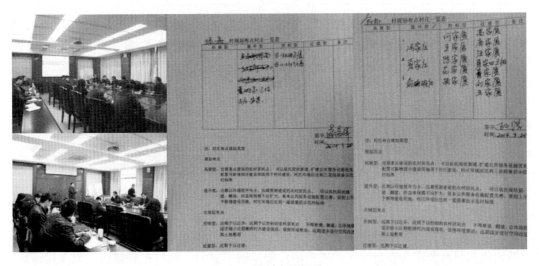

图 9　镇村交流记录

确立其配套标准。一级公共服务覆盖范围涵盖一个行政村，服务人口规模一般在 1000～3000 人。公共服务设施鼓励空间多功能复合利用，形成中心用地。布局位置一般选择在村委会所在地的自然村。二级公共服务覆盖范围涵盖一个独立的自然村及其周边自然村，服务人口规模一般在 1000 人以下。公共服务设施参照行政村，适当减量或有选择性配置。靠近城镇规划区的一级公共服务可根据具体情况，减少医疗、文化等设施的配置。

3.6　制定建房的分类管理策略

规划以土地利用规划划定的村庄建设用地边界为依据，对其村庄内部用地使用强度进行分析后，将规划发展村庄的建房政策进一步划分为拓展和提升两类。近期建设需求量较大且村落内部空间建筑密度高的规划发展村庄允许其适度拓展建设用地边界，而那些近期建设需求量不大且村落内部建筑密度较低的规划发展村庄则控制其建设用地不新增，要求新增建设结合村庄内部空间改造展开。

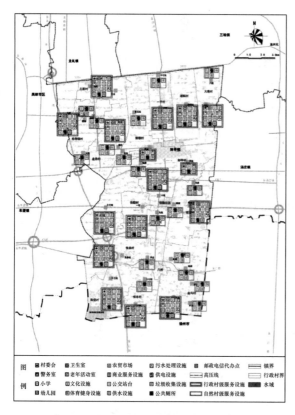

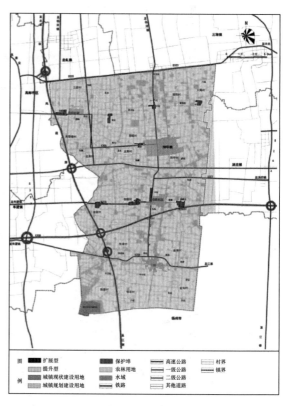

图 10　高邮市卸甲镇配套设施规划图

（注：卸甲镇共 17 个行政村、34 个规划发展村庄，规划
形成 17 个一级公共服务设施、17 个二级公共服务设施）

图 11　高邮市卸甲镇规划发展村庄建设指引图

（注：卸甲镇规划发展村庄共 34 个，其中拓展型村庄
9 个、提升型村庄 25 个）

规划发展村庄的分类建设管理措施　　　　　　　　　　　　　　　　　　　　　　表 2

类别		建设管理政策	土地管理政策
规划发展村	拓展	可以依托现状新建、扩建	适度增加建设用地
	提升	可以依托现状插建、翻建，但总体规模不应扩大	不新增建设用地，在存量建设用地中改造

4　小结与展望

新型城镇化的目标要求为乡村地区的进一步发展指明了方向，镇村布局规划作为乡村地区空间发展的重要依据，需要与时俱进地更新理念和方法。本文以高邮的规划实践为依托，提出了在规划编制过程中应着重关注：以发展为导向的全域村庄分类管理思维、自上而下和自下而上相结合的编制方法、"设施有限配置、服务全面覆盖"的公共服务构建标准以及以现状建设用地管理代替人口规模管理的农房建设管理模式四个方面的内容。当然，这些思路和方法因时因地而异，不同的地区应根据经济社会发展阶段、现状基础条件及建设需求的不同，制定有针对性的措施方法，更多优化规划的思路和方法有待在实践中进一步探索。

参考文献

［1］　陈有川，尹宏玲，张军民. 村庄体系重构规划研究［M］. 北京：中国建筑工业出版社，2010.

［2］　宋小东，吕迪. 村庄布点规划方法探讨［J］. 城市规划学刊，2010（5）：65-71.

［3］ 梅耀林，许珊珊，汪晓春. 基于村庄空间演变内生动力的村庄布点规划探索——以江苏金坛市为例［J］. 乡村规划建设第 1 辑，江苏省住房和城乡建设厅主编，北京：商务印书馆，2013，8.

［4］ 汪晓春，梅耀林，段威，许珊珊. 城市时代乡村聚落空间特征、优化及规划对策——以金坛市为例，城市时代，协同规划——2013 中国城市规划年会论文集［C］. 2013.

［5］ 江苏省建设厅. 江苏省镇村布局规划技术要点［Z］. 2005.

［6］ 江苏省人民政府. 省政府关于扎实推进城镇化促进城乡发展一体化的意见（苏政发〔2013〕1 号）［R］. 2013.

［7］ 江苏省人民政府. 省委、省政府关于全面深化农村改革深入实施农业现代化工程的意见（苏发〔2014〕1 号）［R］. 2014.

［8］ 江苏省住房和城乡建设厅. 省住房城乡建设厅关于做好优化镇村布局规划工作的通知［R］. 2014.

［9］ 江苏省住房和城乡建设厅城市规划技术咨询中心，高邮市镇村布局规划［R］. 2014.

以农村金融改革为突破口，破解村镇建设管理资金难题
——广西田东县在村镇建设管理上的探索创新

王军

广西壮族自治区百色市 中共田东县委员会

摘 要：破解村镇建设管理资金难题对推动我国新型城镇化具有重要的现实意义。本文分析了我国村镇建设管理资金存在的问题，系统总结了田东县以农村金融改革为突破口，破解村镇建设管理资金难题的具体做法。从建立和完善"六大体系"、创新金融产品和服务方式、找准农村金融改革着力点、建立并完善激励机制、建立健全现代农村产权制度等五个方面阐述了田东县在村镇建设管理上的探索创新，以期为其他地区提供一定的借鉴。

关键词：农村金融；村镇建设管理；农村产权

尽管这些年我国村镇建设管理取得了不少成绩，村镇发展也获得了明显进步和提升，但是城乡发展失衡、经济社会发展失调的状况依然明显。在实践中，村镇发展资金既受限于政府的财政投入，又很难获得市场主体的投资，加之村镇经济基础薄弱，缺乏自我发展能力，这些都成为制约我国村镇发展、统筹城乡进程的重要因素。如何在坚持市场化、普惠和可持续发展原则的基础上，探索一个多层次、低成本、广覆盖、适度竞争、商业运作的现代农村金融服务体系，初步形成农村金融与村镇建设管理的良性互动局面是一项非常有意义的研究课题。

1 我国村镇建设管理资金存在的突出问题

这些突出问题具体体现在以下几个方面：一是农村金融有效需求不足。由于我国大部分村镇的经济活动主要以小农经济为主、缺少规模化生产，农户借贷意愿不强烈。农产品深加工不足、农业产业化经营程度较低，农业大户和龙头企业借贷规模不大。以上这些问题使得村镇经济发展基础较低、金融需求结构分散、需求主体信贷承载能力有限。二是农村地区产权制度改革滞后。建立归属清晰、权能完整、流转顺畅、保护严格的农村集体产权制度，是激发农业农村发展活力的内在要求。我国林权制度改革尽管总体完成，但是确权颁证工作进展缓慢，影响了林农资产核定及林权抵押贷款工作，此外如农村集体耕地、宅基地、其他集体土地及资产的产权工作还仅仅停留在试点阶段，没有全面开展。三是农村支付结算基础设施布放不够均衡。我国的电话支付终端绝大多数布放在城市，造成村镇特别是部分行政村支付服务缺失；各金融机构转账电话等电子化支付设施运行封闭，不支持跨行查询、转账等业务，这些都造成了村镇建设管理资金流转不畅。四是农村信用体系建设的推进速度较慢。在我国，信用体系建设还没有系统的规划安排，在担保和抵押体系不健全的状况下，村镇建设管理缺乏其他融资渠道。在信用体系建设上，仅仅依靠金融机构收集信息成本高、信息共享也难。五是农业保险试点推进困难较多。财政补贴资金有限使农业保险试点品种少、推进难，政策性保险扩大覆盖面仍有难度。农民保费缴纳意识不强，大灾风险分散机制缺失，村镇发展的经济基础不牢。六是金融机构支农服务与创新内在动力不足。涉农业务风险高，部分机构依靠上级行处置成本，难以建立可持续发展的农村金融服务长效机制。

2 田东县在破解村镇建设管理资金难题上的探索创新

田东县位于北回归线上，处于广西西南部百色市右江盆地，是集"老少边山穷"于一体的地区，还

具有库区、石漠化地区、生态安全与敏感地区的特点，是国家扶贫开发重点县。

全县 10 个乡镇中，河谷 4 镇发展较好，南北两翼山区 6 个乡镇生存发展环境恶劣。北部山区以土山为主，夹杂石山；南部山区以石山为主，夹杂土山。山区占全县面积的 95%，其中石漠化区域比例大，占全县土地总面积 18.33%。2011 年全县总人口 43 万人，国家、自治区认定的贫困村 41 个，贫困人口达 14.6 万多人，占全县总人口近 34%。

2.1 建立和完善"六大体系"，不断夯实农村金融服务基础

田东县积极探索创新，建立和完善金融组织体系、支付体系、信用体系、保险体系、担保体系、基础金融服务体系等"六大体系"，逐步破解了农民贷款难、银行放贷难、农村支付结算难等农村金融服务"老大难"问题，从生产实践上建立起生产要素在城乡之间的自由流通的局面，为村镇建设管理奠定了坚实的基础。

一是完善组织体系，实现金融网点全覆盖。2008 年以来，田东县组建北部湾村镇银行，进一步增强金融支农力量；农村信用社实现"三级跳"——先后重组改制为农村合作银行、农村商业银行；分别成立祥周鸿祥、思林竹海两家农村资金互助社。目前，全县拥有 9 家银行金融机构，18 家非银行金融机构，网点覆盖 10 个乡镇、农事村办点和部分村屯，金融机构种类齐全度居广西县域首位。

二是完善支付体系，实现大小额支付系统全覆盖。田东县大力改善农村支付环境：在广西第一个实现"乡镇级金融网点跨行资金汇划乡乡通"。截至 2013 年，全县 ATM 机及自助服务终端布放达到 2.16 台/万人，POS 机平均 30.47 台/万人，累计安装电话支付终端 731 台，均超过全国平均水平，成为全国首个实现转账支付电话"村村通"的县，被人民银行总行确定为十个"全国农村支付服务环境建设联系点"之一。

三是建立信用体系，实现农村信用系统全覆盖。对全县 8.3 万农户进行信息采集，对 79902 个农户建立信用信息档案，并进行信用评级，评为 A 级以上 4.5 万户。通过发放信用贷款，使农民获得贷款的时间由原来的 3~7 天缩短为 1 天，金融支农效果明显。五年来累计向 4.7 万户农户发放无需联保、担保、抵押的小额贷款超过 15 亿元。2011 年获国家信用体系建设部际联席会议办公室认定为全国首个"信用县"。

四是建立保险体系，实现惠农特色保险有效覆盖。田东县在开展繁殖母猪、甘蔗、林木、水稻、农房等农业保险的基础上，2010 年启动香蕉、甘蔗等特色农业保险，2011 年在全国首创芒果种植保险新险种。开展"小农户＋小贷款＋小保险"，实现了"政银保"合作的支农助农惠农新格局。2011 年获得"全国农村保险示范县"称号，2012 年获得"全国农村保险明星示范县"称号。

五是建立担保体系，实现助农担保有效覆盖。2010 年 2 月田东县助农融资担保公司成立，注册资本金 3000 万元。截至 2013 年末，受理担保贷款金额达 1.2 亿元，有效降低了银行信贷风险。目前，田东县已经形成了银行机构、保险机构、担保机构联动服务"三农"事业新格局。

六是建立服务体系，实现基础金融服务有效覆盖。田东县以村为单位建立"三农金融服务室"，实现农民足不出村就可办理的"一站式"金融服务，有效解决金融机构网点不足、人员短缺的问题。另外，对一些极端贫困、信用等级太低、有贷款需求而又无法通过银行贷款审查的农户，全县建立了 20 个"贫困农户发展生产互助协会"，帮扶银行信贷无法覆盖的贫困农户，实现扶贫资金的循环可持续利用。

2.2 创新金融产品和服务方式，满足农村多元化金融需求

一是产品创新。鼓励金融机构开发金融产品，推出农贸易等涉农信贷、保险产品 37 个，覆盖农业农村及各个生产环节。推进集体林权制度、土地流转制度改革，创新农户可抵押担保资产，开展林权抵押贷款和土地承包经营权质押贷款。

二是服务创新。构建以较小额度财政投入为撬动的"一室一权一评级，保险、担保加支付"的立体

化服务体系。各金融机构开辟了涉农贷款审批"绿色通道"，推出了"公司＋基地＋农户"、"龙头企业＋合作社＋农户"等新型信贷模式，提高了农户信贷覆盖面和满足率。

三是市场创新。2012年成立广西第一家县级农村产权交易中心，为农村产权交易提供平台，激活农村资产。并首创出台《开展农村产权抵押贷款试点工作的意见》，引导银行机构开展农村产权抵押贷款业务。

2.3 找准农村金融改革着力点，强化服务中心工作的能力

一是加快推进农业产业化进程，大力培育新型农村经营主体，支持农民自愿合作、发展新型农民专业合作经济组织，目前全县已有202个农民专业合作社。

二是理顺现代农业投融资机制，2013年成立田东现代农业投资公司，为现代农业融资达3亿元；2013年引进广西金融投资集团在田东设立"综合金融服务中心"，为农业担保贷款超2.5亿元。

三是鼓励金融机构给予新型城镇化项目信贷支持，利用农村产权抵押融资投入新农村建设、新型移民社区建设等，累计完成贷款4.1亿元。

四是探索金融扶贫模式，破解贫困农户脱贫致富难题。启动贫困村中非信用转信用村活动，并在20个贫困村成立"贫困农户发展生产互助协会"，依托农民专业合作社规模化、专业化平台，强化对贫困农户发展生产的带动，五年累计向扶贫龙头企业、贫困村发放扶贫贷款2.3亿元。

2.4 建立并完善激励机制，激发金融机构支农动力

积极发挥财政资金撬动作用，全方位、多角度支持农村金融改革，相继出台了《田东县涉农贷款奖励暂行办法》、《田东县农户小额贷款风险补偿暂行办法》和《田东县金融机构信贷增量奖励办法》等政策，激发金融机构支农动力。财政出资800万元建立风险补偿基金，专门用于金融机构"三农"贷款风险补偿。

2.5 全面启动确权工作，逐步建立健全现代农村产权制度

田东县在广西率先开展了以农村土地确权、登记、颁（换）证为主要内容的农村产权制度改革试点工作，取得了良好成效（表1）。

田东县农村产权确权基本情况　　　　　　　　　　　　　　　　　　　　　表1

序号	产权项目	进展情况	完成时间	备注
1	农村集体土地所有权	确权完毕	2012年	
2	农村集体土地承包经营权	以祥周镇为试点全面开展	计划于2015年7月完成	全区统一开展
3	农村集体建设用地使用权	全面开展	计划于2014年12月完成	全区两个试点县之一
4	集体建设用地上房屋所有权	全面开展	暂时无法确定	由于宅基地没有确权完毕，进行房屋流转、抵押、交易均存在重重阻碍
5	农村宅基地登记发证	全面开展	计划于2014年12月完成	
6	农村集体林权	确权完毕	2011年11月	
7	农村小型水利工程产权	各项准备工作	2015年底	国家级试点县

田东县依托农村产权交易中心，开展农村产权交易信息发布、产权交易鉴证、产权抵押贷款鉴证、农村资产评估、处置银行不良资产、政策法规咨询等服务。截至2013年末，田东县已开展土地承包经营权、林权业务交易57宗，交易额1.87亿元。

与我国其他城市在城区近郊开始改革集体土地产权制度不同，田东县率先在全国进行远离城区尤其是大石山区的农村开展集体土地产权制度改革。对石漠化山区20户以下的贫困自然村屯实行"有效往城镇集中、有效往村部集中"两个有效集中，实行异地集中无土安置，整合多方资源，构建新型移民社区。下一步将把经过确权、登记、颁证后的集体建设用地和宅基地，经过土地综合整理，置换出来的集

体建设用地指标和宅基地，扣除农民新居用地后的剩余部分，全部集中起来，通过田东县农村产权交易中心统一对外流转交易。这种模式不仅推动了农村产权的改革，更是把扶贫和农村产权有机地结合了起来，还加快了村镇的建设步伐，具有更好的示范意义和社会意义。

3 田东县农村金融改革取得的成效

田东县各项存款余额由 2008 年的 30.45 亿元增长到 2013 年 75.91 亿元，年均增幅 20.04%；各项贷款余额由 2008 年的 23.07 亿元增长到 2013 年 70.89 亿元，年均增幅 25.17%；涉农贷款余额由 2008 年 15.37 亿元增长到 2013 年 50.93 亿元，年均增幅 27.07%，占全部贷款余额比重保持在 70% 左右；农户贷款覆盖率从 2008 年的 26% 上升到 2013 年的 58%；农户贷款的满足率从 2008 年的 35% 上升到 2013 年的 98%；平均单笔贷款额由 2008 年的 1.86 万元上升到 2013 年的 3.96 万元；农村金融机构不良贷款率从 2008 年的 2.36%，降低到 2013 年的 0.69%；2008 年全县保险综合覆盖率为 30%，2013 年上升到 71%；金融知识普及率由 2008 年的 0.2%，上升到 2013 年的 25%。

五年来，涉农贷款持续、稳定、大额的增加，有力地促进了农业经济的快速增长和农民收入的稳步提高。田东县地区生产总值由 2008 年的 43.37 亿元增长到 2013 年 113.55 亿元，年均增幅 21.22%。农业总产值由 2008 年的 21.08 亿元增长到 2013 年的 36.48 亿元，年均增幅 12.83%，远高于我国和广西平均水平。县财政收入由 2008 年的 6.37 亿元增长到 2013 年的 15.47 亿元，年均增幅 19.42%。农民人均纯收入由 2008 年的 3363 元增长到 2013 年的 7324 元，年均增幅 16.84%，位居广西前列。

基于资源要素约束的西北干旱半干旱地区
城镇体系布局研究

王 真

重庆市规划设计研究院

摘 要： 本文从分析西北干旱半干旱地区资源禀赋下城镇体系布局的特点出发，从水资源、地形地貌、交通条件、城镇基础设施等人地关系内在影响因子角度切入，探寻资源约束条件对城镇体系布局带来的影响及其形成机制，并以中卫市作为实证研究对象，基于资源约束条件下的人居环境适宜性评价、以联合国人居标准界定的生态移民转移疏解和吸纳地区的选取、可利用水资源人口承载力分析等技术方法，提出了中卫市城镇体系布局的优化方案和生态移民的安置建议，为城镇体系布局空间方案的制定提供了新的研究视角。

关键词： 城镇体系；人口承载力；生态移民

1 城镇体系布局的特点

根据地理差异，我国西北干旱半干旱地区城镇分布的区域大致可划分为黄河沿岸灌溉区、风沙干旱地区和水土流失区三类区域类型。黄河沿岸灌溉区地势平坦，水土条件组合较好，适宜城镇建设，城镇数量较多，城镇密度较大，且分布较均匀。风沙干旱地区水资源匮乏，水土资源组合较差，处于城镇体系发展的低级阶段：城镇规模小，经济实力弱；城镇松散分布，点状发展，城镇之间距离较远，空间联系相当弱。水土流失区地貌以黄土丘陵为主，川、塬、梁、峁相间分布，用地坡度多在 15°以上，对城镇的分布限制较大，可以建设的用地狭窄基本上位于山间和河谷地带，城市化属于河流城市化，城市形态的形成主要受制于由河谷或山地的局限所形成的区域交通基础设施网络，与河流的分布特征相近，表现为枝状特征，城镇的分布不均匀。

2 城镇体系形成与发展的资源限制条件

由于城镇体系是在特定历史条件下，由区域内外自然条件，自然资源和人类活动等综合作用而形成的社会经济综合体，不同资源限制条件及其组合方式会产生不同的城镇体系布局形态，西北干旱半干旱地区尤为如此。

2.1 水资源的稀缺性限制了区域人口承载力

西北地区地处内陆腹地，干旱少雨、蒸发量大。黄河沿岸地区依靠黄河灌区，可利用水资源相对充足，但其他绝大部分地区干旱指数（年蒸发量与年降水量之比）都在 10 以上，属于严重干旱地区，境内几乎没有地表径流。从水资源构成上看，人畜用水及工农业生产用水主要靠开采地下水和引用黄河水解决。从水资源利用结构上看，西北半干旱地区多是传统的灌溉农牧业，农牧业用水量占总用水量的 90% 左右，高出全国平均水平，致使生态环境用水无法保障，进一步加剧生态环境恶化。水资源短缺已成为西北半干旱地区经济发展、生态环境改善的瓶颈。

2.2 地形地貌限制了人口分布的均匀性

总体来看该地区人口分布相当分散，人口密度为 52 人/km²，仅相当于全国人口密度的 40%。但若除去一半左右不宜人类居住的高山、高原、沙漠、戈壁面积，人口密度将提高一倍，相对集中在平原、河谷、盆地和条件较好的高原地区。因此，城镇空间布局明显不同于东部和中部地区。

2.3 交通条件改善加快了城镇化发展进程

随着社会经济的发展，西北地区不少古代"丝绸之路"的驿站演变为较大的城镇。史料指出，古代城市的兴盛同经济的发展、文化交流和贸易的开放，特别是邮路、交通的开发息息相关。当海上交通取代陆上丝绸之路时，沿路城市也随之萎缩。到了20世纪90年代初，随着新亚欧大陆桥的贯通，给我国"沿桥"城市带来了新的历史性发展机遇。随着铁路干线的延伸以及双轨化和电气化的实施，尤其是兰新铁路干线，给城镇发展注入了新鲜血液和活力。与此同时，城乡公路运输网的贯通及公路高速化的实现，构成西北地区城镇体系的网络地域组织，加快了农村城镇化进程和城镇发展步伐。可见，古"丝绸之路"形成了西北绝大部分城市与城镇的雏形，公路与铁路的贯通体现出城镇体系以大陆桥作为发展主轴的空间分布特征。

2.4 城镇基础设施辐射能力限制了人口集聚的程度

西北地区地广人稀，加上自然、历史及经济发展条件差异性较大等原因，地区间发展极不平衡。黄河沿岸地区城镇基础设施相对完善，但广大农村牧区基础设施建设成本极高，基础设施条件严重滞后。虽然多年来当地政府投入了大量的资源改善生产生活条件和生存环境，但基础设施有限的辐射力在如此广大的地域内难以发挥，高投入并没有产出明显的成效，水、电、路、讯、医疗、卫生、教育等基础设施瓶颈矛盾仍然存在。为使更多的人享受到市政基础设施，增强投资的有效性，必然要求适度集中发展。

3 基于资源约束条件的城镇体系布局实证研究

宁夏回族自治区中卫市下辖沙坡头区和中宁、海原两县，总面积16986平方公里；地处黄土丘陵——黄河冲积平原——沙漠戈壁地理单元的过渡区，既拥有黄河丰富的可利用水资源，也涵括了六盘山部分的严重缺水地域；地理条件多样、生态系统敏感性高，沙漠、台地、山地占全市土地总面积的90%；北部沿黄河地区人口和产业集聚度较高，以资源加工业为代表的工业化进程处于加速扩张阶段；中部和南部山区以农业为主，南部海原县回族人口占多数，受自然条件和资源条件的限制，该地区是国家"三西"贫困地区之一，此外该地区人口超生问题较为严重，脱贫是区域发展的首要任务。

3.1 城镇体系分布现状特征及问题

2011年中卫市常住人口为109万人，城镇化率为32.5%，低于全国平均水平。已形成10万~15万人规模的城市1个，5万~10万人2个，3万~5万人15个，1万~3万人18个，1万人以下2个。城镇分布呈明显的水资源和交通通道指向性，主要沿黄河和主要交通通道分布（图1、图2）。

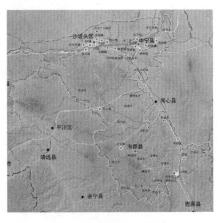

图1 现状城镇体系结构

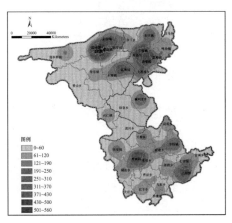

图2 现状人口密度分布

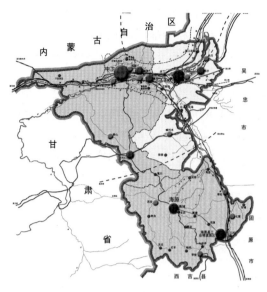

图3 《中卫市城市总体规划（2011～2030）》
城镇等级规模结构规划图

中卫市于2004年撤县建市，现在的沙坡头城区是在原中卫县县城的基础上发展而来，建成区面积小，城市基础设施配套能力较弱，集聚和辐射能力差，对整个市域带动能力弱小。此外由于工业园区布局分散，园区基础设施建设滞后，以单纯的发展工业为主，造成了园区发展与城市发展脱节，进一步制约了中心城区规模的扩张和功能的完善。

《中卫市城市总体规划（2011～2030）》从上位城镇体系规划、现状人口规模和各镇总体规划预测的人口规模出发，提出了以市域中心城市为基点，依托黄河、铁路和主干公路的城镇体系布局（图3）。然而仅凭做大沙坡头区打造市域中心城市缺乏现实基础，同时广大生态脆弱地区的贫困乡镇如何向外转移疏解人口压力实现脱贫也没有得到很好解决，因此中卫市提出通过整合沙坡头区和中宁县城形成市域人口和产业聚集极核，实现做大中心城市的愿景，同时加大城乡统筹力度，通过生态移民转移疏解中部和南部贫困乡镇人地矛盾，从而推进城市化进程。从资源约束条件出发，分析地区人口承载力，为生态移民战略部署提供更加科学理性的依据，从而实现城镇体系更为合理的布局。

3.2 人居环境适宜性评价

基于中卫市所在的西北干旱半干旱地区独特的资源约束条件，本文选取水资源可获取度、城镇公共服务设施辐射力、产业园区辐射力、交通可达性、高程、坡度等6项资源限制性因子，建立人居环境适宜性评价指标体系。在确定各限制性因子权重时采用基于专家咨询法（DELPHI）的层次分析法（AHP），检验系数在可接受的范围内，进而进行各评价因子的加权叠。在将各评价因子数字化为矢量数据的基础上，基于ARCGIS9.3的栅格加权叠加分析模块，对栅格化后的评价因子进行叠加，修正不合理图斑，并按照适宜、较不适宜、较适宜、适宜四个等级分级，得到中卫市人居环境适宜性的最终评价（图10）。

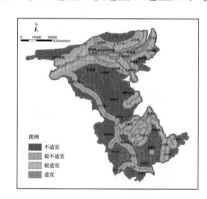

图4 水资源单要素评价

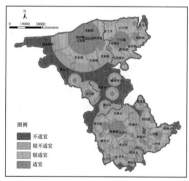

图5 城镇公共服务设施单因素评价

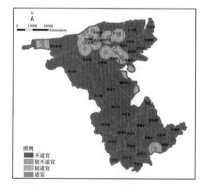

图6 产业园区单因素评价

3.3 生态移民地区的选取

基于中卫市资源约束条件下的人居环境适宜性评价，在ARCGIS9.3叠加分析模块的辅助下实现现状人口密度、城镇分布数据与人居环境适宜以及较适宜数据的叠加，参照联合国人居环境标准界定宜转移疏解和承接吸纳人口的区域①。

———————————

① 注：假设生态移民全部在市域内部进行。

图 7　交通可达性单因素评价

图 8　高程单因素评价

图 9　坡度单因素评价

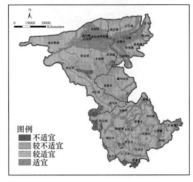

图 10　人居环境适应性综合评价

3.4　宜向外转移疏解人口的地区

满足以下条件的区域宜向外转移疏解人口：现状人口密度过高，资源潜力已过度消耗；严重干旱缺水，不具备基本生存条件；现有或规划建设的人饮工程不能覆盖的地区和建得起工程用不起水的地区；交通不便、出行困难的区域。从而大致得到宜向外转移疏解人口地区的分布（图11）。

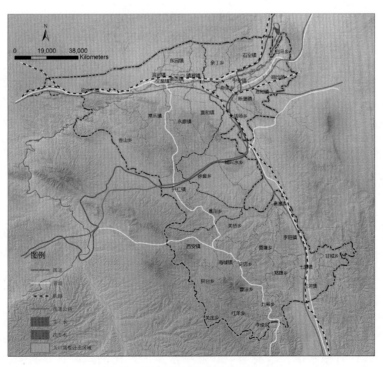

图 11　宜向外转移疏解人口的地区

3.5 宜吸纳人口的地区

满足以下条件的区域宜进一步吸纳人口：现状人口密度较低，资源承载力尚有一定存量；有可以安置移民的水、土资源，包括已经建设的引、扬水工程，新建、改造水库，改造库井灌区和有灌溉水源的川台地；就近有符合农村安全饮水标准的水源，有已建成或拟建的饮水工程；靠近乡镇、行政村等公共服务设施密集地区；交通出行便利；有产业依托，靠近一定规模的特色产业、工业园区。从而大致得到宜进一步吸纳人口地区的分布（图12）。

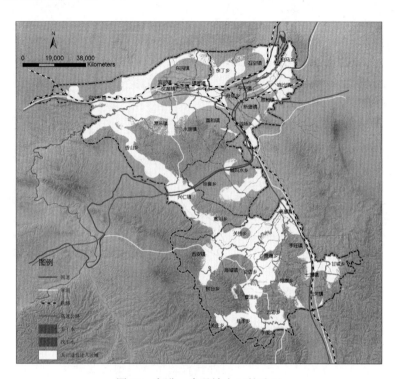

图12　宜进一步吸纳人口的地区

3.6 基于水资源承载力的城镇体系优化布局

可利用水资源分布对西北干旱半干旱地区人口以及城镇分布有决定性的影响，因此本文选取可利用水资源作为分析人口承载力的指标，进而明确现时人口相对于人口承载力的饱和情况，从而为调整各乡镇人口规模、优化城镇体系规模结构和布局提供依据。

3.7 水资源现状特征

中卫市可利用水资源总量为12.5亿立方米，但对外依赖性强，90％以上为过境水资源，且过境水资源可调配量有限，水量季节性波动较大（图13）。其中黄河水耗用量达到6.87亿立方米，已经超过区域初始水权分配极限。根据西北干旱半干旱地区过境水资源可开发利用潜力的共性分析，中卫市可利用当地水资源量仅为1亿立方米，人均当地水资源不到100立方米，远远低于全国平均水平，属于重度缺水地区（图14）。再加上区域蒸发量大，保水能力差，本地水资源开采量已达极限，干旱缺水问题加剧。

从可利用水资源分布来看，可概括为北多南少，沿黄地区多、南部山区少。北部黄河沿岸、中部黄灌区靠近大江大河，引黄渠系发达，过境水资源取用便利，可供水量较丰富，人均供水量达到1819～2199立方米。该区域广泛种植水田、水浇地，农业用水量大、比例高。农业灌溉大面积使用传统的深水淹灌方法，农业亩均用水量是全国平均水平的2.2倍，用水效率低下；南部六盘山区，山高水远，水

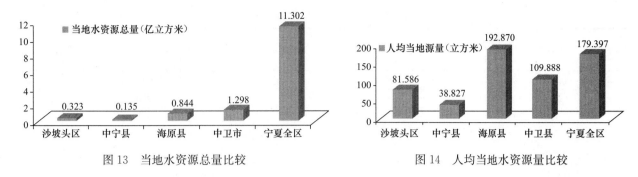

图 13 当地水资源总量比较　　　　　　　图 14 人均当地水资源量比较

利基础设施建设薄弱，资源型缺水和工程型缺水尤为突出，人均用水量仅为 214 立方米，不仅极大地制约了农业生产，生活用水也得不到基本保障。北部和中部灌区水资源利用效率低下、南部山区供水保障率低下，区域性缺水瓶颈问题日益凸显，已成为制约中卫可持续发展的重要因素（图 15）。

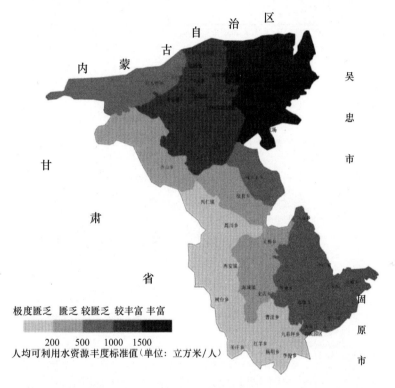

图 15　人均可利用水资源分布情况

3.8　基于水资源约束的人口承载力分析

参考联合国可持续发展委员会提出区域生活和生产用水最低标准，考虑中卫市干旱少雨、蒸发量大、农业用水需求量大、生态环境保护压力大的事实，确定中卫市水资源承载力极限标准为人均可利用水资源量 600 立方米。由此可得到中卫市水资源极限承载人口 208 万人，其中沙坡头区、中宁县、海原县分别为 68 万、95 万、45 万人。

以乡镇为单位计算水资源人口承载力，从而进一步得到水资源人口承载力的分布情况。根据公式 $W=P \times \overline{W}$，可得到各乡镇可利用水资源量（W 为可利用水资源量，P 为现状常住人口数，$\overline{W}$ 为为人均可利用水资源量。）由公式 $A=W/S\overline{W}$，可计算各乡镇最大可承载人口（A 为人口承载力，$S\overline{W}$ 为联合国标准人均可利用水资源量）由此，根据公式 $\Delta P=A-P$，可得到各乡镇现状人口饱和值（ΔP 为人口承载力与现状人口的差值），从而反映各乡镇人口的过载情况，为各乡镇制定人口迁入迁出政策提供依据，更好地指导城镇体系规模结构布局（表 1）。

各区县、乡镇人口饱和情况 表 1

区县名	镇名	P	$\overline{W}_{max}$（m³）	W_{max}（万 m³）	A_{max}（人）	ΔP	$\overline{W}_{min}$（m³）	W_{min}（万 m³）	A_{min}（人）	ΔP
沙坡头区	蒿川乡	14639	200	293	4880	−9759	100	146	2440	−12199
	兴仁镇	22989	500	1149	19158	−3832	200	460	7663	−15326
	香山乡	9661	500	483	8051	−1610	200	193	3220	−6441
	常乐镇	23238	1500	3486	58095	34857	1000	2324	38730	15492
	永康镇	31594	1500	4739	78985	47391	1000	3159	52657	21063
	宣和镇	47490	1500	7124	118725	71235	1000	4749	79150	31660
	柔远镇	28923	1500	4338	72308	43385	1000	2892	48205	19282
	滨河镇	57847	1500	8677	144618	86771	1000	5785	96412	38565
	其余乡镇略									
中宁县	略									
海原县	略									

注：P 为 2011 年各乡镇常住人口，$\overline{W}_{max}$ 为最大人均可利用水资源量，W_{max} 为最大可利用水资源量，A_{max} 为最大人口承载力，$\overline{W}_{min}$ 为最小人均可利用水资源量，W_{min} 为最小可利用水资源量，A_{min} 为最小人口承载力，ΔP 为人口承载力与现状人口的差值，ΔP 为 "−" 时，表示人口超载

各乡镇取人均可利用水资源（$\overline{W}$）最大值时，对人口超载的乡镇求和，可知全市需转移疏解的人口共计 16.8 万人（需向外转移疏解人口的地区如图 16）。

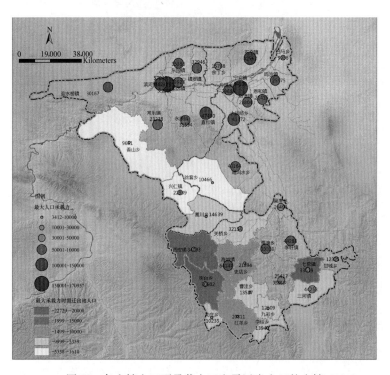

图 16 各乡镇人口可承载人口和需迁出人口的乡镇

各乡镇取人均可利用水资源（$\overline{W}$）最小值时，对人口超载的乡镇求和，可知全市需转移疏解的人口共计 29 万人（需向外转移疏解人口的地区如图 17）。

3.9 基于水资源人口承载力的理想人口规模

综合现状人口，人均环境适宜性评价、上位规划的城镇体系规模结构，得出需要转移疏解人口的乡镇，通过优化平衡得到各乡镇理想人口规模（需向外转移疏解人口的乡镇和各乡镇理想人口规模结构如图 18）。

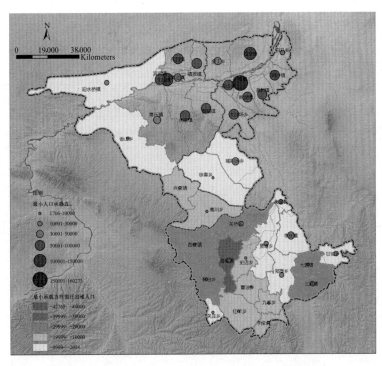

图 17 各乡镇人口可承载人口和需迁出人口的乡镇

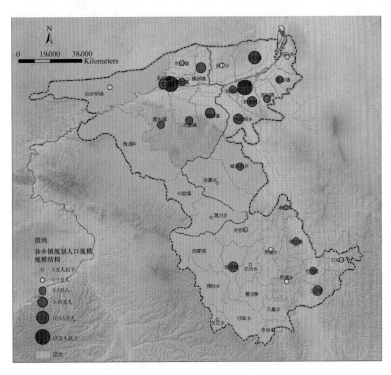

图 18 各乡镇理想人口规模和需转移疏解人口的乡镇

3.10 城镇体系布局的优化调整

按照整合沙坡头区和中宁县城，实现同城化发展，做大做强市域中心城区的发展思路，对市域城镇体系规模结构进行优化调整（图19）。沙坡头区和中宁县城通过整合，力争成为人口超过50万人的大城市；海原县城和海原新城通过联动发展，吸纳中南部山区的生态移民，力争成为人口超过20万人的中等城市和南部山区新的增长点；重点乡镇和一般乡镇依托重要交通廊道和节点，结合资源禀赋，根据人口承载力的相容性向外转移或承接生态移民，实现人地关系的平衡发展。

各乡镇优化后的理想人口规模　　　　　　　　　　　　　表2

等级		规模（万人）	数量	城镇
大城市	中等城市	30～35	1	沙坡头市区（文昌、滨河、柔远）
	中等城市	20～25	1	中宁县城区（宁安、石空、新堡）
中等城市	小城市	10～15	1	海原新城（三河、七营）
	小城市	8～10	1	海城镇
重点镇乡		5～10	3	宣和镇、镇罗镇、大战场乡、
		3～5	7	迎水桥镇、李旺镇、常乐镇、永康镇、喊叫水乡、舟塔乡、恩和镇、鸣沙镇
一般镇乡		1～3	9	郑旗乡、甘城乡、贾塘乡、关桥乡、高崖乡、东园镇、余丁乡、白马乡、兴仁镇
		小于1	12	李俊乡、关庄乡、九彩乡、红羊乡、曹洼乡、树台乡、史店乡、西安镇、蒿川乡、香山乡、徐套乡

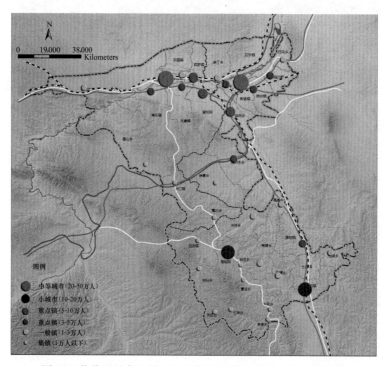

图19　优化后的各乡镇人口承载力规模和需迁出人口的乡镇

4　结　语

在西北干旱半干旱地区人地关系矛盾愈发突出的形势下，城镇体系布局受到来自资源条件的约束正日益得到重视，这也是新型城镇化规划的内在要求。生态移民政策是调整城镇体系结构，解决贫困问题的有效手段，但在选择何种空间布局和安置方案的过程中必须采取科学和理性的分析手段。然而，城镇体系布局只是推进西北干旱半干旱地区新型城镇化发展这项系统工程的一部分，且除了本文提到的资源约束条件外，城镇体系布局还受到来自人类历史活动、区域开发政策等诸多因素的影响，绝非本文所涉及的因素所能囊括。

参考文献

［1］　重庆市规划设计研究院. 中卫城乡一体化发展规划与推进方案［Z］，2013.

［2］　方创琳，孙心亮. 基于水资源约束的西北干旱区城镇体系形成机制及空间组织［J］. 中国沙漠，2006（6）.

［3］　曹象明，曹东盛. 宁夏脆弱生态环境条件下城镇体系空间布局研究［C］. 城市规划年会论文集（2004）.

［4］　罗强强，杨国林. 宁夏移民扶贫开发的经验和效果［J］. 农业现代化研究，2009（5）.

湖北省 21 个示范乡镇类型与发展特色研究[①]

王卓标　黄亚平

华中科技大学

摘　要：本文以湖北省 21 个示范乡镇"四化同步"系列规划为研究样本，将 21 个示范乡镇类型划分为"三类六型"，即大城市都市区乡镇、平原地区乡镇、山地地区乡镇三个大类，大城市功能组团型乡镇、大城市郊区城郊型乡镇、工贸型乡镇、商贸型乡镇、旅游服务型乡镇和工矿型乡镇六个亚类。文章根据不同类型乡镇的特点，从产业发展方向、职能特色、居民点体系、景观风貌等方面探讨了其发展特色。

关键词：湖北省；乡镇类型；发展特色

1 "三类六型"的乡镇分类

关于乡镇分类的研究，国内外学者研究多集中在小城镇分类的研究，并从区域自然地理特征、城镇职能、空间形态、发展模式、发展依赖路径等不同维度提出了不同的分类[1][2]。

从已有分类研究可以看出，乡镇类型的划分从不同的维度出发，可以有不同的类型分类。湖北省作为中部内陆地区，地势呈三面高起、中间低平、向南敞开、北有缺口的不完整盆地，其社会经济发展与宏观地理条件具有很大关联性。2010 年，湖北省共有 103 个县级行政单元（县 38 个，自治县 2 个，县级市 24 个，市辖区 38 个，林区 1 个），其中有 24 个县市为国家级贫困县，主要分布在省域东西边境地区的秦巴山、大别山、武陵山、幕阜山等大型山系。

本文针对湖北省 21 个示范乡镇的实际情况（图 1），从宏观地理环境和发展路径两个维度出发，将

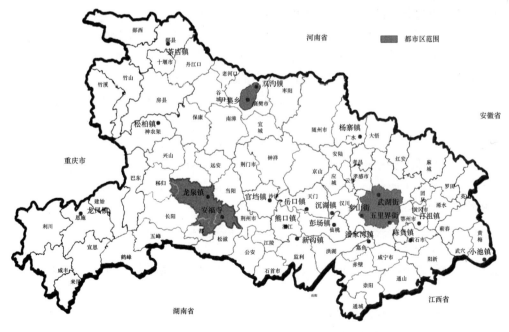

图 1　湖北省 21 个示范乡镇宏观地理分布图

（图片来源：作者自绘）

---

①　基金项目：国家自然科学基金"中部地区县域新型城镇化路径模式及空间组织研究——以湖北省为例"（批准号 51178200）。

其类型分为"三类六型"，即大城市都市区乡镇、平原地区乡镇、山地地区乡镇三个大类，大城市功能组团型乡镇、大城市郊区新城型、工业型乡镇、商贸型乡镇、旅游服务型乡镇和工矿型乡镇六个亚类（表1）。

湖北省21个示范乡镇分类一览　　　　　　　　　　　　　　　　　表1

类型		个数	大城市都市区内示范镇名称
大城市都市区乡镇	功能组团型	2	武湖街、龙泉镇
	郊区新城型	5	五里界街、豸山街、双沟镇、尹集乡、安福寺
平原地区乡镇	工业型		新沟镇、彭场镇、管珌镇、沉湖镇、熊口镇、岳口镇、汀祖镇、潘家湾
	商贸型		小池镇
山地地区乡镇	旅游服务型		松柏镇、茶店镇、龙凤镇
	工矿园区型		陈贵镇、杨寨镇

（资料来源：作者根据相关规划归纳整理）

2 "大城市辐射"为主驱动力的大城市都市区乡镇发展特色

"大城市辐射"的外来力是乡镇发展的主推动力，是大城市都市区乡镇的共同特点。这类乡镇的发展，依托自身土地、人工成本低廉的优势，根据自身的区位条件、自身资源条件及发展特点，承接大城市不同的产业转移和城市功能，把小城镇的发展纳入都市区整体产业发展战略之内。从功能发展的趋势来看，可以分为功能组团型和郊区新城型两类。

2.1 功能组团型：高度融合

此类小城镇的发展动力直接决定于其区位条件及上位大城市的经济辐射能力，与大城市中心城区功能高度融合是其发展的典型特征。在21个示范乡镇规划中，武湖街、龙泉镇属于此类，且以武湖街最为典型。

2.1.1 "高附加值，低能耗"的都市产业发展方向

功能组团型乡镇的区位，决定了其需要从大城市产业战略导向中明晰产业发展方向。武湖街位于武汉中心城区边缘，与武汉市三环线仅有一桥之隔，是城市产业扩散的优先地区，具有良好的产业基础和区位条件，其未来产业发展方向受到武汉整体战略发展的深刻影响。

《武汉市2049年远景发展战略规划》提出打造金融中心、贸易中心、创新中心与高端制造中心四大战略发展产业，《黄陂区"十二五"产业布局规划》提出临空产业、高新技术产业、现代商贸物流业、先进制造业、现代都市农业生态旅游业、旅游商品配套产业等7个重点发展产业，武湖街的产业选择耦合市、区等宏观战略产业发展趋势，选择的是信息技术、节能环保、高新科技、高端制造和高端服务的绿色增长产业体系，明确了向高科技、高附加值和低能耗转型的产业发展方向。

2.1.2 "大城市综合型功能组团"的职能特色

武湖街作为武汉主城区边缘乡镇发展起来的城市功能组团，与主城区原有功能组团相比，综合性更强。在《武汉市都市发展区"1+6"空间发展战略实施规划》中，提出武湖街为以农产品加工、研发为主，兼有家具、建材等物流配送功能的综合性组团，以及明确了武湖组团属于北部新城组群的组团服务中心之一。

2.1.3 "全域一体"的城乡居民点空间发展态势

在农业经济主导时期，组团型乡镇的村庄空间主要按照耕作半径在原有地域聚落自发蔓延。随着工业化、农业现代化的发展，原有依附于耕地的传统生产方式将会发生根本改变，原有"均质分散"的城乡居民点聚落形态将走向"全域一体"的城乡居民点空间发展态势。

当前，武湖街村庄空间主要按照原有地域聚落自发蔓延，呈现西密东疏的格局。在城镇化加速发展

中，西部城镇周边村庄正在逐步就地城镇化，融入武湖镇区；东部村庄由于地形条件的限制，在沙口地区呈现集聚扩张的态势。随着中部地区科技农业、现代农业项目的空间聚集进一步凸显，乡村旅游服务中心的建设和现有村庄的迁出成为必然。其村落空间态势将从分散走向集聚，实现由二元城乡向全域城镇转变（图2）。

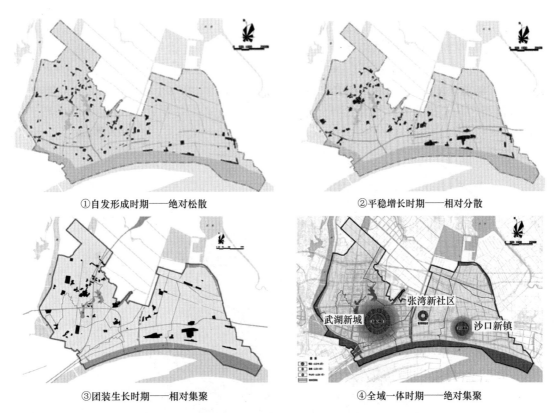

①自发形成时期——绝对松散　　②平稳增长时期——相对分散

③团装生长时期——相对集聚　　④全域一体时期——绝对集聚

图2　武湖街城乡空间演变分析

（图片来源：根据《武湖街"四化同步"试点规划》整理）

2.2　近郊新城型：借"城"兴"镇"

不同于组团型乡镇的发展动力直接取决于大城市功能拓展，近郊新城型乡镇的发展动力来自于大城市产业转移的间接拉动。在21个示范乡镇规划中，五里界街、泛山街、双沟镇、尹集乡、安福寺属于此类，且以五里界街最具有代表性。

2.2.1　"嵌入型产业为主导、内生型产业为特色"的产业发展方向

五里界生态资源禀赋高，工业基础薄弱，处于大城市郊区"灯下黑"的尴尬境地。从产业发展来看，嵌入型产业将成为五里界的主导产业。五里界街充分利用其区位交通及生态环境优势，承接东湖国家自主创新示范区的产业辐射转移，选择以光电子信息产业、节能环保产业、生物技术产业等外来产业为主导。而依托与自身资源禀赋的农业、旅游业将走特色化道路，成为乡镇发展的先导。"一产特色化、二产高端化、三产协同化"是其产业发展特征。

2.2.2　"多重使命"的大城市郊外新城的职能特色

大城市城郊型新城在规划意义上主要作为构建大城市的开敞式、多中心空间结构的地域发展单元，实现变"单中心城市"为"组群城市"。在职能上，新城职能也被赋予"多重使命"。

一方面，优越的自然地理环境和宏观区位，将使五里界镇区成为武汉都市区高新技术产业转移地，承担武汉建设国家中心城市的部分重要功能，乡村地区则将以都市农业的形式为大城市提供旅游休闲服务，承担着支撑武汉都市区发展、产业空间拓展、促进武汉"1+8"多中心地域结构形成的任务；另一

方面，五里界镇区仍将发挥其带动乡村经济、服务乡村的作用，成为现代农业生产的服务中心和农民城镇化的前沿阵地，而乡村地区则仍将通过现代化的农业生产发挥其农业生产作用，成为统筹城乡发展的桥头堡。

2.2.3 "全域景区、一村一品"的乡村居民点建设

农业特色化、旅游化，决定了大城市城郊型乡镇居民点建设具有"全域景区、一村一品"的特点。南部的乡村发展片区，是五里界都市观光农业、旅游业的重要空间载体，规划了"一心一带、三新十特、三环镶嵌、七彩缤纷"的布局结构（图3）。"一心"是指江夏环梁子湖国际生态旅游区综合服务中心，"一带"指南部滨湖生态带，"三新"指三个新农村中心社区（风情小镇），"十特"指十个特色精品村，"三环"指三组旅游环线，"七彩"指多个特色农业园区，并根据每个精品村不同的资源禀赋，按照休闲旅游服务型特色村、渔家农耕文化型特色村、康体养生配套型特色村三种不同特色进行打造，走"全域景区、一村一品"的乡村居民点建设模式。

图3　五里界街美丽乡村规划结构图

（图片来源：根据《五里界街"四化同步"试点规划》）

3 "工农业并举内生力"为主驱动力的平原地区乡镇发展特色

"工农业并举的内生力"为主驱动力，是平原地区乡镇的共同特点。一方面，基于现有优势，强化主导产业，延长产业链，实现产业集群发展，提升小城镇工业化水平，以工业化带动城镇化，吸引人口、产业的不断积聚，实现乡镇企业城镇化协调互助发展；另一方面依托农业产业化和周边特色农业资源，培育特色农业资源深加工、精加工为主导产业，利用小城镇与农业和农村经济天然联系，依托农业和农村形成一个完整经济体系，推动农村、城镇协调发展，以多种形式促进"龙头企业＋农户"共同体形成，以工农关联解决"三农"问题。

3.1 工贸型乡镇：双轮驱动

平原地区的工贸型乡镇一般都具有良好的工业基础、丰富的农业资源和便利的交通等优势，"农业支撑，工贸驱动"是其乡镇发展路径。在 21 个示范乡镇中，新沟镇、沉湖镇、彭场镇、岳口镇、官垱镇、小池镇、熊口镇、汀祖镇和潘家湾镇 9 个乡镇属于此类，且以新沟镇最具代表性。

3.1.1 "夯实基础，拓展延伸"的产业发展方向

新沟镇是一个典型的工农型乡镇，工业发展（以农产品加工业为主）在经济发展中占主导地位。2011 年，新沟镇 GDP 占监利县的比重也由 17.3% 上升为 20.6%，位居监利县各乡镇首位。

在未来产业的发展方向上，呈现"夯实基础，拓展延伸"的特征。一产上，做优做特第一产业，规模化发展优质粮油种植和特种水产生态化养殖。在二产方面，仍以农副产品深加工为主体，在做强做大农副产品深加工这条产业链的基础之上，产业链适当向上下游拓展。同时对"粮油规模化种植——农产品深加工——现代物流"这一条最为重要的产业链做了重点设计，走出了一条"农业支撑，工贸驱动"的发展道路（图 4）。

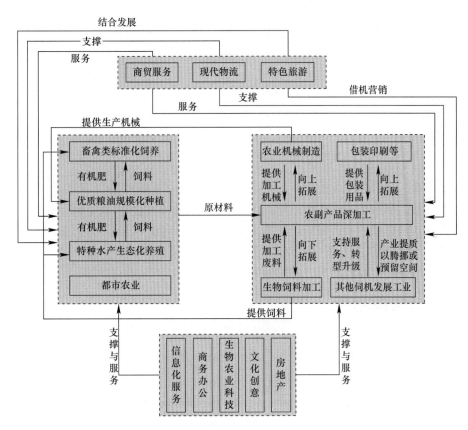

图 4　新沟镇各类型产业之产业合作与产业链延伸关系图
（图片来源：根据《新沟镇"四化同步"试点规划》）

3.1.2 "特色农产品产销一体"的职能特色

新沟镇是典型的平原水网地区，形成了"良田为底、水系密布、特色点缀"的生态基底。特色种植业和牧业已经成为新沟镇农业发展的重要支柱，是重要的稻和油菜籽种植基地。从周围乡镇来看，一是其周边乡镇的农业资源丰富，原材料供给充足；二是各乡镇工业农副产品深加工产业发展不足，与新沟镇形成了错位互补之势。因此，新沟镇发展农副产品深加工大有可为，具有成为周边乡镇农副产品集散和深加工中心的潜力。

3.1.3 "中心极化、节点集聚、有机分散"的适度聚集居民点体系

新沟镇"良田为底、水系密布、特色点缀"的生态基底特征和农产品生产基地的职能特点，决定了

其居民点建设具有"中心极化、节点集聚、有机分散"的特点（图5）。

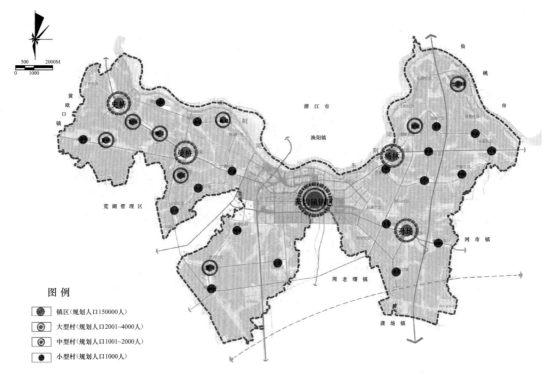

图5　新沟镇镇村体系规划图

（图片来源：根据《新沟镇"四化同步"试点规划》）

在镇区，规划提出"强心扩城，建设新区"的思路，加快"东拓南进"，老镇区南部为农产品龙头企业（福娃集团）与粮食深加工园区拓展空间，老镇区东侧为城镇新区拓展空间，吸纳农民进城。以交通网络体系为导向，加快镇域的社会服务设施和基础设施的一体化，实施"分类撤并、适度集聚"的村庄整合策略，打造4个大型村、8个中型村，实现人口的节点集聚。以农产品生产基地为依据，对农业生产服务型村落进行撤并、布局，形成"有机分散"小型农业生产村落的格局。

3.2　商贸型乡镇：工贸联动

"工贸联动为根本，专业市场建设为支点"是这类乡镇的发展特征。以"工贸联动"为根本动力，依托当地特色产品生产基地和消费市场，实现商品的快速全面集聚与流通。商贸型小城镇可分为农产品商贸基地和工业产品商贸基地两类。21个乡镇中，小池镇属于综合型商贸基地，以服务中部地区建材家居、五金机电、汽车、汽车配件、农副产品、小商品批发为主，规划定位为"面向中部地区，以集散式物流产业为主导"的现代商贸物流区。

3.2.1　面向市场的"商贸突破、捆绑发展"产业发展方向

此类乡镇产业发展，多以商贸物流业为突破口，再利用专业市场的优势，使市场对生产和消费起引导作用，发展专业性加工或工业园区，走"专业市场＋特色农产品生产基地＋专业性园区"的产业发展模式，构建面向消费的现代产业体系。小池规划中，借助5000吨新港项目，寻求与九江港捆绑发展，拓展机械加工、装备制造、信息技术、生物化工等先进制造业，与商贸物流中心契合；在商贸物流业方向上，先进制造品和特色农产品集散双轨运行，促进城乡协调发展。

3.2.2　"区域化服务"的职能特色

服务不同层级区域是商贸型乡镇职能发展特点。一般农产品商贸型乡镇，按照服务的市场级别，可以分为镇级、市级、省级、大区级等不同的职能作用层级。小池镇是区域级的商贸流通型乡镇，以服务鄂赣皖三省为服务区域，这决定了其建设规模大于一般乡镇，具备向小城市转型发展的潜力。

4 "优势特色资源"为促进力的山地地区乡镇发展特色

利用山区特色资源，走出一条跨越工业化实现产业非农化的绿色城镇化道路是行不通的，现阶段急需"农业养民"的中国山区县市，受地理环境、技术条件所限，难以全面推广农业规模化，农业三产化水平也有限，难以支撑山区县域城镇化发展。因此，充分发挥山地地区特色资源优势，以"优势特色资源"为促进力，是山地地区乡镇的共同特点。

4.1 旅游服务型：内"源"外"卖"

充分挖掘乡镇内部丰富的林业生态资源、旅游文化资源，通过向区域提供良好的旅游服务和生态资源进行乡镇发展。在21个示范乡镇中，松柏镇、杨寨镇、茶店镇、龙凤镇都提出发展旅游服务业，其中，松柏镇更是提出"世界山林养生旅游名镇，华中避暑度假第一目的地"的发展定位，重点发展旅游服务业。

4.1.1 "密集型、生态化"的产业发展特色

与其他地区相比，生态脆弱的山区县市城乡差异大，工业化和农业现代化水平低，产业拉力不足，人口推力较大，故加快劳动密集型产业发展，扩大就业是当前山区县域城镇化发展的关键。松柏镇依托本地丰富的农特产品和大量珍稀的中草药材资源，发展新农业，打造密集型产业：林果基地、蔬菜基地、药材基地，以绿色食品、无公害食品、有机食品等农林产品基地和药材加工、土特产加工制作、林果加工包装等农林产品加工业。

生态旅游型乡镇生态敏感性和林地资源优势，决定了"专业化、生态化"是其产业发展方向。松柏镇结合本镇资源基础和特色，一产通过林果基地、蔬菜基地、药材基地的建设，以绿色食品、无公害食品、有机食品等"三品"建设为龙头带动；二产以农林产品加工业为主导，重点发展药材加工、土特产加工制作、林果加工包装；三产重点发展旅游服务，打造以避暑休闲、商务会议和神农旅游为特色的旅游业。

4.1.2 "生态旅游服务"的职能特色

生态旅游型乡镇具有优越的资源环境，生态旅游、生态保育的生态化服务是其区别于其他类型乡镇的特色职能。在松柏镇的发展定位中，其被定位为：世界山林养生旅游名镇、华中避暑度假第一目的地。为华中地区乃至世界提供原生态林地特色的旅游服务将是其主要职能。

松柏镇森林茂密，树种繁多，是我国"天保工程"的一部分，对改善地区气候条件、保护生态多样性起着重要作用，具有重要的生态价值。发挥生态保育功能，将始终成为松柏镇发展过程中的重要职能。

4.1.3 "沟域集聚，山区有机分散"的非均衡居民点体系

山地地区自然地理条件和资源条件决定了经济作物特色化种植、旅游发展的农业现代化道路，镇区多位于沟域地区，农村居民点有机分散，这也决定了其居民点体系具有"沟域集聚，山区有机分散"的特征。松柏镇除镇区是行政意义上的核心外，各个分散的居民点依托农业生产和各个景区有机分散。各居民点相对独立发展，具有相对完善的旅游服务设施，服务于所在旅游片区（图6）。

4.2 工矿型：活化转型

除拥有丰富的旅游资源外，丰富的特色矿业资源是部分山区地区乡镇的发展优势。随着资源枯竭，如何活化矿业，转型发展，走出一条可持续发展道路，是工矿型乡镇需要破解的难题。在21个乡镇中，陈贵镇是以工矿产业为绝对主导的小城镇。

4.2.1 "矿业转型、多元支撑"产业发展方向

经过多年发展，工矿型乡镇的矿产资源一般都面临着国际市场钢铁产能过剩、自身资源枯竭和生态保护的三重压力，"矿业转型、多元支撑"成为工矿型乡镇的产业发展方向。针对这种局面，一方面，陈贵提出了"生态保育，活化矿业"的产业发展思路。第一，控制矿山资源开采强度，对现有开采格局

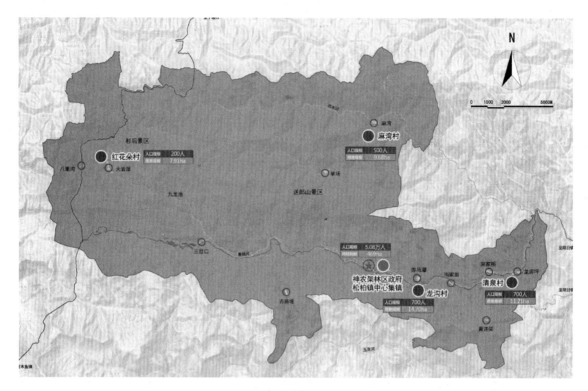

图 6　松柏镇域镇村体系规划图
（图片来源：根据《松柏镇"四化同步"试点规划》）

进行布局调整，加强重要优势资源储备与保护。第二，逐步修复废弃矿产生态环境，变废为宝，打造工业旅游新功能，打造"博物馆＋公共游憩＋创意产业"的"活化矿业"思路（表2）。另一方面，依托大冶市整体产业转型战略部署，积极探索产业转型的新思路。通过逐步引入食品加工、纺织服装、部分器械制造等新兴产业，培育替代产业转型，实现产业的"多元支撑"。

陈贵镇矿业转型一览　　　　　　　　　　　　　　　　　　　　　　　　　　　　　　表2

矿业公司	开采储量（万吨）	开采年限	近期发展建议	远期发展建议
安船矿业公司	33	3年	尽快停止开采，实施生态修复	退产还耕
刘家畈矿业公司	50	3年	尽快停止开采，实施生态修复	退产还耕
大广山矿业公司	460	8～10年	逐步缩减矿山开采规模，实施生态修复工作	采空区修复，退产还耕
铜山口矿业公司	87	8～10年	逐步缩减矿山开采规模，实施生态修复工作	通过矿山修复，打造工业旅游功能

（资料来源：《陈贵镇"四化同步"试点规划》）

4.2.2 "矿业文化"的大地风貌特色

工矿乡镇由于长时期的矿业发展，一般具有鲜明的"矿业文化"的大地风貌特色。黄石—大冶地区纵横千年的矿业文化，留下了中国不同历史时期矿业文化的成果和遗址，铜绿山古矿遗址—冶萍煤铁厂矿—国家矿山公园。陈贵镇具有坚实的矿冶文化基础，作为大冶市重要的矿业基地，境内散布着11处唐宋时代冶炼古遗址和铜山口矿区（40年矿龄）、刘家畈矿区、大广山矿区等现代矿区。规划充分继承、利用矿业基地，依托王祠古矿、铜山口矿区，凸显矿冶之乡文化特质，开发工业休闲旅游，形成矿业寻根为主题的工业旅游轴线，打造"矿业文化"景观风貌。

5　结　语

据统计，湖北省有700多个乡镇，根据不同的特点，将这些划分为不同的类型，进行差异化的特色发展，对其社会经济发展具有重要意义。本文以湖北省21个示范乡镇"四化同步"系列规划为研究样本，探讨了"三类六型"的不同类型乡镇的发展特色，以期为乡镇发展提供有价值的借鉴。

参考文献

［1］ 陈锦富. 中国当代小城镇规划精品集——综合篇（二）［M］. 北京：中国建筑工业出版社，2003.

［2］ 龙花楼，刘彦随，邹健. 中国东部沿海地区乡村发展类型及乡村性评价［J］. 地理学报，2009（4）：427-432.

［3］ 黄亚平，林小如. 欠发达山区县域新型城镇化路径模式探讨［J］. 城市规划，2014（7）：17-22.

［4］ 武汉市规划设计研究院.《武湖街"四化同步"试点规划》. 武汉，2014.

［5］ 武汉华中科技大学规划设计研究院. 五里界街"四化同步"试点规划. 武汉，2014.

［6］ 顾竹屹，赵民，张捷. 探索"新城"的城镇化之路［J］. 城市规划学刊，2014（3）：28-36.

［7］ 浙江省城乡规划设计研究院. 新沟镇"四化同步"试点规划. 武汉，2014.

［8］ 武汉华中科技大学规划设计研究院. 小池镇"四化同步"试点规划. 武汉，2014.

［9］ 上海同济大学规划设计研究院. 松柏镇"四化同步"试点规划. 武汉，2014.

［10］ 北京清华同衡规划设计研究院. 陈贵镇"四化同步"试点规划. 武汉，2014.

县域农村整体风貌控制研究框架[①]

夏 雨 李湘茹 张玉芳

河北省城乡规划设计研究院

摘 要：本文以县域为单位，研究农村整体风貌控制框架。首先提出了农村风貌的演变三大特征，并据此指出了县域农村整体风貌控制的特点；然后以控制论为线索，探讨了农村风貌控制过程中控制实施主体、控制目的、控制内容、控制方法等问题，初步建立了县域农村整体风貌控制研究框架。

关键词：县域；农村整体风貌；控制；研究框架

1 研究背景

在新型城镇化的形势下，新的一轮农村规划建设如火如荼的开展着。一方面，人们意识到由于长期对农村风貌保护的忽视和管理的失控，我国乡村历史文化特色、地域特色、民族特色慢慢消失；随着社会主义新农村的建设热情的高涨，大片新建民居甚至农村整体的改造，造成了"千村一面"的现象。另一方面，我国对农村风貌研究起步较晚，规划理论不成系统。研究内容多集中在传统古村落和特色村庄的风貌保护方面，而对一般农村的风貌研究以及某一区域内农村整体风貌研究较少。

"县域"在我国是一个很重要的空间尺度。首先，县域是一个完整的行政辖区范围，其人民政府对县域具有相对完整的管理权限。其次，县域在我国城乡规划中是一个很重要的尺度。县域不仅是某县编制规划的空间范围，更是规划实施的权限范围。最后，县域是以县城为中心，乡镇为节点，农村为终端的人类生态——社会系统，区别于城市建设区景观，对其整体风貌的研究对补充我国城乡规划体系有重要的意义。

2 农村风貌演变特征

农村风貌的形成与演变同村庄一样，主要受到自然地理、历史传统、经济生活、文化观念等四个主要因素的影响，形成了我国丰富多样的村庄风貌。农村风貌在其演变过程中主要有以下三个特征：

2.1 农村风貌演变具有地域性

我国地缘辽阔，地形地貌丰富多样，在平原、高原、山区、丘陵、沿海等各种自然地域条件下都有勤劳的农民和他们居住的村庄。村庄就像大树一样是自然的一部分，有机地与周边环境相融合。因此，农村风貌最重要的研究内容就是村庄周边的地域环境。相同的地域区域内，村庄风貌具有高度的相似性并且在演变中也保持着这样的相似性。比如平原的村庄，比较方正，路网以棋盘格为主；而山区的村庄随山就势，道路多为树枝状。

2.2 农村风貌演变具有历史性

形成农村风貌的主要的是民居建筑，而民居建筑形式是随着科技和技术的发展不断更新的。古代民

---

① 河北省社会科学基金项目：河北省农村整体风貌控制研究（编号：HB14SH015）

居建筑主要是以木、石、土为主要材料；20 世纪 70 年代以前包括明清的民居建筑以青砖为主要建筑材料，形成了灰瓦灰墙的古朴风貌，后来的红砖逐渐取代了青砖，形成了红瓦红墙的村庄整体色彩，如今民居建筑中出现了大量白色、砖红色甚至各种图案的瓷砖，农村逐渐失去统一的基调。在农村风貌研究中，应顺应时代发展要求，农村风貌要结合时代特征，体现现代文明，并与传统文化相得益彰。可见，风貌控制是一项长期的渐进式过程。

2.3 农村风貌演变具有自组织性

农村是一个特殊的社会组织，村庄由血缘和地缘关系维系着，仍保留着德高望重的乡绅共同商讨村里的大事小情的传统，由乡约村规来约束村民的行为，由村民依靠道德舆论实现相互监督。传统礼治观念以及中庸思想造成村民在建筑形式、材料和装饰艺术等方面选择的趋同性，从而形成了审美和谐、细部丰富的村庄风貌。因此，充分尊重村民的意愿，并将风貌控制规划转化为村民认可的建设行为规范，是控制农村风貌的必要条件。

3 县域农村整体风貌控制的特点

3.1 "弹性控制"思维

由于我国农村的管理体制和农村风貌的形成特点，农村风貌主要依靠"弹性控制"思维，首先，在控制体系中明确农民不能做什么，引导农民应该怎么做和最好做什么。其次，控制体系是开放的，是根据地域和发展历史可以调整的。最后，控制目标是可选择性的。这些都由政府引导、专家咨询、村民决策来确定。

3.2 "县域——村庄及其内部空间"两个尺度的整合

对县域农村整体风貌的认知尺度来分析，有整个区域的认知、对村庄及其内部空间的认知。其中区域认知是指对该县的总体认知，通常是快速穿过该区域内部时给人们的视觉认知。在区域认知层面重点在自然生态环境、农林业生产区和农村聚落区的整体的认知，属于地景尺度，强调主导景物的视觉统一性和协调性。比如，某个村庄作为视觉对象，人们对其建筑风格和建筑色彩的整体认知。而村庄认知和人的动作空间认知，是人在慢速或者步行中，对村庄及其内部空间的视觉认知，属于场所尺度，强调主导景物的细节适宜性和多样性。比如，人们徜徉在村庄街道中，对建筑细部和文化内涵的认知。

3.3 "自然、人文、人工物质空间"三种要素的整合

县域风貌区别于城市风貌最大的特点是以自然生态景观和农林业生产景观为主，包括山、水、农田、林地等，这也是在县域层面要重点整合与保护的内容。其次就是人工物质空间，包括民宅、各类公共服务设施和基础设施等。最后，人文因素是最能体现风貌特色，包括历史和地域文化、地方特色产业以及新兴文化产业。

4 县域农村整体风貌控制的研究框架

根据控制学，一个完整的控制系统应该包括四类基本要素：控制实施主体，控制目标、作为控制信息的控制内容和控制对象（图 1）。

4.1 控制实施主体

目前，县（市）级政府城乡规划行政管理部门对农村风貌有一定的管理和指导职能，但现在很多省城乡规划行政管理部门、农工委等直接抓村庄风貌建设。由于农村是自治体制，村民委员会作为村庄风

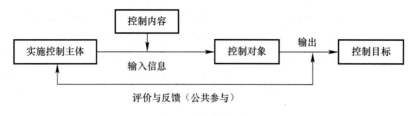

图1 控制系统基本要素关系图

貌的主要控制实施主体；同时农民自住房的建设主动权掌握在农民自己手中，在农村风貌的形成中村民起到了至关重要的作用。农村风貌控制出现了多方管理的局面。本文根据控制实施主体与控制对象的关系，将实施主体划分为两个：一是村民及其村委会，他们不仅是农村风貌控制的实施者更是直接利益方。二是县（市）以及以上城乡规划管理部门，他们主要是对村庄风貌控制提出指导性意见。

4.2 控制目标

控制目标是实施主体选择符合自己需要的控制对象的某种状态，是施控主体对控制对象发展变化的价值判断。不同的实施主体会有不同的控制目标或者控制预期。在村庄风貌控制中，村民制定的控制目标是在个人和集体利益损失最小的前提下达到他们心中最理想的状态，以整洁、统一为主导；而县级管理部门制定的控制目标是实现村庄风貌的近乎完美的状态，以高品位、有特色为主导。

在现阶段，县级农村整体风貌的控制目标分为两个层面：在县域层面构建县域自然生态与人文生产相和谐的农村新风貌；在村庄层面要依据乡村特征及村民意愿，在保持与保护自然生态资源、保证农业发展的基础上，创造一个有生活品质和休闲游憩的空间。

4.3 控制内容

控制内容是对控制目标的阐述和具体表述。在县域农村整体风貌中控制内容也分为县域层面和村庄层面，各层面侧重不同。

在县域层面，风貌控制内容包括物质形态的自然环境、农林生产空间和一切人工物质环境（道路、建筑、设施等），还有非物质形态的人文经济社会等要素。

在村庄层面，控制内容包括村庄物质空间和非物质文化。村庄物质空间根据对空间的权属，基本上可以分为民宅空间和公共空间。民宅空间的控制内容包括庭院和民宅建筑；公共空间的控制内容包括街道、公共建筑、广场、公园绿地、公共设施、广告标语、街头家具等。而非物质文化也可以根据与村民关系紧密程度分为个人文化和集体文化；控制内容主要是集体文化，包括传统工艺、历史文化、地域文化等（图2）。

4.4 控制方法

由于农村风貌的实施主体有两个，那么控制方法应该采用"县级引导，村级控制，上下结合"控制思路，明确各实施主体在控制过程中的责与权。

4.4.1 县级及以上城乡规划管理部门使用的控制方法

（1）编制县域农村整体风貌规划

在县层面，对县域内的村庄风貌进行控制级别分类并制定分类指导。各县市应根据自身的发展现状以及县域村庄风貌控制目标，将全县市的村庄分类指导。本文建议将村庄分为风貌重点控制村庄和风貌一般控制村庄两类。风貌重点控制村庄指对对本县的农村面貌影响较大的村庄，一般包括风景名胜区、自然保护区内和附近的村庄，沿重要对外道路两侧的村庄，历史名村、古村落和革命纪念地，重点建设村或者中心村，其他条件对风貌要求较高的村庄。其他村庄为风貌一般控制村庄。并制定不同类别村庄的控制指导意见，确定重要的控制指标。例如，县级城乡规划管理部门可以制定《某县重点风貌控制村

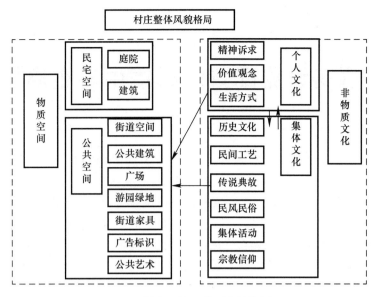

图2　村庄整体风貌要素结构图

庄指导意见》，其中要求在"风景名胜区内村庄的民居建筑不得选择欧式建筑"，同时规定该"控制指标是强制性指标"。

（2）规划管理审批中落实县域风貌规划

一是对村庄规划的审批，二是对村庄建设项目提出设计条件，三是按照县域农村整体风貌规划对风貌重点控制村庄的建筑提出设计条件，核发村庄建设许可证。

4.4.2　村民及其村委会使用的控制方法

（1）编制村庄风貌规划

按照县级农村风貌控制指导意见编制村庄风貌规划，在编制村庄风貌规划中最主要的任务是提出村庄风貌目标并分别对控制指标提出定性与定量的描述。

（2）通过村规民约形成建设行为准则

根据农村的自治体制，村民在自建房屋时，尽量购买灰瓦、做坡屋顶，随着时间的推移，渐渐的替代目前其他形式的建筑材料，渐进式改造形成统一的风貌。

5　结　语

本文从农村风貌的演变特点出发，试图建立适合目前建设规划管理体系的控制机制，从而控制农村风貌演变过程，实现农村风貌渐进式的自我更新。

参考文献

［1］　郭佳，唐恒鲁，闫勤玲. 村庄聚落景观风貌控制思路与方法初探［J］. 小城镇建设. 2009（11）：86-91.

［2］　黄一如，陆娴颖. 德国农村更新中的村落风貌保护策略——以巴伐利亚州农村为例［J］. 建筑学报. 2011（4）：42-46.

［3］　周静敏等. 文化风景的活力蔓延——日本新农村建设的振兴潮流［J］. 建筑学报. 2011（4）：46-51.

［4］　孙大章. 中国民居研究［M］. 北京：中国建筑工业出版社，2004.

［5］　闫月红. 河北省山地乡村居住景观规划研究以迁西县大堡城子村为例［D］. 河北农业大学，2012.

［6］　徐霄霞. 自组织理论视角下的A类农村社区建设问题研究——以沙岭社区为例［D］. 山东大学，2013.

［7］　苏海龙. 设计控制的理论与实践［D］. 同济大学，2007.

面向公共服务设施配置的村镇中心布局规划研究[①]

武廷海

清华大学建筑学院、清华大学建筑与城市研究所

摘　要： 新型城镇化是非农产业在城镇集聚、农村人口向城镇集中的自然历史过程，同时也是统筹城乡发展、逐步解决农业农村农民问题的过程，公共产品不断地从城市向农村推进、公共财政不断地从城市向农村转移。以新型城镇化进程中亟待解决的村镇公共服务提供为抓手，建构基于农民实际需求的"生活圈"理论，阐明"生活圈"理论指导下公共服务设施配置的基本方法，进而提出适合新型城镇化的村镇中心布局规划方法与技术。

关键词： 村镇；村镇规划；新型城镇化；生活圈；公共服务设施

城镇化是伴随工业化发展，非农产业在城镇集聚、农村人口向城镇集中的自然历史过程。但是，城镇化并非单纯的非农产业在城镇集聚、农村人口向城镇集中的过程。新型城镇化是统筹城乡发展、逐步解决农业农村农民问题的过程。在新型城镇化过程中，村镇规划如何适应农村居民的实际生产生活需求？本文拟从亟待解决的村镇公共服务入手，建构基于农民实际需求的"生活圈"理论，阐明"生活圈"理论指导下公共服务设施配置的基本方法，进而提出适合新型城镇化的村镇中心布局规划方法与技术。

1　新型城镇化进程中公共品不断向农村推进、公共财政不断向农村转移

2013 年末，全国内地总人口达到 13.6 亿人，其中城镇常住人口为 7.3 亿人，占总人口比重为 53.73%。在城镇常住人口中，包括流动人口 2.5 亿人，与美国现状城镇总人口规模 2.6 亿人大致相当。根据《国家人口发展战略研究报告》预测，2020 年我国总人口将达到 14.5 亿人；到 21 世纪中叶，我国人口将达到 15 亿人左右，城镇化水平达到中等发达国家水平。可以预见，经过未来 30~40 年的发展，中国人口城镇化达到基本稳定，维持在 70% 左右，届时我国城市的人口规模将达到 10.5 亿人，居住在农村的人口约为 4.5 亿人（与现状城镇户籍人口 4.8 亿人的规模大致相当）。总体看来，未来的城镇化面临着十分艰巨的任务：一方面，要为 5.9 亿人（现状半城镇化人口 2.5 亿人加上未来新增城镇常住人口 3.4 亿人）提供城市生存空间，这个规模超过了当前城镇户籍人口 4.8 亿人的规模；另一方面，要进一步提高留在农村的 4.5 亿人的生活质量，逐渐实现共同富裕。

如何进一步提高留守农村的 4.5 亿人的生活质量？2012 年，《国家基本公共服务体系"十二五"规划》提出"享有基本公共服务属于公民的权利，提供基本公共服务是政府的职责"，规划要求"统筹城乡，强化基层"：

打破行业分割和地区分割，加快城乡基本公共服务制度一体化建设，大力推进区域间制度统筹衔接，加大公共资源向农村、贫困地区和社会弱势群体倾斜力度，实现基本公共服务制度覆盖全民。把更多的财力、物力投向基层，把更多的人才、技术引向基层，切实加强基层公共服务机构设施和能力建设，促进资源共建共享，全面提高基本公共服务水平。

---

①　基金项目：北京市教委北京地区高等学校学科群建设项目"城市规划建设与管理"、国家自然科学基金项目（51078214、51378279）

基于公共财政的不断强大，政府需要逐步加大对农村公共服务的支持力度，同时不断提高公共财政的使用效率。在新型城镇化进程中，公共品不断地向农村推进、公共财政不断地向农村转移。通过新型城镇化改变以前按照人头分配的只关注解决温饱问题的最低保障，从农民个体保障走向社会服务和社会保障，实现教育、医疗、文化、社会福利等各项社会服务的全面保障。

如何通过公共财政提高农村公共服务水平？本文从村镇规划中公共服务设施配置的角度，提出农村"生活圈"理论，进而对面向公共服务设施配置的村镇中心布局规划进行初步探索。

2 农村公共服务设施配置与农村生活圈

农村公共服务设施是为农村社会提供各项公共产品和服务的设施，主要包括教育、社会保障、公共文化体育、公共医疗卫生、商业服务以及行政管理等配套设施。合理配置农村公共服务设施，是通过公共财政支持农村公共服务的手段之一，也是加强农村公共服务能力建设的基础。从国际上看，欧美等发达国家和地区在城市化过程中，特别注重农村公共服务和设施的配置，如欧盟结构基金（Structural Funds）中60%～70%的资金用于乡村地区开发，促进乡村社会发展。美国从2007年起实现从农业到农村发展的政策转向。发展中国家的农村普遍存在"能力贫困"问题，农村中心服务设施薄弱。

2007～2010年，笔者主持"十一五"国家科技支撑项目专题《农村公共服务设施空间配置关键技术研究》发现：①公共服务设施空间配置是以居民的设施利用行为作为基准，设施配置的标准与设施的空间布局息息相关；②不同等级与规模的村镇作为农村地区的中心，是农村公共服务设施配置的集聚地；③农民的日常生活、生产活动在地表上呈现的集聚、向心的特征，组成相互重叠的圈层结构。于是，借鉴日本生活圈的经验，进一步提出基于生活圈的农村公共服务设施有效配置方法。

农村生活圈，关乎某一特定的地理及社会的村落范围，以及人们日常生活和生产诸活动，是一种类似于中心地体系的公共服务等级分布体系。1933年，德国地理学者克里斯泰勒（W. Christaller）在《德国南部的中心地》一书中提出"中心地理论"（Central Place Theory）。中心地是向周围地区居民提供各种货物和服务的地方，通过对该地区乡村聚落的市场中心和服务范围进行实际调研分析，研究中心地数量、规模和分布的规律，总结出三角形聚落分布和六边形市场区的经济地域体系（图1）。中心地理论表明了社会需求与市场的空间逻辑，一方面，地表上服务与市场的关系以及由于市场力量而形成一定的空间结构：一个中心地是中心与腹地的统一体，每种公共服务必定存在一个"门槛"距离，小于门槛距离则无法支撑相应的公共服务水平；另一方面，中心地理论展示了在市场条件下，单个中心地相互交叉、叠合，形成具有等级特征的地域服务网络系统。1979年联合国亚太经社合作组织出版的《乡村中心规划指南》，把中心地理论作为乡村中心规划的重要理论依据。

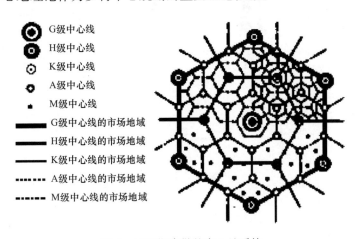

图1 克里斯泰勒的中心地系统

20世纪50年代，随着大城市的迅速扩张带来的人口和各种功能向周边扩散，日本出现了以地方中小城市为对象的、以中心地功能集聚为指标的城市等级划分，研究地方城市的生活圈、商圈、势力圈，以中心地的功能分类和集聚程度为基准来测算中心性、判别中心聚落等级结构等。1969年克里斯泰勒的著作在日本被翻译出版，出现关于中心地理论的系统介绍。1960年代日本进入经济高速增长期，随着城市发展，城乡收入差距日趋显著，人口大量流入城市，农村地区整备的重点放在对生产基础设施建设上，在乡村"生活"环境整备工作中，借鉴中心地理论，应用"生活圈"的规划配置方法。

在中国平原地区，也可以运用中心地理论较为深刻地刻画农村聚落的规模等级体系。1964～1965年，美国学者施坚雅（G. William Skinner）研究中国传统农村社会，将传统市场作为一个空间体系进行描述时，借鉴中心地理论引入了市场区域的正六边形模式。2010～2011年，笔者在关于江苏睢宁县空间发展战略研究中，运用中心地理论来探究县域村镇体系的空间结构与布局规律。睢宁地处黄淮海平原，境内的自然条件较好，潍水、沂水、泗水贯穿其境，利灌溉、利农作、便交通。从区域尺度看，睢宁是徐州与淮阴之间次区域的服务中心。近代以来，在徐州—淮阴交通走廊、运河—废黄河水运通道这两条运输干线带动下，睢宁—宿迁一线城镇体系发育较成熟，双沟、古邳、睢宁等均起到重要的枢纽作用。在市场及交通的影响下，在睢宁周围形成半径30公里的辐射影响圈，呈现出明显的六边形空间结构特征（图2）。结合睢宁的山水格局与交通条件，提出睢宁县域村镇体系空间结构的规划建议（图3、图4）。

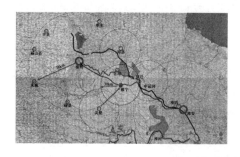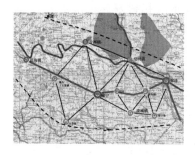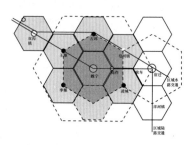

图2　民国时期睢宁县呈现出六边形嵌套的空间结构特征

（图片来源：清华大学建筑学院，睢宁城市空间发展战略研究［R］，2011）

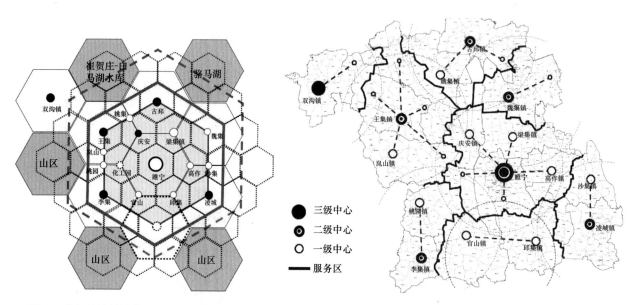

图3　睢宁县域村镇体系空间结构的规划建议

（图片来源：清华大学建筑学院，睢宁城市空间发展
战略研究［R］，2011）

图4　睢宁县不同等级中心地服务范围

（图片来源：清华大学建筑学院，睢宁城市空间发展战略研究［R］，2011）

在平原地区，村镇体系在空间上出现不同等级六边形嵌套的结构，这些不同等级的六边形市场区域，实际上就相当于不同等级的"生活圈"。因此，可以借鉴中心地理论中"中心地"与"市场区"之

间的关系，提出"生活圈中心"和"生活圈"的概念。一些规模较大、服务功能较强、交通条件较好的居民点起着生活圈"中心"的职能，各个等级的生活圈"中心"周边的一定距离之内，就是该"中心"的"腹地"范围。所谓"一定距离"，就是处于"腹地"边缘的居民到生活圈"中心"接受某种特定服务的最远距离，是基于人的生活习惯的一个经验距离，超过这一距离，就会造成农民生产、生活的出行不便，"生活圈中心"的服务效率下降。当然，由于具体的地形与交通条件的影响，设施的可达性发生变化，影响居民到达不同服务中心的出行时间，从而引起生活圈范围的变化，下文将进一步讨论。

3 生活圈理论强调以居民实际需求为依据

在传统的城乡规划中，公共服务设施配置的基本方法是依据规模和等级配置相应的公共服务设施，一般将城市公共服务设施分为"市级—居住区—居住小区"三种级别，乡村公共服务设施也是按照"镇区—中心村—自然村"的等级序列进行配置。总体看来，传统依据等级序列的公共服务设施配置方法清晰明了，可以满足规划快速编制的要求，也考虑了城市和乡村的各自特征和经济门槛，但是以等级为依据的配置方法认为到了一定级别就应配置相应的公共服务设施，这不仅忽略了居民的需求内容和需求数量，也忽略了不同设施的服务范围、服务容量的差异。实际上，无论是城市居民或者农村居民，内部属性的差异导致了居民公共服务需求的分异性，如老人群体与中年人对公共服务设施的需求种类和需求数量相差较大。因此，村镇规划不能简单沿袭传统的城市规划理论与技术，套用城市规划中的"千人指标"，而必须从农民的实际需求出发，改进城乡公共服务设施的配置方法，即变以等级为配置依据为以居民的客观需求为配置依据，构建指导农村公共服务设施配置的基础理论。

在传统的城市规划中，通常将农村处理为城市发展的背景，村镇被抽象为不同等级的居民点。但是，如果从乡村规划的角度看，农村则是包括村镇、农田、交通、生态与环境等众多因素的复杂空间。简而言之，农村居民的居住地、工作地、农田以及公共服务和社会活动中心，都需要保持在一定的合理空间距离之内，超过这一合理距离，就会引起农村居民生活、就业出行不便，增加社会成本。通过对农村居民的各种活动、各种公关服务场所，以及相应的出行范围的深入分析，可以将农村居民的公共服务需求划分为四个空间圈层：

（1）幼儿与老人的徒步界限圈层，徒步15～30分钟。幼儿与老人的日常出行距离在各个年龄阶层中是最小的，约为老人徒步15～30分钟，其空间距离不超过1km，70%～80%的老人行动都是集中在这个圈层中。在这个圈层应集中布置幼儿园、儿童游乐场、老年活动室等最基本的公共服务设施。

（2）小学生徒步界限圈层，步行徒步1个小时。除幼儿与老人阶层之外，小学生空间出行距离是较小的，极限为小学生徒步1小时，约为4km。在这个圈层范围内，需要布置小学、卫生室、图书室、室外活动场地等公共服务设施，满足小学生阶层的公共服务需求。

（3）中学生徒步界限圈层，步行1.5个小时或自行车30分钟。中学生的出行距离的空间界限为6～8km，这是步行所能达到的最大空间界限。在此圈层内，需要布置较高层次的公共服务设施，如中学、图书馆、卫生院和体育运动设施。

（4）机动车出行圈层，机动车行驶30分钟左右。居民的一般公共服务需求在以上三个层次内都可以解决，但某些需求频度较小、而层次较高的公共服务无法在以上三个圈层得到满足，需要在这个圈层内得到满足，服务半径为15～30km（表1、图5）。

生活圈理论模式   表1

	基本生活圈	一次生活圈	二次生活圈	三次生活圈
空间界限	最大半径1km 最佳半径500m	最大半径4km 最佳半径2km	最大半径8km 最佳半径4km	15～30km
界定依据	幼儿、老人的徒步15～ 30分界线	小学生的徒步1小时 界线（低学年2km）	中学生以上的徒步1.5 小时，自行车30分钟	机动车行驶30分钟

续表

		基本生活圈	一次生活圈	二次生活圈	三次生活圈
人口		500～1500人	4000～5000人	10000人以上	30000人以上
农村公共服务体系	教育	幼儿园	幼儿园 初小 小学	中学 职业教育	职业教育 高等学校
	行政办公	村委会（居委会）	村委会（居委会）	镇政府（街道办）	市政府
	文化娱乐	老年活动室	图书室	图书馆分馆	图书馆 博物馆 青少年活动中心
	医疗卫生	卫生室	卫生服务中心	卫生院	综合医院 保健所
	体育设施	室外运动场	室外运动场	室外运动场 室内体育活动室	室外运动场 室内体育馆
	社会福利			敬老院	敬老院 孤儿院
	商业设施	市场配置	市场配置	市场配置	市场配置

（数据来源：清华大学建筑学院．"十一五"国家科技支撑课题农村公共服务设施空间配置关键技术研究分报告：空间配置与规划设计关键技术．2010）

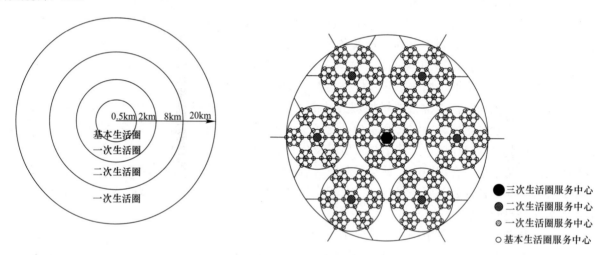

图5　生活圈等级示意与理想生活圈体系空间模型

（图片来源：清华大学建筑学院．"十一五"国家科技支撑课题农村公共服务设施空间配置关键技术研究分报告：
空间配置与规划设计关键技术．2010）

　　从空间上看，面向农村居民基本公共服务需求的设施布局呈现出圈层结构，也就是"农村生活圈"。基于农村生活圈的村镇规划，显然可以使公共服务有机融入农村居民的生活中去，有利于提高农民生活的便利性和舒适性。

4　自下而上地生成农村生活圈

　　如何构建农村生活圈？从农村公共服务提供的角度看，就是面向基本公共服务均等化的要求，将公共服务设施优化选址作为设施配置的优先环节，兼顾设施配置效率。这主要包括两种基本的情景：一是在服务全部农村人口的情况下，寻求公共投入的最小化；二是在有限的公共投入的情况下，寻求服务人口最大化。从规划技术实现手段看，就是以地理信息系统（GIS）为平台，结合社会整体效率约束，对一个地区的生活圈进行定量的空间分析和模拟，通常以县域为单位，在已知现状农村居民点位置及人口分布、以及地形与交通条件的情况下，选择和提取（优选）各个等级农村"生活圈中心"，实现生活圈自下而上的逐级生成。

　　众所周知，在农村地域系统中，村镇数量众多，地域差异大，情况复杂。虽然潜在的生活圈不计其数，但是规划可以确定设施配置的具体目标，根据该目标建立描述配置的运筹学数量模型，通过计算，可以将适合作为生活圈中心的村镇挑选出来。从提高配置效率、节约社会成本出发，以设施使用成本最小化为目标，建立模型如下所示：

$$\min \quad \sum_i \sum_j h_i d_{ij} X_{ij} \qquad (1)$$

$$s.t. \quad \begin{cases} X_{ij} \in \{0,1\}, & d_{ij} \leqslant D_m, \forall j, \\ X_{ij} = 0, & d_{ij} > D_m, \forall j, \end{cases} \qquad (2)$$

$$\sum_j X_{ij} \geqslant 1, \quad \forall i. \qquad (3)$$

式中：i 代表设施需求点，即各村镇居民点编号；j 为居民点中的服务中心备选点编号；h_i 为点 i 的公共服务需求量（可用村镇 i 的人口规模折算）；d_{ij} 为点 i 与点 j 的出行距离（可以用出行时间来表示，单位为分钟）；X_{ij} 为判断点 i 和点 j 间是否存在服务关联的参数，当点 i 接受点 j 服务时，X_{ij} 取 1，否则为 0；D_m 为生活圈模式中给定的某等级生活圈的覆盖半径，由于设施的最远服务范围不能超过 D_m，所以当 i、j 间的距离大于 D_m 时，X_{ij} 必定为 0。

目标方程（1）表示在所有村镇居民点中，选择有限个点作为生活圈中心提供相应等级的公共服务，使整个规划范围内居民使用设施的出行成本最小。限制条件（2）为一个分段函数，表示当需求点 i 与服务点 j 的距离小于特定生活圈尺度 D_m 时，点 i 有可能接受 j 提供的服务，反之则 i、j 之间不存在服务关联。条件（3）限定了所有居民点的服务需求都要得到满足。将上述数量模型转译为规划语言，可以表述为：从规划区内所有的村镇居民点中挑选出其中一些作为某等级生活圈服务中心，在这些中心配置服务设施，可以使所有居民在生活圈半径范围内享受服务，同时，使全体居民使用设施的总成本最小。

将规划调研得到的数据代入上式，经过计算，就可以从市域所有的居民点中筛选出适合提供公共服务的生活圈中心。由于涉及海量数据和复杂的计算过程，上述运算必须借助计算机进行综合模拟、分析、评价、处理，以实现对市域公共服务设施进行整体分析计算，自下而上地生成农村公共服务设施配置体系（图 6）。当然，基于不同的规划目标和条件限制，模型存在着多种表达形式，这还有待规划中不断总结和丰富。

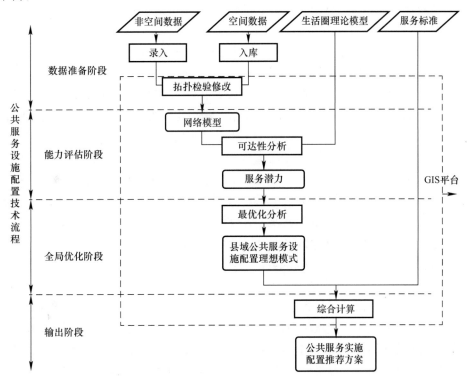

图 6　生成生活圈的技术过程

5　基于生活圈的村镇中心布局规划：以江苏金坛为例

基于"生活圈"的村镇中心布局规划，就是将农村的"生活圈中心"作为各个等级农村居民点建设的备选点，该模式具有如下特征：

第一，"生活圈中心"与其腹地之间，以及各个层级的"生活圈中心"之间，具有严格的空间距离限制，关联性强。"生活圈"构成了一个基层农村的生产、生活有机分层系统，通过空间约束，将农村居民及其对农村人居环境的使用紧密关联在一起。

第二，"生活圈中心"是现有村镇体系中，规模较大、区位条件较好的地点。农村居民点选址是对这些地点进行改造、提升、扩容，而不是"推倒重建"或"易址新建"，强调依托现有条件，进行"有机更新"和"渐进改良"。

第三，"生活圈中心"既是未来农村公共投资、发展、扩大建设的重点地区指引，也是农村整治和改造的重点地区，它为农村"土地整理"与"村容整治"提供了契合点。

显然，与传统农村集中布点方法比较，"生活圈"模式将农村居民生产、生活的长期性考虑在内，更加全面地统筹农村建设和使用的社会成本、效益。目前，这一模式已经在江苏省金坛市的村庄布点规划中得到了初步应用。2011～2013年，笔者主持国家自然科学基金项目"基于生活圈的农村公共服务设施配置研究：以江苏省为例"，在实践应用部分，清华大学建筑学院与江苏省住房和城乡建设厅城市规划技术咨询中心、城市发展研究所，以及金坛市住房和城乡建设局合作，开展金坛市（县）村庄布点规划试点工作。

金坛地处江苏省南部，地处宁、沪、杭三角地带之中枢，市域面积976.7平方公里，地势由低山丘陵、岗地、平原构成。2011年市域人口55.2万人，2011年城市化水平为50.97%，低于江苏省同期60.6%的总体城市化水平。经济总量处于区域中等水平，GDP持续增长，占常州地区GDP总量的10%。第六次全国人口普查数据表明，金坛全市外来人口为82016人，占常住人口的14.86%；全市户籍人口中外出半年以上人口为83822人，总体上人口流入与流出基本平衡。全市现有村庄1585个，2005年镇村布局规划确定规划布点村庄452个，2011年金坛市推进社会主义新农村建设工作领导小组以文件形式调整为117个。

从村庄发展情况来看，金坛农村发展优势、问题并存。一方面，金坛村庄内部设施配套较为齐全，农民生活较为方便，村庄基本实现硬化道路村村通；村庄供水、污水处理设施建设稳步推进，供电达到全覆盖；生活垃圾基本实现"村收集、镇转运、市处理"；学校和医院也配置齐全。根据对金坛农村生活居住状况的调查，大部分农村居民接受教育、医疗、购物比较方便，可以控制在合理的时间范围内。同时，农村居民住房条件较好、住宅较新。农村居民住宅面积以100～200平方米居多，绝大多数受访者的房屋以独栋形式自建。71%的农村居民住宅建于1990年以后，1980年代以前的住宅仅占1.2%。43%有5年内建房、买房的打算，且33%的居民选择在原地翻建住宅。对于农村新建住区，大多数居民比较看重提高公共服务的便利性。另一方面，金坛市农村居民点也存在数量多、规模小、资源浪费等等问题。超过60%的农村居民点面积不足1公顷，农村居民点平均面积为1.49公顷。而面积在5公顷以上的农村居民点数量只有6%左右。同时，公共设施闲置现象比较明显，部分设施使用率不高，例如村里的图书馆、乒乓球桌等设施。村民就医和购物、孩子上学，则多选择集镇而不在村里，存在设施与服务对象错位的现象。

总体看来，金坛的农村地区已经具备了一定的发展基础，城乡生活水平正在朝向一体化方向迈进。未来村庄居民点布局的主要工作，重点应当是进一步提高农民生活水平、改善农村人居环境质量，尤其是进一步提高农村生活的便利性。与此同时，逐步解决城镇化带来的农村资源闲置、浪费问题。针对这个目标，确定规划的基本思路为：尊重原有乡村聚落体系，优化乡村聚落空间；通过适度集聚，促进公共服务资源最优化配置；通过增强村庄发展的内生动力，引导村庄合理集聚；保护乡村空间特色和历史文化特色。在具体的技术路线上，通过发展"热点"地区和限制建设地区寻找，确定人口分布引导目标；用"集聚度"提升幅度作为乡村空间优化目标；进而利用"生活圈"理论，确定村庄优先布点区域（图7）。

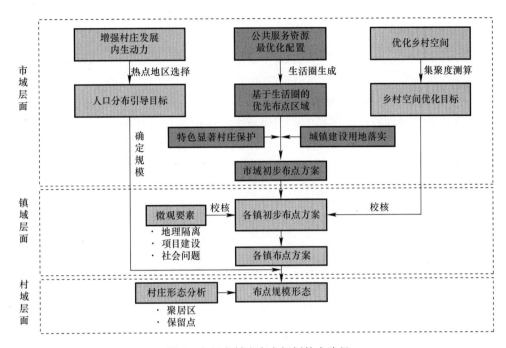

图 7　金坛市村庄布点规划技术路径

(图片来源：清华大学建筑学院，江苏省住房和城乡建设厅城市规划技术咨询中心、城市发展研究所.
金坛市村庄布点规划研究［R］，2012)

在优先布点区域选择上，金坛市村庄布点规划应用了"生活圈"分析技术，为金坛村庄布点的选址提供总体框架和依据。首先，根据现状地形和交通条件，模拟金坛市现状各个居民点居民的"出行路径"，计算各个居民点的"出行成本"（图8），在此基础上计算和生成金坛生活圈体系，选取各人等级的生活圈中心，结果为金坛市域范围内城乡基本生活圈中心 435 个，一次生活圈中心 73 个，二次生活

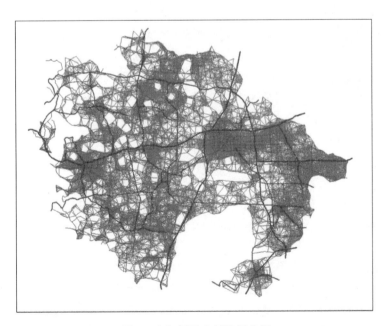

图 8　金坛居民出行路径分析

(图片来源：清华大学建筑学院，江苏省住房和城乡建设厅城市规划技术咨询中心、城市发展研究所. 金坛市村庄布点规划研究，2012)

圈（县级）服务中心1个（图9）。其次，以435个基本生活圈服务中心作为村庄初步布点方案，进一步落实城区、镇区规划用地，去除规划范围内村庄布点，落实特色村庄，形成市（县）域层面初步方案，共有318个规划布点村庄（图10）。最后，在镇域层面上，又与各镇、村进行详细的沟通，对布点位置经过多轮修正、校核，规划确定金坛全市（县）规划布点村庄为213个（图11）。规划将这些最终确定的"生活圈中心"作为不同等级、不同规模的居民点选址、扩建优先考虑的空间位置，通过多种引导方式，逐渐推动周边腹地农村居民在新建住房过程中，向"生活圈中心"集中，实现农村居民点的小规模有机循环更新。

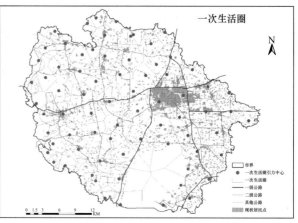

图9　金坛"生活圈中心"分析结果

（图片来源：清华大学建筑学院，江苏省住房和城乡建设厅城市规划技术咨询中心、城市发展研究所. 金坛市村庄布点规划研究，2012）

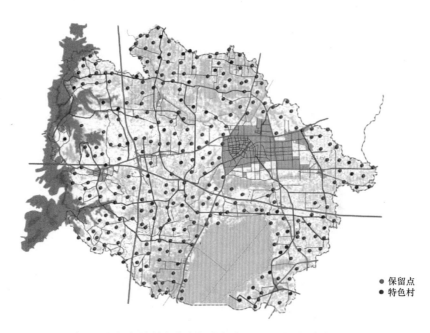

图10　金坛市域村庄布点初步方案——318个规划布点村庄

（图片来源：清华大学建筑学院，江苏省住房和城乡建设厅城市规划技术咨询中心、城市发展研究所. 金坛市村庄布点规划研究，2012）

基于"生活圈"的村镇中心布局规划为江苏金坛农村居民点布局和发展提供了一个统筹全局、上下协调的框架，为制定发展计划、分配公共投资提供了一个科学决策的基础。规划在市、镇、村三个层面编制，各有侧重，但相互反馈、统筹考虑，保证自上而下的一贯性。在具体工作中，还需要针对具体实施情况，对"生活圈中心"的具体位置进行深化调整，深入制定各个等级中心居民点的用地规模、公共投入规模以及相关政策等。这些都是有待进一步深入研究和实践检验的内容。

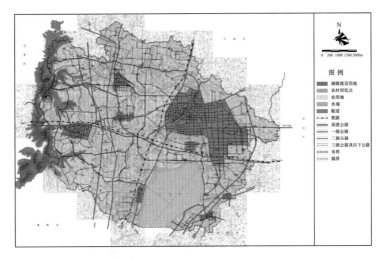

图 11 金坛市域村庄布点优化方案——213 个规划布点村庄
(图片来源：清华大学建筑学院，江苏省住房和城乡建设厅城市规划技术咨询中心、城市发展研究所. 金坛市村庄布点规划研究，2012)

6 面向公共服务设施配置的村镇中心布局规划的可能走向

针对新型城镇化进程中公共品不断向农村推进、公共财政不断向农村转移的新形势，本文提出面向公共服务设施配置的村镇中心布局规划，这无疑是村镇规划的重要内容，但是并非全部。面向公共服务设施配置的村镇中心布局规划的可能走向，取决于更高层面的村镇规划的定位及其发展。

何兴华通过对 1979～1998 年间中国内地村镇规划实践的历史考察敏锐指出，20 年的村镇规划实践证明，单独解决城市问题或者乡村问题都是表面的、不可持续的。只有将村镇规划的基本内容纳入已有的城市规划专业，或将城市规划扩展为城乡规划，才能更为恰当地反映经济社会发展特别是快速城市化条件下居民点变迁对于学科建设的真实要求。在此基础上，通过更进一步的实践，才能加深对于城乡物质空间环境整体性的认识，形成《城乡规划法》的立法基础。事实上，中国规划发展走了"将城市规划扩展为城乡规划"的道路，自 2008 年开始实施的《城乡规划法》中，城乡规划体系包含了城镇体系规划、城市规划、镇规划、乡规划和村庄规划这五类。所谓村镇规划，实际上涵盖了城乡规划体系中的部分镇规划（镇总体规划中涉及所辖的村庄规划）、乡规划和村庄规划这三类。

然而，毋庸讳言，与城市规划相比对于广大农村的规划工作包括村镇规划显得很薄弱。中国现代化或城市化过程，不是单纯的从农村中国到城市中国，而是从农村中国，经由城市中国，走向城乡协调发展的过程。需要建立新型城乡关系，走新型城镇化道路；探索适合新型城镇化的新型村镇规划与新型城乡规划。有鉴于此，2014 年 9 月 25 日～26 日在"第一届全国村镇规划理论与实践研讨会"（宁夏银川）上，笔者提出面向公共服务设施配置的村镇中心布局规划的两种可能走向：

一是村镇中心布局与乡村设计相结合，走向新型村镇规划。

在快速城镇化进程中，人们忧虑地看到城乡空间日益被几乎毫无重点的大片蔓延式人居景观所淹没，过去由环境造就的城乡发展的多样性正在迅速消失，中国乡村的美正在丧失。如今，人们正从乡村的没落中警醒，中央城镇化工作会议要求，"让城市融入大自然，让居民望得见山、看得见水、记得住乡愁"。城镇建设中的"乡愁"，实际上源于人们对农村人居的"家园感"。历史地看，人们一开始生活在乡村，安于乡村的美，将乡村看成是他们的家园。农民在农耕生活中形成对所耕作的土地，种植出的庄稼（包括绿色的麦田、金色的稻穗、黄色的油菜花、白色的棉花等），以及他们所居住的村庄（包括村落环境的河流与树林），乃至日月星辰，都会产生的亲切之情，这里就是他们生长的"家园"。这是一种"自然美"，在童年时代就在他们的心灵深处深深扎下根。因此，人们并非是在离开了农村这些"自然美"的时候，才开始将它们看成是美的自然。恰恰相反，真正后起的是城市的美，因为在城市兴起以后，才开始有城市的美。人们在离开或失去这些"家园"之后，对它们产生无限的追忆和向往，从而产生对自然的爱好，并制作出艺术作品，因为"家园"曾经留给他们太深的印象。乡村之所以"美丽"，从根本上讲，正是源于其作为家园的人居环境，是一种自然的美。在城镇化的洪流中，这也是城乡差别化发展，乡村保持其比较优势的关键。因此，以农村人居环境为抓手，建设美丽家园，这不是高层次的要求，而是乡村能否长期生存的关键。

乡村设计是一种新的设计思维，主要是对乡村景观及其中的建筑物进行空间安排，有助于乡村社区通过空间整理与环境整治，找到乡村经济发展、环境质量提升、生活质量提高的机会。[1]如果说村镇中心布局是从农村这个广阔的"面"来确定农村公共服务中心的空间布局问题，那么，乡村设计则是致力于理解并体现乡村开放的景观与生态系统的特征，最大限度地展现在开敞的地景空间中来建设美丽村镇这个"点"，将乡村建设镶嵌于开阔的地景之中。村镇中心布局与乡村设计相结合，更有利于综合考虑农村的经济、社会、环境与文化发展，建设美丽乡村。

二是农村生活圈与城市生活圈相结合，在推进城乡基本公共服务均等化过程中构建城乡生活圈。

中国城镇化将是一个长期而持续的过程，相应地，广大农村地域也将发生持续的变化。村镇规划必须尊重城镇化的客观规律，稳步推进农村人居系统的渐进改良，适应不同发展阶段的特点和需求。切实改变目前大拆大建、一步到位式的发展方式，提倡在发展的长期动态过程中综合衡量社会的成本和效益，尽量依托现有的基础设施、公共服务资源、社会文化资源，新建与整治共举、规模扩张与质量提升并行，努力在有限的公共资源条件下，最大限度地解决农村发展最集中和最关切的问题，这也是本文提出依托现有农村中心构建农村生活圈的初衷之一。

随着城镇化向纵深推进，越来越多的农村地区将受到密集型城市空间的影响，并且受影响的程度也将愈来愈深刻。即使是那些真正农村地区的村镇居民点，它们的居住特征和变化趋势会由于是否处于一个密集型空间的影响区而显示出明显的差别。受密集型空间影响的农村地区，由于城市移民，经常导致人口增长和建设区扩大，很容易造成不同功能要求的冲突，因而也就需要更加缜密的规划。相反，那些远离城市密集区的农村大都没有这种聚居的压力，而更多面临人口流失的危险。因此，城乡人居景观越来越不再像从前那样存在明显对立的城市和农村地区，人们更多地观察到城市—乡村这样的连接体，它们由许多不同的聚落形式，包括从高密度的大城市中心到具有特殊功能的城市扩展区（例如居住区和中小型工业区）、再到有城市和农业地区随机混合而成的密集型空间边缘区等相互连接在一起。从生活圈的角度看，随着城乡基本公共服务业均等化的逐步实现，覆盖城乡全域的规划将从城市规划与乡村规划的相互独立，甚至乡村规划的缺位，日益走向统筹城乡发展要求下的城乡统筹规划。而面向居民基本生活需求的生活圈，也将从农村生活圈走向城乡生活圈，届时村镇规划将真正成为城乡规划中与城市规划相平行的部分！

2014年5月16日国务院办公厅发出《关于改善农村人居环境的指导意见》（国办发〔2014〕25号），要求按照全面建成小康社会和建设社会主义新农村的总体要求，以保障农民基本生活条件为底线，以村庄环境整治为重点，以建设宜居村庄为导向，从实际出发，循序渐进，通过长期艰苦努力，全面改善农村生产生活条件。通知特别提出"城乡统筹、突出特色"的原则：

逐步实现城乡基本公共服务均等化，推进城乡互补，协调发展。慎砍树、禁挖山、不填湖、少拆房，保护乡情美景，弘扬传统文化，突出农村特色和田园风貌。

其中，乡情美景、传统文化、农村特色和田园风貌，都是农村在城乡互补、协调发展过程中的比较优势，不仅对于农村自身发展，而且对于中国城乡未来的整体发展，都具有十分重要的价值。村镇规划建设中的每一个美丽的村镇，都播下了一个未来美丽中国的种子，为构建中国特色的城乡空间奠定基础！

参考文献

[1] 国家人口发展战略研究课题组. 国家人口发展战略研究报告［M］. 北京：中国人口出版社，2007.
[2] EC. European Spatial Development Perspective［R/OL］. 1999-05［2010-03-02］.

［3］ Agricultural Economics Society（AES）. Eurochoices（Special Issue：Special Issue comparing EU and US Rural Development Policies）［J］. 2008，Volume 7，Issue 1.

［4］ The Hague：European Association of Agricultural Economists. UN-Habitat（1996）. Habitat Agenda.

［5］ 张能，武廷海，林文棋. 农村规划中的公共服务设施有效配置研究［C］. 中国城市规划学会. 转型与重构——2011 中国城市规划年会论文集，南京：东南大学电子音像出版社，2011.

［6］（日）日野正辉. 1950 年代以来日本城市地理学进展与展望. 刘云刚，谭宇文，译. 城市与区域规划研究，2010（2）.

［7］ 邓奕. 从构想、规划到实施的日本农村生活环境整备. 武廷海，张城国校. 清华大学建筑学院. "十一五"国家科技支撑课题农村公共服务设施空间配置关键技术研究分报告：空间配置与规划设计关键技术. 2010.

［8］（美）施坚雅. 中国农村的市场和社会结构［M］. 史建云，徐秀丽，译. 北京：中国社会科学出版社，1998.

［9］ 何兴华. 中国村镇规划：1979～1998［J］. 城市与区域规划研究，2011（2）.

［10］ 武廷海. 建立新型城乡关系走新型城镇化道路. 城市规划，2013（11）.

［11］ Dewey Thorbeck. Rural Design：A New Design Discipline. London and New York，Routledge，2012.

［12］ 清华大学建筑学院. 睢宁城市空间发展战略研究［R］. 2011.

［13］ 清华大学建筑学院. "十一五"国家科技支撑课题农村公共服务设施空间配置关键技术研究分报告：空间配置与规划设计关键技术. 2010.

［14］ 清华大学建筑学院，江苏省住房和城乡建设厅城市规划技术咨询中心、城市发展研究所. 金坛市村庄布点规划研究［R］. 2012.

北京新时期乡镇域规划编制与实施的若干思考

邢宗海

北京市城市规划设计研究院

摘　要：北京进入后奥运时期，规划正在经历从城市规划到城乡规划的转型阶段。北京近远郊乡镇受城市辐射、重点功能区带动、房地产市场走向等因素影响，已成为北京市推进城乡一体化进程的前沿阵地。但该地区受"重城轻乡"等传统规划观念的影响，存在建设用地指标不足、发展路径受阻、集体建设用地政策缺失等诸多问题。

　　文章指出，新时期北京乡镇的发展策略，需以城乡空间资源的合理配置为前提，以农村集体建设用地的产业升级为抓手，以集体土地使用新政策的创新完善为保障，只有实事求是、因地制宜，坚持以人为本、以农民为本的原则，转变规划编制理念，完善相关政策配套措施，才能真正促进近远郊乡镇的城镇化进程，实现地区的繁荣稳定和健康可持续发展。

关键词：乡镇；指标；路径；政策

1　前言

　　北京进入后奥运时期，城市建设发展的重点已经从中心城向周边新城和近远郊乡镇转移，在城市化水平已经接近90％的情况下，中心城的存量土地资源已经十分有限，而北京的进一步发展还将着眼于区域的城市化发展和经济总体水平的提高。换言之，北京已经进入由城市规划到城乡规划的转型阶段，这个阶段决定了城市的未来发展需要更多地关注近远郊乡镇的新型城镇化发展，需要更多地关注农民收入、住房条件、社会保障等民生问题，缩小地区差异，加强城乡统筹。

　　北京近年来进行了大量的乡镇域规划编制工作，这些乡镇（包括村庄）从位于距离市区最近的第一道绿化隔离地区拓展到位于第二道绿化隔离地区再到远郊的乡镇，反映了城乡发展的脉络。从实施效果分析，在取得一定成绩的同时，暴露的问题也越来越突出，面临的矛盾也越来越尖锐。由于乡镇的发展涉及农民和集体土地的问题，关乎民生与社会稳定，是北京市未来发展面临的全局性问题，因此该地区的规划编制与实施具有举足轻重的重要意义，应引起规划行业的充分重视。

　　然而，分析近年来北京的县镇域规划，仍有若干共性的问题没有得到彻底的解决，而新的问题又不断涌现，需要规划编制在理念和方法上进行更深层次的探索。

2　原有乡镇域规划实施面临的主要问题：指标、路径、政策

2.1　"重城轻乡"的传统观念导致乡镇域规划指标的先天不足

　　重视乡镇域规划有一个必然的过程。2004年版北京城市总体规划与1993年版北京城市总体规划相比，最主要或最重要的内容是加入了关于新城规划的部分。在此期间，中心城外远郊乡镇的发展基本处于自发的无序状态，规划的引领作用未得到充分的体现。在"重城轻乡"的观念下，在编制新城总体规划的过程中，与新城交界的乡镇，其优势的用地资源往往向新城集中，而新城外则留下了大量难以解决的问题。

通过对北京大兴区西红门镇、通州区宋庄镇、张家湾镇、台湖镇等新城城乡结合部乡镇的调研和研究，发现这类乡镇存在明显的城乡空间资源（建设用地指标）分配不合理的问题。大体分为两类情况：

一类是建设用地指标不足。例如通州区张家湾镇，该镇北部约37％的用地位于通州新城规划范围内，其余大部分为新城外的农村地区，该镇是典型的城乡结合部乡镇。张家湾镇新城外现状农村人口约3万人，然而受新城总规人口规模控制严格、城乡等级体系划分不明晰、老观念对农村地区不重视等因素影响，该地区现有规划的控制人口规模为2万人。张家湾镇新城外规划控制人口数与现状人口数严重脱离，导致用地指标不足，发展空间受阻。如何用2万人的"粮票"养活3万人，是张家湾镇现阶段面临的主要难题。

第二类是城乡空间资源僵化难以流转。例如通州区宋庄镇，镇域南部约15％用地位于通州新城之内。而通州区宋庄镇著名的画家村（小堡村）就位于规划的新城城镇建设用地范围内，随着艺术区的发展，该村已不适宜采用土地开发的方式进行城镇化改造，因此新城内规划的城镇建设用地指标难以实现，而该镇同时又面临新城外规划指标不足的问题。因此，新城内外指标能否流转以及如何流转成为困扰宋庄镇当前改造和发展的瓶颈。

以往以"全市总体最优"视角进行的城乡空间资源配置，往往将最优的建设用地资源集中到新城范围内，新城外围乡村则以大片绿地与几片集中建设区的方式予以简化处理，忽视了外围地区的实际情况，给外围地区的发展造成困境。而建设用地指标（农村地区更加关注的是集体建设用地指标）是城乡一体化发展的基础，任何规划理念、方法的创新都不能忽视或代替"指标"对乡镇发展所起到的核心作用。

对北京市位于新城城乡结合部的50个乡镇建设用地资源情况进行统计分析发现，50个实施单位新城内建设用地占镇域总面积比例的平均水平为53％，但其中有33个乡镇的平均水平在17％左右，有11个乡镇的平均水平接近50％，只有6个资源较多的乡镇平均水平达到77％。在优势资源全部集中于新城，而"以城带乡"又无措施保障落实的情况下，新城外的农村地区该如何在保障生态功能的同时又解决好农民的生产、生活问题，是困扰规划部门和乡镇政府的难题。

2.2 路径不明延缓了乡镇改造的时机

所谓路径（或模式），笔者认为是指为达成某种目标所采用的一系列方式方法的总和，包括政策制定、规划调整、措施跟进和执行监管等，是一种从实践中来，又可以指导实践并加以推广的方法论。

国家新型城镇化发展战略强调人的城镇化，即以人为本的城镇化。这就决定了北京新时期乡镇发展的目标是通过地区空间资源的合理分配与有效利用，达到农村地区生产、生活、生态的就地城镇化，其实质是一种真正的"转化"而非从农村到新城或集中建设区的"转移"。

北京市近年来进行了大量的城乡统筹实践工作，包括第一、二道绿化隔离地区的规划实施、50个挂账村的规划实施、城乡结合部改造试点等实践探索工作。但由于整体上处于"摸着石头过河"的城镇化转型初级阶段，没有成熟、完善的理论经验可以借鉴，因此探索往往是以"试点"的方式加以开展。多年来的工作积累，虽然取得了一定的成绩，但城乡规划的实施受其复杂性的影响，仍没有找到一种有效的路径（或模式）可以推广，而远郊乡镇的发展更加没有成熟的经验可以借鉴。

绿隔和挂账村的改造基本采用一级开发（房地产开发带动、资金就地平衡）的改造模式，由于改造成本越来越高，导致规划调增的建设用地越来越多，而绿色空间越来越少，严重背离了改造的初衷，此种模式自身已经难以为继，更加不适宜在更广泛的农村地区推广。而2011年开展的大兴区西红门镇城乡结合部整体改造试点探索，虽然找到了新的方式方法，前期也取得了一定的成绩，但仍处于实践探索的初期阶段，该模式能否推广以及如何推广，至今尚无定论。

路径要解决的是"怎么干"的问题，在面临京津冀区域协同发展和新城大发展的有利时机，如何将远郊乡镇发展的热情导入实操层面的正轨，路径的科学选择需要多部门来共同研究。

2.3 政策缺失制约乡镇发展进程

通过近年来的实践探索，笔者认为农村集体建设用地上的"产业升级"是促进集体经济组织（乡、镇等实施主体）未来发展壮大的关键一环。集体产业升级一方面不但关系到农村的生产和就业问题，同时还关系到农民的社会保障（农民的社会保障依托于集体经济组织的财力，只有集体经济组织发展壮大，才能为农民提供更好的社会保障）；另一方面集体产业升级会使现状集体建设用地更加集约高效地利用，不但促进了产业的转型升级，同时腾退后的土地"退耕还林"还有助于生态环境的建设。

2011 年，我市现状集体建设用地总面积约 1200 平方公里，与现状城镇建设用地的量（约 1430 平方公里）基本相当。其中，农村居民点面积约 700 平方公里，集体产业用地约 410 平方公里，另有约 90 平方公里为农村公共设施用地。[1]其规模远高于土地利用总体规划确定的 730 平方公里和《北京城市总体规划（2004 年—2020 年）》确定的 300 平方公里。而从地域分布上分析，集体建设用地更多地分布于与中心城和新城相交的乡镇地区（即城乡结合部地区）（图 1）。

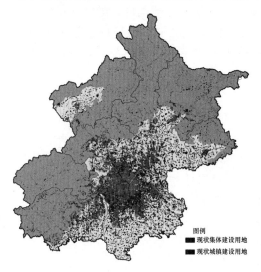

图例
■ 现状集体建设用地
■ 现状城镇建设用地

图 1　北京市现状集体建设用地分布图

而集体建设用地如何才能实现产业升级，如何推动"产业向规模经营集中、工业向园区集中"的城镇化战略，除规划采用的空间资源调配手段外，现阶段面临的最核心问题是集体建设用地使用新政策的问题。

我国《土地管理法》的精神是集体建设用地不得入市流转，而被寄予厚望的《物权法》实则并没有突破这一点（在入市流转等问题上《物权法》提出参考《土地管理法》的相关规定）。由于受到土地使用法律、政策的制约，集体建设用地无法实现与国有土地的"同地、同价、同权"，只得低价低效利用。

而集体产业升级的关注点在产业类型、产权界定和企业参与三个方面。所谓产业类型是指与地区功能定位相吻合的二、三产业比例；而产权界定是指集体建设用地"地上物"产权的落实。企业参与是指社会资本参与集体建设用地的建设、使用和管理等，包括企业直投、合作联营等多种形式。其中，产权界定与企业参与息息相关。在集体经济组织无法凭借自身力量进行产业转型升级的情况下，只有靠引入外脑，吸引社会资本来助力集体产业升级。而外来资本无论采用何种方式参与集体产业，都需要对其投入的资本拥有产权的法律保障（同时房屋产权证还可向银行进行抵押贷款）。

由于现阶段集体土地归集体所有，房、地无法分离的政策，导致社会资本很难取得相关的产权保障，限制了社会资本流入集体建设用地的热情。政策的缺失，阻碍了集体产业升级的步伐，也影响了近远郊乡镇推进城镇化的进程。

3　对策及建议

从现阶段北京城乡规划实施的体制、机制及实施效果判断，北京近远郊乡镇在不依仗指标增长、路径指引、政策倾斜等外力的作用下，单纯依靠自身的力量是很难有效推进城镇化进程的。且在规划、政策不认可的前提下，所有冒进的尝试（如小产权房等）反而会增加地区改造的成本。因此，要积极有效地推进该地区城镇化进程，必须在诸多方面进行改革和创新，为乡镇发展创造有利的条件。

3.1　集体建设用地指标应向城乡结合部乡镇倾斜

集体建设用地的指标分配问题一直是困扰北京城乡规划编制的难题。在 2004 版总体规划中，明确了全市 200 万的规划农村人口及 300 平方公里的规划集体建设用地指标，但这 300 平方公里的规划指标是如何落地的实则并没有明确的交代。

2014 年，北京开始了新一轮总体规划的修改工作。在此次总体规划修改中，北京市的人口规模预计会有所增加。若规划人口增加，城乡建设用地指标也会相应的增长。在中心城已基本实现城市化的背景下，人口和用地指标的增长势必会向新城和近远郊各乡镇集中。

若指标平均分配，则无法体现城乡空间结构的地区差异，而依据新城发展带理论，同时也是与现状情况最吻合的一种方式是将增加的建设用地指标向城乡结合部地区的乡镇倾斜。这样不但有利于地方乡镇的城镇化改造，同时也有利于新城发展带功能的强化，有利于疏解中心城的职能，同时在地域分工中也有利于形成新的地区增长极。

具体指标倾斜的比例与规模尚需进一步研究确定，但其用途也不应是单一的集体产业用地。在北京市现状城镇居住用地少（现状占比约 20%，低于国际大都市一般水平）、工业用地多（现状占比约 15%，高于国际大都市一般水平）的情况下[2]，应更多地关注保障房的建设。而乡镇的集体产业用地也可以进行保障房的建设，虽然从使用功能上来说是居住，但其实也是集体产业的一种，集体经济组织同样可以从保障房建设中得到相应的租金收益。此方式在大兴区西红门镇的试点中已经得到应用。而保障房的建设也为北京市外来人口的居住找到了出路。

3.2　以乡镇政府为主导的实施模式更加符合时代的要求

在新型城镇化的转型时期，城镇化的着眼点在于农村就地城镇化过程中的生产、生活、生态三个方面，此三方面均需要新的模式加以推进。

已有的改造模式之所以难以为继，主要是因为由政府主导的一级开发模式因"土地城市化"和"被动城市化"而饱受诟病。在土地财政的依赖下，城市向农村不断地"吸血"。但随着土地整理成本的上升和房地产市场的疲软，政府举债的压力也不断增大。在此过程中农民的意愿得不到重视，利益得不到保障，而改造政策的不断变化，又引发了农民心里的失衡。作为治理体系组成部分的城市规划也因为各方利益诉求的"此消彼长"而导致不断调整，权威受到挑战。

笔者认为，新的模式应坚持以乡镇政府为主导（统筹各村利益），充分尊重农民意愿，在土地坚持农民集体所有（不征地）的前提下，探索生产、生活、生态全面改善的新思路。

产业升级方面，大兴区西红门镇的试点改造案例可以借鉴。该镇的改造首先解决的是产业升级的问题，通过镇里统筹（27 个村成立股份联营公司，整合村与村之间的利益），政府扶持（区产业促进局负责招商引资等），引入外脑（与亦庄经济技术开发区合作，采用现代化园区管理模式），政策创新（集体土地所有权和经营权分离），融资渠道创新（区国有公司担保，把集体土地未来 20 年使用权收益进行抵押）等多种方式保障了集体产业的升级。

新农村建设方面，笔者认为农民是否上楼应充分尊重村民的意愿，迁村并点或宅基地自主改造需在条件成熟时采用分期分批区别对待的政策。同时，无论迁村并点还是宅基地改造都应坚持以农民为主导的方式，而安置办法和补偿标准等也无需参照现有城市征地的安置政策，应由各镇视自身的现状和历史情况等进行综合确定。

生态建设方面，由于传统农业在新城城乡结合部乡镇的产业结构中已逐渐萎缩，该地区也很少有还从事基础农业生产的农民，因此地区的生态环境建设更多地体现在传统农业向现代农业的转型，除立足于自身特色农产品打造品牌农业（产业链向二、三产业延伸）之外，还应根据自身的文化旅游资源发展现代乡村旅游业，包括建设观光农园、科技农园、休闲农园等，为城市居民提供观光、学习、休闲和体验等活动。

3.3　完善相关政策措施为新城城乡结合部乡镇发展保驾护航

乡镇域规划的实施是一项强调实践性的系统工程。从实践的角度而言，一切有效的行动必然受法律、政策的制约，同时行动能否顺利开展也需相关措施的扶持。

政策方面：鉴于城乡规划实施的复杂性和系统性，不可能通过一个或某几个政策就能彻底解决，因此需要市区、甚至国家层面的一系列法律、政策的创新与完善。但是针对现阶段面临的主要问题，我们需要在如下三个方面进行重点攻关：第一、加快农村集体建设用地使用权流转政策的研究；第二、加快集体建设用地房屋建设审批发证制度研究；第三、加快新农村改造模式新政策研究，加强农民安置标准政策研究。

措施方面：第一、为保障在城镇化过程中农民的利益不受损害，需积极推进各乡镇农村集体产权制度改革；第二、为治理脏乱差的城乡面貌，消除安全隐患，需完善相关对策坚决制止违法建设；第三、为解决城乡改造的资金问题，除需加大市、区财政支持力度外，仍需进一步探索拓宽市场融资的新渠道。

4　总结

北京市的近远郊乡镇已经成为北京新型城镇化转型时期推进城乡一体化的前沿阵地。然而受"重城轻乡"等传统观念的影响，现阶段地区发展面临指标不足、路径不明、政策缺失等种种挑战。

在国家新型城镇化发展的战略转型期，在京津冀一体化发展的起步期，加强对城乡结合部地区乡镇发展策略的研究具有十分重大和深远的现实意义。

现阶段，北京市正在开展北京城市总体规划的修改工作，希望本文的若干建议能够对总规修改具有一定的参考价值，更加希望指标倾斜等具体建议可以在总规修改中得到一定程度的体现。

参考文献

［1］　北京市规划委员会. 课题报告：北京市集体建设用地规划研究，2012，7.
［2］　北京市规划委员会. 课题报告：关于北京城乡建设用地规划和实施总体情况的汇报，2014，4.

城乡双重视角下的村镇养老服务（设施）研究
——基于佛山市的村镇调查

张　立　张天凤

同济大学城市规划系

摘　要： 中国刚刚步入老龄化社会，相比城市地区，村镇地区老龄化趋势更为严峻。城镇化的大趋势导致了农村空心化现象，致使村镇地区传统"养儿防老"的养老模式面临巨大冲击。村镇地区公共服务（设施）的欠缺，使得村镇老年人面临着比城市老年人更多的养老困境。本文以佛山市高明区的村镇地区为研究对象，以实地调研和访谈为基础，以"自下而上"为研究线索，从农村和城市两个视角探讨了养老服务（设施）的需求特点和供给困境。研究表明，城市和农村居民都倾向于农村养老，但村镇养老设施供给面临着"质"和"量"的双重挑战。继而本文从制度安排、规范约束和政府财政支付能力等多个方面分析了当下供给困境的主要影响因素。在此基础上借鉴先进经验，对构建村镇养老服务（设施）体系提出了若干建议，即以基础服务（设施）普及为基础，促进养老服务的多元化，促进村镇一级居家养老辅助服务（设施）；探索结合村镇卫生医疗设施等其他社区公共设施，将养老服务（设施）融入多位一体的村镇社区服务体系中；社会福利服务与盈利经营相结合，适应地方政府的财政支付能力，适度发展乡村养老产业。

关键词： 老龄化；村镇地区；养老服务；养老设施

1　引　言

国际上通常把 65 岁以上人口占总人口的比重达到 7% 或者是 60 岁以上的人口占总人口比例达到 10% 作为国家或地区进入老龄化社会的标准。2013 年我国 65 岁以上人口 1.32 亿，占总人口比重 9.7%；60 岁以上老年人口数量达到 2.02 亿，占总人口比重 14.9%。很明显，中国已经步入了老龄化社会。相比于城市地区老龄化的程度，村镇地区往往老年人口占总人口比重更高。六普数据显示，2010 年全国 65 岁以上人口占比 8.92%，其中农村地区 65 岁以上人口比重达到 10.06%，远高于城市地区（7.68%）。农村地区 60 岁以上人口比重更是达到 14.98%，也远高于城市地区（11.47%）。进一步的数据显示，农村地区 50～64 岁年龄段人口比重也相当高，这意味着未来农村地区的老龄化形势将更加严峻。

然而我国过去三十多年快速的城镇化进程加剧了城乡发展的差异，村镇地区的公共服务配置严重滞后，养老服务基本是空白（除了发达地区的个别村镇）。随着城市化、工业化和现代化进程的深化，农村传统的社会结构和思想观念正发生着根本性转变，农村人口不断向城市流动、迁移，严重的空心化现象致使村镇地区传统"养儿防老"的养老模式面临巨大冲击[5]。村镇地区公共服务（设施）的欠缺，使得村镇老年人面临着比城市老年人更多的养老困境。

与一般的城市问题不同，农村养老问题既是经济问题，也是社会问题[8]。农村人口外出导致农村家庭"空巢化"，加剧了养老服务的困境[3]，但是劳动力的转移就业对农村养老服务的影响也具有两面性：一方面是负面的，如繁重的农业劳动损害了老年人的健康；另一方面，农民工对城市文明的认同程度对未来农村养老保障制度的建立与完善将起着积极作用[2]。但目前社会普遍认为，在农村要实施社会化养老模式[6]。苏保忠和张正河认为制度欠缺和财政能力是引发农村养老困境的根本所在。Berry（2011）

则着重于探讨了由于农村人口老龄化带来的农村人口密度进一步下降，而引发的公共服务、公共设施的布局以及该类设施自我维持的难度，着重探讨了村镇老年服务的供给难度。[10]陈小卉和杨红平基于江苏省的案例研究，提出通过规划编制的完善，来营造老年友好型的城乡整体环境。[1]

尽管关于养老服务和养老设施的研究成果众多，但是研究方法较为单一，或者仅仅关注于政府层面的财政能力，或者仅仅关注老年人的自身感受，或者关注于对各种养老模式的分析。但是实际上，村镇地区的养老服务（设施）困境不仅仅与农村相关，也与城市有紧密联系；不仅与制度安排有关，也与供给能力和供给模式有关；不仅需要自上而下的资源配置安排，也需要自下而上的深入研究。

因此，本文以佛山市高明区的村镇地区为研究案例，以实地调研和访谈为基础，尝试剖析和探讨村镇地区的养老服务及设施配置问题。

2　研究方法

2.1　高明区概况

高明区地处珠三角外围，是佛山市五个行政辖区之一，1994年撤县设市，2002年撤市设区，是典型的城乡混合的区划单元。高明区下辖一街三镇（即荷城街道、杨和镇、明城镇与更合镇）和52个行政村，2012年底常住人口42.3万人（其中户籍人口24.24万人），地区生产总值502亿元。如若以本地人口为基数测算老龄化程度，三镇的老龄化水平（本文以65岁为标准）均大大超过了7%，已经明显进入到了老龄社会。

2010年六普分乡镇数据　　　　　　　　　　　　　　　　　　　　　　　　表1

行政区	常住人口	65以上人口	本地户籍人口	老龄化程度（以常住人口为底）	老龄化程度（以本地人口为底）
高明区	420044	28529	242435	6.8%	11.8%
荷城街道	278454	14322	145983	5.1%	9.8%
杨和镇	53224	3708	27889	7.0%	13.3%
明城镇	41838	4316	30923	10.3%	13.9%
更合镇	46528	6183	37640	13.3%	16.4%

（数据来源：2010年六普数据）

2.2　研究方法

尽管农村地区发展面临着诸多问题，需要深入研究，但是村镇地区统计资料不健全的实际问题制约着相关研究的深入开展。为克服统计资料的约束，课题组采用社会调查的工作方法来展开研究，作为对既有资料的补充。

课题组走访调研了一街三镇45个行政村，占全部52个行政村的86.5%[①]。课题组与村委书记、村长或村干部进行了交流，并在每个村亲自发放并指导填写了各5~10份村民调查问卷，同时在三镇的镇区随机完成了99份有效调查问卷。另外通过相关部门向高明区的中学生和小学生发放了调查问卷，交由家长填写，共回收有效问卷2598份[②]，学生问卷覆盖了荷城和三镇的人口，抽样比达5.6%，能够与村镇问卷形成互补认证的关系。在三个渠道的问卷中均有关于养老服务（设施）的选项，且不仅涵盖了被调查人的养老意愿，还涵盖了被调查人对父母亲养老的打算等。经综合分析，三个层次的问卷完成质量较好，覆盖面较广，基本能够反映高明区村镇的实际情况。

除村干部访谈和问卷调查外，课题组还在明城镇明城广场随机走访了15位老人，与老人针对养老

---

① 由于不可抗因素，4个行政村未能前往调研，3个行政村访谈记录不全。
② 课题组近年在其他城市的相关调查经验显示，学生家长问卷的完成质量普遍较高。

问题作了深入访谈，获取了最直接的信息。老人访谈对象年龄均值为 67 岁，不仅包括明城镇当地人，还含 5 位的外来老年人（原籍非明城镇），他们或随子女打工而由外地迁来，或特意来此地养老，可以说较为全面地反映了村镇地区老年人的构成及其不同需求。

调查问卷基本发放情况 表 2

问卷类型	有效问卷数	抽样比
镇区居民问卷	99 份	3.29‰
行政村村民问卷	353 份	2.55‰
教育局渠道问卷	2598 份	5.6%

2.3 案例村镇的老龄化特征

佛山市村镇地区空心化和老龄化问题非常严峻。课题组对 45 个行政村的访谈记录显示，农村平均人口流出率达 41%。其中 14 个村 60 岁以上人口数据详尽，计算得平均老年人口占比常住人口比重达 22.6%。通过与表 1 的数据对比，可见农村地区的老龄化程度比三镇整体情况更严重。并且老年人独自留守的情况较多，40% 的村都提及了留守老年人的情况，农村老年人中平均有 58% 为独自留守[①]。

2.4 研究框架

本文从农村和城市两个视角来探讨村镇养老服务的需求和供给，并尝试剖析其供需失衡的原因。

3 村镇居民的养老服务（设施）需求与供给困境

3.1 村镇居民的养老需求特点

3.1.1 村镇居民倾向于在农村养老

考虑到问卷填写者多数为 65 岁以下人口，因此对于养老地点的问题设问了其对父母养老的看法。综合三类问卷，受访者为其父母选择的理想养老地点较为相似，选择农村的占比最高，达到 60% 以上；村民选择该项比例更是高达 83%。镇区居民选择镇区养老的比例为 25%，村民问卷和学生问卷选择此项为 13% 和 14%。

考虑多数老年人未来养老地点选择很大程度受子女决策影响，问卷结果与实际调研所发现的大量农村留守老年人的现实情况相符。据此可推测，近期农村将是村镇老年人的主要集聚地，因此对于养老服务的刚性需求务必重视。

3.1.2 村镇居民对机构养老的认可度较低

高明的村镇地区居民对于机构养老的意愿普遍不高。镇区问卷中回答愿意的仅 19%，村民问卷中仅 18%，学生（家长）问卷中仅 26%。不愿意的主要原因包括"传统养儿防老观念"和"经济原因不允许"两项。学生问卷中对受访者的机构养老排斥度作了设问，发现多数受访者虽主观不愿意去养老机构，但实际并不排斥，前提是免费提供。仅 22% 受访者对机构养老有较强抵触感，80% 不排斥，但仅 27% 愿意承担费用。总体而言，村镇居民对于机构养老的认可度较低（图 1、图 2）。

访谈案例中仅 4 人（26%）表示愿意机构养老。与问卷调查涉及的受访者偏青壮年对机构养老态度坚决不同，相当比例老年人即使略排斥养老院，也都有心理准备（日后可能子女会为之选择机构养老）。但由于多数老年人对敬老院、养老院概念混淆，因此除却经济原因外，认为"只有孤老才会去机构养老"是老人不愿意的另一大原因（图 3、图 4）。

---

① 即无子女或年轻人口陪伴。

图 1　受访者养老机构排斥度

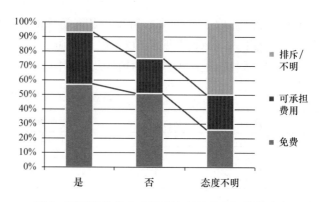

图 2　不同机构养老意愿受访者的养老机构排斥度

问卷受访者机构养老意愿　　　　　　　表 3

问卷类型	总样本量	愿意		尚未考虑		不愿意	
		样本量	占比	样本量	占比	样本量	占比
镇区问卷	99	19	19%	18	18%	62	63%
村民问卷	353	63	18%	32	9%	258	73%
村镇学生问卷	1621	421	26%	114	7%	1086	67%

问卷受访者对父母养老地点的看法　　　　　　　表 4

问卷类型	总样本量	农村		镇区		其他	
		样本量	占比	样本量	占比	样本量	占比
镇区问卷	99	62	63%	24	25%	13	12%
村民问卷	353	293	83%	46	13%	14	4%
村镇学生问卷	1621	1086	67%	227	14%	308	19%

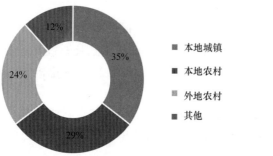

图 3　个案访谈对象户籍所在地构成

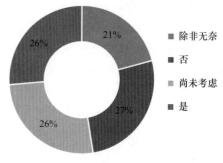

图 4　个案访谈对象机构养老意愿

3.1.3　倾向于多样化的养老服务

对于居家养老相关的服务设施项目，15 个个案访谈中 8 个受访者偏好活动中心模式的托老所①，对于上门服务持否定观点的受访者也较多，经济约束是核心问题，多数老年人认为太贵没必要。对于老年活动中心，老年人 100% 都认为有需求，然而 11 个人从未去过老年活动中心，6 个人因为不知道具体位置，也有 5 个人抱怨活动室未正常开放。多数老人对于老年活动室持有"锦上添花"的心态，认为这类设施可遇不可求。另外，无论受访者现状健康情况以及其对医疗设施依赖度如何，80% 以上的受访者都表示将养老服务（设施）与医疗卫生设施结合十分有必要（图 5、图 6）。

---

① 不同于养老院，托老所不留宿老人，收费也较养老院便宜很多，一般只收餐费及适当看护费。子女白天将老年人送至该机构，由工作人员看护在活动室活动，中午提供午餐，晚上子女接回家中享天伦之乐。

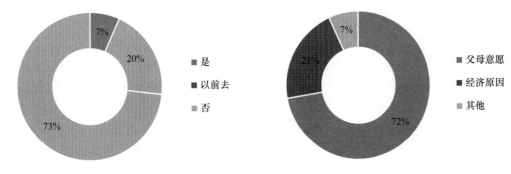

图 5　访谈对象老年活动室使用情况　　　　　图 6　受访者不愿为父母选择机构养老原因

大样本的学生（家长）问卷显示，受访者偏好为父母选择居家养老，也希望子女未来为自己选择居家养老服务项目。本次访谈的 15 个镇区老人中有 12 位是与子女同住，8 位受访者表示平时帮助子女照看孙辈。不同于个案访谈，老年人更偏好托老所，青壮年受访者更偏好为父母寻找上门服务。60%受访者对于养老服务设施的首选都为上门服务；其次是养老院[①]（图 7、图 8）。

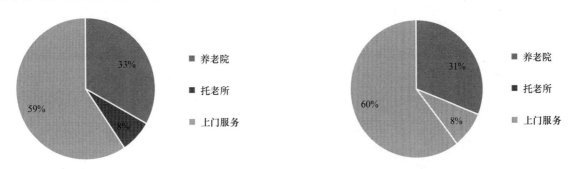

图 7　受访者偏好为父母选择的养老服务设施　　　图 8　受访者偏好子女为自己选择的养老服务设施

3.2　村镇居民的养老困境

3.2.1　经济收入少，无力也不愿意承担养老机构开销

目前村镇老年人可支配的经济来源主要是退休工资、新农保，其中农村老年人唯一稳定的经济来源为新农保，高明区的偿付额为 120 元/月，80%以上受访者表示不想接受子女的钱财支援。由此可见村民年老后可支配收入十分有限，多数农村老年人无法承担机构养老相关费用。多数老年人表示年老后是否使用养老服务设施的最终选择权在子女。在 1621 份村镇学生家长的有效问卷中，44%的受访者愿意送父母去养老院，可见村镇居民对机构养老设施有一定需求量，但受访者多不愿意承担大于 500 元/月的费用。

3.2.2　现状养老服务（设施）供给不足、规范缺失

目前高明区村镇地区除敬老院外，养老服务设施尚无供给，老年活动中心也未全覆盖。农村留守老年人平日生活自理，仅五保家庭享有名存实亡的"一对一挂靠"的居家养老服务。村级老年室内外活动设施、活动场地匮乏，留守老年人缺乏活动场地。调查统计显示，仅 50%的行政村设有可供老年人使用的室内活动室，其中仅 5 个行政村（相当于总量的 10%）能够做到自然村全覆盖，且（由于距离问题）老年人前往较为不便。仅 15.5%的行政村配备了健身设施及可供老年人活动的户外场地。村镇一级缺乏专业助老服务（设施），也缺乏公益性的养老服务（设施），多数留守老年人无法享受到相应的养老服务。

综上，目前村镇地区在养老机构、老年活动中心、室外活动场地等方面较为滞后，居家养老服务也

---

①　由于相关部门对问卷中的托老所的注解未正确列印，而现状村镇也没有托老所这一设施，笔者认为这会致使部分受访者无法准确理解托老所的定义，一定程度影响受访者判断。

基本没有提供，面临明显的"数量"不足。即使配备了少量养老设施和服务的村镇，也缺少专业化的养老服务（设施）规范指导。

3.2.3 政府财政供给养老服务（设施）能力不足

我国村镇地区目前养老服务供给主体为政府，因此养老服务体系建设与当地政府的财政能力和认识有关。高明区近五年来的财政支出构成显示，政府目前尚未为村镇养老服务（设施）单列财政支出项目，可见政府对于老龄服务和设施的供给资金尚未有很强的重视。进一步筛选出"社会保障和就业、医疗卫生、城乡社区事务"等三项与村镇地区养老服务相关的栏目，发现其占财政总支出的比例也较小，其占比也未呈现增长的趋势，这与日益增长的老年人口的趋势相悖。此外尽管财政对于机构养老方面有所拨款（计入社会保障和就业），但仅为对敬老院方面的财政支持，对于社会化的养老设施尚没有相关的财政和政策支持。财政供给方面的不足，以及相关扶持政策的滞后，使得村镇养老服务和设施建设难以打开新的局面（图 9）。

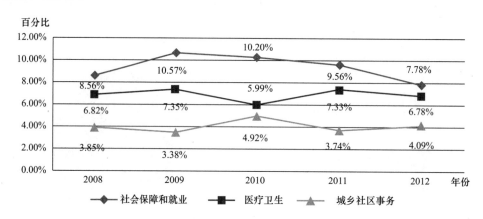

图 9　指定支出项目在财政总支出比例

4　城市居民的养老服务（设施）需求与困境

4.1　城市居民可能的农村养老需求

除了村镇居民的养老需求外，城市居民未来的乡村养老也可视作一种转移性需求。综观西方发达国家的相关研究，城市老年人退休后迁至乡村养老是较普遍的现象。那么，我国城市居民是否也有这样的村镇养老意愿？本次高明调查问卷和访谈覆盖了部分城市居民，可以为此议题提供支持。

4.1.1 未来村镇养老意愿强烈

学生（家长）问卷中，70％以上的城市地区受访者愿意退休后搬迁至村镇居住，比例相当之高。学生问卷中，城区受访者为父母选择农村养老的占比多达 44％，选择镇区的占 13％，选择城市的占 39％。可见转移性需求的假设成立。

4.1.2 机构养老意愿稍高，经济支付能力强

977 份实际居住地为城区的学生（家长）问卷表明，33％受访者愿意选择机构养老，对照镇区和村民问卷，这一比例是相对较高的。可见，城市地区居民对机构养老的接受度要高于村镇地区。横向比较其对养老服务（设施）的支付意愿也强于村镇地区，对于养老院的可承受费用均值为 1295 元，远高于村镇地区的 655 元。

4.1.3 同样倾向于多元化的养老服务

城市地区居民对于两大类（机构养老与居家养老）三小项（养老院、托老所、上门服务）养老服务（设施）的偏好，与村镇地区类似，同样最偏好上门服务，其次养老院。进一步的信息显示，受访者倾向于选择离子女近的、位于乡村空气好环境优美的以及配有医疗设施的，这三项所占的比例最多，都为

20%左右。另有18%的受访者选择公立的养老设施，仅2%选择私立（图10）。由此，再次验证未来在村镇地区发展养老产业的可行性，一方面城市地区居民愿意未来在村镇地区养老，另一方面城市地区居民相对可承受支出较高。并且城区居民更偏好居家养老服务项目以及公立的养老设施，将养老服务设施与卫生设施设置相结合也将更受使用者欢迎。

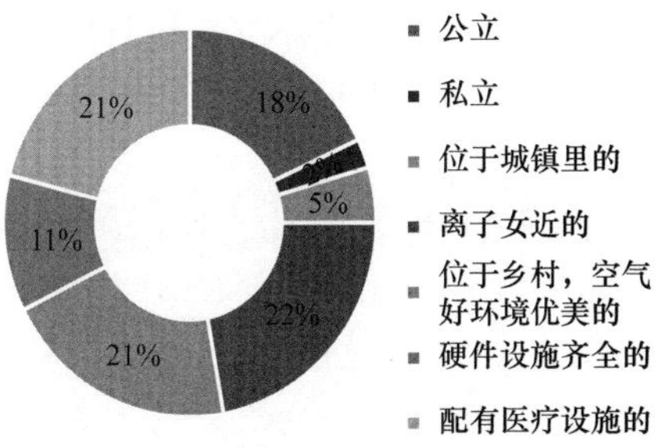

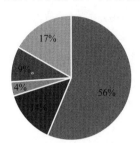

■ 公立
■ 私立
■ 位于城镇里的
■ 离子女近的
■ 位于乡村，空气好环境优美的
■ 硬件设施齐全的
■ 配有医疗设施的

图10　收费类养老服务设施偏好

4.2　城市居民的养老困境

4.2.1　交通不便制约村镇养老服务

尽管城市居民对村镇养老有一定需求，但选择城市养老的比例依然很高，那么什么因素阻碍了人们选择村镇养老，问卷统计结果如图11：排在首位的是交通出行不便，占比超过五成（56%）。其由此可见，村镇地区要想更好地发展养老产业，首先要解决的便是交通问题。包括内、外通达性以及可能对于老年人而言更重要的公共交通系统。

■ 交通出行不便
■ 基础设施环境太差
■ 已无法适应农村生活
■ 精神文化设施不够
■ 其他

图11　城市居民退休后不愿搬迁至村镇居住的原因

4.2.2　镇区机构养老设施质量不佳，制度约束大

高明村镇地区仅在镇区一级设公立机构养老设施（敬老院），村一级不设。民间也有少量小规模的营利性养老机构（系民宅改建私人机构），服务对象为不具基本行动能力的老人。

课题组对明城镇敬老院（非营利性公立）做了实地踏勘和访谈。敬老院于1993年成立，只接受户籍所在地为明城镇的五保老年人，不向老年人收费，一切开支均为政府拨款，标准约为每人650元/月，现尚未满员，有多位愿意选择有偿机构养老的非五保老年人前来询问入住，但由于敬老院强制规定的入住条件，对这类老年人不予接收。明城敬老院建造年代较早，主体建筑二层，各类设施陈旧，缺乏无障碍设施，室内也无紧急呼叫铃等设备，靠老人互相照应（图12、图13）。

图12　孤独的老人在活动室

图13　缺少无障碍设施的厕所

明城镇原老年活动中心区位较好，位于1层且有乒乓桌，开放时间固定。搬迁后活动室面积仅为原址的1/3左右，并迁至2楼；无可供室内锻炼（如乒乓）的场地，亦无户外活动场地；活动室楼梯较陡未设电梯，老年人使用诸多不便。据工作人员介绍，未搬迁前尽管去活动的老年人也不多，但活动次数较多。搬迁后基本没有老人来活动。个案访谈中，多数老年人都提到过是因为面积变小了，同时距离变远了。

课题组的实地踏勘发现，现老年活动中心与其他多项设施共用场地，并常年落锁（图14～图16）。尽管笔者原计划对使用者进行一些简短的访谈，最终因设施无人问津而只得作罢。活动中心每月实际的

开放天数极少，也不存在每日固定开放时间。课题组调查的另外2处老年人活动中心，也均闭门，未正常开放，并且附近找不到相关工作人员，难以寻获可以帮助开门的人员。

图14　镇区老年活动中心常年落锁　　图15　镇区老年活动中心场地共用情况　　图16　明城镇镇区外围老年活动中心

总体而言，虽然高明区的调研是个案，但课题组在其他地方的调查经历，同样证明了上述情况的普遍性，在村镇层面而言，老年活动设施不仅缺乏，而且服务非常滞后，相关的管理和设施配置与老年人的需求也不是很匹配。这样的设施条件不仅无法吸引城市居民来村镇养老，也无法为村镇本地居民提供相应的服务。

5　提升村镇地区养老服务（设施）的若干建议

前文分析显示，村镇地区养老服务（设施）的未来需求可以基本分为村镇的本地需求和城市的转移需求两类。一方面，对于村镇的本地需求，由于村镇老人对机构养老接受度低，并且收入微薄难以有偿使用各类设施，因此村镇居民的需求偏向于基础服务，居民希望有一个步行距离适中、面积适宜，能够提供多样化活动的老年活动场所，包括室内的，也包括室外的。另一方面，未来城市地区的转移性需求也将是客观存在的，且数量不小，但未必是即时产生的，而是在未来的15～20年间逐步释放的。故发展村镇养老产业是可行的，由于城市居民经济承受力较强，对于机构养老的接受度也高，可以考虑设置一定盈利性养老院。另外，考虑到城市居民对居家养老的偏好，以及对乡村自然环境的渴望，也可考虑适度发展养老地产。无论村镇居民还是城市居民，他们都更偏好居家养老，更喜好托老所模式，并且都认为医疗卫生设施与养老服务设施结合运营相当必要。

目前村镇地区老年服务（设施）的供给面临着"量"与"质"的双重匮乏。由于缺乏相关配置规范、标准，总体数量无法做到满足村镇老年人的需要。同时由于供给主体单一，政府财政支撑力有限，目前供给的服务类型也不足，无法满足居民现状与未来的多元需求。而非公立机构养老设施体系尚不完善，相关设施尚未合法化、规模化，受众群过于片面，无法对公立设施产生有效的补给。由于供给制度僵化、管理体制滞后，导致有关设施未能在实际中发挥其应该达到的供给能力。如即使尚未满员但仍仅面向五保老人开放的敬老院，浪费资源同时阻碍了敬老院获取一定盈利来提升服务质量。

目前村镇地区养老服务（设施）的供需矛盾，与社会各方面尚未引起重视有关，也与其相关制度欠缺有很大关系。因此，构筑适应多元化需求的养老服务（设施）体系就显得尤为重要。结合前文的研究，借鉴发达国家经验，尝试提出若干发展建议。

5.1　逐步推进居家养老服务项目体系建设，使养老服务多元化

积极在村镇两级引入"居家养老"服务项目，提供多类型的养老服务，探索托老所、日间照料、上门服务、供餐系统等各色居家养老服务种类。先期可以从镇区开始设施布点，然后逐步推行到各行政村全覆盖。选址方面，建议与老年活动中心联合设置，形成村镇"综合养老服务站"，以便于充分整合各项资源。并考虑使用者喜好，增加上门服务的相关工作人员，为之提供按次按项目收费、多种标准的服务。

5.2 重点满足老年人的基础性服务（设施）需求

考虑到短期内村镇地区的老年人收入水平难以改变，其对有偿养老服务设施的承受力将仍然保持在一个较低的水平。因此，应当优先满足其基础性的服务需求，比如免费的老年活动室、老年户外活动设施等。争取确保老年活动室在行政村一级全覆盖，并确保相应的服务质量。在村镇地区结合相关规划，划定适当的老年户外活动场地，并提供无障碍设施。

5.3 探索村镇医疗卫生设施与养老服务相结合

与我国一样，美国等西方国家的乡村公共服务同样面临服务半径与服务成本的矛盾，美国就将传统由养老院提供的长期照料的服务移植到乡村医院中去，以解决广袤乡村养老服务机构无法全覆盖的情况[12]。由于高明区村镇居民的机构养老意愿较低，这里更强调基层农村社区资源的整合，积极尝试将老年活动中心与卫生站联合设置。二者的融合是有利于促进政府相关财政预算的合并，减轻村镇设施用地、新建的成本。结合居家养老服务项目，为老年人提供更为集中、多样的服务，亦可尝试在乡村卫生站内设置少量养老床位，满足农村地区可能存在的机构养老需求，也可以提高乡村卫生站的服务效率。

5.4 创新农村养老保险制度，源头解决村镇老年人养老困境

通过访谈、调研可以发现村镇地区老年人对于有偿使用养老服务（设施）具有一种"恐惧感"，换句话说就是怕花钱，怕花钱源头在于相当数量老年人养老金微薄。这方面可借鉴日本关于农村养老保险制度的创新实践，该体系实行双层结构年金制：第一层次是国民年金制度，是全体国民强制性加入的基础养老金，国家负担1/3；第二层次是在支付国民年金的基础上，就农民经营权转让等因素权衡进一步支付的年金。对于我国的村镇地区而言，也可引入相应的模式，除了基础层次的新农保全覆盖，也要对于贫困居民由政府给予一定补贴；地方上再推出第二层级的农民养老保险金，满足要求更高偿付额的村民。

5.5 制度灵活，公立机构的社会福利服务与盈利经营服务结合

将传统敬老院的准入标准灵活化，打破原有僵化的供给制度，将社会福利与盈利经营相结合，在满足社会福利对象的前提下，允许适当开展盈利性的养老服务。社会福利的敬老服务与经营性的养老服务相结合，可以适当增收以改善提升敬老和养老环境，也可以改变传统上对于养老机构的认识。

也要积极引入社会资本投入，建立非营利性民办养老机构建设补贴和运营补贴制度，建立多支柱混合的社会养老服务事业发展。并对于愿意开设在村镇地区的有关设施给予更优惠的政策倾斜，助推乡村养老产业的发展。

5.6 逐步推动村镇养老产业，平衡财政支付

针对城市地区居民未来的乡村养老意愿，在村镇地区谋划养老产业，适当开发养老地产，建设乡村养老疗养院，提升村镇地区有关居家养老服务项目的整体供给品质，以满足可能迁入的城市居民的要求与需求。在养老产业推进的同时，增加了财政收入，可以设计相应制度，确保养老产业的收入能够反补到养老服务中去。

参考文献

[1] 陈小卉，杨红平. 老龄化背景下城乡规划应对研究——以江苏为例 [J]. 城市规划，2013（9）：17-21.

[2] 戴卫东，孔庆洋. 农村劳动力转移就业对农村养老保障的双重效应分析——基于安徽省农村劳动力转移就业状况的调查 [J]. 中国农村经济，2005（1）：40-50.

[3] 黄佳豪. 我国农村空巢老人（家庭）问题研究进展 [J]. 中国老年学杂志，2010. 9（30）：2708-2710.

[4] 苏保忠，张正河. 人口老龄化背景下农村养老的困境及其路径选择——基于安徽省砀山县的实证分析 [J]. 改革与

战略，2008（1）：67-69.

［5］ 夏锋. 千户农民对农村公共服务现状的看法——基于 29 个省份 230 个村的入户调查［J］. 农业经济问题，2008（5）：69-73.

［6］ 张晖，何文炯. 中国农村养老模式转变的成本分析［J］. 数量经济技术经济研究，2007（12）：83-90.

［7］ 郑军，张海川. 日本农村养老保险制度建设对我国的启示——基于制度分析的视角［J］. 农村经济，2008（7）：126-129.

［8］ 钟建华，潘剑锋. 农村养老模式比较及中国农村养老之思考［J］. 湖南社会科学，2009（4）：58-61.

［9］ 朱杰，陈小卉. 江苏省区域城乡养老模式引导研究［R］. 城市时代，协同规划——2013 中国城市规划年会论文集，2013.

［10］ Berry E. Helen. Rural Aging in International Context［J］. International Handbook of Rural Demography，2011：67-79.

［11］ John Knodel，Chanpen Saengtienchai. Rural Parents with Urban Children：Social and Economic Implications of Migration on the Rural Elderly in Thailand［R］. Ann Arbor：Population Studies Center，2005. 4：1-42.

［12］ Mary L. Fennell，Susan E. Campbell. The Regulatory Environment and Rural Hospital Long-Term Care Strategies From 1997 to 2003［J］. National Rural Health Association，2007（23）：1-9.

重塑乡村活力
——基于一个实践教学案例的战略思考

张尚武

同济大学建筑与城市规划学院

摘　要： 我国的城镇化正处于重大转型时期，实现城乡统筹发展是国家新型城镇化提出的战略要求，也是一项艰巨的任务。从城乡差距的必然性入手，结合同济大学城市规划专业在云南省云龙县开展的总体规划和村庄规划实践教学案例，提出保护乡村地区活力应作为国家城镇化战略的重要政策取向，城镇化是实现国家现代化的手段和途径，而实现乡村现代化是城镇化的重要任务。

关键词： 城镇化；城乡关系；乡村活力

1　问题的提出：城镇化进程中的城乡关系悖论

1.1　理论视角：城乡的差异与差距

城与乡作为两种社会组织形态，从社会学视角，城乡差异是天然形成的。以农业为核心的生产组织方式、以家庭和地缘关系维系的社会组织方式和以自然环境为依托形成的空间组织方式三个方面都决定了城乡之间的差异性。

正是由于这种差异性的存在，从现代经济学视角，城乡之间存在差距具有必然性。无论工业化还是城镇化都是一种非均衡的空间和经济现象，市场化环境追求经济效益和聚集经济的结果必然带来乡村地区的式微。这主要是由于农业和非农产业生产效率的差距造成的，城市经济生产高效率和农业生产低效率的矛盾难以避免。比较我国 1980～2010 年农业和非农产业的劳动生产效率，第一产业和第二产业之间差距始终在 6 倍左右，第一产业与第三产业之间差距由 3.8 倍扩大到 4.5 倍（图1）。

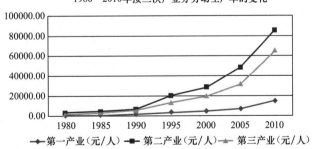

图1　1980—2010 年农业和非农产业劳动生产率变化
（资料来源：根据历年中国统计年鉴数据整理）

1.2　现实困境：中国乡村地区发展面临的矛盾

在我国快速城镇化进程中，乡村地区的经济和社会结构正在经历剧烈的转型与重构，发展问题扩展到经济和社会生活的各个方面，综合且复杂。突出表现在：①农业经济地位不断下降，农村经济总体缺乏活力；②乡村地区集体经济体制和组织载体弱化，生产组织和社区组织能力减弱；③农村地区之间的发展差距也在扩大，既存在发达地区人口高流入郊区农民工现象，也存在中西部地区人口高流出现象；④一些地区乡村衰落现象严重。青年人大量流失，妇女、儿童、老人人口比重高，农村老龄化严重（一些地区甚至超过40％），空心村现象普遍；⑤农村地区公共服务和环境基础设施建设滞后。特别是基础教育布局和服务水平与分散的农村分布形态之间的矛盾越来越突出，生活环境难以改观。

1.3　城乡协同：国家新型城镇化战略的重要命题

实现城乡协同发展是当前国家新型城镇化战略提出的重要任务和要求。但目标和现实存在明显差距，无论"以工哺农"还是"以城带乡"，都是以城市先发展、工业先发展为前提和基础。城镇化是城乡社会转型的整体过程，乡村地区的"萎缩"与衰退有其客观性，如何重塑乡村地区发展活力，在城镇化进程中实现城乡关系的协调将是一项艰巨的挑战，需要基于乡村视角对城镇化目标和任务进行再认识。

2　云龙案例的启示

2013年教育部指定同济大学对口帮扶云南省云龙县，由上海同济城市规划设计研究院负责编制云龙县县城总体规划，城市规划专业师生借助这一契机，以云龙县作为总体规划和村庄规划实践教学案例，在展开了细致的调查研究基础上，研究分析了云龙县城镇化发展特点和发展路径。

云龙县地处我国西南边陲，位于云南省大理白族自治州境内，经济发展相对落后，是国家级贫困县，工业化与城镇化基础薄弱，在这样的发展条件下如何寻求一条合理的城镇化发展路径，这是本文选取其进行案例分析的价值所在。

2.1　云龙地区的发展特点与矛盾

云龙县位于云南省滇西山区，具有边缘区位、山区地貌、地广人稀的特点。总面积4400平方公里，人口约20万人，丘陵约占国土面积的98％左右，坝区资源极为匮乏。地理环境形成沘河、怒江、澜沧江三大流域，主要村庄和城镇沿峡谷分布（图2）。

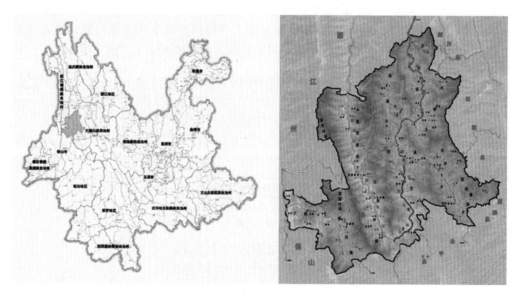

图2　云龙县的区位与地理环境

（资料来源：同济大学总体规划教学小组）

云龙地区历史文化和地域文化积淀深厚。独特的人文特色和生态资源是云龙发展的重要优势资源，县域水资源、森林资源、草场资源丰富，是一个多民族地区，其中白族人口接近16万人。历史上是我国西南地区井盐的重要产区，通过盐马古道通往印度、西藏、新疆等地，为南方丝绸之路博南古道上的重要节点。曾有8个古盐井，形成8个古村落。这些古村落大部分分布在县城周边，并且基本保存完好。最著名的当属诺邓古村，是国家级历史文化名村，距县城约5公里，因《舌尖上的中国》第一集播出的"诺邓火腿"而蜚声海内外。

东部沘河流域集中了约全县 50% 的人口，是历史文化和自然风景资源主要集中的区域。县城位于沘河中段，建成区面积约 1.6km²，人口约为 1.5 万人。县城周边自然环境优美，两山夹一川，沘河流经县城形成天然太极景观。但县城空间发展面临刚性约束，适宜建设用地和空间容量非常有限。近年来由于新开发的强度和高度不断增加，依山就势的城镇风貌被削弱，城镇空间逐渐失去特色（图3）。

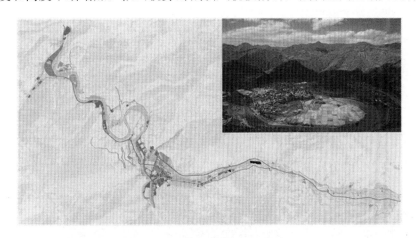

图3 云龙县县城现状土地使用图
（资料来源：同济大学总体规划教学小组）

处于区域发展走廊边缘、空间资源约束、工业化基础薄弱、城镇化动力不足是云龙发展面临的主要矛盾。农业比重高，工业主要以建材等资源型产业为主，近年来由于水电项目的大规模开发，经济增长速度和工业比重有较大幅度提升。在缺乏强大外来资本投入和外来人口导入的情况下，其本身所能支撑的经济增长规模相对有限。对于这样的一个地区是照搬其他地区依托外来投资进行规模化发展，从而带动城镇化发展，还是依托内生动力，推动更具地方特色的城镇化路径发展，是值得思考的方向。

2.2 云龙城镇化路径分析——探索以城乡现代化为目标的城镇化发展

探索具有山区地域特点的城镇化模式。由于山区地理环境和地广人稀的地域特征，不适合走集中的城镇化模式。需要建立相对扁平化的城镇体系结构，不能以追求城镇规模作为城镇化发展前提，不强调县城规模，不追求高城镇化率，以实现农村现代化（农村公共服务、农村基础设施）为核心。

以保护资源、保护特色作为发展前提。城镇化作为一种非均衡发展的区域现象，对广大中小城市的影响正在不断加深。中小城市面临的竞争也将加剧，发展也将出现分化，其竞争力不在于规模，而取决于是否能够保持持续的活力和吸引力。特别是云龙处在边缘化的地理区位，保护资源、保护特色是长远竞争力的基础。保护和挖掘地方特色、具有地域性和独特资源的价值，包括地域传统特色、民族文化特色、历史文化特色、自然环境特色、城镇空间特色等，为地区创造长远发展的利益。保持环境友好，用更好的生态环境、更集约的资源利用和更低的生态压力为未来创造财富。

构建开放的县域空间结构。云龙的城镇空间分布由于地理环境形成了"川"字型结构，并且偏离了区域发展廊道，因此不能像一般地区那样，强调以县城为中心的向心结构，而是需要构筑一个"川"字型的开放结构，强调融入区域交通体系，强调融入区域旅游发展格局。

确立内生型的产业发展模式。边缘化的地理区位、地广人稀的特点和劳动力资源稀缺的特点，决定外源型、大规模集中的工业化模式不适合云龙的长远发展。以本地丰富农业资源为基础，通过农业产业化，提高农业生产的附加值，并且在充分保护生态、历史文化、地域文化资源的基础上，逐步确立起旅游产业化发展的地位。

突出城乡统筹。以城镇特色化、农业产业化、农村现代化、旅游区域化，建立起能够促进城镇化和农村现代化的纽带。

营造更有特色的城镇空间布局和高品质建成环境。县城体现城乡组合发展，将周边具有历史文化和地域特色的村落，包括诺邓、和平、杏林纳入县城。城镇组合发展，增加县城、宝丰、关坪组合发展的研究层次，增强分工合作和整体承载力。处理好对外交通与内部交通的关系，保障城市安全和区域联系的便捷。内部交通以"公共交通＋慢行交通"为主，并通过组团化布局、公共设施布局、滨水空间营造、空间尺度控制等，提升公共空间的吸引力和整体居住环境质量（图4）。

图4　云龙县县城总体布局与和平村村庄规划
（资料来源：同济大学总体规划教学小组）

3　重塑乡村活力的战略思考

3.1　在城镇化进程中实现城乡协同发展将是一项前所未有的挑战

从生态学视角，城与乡是社会生态系统的重要组成部分，优胜劣汰、物竞天择是自然界也是市场化经济环境的基本准则。在城市现代化历史进程中，乡村地区的萎缩有其客观性和必然性，无论发达国家还是发展中国家，农村地区在城镇化过程中始终处于一种被动地位。西方发达国家在城镇化快速发展时期，经历了乡村破产，随后用200年的时间逐步调整、化解了城乡发展的矛盾，最终建立起城乡关系的平衡。发展中国家普遍出现过度城市化现象，城市中出现大量贫民窟，许多发展中国家进入一定的发展阶段后难以摆脱"中等收入陷阱"，都是城乡发展不平衡的产物，城乡社会矛盾转移到城市之中，最终使城镇化发展难以健康持续。

中国在新型城镇化进程中实现城乡统筹，将是世界城镇化历史上未曾有的经验和挑战。

3.2　保护乡村地区活力作为国家城镇化政策的重要取向

国际经验表明，乡村社会是城镇化的稳定器，农村地区一旦失去稳定，就是城镇化矛盾激化的时期。乡村地区是传承地域文化最重要的载体，也是中国传统文化的根。

城镇化并不能简单地认为是一个自然历史过程，而是社会共同选择的结果。社会发展进步体现在不能把乡村命运完全交给市场来选择，城乡协同发展不是抹杀城乡差异，而在于缩小城乡差距。保护农村地区稳定和发展活力既是一项重要的公共政策，也是政府在推进城镇化过程中的一项重要责任，是城镇化的生命力所在。

中国所处的特定的城镇化环境和国情背景，决定了城乡均衡发展的重要性。作为城镇化战略和政策设计的重要取向，通过保护乡村地区活力，发挥乡村地区在城镇化过程中的稳定器的作用。保护乡村地区和乡村经济的弱势地位，避免乡村快速衰落，建立起一种双向流动关系，提供参与城镇化的个体更多选择性。

3.3 基于差异化视角探索城镇化的地方路径

我国幅员辽阔，不同地区乡村的发展基础、发展条件差异性大。从地域类型上划分，包括：①自然环境件因素，如平原、山区、水网地区等；②人口环境因素，如高密度地区、地广人稀地区等；③空间区位因素，如大都市地区的村庄（城中村、城郊村、远郊村）、中小城镇周边的村庄、偏远地区的村庄；④经济发展条件因素，如发达地区、贫困地区等。

针对乡村地区差异性，符合实际、因地制宜是乡村发展和乡村规划的基本原则，许多基本问题需要在实践中结合实际寻找答案。

3.4 以乡村现代化视角重塑国家城镇化的价值体系

城镇化只是一个国家实现现代化的一种路径或手段，而非根本目的，认为城镇化就是发展城镇或城市具有局限性。城镇化的最终任务是要实现国家的现代化，不仅在于要发展现代化的城市或城镇，还要实现农村现代化。城乡共同构成社会转型的整体，如果只有城市或城镇的现代化，而没有乡村的现代化，都将是失败的，未来的城镇化战略需要建立在新型的城乡关系基础上。

推进乡村现代化，一方面需要繁荣城乡经济，扩大城市就业，减少农业人口和农村人口。另一方面，以农业产业化为基础激发乡村经济活力，同时促进乡村地区公共服务、环境基础设施和治理模式的现代化。农村地区分散的空间分布形态与城镇地区和按照规模化提高公共服务和基础设施现代化水平的配置方式存在矛盾，也是实现乡村现代化的一个难点。

4 结语：中国城镇化与城乡规划理论和实践的创新

城镇化是对城乡转型过程和现象的描述，总体上表现为从传统的农业社会向现代城市社会的转变、农村人口转化为城镇人口的过程。因此，传统的城镇化理论也是建立在城乡对立的基础上，乡村地区扮演着支持者和依附者的角色。如解释人口迁移和城镇化过程的"推拉模型"，"推"和"拉"的动力方向都是城市，乡村地区一直处在一种被动、弱势的地位。城市发展对农村社会、经济结构的瓦解，推动了城镇化的进程。

从单向视角到双向视角是中国城镇化理论创新的重点。中国的城镇化正处在新的转型发展阶段，需要从新的环境、新的视角重新审视城镇化发展问题，新型城镇化就是符合中国国情、可持续发展的城乡转型道路。建立城乡双向、协同的视角，创造性地探索和实现在城镇化过程中的城乡协同发展。

回应新型城镇化命题必然带来城市规划的视角和思想方法的转变。中国城市规划体系具有二元划分的特点，烙印了计划经济体制的痕迹，是一种以物质建设为核心、自上而下的方法体系。对城市规划而言，对乡村规划内涵和知识体系的认知则是一个全新的过程。城市规划需要从城乡整体的视角认识新型城镇化的发展需求，实现自上而下和自下而上的结合。

参考文献

[1]　雷诚，赵民. "乡规划"体系建构及运作的若干探讨——如何落实《城乡规划法》中的"乡规划"[J]. 城市规划，2009（2）：9-14.

［2］ 葛丹东，华晨. 城乡统筹发展中的乡村规划新方向［J］. 浙江大学学报，2010（3）：148-155.

［3］ 韩俊. 中国城乡关系演变 60 年：回顾与展望，改革，2009（5）：5-14.

［4］ 彭震伟，孙施文等. ∥特约访谈：乡村规划与规划教育（二）［J］. 城市规划学刊，2013（4）：6-9.

［5］ 全国高等院校城乡规划学科专业指导委员会，哈尔滨工业大学建筑学院 编. 美丽城乡·永续规划——2013 年全国高等学校城乡规划专业指导委员会年会论文集［M］. 北京：中国建筑工业出版社，2013，09.

［6］ 同济大学建筑与城市规划学院，上海同济城市规划设计研究院，西宁市城乡规划局 编. 乡村规划——2012 年同济大学城市规划专业乡村规划设计教学实践［M］. 北京：中国建筑工业出版社，2013，05.

［7］ 张尚武. 城镇化与规划体系转型：基于乡村视角的认识［J］. 城市规划学刊，2013（6）：19-25.

［8］ 同济大学总体规划教学小组. 云龙县县城总体规划. 2013.

我国农村基础教育设施配置模式比较及规划策略[①]
——基于中部和东部地区案例的研究

赵　民

同济大学建筑与城市规划学院

邵　琳

上海师范大学

黎　威

中规院上海分院

摘　要： 农村基础教育设施是农村最重要的公共服务设施之一，本文以中部和东部地区两个县级政区为调研案例，探究农村基础教育设施的合理配置问题，包括农村基础教育设施配置模式及效果，以及农村居民对基础教育设施的看法及择校行为。在实证研究的基础上，本文认为，唯有正视农村人口不断减少、义务教育生源向城镇集中的总体趋势，在政策取向和规划策略上适时调整，才能实现基础教育资源配置的效率与公平统一。

关键词： 农村发展；基础教育设施；配置模式；规划策略

农村户籍人口的长期异地流动和打工经济是我国经济社会发展和城镇化进程中的特有景象[1]（赵民等，2013）。根据全国农民工监测调查报告，2012 年全国农民工及眷属总量达到 26261 万人[2]（国家统计局，2013）；同年我国城镇人口为 71182 万人，城镇化率为 52.6%[3]（国家统计局，2013）。全国进入城镇的农村户籍人口占城镇常住人口 36.8%，为我国的城镇化率贡献了 19.4 个百分点。大规模的农村人口转移不仅驱动了我国的城镇发展，也在相当程度上改变了我国的农村社会。大量青壮年劳动力的流出使得许多农村聚居点出现了"空心化"现象，"留守老人"、"留守儿童"等问题十分突出；农村传统社区的不断解构已是不争的事实。

此外，我国农村基层实行"村民自治"；长期以来，农村的公共服务设施沿用政府补助与农村互助为主体的共同供给模式。1990 年代中后期我国加大了农村税费改革力度，农业附加税以及集资等的废除对原有模式下的制度外供给来源造成了巨大冲击；国家对基层政府的财政转移支付难以弥补县乡财政的资金缺口[4]（朱钢，2002）。或是说，税费改革在减少农民负担的同时，往往也减少和降低了基层政府提供的农村公共服务的数量与质量[5]（张松，2003）；现实中，公共服务资金不足，公共服务设施布局分散、规模小、质量差等问题普遍存在。另一方面，农村人口减少、人口结构变化等，也对农村的公共服务提出了新的诉求。

城乡统筹和协调发展是我国经济社会可持续发展的根本保障。在新时期的发展中，必须高度关注我国农村发展中的不利状况，以改革和创新来推进农村发展和社区重构。十八大报告明确提出了要建设"政府主导、覆盖城乡、可持续的基本公共服务体系"；新近出台的《国家新型城镇化规划（2014—2020年）》也提出了"加快农村社会事业发展"的命题，要求"加快形成政府主导、覆盖城乡、可持续的基本公共服务体系，推进城乡基本公共服务均等化"；并明确要求"合理配置教育资源，重点向农村地区倾斜"，从而"提高农村义务教育质量和均衡发展水平"。

农村基础教育设施是农村公共服务设施的最重要内容之一，其配置方式和效率不仅关乎农村社会发

---

① 研究为"TJAD"重点资助项目，并获上海同济城市规划设计研究院课题支持。

展，而且对国家的长远发展也有着重要意义。本文以实证分析为基础，研究农村基础教育设施的合理配置问题。

1 研究问题与调研方法

1.1 研究问题

在推进"新型城镇化"及加快"农村社会事业发展"的大背景下，为了深刻理解现阶段农村基础教育设施配置的实际状况，并了解居民的意愿和选择，笔者所参与的课题组在我国东部和中部农村地区进行了多项调研。调研主要围绕如下三方面的问题：

（1）农村社会变迁背景下的基础教育需求；

（2）农村基础教育设施的不同配置模式及效果；

（3）农村居民对于基础教育设施的看法及实际选择行为。

进而，在搞清基本状况的基础上，试图提出完善农村基础教育设施配置的思路和规划策略。

1.2 调研方法

中部地区以安徽省界首市（县级市）为案例。实地调研分别在市、镇、村三个层面展开，包括对市级主管部门负责人、各镇分管副镇长、村委主任（书记）进行访谈，对市、镇、村三级中小学的现场踏勘及中小学校长、教师访谈；涉及到市域农村地区的6个乡镇、15个村。此外，对90位镇区居民、270位村民做问卷调查和访谈。

东部地区以江苏省海门市（县级市）为案例。海门全市层面数据主要源自官方统计年鉴资料。实地调研主要从镇、村两个层面展开，包括对镇政府分管副镇长及多个村的村委主任（书记）进行访谈；对镇区中小学校长进行访谈；涉及到市域农村地区的5个乡镇、8个村。此外，对153位镇区居民、195位村民进行问卷调查和访谈；并在上海对数十名海门籍建筑工人进行访谈。

2 案例地区的基本状况

2.1 两地的地貌和人口密度相似，农村道路网较完善

界首市是安徽省辖县级市，由阜阳市代管；位于皖西北与豫东南的交界处，属于我国中部地区，经济发展程度偏低。海门市是江苏省辖县级市，由南通市代管；临近上海，属于我国东部沿江沿海地区，经济发展程度相对较高。

两个案例地区具有相似的地貌状况，是地势平坦的传统粮食产区；"人口多、密度高"是两者共同的人居环境特征。2010年，界首市下辖15个乡镇共138个行政村，乡镇平均面积为37.94km²，户籍人口密度为1080人/km²。同期，海门市下辖17个镇共195个行政村，乡镇平均面积为45.81km²，户籍人口密度为901人/km²。

两地均实施了通镇村的公路建设，农村道路网较完善，但界首的镇村道路建设相对落后。两地市域内部均有若干公交线路。乡镇内部基本为私人交通方式，助力自行车是农村居民最为普遍的"中长距离"通勤交通工具；村民骑行助力自行车，一般可在20min内达乡镇域内各目的地。

2.2 两地都出现劳动力大量外流现象，家经济状况有一定落差

两个案例地区均呈现出显著的农村劳动力外流现象，但由于经济发展的路径不同，两地的社会结构演进呈现出一定的差异性。2000—2010年间，界首的户籍人口持续增加，而常住人口大幅减少。其

2010 年的镇村地区①常住人口仅占户籍人口的 63.3%，多数乡镇净流出人口占户籍人口比重在 30% 以上。调查中发现，71%农村家庭的青壮年都常年在外务工，从事制造业、服务业、建筑业等工作，年均收入在 2～3 万元。

同样在 2000 年至 2010 年间，海门的户籍人口与常住人口均为负增长。其 2010 年的镇村地区②常住人口占户籍人口的比重为 80.8%，其中包括非户籍常住人口；多数乡镇净流出人口占户籍人口比重在 15%～30% 之间，此比例略低于界首。海门是传统的建筑之乡，外出务工人员主要以青壮年男性为主，主要在外从事建筑业及与之相关的行业，多数外出务工人员的年收入在 5 万元以上；而本地青壮年女性流出较少，主要是以在村里务农、在本地镇区务工的农工兼业方式参与经济活动。

2.3 两地均存在"留守儿童"问题，学龄儿童多数在本地就读

调查发现，两个案例地区农村的大部分学龄儿童在本地上学（包括市区、乡镇区和村庄）。其中：界首农村高达 77% 的外出务工家庭选择将子女留在界首本地上学，但仍有一部分家庭将学龄儿童带至外地读书；而海门农村的儿童基本都在海门本地上学（包括市区和乡镇区）。不携带子女到异地（务工地）就读的原因大致包括：在异乡子女无人照顾、影响打工、入学困难、读书费用高，以及打工地点不固定等。在界首农村，青壮年夫妇均外出打工的现象较为普遍，其留守学龄儿童主要由祖辈照料。而海门农村家庭的男性壮劳力普遍外出，劳务收入较高；本地乡镇工业也相对较发达，大部分农村家庭的女性劳动力选择留在本地工作并照顾子女。

3 农村基础教育设施配置模式及效果

3.1 "分散"与"集中"的基础教育设施配置模式

界首市域农村地区的学校虽已历经多次撤并③，但迄今基础教育设施的分散化特征仍非常明显。截至 2012 年底，界首城区以外的一般镇村共分布有中学 28 所、小学 155 所。其中位于村庄的中学 11 所、小学 137 所（表1）。基础教育设施基本依据行政区划等级配置，平均每个行政村设置一所小学，部分村还设置有中学；各乡镇镇区设置一所中心小学和初中。据调查，界首农村地区大多数小学每个年级只设置一个班级，6 个年级共 6 个班，每班平均约 20～25 人。由于生源萎缩，部分村小存在合班、并班的现象，全校班级数甚至不足 6 个（图1）；部分村庄的小学由于学生人数严重不足只能开设教学点，最小规模的教学点仅有学生 7 人。

界首市中小学基本状况（2011） 表 1

地区	小学数	小学班级数	班级数/校	小学生数	小学教师数	生师比
城区	25	323	12.9	17485	848	20.6∶1
乡镇镇区	18	201	11.2	8552	521	16.4∶1
村庄	137	762	5.6	17387	1459	11.9∶1
地区	中学数	中学班级数	班级数/校	中学生数	中学教师数	生师比
城区	13	397	30.5	21974	1193	18.4∶1
乡镇镇区	17	151	8.9	6170	871	7.1∶1
村庄	11	56	5.1	2181	295	7.4∶1

（资料来源：界首市教育局统计资料，2012。）

---

① 不计入中心城区三街道。

② 不计入海门镇、工业园区、经开区和江心沙国有农场。

③ 2005—2012 年，界首市共撤并中学 15 所，小学 50 所。

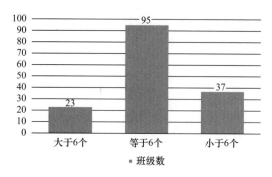

图 1　界首农村地区小学的班级数分布（2011）
（资料来源：界首市教育局统计资料，2012）

海门市域农村地区的学校已经被大幅度撤并①，其基础教育设施采取了集中式配置模式。各乡镇基本上仅在镇区设有 1 所初中和 1 所小学，曾经设置在村庄的小学和初中已经全部上收。除城区和工业园区外，其他 18 个乡镇②分布有 5 所高中、20 所初中和 27 所小学（表 2）。撤并后的乡镇小学和乡镇中学在教学规模上与城区（含工业园区）的学校相差无几。以小学为例，一般乡镇小学平均每校班级数达 21.5 班，平均每班学生数在 46.3 人；乡镇地区已经没有规模过小的"麻雀学校"和"麻雀班级"现象了。

海门市中小学基本情况（2011）　　　　　　　　表 2

地区	小学数	小学班级数	班级数/校	小学生数	小学教师数	生师比
城区（含工业园区）	15	486	32.4	18830	1100	17.1∶1
乡镇镇区	27	580	21.5	26828	2197	12.2∶1
地区	中学数	中学班级数	班级数/校	中学生数	中学教师数	生师比
城区（含工业园区）	15	532	35.5	26204	2014	13.0∶1
乡镇镇区	25	480	19.2	27635	2095	13.2∶1

（资料来源：海门市统计年鉴，2012）

3.2　"以市为主"与"市镇共担"的教育财政模式

界首在市域镇村实行"以市为主"的教育财政模式。亦即，市级政府统一管理乡镇教育财政，所辖各乡镇义务教育阶段的主要财政责任由市政府承担；乡镇财政则负责学校设施的维护。

海门在市域镇村实行"市镇共担"的教育财政模式。由于海门市下辖的各个乡镇均有一定的产业基础，乡镇政府具有一定的财政能力，镇级财政有能力在镇村范围的义务教育中承担较多的责任。大体上，市本级财政主要负责义务教育阶段的教师工资支出，而镇级财政则负责学校设施的建设、管理维护等费用。

3.3　不同模式的利弊分析：便利性与配置效率的矛盾

（1）分散模式：便利性好，资源配置效率低界首在市域农村按乡镇—村庄两个层级较为均衡地配置基础教育设施，能够充分照顾到学生的上学距离，保障了就读的便利性。如各村小的服务半径多在 1～1.5km 之间，农村学生可以就近入学。但是教育资源配置的效率低下，主要表现为办学规模偏小，教育设施建设成本高，教师的需求量相对较大。根据界首市教育局统计数据，界首农村地区的村庄小学平均每班学生数仅为 23 人，不及城区小学的一半（54 人）；村庄小学的生师比为 11.9∶1，而城区小学的生师比达 20.6∶1（表 1，图 2）。教育资源配置效率低的后果之一是教学质量难以提高。针对界首农村基础教育的社会调查发现，"教学质量低"和"教育设施差"是农村居民反映最为强烈的问题。

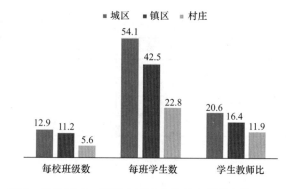

图 2　界首城区、镇区、村庄小学基本状况比较（2011）
（资料来源：同图 1）

---

①　2000—2011 年，海门全市共撤并中学 11 所，小学 180 所，这些学校绝大部分都位于农村地区。

②　18 个乡镇中有 7 个在 2000 年左右由 2 个乡镇合并而成，因此，算上被撤并乡镇，实际上有 25 个镇区。

（2）集中模式：资源配置效率高，出行距离和成本增加。

海门在市域乡镇地区集中配置基础教育设施，显著提高了教育资源配置的效率。由于集中了财力，学校的建设标准和管理水平大为提高；由于课程设置完整和教学质量高，海门市域乡镇学校的平均班级规模甚至超过了城区，学校的生师比也较为接近（表2，图3）。

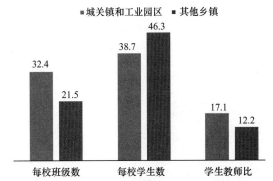

图3　海门城区（含工业园区）、乡镇小学基本状况比较
（资料来源：海门市统计年鉴，2012。）

但基础教育设施集中配置在镇区，给居住分散的农村儿童和家长也带来了不便，并增加了部分农村学生上学的空间距离和经济成本。经过大规模的农村学校撤并后，海门的乡镇小学的服务半径约在3～4km之间，而中学的服务半径达到了4～5km，这对于低龄学生而言是一个过大的距离。目前乡镇地区的上学通勤主要依靠家长接送或私营校车服务，存在着一定的安全隐患。同时由于回家的路途较远，大部分农村家庭的学生都选择在校就餐。由于乡镇域内各个村庄距离镇区远近存在较大差异，因此基础教育设施的集中配置对不同村庄居民的影响亦很不同。

4　农村居民对基础教育设施的看法及择校行为

4.1　对基础教育设施的关注因素分布

中国文化中具有重视教育的优良传统；许多农民工在务工和创业过程中，也深切体会到文化程度的差异对于工作机会及收入水平的影响。因此，即便是收入尚不高的农村家庭，但凡有可能，都希望下一代能受到较好的教育；而较为富裕的家庭则更是不惜对子女教育进行高额投资。

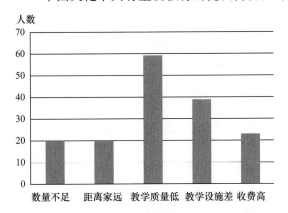

图4　界首农村受访居民对于基础教育的
关注因素分布
（资料来源：界首农村居民问卷调查）

调查发现，界首镇村受访居民对基础教育设施最为关注的因素是"质量"，其次才是"距离"、"数量"和"收费"因素（图4）。

在选择小学、初中时，首先考虑教育质量的受访居民分别为61.5%和61.6%；而首先考虑距离和收费的家庭也占有相当比重，两项合计分别达到37.1%和38%（图5）。

在海门市域的调查则发现，受访农村居民将"加强教学质量"置于学校需改善的首要问题，其次是"更新设施"、"减小班级规模"和"缩短上学距离"。更新设施和减小规模均关乎教学质量，因而关注基础教育质量的受访居民累计比重达到了70%，而首先关注上学距离因素的居民仅为15%（图6）。

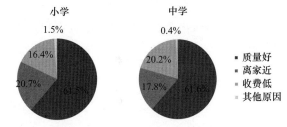

图5　界首农村受访居民选择中小学校时的关注因素分布
（资料来源：同图4）

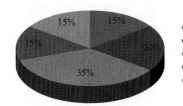

图6　海门农村受访居民选择的学校需改善的因素分布
（资料来源：海门农村居民问卷调查）

4.2 分散模式下的本地学校的吸引力不足，异地上学的比例较高

在界首市域教育设施分散布局的情况下，基层农村居民自发追求优质教育资源，在本村外和本乡镇外择校非常普遍。根据问卷调查数据，村庄学龄儿童在地级城市阜阳市就学的占4.46%，在界首市区就学的占31.85%，在镇区就学的占23.57%，三地合计接近60%。相比之下，本地农村学校的吸引力则显得很不足，真正在本村学校上学的儿童仅占生源总数的1/4（24.84%）（图7）。

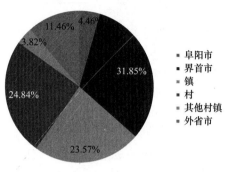

图7 界首农村受访家庭学龄儿童
就学地点分布
（资料来源：同图4）

农村家庭为了克服子女择校所产生的交通问题的具体方式主要有两种：一种是增加通勤距离，这是目前追求优质教育资源的主要方式；在上学交通方式的选择上，有45%选择了助力自行车接送，通勤距离大约在5km范围。另一种是在优质学校周边居住就读；在本地镇区、在界首市区、甚至阜阳市区的学校周边购买或租住房屋，让子女就近入读，家长陪读已是一种普遍现象。此外，在一些品牌小学、中学附近，甚至已经产生了专业接送和私人家庭寄宿等专项服务。

农村居民自发追寻优质教育资源的后果是农村学校生源不断萎缩，而城镇的学校生源不断膨胀。既往的按照行政等级及均衡原则的分散配置模式已经难以为继。据我们对阜阳市区和界首市区的考察，一些小学、中学超员严重，室内外空间过于拥挤，教师数量也明显不足。例如某师范附小，其学生数总数超过4000人，平均每班超过85人。与此同时，农村的学校却出现学生不足、教师过剩等低效情况。

4.3 集中模式下的适应与选择态势

集中模式有着资源配置效率高的明显优点，但上学距离问题难免会引起质疑——过远的距离会增加学生及家长的出行的时间和经济成本，并可能会徒增通勤过程中的安全性问题。由此，集中模式的社会可接受性便成了一个必须检验的问题。

根据课题组在海门市域农村所做的问卷调查，82%的受访村民认为没有必要恢复已经被撤并的乡村小学（图8），这反映了乡村小学撤并后经过一个阵痛期后已经达到的适应程度。据抽样调查，目前60%的村民子女在本地镇区就学，26%在海门市区就学（图9）。访谈中也发现，有更强经济实力的村民趋于选择把子女送至海门市区或者外乡镇的优质学校就学，尤其是初中教育。

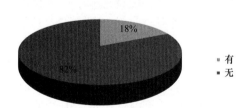

图8 海门农村受访者关于撤并小学有无必要恢复的看法
（资料来源：同图6）

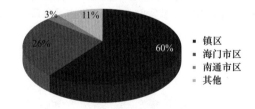

图9 海门农村受访家庭学龄学生现状就学地点分布
（资料来源：同图6）

就现阶段而言，海门市域农村学校撤并后，镇区的学校实现了标准化建设，生源充足且稳定，表明办学质量基本得到了村民的认可。应当说，海门市域农村学校的撤并是顺势而为的理性措施——切实提高了农村义务教育质量和均衡发展水平。

5 若干讨论

在上文对中部、东部地区农村案例的实证分析和讨论的基础上，有必要进一步辨析我国农村基础教

育服务设施配置的政策导向，并延伸探讨我国农村社会发展的总体趋势及公共服务设施配置的规划策略。

5.1 顺应农村人口减少、义务教育生源向城镇集中的总体趋势

随着我国整体城镇化水平的不断提高，农村人口将持续减少，农村社区公共服务设施及基础教学体系的重构势在必行。农村基础教育设施的适度归并既是农村人口及义务教育生源减少的使然，也是国家推进"义务教育学校标准化建设"必然要求。前些年，某些地区的"撤点并校"具体操作有所不当，产生了一些矛盾，对此确实需要加以纠正。但"矫枉过正"亦大可不必。有人批判"撤点并校"是理性效率政策导向的产物[6]（白亮等，2011）；这里隐含了一个假设，即农村地区教育设施分散式布局更能符合城乡教育公平的诉求。但这一点在实践中并不能得到证明。如果严格按照均衡和就近原则布置农村学校，不但需要投入较多的财力和人力资源，而且难以实现办学的规模效益。现实中，与经济投入相比，分散的农村学校的合格师资配备是一个更加难以解决的问题。如果一味强调就近入学，若学校的规模过小、师资匮乏、教学质量很差，对学生有何公平可言？调研发现，多数农村家庭更为看重教育资源的质量，而非上学的出行距离；事实上已经有相当部分农村家庭"用脚投票"——舍近取远地将子女送到城区学校去接受教育。现实中的农村学校空置和萎缩、城区学校的"爆棚"局面可谓已经充分映衬了相关政策的滞后和不作为。

由此，本文认为，唯有正视农村人口不断减少、义务教育生源向城镇集中的总体趋势，在政策取向和规划策略上适时调整，才能实现基础教育资源配置的效率与公平统一。

5.2 因地制宜、与时俱进，实施差异化的集中策略

同时也要强调，农村基础教育设施配置模式的调整必须从实际出发，模式的优化是相对而言的。但总的趋势是适度集中，这也是实现《国家新型城镇化规划（2014—2020）》提出的"推进义务教育学校标准化建设"和"提高农村义务教育质量和均衡发展水平"的必然要求。

我国幅员辽阔，农村地区存在着巨大的地理差异、文化差异和发展差异；即便是同样的空间距离，不同地区的通勤时耗及花费可能会相差数倍。对于地形环境复杂的山区、对于交通不便及经济落后地区，在现阶段继续保留部分乡村小学或教学点是必要的。总的原则是：一方面，要顺应社会诉求，积极创造条件让农村学龄儿童接受合乎标准的义务教育，包括"加强农村中小学寄宿制学校建设"、提供校车服务等，以克服教育资源优化配置中的"时空矛盾"；另一方面，要在集中的时序、集中的程度、集中的配套措施等方面做出合理安排，不能搞"一刀切"，也切忌简单化地照搬其他地区的"成功模式"。简言之，就是要因地制宜，与时俱进，实施差异化的集中策略。

5.3 把握农村社会发展的总体趋势，以"精明收缩"为规划策略

本质而言，各地农村基础教育设施配置模式的转变是应对于农村社会结构变迁而进行的适应性调整，有其内在规律性。

我国人口总量从2000年开始已经出现缓慢增长的态势。在城镇人口继续增长的未来，农村的人口总量必定是处于持续的下降通道。由此引发的对偶命题便是城市建成区要"精明增长"，农村聚落要"精明收缩"。对城市精明增长的讨论已经很多，而农村发展的精明之道则尚属新命题。"精明收缩"在西方是针对资源和产业衰退城镇的策略，笔者提出这个命题是有感于我国不少农村地区的持续"空心化"和"破败"景象。鉴于农村传统社区的无序解体、基础教育和其他既有公共服务体系日益难以为继，规划理念的更新和规划策略的调整已是势在必行。

目前的一些所谓"新农村规划"显然存在着误区。例如，村庄规划仍是基于户籍人口，或是假设农村人口保持不变、甚至是预测增长。但事实已经证明，这样的增长型规划已经不适应相当部分地区的农村发展。显然，对于物质空间规划而言，面对大部分农村的收缩趋势，其规划措施应该是以面向实际需

求的调整和整治为主，并有选择地保护传统村落，而不是一味的扩张型"村庄建设"规划。就农村基础教育等公共服务设施的配置而言，无论是在经济较发达地区还是相对欠发达地区，往往是适当集聚、进而提高质量更能为农民所接受。

集中和分散的平衡点在不同地区会有所不同，但无论是在什么地区，新农村建设的关键之一是要把基本公共服务覆盖到所有居民；这里所指的是服务覆盖的"均好"，而非公共服务设施建设配置的"均好"。

以"精明收缩"为指向的基本策略，包括在制度上的"松绑"及创新，使得耕地、宅基地及住房能够有效流转，进而使得进入城镇和退出农村的摩擦成本均大幅降低；也包括在空间规划上的打破"路径依赖"，逐步实现对农村聚居点和基本公共服务设施体系的合理整治和精明重构。在这一语境下，对规划工作而言，就是要科学预见、顺势而为，努力学习和实践"收缩型规划"。

（感谢界首市和海门市有关部门的热情协助、同济大学课题组老师和学生的辛勤工作）
［本文转载自《城市规划》2008，38（12）］

参考文献

［1］ 赵民，陈晨，郁海文. "人口流动"视角的城镇化及政策议题［J］. 城市规划学刊，2013（2）：1-9.

［2］ 中华人民共和国国家统计局. 2012年全国农民工监测调查报告［EB/0L］. 2013-05-27.

［3］ 中华人民共和国国家统计局. 中国统计年鉴2012［M］. 北京：中国统计出版社，2013.

［4］ 朱刚. 农村税费改革与乡镇财政建设［J］. 税务研究，2002（10）：32-39.

［5］ 张松，王怡. 农村税费改革涉及的几个深层次问题［J］. 当代经济研究，2003（10）：60-63.

［6］ 白亮，万明钢. "经济理性"还是"价值公平"——农村学校布局调整政策的取向分析［C］//城乡教育一体化与教育制度创新——2011年农村教育国际学术研讨会论文集. 2011：203-208.

［7］ 程遥，杨博，赵民. 我国中部地区城镇化发展中的若干特征与趋势——基于皖北案例的初步探讨［J］. 城市规划学刊，2011（2）：67-72.

太行山前地区县域城乡统筹发展模式探析
——以行唐县城乡总体规划编制为例

张　炜　李湘茹　刘建永　李雪峰

河北省城乡规划设计研究院

摘　要：本文首先阐述了对城乡统筹内涵的基本认识，总结归纳县域城乡统筹发展的一般规律。针对河北省太行山前地区县域经济内生型发展的特点，概括这个地区县域城乡统筹发展的三类基本模式。最后以石家庄市行唐县为例，分析该县发展的自身特点和优劣势条件，从县城建设、产业发展、镇村体系构建、生态环境保护四个方面探索全县城乡统筹发展的对策和措施。

关键词：太行前地区；城乡统筹；城镇

1　引　言

2008年颁布的《城乡规划法》突出体现了注重城乡统筹、人居环境建设、公共政策制定等方面的内容。《国家新型城镇化规划（2014—2020年）》将"推动城乡发展一体化"作为新型城镇化发展的重要方面，提出加大统筹城乡发展力度，逐步缩小城乡差距，促进城镇化和新农村建设协调推进。

在全国城乡统筹发展的大背景下，河北省太行山前地区县市，如何抓住历史机遇，加快县域经济腾飞和城镇化科学发展，复兴其原有的区域地位？本文以行唐县为例从县域产业发展、城乡空间布局、基础设施和公共服务设施建设、生态环境保护等方面探讨了太行山前地区的城乡统筹发展模式问题。

2　城乡统筹的内涵

本文认为城乡统筹就是以创建和谐社会为宗旨，通过对城乡区域的一体化组织，实现城市和乡村社会、经济的全面、协调和可持续发展。具体讲就是：通过科学有序地推进城镇化步伐，逐步实现城乡二元经济结构向现代化社会经济结构的转变，促进城镇与乡村在经济社会、文化观念、生态环境、空间布局上整体协调发展和相互融合，从本质上解决"三农"问题。这一思路突破了传统的就农村论农村、就城市论城市的桎梏，意味着将城乡发展作为一个整体来统一规划，对缩小城乡差别，建立平等和谐的城乡关系，推进全面小康建设具有重要指导意义。

3　县域城乡统筹的特点

县域是我国广大农村的主要载体，是我国"三农"问题的主要集中点。县域城乡统筹发展成为削弱城乡差距和对立的主要途径，同时也是进行社会主义新农村建设的前提和基础。但县域城乡统筹发展在符合市场化、工业化、城镇化发展规律的前提下，应尊重当地历史文化、尊重自然生态、尊重农民的意愿和利益，依据当地的实际情况和面临的具体问题，科学确定适合地区统筹发展的目标、内容和方法，有效指导当地城镇化发展和新农村建设，达到城乡互动与共荣的局面。

4 太行山前地区县域城乡统筹模式分析

4.1 太行山前地区县市的特点

太行山前地区是河北省经济发展起步较早的地区之一。太行山前地区县域地貌类型多样，阶梯形分布低山、丘陵、平原。特殊的地貌特征赋予该地区县域经济内生型发展的特点。平原地区有大面积的耕地和充足的水源，为粮食种植提供良好的自然条件。丘陵地区牧草丰富，适于畜牧养殖，为居民提供肉类和禽蛋类产品。山区林业和矿产资源丰富，优美的山区景观还适于发展旅游。丰富的农产品和矿产资源为第二产业发展提供了原材料。山前地区县市地处 107 国道、京广铁路、京港澳高速公路组成的南北交通大动脉西侧，便利的对外交通条件推动着这些县市的制造业和商贸流通业的发展。

4.2 集聚发展模式

集聚发展模式是城乡统筹发展的主要模式之一。把资源要素、生产要素向城镇、产业聚集区集中作为动力，带动县域经济的发展。产业集聚、人口集中、土地集约，发挥规模集聚效应推进城乡一体化。在集聚基础上，配套城乡公共服务、城乡基础设施、城乡管理等政策。石家庄市都市区城乡统筹规划提出把工业的集中发展作为动力，以农业的规模经营为基础的新市镇发展模式，体现了集聚发展模式的思路。

4.3 太行山前地区县域城乡统筹模式

4.3.1 分区引导的区域统筹发展

根据太行山前地区县市的地貌特征和产业布局特点，划分不同类型的县域功能区。平原地区加强耕地资源保护，重点发展高效农业、现代制造业和商贸服务业，加强与周边大城市的功能对接和产业协作。中部地区加强植树育林，发展特色种植、牧畜养殖、农产品和矿产品加工产业、旅游服务业。山区以生态涵养为主，重点发展旅游、林果种植、食品加工等产业。

4.3.2 适度非均衡的城镇化发展

充分利用县域有限的财力和资源，做大做强县城，增强县城的综合竞争力和区域组织能力，建设成为全县承载产业和人口集聚的主要载体。培育壮大发展条件好、潜力大的中心镇，提高小城镇的建设质量和区域服务功能。有选择地规划建设一批新民居聚集点。扩大城乡基础设施和社会服务设施的覆盖面，推进城乡设施均等化配置。

4.3.3 集约发展、集中布局的转型发展

积极调整县域经济结构和空间布局，巩固园区化、集群化的新型工业化道路，着力建设上规模、高强度、有辐射带动能力的新园区，谋求城镇化与工业化的互动协调发展。

5 行唐县城乡统筹发展解析

5.1 城乡发展现状

5.1.1 核心发展优势

1. 对外交通条件日益改善

行唐位于石家庄 1h 交通圈内，南距正定国际机场 25km，东距京广铁路、京港澳高速公路 15km（图 1）。2h 交通圈覆盖北京、天津、太原等大城市。行唐县域内朔黄铁路、京昆高速公路、兴阳公路、正繁公路和宝平公路贯穿全境，纵横交错，形成网络。便利的交通设施为行唐县提升区域地位提供了优势条件。

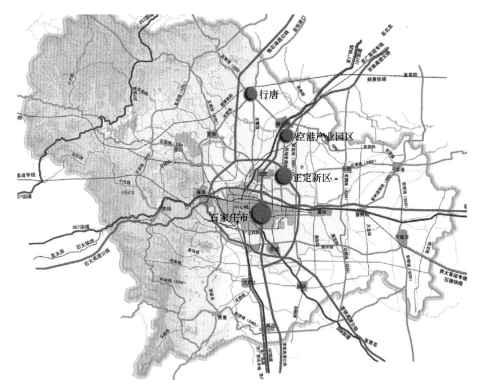

图1 行唐县区位图

2. 产业特色明显

行唐是中国的大枣之乡。全县枣树种植面积达到 60 万亩，年产优质红枣 10 万 t，大枣种植规模居河北省乃至全国的前列。县域北部口头镇拥有华北最大的红枣交易市场，年成交量 4 万 t。曾被国家林业局命名为"中国行唐大枣之乡"、"中国优质大枣产业基地"。

行唐是华北的乳源基地。奶牛养殖是行唐县农业的特色主导产业，遍布全县 15 个乡镇，是蒙牛、伊利、光明、三元、小洋人和台湾旺旺集团的奶源基地。2006 年被中国奶业协会授予"全国牛奶生产强县"，2011 年被中国畜牧业协会授予"全国适度规模奶牛养殖示范县"。

3. 园区建设初具规模

行唐经济技术开发区 2011 年被河北省政府正式纳入省级开发区管理序列。2011 年，行唐经济开发区规模以上企业工业总产值完成 68 亿元，固定资产投资完成 36 亿元，实现税收 1.45 亿元。

行唐乳业产业聚集区已建成标准化奶牛养殖小区 111 个，2006～2011 年，全县鲜奶产量由 15.8 万 t 增加至 27.32 万 t，成为省政府重点培育的产业聚集区。

5.1.2 发展制约瓶颈

1. 全县经济水平不高，区域经济中心地位不明显

行唐的经济发展水平在全市处于偏下等水平。2010 年，行唐县 GDP 为 88 亿元，在全省 136 个县市中位于第 50 位；在石家庄 17 个县市中位于第 13 位。较低的经济水平不仅大大弱化了行唐的总体实力，同时也降低了其吸引人才、引进外资、聚集产业、聚集财富的能力。

2. 镇村体系不健全，带动区域发展的功能不强

1) 城镇化水平偏低，城镇化质量不高

城镇建设滞后，吸纳能力较弱，城镇化发展落后于河北省和石家庄市的平均水平。2003～2011 年，行唐县城镇化率增加了 11.17 个百分点，年均增加 1.40 个百分点，低于河北省年均 1.71 个百分点和石家庄年均 1.56 个百分点的平均水平（图2）。

城镇发展相对滞后。县城规模小，城市人口仅 9.17 万人，建成区用地不足 10 km²。城镇基础设施

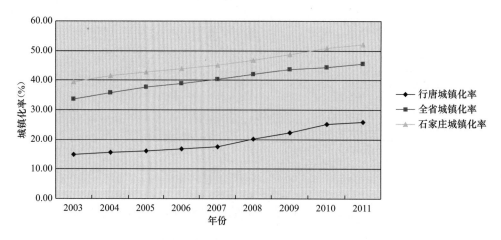

图2　2003～2011年行唐县城镇化率与河北省、石家庄市比较分析图

落后，功能不完善，环境质量差。多数建制镇无排水设施、集中供热设施、环境卫生设施和公共绿地，文体设施建设标准偏低，城镇绿化覆盖率低、道路狭窄，工业排污难控制，城镇景观及生态环境状况均较差。

2）县域镇村体系高首位度特征明显，区域带动能力不强

行唐县大部分城镇人口集中在县城（占全县城镇总人口的78.31%），而其他建制镇平均人口规模仅为8500人。由于县城地处县域南部，对北部地区的辐射带动作用较弱。

3）城乡差距较大，二元结构明显

根据世界银行数据，世界上大多数国家城乡居民收入比在1.5∶1，超过3∶1的极其少见。2011年行唐城乡居民收入比是4.46∶1，农村和农民问题较突出（图3）。

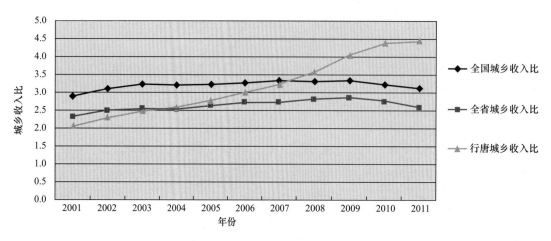

图3　近11年行唐县城乡居民人均收入比与全国、河北省的比较图

5.2　规划对策与措施

5.2.1　做高发展平台，对接省会——从小城市走向新兴中等城市

1. 建设标准对接

根据人口规模预测和经济发展潜力分析，行唐的发展目标确定为石家庄市新兴中等城市。城乡各项建设事业（包括基础设施、公共服务设施、景观环境、道路交通）等都应以新兴中等城市为标准建设，为承接省会产业转移做好配套。

2. 产业和功能对接

利用省会石家庄的人才、资金、技术优势，主动接受石家庄的辐射，改造传统产业，培养新兴产

业，形成新的经济增长点。同时，发挥自身在土地、资源、劳动力成本方面的比较优势，努力促成彼此间互补的经济合作关系。利用种、养殖业优势，争取发展成为服务石家庄市的农副产品生产基地。

3. 区域交通设施对接

加快建设对接省会的便捷畅通的城乡交通网络，拓宽改造安营公路、正繁公路，加强行唐与石家庄市区、正定新区、空港产业园区的交通联系。充分利用京昆高速公路快捷的对外交通联系，缩短与省会的时空距离，有效带动全县的经济发展。

5.2.2　结构优化，产业集中——从粗放式发展向集约型经济转型提级

以石家庄产业结构调整和产业转移扩散为契机，进一步完善县域经济功能，向综合性、多功能、外向型经济方向发展。优化产业结构，构建"南工、中农、北娱"的产业总体布局，发展特色第一产业、提升第二产业、拓展第三产业，改变县域经济的战略地位，使其成为石家庄地区新的经济增长点。

1. 培植壮大特色农业，着力发展都市农业

大力发展现代农业，着力推进农业产业化进程。立足特色产业，大力发展农产品精深加工业，重点支持甲壳素红枣、龙兴贡米、华牧牧业、鸿鑫食品等龙头企业延伸链条、培育品牌、提高产品附加值，形成农工商一体化、种植加工一条龙的现代农业产业化经营模式。

以石家庄乃至京津大城市需求为导向，依托大城市、服务大城市，大力发展现代都市农业，开展蔬菜业、花卉园艺业、观光休闲农业等，强调生态功能、经济功能、社会功能。全县打造五大特色生产区、十三个精品基地和五个生态园。

2. 提升传统优势产业，培育新兴产业

以技术改造、品牌战略、聚集发展为重点，重点改造提升乳业、机械、建材、精细化工，延伸产业链，提高产品附加值。同时，重点围绕矿产品深加工和农产品深加工两大主导产业，着力引进与两大主导产业关联度大、辐射带动作用强，能够形成优势产业集群的清洁玻璃、家具、红枣深加工、乳制品、风能、太阳能等项目。加快培育一批以生物医药、新材料及家居为主的新兴产业，为全县经济发展注入新活力，增强新实力。

3. 发展商贸流通业，加快发展旅游业

依托行唐、阜平两县丰富的红枣资源，提升口头镇红枣商埠仓储、加工、保鲜、包装和信息服务等现代物流功能，建成华北最大的红枣交易中心。

突出红枣文化旅游，重点打造"中国行唐大枣之乡"。建设以枣乡民俗风情游、红色教育游、休闲度假游为特色的太行山前重要的休闲旅游基地。

5.2.3　统筹城乡，一体发展——从城乡二元走向城乡一体发展

以专业市场带动产业集群发展，以工业集聚和产业集群发展缩小城乡居民收入差距、推动农村城镇化进程；非均衡培植县域城镇，优化城乡居民点空间布局，加速城乡等值化进程，建立良性互动、协调发展的新型城乡关系。

1. 采用差异化发展思路，统筹区域发展

依据县域地理条件共划分为三大经济区（图4）。南部平原经济区包括经济开发区、安香、只里和龙州镇，依托便利交通和区位条件，重点发展蔬菜种植业、奶牛养殖业、现代制造和商贸服务业。中部丘陵经济区包括北河、城寨、上方、玉亭、南桥、上碑、翟营和独羊岗，重点培育特色种植业、奶牛养殖业、煤炭物流和食品加工产业。北部低山经济区包括口头、九口子和上闫庄，依托大枣种植和口头水库资源，重点培育商贸服务和旅游业。

2. 坚持集约节约用地的原则，推动产业集聚发展

加强县域产业布局优化的力度，提高产业规模集聚效益。全县积极推进行唐经济开发区南区和北区的建设，引导优势产业向行唐经济开发区集聚，提高各业各类建设用地容积率和经济产出率。依托城镇发展产业，依托产业兴建城镇。将经济开发区南区纳入县城一体发展，推进经济开发区与县城资源共

享、设施配套、功能互补、融合发展。将经济开发区北区依托上方镇区同步建设，实现"七通一平"，增强园区的承载能力。

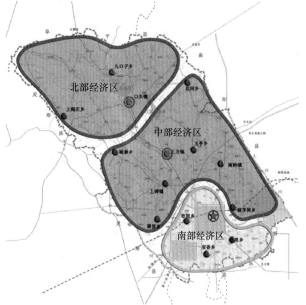

图4　行唐县域经济区划图

3. 探索适度非均衡城镇化路径，构建多中心带动的镇村体系

以区域优势资源的开发和主导产业的发展及其空间集聚推动城镇经济的发展，以城镇经济的发展促进城镇职能升级和规模扩张，以县城及中心镇的优先发展为区域开发培育增长极，通过增长极的极化和扩散效应带动区域经济的结构转型，从而促使经济发展和城镇化相互促进，共同进步。

全县重点做大做强县城，增强县城的综合竞争力和区域组织能力，使之成为石家庄市东部地区的经济增长极。着力培育把口头和上方两个中心镇，打造成县域北部和中部特色产业增长点，积极推进一般乡镇特色化建设和发展。规划期末，全县构建1个中心城市、2个中心镇、12个一般乡镇、31个中心村和82个基层村的五级镇村结构（图5）。

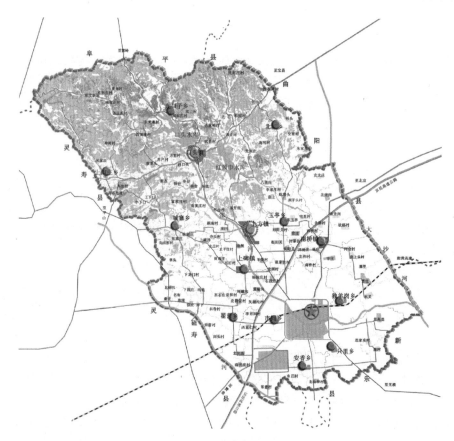

图5　行唐县域镇村体系规划图

4. 优化县域村庄空间布局，分类引导村庄建设

在充分研究村庄现实发展状况的基础上，提出分区差异化发展的新农村建设思路。全县重点建设和培育113个发展条件好、有产业支撑和发展特色的村庄。改造和整治城镇周边村庄，逐步向城镇搬迁，置换出的村庄建设用地优先用于各城镇扩容提质建设。

5. 打破城乡分割的发展格局，推进基础设施向农村延伸

完善城乡交通网络化建设。重点加强县域各乡镇与县城的联系，提高偏远地区的公路等级。改造提升 10 条县乡级公路，达到二级路标准，形成"五横四纵"的县级公路网。提高农村公路网行政等级结构，优化农村公路路网布局，加强各乡村之间的联系功能，全县 15 个乡镇全通三级以上公路，所有行政村全通四级以上公路。

建立城乡一体的公交客运体系。以县城为核心，建立连接所有乡镇和绝大部分行政村的农村公交客运网络。县域内的公共交通网络布局逐步从"放射状"向"网络状"调整，并与石家庄市域内的公共交通网络相衔接。

全县水资源实行统一调配和管理，通过区域协作，以县域城乡联合供水为主，统一规划，合理有效地利用水资源。结合行唐县山区、丘陵区、平原区的特点，供水工程采用城区集中供水、联村集中供水和单村集中供水相结合的供水体系。从而加强水资源的"统一规划、统一建设、统一管理"，提高供水行业管理水平，缓解水资源供需矛盾。同时，有利于提高农村人口的用水水平，保障供水水质和供水安全，为新农村建设提供重要保障。

5.2.4 生态优先，强化管制——从环境治理到城乡生态安全格局构建

全县划分为中北部水土保护生态功能区、水源涵养及保护生态功能区、南部生态农业功能区和城镇建设及环境保护生态功能区四个生态功能分区。中北部水土保护生态功能区在全面封山、禁牧、禁伐的基础上，采取飞机播种造林，封山育林和人工造林相结合的方法，加快山体绿化步伐。水源涵养及保护生态功能区采取环境综合整治措施，加强对上游流域的水土保护和生态环境恢复措施，控制化肥农药的使用，推广绿色农业。南部生态农业功能区重点保护耕地资源，建立基本农田保护区，改造中低产田，建设稳产高产田。城镇建设及环境保护生态功能区加快公共绿地、生产防护绿地和生态绿地建设，加强城区环境整治力度，逐步完善集中供热、污水集中处理等基础设施。

充分考虑行唐生态资源环境容量，从城乡可提供的建设用地和可能形成的城镇布局形态出发，合理构建行唐县未来发展的总量框架，对自然、环境与生态资源、城镇空间进行战略性预留，在容量框架下对空间资源进行有序开发，集约利用。

县域空间划分为禁止建设区、限制建设区、适宜建设区三类区域。基本农田保护区，沙河水源保护区，磁河、大沙河、郜河、口头水库、红领巾水库、江河水库等河流行洪滞洪区内实施空间管制，禁止任何建设行为。

6 结 语

城乡统筹是新时期城乡规划的突出主题，本文通过对行唐县城乡统筹发展现状和存在问题的分析，对县域城乡统筹发展模式进行了一定的探索和思考，以期对同类型的县域地区的城乡统筹发展与实践具有一定的参考意义和借鉴作用。

感谢高文杰教授对本文的悉心指导，行唐县城乡总体规划项目组还有江明、武国廷、张荣、曲占波、刘欣等同志，在此一并表示感谢！

参考文献

[1] 李德华主编. 城市规划原理 [M]. 第三版. 北京：中国建筑工业出版社，2001.

[2] 李兵弟主编. 中国城乡统筹规划的实践探索 [M]. 北京：中国建筑工业出版社，2011.

[3] 刘贵利，詹雪红，严奉天主编. 中小城市总体规划解析 [M]. 南京：东南大学出版社，2005.

[4] 罗彦，邱凯付，杜枫. 我国城乡统筹规划的范式探讨 [A]. 2013 年中国城市规划年会论文集.

[5] 蒋正华. 城市可持续发展的新趋势 [J]. 中国城市经济，2011，136 (1-2)：10-12.

平原地区小城镇开敞空间适宜性布局研究
——以淮北市濉溪县中心城区为例

张姚钰

江苏省住房和城乡建设厅城市规划技术咨询中心

摘　要：作为城乡公共空间不可或缺的组成部分，开敞空间与城镇空间形态和城乡居民的日常生活联系极为紧密，尤其是对于我国传统小城镇而言，开敞空间俨然成为展现城镇地域特色、改善人居环境的重要载体。本文以淮北市濉溪县中心城区为例，依据开敞空间规模与服务范围的差异性，将濉溪县中心城区的开敞空间划分为城镇级、组团级、社区级三个层级。针对各层级开敞空间布局适宜性的影响因素，建立开敞空间布局适宜性分析的指标体系，基于 GIS 数据库对濉溪县中心城区开敞空间的适宜性布局进行研究，从而为此类平原地区小城镇开敞空间的规划布局提供一种较为清晰的思路和便捷的方法。

关键词：小城镇；濉溪县中心城区；开敞空间；适宜性布局

1　引　言

开敞空间作为城乡公共空间乃至社会共享资源的重要组成部分，其具体的布局形式越来越受到城乡规划编制者和城乡建设管理者的重视。目前，我国对于开敞空间的理论研究和规划实践大多侧重于空间环境和景观效应方面，对于开敞空间适宜性布局的研究依然不足，尚未形成系统的研究方法。对于我国公共空间建设相对落后的小城镇而言，加强对开敞空间适宜性布局的研究就显得极为重要，不仅能够提升小城镇的外部空间品质，彰显城镇空间特色，而且能够保证居民享有城乡公共空间的公平性。

现代意义的开敞空间概念最早可以追溯到 1877 年英国伦敦制定的《大都市开敞空间法》（Metropolitan Open Space Act）。在随后的 1906 年，伦敦修编的《开敞空间法》（Open Space Act）中第 20 条又具体将其定义为：任何围合或是不围合的用地，其中没有建筑物或者少于 1/20 的用地有建筑物，其余用地作为公园和娱乐场所，或堆放废弃物，或是不被利用的区域[1]。在此类法规性文件的概念诠释中，强调的是开敞空间的休闲游憩功能以及非建筑性。除了国家层面的法律法规性文件，另有不少学者基于自己的研究对开敞空间进行过概念界定。美国著名学者凯文·林奇（Kevin Lynch）对开敞空间做出的解释是："只要是任何人可以在其间自由活动的空间就是开敞空间"[2]，他强调了开敞空间的社会性、开放性和公共性。国内有的学者则认为：开敞空间通常是指允许公众自由出入、配置一定的公共设施、一定规模的自然或人工生态基底或当地人文内涵，方便居民生活并具有一定景观特色的地段或区域[3]。

对于小城镇而言，由于其用地性质的高度混合性，并不是只有以绿地、广场为空间表征的区域才算是小城镇的开敞空间，而应当是所有开敞式的公共活动空间。主要包括小城镇的绿地和街旁小块游憩地，提供公共活动为主的广场、庭院，小城镇周边的在空间上有所渗透，功能上有所继承的林地、湿地、滨水空间等[4]。

2　濉溪县中心城区及其开敞空间现状概况

2.1　濉溪县中心城区区位与现状空间格局

濉溪县位于安徽省北部，淮北平原的中部，地处豫苏皖三省交界处（图 1）。东临宿州市，南接蒙城县、怀远县，西连涡阳县，西北与河南省永城市接壤，东北依淮北市，是淮北市唯一辖县。其中心城区位于濉溪县县域东北侧，与淮北市区相接壤，依托市县同城的发展契机，濉溪县中心城区的城镇建设获得较好的发展。

濉溪县中心城区经过多年的建设，现已形成以新濉河为分割的东西两大片区，近年来随着濉溪经济开发区的建设，中心城已跨过新濉河向西南发展，形成了"西工东宿"的城镇空间格局（图2）。从整体上看，中心城区呈现"三中心、十字轴、两片五组团"的现状空间格局，"三中心"分别是老城商业中心、乾隆湖生态绿心、政务新区居住中心；"十字轴"是指沿沱河路与淮海路形成的城镇空间综合发展轴线；"两片五组团"是指被新濉河分割而成的东西两大片区，其中包括铁东组团、旧城组团、乾隆湖组团、经济开发区、政务新区五大组团。

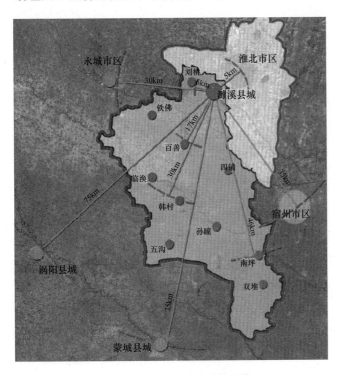

图1　濉溪县中心城区现状区位

图2　濉溪县中心城区现状空间格局

2.2　濉溪县中心城各层级开敞空间现状分布

城镇级开敞空间是服务范围覆盖整个城镇、周边地区甚至更广阔区域，能够满足居民周末或假日游憩场所需求的开敞空间；作为中观层次的开敞空间，组团级开敞空间是主要服务于城镇片区、城镇功能组团的开敞空间；作为居民日常休闲游憩的活动场所，社区级开敞空间的服务范围主要是临近的居住区、城镇居民点等[5]。

濉溪县中心城区城镇级开敞空间主要依托河流、采煤塌陷湖等自然水系分布，借助丰富的天然水系资源，形成了初具规模的两处城镇级开敞空间，分别为新濉河公园和乾隆湖公园。中心城区的组团级开敞空间主要由大型商业广场、主题公园、连片滨水游憩绿地组成，其布局较为分散（图3）。

● 城镇级开敞空间　● 组团级开敞空间　○ 社区级开敞空间

图3　濉溪县中心城区开敞空间现状分布

而社区级开敞空间大多依托集中居民点的公共服务设施分布，另有少量规模较小的街角广场，这一层级的开敞空间在濉溪县中心城区内的分布呈现出数量多、规模小的特征。值得提出的是，研究区现状该层级开敞空间较为稀缺，其布局亟待完善。

3 基于 GIS 的濉溪县中心城区开敞空间适宜性布局分析

适宜性分析为城镇开敞空间的适宜性布局研究提供了较为科学的技术方法，首先通过选取开敞空间布局适宜性的影响因子，对各因子的影响权重进行赋值，从而建构开敞空间布局适宜性分析的指标体系，然后结合其指标体系利用 GIS 数据库对各层级开敞空间的适宜性布局进行评价，具体分为两步：第一步，对濉溪县中心城区各用地单元内开敞空间的布局适宜性进行等级划分，得出开敞空间分布适宜性分级图；第二步，结合濉溪县中心城区的现状用地条件、城镇空间环境等特征，对开敞空间分布适宜性分级状况进行综合筛选[6]。本次研究基于濉溪县城市总体规划对中心城区远期规划范围的划定，对该范围内开敞空间的布局进行适宜性分析，因此适宜性分析研究范围大于现状中心城区建成区范围。

3.1 濉溪县中心城区开敞空间布局适宜性影响因子遴选

开敞空间的塑造是建设宜居城镇、美好家园的有力支撑和必要条件。开敞空间的布局从很大程度上影响着其服务水平，从开敞空间的自身属性和服务对象出发，开敞空间的合理布局受到人口分布、交通可达性、现状开敞空间分布、用地性质、城镇特色等因素的影响。

3.1.1 人口分布

基于开敞空间的社会性、开放性与公共性，以人为本的城镇开敞空间布局形式需要对城镇的人口分布给予高度考虑。人口密集的地区对开敞空间的需求量更大，人口分布多的地方应当设置更多的开敞空间，因此开敞空间的布局应密切结合城镇的人口分布状况[7]。

3.1.2 交通可达性

开敞空间的可达性是体现享用城镇开敞空间资源社会公平性与合理性的一个重要指标，具有良好交通可达性的开敞空间才能够被充分利用[8]。因此开敞空间的合理布局受到城镇交通条件的影响，越是交通区位好的地段，开敞空间的可达性也就越高，开敞空间的布局宜结合城镇道路、交通站点等地区进行设置。

3.1.3 现状开敞空间分布

城镇开敞空间作为社会公共资源，其分布应当具备社会公共资源的公平性，因此，新增的开敞空间布局应尽量避开现有的开敞空间[9]。现状分布这一影响因素对开敞空间合理布局的指引与约束，能够促进城镇开敞空间覆盖范围的完整性。

3.1.4 用地性质

开敞空间的设置应对城镇用地性质给予考虑，开敞空间的布局应紧密结合人口分布最多的居住用地，商业与公共服务用地对开敞空间的需求较次，而工业用地等其他用地因涉及居民的日常休闲游憩活动较少，对开敞空间的设置要求也最低[10]。结合用地性质影响因素的城市开敞空间布局，不仅能够满足城市居民对开敞空间资源的需求，而且从一定程度上避免了过度建设对开敞空间资源的浪费。

3.1.5 城镇特色

开敞空间应当在保障其休闲游憩功能的基础上，尽量起到彰显城镇特色、提升城镇品质的作用[11]。因此开敞空间的布局对城镇特色因子予以考虑是很有必要的，尤其是宏观层面的城镇级开敞空间，宜结合城镇特色资源进行设置。

3.2 濉溪县中心城区开敞空间适宜性布局分析指标体系

城镇开敞空间的布局适宜性受到人口分布、交通可达性、现状开敞空间分布、用地性质、城镇特色等因子的影响，但是不同层级的开敞空间由于其主导功能、辐射范围的不同，受到各因子的影响程度也有所差异。

城镇级开敞空间是城镇主要生态景观及历史遗迹所在地，是城镇重要的景观节点，这一类开敞空间的布局适宜性受到城镇特色、交通可达性的影响较大；作为中观层次的城镇开敞空间，组团级开敞空间主要是城镇次级景观节点，居民每周或偶尔使用的休闲游憩场所，其布局适宜性受城镇特色因子的影响较弱，而受到用地性质因子的影响更大；社区级开敞空间一般作为城镇居民日常休闲、游憩的物质性场所，因此，其布局应贴近人口密集的城镇居民点。

在上述的诸多影响因子中，用地性质因子涵括了人口分布状况，因为居住用地可以视作城镇人口相对密集的地区。本文立足于濉溪县中心城区的地域特征，选取现状开敞空间分布、交通可达性、用地性质、城镇特色四项主因子及其涵括的次级因子，对其开敞空间的适宜性布局进行综合分析。根据不同层级开敞空间布局适宜性因子的影响力，确定各因子的影响权重，建立濉溪县中心城区开敞空间适宜性布局分析指标体系。

濉溪县中心城区开敞空间适宜性布局分析指标体系 表1

主因子	次级因子			适宜性			权重		
	城镇级	组团级	社区级	城镇级	组团级	社区级	城镇级	组团级	社区级
现状分布	城镇级2000米内	组团级1000米内	社区级500米内	1	1	1	0.2	0.2	0.2
	其他	其他	其他	7	7	7			
交通可达性	主干路	主干路	主干路	7	3	1	0.3	0.2	0.1
	次干路	次干路	次干路	5	7	3			
	快速路	快速路	支路	3	3	7			
	交通站点	交通站点	交通站点	7	5	1			
用地性质	居住用地	居住用地	居住用地	5	7	7	0.1	0.4	0.6
	工业用地	工业用地	工业用地	3	3	3			
	商业服务业用地	商业服务业用地	商业服务业用地	7	5	3			
	公共管理与公共服务用地	公共管理与公共服务用地	公共管理与公共服务用地	7	5	3			
	其他	其他	其他	1	1	1			
城市特色	历史文化资源	历史文化资源	历史文化资源	7	5	3	0.4	0.2	0.1
	自然生态要素	自然生态要素	自然生态要素	7	5	3			

3.3 基于多因子的濉溪县中心城区各层级开敞空间适宜性布局分析

3.3.1 城镇级开敞空间适宜性布局

图6反映了濉溪县中心城区城镇级开敞空间适宜性布局布点状况，濉溪县中心城区范围内，在保留

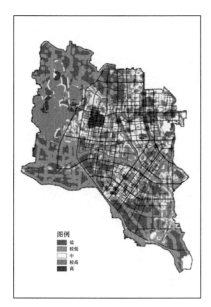

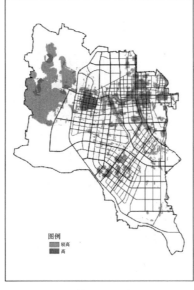

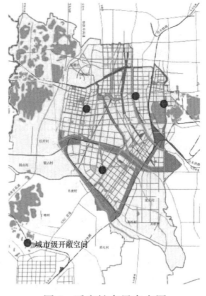

图4　分布适宜性分级图　　　　图5　筛选空间分布图　　　　图6　适宜性布局布点图

现有的新濉河公园、乾隆湖公园的基础上，应于中心城区西侧结合淮海战役历史遗址、城中采煤塌陷湖增加城镇级开敞空间的设置，以保证城镇级开敞空间布局的均衡性，且服务范围覆盖整个中心城区。

3.3.2　组团级开敞空间适宜性布局

由图9组团级开敞空间适宜性布局布点图可看出，濉溪县中心城区该层级开敞空间的建设潜力较大。中心城区现状建成区内组团级开敞空间的布局宜在依托老城石板街、淮海战役历史遗址等历时文化资源的基础上，尽可能布置在城镇主要道路、交通站点周边地区。除此之外，西侧城镇新区的组团级开敞空间的布局应充分结合片区公共服务设施进行设置。

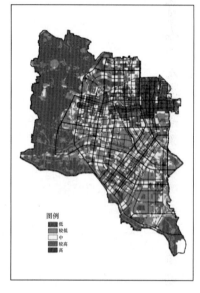 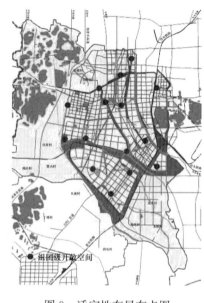

图7　分布适宜性分级图　　　　图8　筛选空间分布图　　　　图9　适宜性布局布点图

3.3.3　社区级开敞空间适宜性布局

由图12可看出，濉溪县中心城区范围内社区级开敞空间的适宜性分布状况较为分散，其覆盖范围基本上涵括了整个中心城区。除了在现状建筑密度较高的濉溪老城核心区，由于"见缝添绿"建设难度的阻碍不得不减少社区级开敞空间的增设，其他地区均应结合城镇居民集中区增加该层级开敞空间的设置。值得提出的是，该层级开敞空间具有规模小、分布散、形式多等特点，在具体建设中可更具灵活性。

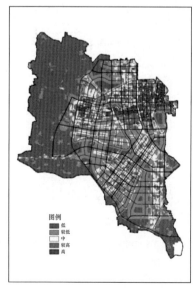 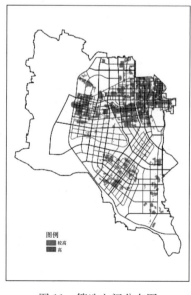 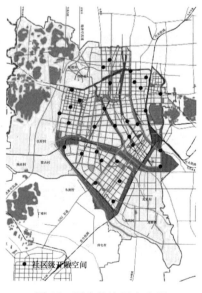

图10　分布适宜性分级图　　　　图11　筛选空间分布图　　　　图12　适宜性布局布点图

4 濉溪县中心城区开敞空间布局优化策略

4.1 结合人口分布，完善开敞空间布局的均衡性

为避免濉溪县中心城区人口集中地区开敞空间分布匮乏，而开敞空间密集区出现服务盲区的问题，应立足于城镇公共资源分配的公平性原则，在中心城区新建地区，需要重点考虑开敞空间的建设，遵从居住用地和开敞空间相配套的布局原则。对于建设饱和的地区，宜适当的以点状形式增建社区级开敞空间。

4.2 依托交通站点，提高开敞空间布局的可达性

好的交通可达性应该是各层级开敞空间都必须具备的条件，然而，濉溪县中心城区仍然存在部分现状可达性较差的开敞空间，对于此类现状交通条件较差且搬迁难度较大的开敞空间，可通过优化周边道路线形，增设交通站点等措施提高其可达性。对于未来选址新建的开敞空间，需要与城镇主要道路、公共交通站点做到紧密结合，依托交通站点等交通区位优势来提高其可达性。

4.3 塑造绿色廊道，加强开敞空间布局的连续性

地处皖北平原的濉溪县境内水网密布，素有"皖北水乡"之美誉，开敞空间的布局宜对其加以利用。可结合中心城区内的新濉河、老濉河等水系加强带状开敞空间的建设，能够对现状开敞空间的局部零星斑块起到连接作用。带状开敞空间以自然要素为基础，因此较利于表现城镇特有的景观风貌，同时带状开敞空间具有延伸性，可以促进城乡开敞空间网络体系的建构。

4.4 融合特色资源，彰显开敞空间的品质魅力

中心城区是濉溪县城镇特色资源最为集中的地区，开敞空间的布局应与其相结合，尤其是宏观层面的城镇级开敞空间，不仅可以丰富开敞空间自身的主题内涵，而且能够起到展现濉溪城镇特色的作用。就濉溪而言，其中心城区值得"嫁接"的城镇特色资源主要包括历史文化资源和自然山水要素两个方面。

5 结 语

开敞空间的合理布局受诸多方面因素的影响，应当采用多因子综合评价的方法，以指导城镇开敞空间系统的整体架构。尤其是针对濉溪县中心城区这一类我国平原地区的传统小城镇，开敞空间的布局需要对城镇用地条件、小城镇特色空间资源给予充分考虑。本文基于 GIS 技术手段并结合开敞空间适宜性布局理论，为复杂的小城镇开敞空间布局选址问题提供一种较为便捷的技术手段和更清晰的分析思路。

参考文献

[1] 许浩.《国外城市绿地系统规划》[M]. 北京：中国建筑工业出版社，2003.

[2] Turner T. City as Landscape. A Post-postmodern View of Design and Planning [M]. Oxford：Great Britain at the Alden Press，1996.

[3] 张京详，李志刚. 开敞空间的社会文化意义——欧洲城市的演变与新要求 [J]. 北京：国外城市规划，2004.

[4] 李湉. 浅议小城镇绿色开敞空间发展 [D]. 北京：北京林业大学，2006.

[5] 胡明星，马菀艺. 无锡主城区开敞空间规划布局研究 [J]. 南宁：规划师，2009.

[6] 杨丽. 恩施市县域绿地生态适宜性分析研究 [D]. 武汉：华中农业大学，2011.

[7] 祁新华，程煜，陈烈. 人居环境开敞空间营造研究——以广州市花都区为例 [J]. 昆明：生态经济，2007.

[8] 李明玉，李春玉，张晓东. 延吉市城市开敞空间可达性研究 [J]. 洛阳：河南科技大学学报（自然科学版），2010.

[9] 朱凯，汤辉，陈亮明. 试论城市绿色开敞空间的设计 [J]. 长沙：湖南林业科技，2005.

[10] 李静. 陕西关中地区县城开敞空间系统研究 [D]. 西安：西安建筑科技大学，2010.

[11] 尹海伟. 城市开敞空间——格局、可达性、宜人性 [M]. 南京：东南大学出版社，2008.

小城镇规划研究

乡镇规划编制理念、体系与方法创新
——以湖北省"四化同步"21示范乡镇规划为例

陈　霈　黄亚平

华中科技大学建筑与城市规划学院

摘　要：我国目前的乡镇规划编制，一定程度上存在理念不新、体系不明、方法不当的现实问题。本文以湖北省"四化同步"21示范乡镇规划为例，提炼各示范乡镇规划编制在理念、体系与方法上的创新点，探讨我国乡镇在新型城镇化背景下，如何因地制宜、突出特色地进行规划编制工作。

关键词：四化同步；规划编制；湖北省

1　乡镇规划编制体系的现状问题

1.1　注重建设空间规划，忽视区域统筹和不同层次规划的协调

由于目前乡镇层面的城镇化突出地表现为土地城镇化而非人口城镇化，还停留在"盖房子"层面，土地城镇化与人口城镇化不相匹配，仍然存在一定的土地空心化问题。

以湖北省为例，2010年前湖北省的乡镇均已按照《镇规划标准》编制完成乡镇总体规划。但乡镇规划的重点在镇区的建设规划，只注重建设空间规划，忽视全域产业发展、土地利用、生态保护、文化传承等方面的规划以及相互之间的统筹协调，忽视"人口的城镇化"，没有把产业、人口、土地、社会、农村等纳入规划中统筹考虑，所以当初的镇规划距离新型城镇化的要求差距较大。

1.2　传统的乡镇总体规划编制方法难以适应新型城镇化发展需要

湖北省建制镇数量较多，但建制镇密度较低。空间分布上表现为东密西疏的特征，城市化落后于工业化，乡镇经济发展水平差异、乡镇规模大小也与分布特征基本吻合。一直以来，乡村建设和发展游离在工业化和城镇化进程之外，远未达到工业与农业、城市与农村协调发展的阶段。

因此，过去编制的乡镇规划中，过于关注镇区和村庄规划而忽略全域统筹规划，关注城镇建设规划而忽视产业发展规划，关注建设用地规模扩大忽视内涵提升，关注资源开发利用忽视生态和环境保护，产业发展与城镇化建设割裂，土地城镇化与人口城镇化不相匹配，"建设性"破坏不断蔓延，乡土特色和民俗文化流失。

1.3　村镇规划编制起点不高、理念不新，规划质量有待进一步提升

目前村镇规划编制所需设计资质要求并不高，加之湖北省乡镇规模偏小，因此大量的乡镇规划一般都由当地的规划设计单位编制，村庄规划或农村社区规划基本上都是资质较低的地方小型规划设计机构在承担编制任务。所以，目前乡镇规划虽然规划覆盖率很高，但编制机构的技术水平参差不齐，地方政府重视程度不一，导致乡镇规划质量差别很大，规划的整体质量不高。

1.4　城乡规划的信息平台建设有待完善

湖北省乡镇数量多，城乡规划编制、审批和管理等规划相关信息采集、获取等工作量巨大，目前并

未形成良好的城乡规划信息服务体系。

城乡规划涉及部门众多，包括建设、住房、国土、交通、城管、公安、电力、通信等部门，所以建立城乡规划信息服务体系，更有利于相关部门横向协同、信息共享，为规划决策提供强有力的技术支撑。同时，在规划管理部门的各个环节引入信息化技术服务手段，实现精细化规划管理和服务，为规划编制、审批和实施工作提供更大的便利性，可极大提升规划管理工作的规范性和高效性。

2 规划编制理念创新

2.1 绿色生态理念——山清水秀，低碳生态

2.1.1 低碳理念

低碳理念强调"低碳生产"和"低碳消费"，以"低碳经济"为发展模式，以"低碳空间"为载体，以"低碳生活"为理念和行为特征，构建"低碳城镇"。低碳发展特色主要体现在产业低碳化、布局低碳化、交通低碳化和资源利用低碳化。

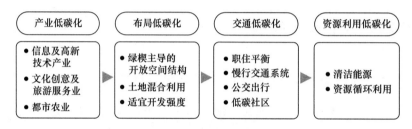

图 1　低碳理念解析图

2.1.2 生态理念

生态乡镇是基于对环境影响的考虑出发的设计，人类的生活将致力于最大限度地削减能源、水和食物的需求消耗，以及减少控制废弃物热能排放，空气污染（二氧化碳、甲烷等）和水污染的举措。生态发展特色主要表现在绿色产业、绿色建筑、绿色环境、绿色交通和绿色市政。

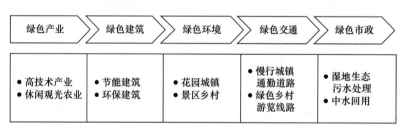

图 2　生态理念解析图

2.2 智慧发展理念——智慧设施，智慧服务

智慧乡镇由智慧社区、智慧设施建设及公共服务、智慧产业形成的综合体，并对社会管理、产业发展、市民服务等领域的各种需求做出智能的响应。

智慧乡镇依托物流、互联网、云计算、光网络、移动通信等技术手段，特色主要体现在智慧型城镇产业、智慧型设施建设及公共服务、智慧社区建设。

2.3 公平发展理念——城乡一体，服务均等

公平乡镇从道路交通、市政设施、公共服务、社会保障、生态环保五个方面实现全方位城乡一体、服务均等。

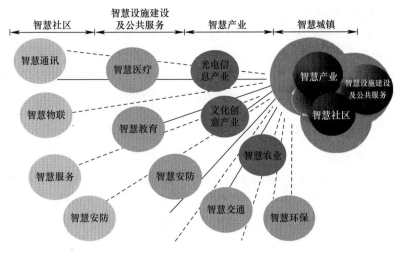

图 3　智慧发展理念解析图

为进城、进镇的农民工提供平等公正的市民待遇、稳妥的社会保障和就业机会；为留守城镇的农民提供基本的公共服务，创造就业条件，逐步实现农民产业工人化。

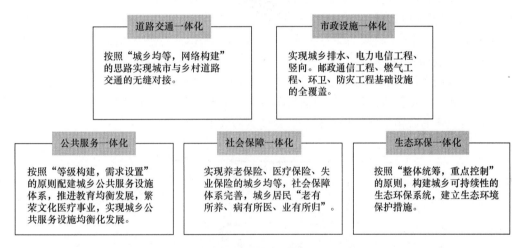

图 4　公平发展理念解析图

2.4　集约节约理念——紧凑集中，节约用地

长期以来，中国城镇大多走的是一条高增长、高消耗、高排放、高扩张的粗放型发展道路。在这种发展模式下，中国城镇发展出现了无序和低效开发、城乡区域发展失调、社会发展失衡、城市蔓延、"城市病"凸显等诸多弊端，不协调性、不平衡性、不可持续性、非包容性突出。

中国水泥消费占全球的56.2%，钢铁表观消费量占44.9%（2010）；一次能源消费占19.5%，其中煤炭占46.9%（2009）。中国二氧化碳排放已占世界的21.0%（2007），单位GDP二氧化碳排放强度是世界平均的3.16倍（2007），经济合作与发展组织（OECD）的5.37倍（2007）。

2.5　人文发展理念——地域风格，美丽乡村

2.5.1　突出民俗文化特色，记得住乡愁看得见山水的美丽乡镇

突出乡镇人文传承，少数民族聚居地区要突出民族文化特色，引领具有记得住乡愁、看得见山水的美丽城镇和乡村建设。加强历史文化遗产保护，发展有历史记忆、地域特色、民族特点的美丽城乡。注重传统村落保护，增强传统村落保护利用和可持续发展等方面的综合能力。

2.5.2 文化资源成为驱动，特色文化村落保护受到重视

文化资源也已成为新型城镇化的主要驱动因素。随着经济和社会发展，特别是老龄化问题日益严重，特色村落的自然生态与休养生息价值彰显出来。特色村落的生态价值及自主的慢生活方式，成为城镇望尘莫及的优势。在"接地气"基础上，促进传统文化资源与现代文化资源相结合，促进乡村文化资源与城镇文化资源的有机融合，逐渐成为工作重点。

2.6 安全发展理念——整合空间，科学防灾

2.6.1 科学选择乡镇发展用地

首先，要从城乡区域的角度考虑建设用地的选择，力求使发展用地的选择有利于区域整体的防灾减灾。二是应深入研究可供选择的发展用地的防灾条件，避开那些有潜在灾害隐患的区域。三是在新区开发中应补充旧城区对新型灾害的应对能力，在新区的发展用地范围内预留储备用地，以便在发生突发性事件时进行临时建设之用。

2.6.2 塑造功能综合且结合防灾的用地形态

开放空间的规划应该与城镇防灾规划紧密地结合起来，形成户外防灾空间体系。城镇生命线工程中的能源设施用地应分散布局，并应与别的功能区之间设有足够的安全隔离区域。在城镇开发建设中，对一些重大项目的选址要综合考虑防灾要求，进行防灾体系多方案比较。

2.6.3 控制乡镇规模与环境容量

理性客观地控制城市规模和环境容量在某种程度上会减少城镇灾害隐患，提高防灾救护工作的效率。

2.6.4 建立间隙式的乡镇空间结构

间隙式的空间结构是指在保持集约用地的同时，保留一些非建设的空间，在区域范围内表现为串珠式的跳跃型空间发展，在城镇内部体现为建成区与农田、森林、绿化等生态绿地或开敞空间间隔相嵌的空间肌理。建立间隙式的城镇空间结构有利于城镇防灾减灾的空间格局。

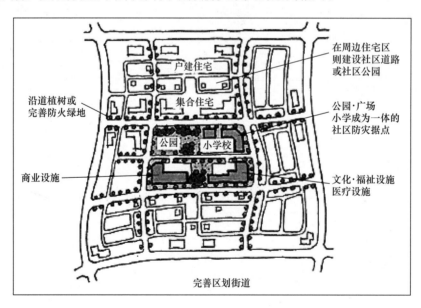

图5 安全发展理念示意图

3 规划编制体系及内容创新

3.1 规划编制体系的创新构建

乡镇发展建设体系，是以法定规划为核心、非法定规划为补充，注重法定规划与非法定规划的相互

支撑与相互补充。作为具有最重要指导意义的一系列规划，法定规划作为规划实施的主要依据，主要分为逐步建立由"镇域、镇区、村庄"三个层面构成的法定规划体系。应对法定规划的缺陷，非法定规划应运而生。对于重点领域、重点地区，非法定规划补充了法定规划，主要用于产业发展、美丽乡村、城市设计等方向。

以湖北省五里界镇为例，以上位规划为依据，以"全域覆盖、城乡统筹、产城融合、多规协调、规划项目化"为重点，法定规划体系分为全域、镇区、新农村社区，非法定规划体系分为专项规划与专项研究，其中专项规划分为产业发展专项规划、土地利用专项规划、美丽乡村专项规划，专项研究分为生态保护专题与村庄、村民调查及公众参与专题。

3.2 法定规划 1：全域规划

主要分为六大层面：识别与判断、目标与策略、框架与布局、产业与设施、生态与特色、行动与保障，进行全域统筹、城乡一体的规划编制。

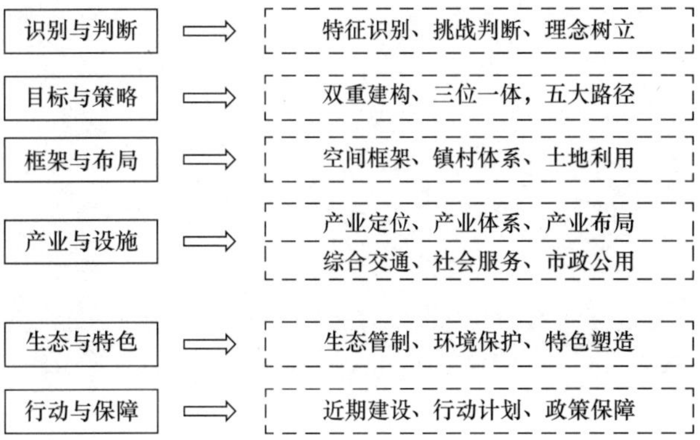

3.3 法定规划 2：镇区规划

（1）功能分区与空间布局

镇区是全域的职能中心、产业服务中心。镇区规划主要内容为划分功能分区，优化空间布局。

图 6 全域规划主要内容

（2）特色风貌营造

城镇特色风貌营造的主要内容总结为：两大系统、五大要素。

两大系统：绿地系统、景观风貌系统

五大要素：外部的山水田园风貌、内部的景观中心、特色风貌区、生态景观廊道、重要景观节点

（3）分区控制指引

单元的划分有五大原则：

① 以"控规编制"中的管理单位为单位尺度，3～4 个管理单位为分区控制指引单位；

② 用地功能相对单一，主导功能突出；

③ 新区划分可适度增大，旧城区、中心区或用地相对混合区域划分可适度减小；

④ 划分需有利于景观风貌特色营造；

⑤ 分区具有相对完整性。

每个分区单元，按照四大领域进行控制指引：土地开发、生态建设、道路交通、环境形象。并且对重点地段空间提出设计意向，为下一层次规划提供导向与依据。

3.4 法定规划 3：村庄建设规划

农村居民点主要通过居民点中住户的搬迁和居住用房的重建，对原来的农村居民点按照两规的要求，进行土地资源整合，形成结构紧凑、科学合理集约用地的规模居民点。农村居民点的集中建设，作为政府与农村集体的共同行动，推动城镇空间的节约集约利用与高效合理布局，完善就地城镇化。

（1）拆迁新建型

对象：现状规模较小、产业较弱、位置偏远、交通不便的村庄。

目标：集约集中的新建居民点，便利规模的新型社区。

（2）原址整改型

对象：现状规模较大、产业较强、位置适中、交通便利，或具有特色文化保留价值的村庄。

目标：体现文化记忆、历史遗存的古村新貌。

图7 拆迁新建型村庄

图8 原址整改型村庄

（3）新整结合型

对象：不具有特色文化保留价值，但是现状具有一定规模、位置适中、交通比较便利的村庄。

目标：局部修整、改善环境、完善设施、彰显特色。

3.5 专项规划与设计

（1）重视产业发展是基础

产业发展是乡镇发展建设的基础，也是其核心动力。随着沿海产业转移不断深化，乡镇整体产业结构不断演化及乡镇功能日趋完善，建设产城融合乡镇成为未来重要发展趋势。乡镇要重视城镇产业支撑和产业配套建设，统筹规划镇域以及乡村发展，进一步将乡镇建设与其产业建设相结合，强化乡镇单一职能，突出产业特色，提高其集聚效应。

图 9　新整结合型村庄

（2）对接土地规划是保障

对接土地规划是乡镇发展建设的保障，也是其关键因素。随着城乡一体化的推进，注重统筹城乡成为提乡镇发展动力、优化城乡二元结构、缩小城乡差距、实现"协调发展与整体跨越"的必然要求。这需要城镇规划建设尽快对构建新型城乡关系加以创新与强化。更加注重推进与完善城乡规划编制工作，实现各层级各类规划的有机衔接。通过"土规合一"编制的工作模式，可以将"两规"对于城乡建设的引导作用进行统筹协调。"两规"合二为一，互为补充，共同促进城乡协调发展。

（3）创建美丽乡村是方向

美丽乡村是乡镇发展建设的特色发展方向。要科学编制镇域规划、镇区规划。按照"生产空间集约高效、生活空间宜居适度、生态空间山清水秀"的要求，确定乡镇城乡空间规划布局。镇域规划编制中，要注重将产业发展及美丽乡村建设相结合，以城市和县城为龙头，区域中心镇为节点，中心村为基础，引导人口向县城、集镇和中心村集中发展，二三产业向城镇集聚，实现人口、劳动力在城乡经济、社会结构上的转移和调整；规划中要重点突出城镇功能，明确基础设施建设、产业布局、市场体系、公共服务和社会管理等方面的发展目标、重点以及相关政策措施。

4　规划编制方法创新

4.1　综合协调，"四化同步"规划方法

"四化同步"规划方法总结为："一化引领，三化联动"。

（1）信息化引领工业化与农业现代化

信息化带动新型工业化，发展高技术产业及科教研发产业；信息化融合农业现代化发展，提升农业产业链全程的信息化水平。

（2）农业现代化与工业化双向联动发展

在城镇大力打造产业集聚中心，在乡村大力发展现代农业、休闲观光特色农业，促进农业现代化与工业化双向联动发展。

（3）以新型城镇化作为人口及产业集聚的空间载体

新型城镇化是新型工业化空间载体，同时也是农业规模经营背景下乡村人口转移集聚的空间载体。

4.2 城乡一体，"全域管控"规划方法

（1）"三标一体"的全域管控

全域统筹应遵循"三标一体"的全域管控模式，即发展目标、空间坐标、建设指标统筹管控。由于条块分割的管理体制原因，各部门负责组织编制的相关规划种类繁多，不同类型规划间缺乏统筹、相互矛盾。

（2）"双级四核"的生态全域管控

全域统筹还应遵循"双级四核"的生态全域管控模式。通过前期评价，确定全域发展现状以及建设用地适宜性评价，保证农耕土地面积；宏观控制在于协调全域和镇区、镇区和农村居民点之间的关系；用地布局主要确定土地利用情况以及建设用地指标；具体实施则是对环境生态、综合交通、公共服务、基础设施等一系列进行相应管控。

4.3 注重整合，"多规协调"规划方法

建立有效的协调机制，减少规划间的冲突，实现规划战略、目标、内容的融合。努力实现"一张图"具有实时动态性的规划行动，将土地利用总体规划、产业发展规划、土地利用总体规划的相关信息综合为"一张图"平台。通过"多规合一"的信息平台，实现以下三个"统一"。

国民经济和社会发展规划、城乡规划、土地利用规划作为我国经济社会发展和空间利用的三大主要规划，以及其他部门行业规划对各自领域进行专业安排，并最终落实到城乡规划和土地利用规划确定的空间布局上。

通过使多个规划整合互通、无缝对接，能够使各类资源要素在各个规划系统中相互融合，形成一个高效的、有机的规划系统，解决规划之间互不统一、相互制约、相互矛盾的问题。

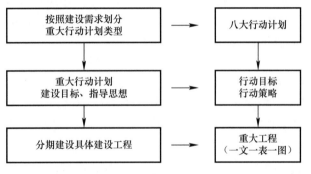

图10 项目库制定思路图

4.4 规划项目化，"行动计划"方法

（1）分期计划

根据开发时序、融资途径等将项目分为三期：近期、中期、远期。

（2）分类计划

根据项目类别与性质，形成"五大板块、八大计划"的分类计划。

4.5 公众参与，"合作规划"方法

规划编制单位通过对村民、村集体、城镇乡政府以及各行政管理部门，进行公众参与生态协调监督。"五方参与，合作互动"，以公众的协调力量作为生态监督的重要方法。

（1）村民

走访了解村民的五大现状：①社会文化现状；②公共服务设施现状；③家庭经济现状；④住房与出行现状；⑤土地与产业现状。

（2）村集体

访谈村集体，对村庄建设四大方面进行深度交谈：①村庄公共服务设施；②村庄市政设施；③道路交通设施；④农村居民点。

（3）城镇乡政府

针对城镇乡三级政府，对辖区内的三大方面进行调查了解：①产业发展；②公共服务设施；③市政基础设施。

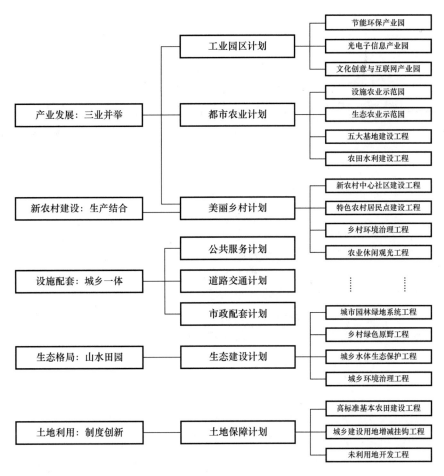

图 11　八大计划分类图

（4）各行政管理部门

走访各行政管理部门，分别对三个方面的发展状况进行了解：①产业发展；②公共服务设施；③市政基础设施。

参考文献

［1］ 国家新型城镇化规划（2014-2020 年）［R］. 北京：人民出版社，2013.

［2］ 李和平，李金龙. 城市边缘区发展的理念、管理制度与规划方法［J］. 重庆建筑大学学报. 2004（03）

［3］ 胡跃平，孙鸿洁，游畅，徐国斌. 推进地区统筹发展的城乡一体化规划探索——武汉市汉南区城乡一体化空间规划分析［J］. 规划师. 2006（12）

因循历史规律　建立再生逻辑
——城市近郊古镇历史文化遗产保护探索

冯天甲　马　睿

天津市城市规划设计研究院城市设计研究所

摘　要：本文以连云港南城镇为例，研究城市近郊村镇历史文化遗产的保护，尝试从历史文化遗产中发现规律，理出核心价值主线，并将其转化为可复制、可再生的新镇建设逻辑，同时积极开辟新的经济增长点，使其融入现代生活，激发持久活力。文章力求在中国快速城镇化的背景下，重新审度城市近郊开发建设思路，通过解读空间深度剖析原住民的社会生活，对历史文化遗产的保护，文化的传承，以及在保护的基础上寻求发展和延续活力等做出探索。

关键词：历史文化遗产保护历史文化传承；城市近郊建设；活力

1　技术挑战下的职业使命

在中国快速城市化的今天，城市近郊村镇首当其冲地成为了被城市化的对象，而我们看到更多的是"把原住民请上楼，把村镇变城市"的"神话"。广大近郊区村镇的历史文化遗产在巨大尺度、超快速度的城市开发中被忽视，众多近郊村镇在轰轰烈烈的城市化浪潮中迅速消失、异化，连云港南城镇即是其中一例。

2012年2月，连云港新海新区建立，整合了原城市南部三个相对独立的片区，力图通过整体规划的建设思路改善原各区封闭式规划开发造成的诸多弊端，强化城市资源的整合利用，完善城市功能，增加城市的集聚和辐射能力，未来成为城市南部综合性、现代化新城。

南城镇作为新海新区凤凰组团（三大功能组团之一）的主要组成部分，被迅速纳入重点建设范围。这个千年古镇面临着新一轮城市建设的冲击。

现状的南城镇并不尽如人意，开山采石严重破坏了原有的山体生态，加之湖塘由于长期缺乏疏浚而阻塞淤积，古镇已经丧失了最初的山水关联。镇中凤凰古城作为历史遗存最集中的地段，是南城镇历史的缩影，但房屋年久失修，基础设施严重滞后，居住环境破败；残存的历史片段历经坎坷，风貌特征已不完好。如何从衰败的现状中抢救历史文化遗产，抽丝剥茧，准确地理出支撑古镇历久弥存的核心价值主线，并将其转化为可复制、可再生的新镇建设逻辑，将是我们面临的技术挑战。而如何在保护历史文化遗产的同时，让这个迟暮的古镇以更开放的姿态细腻地融入现代城市生活，重新焕发活力，更是我们的使命（图1、图2）。

图1　凤凰古城现状1　　　　　　　　　图2　凤凰古城现状2

2 破译空间密码

《汉书·昭帝本纪》载："始元三年（公元前84年）冬十月，凤集东海，谴使者祠其处，以纪祥瑞，从此山之得名"。集凤之山即为凤凰山，分东西两山夹南城镇。古城墙始筑于南朝刘宋元徽年间（473～477年），南北朝时在此侨立青、冀二州，唐代仍为东海县治所在。清咸丰元年（1851年）重修南城门时，曾掘得石刻"宁海门"一块，上有"贞观十三年春魏徵题"小字题款。清咸丰十一年（1861年）海州知州黄金韶修复古城门，门额见"古凤凰城"，南城镇中凤凰古城即由此得名。以凤凰古城为核心的南城镇拥有1500余年的历史，是连云港的肇始之地。

项目之初，我们努力尝试与这座千年古镇建立对话，以最核心的历史地段——凤凰古城为研究对象，在纷繁现状中寻找规律。由于时代久远、衰落变迁，现状建筑相关资料严重缺失，大量民居的建筑年代不详，建筑质量无从评估，其中26处文保单位，同时存在不同程度的损毁。这使得我们前期的分析工作一度陷入僵局。此时，一张"图底关系"给了我们最好的答案，让从空间着手找到突破口。我们惊喜地发现古城清晰生动的街巷空间已经跃然纸上（图3、图4）。

 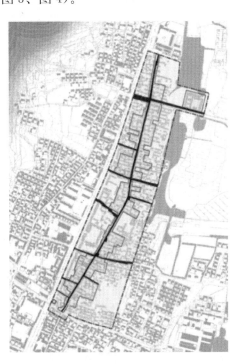

图3　凤凰古城图底关系图　　　　　　　图4　街巷空间分析图

2.1 "鱼骨型"的街巷格局

古城街巷格局总体成"鱼骨型"，主脊东大街又名"六朝一条街"，故有"南头到北头，三里出点头"之谣。东大街贯穿南北，长约三里又九十九步，宽两步（六尺），遵循古代传统县城街道的尺度（图5）。街中间由1399块宽一尺的青石板直铺两头，又称龙脊，为古时独轮车的通道，青石板石板路上一条清晰可见的古车辙痕迹见证了这条老街过去车水马龙的繁荣景象。龙脊东侧依然保留排水明沟。横街由主脊向外延伸，是居民生活出行的通道，街道连续，建筑组织明确。主脊南北两端分别以古城门和城隍庙作为主脊空间

图5　古城街巷

序列的首尾（图6、图7）。

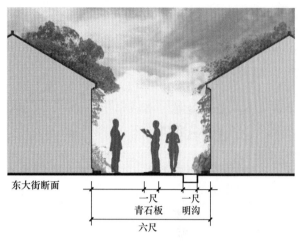

图6 东大街断面图

图7 横街断面图

2.2 "穿堂套院"的空间秩序

"前店后坊、前屋后舍"的传统居住模式使古城院落呈现多进套院结构，套院之间均以穿堂作为联系，套院走向东西，建筑仍坐北朝南，这就决定了主脊两侧民居"窄面宽、长进深"的特色地块形态及尺度。特色地块单元鳞次栉比，首尾相连，同时又以三合院和四合院的形式灵活组合搭接，有规律地呈现以下典型肌理：两排、两进；三排、两进；两排、三进；三排、三进。每组典型肌理中都分布1口古井，成为每组院落空间中的核心要素（图8）。整体院落空间呈现苏北民居典型特征，介于北方四合院与南方天井院之间，同时又体现强烈地方性。

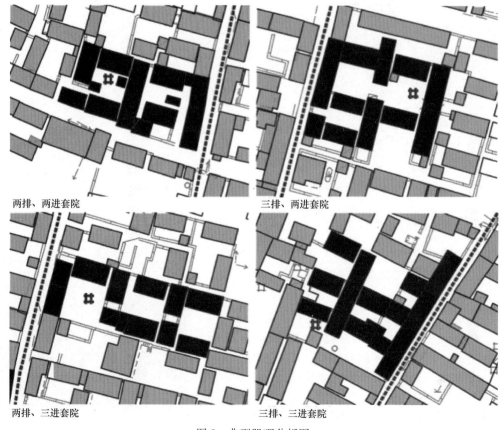

两排、两进套院

三排、两进套院

两排、三进套院

三排、三进套院

图8 典型肌理分析图

我们选取其中保留较为完整，风貌特征较为突出的一组典型院落进行了深入的分析。该院落属前文所提及的"三排、两进"套院类型，由两个"窄面宽、长进深"的特色地块组成。套院尺度约为 16 步×20 步，特色地块尺度约为 8 步×20 步，由一个三合套院与一个四合套院组成，主入口面向东大街，通过穿堂进入，穿堂正对院落中心，东西向房屋山墙与南北向房屋外墙齐平。套院尺度小于北方四合院，大于南方天井院，房屋组织方式介于北方"房房相离"与南方"四水归名堂"之间。单层民居进深均在 4.5～6m 之间，屋顶形式为直线硬山两坡顶，青瓦铺覆，坡度为 31°。同时依然保有乱石砌墙、木棂窗、石雀替、花砖屋脊、石刻饰面、天香庙以及上马台等诸多建筑细部特征和建筑工艺（图 9）。

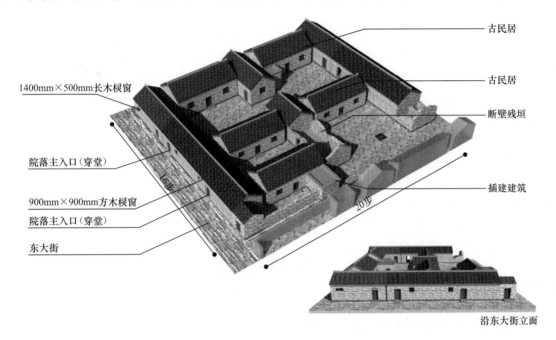

图 9　典型院落

如果把凤凰古城比作一位优雅质朴的长者，那清晰明确的"鱼骨型"的街巷格局便是他的骨架，"窄面宽、长进深"的套院结构单元犹如他的肌体组织。新陈代谢是生命的必然过程，而唯有骨架和肌体结构是稳定不变的。"鱼骨型"的街巷格局为古城发展演变奠定了基调，套院结构单元为古城的生长建立内部秩序，虽经千年坎坷沧桑，建筑工艺、技术等不断革新，建筑风格不断演进，然而始终未打破古城的空间秩序。

3　解读空间含义

空间作为居民日常生活的物质载体，不仅满足居民生理和心理的需求，更是充分体现着人与人的社会关系，反映出社会交流的逻辑。在古城空间秩序的主线下，蕴含着当地居民传统的社会结构和邻里关系，它根植于深层心理结构，是维系空间秩序的内在因素，是集体无意识的外显形态。中国民居形态深受传统儒家哲学与伦理观念的影响。费孝通先生以"涟漪"来比喻中国人的伦理，"从自我为中心向外由亲至疏及到家人、亲属、宗族等"。第一重是家庭生活，也是社会生活的重心，第二重是亲戚、邻里等社会生活。

3.1　院的意义

院落式的形态淋漓尽致地表现了传统社会人们以家庭为单元的居住行为，私密感以及人我、群己的空间领域感等。

古城介于南北之间的院落形制，深刻地体现了南北方文化的交融。"窄面宽、长进深"的内向型套院空间形态，加之由此形成的主脊东大街连续、明确的封闭性空间特性，除气候原因之外更多地反映了北方内向型的文化性格。与此同时，南城镇古称海上蓬莱，是东瀛胜地，亦为海防重镇，清初始与陆地相连，特殊的地理位置决定了居民较强的防御心理。而穿堂的大量运用增加了院落空间之间的交流度，也一定程度源于南方特别是吴越文化的传入。

但有别于其他苏北民居院落中轴对称、南北向空间拓展的特点，古城院落均呈东西向空间拓展，且未见明显的中轴对称和空间等级，这源于当地独特的宗教文化背景。自古南城镇即为苏北地区著名的佛、道教圣地，庙宇林立，香火旺盛。多种宗教文化的融合汇聚反映在空间上即为相对减弱的等级空间特征。

3.2 古井、古城门、古庙的意义

对古井的关注源于王其亨先生的一篇"井的意义——中国传统建筑的平面构成原型及文化渊涵探析"。他认为"井，曾有力地促进了社会性'居住'行为方式的发展，深刻影响了各类建筑基本形态和观念的构成。"从井田制——"画井为田"和"画州井地"的土地区划制度逐步演变为"定民之居"、"八家共一井"的社区组织基本单位，再到"八宅共一井"的家庭生活院落基本单位，井都是聚井而居的人们交流的公共场所。凤凰古城便是一个实例，城内古井密布，且如前文所述每组典型肌理均有一口古井作为院落核心景观要素。古井以院落为单位，即是第一重社会生活——家庭生活的公共场所，在满足生活需求的同时，也是传统家庭文化、场所精神的直观体现。

作为主脊空间序列的首尾的古城门和城隍庙则为第二重社会生活——亲戚、邻里等社会生活提供物质空间，传达了具有强烈地方认同感的场所精神。直至今日，古城门、城隍庙依然是南城镇公共生活的中心。

传统社会结构、邻里关系正是凤凰古城——这位优雅质朴的长者的血脉，与空间秩序互为表里，作为两条稳定的线索引导古城以及南城镇不断地发展演进。这就是我们要寻找的核心价值主线。

4 建立再生逻辑

阮仪三先生曾说过："新时代要创造自己的新风格。我们留存古代的遗产，更重要的是要让人知道它的演变和发展，研究借鉴古建筑，创造新建筑。"从这个意义上，南城镇能否华丽转身，取决于我们能否将从凤凰古城中提取的核心价值主线转化为可复制、可再生的建设逻辑，运用于南城镇的新建设中，实现一脉相承。这正是南城镇有别于其他城市地区的特征所在（图10）。

图10 南城镇鸟瞰图

4.1 呼应山水景观，构建新兴社区

虽山有缺损，水有淤积，但是终究没有破坏"两山夹一湖"的山水格局，这是南城镇宝贵的自然资源。呼应山水景观，是我们新设计最基本的思路，通过打通多条绿化及视线廊道，开辟绿地广场，将东西凤凰山景纳入古镇空间。同时水塘农田逐步修整出完整的自然边界，形成以中心凤鸣湖为核心景观的集水公园，并为地区纳氧排涝，调节季节性降水。由此，使古镇与自然和谐共生，建立山水相依的古镇公共空间系统。居

住空间由凤凰古城向两侧逐步拓展，形成融入自然山水且满足现代优质生活的新社区（图11～图15）。

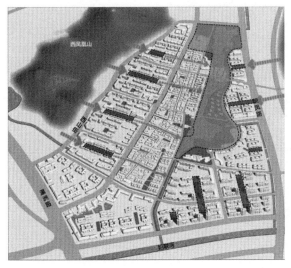

图11　开放空间格局分析图

图12　水系分析图

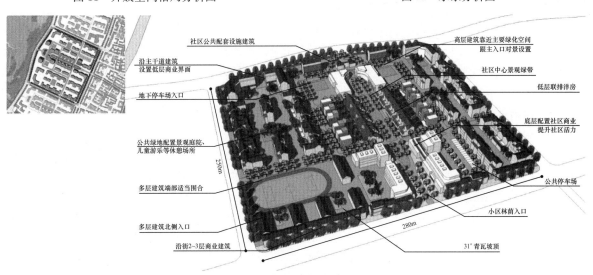

图13　傍山合院

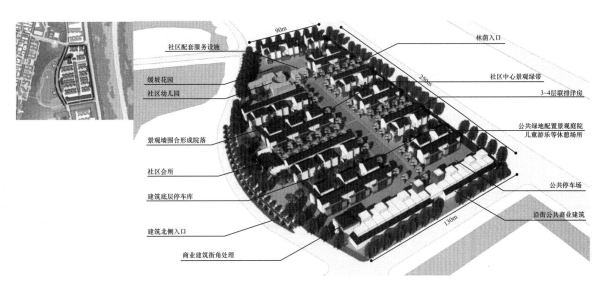

图14　水岸别院

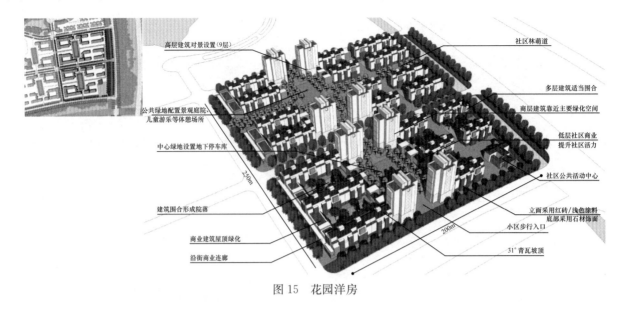

图15 花园洋房

4.2 延续街巷空间，融入现代生活

对于核心历史地段的凤凰古城，新的设计在保留最具核心价值的"鱼骨型"街巷格局以及最能体现核心价值的现状院落的基底上探索设计思路。如何使古城的骨骼更强壮？我们强化主脊东大街、横街位置和空间尺度，通过清理修复青石板"龙脊"，整修恢复一侧排水明沟，将现状的外架线网入地等一系列措施，还原东大街"六朝一条街"的历史原貌。同时依据基底，谨慎的划分新的路网，建立开放空间系统。如何使古城的肌肉更结实？我们尝试在古城重建、新建的部分，遵循穿堂套院、"窄面宽、长进深"特色地块以及四类典型肌理的空间规律，循环原有模式。

由此，我们以前文所述典型院落作为原型，进行新的院落衍生设计，使其能兼具院落空间特征的同时拥有良好的使用功能，更适应现代生活。衍生院落为东西向套院模式，建筑坐北朝南，为一个"窄面宽、长进深"的特色地块，形成一个四合套院，主入口位于东西向，通过设在中间的穿堂进入。套院尺度为10步×20步，考虑到日照的充足以及居住舒适度，在原型尺度的基础上适当增加大套院南北向长度。建筑进深增至8～9m，使其在满足居住需求的同时也可适应未来古城商业等新功能的植入。保持原有屋顶直线硬山两坡的屋顶形式，保持原有屋顶坡度31°，适当加高檐口高度，沿用青瓦铺覆。运用木质凌霄花架分隔院落，突出代表地方特色的植物景观凌霄花。建筑立面适当运用石材装饰墙面，呼应原型乱石砌墙的立面效果，同时搭配以木质结构减轻石材的厚重感。适当加入体现现代结构的玻璃、钢材等材质的运用。

如原型特色地块可灵活组合搭接一般，新的设计里也可以衍生套院为单位，通过变形及排列形成多种组合方式。新的组合在保持原型特征的基础上，通过增加横街路径，适当增加南北向入口，从而削弱院落的封闭性，适应更开放现代生活以及新功能需求。组合一：一个三合院与一个衍生套院的组合，它与原型极为相似，横街位于院落组合一侧；组合二：两个衍生套院的完整组合，横街位于院落组合之间（图16）。

4.3 传承场所精神，激发古镇活力

空间的延续是一种技术的手段，而如何使古镇血脉相传，保有持久的活力，并不只是把空间模拟到原来那么简单，这就必须关照当地居民的心理感受、社会结构和邻里关系。除了妥善留下原住民，延续原有的社会结构和邻里关系；更应该思考如何使新住民在这样的空间里依然保有唤起独特场所精神的空间感受。

古井是居民世世代代家族繁衍、家庭生活的精神象征。在新的设计中，我们在逐一编号登记建立档案，予以保护的同时，清理恢复古井院落环境，强化其在院落空间的核心地位。对原有院落已破坏但古

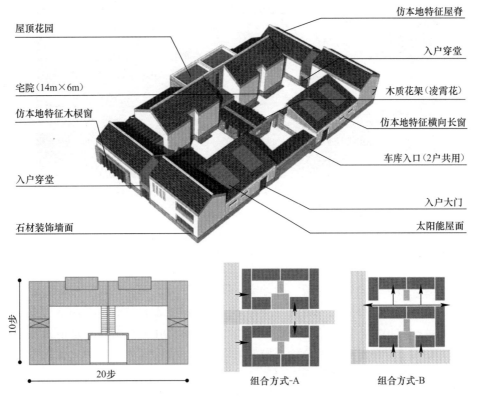

屋顶花园

宅院（14m×6m）

仿本地特征木棂窗

入户穿堂

石材装饰墙面

仿本地特征屋脊

入户穿堂

木质花架（凌霄花）

仿本地特征横向长窗

车库入口（2户共用）

入户大门

太阳能屋面

10步

20步

组合方式-A

组合方式-B

图16　衍生院落

井尚存的情况，结合开放空间，以古井作为特色设计要素，塑造古井遗址公园，并以断壁残垣作为环境烘托，力求真实的保存历史印记，还原场所精神。

对于一脉相承古城门和庙前广场，我们力求通过环境景观的改造，进一步明确空间，强化地方认同感。在现有古城门的基础上，延续恢复部分城墙，从而明确界定古城门空间，通过竖向空间的整理，将原来单一的通过型空间转变为可驻足的空间，单层平面空间转变为多层立体空间。增加树木、草皮、凌霄花等本土植栽提升环境舒适度，间或有古树、断墙掩映其中，成为开启历史记忆的闸门。

由于城隍庙、普照寺的香火旺盛，香客络绎不绝，这里成为南城镇最聚人气的场所。我们尝试在此引入休闲商业及餐饮功能，成为未来活力激发点。设计中，塑造了栈道、石板路双层水岸空间，以"老料旧工"的方式，即运用本土老的石板、木材，以原有的工艺重新铺设，细腻地传达着古城的历史。由此，形成"滨湖面山、临寺面水"的由庙前广场至水街独特的空间体验，实现历史与现代之间，人、天、神之间的多重对话（图17～图19）。

图17　古井遗址公园

图18　古城门公园

图19　水街

5　结语

历史的故事总是充满了"新"与"旧"的冲突，但总有一条故事主线冥冥中牵引着它们在不断地冲击，又不断地在融合中推进。如果说城市化是我们必须要讲的故事，只有沿着那条历史文化的主线才能使故事连续、完整、一脉相承。这条历史文化的主线也是历史文化遗产的核心价值所在，更是如南城镇这样广大城市近郊新镇建设的最根本的依据。而如何以尊重历史的态度，还历史文化遗产以尊严，将核心价值转化为可复制、可再生的建设逻辑，积极开辟新的经济增长点，实现近郊村镇城市文化与本土文化的融合，保有持久的活力，同时惠及民众，这是一个长期而复杂的命题，南城镇的尝试只是我们探索道路上的一小步。

参考文献

[1]　（加）杰布·布鲁格曼，城变．董云峰译．北京：中国人民大学出版社，2011．

[2]　王其亨．"井"的意义：中国传统建筑的平面构成原型及文化渊涵探析．名师论建筑史．北京：中国建筑工业出版社，2009．

[3]　阮仪三、孙萌．我国历史街区保护与规划的若干问题研究．城市规划，2005（10）．

[4]　王建波．快速城市化背景下的城市近郊区历史村镇价值与保护初探．理想空间，2010（10）

[5]　邵勇，付娟娟．以价值为基础的历史文化村镇综合评价研究．城市规划，2012（2）

新时期下湖北省镇域规划编制方法的创新探索

胡 飞 黄晓芳 胡冬冬

武汉市规划研究院

摘 要：从我国城乡关系的发展历程来看，镇村已经逐步从经济供给区域转向为社会共生的重要载体，对待镇村发展问题的态度，不再仅仅是简单的价值判断，而是价值观和长远的利益问题。根据目前湖北省在小城镇规划编制方面的创新探索，文章针对湖北省小城镇规划编制中存在的主要问题，指明了新时期下镇域规划的内涵要求，并系统阐述了湖北省镇域规划编制在体系观、发展观、策略观、方法观和实施观五大方面的转型探索，最后结合湖北省杨寨镇"四化同步"试点规划的编制经验，对湖北省镇域规划的编制内容进行了详细解读，以期为新时期下我国小城镇规划编制思路起到一定的理论参考作用。

关键词：四化同步；全域统筹；多规协调

1 引言

湖北省是中部地区发展中的农业大省，在18.59万平方公里的地域范围内，分布着近740个建制镇。这些小城镇是连接城市和乡村的紧密纽带，是实现农民就近就地就业转移的有效平台，是构建"四化同步"发展的重要载体，也是今后相当一段时期内湖北省城乡协调发展和现代化建设的重要环节。

为了进一步贯彻国家和湖北省关于新型城镇化和积极发展小城镇的战略方针，加强小城镇规划编制和管理工作，湖北省出台了《湖北省镇域规划编制导则（试行）》（以下简称《导则》），并在全省选择了21个乡镇（街道）进行试点规划的编制实践，力求探索出一套具有湖北特色和时代特色的镇域规划编制方法。本文根据镇域规划的内涵解析，结合笔者在《导则》编制和试点规划中的实践经验，对湖北省镇域规划的编制目标、方法和内容进行归纳和总结，以期从规划龙头上破解城乡二元对立，切实提高小城镇规划编制质量，促进小城镇的健康有序发展。

2 新时期下镇域规划编制的内涵解析

2.1 小城镇发展的新要求

当前，中国正在迎来一个"新改革时代"，新一轮国家政策在坚持基本路线的同时力求触动更深层次的改革，坚定推进朝向经济、政治、社会、文化和生态文明的统筹协调、科学发展的转型。实现这一系统目标，"四化同步"协调发展正在成为最重要的发展方向。小城镇的发展具有向上承接中心城市产业转移，向下服务带动周边乡村地区的先决优势，是"四化同步"协调发展的核心载体，需要加快完善城乡发展一体化体制机制，促进城乡要素平等交换和公共资源均衡配置，形成以工促农、以镇带村、工农互惠、城乡一体的新型工农、城乡关系。

2.2 湖北省小城镇规划的主要问题

2.2.1 规划导向存在缺位

湖北省各乡镇在2010年均已按照《镇规划标准》编制完成了乡镇总体规划，但是由于湖北省乡镇数量多、分布散、规模小等原因，在大多数乡镇规划中，都存在过于关注镇区和村庄规划而忽略全域统筹规划；关注建设用地规模扩大而忽视内涵提升；关注资源开发利用而忽视生态和环境保护等规划导向缺位的问题。2008—2012 年期间，湖北省建制镇城镇建设用地和人口增长速度分别为 9.7%、3.3%，用地弹性系数（即城镇建设用地增长率与城镇人口增长率之比）为 2.94，远高于全国城镇的平均水平，说明乡镇发展存在很大程度的土地空心化问题，乡镇规划距离新型城镇化发展要求还存在着较大差距。

2.2.2 规划水平有待提高

自小城镇蓬勃发展以来，还未完全走出老模式、低水平、自发式建设的误区，虽然湖北省大部分城镇编制了规划，但是由于缺乏镇域统筹协调，没有结合区域的经济特点和发展环境，导致小城镇在产业选择、功能定位上出现偏差，城镇建设出现无序发展，造成土地资源不能合理利用、环境污染突出、小城镇发展后劲不足等问题发展。因此需要有规范系统的镇域规划导则来全面科学地统筹考虑和安排小城镇的发展与建设。

2.2.3 规划协调矛盾突出

当前小城镇的规划体系突出地存在着城乡规划与国民经济和社会发展规划、土地利用总体规划之间缺乏有效衔接的弊端。同时，其他的各级、各类规划名目繁多，在同一个地域空间上，往往多个政府部门的规划引导和控制要求并存，但由于彼此之间缺乏协调甚至相互冲突，不但难以形成对镇域综合调控的统筹合力，甚至导致了开发管理上的混乱和建设成本的增加，在一定程度上影响了经济社会的健康发展。

2.3 镇域规划的核心内涵

2.3.1 形成一个综合性平台

针对上述湖北省小城镇规划编制中存在的问题和新形势的发展要求，可以看出对于镇这样最基层的政府组织来说，最需要的是一个统一的规划平台，通过一张蓝图把各部门的规划融为一体，来统筹全域的整体发展。因此，镇域规划不能再仅关注村庄布点和建设用地规模核算，需要形成一个综合性规划，将规划工作向广大农村地区延伸，将各部门的规划融合一体，以现代理念统筹规划城镇建设、村庄建设，全面提高城镇建设用地利用效率以及城镇建设和管理水平，提出多元可持续的资金保障机制，努力建设全域统筹、布局合理、配套完善、功能健全、生态宜居、经济繁荣的新型小城镇。

2.3.2 做好五个转变

镇域规划作为指导小城镇发展的龙头，必须以科学发展观为指导，以加快推进新型城镇化为目标，以促进农业转移人口市民化为重点；按照促进生产空间集约高效、生活空间宜居适度、生态空间山清水秀的总体要求，促进规划编制从"重城轻乡"向"城乡并重"转变；从"空间导向"向综合因素导向转变；从"普遍要求"向"分类引导"转变；从"终极蓝图"向"过程控制"转变；从"政府决策"向"全方位协调"转变，充分发挥镇域规划对于经济、社会、土地、环境协调发展的指导作用，确保规划能够因地制宜、有的放矢地谋划发展路径，全面优化镇域规划的实施和管理措施。

3 湖北省镇域规划的创新思路探索

3.1 规划编制的体系观转型：不同规划层次和尺度的整合统一

为落实镇域规划作为小城镇发展综合性平台的内涵要求，湖北省对现行小城镇规划体系进行了系统优化，明确了镇域规划应当整合镇区、农村人居环境规划，以宏观、中观、微观三大层次的关联统一，来全方面、全领域、全空间尺度地落实城乡统筹的发展理念。

在宏观层面，需按照多规协调的思路，结合产业发展、土地利用规划等相关专项研究形成全域规划，来明确全镇域发展方向和模式，统筹产业发展、人口居民点布局、重大设施布局以及非建设用地布局，确保将规划重点由以往只关注城镇建设转向为关注广大农村地区与城镇地区统筹发展；在中观层面，应当按照宏观统筹的整体要求，按照产城融合的要求，对镇区的产业职能、空间布局、景观风貌、基础设施等方面进行系统研究，同时进一步加强镇区规划的内容深度，明确镇域精细化发展各类管控措施和指标；在微观层面，应当结合农业现代化的发展要求，对村庄布点、村庄建设风貌、村庄环境整治以及乡村文化传承等方面进行统筹安排。

通过三大层面规划内容的有机结合，将镇域规划的编制内容进行纵向和横向的系统延伸，全面串接镇村全域整体发展，有效地引导湖北省小城镇规划编制工作按照国家"四化同步"发展的战略要求予以全面落实。

3.2 规划编制的发展观转型：以生态集约的发展观，引领规划编制，积极倡导低碳绿色的小城镇发展模式

建设新型城镇化下的镇村生态文明，要求以尊重和保护自然为前提，形成可持续的生产和生活方式，促进人、社会、自然的和谐发展。因此，在湖北省镇域规划编制中，转变了以前小城镇规划中仅关注建设用地布局的问题，坚持发挥生态低碳和集约节约两大理念的先导性和基础性作用，积极引导小城镇按照经济转型、生态彰显、空间节约、建设低碳四大方面的要求，进一步优化和调整产业结构和生产方式；强化对镇域空间系统的生态本底控制；坚持对城乡紧凑发展要求，妥善处理好镇村规划布局集中与分散的关系，加强镇村各类用地建设规模控制，因地制宜地对不同类型小城镇发展中城乡建设用地集约利用方式提出相关措施和路径；积极倡导清洁能源、绿色交通、资源循环利用等低碳发展方式。

3.3 规划编制的策略观转型：以"三生"空间融合为统领，因地制宜的谋划镇域总体发展框架

按照"四化同步"协调发展的要求，镇域规划需要遵循自然生态和城镇发展规律，按照生产、生活、生态"三生"空间的关联逻辑，科学引导城乡一体化发展，形成城乡发展要素相互关联、公共资源均衡配置的内生发展框架。对于镇域总体发展框架的谋划，应当在明确生态格局和管控要求的前提下，按照产城融合、职住平衡的思路提出城镇化发展路径，引导外出务工、经商人员回归创业和农村劳动力依托城镇就近就地转移，推动镇区效率发展；其次积极推进农业经营模式创新，强化对于农业现代化建设与村庄居民点布局的统筹考虑，落实"产村"融合，确保农村居民生产、生活条件的全面改善；同时要依据地方资源禀赋和人文特点，坚持对城乡风貌传承的要求，尊重农村地区的多样性和差异性，突出历史文化资源、传统建筑民居特色，延续村镇历史文脉，强化村镇文化和特色塑造。

3.4 规划编制的方法观转型：通过"多规协调"的技术手段，形成整合全域资源、协调各部门事权的综合性规划

在小城镇发展过程中，各部门规划相互割裂、缺乏整合，已经成为镇域统筹发展的重要制约。镇域规划作为"四化同步"协调发展的重要"抓手"，应当充分整合国民经济和社会发展规划、城乡总体规划、土地利用总体规划以及其他部门专项规划，以多规协调的编制方法，构建覆盖全域的城乡规划空间平台。在规划中，应当以信息共享为手段，统一基础数据平台；以统筹兼顾、协调发展为目的，统一发展战略和目标；以镇域规划和土地利用总体规划为载体，统一空间布局；以合理配置空间资源为导向，统一管控要求，力求在城乡规划的空间平台上，全面落实各部门的建设发展要求，全面发挥镇域规划对经济、社会、环境协调发展的指导作用。

3.5 规划编制的实施观转型：通过"多级管控"和"项目策划"，科学引导规划的管理和实施

为了加强规划的指导性和可实施性，更好地发挥对城乡建设的引导和调控作用，镇域规划应当通过

多级管控和项目策划来落实规划管理和建设的要求。一方面通过规划内容的深化，在全域规划中强化总体发展指标、土地利用指标以及生态建设指标的管控研究，在镇区建设上按照分区管控要求，细化"五线"控制、建设强度、风貌指引等方面控制内容，为建设发展提供明确的管理"抓手"；另一方面通过建设发展"项目化"、空间发展"分期化"、近期行动"具体化"的编制方法，按照整合资金、分类指导、近远结合、有力实施的原则，提出近期及远期实施项目库，以项目实施的可行性来验证整体规划的合理性，同时配合创新体制机制，使规划与计划同步协调、同步衔接，确保规划实施的时序性和可操作性。

4 湖北省镇域规划编制的重点内容解析——以随州市杨寨镇"四化同步"试点规划为例

杨寨镇是湖北省综合改革和"四化同步"双试点镇，随州市的经济强镇，是典型的丘陵地区工业镇，位于湖北省随州市东南部，紧邻武汉市城市圈，区位交通优越，发展势头迅猛，国土面积112平方公里。2013年末，全镇域辖2个居民社区，23个行政村，250个村民小组，总人口约5.4万人，其中农村人口约3.9万人，耕地总面积约80平方公里，农民人均收入约9280元。

4.1 构建全域发展目标和特色模式

根据上位规划和区域发展环境研判，针对杨寨镇工业化独大、农业产业化落后、城镇品质不佳、信息化缺失等现状特征，规划确定杨寨镇的发展定位为鄂北丘陵地区"四化同步"示范高地、大别山试验区产业转型和生态宜居建设高地、随州市镇域经济高地和综合交通集散枢纽。

结合目标定位，按照"四化同步"协调发展要求，并针对杨寨环境脆弱特征，规划明确杨寨镇应采取"产城村互动协调、发展保护共生一体"的特色模式，即通过工业化体系优化、城镇化内涵优化、农业化模式优化、信息化目标优化等"四个优化"，促进工业化由外来低质向双导向、可持续转变；城镇化由土地城镇化向多元现代化转变；农业化由"原子化"单一作业向"规模化"纵深拓展转变；信息化由基础建设向融合支撑转变，全面实现杨寨镇的"四化"同步超越（图1）。

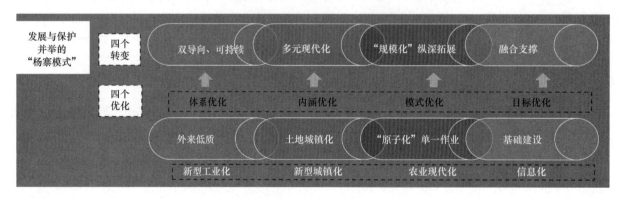

图1 杨寨镇总体发展模式图

4.2 确定全域生态格局和空间管制措施

要实现镇域空间布局全覆盖，首先应当明确镇域空间拓展的生态本底。规划针对杨寨镇现有的山、水、林、田等自然要素，开展了生态适宜性评价分析，构建了网络化、层级化的生态格局，确定了生态环境、土地和水资源、能源、自然与文化遗产等方面保护和利用的目标和要求。同时结合土地利用总体规划的管控要求，在传统空间管制禁止建设区、限制建设区和适宜建设区的分类基础上，增设了有条件建设区，以适应城乡建设发展中的不确定性，增加空间管控弹性（图2、图3）。

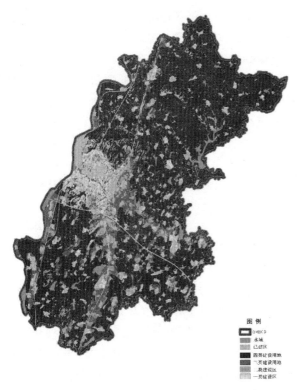

图 2　镇域生态环境适宜性分析图

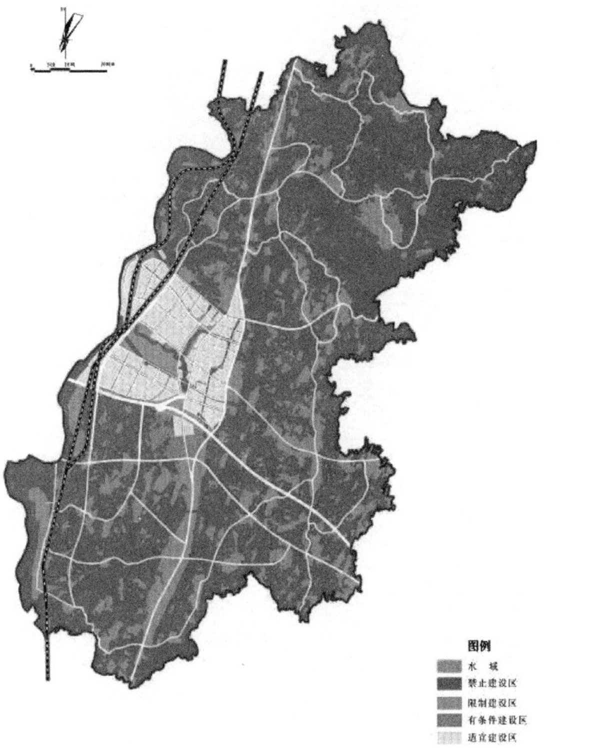

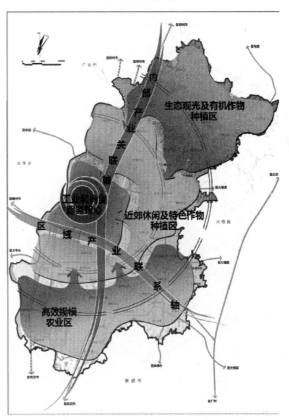

图 3　镇域空间管制分区图

4.3　打造全域产业空间布局和发展路径

镇域产业发展规划是对接国民经济和社会发展规划的重要章节，其核心是依据区位、资源、产业基础等自身条件，谋划产业门类、集聚程度和分布状况，破解国民经济和社会发展规划中缺乏空间属性和发展属性的现象。规划结合产业发展在宏观政策、区域关联、自身禀赋的潜力分析，明确了镇域产业发展应当加快以现代制造为主导的外向型产业转型，补充以特色农业品为主导的内生型产业链条，培育特色型商贸物流产业体系的三大重点方向，构建出"一核、两轴、三片区"的向心关联的产业结构，合理确定农业生产区、农副产品加工区、产业园区、物流市场、旅游发展区等产业集中区的选址和用地规模，力求形成操作性强、可持续发展能力强的镇域产业发展路径（图 4）。

4.4　统筹镇村体系和城乡用地布局

4.4.1　镇村体系规划

构建合理的镇村体系，一方面应当从区域协调发展的角度分析镇村的发展方向，依托区域发展态

图 4　杨寨镇镇域产业空间结构图

势对村镇的影响，因地制宜、差异互补地确定村镇镇域中可能扮演的角色和发展定位；另一方面应当从镇域统筹发展的角度，根据镇域内各村的区位条件、资源要素、交通条件和人口集聚程度等，综合确定镇域范围内的中心镇区、中心村（农村中心社区）、一般村（农村一般社区），并在建设用地指标配给、

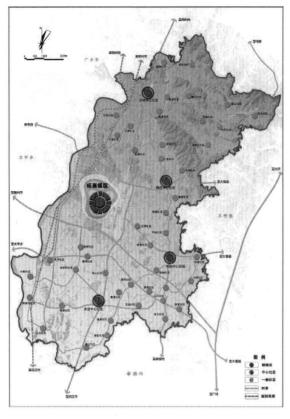

图5 杨寨镇城乡等级规模结构图

基础设施和公共服务设施配建、发展政策扶持等方面，予以相应的部署（图5）。

规划针对杨寨镇城乡等级结构二元化、职能结构同质化、空间结构无序化的现状，通过杨寨镇区的极化引领与中心社区的全面带动，打造"1-4-44"的等级结构体系，即"1个新镇区"（杨寨镇区）、"4个中心社区"（京桥、郭店、邓店、余店中心社区）和"44个农村一般社区"，同时，通过特色引导、培育功能，打造九种职能类型，逐步形成以城带乡、城乡融合的多级体系，弥合城乡关系的割裂状态，最终实现二元分离同质化的城乡结构向区域融合差异化的城乡结构的转变。

4.4.2 城乡用地布局

镇域规划的核心就是搭建一个全域统筹的空间平台，来承载各项发展要求。在杨寨镇城乡用地布局中，首先将规划用地分类覆盖到全镇域，针对镇域范围内的建设用地和非建设用地，按照节约集约的原则，对空间布局进行科学划分和管理控制，特别是针对耕地、林地、草地、山地、水体等非建设用地应当进行统筹安排和系统指引。同时在地域空间上，镇域规划的建设用地和非建设用地的边界与土地利用规划保持全面一致，并在非建设用地的分类上，也与土地利用规划进行了充分衔接（图6、图7）。

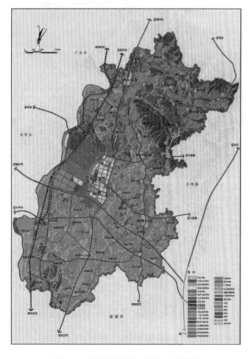

图6 杨寨镇城乡用地布局图

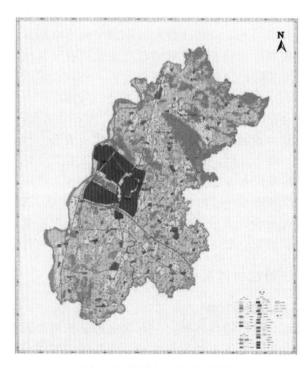

图7 杨寨镇土地利用规划图

4.5 明确各类设施布局和建设要求

4.5.1 公共服务设施布局

针对过去公共服务设施重点布局在镇中心区，甚少考虑农村地区的公共服务设施建设的情况，规划按照按镇区、中心村（农村中心社区）、一般村（农村一般社区）三个等级，综合考虑人口数量、服务半径等因素，合理配置行政管理、教育机构、文体科技、医疗保健、商业金融、社会福利、集贸市场等7类公共设施的布局和用地，使城乡居民能够享受均等化的公共服务。

4.5.2 交通及市政公用设施布局

在镇域规划中，应全面完善镇域综合交通基础设施网络建设，具体包括镇域对外交通规划、镇区综合交通规划、乡村道路交通规划3个层次，将镇与村、村与村之间的乡村道路规划纳入镇域交通基础设施网络规划，全面实现交通基础设施向农村地区延伸。市政基础设施规划应以县（市）域城镇体系规划为依据，按照区域一体化的原则，对基础设施进行统一规划、分期建设、联网供应，逐步实现城乡设施的共建共享（图8、图9）。

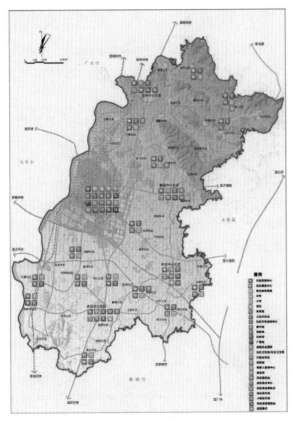

图8　杨寨镇公共服务设施规划布局图

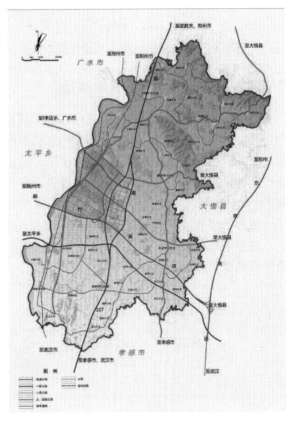

图9　杨寨镇交通系统规划图

4.6 深化镇区建设和管控要求

镇区的总体布局和建设指引是镇域规划的重要组成部分。湖北省结合现有小城镇规划的经验总结，在现有镇域规划的编制内容的基础上，进一步强化产城融合要求，确保城镇发展以人为核心，同时将分区控制内容引入镇区规划中，要求镇区规划达到控制性详细规划深度，以减少小城镇规划层级，提高镇域规划的实施绩效。

杨寨镇规划以高效率的城镇功能，高品质的城镇生活与低碳、低冲击的生态建设为理念，将产城融合、绿色城市的发展思路，落实到生态空间结构、功能板块分区、场所体系布局以及绿色设施指引四大支撑体系中，形成"一心引领，两轴串接、五区联动、五条生态廊道、多个景观节点"的稳定空间结构，同时在对用地布局、设施配套和特色风貌景观等方面的总体安排后，科学确定了分区控制单元，并针对各控制单元，制定"五线"管控措施，提出开发强度、生态保护、环境控制等控制指标；基础设施、公共服务设施、公共安全设施配置的内容标准、用地规模、布局控制要求以及建筑体量、体型、色彩等风貌控制的导引（图10、图11）。

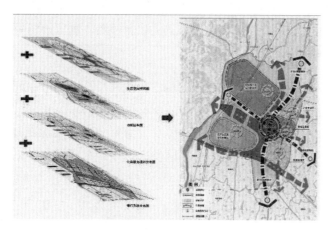
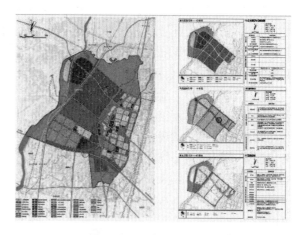

图10　杨寨镇镇区空间结构推导图　　　　　　　图11　杨寨镇镇区用地布局与分区管控示意图

4.7　谋划农村人居环境的建设路径

农村人居环境规划是小城镇规划内容向农村地区延伸和覆盖的重要体现。首先应当按照方便生活、有利生产、联系合理、节约用地、结合民意的原则，对农村居民点进行科学布局，杨寨镇规划在对各农村居民点的自然条件、交通条件、建设水平、地缘关系、村民意愿等基础因子进行了系统评估后，根据农业产业片区的空间布局，结合农地规模经营和产业规模经营对居民点规模、耕种半径、空间分布的不同要求[①]，对镇域北、中、南三大片区的农村人口流动方向和农村居民点调整思路进行了明确的指引，并结合地形条件和实际建设需要划定村庄建设用地范围；同时农村人居环境规划还应当在乡村建筑风貌、乡村生态基础设施、乡村公共服务设施、农村信息服务体系、乡村环境整治和乡村文化繁荣等方面的系统开展规划指引和建设管控（图12）。

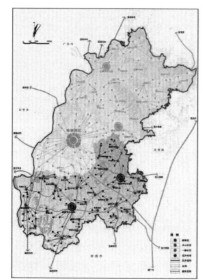
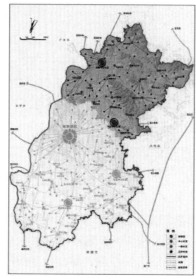
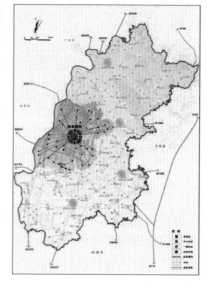

图12　杨寨镇不同农业经营模式下的农村人口流动示意图

---

① 胡冬冬，张古月. 业规模经营导向下的中部平原地区村庄体系布局研究——以湖北省柴湖镇为例 [J]. 规划师，2014（3）：184-186.

4.8 制订近期行动计划和建设项目库

为提高规划的可操作性与实施性，加强各项开发建设的统筹与调控，镇域规划应当以国民经济和社会发展规划为依据，确定近期的建设规模、重点区域和各类型建设内容的空间布局。近期建设内容应当以项目化的形式，在文本和图纸上进行明确表述，项目库列表应当包括项目位置、规模、建设内容、投资概算及实施年限等主要内容。

杨寨近期建设的行动计划按照重点建设地区、积极推进地区、培育发展地区和生态引导地区四种建设类型，分类确定了近期 12.5 平方公里的近期建设区域。并从产业转型、城乡宜居、交通畅达、公服完善、生态维育、文化繁荣、设施提升等七个方面开展了项目谋划，共策划了 128 个近期建设项目，确保对镇域发展提供全面的项目支撑（图 13）。

4.9 提出规划实施管理措施

针对不同发展类型城镇，应当深入研究并提出城乡规划管理的体制机制创新思路，提出规划实施措施和路径，加强重点领域和关键环节改革，建立统筹城乡发展的体制机制，促进公共资源均衡配置和生产要素自由流动，推动城乡经济社会互动发展，形成城乡经济社会一体化格局。因此杨寨镇规划在规划管理、土地制度、财政金融、社会保障、农村产权和经营等方面进行进行了细致研究，并提出相关政策建议，确保了规划的有效实施。

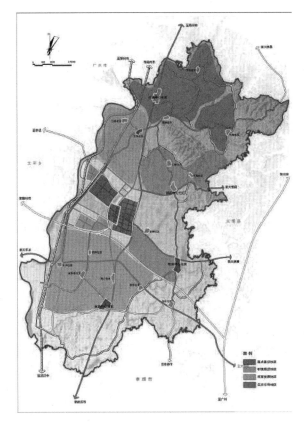

图 13 杨寨镇近期建设分区图

5 结语

在国家大力推进城乡一体化和镇村建设发展的大背景下，镇域作为上接城市、下接乡村的重要载体，将逐步成为我国城镇化发展的重要载体。在湖北省内伴随着《导则》的深入实施，镇域规划将逐步取代镇总体规划，作为小城镇综合性的行动纲领。因此，我们需要高度重视镇域规划的编制工作，积极秉承生态集约的指导思想，贯彻"全域统筹、多规协调"的原则，落实以人为核心的"四化同步"协调发展的要求，根据地方特色为镇域发展提供一条内生、可持续的发展路径，真正的实现城乡统筹发展。

参考文献

[1] 吴家丕，中国农民与农业现代化 [M]，郑州：中原农民出版社，1990.

[2] 孙亚范. 新型农民专业合作经济组织发展研究 [M]，北京：社会科学文献出版社，2006.

[3] 王文静. 城乡统筹背景下崇州市（县）域空间资源配置方式反思与探索 [D]：重庆大学硕士学位论文，2010.

[4] 赵丹，刘科伟，许玲，王莎，吕园. 快速城镇化背景下镇域村庄体系研究——以咸阳市礼泉县烟霞镇为例 [J]. 城市规划，2013（7）：77-82.

[5] 孙建欣，吕斌. 城乡统筹发展背景下的村庄体系空间重构策略——以怀柔九渡河镇为例 [J]. 城市发展研究，2009（12）：75-81.

[6] 王浩. 城乡统筹背景下镇域规划编制办法研究——以广东省四会市江谷镇总体规划为例 [J]. 规划师，2013（5）：55-62.

[7] 武汉市规划研究院. 湖北省镇域规划导则编制研究报告 [R]. 2013.

[8] 武汉市规划研究院. 随州市杨寨镇"四化同步"试点规划（2014—2030 年）[Z]. 2014.

基于文化传承视角的古镇总体城市设计方法探索
——以江南水乡古镇为例

马　睿　冯天甲

天津市城市规划设计研究院城市设计研究所

摘　要： 在新型城镇化背景下，本文以江南水乡古镇为例，从文化传承视角探讨总体城市设计对保护古镇、传承地方文脉、构建城镇特色的作用与方法。通过苏州角直总体城市设计实践，基于对其独特性的研究，探索在古镇保护的前提下总体城市设计的方法与途径，包括：构建水乡生态格局与公共空间系统，保护城镇传统风貌、维系传统社区生活，创造富于地方感的整体风貌，倡导公交导向的城镇生长架构，制定精明增长的实施行动计划等，并划定三个重点地区，将核心场所塑造作为传承历史文化的重要途径。

关键词： 江南水乡古镇；城镇特色；文化传承；总体城市设计

1　文化传承与城市设计

2013 年底国家新型城镇化工作会议中首次提出"记得住乡愁"的概念，明确历史与文化在城市发展中发挥的重要作用。虽然对历史文脉的继承与发扬历来是城市规划工作的重要组成部分，但从国家战略层面对城市发展提出这样的要求，对城市规划行业来说至少反映出两个问题：一是近几十年来的快速城市发展忽略了对历史文化的传承，间接说明我们之前的工作有需要改善提升之处；二是未来的规划工作需要将历史文化传承提升到更高的层面进行考虑。作为饱含历史文化元素的古镇首当其冲，在协调文化传承与经济发展问题上的矛盾最为明显，探索如何在满足社会发展与进步的前提下传承历史文化，是一个非常重要的议题，而城市设计的方法为我们提供了在法定规划体系外的可行途径。下面将以江南水乡古镇为例，讨论如何通过城市设计保护古镇、并创造出富有地方历史文化特色的场所，使二者和谐共生，使居民在享受城镇发展现代化成果的同时为城镇的历史感到自豪，使城镇成为真正记得住乡愁的地方。

2　以江南水乡古镇为例对总体城市设计方法的探索

长三角地区近十数年来的快速发展，特别是著名的"苏南模式"给江南水乡古镇带来了发展经济的机遇，但混乱的城市建设却威胁着古镇的保护，城市规模的扩张也使整个镇区的城市空间杂乱不堪，品质下降。关于江南水乡核心保护区的保护原则和设计方法是近年来非常引人关注的科研议题，在现实中进行了很好的实践。而如何处理好城镇发展区与核心保护区的关系，并能够适应城镇的现代化发展，尚未形成良好的途径，现时出现了大量"厂包村"现象，水乡环境品质下降，整体形象风貌混杂，城市特色丧失，历史文脉断绝。在城镇建设的总体层面，通过城镇整体空间格局的塑造，街道空间尺度的把握，生态开放空间的营造，及建筑空间组合等方面，创造人性化和有归属感的城市，于混杂的现况中回归水乡特色，是总体城市设计的核心工作。

2.1　明确江南水乡古镇总体城市设计的独特性

镇区是城镇人口最集中的区域，具有办公职能、商业职能、居住职能、产业职能以及文化、娱乐、教育、医疗等辅助职能，是整个城镇公共活动的中心。江南水乡古镇在具备以上特征的同时还具有以下特点：

2.1.1 自然水系的丰富性与复杂性

密布的水网是江南水乡的重要特色，是构成水乡文化的载体，也是创造富有特色城市空间的基础，但错综复杂的水系也成为现代城市建设的限制因素，特别体现在产业用地的建设方面，增加整体城市设计的复杂性。

2.1.2 古镇保护对镇区开发的限制

在保护古镇这一铁律下划定的核心保护区、建设控制区以及视线、高度、建筑风格、空间关系等的控制与要求使得古镇的整体城市设计限制因素增加，设计难度加大。

2.1.3 "村-厂"矛盾与统一的关系

长三角快速经济发展带来的产业发展，造成江南水乡村庄与工厂间的关系复杂。一方面存在工厂与村庄的相互依存状态，另一方面过快的建设造成环境品质下降，生活条件恶化。科学梳理"村-厂"关系，在保障职住平衡的前提下创造高品质的环境，是对总体城市设计的一个重要要求。

2.2 江南水乡古镇总体城市设计方法

2.2.1 保护古镇传统风貌，维系传统社区生活

对古镇的保护是江南水乡古镇整体城市设计的首要内容。须整体保护城镇传统风貌，严格控制核心保护区、建设控制区、风貌协调区的建筑高度、风格、色彩、材料，以及建筑肌理与街巷河道空间格局。尤其需要对河道及街巷系统的控制与保护，设计以桥梁埠头为主的公共空间景观节点。同时要避免古镇逐渐严重的"空心化"现象，保证户籍人口的居住比例，维系守望相助的邻里关系，保障真实质朴的社会生活。

2.2.2 保护与利用水网格局，建立生态优先、水街相依的开放空间系统

水是江南自然环境的母体，是最宝贵的天然生态基质，在规划设计中应对水系河道空间进行类型划分，针对不同等级水系制定设计标准，创造各具特色的开放空间系统。同时，要保持主要河道不变，适当调整低等级河道，以适应现代化城市建设的需要，力求规划后水系的水面率与现状水面率相等。

2.2.3 提取古镇元素，创造富于地方感的城镇整体风貌

古镇的空间特色与建筑肌理是江南古镇的名片，在规划设计中以古镇空间特色与建筑肌理为设计原点，以水系公共空间为主脉，集合水乡地域特色的人居环境，用当代的设计语汇诠释现代的城镇生活方式，为镇区建立一个适宜的地域身份。对古镇区的建筑风格、材料、色彩、高度等元素进行分析提炼，作为新区设计的基本要素。

3 在苏州市甪直镇的设计实践

3.1 甪直古镇的独特性

中国历史文化名镇甪直，是典型的江南水乡古镇。"依河设市，夹岸为街"的空间形态与"古宅踏渡、粉墙黛瓦"的建筑风貌，是这座历史古镇最具魅力的设计基因。通过总体城市设计，挖掘基地内外的自然特质，修补本土传承的文化根基，创造可持续发展并具独特地方感的人文胜地，使其成为记得住乡愁的现代化小城镇。

甪直镇地处苏州城市版图的东部，东接昆山市，北临苏州工业园区，区位优势明显。基地东至甪直镇行政边界，西至吴淞江南北向干流，南至甪直塘，北至吴淞江，镇区建设用地面积 22.4 平方公里，现状人口 10.5 万人，其中户籍人口 1.3 万，外来常住人口为 9.2 万（图 1）。

镇区位于太湖沉积平原，南抱澄湖，北枕吴淞江，涝

图 1 基地范围

原上纵横交错的港浦泾浜，圩区内平缓舒展的村舍田垄，良好的自然环境宛如一块珍贵的璞玉。镇区西部和东南部现有部分农田，区内公共绿地面积较少。沿机场路、东方大道、长虹北路两侧成排种植高大乔木，保圣寺内外和旺家浜现有七株古银杏树，丰富区内的自然景观。

3.2 基于独特性的城镇功能定位与发展愿景

依据"苏州市甪直镇总体规划（2008—2030)"，明确其功能定位为"中国历史文化名镇、水乡特色旅游城镇、苏州现代化重点镇"。甪直镇区作为镇域层面的综合服务中心，将承担行政文化、商业旅游、生活居住、产业研发等四大城镇服务职能。

总体城市设计从城镇与自然、历史及发展的角度出发，为甪直镇区描绘出如下的发展愿景：与自然环境共生共荣、健康和充满活力的人文胜地；彰显江南水乡诗情的秀水宜居城区；新世纪成功倡导大众公交运输的典范城镇。

3.3 城市设计发展策略

3.3.1 构建"生态优先、水街相依"的公共空间系统

水是江南自然环境的母体——北部蜿蜒如新月的吴淞江，南部风景秀丽的澄湖，是甪直镇区最为宝贵的天然生态基质；遍布整个基地的九条镇级河道与纵横交错的水街水巷，北通吴淞江南达澄湖，是镇区防洪排涝、调蓄汇水、涵养水源的天然生态廊道（图2）。镇区规划范围内水域面积共有260公顷，水面率达11.6%。

遵循生态优先原则保护基地水网的自然连续性，提高自然水系对暴雨径流的吸纳能力。在天然水系基础上，结合镇区规划道路系统进一步调整规划水系。九条主要镇级河道保持不变；西部产业区为保证产业类型土地的出让，沿镇区道路适当调整水系；中部居住区内水系尽量保持现状（图3）。规划后的水系，将保证水面率与现状水面率相等。

规划水系根据河道空间尺度可分为四个类型：市级河道湖泊、运河特征水系、水街特征水系、水巷特征水系。

规划以河道为主脉的公共空间系统，形成市级（河道湖泊）、镇区级（运河特征）、组团级（水街特征）、社区级（水巷特征）四类公共空间。通过设置具有整体性与标识性的桥梁、码头、公共艺术品等景观设施，强化不同级别河流的身份特征。

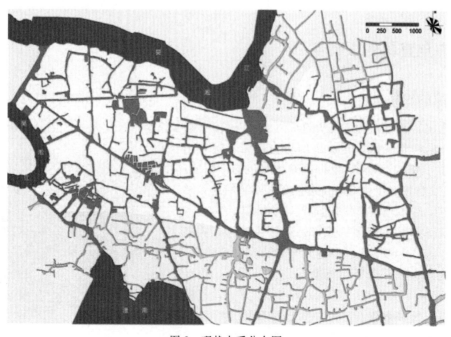

图2 现状水系分布图

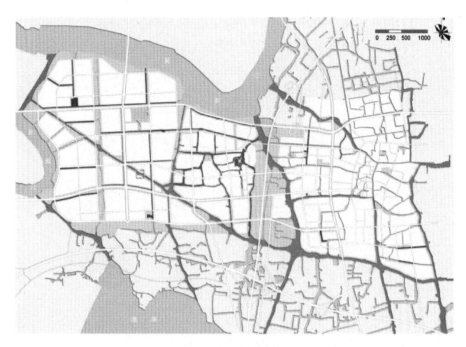

图3 水系规划图

3.3.2 整体保护城镇传统风貌、精心维系社区真实生活

整体保护城镇传统风貌，严格控制核心保护区、建设控制区、风貌协调区的建筑高度、风格、色彩、材料，以及建筑肌理与街巷河道空间格局。古镇整体风貌包括"上"字型河街并行的空间格局，市河两侧通向河口埠头的传统街巷系统，以桥梁埠头为主的公共空间景观节点。根据古镇保护规划确定的规划居住人口6000人，保证户籍人口比例不低于60％。以保圣社区居委会为基础，完善古镇滨水交往空间与公共生活服务设施，维系守望相助的邻里关系，保障真实质朴的社会生活。

3.3.3 创造富于地方感的城镇整体风貌

以角直古镇空间特色与建筑肌理为设计原点，以水系公共空间为主脉，集合水乡地域特色的人居环境，用当代的设计语汇诠释现代的城镇生活方式，为角直建立一个适宜的地域身份。通过对建筑群体总体形象和分区特色等系统设计，提出空间轮廓线、建筑高度、建筑体量、建筑风格等分区控制要求；同时强化滨水区域、交通干道、城市门户等重点地区的塑造，赋予相应的地域人文内涵和多视点的景观分析，彰显角直镇的水乡诗情。

3.3.4 倡导"公交导向、复合高效"的城镇成长架构

江南古镇"运河水网、舟船代步"的交通模式，决定"依河设市、水街相依"的空间格局；现代小城镇"高速公路、汽车货运"的运输方式，导致现代小城镇的无序蔓延；作为面向新世纪的角直镇区，发展以"节能减排、绿色运输"为核心的大众公交运输系统，再次成为影响城镇空间格局的决定因素。

在苏州市域"T型"空间拓展格局中，角直作为"创意文化产业轴带"的重要一环，与西侧独墅湖高教园区仅仅一江之隔；镇区亦具备承接苏州工业园区产业转移与空间拓展的潜在优势（图4、图5）。

在现状道路的基础上，根据总体规划确定的镇区主次干道体系，明确镇区道路系统为："两横一纵"的对外交通系统和"四横五纵"镇区主干路系统。在"一横两纵"对外通勤公交系统的基础上，沿东方大道、海藏路、纬三路、晓市路规划地方

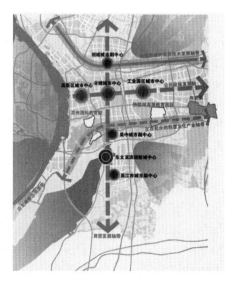

图4 苏州市空间结构分析图

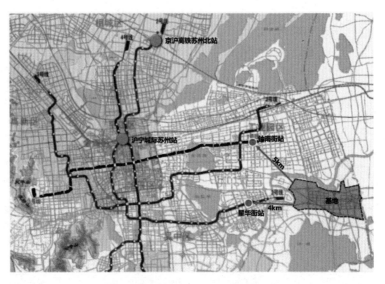

图 5　2015 年苏州轨道交通规划图

公交线路，并按照 800 米到 1000 米间隔设置公交站点。结合公交站点布局各级镇区公共服务设施，在步行可及的范围内为镇区居民提供便利服务（图 6）。公交站点 500 米步行区内，鼓励土地的高强度开发与混合使用（图 7）。外围的产业研发与居住生活区，可通过地方公交环线予以衔接，站点周边布设高活力社区中心与高品质开放空间。

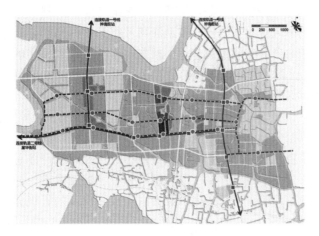

图 6　开发强度控制图

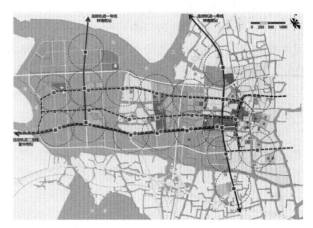

图 7　用地规划图

　　遵循 TOD 发展模式，以公共交通体系、公共设施网络、公共空间系统三大系统为核心，规划土地紧凑混合、弹性使用、生态低碳化成长的城市整体发展框架。在"公交导向、复合高效"的发展模式下，甪直镇区形成"三区、三轴、三心"的城镇成长架构。"三区"包括主镇区、新镇区、产业区；"三轴"包括东方大道、海藏路生活轴、纬三路生活轴；"三心"包括主镇区主中心、新镇区副中心、产业区服务中心。

3.3.5　制订"精明有效、智慧成长"的分期实施行动计划

　　在行政协调机制和管理政策有效性的基础上，强调落实公共资源控制，先行实施包括甪胜路、甫澄路、海藏路、纬三路的"两横两纵"镇区主干道建设与整治，并迅速布设镇区对外区域通勤公交系统；再以生态整地工法，重点整治西巫河、清小港、甪直塘、淘浜浦等镇级河道水系，保证河道自然弯曲的形态，设置具有整体性与标识性的街道家具，强化河道空间特征；其后建设镇区三大组团的起步区与形象展示区，同时建设甫南还迁区和黄娄还迁区，集合镇级体育设施建设生态湿地公园，形成最具水乡魅力的城镇客厅；最后可视市场发展实际需求，弹性灵活地扩展各个功能组团，分期实施镇区主中心、新镇社区、高新产业区等服务职能。

3.4 强调三个重点地区，塑造历史文化传承的核心场所

3.4.1 主镇区核心区

倡导"整体保护、有机更新"的保护利用方法，在整体保护古镇传统风貌的基础上，善用古镇旅游资源，依托现状晓市路、鸣市路、海藏路商业步行街，拓展购物休闲、商务会议、精品酒店等旅游特色业态。结合甫澄路东侧工厂搬迁与农村居民点改造，小规模插建行政文化、商业娱乐和居住配套服务设施。

重点控制晓市路、育才路等古镇保护区空间界面、重要观景点与入口空间，包括：甪端广场、甪直剧院、兴甪桥、晓市桥、田渡桥、寿康桥、育才桥、广宁桥、金巷桥。通过建筑高度控制和环境风貌的整治，实现重要观景点处的空间视廊通畅，改善空间景观品质（图8）。

图8 田渡桥望向古镇景观效果图

3.4.2 新镇区核心区

新镇区城市设计分析甪直古镇建筑、水系、道路及开放空间等的布局特征加以借鉴，指导新镇区核心区设计。古镇内建筑尺度小、临水而建、分布密集。在核心区建筑布局中，在满足现代商业功能对建筑尺度需求的情况下，恰当地加入传统元素，区内临近水面一侧布置尺度较小布局紧密的低层新中式风格商业建筑，远离水面、邻近城市道路的区域布置以现代风格为主的中高层商业办公建筑（图9）。

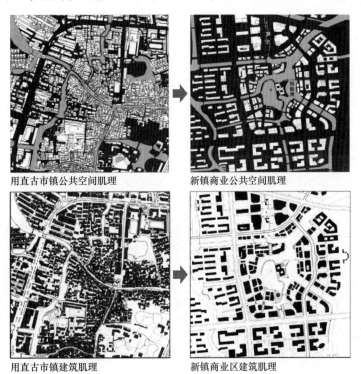

甪直古市镇公共空间肌理　　新镇商业公共空间肌理

甪直古市镇建筑肌理　　　　新镇商业区建筑肌理

图9 肌理对比分析图

古镇内水系与道路交错形成双交通网络，河道是组织商业活动的重要路径，开放空间分布在河道交汇处或垂直于水道深入地块内。核心区规划以陶浜浦等多条水系组织步行商业核心区。以城市道路环绕形成外环道路屏蔽机动车流，环内结合五条水道、一个湖面设计富有水乡特色的步行商街，并以向南、北、东三条景观轴线联系其他功能区。

结合总体布局结构、水体系统特征，规划以商业步行区湖面为核心的开放空间，结合河道、向周边发散多条线性开放空间，于河道交汇处布置开放空间节点，形成尺度亲切、布局合理、具有水乡特色的开放空间系统（图10）。

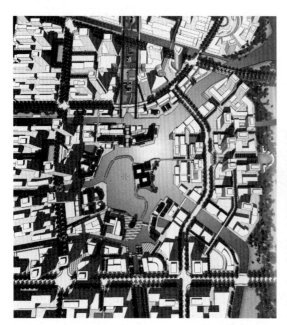

图10 新镇区核心区城市空间

3.4.3 产业服务区核心区

镇区西部产业区发挥轻工、纺织和电子三大行业特色优势，与独墅湖高教园区形成产学研一体化发展趋势。产业服务区"一路两心"的空间布局，成为服务高新技术企业的综合运营功能区。充分发挥毗邻独墅湖高教园区的区位优势，依托吴淞江的滨水景观资源，在园区中部布设产学合作科研走廊，形成推动区域产业升级的创新引擎；优美的自然水系贯穿区内，亦可成为研究人员缓解压力、休憩心灵的灵感源泉。围绕现状中的千亩潭水面，规划花园式总部办公街坊，引入具有高形象需求的龙头企业集团总部，营造"在大自然中工作"的低密度商务中心（图11）。

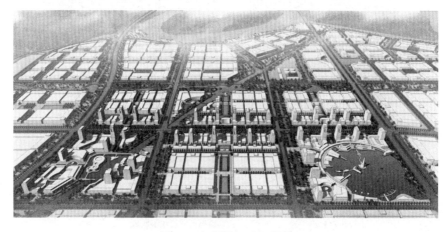

图11 产业服务区鸟瞰图

4 结语

在一些经济较发达地区的古镇，如何处理好新建镇区与古镇区的协调关系，既满足现代化城市建设及经济发展的需求，又保障古镇风貌及传统生活模式的延续，是当前古镇发展需要研究与解决的重要问题。通过总体城市设计，使古镇在高速运转的同时回归其本质精神，需要每个设计师和管理者适时地放慢脚步静心思考，来不断纠正规划专业人员对城市的价值判断。通过对江南水乡古镇总体城市设计方法的探索，寻求一条传承地方历史文脉与社会经济发展相协调的规划途径，创造"看得见山、望得见水、记得住乡愁"的新型城镇空间。

参考文献

[1] 天津市城市规划设计研究院. 苏州市甪直镇总体城市设计，2011.
[2] 阮仪三，邵甬. 江南水乡古镇的特色与保护，1996.
[3] 阮仪三，李浈，林林. 江南古镇历史建筑与历史环境的保护. 上海：上海人民美术出版社，2010.
[4] 段进，季松，王海宁. 城镇空间解析——太湖流域古镇空间结构与形态，北京：中国建筑工业出版社，2002.
[5] 周俭，于莉. 遗产利用与社会发展——江南水乡古镇遗产再利用的项目研究，2004.

乡村规划的实践与展望

梅耀林　汪晓春　王　婧　许珊珊　杨　浩

江苏省住房和城乡建设厅城市规划技术咨询中心

摘　要：本文系统回顾了我国乡村规划的发展历程，并将其划分为四个时期。在此基础上，通过对大量相关数据和资料的分析，客观总结了现阶段乡村规划的四个特点，包括：编制全面展开，但相关支撑落后；实践类型多样，但规划体系缺失；认识逐步深入，但系统研究不足；方法日益成熟，但实施效果不佳。由此，本文对乡村规划的发展进行了展望，认为乡村规划需要进一步完善支撑、构建体系、深入认识、优化方法，从而能够全面成熟完善起来，更加有效地为乡村发展和城乡统筹服务。

关键词：乡村规划；实践；特点；展望

1　引言

在我国长期固化的"城乡二元格局"中，乡村的规划管理严重落后，乡村建设因长期缺乏科学规划及法规标准的支撑而呈现出无序的状态。但从 2005 年开始，国家出台了一系列聚焦农村的政策方针，十七届三中全会更是将我国乡村的规划建设工作推向了一个新的高潮。紧随而来，2008 年实施的《城乡规划法》为乡村规划提供了制度保障与技术支持。而随着新农村规划实践的大量展开，规划类型更延伸至村庄布点规划、建设规划与整治规划，乡村地区发展规划等方面。

宏观政策虽然催生出良好的乡村规划氛围，但实践的偏向和误区（如盲目照搬城市模式、运动式的批量生产）都印证了乡村规划领域中的不足。当前乡村规划的研究也大多集中于建设个案的分析，较少将其作为一个延续、有发展过程的连贯体进行梳理[1,2]。鉴于此，本文通过系统总结乡村规划的演变轨迹，以期预测乡村未来发展方向，并结合对当前规划特征的分析，尝试提出规划完善的策略，从而为国内乡村规划的研究与实践提供良好的基础。

对于乡村规划，城乡规划法的定义为"相对于城市规划而言，聚焦于乡村地区和乡村聚落，是对未来一定时间和乡村范围内空间资源配置的总体部署和具体安排，是各级政府统筹安排乡村空间布局、保护生态和自然环境、合理利用自然资源、维护农民利益的重要依据"[3]。综上而言，本文论述的乡村规划是指以城镇以外广大乡村地域为研究主体或规划对象的一系列相关规划。

2　乡村规划的发展历程

我国乡村建设的探索在历史上从未中断，但新中国成立前主要侧重于"乡村建设实验"，极少涉及乡村规划的内容[4]。国内乡村规划是始于改革开放，而每一时期的演化与当时的经济社会发展特征及需求密切相关，规划内容逐渐由粗到细、层次亦由少到多。因此，本文结合国家政策与地方实践将新中国成立后的乡村规划概述为如下的四个阶段。

---

① 肖唐镖. 乡村建设：概念分析与新近研究 [J]. 求实，2004（1）：88-91.

② 魏开，周素红，王冠贤等. 我国近年来村庄规划的实践与研究初探 [J]. 南方建筑，2011，(6)：79-81.

③ 全国人大常委会法制工作委员会经济法室等编. 中华人民共和国城乡规划法解说 [M]. 北京：知识产权出版社，2008.

④ 王伟强，丁国胜. 中国乡村建设实验演变及其特征考察 [J]. 城市规划学刊，2010，(2)：79-85.

2.1 乡村规划的早期萌芽（1949—1978）

新中国成立后到改革开放前，我国乡村地区经历了曲折的发展历程，乡村居民点规划基本是为个别有政治意义的项目服务。新中国成立初期的乡村建设处于自发状态，到 1958—1977 年，以"大跃进"为开端掀起了"人民公社化"、"农业学大寨"等运动。在农村高级合作化的要求下，乡村统一规划了与集体生产、活动相适应的场所与建筑物。但强调"排排房、一般高、一个样"的规划普遍过大，缺乏依据而无现实意义。但值得肯定的是，这一时期乡村规划实践已开始不再简单地关注住宅问题，而是涉及有生产活动、文化活动等相关内容[①]。如 1958 年上海郊区先锋农业社农村规划，规划原则为适用、安全、卫生、经济、美观，内容包括现状研究、总体规划和农民新村规划等多方面[②]。

2.2 乡村规划的起步摸索（1978—2005）

在党的十一届三中全会后，农民开始积极自发修建住宅，出现了农房大量侵占耕地的现象[③]，促使 1981 年国务院颁发《村镇规划原则》对规划方面作了原则性规定，明确总体规划与建设规划两个阶段，并以"两图一书"来体现。乡村从此走上有规划可循的轨道，规划的理论基础、方法、技术标准初见雏形。1993 年国务院颁发了《村庄和集镇规划建设管理条例》，并陆续配套了相关法规和标准，乡村规划正式步入有法规可依的时期。但众多规定都是以一般性的原则指导为主，并未针对乡村提出差异化的内容与标准，各地特别是县市一级缺乏专门的乡村规划编制细则[④]。结果是乡村规划编制不严谨、实施不严肃且流于形式。虽然在 2002 年后城乡统筹的理念日益盛行，但重视镇规划、忽视村庄规划的格局依然未能扭转，"乡与镇"的概念在规划、管理及标准中都较为混乱，全国城市规划编制实施情况远好于乡村规划，客观上形成了我国"城市像欧洲，农村像非洲"的整体印象。

2.3 乡村规划的全面探索（2005—2010）

2005 年党的十五届五中全会提出建设社会主义新农村的重大历史任务，新农村规划由此在全国迅速开展。不难发现，各地方有关乡村的规划实践变得更为主动，结合自身乡村发展的实际开展了大量的实践工作，如江苏"城乡规划全覆盖"的率先探索、安徽新农村建设"千村百镇示范工程"等，诸多创造性的探索十分活跃且形式多元。而且，大规模的乡村规划对于适合自身特点的法规与技术规范的需求日益强烈，全国各省市随之出台了相关的技术导则、要点及编制办法等。

但是，各地的乡村规划总体上仍主要为建设规划，不管是城乡规划法还是实践中，对乡村的空间建设规划、景观环境整治规划等都未能与乡村社会经济发展需要有机结合，重形式而轻实质，土地地籍、产权和土地整理等方面更未曾涉及。总之，名义上以"乡村取向"为主的规划因为基本模式为自上而下，依然难以避免从城市视角及需要出发来理解和规划乡村。

2.4 乡村规划的理性回归（2010—至今）

在 2010 年我国迈入"十二五"的新时期，乡村建设更为注重乡村内生需求，强调乡村在发展中的"主导力"。十八大提出建设"美丽中国"的发展目标，美丽乡村的规划建设成为新的方向。各地方关于国家乡村发展政策的捕捉更为敏锐和迅捷，乡村规划建设的实践与政策要求相互契合。例如，在 2011 年江苏省明确"十二五"时期推进"美好城乡建设行动"，在开展"乡村人居环境改善农民意愿调查"的基础上全面落实了村庄环境整治规划建设；2014 年浙江省总结了美丽乡村规划建设的经验教训，随之发布全国首个美丽乡村建设的省级标准。可以看到，乡村规划在国家与地方协力组织下大量开展，向关注村民意愿、技术支撑以及全面系统的方向迈进（图 1）。

---

① 郝力宁. 对农村规划和建筑的几点意见 [J]. 建筑学报，1995，(8)：61-63.
② 王吉螽. 上海郊区先锋农业社农村规划 [J]. 建筑学报，1958，(10)：24-28.
③ 方明，刘军. 改革开放以来的农村建设 [M]. 北京：中国建筑工业出版社，2006.
④ 葛丹东，华晨. 城乡统筹发展中的乡村规划新方向 [J]. 浙江大学学报，2010，40 (3)：148-155.

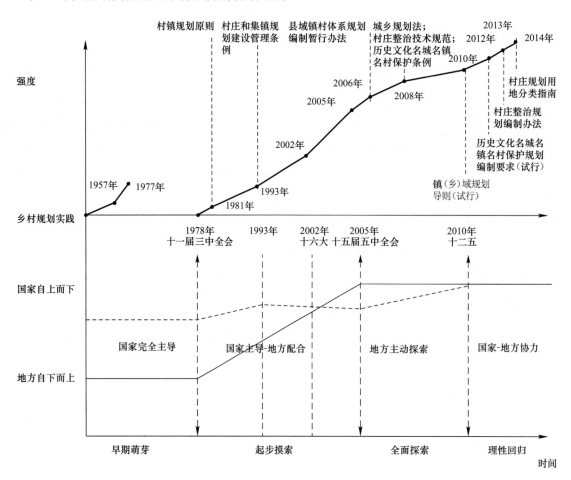

图1 新中国成立后乡村规划的发展历程

3 现阶段乡村规划特点

3.1 编制全面展开，但相关支撑滞后

3.1.1 乡村规划大量展开

自2005年社会主义新农村建设提出以来，全国各地乡村规划的实践不断增加，北京市2010年完成了多达3985个村庄规划的编制；四川省2011年在1500个村庄开展示范工作；湖南省于2006年完成90%的村庄布点规划编制；陕西省多种乡村规划同步推进，2008年完成县域村庄布局规划102个，村庄总体规划267个，村庄建设规划2552个（表1）。

各地主要的乡村规划实践内容 表1

地区	乡村规划实践内容
北京	2006年：完成村庄规划80个 2007年：完成村庄规划120个 2008年：完成村庄规划200个 2010年：完成村庄规划3985个
四川	2011年：完成1500个村庄示范 2014年：完成1000个村庄示范
湖南	2006年：完成90%以上地区的村庄布点规划
浙江	2006年：完成村庄规划223个
陕西	2008年：完成村庄布局规划102个、村庄总体规划267个、村庄建设规划：2552个

2005—2008 年，江苏省展开了"城乡规划全覆盖"的率先探索，将规划范围系统延伸至乡村，编制完成了全省覆盖的镇村布局规划，并在此基础上系统组织编制完成了 3.5 万规划布点村庄平面布局规划和近 5000 个"三类村庄"（规模较大、历史文化遗存丰厚、地形地貌复杂）的村庄规划，实现了规划布点村庄的规划全覆盖。

从乡村规划实践可以看出，各地的村庄布点规划、村庄规划、村庄建设规划通常都是在短短的一两年间大量推进。这种运动式的规划往往造成规划人员难以在一个规划中投入过多精力，而是套用模式"批量生产"。这就造成了一些地区的村庄规划实施后，呈现出千村一面的效果，破坏了乡村地区原本的特色风貌。

3.1.2 法律法规相对滞后

城乡规划法将城市规划与乡村规划共同纳入统一法律体系中，虽然乡村规划的地位得到提升，但仍然没有获得足够的重视。《城乡规划法》中城镇规划的体系包括宏观层面的城镇体系规划、中观层面的总体规划以及微观地区的详细规划。每类规划的内容、重点作了详细规定。城镇地区建设管理政策也较为成熟，一书两证的管理流程较为完善。相对的，规划法虽然明确提出了乡规划、村庄规划的地位、内容，但并没有明确乡村规划的范畴、重点。乡村地区的建设仅通过乡村建设规划许可证管理也相对粗放。

乡村地区是一个广阔而复杂的系统，在这样的地区中，同样存在着与城镇地区相同的区域问题、空间布局问题、微观问题，同样需要不同层次的规划来解决相应的问题。乡村规划在法定地位、内容、深度上都无法满足实际发展的需求。

3.1.3 技术支撑相对滞后

与各地大量开展的乡村规划相比，相关技术标准的出台相对滞后。技术标准较多主要为村庄规划、村庄建设（整治）规划、村庄布点规划。

村庄规划的相关技术标准出台时间有两个高峰。一是 2006 年前后，江苏、上海、重庆、河北、吉林、福建、云南等省分别出台了村庄规划的相关技术导则、技术要点、编制办法等。二是 2010 年前后，上海、湖北、湖南等地出台了相关技术标准，江苏、河北、吉林、福建等地则在原有基础上补充、完善（表2）。

部分省份乡村规划技术标准一览表　　　　　　　　　　表2

省市	时间	名称
江苏	2004	江苏省村镇规划建设管理条例（2004 修正）
	2005	江苏省镇村布局规划技术要点
	2006	江苏省村庄建设整治工作要点
	2006	江苏省村庄建设规划导则（2006 年试行版）
	2007	江苏省村庄平面布局规划编制技术要点（试行）
	2008	江苏省村庄规划导则
	2010	江苏省节约型村庄和特色村庄建设指南
	2011	江苏省村庄环境整治技术指引
浙江	2003	浙江省建设厅村庄规划编制导则（试行）
	2004	浙江省村镇规划建设管理条例（2004 修正）
	2006	浙江省生态村建设规范
	2012	浙江省历史文化名城名镇名村保护条例
	2014	美丽乡村建设规范
河北	2002	河北省村镇规划建设管理条例（2002 修正）
	2006	河北省新农村建设村庄规划编制导则
	2010	河北省镇、乡和村庄规划编制导则（试行）
	2012	河北省村庄环境综合整治规划编制导则（试行）
	2012	河北省历史文化街区、名镇、名村基础设施完善及环境整治技术导则（试行）

续表

省市	时间	名称
湖南	2006	湖南省新农村建设村庄整建规划导则（试行）
	2007	湖南省新农村建设村庄布局规划导则（暂行）
	2011	湖南省历史文化名镇名村及古民居保护条例
	2012	湖南省村镇规划管理暂行办法
	2012	湖南省镇（乡）域村镇布局规划编制导则（试行）
陕西	2006	陕西省农村村庄规划建设条例
	2009	陕西省乡村规划建设条例（2009修正）
	2013	村庄整治规划编制办法
	2013	陕西省新型农村社区建设规划编制技术导则

村庄建设（整治）规划的相关技术标准出台时间同样有两个高峰。一是2006年前后，几乎全国各省都出台了相关的技术标准，其形式既包括建设管理条例等地方规章，又包括导则、技术要点、指导意见等，江苏、山东、河北等地则是两种形式的标准都有出台。二是2012年前后，部分地区重新出台了相关的标准，这些标准对规划类型的界定更为明确，通常对村庄建设规划、村庄整治规划分别出台不同标准。

村庄布点规划的相关技术标准相比前两种规划类型来说数量较少。主要在2009-2012年之间出台，江苏、安徽、湖南、吉林出台了相关的技术标准。

江苏省自2004年开始就陆续出台了乡村规划的相关条例、标准、要点，并随着乡村规划的开展，不断补充完善。相关标准涉及镇村布局规划编制、村镇规划建设管理、村庄建设整治、村庄平面布局规划编制、村庄规划编制、节约型村庄和特色村庄建设等。

对比乡村规划开展的高峰（2006—2009年），各地第一轮技术标准出台的高峰（2006年）与规划编制的基本同步，第二轮技术标准出台的高峰（2010—2012年）则滞后于规划编制。部分省市技术标准的制定则明显滞后于乡村规划的开展。以陕西省为例，其乡村规划的编制实践主要集中在2008年，但《陕西省乡村规划建设条例》、《村庄整治规划编制办法》、《陕西省新型农村社区建设规划编制技术导则》则分别于2009、2013、2013年出台。此外，相比于百花齐放的乡村规划类型，技术标准涉及的规划类型相对局限。

3.2 实践类型多样，但规划体系缺失

3.2.1 乡村规划实践类型多样

从我国大量的乡村规划实践来看，其类型十分多样。仅江苏省就先后大范围组织编制了镇村布局规划、村庄规划、村庄平面布局规划、村庄建设规划、村庄环境整治规划等5类乡村规划之多（表3）。

江苏省乡村规划类型一览表 表3

推广年份	村庄规划类型	技术导则
2005	镇村布局规划	《江苏省镇村布局规划技术要点》
2006	村庄建设规划	《江苏省村庄建设规划导则（2006年试行版）》
2007	村庄平面布局规划	《江苏省村庄平面布局规划编制技术要点（试行）》
2008	村庄规划	《江苏省村庄规划导则》
2011	村庄环境整治规划	《江苏省村庄环境整治技术指引》

在我国其他省份，这种现象也屡见不鲜。例如，四川省也先后在全省组织编制了村庄布局规划、社会主义新农村建设规划、农村环境卫生整治规划、新农村综合体建设规划、新村建设规划等5类乡村规划（表4）。

四川省乡村规划类型一览表
表 4

推广年份	村庄规划类型	导则或背景
2005	村庄布局规划	《四川省县（市、区）域村庄布局规划编制要点》
2007	社会主义新农村建设规划	《四川省社会主义新农村建设规划纲要》
2011	农村环境卫生整治规划	农村环境卫生整治（1500 个示范村庄）工作
2012	新农村综合体建设规划	《四川省新农村综合体建设规划编制办法（试行）》、《四川省新农村综合体建设规划编制技术导则（试行）》
2014	新村建设规划	四川省"幸福美丽新村建设"行动

此外，浙江省委、省政府也提出了"千村示范、万村整治"工程实施计划，并由浙江省建设厅制定了村庄布点规划的编制技术导则，指导开展村庄布点规划；湖南省制定并实施了《村庄布点规划设计导则》和《村庄建设规划设计导则》；海南省编制《海南省社会主义新农村建设总体规划》，从更高层面为政府确立村庄建设发展的战略与行动计划等。

由此可见，我国目前的乡村规划类型庞杂，各地组织编制的乡村规划从形式、层面到内容、深度都不一样，即使在相同的形式和层面下，各地对规划内容和深度的要求也不一样，都是根据自身的理解和实际情况而分别制定的。

江苏省村庄规划类型与四川省村庄规划类型比较
表 5

层面	形式		内容	
	江苏	四川	江苏	四川
村庄以上	镇村布局规划	社会主义新农村建设规划	村庄功能和布点、建设控制、基础设施、公共设施	乡村地区发展的全面内容
		村庄布局规划		村庄选址和布局、建设规模和用地指标、住宅设计、道路规划、基础设施、防灾减灾
行政村	村庄规划	新村建设规划	村庄布点及规模、产业布局、配套设施布局	定位与规模、用地布局、建筑规划、基础设施、防灾
自然村	村庄建设规划	农村环境卫生整治规划	村庄布局、公共服务设施、住宅、道路交通、基础设施、绿化景观、防灾减灾	性质与规模、总体布局与空间组织、道路交通、公共服务、农房建筑、绿地与风貌景观、基础设施
	村庄平面布局规划	新农村综合体建设规划	用地规模、设施布局、道路框架、建设要求	发展战略、主导产业及空间布局、自然生态与历史文化保护、新村组织体系、设施配套、综合防灾
	村庄环境整治规划		垃圾污水、工业污染源、农业废弃物、河道沟塘、公共设施、绿化美化、饮水安全、道路通达	

3.2.2 乡村规划体系尚未形成

存在往往是需求的说明。虽然《城乡规划法》中明确了乡村地区的两项法定规划为"乡规划"、"村庄规划"，各地在实践中却往往用其他的形式、做重点不同的规划，这恰恰说明目前的城乡规划体系尚不完善，无法满足乡村地区真正的发展需求。

对比城镇规划，已经形成了一套较为完善的规划体系，包括从宏观层面到微观层面的城镇体系规划、总体规划、详细规划等。而乡村规划则不然。规划法并没有真正明确其范畴和重点，更没有详细划分其类型和要求。乡村地区作为一个广阔而复杂的系统，其地位是与城镇平等的，且同样存在着宏观问题、中观问题和微观问题，同样需要不同层次的规划来解决相应的问题。只有形成一个与城镇规划相对等的较为完善的乡村规划体系，才能真正满足乡村地区的规划编制需求，也才真正意味着城乡平等。如此，当前乡村规划形式多样、标准不一的现象也自然能够得到解决。

3.3 认知逐步深入，但系统研究不足

3.3.1 学术关注

从学术研究的关注程度上看，近年来乡村规划受关注的程度不断提高。通过中国知网检索篇名中含有"乡村规划"、"村庄规划"、"农村规划"、"村镇规划"等词汇的论文可以发现，2006年前相关论文较少，2006年后论文数量大大增加。论文观点也逐步发生了变化。2006年之前，乡村规划的研究主要关注物质空间；2006年、2007年除了对规划本身的探索，还增加了对政策管理的研究，乡村人居环境也受到了前所未有的关注；2008年加重了城乡统筹的笔墨；2009年、2010年，对公众参与、村民自治的关注进一步加强。近年来，对乡村规划的研究更为多元化，很多新方法、新技术也在乡村规划领域开始应用（图2）。

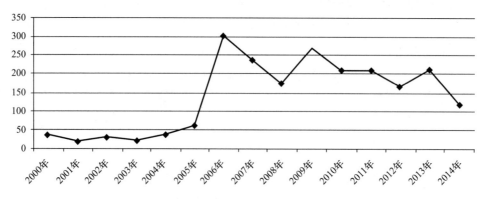

图2 历年来篇名含有乡村规划相关词汇的论文数量

专注于乡村规划研究的学术团队也逐步建立。2013年江苏省乡村规划建设研究会的成立，是国内首家省级层面以乡村规划建设为主题的学术研究机构，在全国具有创新价值和先导价值。

虽然乡村规划的研究方兴未艾，但目前的学术观点还较为分散，研究切入点相对局部，还没有形成较为系统的研究成果，也尚未形成较为成熟、为大众所认可的主流学术观点（表6）。

各地乡村规划相关政策关注重点变化　　　　　　　　　　　　　　　　　　　表6

时间	关注重点
2006年前	空间、景观、基础设施
2006、2007年	规划方法、相关法律法规、政策、建设管理、乡村人居环境
2008年	城乡统筹、城乡关系、城乡规划衔接
2009、2010年	公众参与、村民自治
2011年至今	生态规划、节能减排、防灾减灾、土地制度、历史文化、经济发展、规划技术

3.3.2 政府关注

从政府层面看，对乡村规划的关注也呈现不断加强的趋势。

第一个是出台相关政策，第二个是深化对乡村基乡村规划的认知。

一方面，乡村规划的相关政策数量不断增加，所关注的内容越来越全面。通过各省历年来乡村规划相关政策数量的时间分布可以看出，2000年至今，各省乡村规划相关政策数量总体呈现上升的趋势。期间，以2006年前后及2011年前后相关政策数量最多。而政策关注的方面，2005年前主要集中在村庄建设及村镇规划方面。2006年前后，政府对新农村建设的关注空前高涨，但乡村规划主要集中在物质空间层面。村庄规划、村庄建设规划、村庄整治规划等内容受到了较多关注。而近年来，政府对乡村规划的关注更加的多元化。一方面，村庄的规划、建设、整治依然受到较多的关注，另一方面，各地对乡

村规划的政策更加注重乡村地区的发展，历史文化名村、生态型村庄、节约型村庄、特色村庄、新农村综合体、美丽乡村宜居村庄、新型农村社区等新提法、新政策不断涌现（图3）。

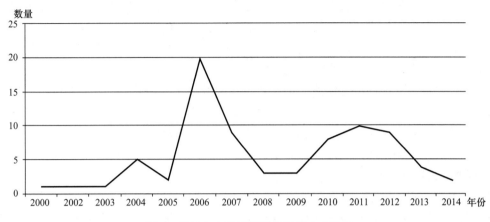

图3 历年来乡村规划相关政策出台数量

另一方面，对乡村及乡村规划的认识也在不断加深。一些地区通过开展乡村调查加强了对乡村的认识。如江苏省住房和城乡建设厅2011年组织了全省13个高校和规划设计研究机构为牵头单位，在全省13个省辖市开展了"乡村人居环境改善农民意愿调查"。这次系统的乡村调查，使更多人了解乡村现状、了解农民真实意愿，在后续开展的乡村规划中，更能够提出有针对性的改善策略和行动建议。同时，一些地区开展了对乡村规划的优化、对相关技术标准的修改完善。如湖北省2006年出台了《新农村建设村庄规划编制技术导则》，2013年修改完善后出台了《湖北省村庄规划编制导则》；江苏省于2005年开展了镇村布局规划编制工作；2014年开展了镇村布局规划优化工作。这都表明了对乡村规划的认识在逐步深入。

3.4 方法日益成熟，但实施效果不佳

3.4.1 编制方法逐步转变提升

乡村规划通过大量和多样的实践，在摸索中前进，也取得了一定的成果，规划方法日益成熟起来。

乡村规划首先对自身与外界的关系有了新的认识。在城乡统筹的背景下，乡村规划逐渐明确自身与城镇的关系是不可分割的。在此过程中，城镇规划和乡村规划都走出了协调互动的一步，不再孤立地编制自身的规划，而是将城镇与乡村结合起来考虑。乡村规划开始充分利用城市在基础设施建设、资金技术力量、产业发展互补方面的优势和需求，保护开发具有生态乡土特质的自然、文化资源，发挥以城带乡的机制，促进乡村自身与城乡协调发展。

乡村规划对自身也有了新的认识。乡村作为农民生产生活的场所，在一定程度上是可以独立运转的，因此是一个相对完整的人居系统。故而乡村规划逐渐从单纯关注物质空间走向了全面综合的道路。例如在2013年住房和城乡建设部的村庄规划试点工作中，江苏省就对宜兴市的张阳村展开了系统性村庄规划，以"人居环境科学理论"为依托，提出了村庄人居系统的六大要素：自然、人、社会、产业、空间、支撑，作为对村庄进行分析和规划的基础。这种认识正是乡村规划更为全面科学的一种表现。

乡村规划工作者也对自己有了清醒的认识。现在的乡村规划师们多是长年从事城市规划工作或是在传统城市规划培养体系中走出来的，难免有着城市规划方法的定式思维。早期他们对乡村并不了解，忽略了乡村地区自组织行为的复杂性和土地制度的特殊性，现场调研的深度和沟通协调的力度都不足以满足乡村地区的这种特殊性，导致其编制的规划脱离乡村实际，成为了精英规划的失败。在长期的摸爬滚打中，从事乡村规划的规划师们逐渐找到问题所在，放下了城市规划的光环，脚踏实地、走进农村，转变为在地规划的方式，更好地适应了乡村规划的需求。

乡村规划对规划本身也有了反思。在规划界普遍呼吁公众参与的背景下，规划的目标不再停留在一

张终极蓝图之上，而是注重在规划过程中完成动态的调整和完善。这种思考在乡村规划中显得尤为重要。由于乡村规划实施主体的多样性，各主体的诉求千差万别，实施起来也带有更强的自主性，因此更需要在全过程进行开放式的规划，否则规划很可能沦为纸上谈兵。例如现在一些乡村在规划中探索成立了村民规划委员会，选取不同类型的村民代表、干部代表、企业代表等组成委员会成员，直接参与规划的编制、实施、管理。一方面为规划编制提供具有广泛代表性的实际意见，提高了规划的实用性；一方面调动起当地村民建设家园的热情，保证了规划的实施效果。

正如长期关注乡村规划的同济大学博士生导师张尚武教授所言，"乡村的土地产权、治理模式、生产生活组织方式都与城镇存在明显差异"，"城镇规划标准不能直接套用，需要建立与乡村地区发展特点相适应的技术方法体系"[①]。总的来说，目前乡村规划方法的这些转变正是基于乡村的实际特点而逐步出现的，标志着乡村规划编制方法已经逐渐走向了成熟。

3.4.2 实施管理效果不尽人意

尽管如此，乡村规划的困难还是显而易见的。例如：农地和建设用地的权属关系较为复杂，数据量较大，且地籍资料不全，梳理清楚较为困难；规划主体的多样性带来意愿多样化等问题，导致乡村规划的沟通协调难度较大，工作量也更大；同时，由于乡村规划的实施主体能力有限且带有较强的随机性，规划效果难以保证。

从现实来看，乡村规划虽然在方法上逐渐进步，在效果上也逐渐显现，但其实施管理与城市规划相比还较为松散，并没有普遍达到十分理想的效果。

4 乡村规划展望

4.1 完善支撑

随着乡村规划不断的发展并受到重视，未来首先应当从法律法规的层面完善对乡村规划的支撑。目前，乡村规划在法律层面上还处于城市规划的从属地位，而已经开展的大量乡村规划实践不仅缺乏法定地位，也没有足够的法规支撑。因此，应该构建城乡平等的规划体系，使城市规划与乡村规划形成互动关系。对各种类型的乡村规划，应该制定相应的技术标准、导则、指引，使乡村规划逐步走上法定化、规范化的轨道。

4.2 构建体系

乡村规划要能够有效地解决乡村发展需求，真正与城镇规划具备平等地位，应当构建起与城镇规划对等且有效衔接的一套乡村规划体系。建议可采取区域尺度和行政主体管辖范畴作为主要依据，把乡村规划划分为县（镇、片区）域、村域、村庄三个层次，分别为乡村地区总体规划、村庄规划、村庄建设规划三类。这三类乡村规划可以涵盖乡村发展建设中从宏观到微观的全部规划内容，各层次类似城镇规划中从体系规划到总体规划到详细规划，是逐步深入和细化的关系。

4.3 深入认知

提高对乡村规划的认识是一项全面、长期的工作，是无法仅仅通过个别人的努力而实现的。这项工作需要全行业共同关注，需要通过大专院校、研究团体、技术人员等的共同努力来实现。

第一，组建乡村规划研究机构。规划行业对于城市进行了多年的研究探索，也取得了一定的成就。但相对的，对乡村规划理论的研究、对实践成果的归纳总结还远远没有跟上。江苏省成立乡村规划建设研究会开创了乡村规划学术组织的先河，各地可以通过学术组织和研究机构的组建，推进乡村规划事业

---

① 张尚武. 乡村规划：特点与难点 [J]. 城市规划，2014（2）：17-20.

发展和研究水平进步。

第二，深化对乡村的认识。吴良镛院士曾经说过，我们对于乡村的认识和理解还是很肤浅的，尤其需要深入调查和系统的研究。江苏省开展的乡村人居环境改善农民意愿调查，在深化规划人员对乡村的认识、提升乡村规划水平方面起到了良好效果。因此，深入了解乡村、认识乡村是提升乡村规划水平的重要途径。

第三，加强乡村规划教育。未来，应该在高等院校开设乡村规划的相关专业或补充相关课程，让更多人能够有机会接收乡村规划教育，更多的认识乡村规划、投身乡村规划事业。

4.4 优化方法

乡村规划做得好不好还是要看其实施效果究竟如何，只有规划本身能够有效控制实施管理的实效，才是一个成熟优秀的规划。乡村规划要达到这一目标，就有必要在方法上进一步探索和优化。

由于乡村地区在组织方式、土地制度等方面的特殊性，有必要形成更具针对性和操作性的规划编制方法。例如在现状分析中，要认识到乡村地区不仅仅是一个物质空间，还包括生态环境、经济产业、社会发展等要素，是一个相对完整的人居系统，应当综合地认识和研究；在规划思路上，要区别乡村规划建设的不同实施主体，在不同规划内容编制的深度和弹性上区分出明显的层次性和差异性；在具体设计中，要抓住乡村地区的特点和当地的特色，融入设计语言，并展开场景式设计方法；在规划成果的表达上，应当针对不同的受众，形成多样化的成果形式，以加强规划的可读性，方便指导规划的具体实施。

优化方法是规划师在乡村规划中最重要的工作之一，将直接影响着乡村规划的质量和发展，未来还需要进一步结合乡村规划体系的层次构建，区别地完善各类规划的方法，以达到不同层面的规划目的和理想效果。

5 结语

乡村是人类社会发展的重要母体，是让人们"望得见山、看得见水、记得住乡愁"的重要载体，是建设"美丽中国"的重要部分。我国乡村规划的发展时间虽然不长，但进步很快。未来还有待规划师们合同全社会的力量，共同努力，完善乡村规划，建设美好乡村，共建和谐中国。

参考文献

[1] 肖唐镖. 乡村建设：概念分析与新近研究 [J]. 求实，2004 (1)：88-91.

[2] 魏开，周素红，王冠贤等. 我国近年来村庄规划的实践与研究初探 [J]. 南方建筑，2011 (6)：79-81.

[3] 全国人大常委会法制工作委员会经济法室等. 中华人民共和国城乡规划法解说 [M]. 北京：知识产权出版社，2008.

[4] 王伟强，丁国胜. 中国乡村建设实验演变及其特征考察 [J]. 城市规划学刊，2010 (2)：79-85.

[5] 郝力宁. 对农村规划和建筑的几点意见 [J]. 建筑学报，1995 (8)：61-63.

[6] 王吉螽. 上海郊区先锋农业社农村规划 [J]. 建筑学报，1958 (10)：24-28.

[7] 方明，刘军. 改革开放以来的农村建设 [M]. 北京：中国建筑工业出版社，2006.

[8] 葛丹东，华晨. 城乡统筹发展中的乡村规划新方向 [J]. 浙江大学学报，2010 (3)：148-155.

[9] 张尚武. 乡村规划：特点与难点 [J]. 城市规划，2014 (2)：17-20.

试论小城镇规划的困境和出路
——兼论《镇规划标准》实施建议

齐立博

江苏省住房和城乡建设厅城市规划技术咨询中心

摘　要：快速城镇化过程中，小城镇规划面临理论研究与规划实践脱节、规划标准适应性滞后和面对现实的规划作用尴尬等困境。提出了"刚性"和"弹性"改进思路，"刚性"包括实施区域功能控制、基本公共服务功能保障和"两规合一"三个方面，"弹性"包括应对市场需求的一揽子规划框架和顺应村民自治的规划互动反馈机制两个方面。建议《镇规划标准》实施中，省级层面按大城市郊区镇、县域中心镇、特色镇和一般镇四种类型对小城镇进行分类引导，镇域层面落实"两规合一"、细化镇村布局技术。

关键词：小城镇；规划；困境；出路

1　快速城镇化过程中的小城镇

1.1　小城镇从均质化走向分化

1.1.1　建制镇数量增加与乡镇撤并并行

1978～2013 年，全国建制镇数量从 2173 个增加到 20113 个。2002 年之前，建制镇数量不断增加，2002 年之后随着小城镇撤并建制镇数量开始减少。

东部发达地区小城镇撤并力度更大。以江苏省为例，1999—2012 年，乡镇行政区划进行 14 轮调整，乡镇总数已由 1974 个撤并为 932 个，全省乡镇平均规模为 87.79 平方公里，人口 6.06 万人，分别是 1998 年底的 1.7 倍和 1.9 倍。

1.1.2　人口流动促使小城镇规模分化

根据《中国流动人口发展报告 2013》，2012 年我国流动人口数量达 2.36 亿人，相当于每六个人中有一个是流动人口，人口流动使小城镇产生分化。

人口净流出地区和净流入地区[①]小城镇发展态势明显不同。人口净流出地区小城镇缺乏增长动力，小城镇发展长期停滞甚至处于萎缩状态。人口净流入地区小城镇急剧膨胀，常住人口达到中小城市规模[②]，已非传统意义上的小城镇。

1.1.3　适应分化的管理体制

小城镇分化的结果是，传统小城镇的管理体制难以适应部分小城镇的发展需要，"扩权强镇"顺应而生，赋予个别小城镇部分县级管理权限。从 2005 年浙江省提出"扩权强镇"以来，安徽、山东、河南等省均提出了试点。"扩权强镇"已经成为小城镇层面深化管理体制综合改革的典型政策。

1.2　不同于城市的理论和现实土壤

1.2.1　城市与小城镇理论基础差异

现代城市规划理论基础可溯源至"田园城市"理论、"城市美化运动"和公共卫生改革，是对城市

---

① 常住人口小于户籍人口的地区为人口净流出地区，反之为人口净流入地区。
② 如东莞市虎门镇，户籍人口 12.4 万人，常住人口超过 60 万人。

人口集聚和工业化冲击下市场失灵的空间政策改进。

小城镇规划理论基础完全不同于城市规划理论，工业化对城市的冲击不可避免地蔓延到一部分小城镇，城市病等问题开始出现在这部分小城镇中。更多的小城镇并没有机会接收工业化的洗礼，完全是一种自组织空间形式，直接面对全球化和信息化的冲击。

基于工业化和人口大量集聚的城市规划理论，被不加区分的大量照搬在小城镇规划中，小城镇自组织形态机理受到巨大冲击。

1.2.2 城市与小城镇土地制度差异

城市土地以国有土地为主体，在土地市场化进程中，国有土地的价值通过房地产市场化得到体现乃至放大。国有土地交易形成的城市政府土地财政，直接支持了城市功能的强化和基础设施的优化。可以说，土地市场化直接推动了 21 世纪以来的城市规模扩张和功能集聚。

小城镇土地普遍以集体土地为主体，集体土地市场化存在天然的制度缺陷[①]，除部分发达地区的小城镇之外，市场化之手始终游离于小城镇建设之外。这种情况下，小城镇的发展依赖于集体经济的发展，著名的"苏南模式"中小城镇快速发展与集体经济的飞速发展是亦步亦趋的。

1.2.3 城市与小城镇现实土壤差异

从城市和小城镇的发展动力看，在区域空间网络中，城市有自主发展能力，小城镇则相对处于从属地位，自身发展动力较弱，需要借助外来力量。

从城市和小城镇在城镇化中的作用看，城市是城镇化的主力，小城镇应当承担城市和乡村之间"蓄水池"[②] 的作用，但小城镇的作用发挥不足。

从城市和小城镇的发展前景看，在快速交通和信息网络覆盖之后，城市和小城镇拥有各自不同的优势：城市的优势在于更多的就业机会和人才储备，小城镇的优势在于城市不可替代的田园风光和生态环境。

2 小城镇规划面对现实的困境

2.1 理论研究与规划实践脱节

2.1.1 理论研究发端于社会学

针对小城镇的研究，社会学者比规划学者更有发言权。1983 年，费孝通先生发表著名的《小城镇大问题》[③]，引发了关于小城镇问题的讨论热潮。若干年后，费孝通先生系统梳理了小城镇的由来，把小城镇定义为一种新型社区，提出小城镇发展所经历的家庭联产承包制、乡镇企业的兴起和新型小城镇三个阶段，分析了小城镇的作用和问题，把中国小城镇研究推到新的高度。

2.1.2 小城镇规划的研究相对滞后

长期的城乡二元意识形态影响下，城市与小城镇是分属"城"和"乡"序列的，小城镇规划理论的研究与城市规划理论研究主流是若即若离的。直到 20 世纪末，何兴华系统梳理了小城镇规划理论，从界定小城镇与规划的基本概念入手，讨论了小城镇规划产生的背景和面临的问题，介绍了小城镇规划的实践历程和理论基础，归纳了小城镇规划的主要内容、运作程序和技术标准，并初步展望了小城镇规划的发展前景。

2.1.3 规划实践与理论研究脱节

21 世纪以来，小城镇规划实践进入高峰期。城市规划理论被大量地应用在小城镇规划编制中，进

---

① 《土地管理法》规定，农村土地集体所有者不能买卖土地产权。

② 费孝通认为，如果全国小城镇都能像东部沿海那样大量吸纳乡村人口的话，那将能在城市化过程中发挥不可估量的作用，所以形象地把小城镇比喻为"人口蓄水池"。

③ 根据 1983 年 9 月 21 日在南京"江苏省小城镇研究讨论会"费孝通先生的发言整理。

而指导小城镇建设。结果是，小城镇面临千镇一面的指责，小城镇特有的空间尺度和风土人情在快速城镇化中岌岌可危。作为不同于城市的社会组织和空间形态，小城镇的巨量规划实践与理论研究脱节。

2.2 规划标准的适应性滞后

2.2.1 长期城乡二元化特征的小城镇规划标准

1982年，国家建委与国家农委发布《村镇规划原则》。1993年，国家发布《村镇规划标准》（GB 50188—93）。在这一标准体系下，小城镇是和乡村纳入同一标准的，村镇仍是与城市对立的行政单元，体现的是城乡二元特征的规划标准。

2.2.2 小城镇国家标准与地域分异的矛盾

直到2007年，应对即将颁布实施的《中华人民共和国城乡规划法》，才出台第一部国家层面专门针对小城镇的《镇规划标准》（GB 50188—2007）[①]。此时，很多小城镇已经实施过多轮规划，长期的规划标准滞后直接导致了大量小城镇规划照搬城市规划理论，小城镇规划与技术标准脱节。

小城镇具有明显的地域特征，面对快速城镇化过程中小城镇的所产生的地域分异，国家层面的《镇规划标准》（GB 50188—2007）显得适应性不足。

2.3 面对现实的规划作用尴尬

2.3.1 小城镇规划理想和现实的差距

小城镇介于城市和村庄之间，是连接城乡的纽带。镇是最基层的政府，应对的是城乡统筹的前沿问题，是解决农村问题的一线阵地，应当承担向乡村人口向城镇流动的截留器作用，起到城镇化的"蓄水池"作用。

实际上，小城镇规划发挥的作用相当尴尬，大量乡村人口跳过小城镇直接进入大城市，小城镇规划的理想和人口向大城市流动的残酷现实之间相距甚远。

2.3.2 缺乏管理的小城镇规划作用受限

三分规划，七分管理，规划作用相当程度上依赖于规划管理水平。小城镇规划缺乏必要的规划管理机构和人员，规划作用发挥受限。小城镇规划与管理产生落差，小城镇规划更多的是自上而下的推动。小城镇自身急需解决的村镇建设和耕地保护、生态保护、农业生产等的矛盾问题，规划并没有及时反馈。

3 小城镇规划的出路

3.1 镇规划的"刚性"

3.1.1 区域功能的落实和控制

镇规划的"刚性"之一，是区域功能空间在小城镇空间的落实和控制，如区域交通廊道、大型市政设施、生态红线、基本农田保护等。区域空间要素往往对小城镇的发展产生至关重要的影响，如一条省道或国道可以改变一个小城镇的交通区位，带动小城镇经济发展。

3.1.2 基本公共服务功能保障

镇规划的"刚性"之二，是镇范围内居民基本公共服务功能的控制，如教育、文化、卫生、社会福利等基本公共服务设施的控制。政府是提供基本公共服务的主体，镇是最基层的政府，镇规划必须保证基本公共服务功能的空间载体。

---

① 《中华人民共和国城乡规划法》第三条规定，城市和镇应当编制规划，需要编制规划的乡、村庄由县级以上地方人民政府确定。

3.1.3 "两规合一"[①]的技术路径

镇规划的"刚性"之三，是镇范围内坐实村镇建设规划和土地利用规划"两规合一"。镇作为最基层的行政单元，空间管理应形成"一张图"模式，消除部门分头管理造成的矛盾，从基层解决问题。

3.2 镇规划的"弹性"

3.2.1 面向市场的一揽子规划框架

镇规划是面向市场的规划，是直接应对市场开发需求的规划。小城镇规划具有小而全、规划管理直接面向实施的特征，不必要像城市规划那样划分众多的层次，应以镇总体规划为基本框架，针对市场开发和规划管理的客观需求，探索镇总体规划——近期开发地区控制性详细规划——重要节点或地段城市设计三位一体的镇规划模式[②]。

3.2.2 顺应村民自治的规划互动反馈机制

镇规划是接地气的规划，是直接面向村民基层自治组织的规划。

一方面，镇规划应当把解决乡村问题作为规划的主要内容，分析乡村规划中乡村生产、乡村生活和乡村生态等乡村需要解决的基本问题，在镇的层面提出乡村规划的理论基础和技术架构，为村庄建设或整治规划提供依据。

另一方面，镇是最基层的行政单元，村庄以村民基层自治组织，应当充分尊重和利用乡村自治组织的作用，探讨自上而下的规划方法和自下而上的规划参与互动反馈机制[③]。

4 《镇规划标准》（GB 50188—2007）实施的建议

4.1 省级层面实施镇分类引导

《镇规划标准》（GB 50188—2007）是面向全国的统一性标准，明确提出了中心镇和一般镇的概念。具体实施中，小城镇规划应客观面对在区域空间体系中的从属地位，建议在省级层面对小城镇实施分类引导。

按照小城镇发展动力的不同大致可以分为大城市郊区镇、县域中心镇、一般镇和特色镇四大类。城市发展动力的差异决定了完全不同的规划方法和技术路径，应当对四类小城镇实施分类管理和引导。

4.1.1 大城市郊区镇

大城市郊区镇是指划入大城市城市规划区的建制镇。这类小城镇纳入大城市规划区统筹规划，发展动力主要借助所附属的大城市，通过承接大城市功能疏解，吸引大城市人口和消费，实现自身发展。

4.1.2 县域中心镇

县域中心镇是指县（或县级市）城镇体系规划中确定的县域一定区域的中心镇。这类小城镇是一定区域的中心，一般人口规模和经济实力较强，具有一定的腹地，辐射周边若干小城镇，应当强化自身的综合服务能力，有条件的向小城市乃至中等城市发展。

4.1.3 特色镇

特色镇是指具有产业集群、专业市场、旅游资源、历史文化等特色的小城镇，如各类产业集群镇、历史文化名镇[④]、旅游小镇等。这类小城镇立足特色，围绕特有的资源禀赋，强化特色，弱化规模，着

---

① 指建设规划管理部门主导编制的村镇建设规划和国土资源管理部门主导的土地利用规划。

② 这一模式在 2013 年江苏省徐州市和南通市重点中心镇编制中已经得到推广和应用，小城镇的总体规划、核心区的控制性详细规划和街景整治顺序同步编制。

③ 韩国政府大力倡导、支持新村运动，但具体上什么项目，完全由农民自己选择。每个村选出新村建设指导者，进入新村培训学院接受培训后，负责组织大家的行动，里长（即村长）只管服务。

④ 包括中国历史文化名镇和省级历史文化名镇，前者是由主建部和国家文物局从 2003 年起共同组织评选的，后者由各省人民政府公布。

重分析在区域职能分工中的特殊地位，是当前小城镇研究的重点。

4.1.4　一般镇

一般镇指不属于以上分类的其他小城镇。这类小城镇以服务农业生产和农村生活为基本职能，本质是具有服务功能的乡村社区。随着城镇化的快速推进，一般镇的数量会逐渐减少，产生两种分化：一是并入周边其他小城镇，二是向以上三种类型小城镇转变。

4.2　镇域层面实施"1＋X"规划技术

"1＋X"中的"1"是指用"一张图"来落实镇规划的"刚性"，把区域交通、市政设施、生态红线、基本农田、基本公共服务、城镇增长边界、居住空间布局等镇规划必须要实施刚性控制的内容汇聚在"一张图"中，统筹空间管理。

"1＋X"中的"X"是指针对不同镇的发展需求需要重点研究和控制的"弹性"内容，如小城镇重点开发地区应在总体规划基础上统筹编制控制性详细规划和城市设计，历史文化名镇的应以保护规划为主线，旅游小镇以旅游规划和策划为主导，产业集群镇以产业发展规划作为补充等。

4.2.1　"1"：核心是基于"两规合一"的镇村布局技术

《镇规划标准》（GB 50188—2007）规定了镇规划中需要编制镇村体系规划。但是，镇村体系规划并没有提出村庄建设边界控制的技术标准。这种布点式的规划标准，在面对村庄建设急剧扩张的建设冲动时，显得相当被动。

主要的矛盾是难以做到镇村建设规划与土地利用总体规划的"两规合一"。土地利用规划从耕地保护的角度划出了耕地红线，但又缺乏对村庄发展空间的考虑。结果是，本来应该控制建设的镇规划没有起到应有的作用，村庄建房的冲动得不到合理的释放，难免走向失控。2000～2011 年，全国农村人口减少 1.33 亿人，农村居民点用地却增加了 3045 万亩（1 亩约为 0.07 公顷）。

建议在具体实施中，将镇村体系规划明确为镇村布局规划，明确村庄建设的边界是工作核心内容之一，增加与土地利用规划协调图纸，在镇规划层面真正实现空间规划的"两规合一"。

在此基础上，叠加区域交通廊道、生态红线、基本农田保护等刚性控制内容，明确基本公共服务设施、镇村各类用地布局，形成以镇村布局规划图为底图、反映镇域内各类用地控制的"一张图"。

4.2.2　"X"：基于分类引导的专题规划技术

基于省级层面小城镇的分类引导，"X"所反映的就是不同类型小城镇的不同发展诉求。应当根据小城镇的资源禀赋和发展前景确定所属的类型，明确问题导向规划思路。

大城市郊区镇的发展依托大城市功能外溢和产业转移，应着重研究自身资源禀赋和大城市功能外溢的关系。

县域中心镇具备独立发展能力，应着重培育配套设施服务能力，提高小城镇对周边地区的吸纳能力，着重研究规模扩张和综合能力的匹配性。

特色镇是相对于一般镇而言的，可以与县域中心镇和大城市郊区镇共存。特色发展的诉求是小城镇地域特征的客观反映，更是一般小城镇未来发展的方向。特色镇在规划编制上不必拘泥于条条框框，如江苏省蒋坝镇定位为旅游小镇，采用旅游规划为主线融合镇规划标准的规划技术路径，提供了特色镇专题规划技术的一种范例。

5　结论与讨论

5.1　结论

市场化形势下小城镇从均质化走向分化，小城镇规划的出路是客观面对小城镇在区域中的从属地位，实施分类控制和引导。

小城镇规划的出路在于实施规划"刚性"和"弹性"的双重纠正,"刚性"主要体现在落实区域功能、保障基本公共服务和实施两规合一,"弹性"主要体现在面向市场的一揽子规划框架和顺应村民自治的规划互动反馈机制。

5.2 讨论

小城镇规划的理论研究不同于城市规划理论研究,随着城乡二元体制逐渐冰融,加之小城镇建设的大量实践,小城镇规划应当抓住新型城镇化快速推进带来的机遇,总结不同于城市规划的问题指向和规划路径,构建自身的理论体系和技术架构。

参考文献

[1] 费孝通. 论中国小城镇的发展 [J]. 中国农村经济,1996(8):3~5、10.

[2] 何兴华. 小城镇规划论纲 [J]. 城市规划,1999(3):8~12.

[3] 王卫华,赵冬梅. 小城镇发展的自组织机理分析 [J]. 中国农业大学学报(社会科学版),2000(4):42~45.

[4] 彭震伟,陈秉钊,李京生. 中国小城镇发展与规划回顾 [J]. 时代建筑,2002(4):21~23.

[5] 赵新平,周一星,曹广忠. 小城镇重点战略的困境与实践误区 [J]. 城市规划,2002(10):36~40.

[6] 耿宏兵,曹广忠. 苏南小城镇目前面临的困境与再发展对策——以江阴市澄东片区发展规划研究为例 [J]. 2009(6):53~59.

[7] 罗震东,何鹤鸣. 全球城市区域中的小城镇发展特征与趋势研究——以长江三角洲为例 [J]. 城市规划,2013(1):9~16.

宁夏镇村规划编制中"多规合一"的探讨

单　媛　臧卫强

宁夏城乡规划编制研究中心

摘　要： 在国家新型城镇化背景下，宁夏启动美丽乡村建设，编制了一系列规划指导村镇建设，本文基于宁夏村镇发展的地理环境、村镇布局、人口规模特点，从城市总体规划的横向体系和村镇规划的纵向体系探索宁夏村镇规划编制的"多规合一"，即城市总体规划与国民经济与社会发展规划、土地利用总体规划、交通规划、环境保护规划、生态保护规划等规划的横向体系和镇总体规划、详细规划、城市设计、村庄总体规划和建设规划等规划的纵向体系，探讨村镇规划层面各项规划的协调性，旨在增强村镇规划编制的科学性、实用性和可操作性。

关键词： 宁夏；村镇规划；多规合一

1　背　景

为了贯彻中央城镇化工作会议精神和落实《国家新型城镇化规划》，宁夏回族自治区党委、政府高度重视宁夏城乡规划建设工作，召开自治区新型城镇化工作会议，组织编制了《宁夏空间发展战略规划》、《宁夏村庄布局规划》、小城镇规划、美丽村庄整治建设规划等一系列规划，加强和改进村镇规划编制、执行和管理水平，有效解决规划水平不高、执行不力等问题，科学引导宁夏村镇建设。地域空间上统一规划，合理配置土地资源，优化用地结构和用地布局，完善基础设施，有序指引和控制村镇地区建设发展，是统筹城乡发展的现实需要，也是探索"多规合一"的意义所在。宁夏村镇特殊的地域环境、经济基础、人口规模、建设发展条件，需要"一张蓝图"来指导村镇的建设，本文从城市总体规划的横向体系和村镇规划的纵向体系的角度探讨宁夏村镇规划编制的"多规合一"。

2　"多规合一"的释义

霍华德"田园城市"理论体现了"城乡融合"的理念，"田园城市"实质是创造人与自然和谐，"山、水、田、林、城"融为一体，生态良好，环境优美的城乡环境①。农业区位论和工业区位论是城乡规划融合的萌芽，体现了产业规划、土地利用规划、交通规划以及城乡规划等规划相互作用相互影响的思想，是一个集多种因素和多种规划为一体的综合理论[1]。

2008 年随着《城乡规划法》的颁布，学者对"三规合一"的理论、冲突、不足、整合路径开始了讨论，但是缺乏对"三规合一"理论体系的系统研究。2011 年秦淑荣对"三规合一"的新乡村规划体系构建进行了系统研究[2]。2013 年丰晓棠以太原市为例对"三规合一"的技术标准进行了研究[3]。随着国内部分城市"三规合一"的实践，学者在"三规合一"的基础上提出了城乡空间的"四规协调"、"多规合一"。2009 年王辰昊对滨海新区实施"多规合一"进行了探讨[4]。蔡云南认为当前社会发展复杂性越来越高，"多规融合"是解决规划体系各自为政及在地域空间上冲突等问题的有效手段[5]。

在镇村规划底层设计中因为西部地区的镇村规模较小，多层次规划一是浪费资金及时间，二是实用

---

①　霍华德."田园城市理论".

性、指导性较差。为了提高规划的效率,笔者认为在镇村规划编制中采用"多规合一"的方式。"多规合一"包含两个层次,一是城市总体规划横向的"多规合一",包括国民经济与社会发展规划、土地利用总体规划、城乡规划、交通规划、环境保护规划、生态保护规划等多个专项规划;二是村镇规划纵向的"多规合一",包括镇总体规划、控制性详细规划、修建性详细规划、城市设计、村庄总体规划和建设规划、美丽村庄整治建设规划等。

3 宁夏村镇发展的现状

3.1 城镇化进程

近年来,宁夏城镇化速度加快,2000 年城镇化率为 32.5%,2013 年城镇化率达到 52.01%,略低于全国城镇化率 53.7%(图 1),在西北五省(区)中位居第一(表 1),乡村人口向城镇逐步转移,宁夏正由乡村宁夏向城镇宁夏快速迈进。

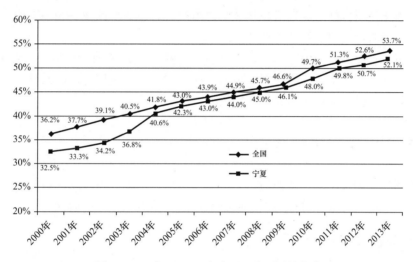

图 1 2000 年至 2013 年全国、宁夏城镇化率

2013 年西北五省(区)城镇化率　　　　　　　　　　　　　　　　　　　　　　表 1

省(区)	全国	宁夏	陕西	青海	新疆	甘肃
城镇率(%)	53.70	52.10	51.31	48.50	44.47	40.13

数据来源:2013 中国城市统计年鉴,2013 全国、各省(区)国民经济和社会发展统计公报

3.2 村镇空间形态

宁夏地形地貌分为以高原、山地为主的南部山区和以平原为主的北部川区,降水量少、气候干燥,生态环境承载力弱。从空间布局上看,河流水系、交通对村镇发展的诱导作用非常突出,村镇主要沿河、沿山麓、交通干线分布,主要是沿黄河两岸、包兰铁路、109 国道、中宝铁路沿线发展,占建制镇总数的 55%,特别是 3 条交通线两侧城镇非农业人口更占到全区市、镇非农业人口的 80% 以上。从发展形态上来看,村镇分布主要呈带状不均衡分散分布,村镇分布主要分布在自然环境、交通区位、生产条件最好的北部黄河灌区,形成村镇密集分布区。

3.3 村镇规模

村镇规模主要体现在人口规模、用地规模和产业规模,由于用地规模和产业规模随着人口规模的变化而变化,所以村镇规模以人口规模计算。宁夏村镇地区人口集聚度低,人口分布比较分散,川区人口规模相对较大，山区人口规模相对较小，人口集聚的效益难以发挥。截至 2012 年宁夏有建制镇 101 个，乡 92 个，行政村 2283 个，自然村 14350 个。101 个建制镇中，除县城所在建制镇以外，镇区人口大于 3 万人的只有 3 个；92 个乡中，乡集镇人口大于 1 万人的只有 1 个。全区平均每个行政村 1405 人，平均每个自然村 233 人。

3.4 村镇规划存在的问题

（1）规划协调性差。目前，各乡镇组织编制了总体规划，存在与国民经济与社会发展规划、土地利用总体规划、生态保护规划等各专项规划不衔接问题，建设内容落实不到空间物质载体上，政策优势、资金支持等内容在村镇规划的编制和实施过程中并没有发挥应有的作用。

（2）规划体系不健全。由于经济基础薄弱，控制性详细规划和村庄建设规划普遍缺失，规划层层脱节，规划就村论村，就镇论镇，在区域层面上缺少科学、完善、有针对性的规划指引，上层次规划的指导和控制作用难以发挥。

（3）规划层次较多。一方面经济条件有限，地方政府难以承担编制多层次规划的经费，另一方面规划编制周期长，村镇建设项目施工周期短，任务紧，不能作为地方村镇规划管理工作人员指导村镇规建设的依据，满足不了当前村镇建设管理工作的需求。

（4）规划的实用性不强。规划内容单一，不充实，不够深入和详细，导致地方政府随意调整规划，规划的权威性和严肃性发挥不了。村镇规划管理人员缺少审查申请规划许可的条件，如用地性质、容积率、建筑密度、绿地率、建筑退让距离等的规划依据。

4 宁夏村镇规划编制"多规合一"的探索

各项规划有不同的法理基础，在法律地位上的明显差异，因此，"多规合一"是各项规划协调的过程，不是统一编制一个规划或取代其他规划，而是强调规划横向和纵向的协调。

4.1 规划横向体系的"多规合一"

规划横向体系的融合，至少应建立统一的融合平台，在规划内容上统一城乡发展目标、空间布局、空间管制，产业布局、生态环境保障、基础设施布局，在规划内容上实现统一协调。在建立统一规划融合平台的基础上，应从以下几个方面予以保障：

（1）成立跨部门的协调机构，作为管理主体协调各部门的利益。各专项规划出自不同的部门，部门之间的利益分割和权利范围是"多规合一"的最大障碍，也就是说体制是"多规合一"最大制约因素。为解决这个问题需要在各个规划管理部门之上成立更高一级的联合组织，由联合组织开展"多规合一"的工作，统揽国民经济与社会发展、土地利用、城乡发规划、交通规划、生态保护规划等多项规划。目前，在自治区层面上成立了自治区城乡规划委员会和城乡规划编制研究中心，指导和协调全区城乡规划工作。

（2）建立统一协调规划的法律法规和政策，增强规划的权威性和严肃性，发挥规划的控制作用，才能保障凡建设必规划，凡建设按规划。《城乡规划法》和《土地管理法》这两部法律体现了规划协调和统一的思想，为规划融合奠定了法理基础。2014 年 7 月宁夏实施了宁夏回族自治区实施《中华人民共和国城乡规划法》办法，指导城乡规划的编制与实施。目前，宁夏正在着手准备《宁夏空间发展战略规划》的立法工作，将空间发展战略规划法定化，指导全区城乡规划工作。

（3）实现横向总体规划的"多规合一"。2014 年，住房和城乡建设部正式下达了《关于开展县（市）城乡总体规划暨"三规合一"试点工作的通知》，宁夏开展了部分市、县城市总体规划"三规合一"的试点工作。同时，《宁夏空间发展战略规划》将国民经济社会发展规划、土地利用总体规划、城乡规划、交通规划、环境保护规划、生态保护规划等各专项规划统筹，实现总规层面横向体系的"多规合一"。另外，宁夏组织修编《宁夏城镇体系规划》、《宁夏镇村体系规划》，编制《宁夏村庄布局规划》，开展各市县城市总体规划实施评估工作，为下一步修编城市总体规划，开展"多规合一"做准备工作。

4.2 规划纵向体系的"多规合一"

2014 年为贯彻落实中央城镇化工作会议提出的推进新型城镇化的主要任务，宁夏城乡规划编制研究中心编制了 30 个重点小城镇、100 个美丽村庄规划。在 30 个小城镇总体规划中，我们将总体规划、控制性详细规划、重要地块的修建性详细规划、城镇设计、风貌设计、建筑设计同步考虑，增强规划的指导性和可操作性。如作为福建与宁夏两省区友好情谊见证的闽宁镇规划；代表宁夏北部川区小城镇的中卫市中宁县大战场镇规划；代表宁夏南部山区小城镇的固原市原州区张易镇规划，编制总体规划时，其编制深度均达到修建性详细规划的程度，落实道路交通、建筑、公共服务设施和市政基础设施具体布局，考虑主要道路、街巷出入口、公园及小游园、景观小品的设计。100 个美丽村庄建设规划，从产业布局、村容村貌、道路交通、基础设施、防灾减灾、建筑设计（单体、结构、外墙、门窗、屋顶）、村庄公共活动空间、小游园以及近期建设项目投资估算等方面统筹指导村庄建设，实施效果良好。

5 结 语

城乡统筹发展是科学发展观的体现，统筹城乡地域空间的规划是城乡规划编制的趋势和现实发展的需求，统筹规划涉及众多利益部门，困难重重，需要在组织机构、法律法规、体制机制、基础数据、技术标准、专业队伍的建设等方面不断探索前进。借着国家"三规合一"的试点工作机遇，我们认为在镇村规划中更简便易行，可以先行先试，通过实践检验进而不断修正，总结经验进而推广。

参考文献

[1] 王天伟，赵立华，赵娜，"三规合一"的理论与实践 [J].《城市规划和科学发展—2009 中国城市规划年会论文集》2009，9.

[2] 秦淑荣，基于"三规合一"的新乡村规划体系构建研究 [D]，重庆大学，2011-10.

[3] 丰晓棠，"三规合一"的技术标准研究——以太原市为例 [J]，科技情报开发与研究，2013 (16)：133～134.

[4] 王辰昊，关于滨海新区实施"多规合一"的探讨 [J]，港口经济，2009，8.

[5] 蔡云楠，新时期城市四种主要规划协调统筹的思考与探索 [J]，规划师 2009 (1)：22～25.

行动规划下乡镇规划项目库编制内容与方法研究[①]

杨 晨 黄亚平

华中科技大学

摘 要：城市规划近年来呈现出由蓝图式规划向行动规划转变的趋势，而在乡镇规划领域中也对规划实施、规划项目库的编制进行了相关探索。本文从行动规划入手，分析了乡镇规划中行动规划的特点，探讨了乡镇规划中项目库编制的理论基础，并对乡镇规划项目库编制的内容建构与编制方法进行了研究与分析。

关键词：行动规划；乡镇规划；项目库

1 行动规划引领下的乡镇规划

1.1 从蓝图式规划到行动规划

1.1.1 规划从蓝图走向行动

蓝图式规划，即终极理想型的规划，长期以来是我国城市规划的基本范式。然而城市的发展是一个动态的过程，蓝图式规划因其静态化、周期长、调整困难，使得规划失效、开发失控的情况屡见不鲜，在目前城市快速发展的背景之下，静态的蓝图式规划已经难以适应我国城市发展的需求。

行动规划，或者"action plan"，最早出现在二十世纪六七十年代的美英，强调了规划的执行力与实施性。近年来，我国在规划理论与实践探讨中对其给予了较大的关注。行动规划因其动态性、灵活性、可实施性的特征，能够更好地适应规划实施及管理，被越来越多的应用于城乡规划之中。

蓝图式规划与行动规划比较

表1

名称	相关概念	特征	优点	缺点
蓝图式规划 blueprint plan	传统规划 静态规划	注重结果 理想型、目标型	稳定性强 战略指导	不够灵活 难以预测
行动规划 Action plan	新型规划 动态规划	注重过程 现实型、调整型	实效性高 操作性好	统筹性弱 变动性大

（作者自绘）

1.1.2 我国行动规划研究回顾

自2000年以来，以厦门、深圳、天津、上海等城市为代表，我国各地区都相继在规划中进行了行动规划的实践与理论探索。

目前国内对于行动规划的理论研究大致可分为两个方向，一是从工作方法入手，对我国城市规划编制现状及实施中的问题进行梳理，并由此提出行动规划的概念，强调规划的行动力——以王富海（2003）、何明俊（2004）、王红（2005）、陈玮玮（2007）、柳成荫（2008）等为代表，均对我国规划编制中引入行动规划的工作方法及其理念、工作框架等进行了探讨；二是从规划实践入手，总结各地区在规划过程中对于行动规划的利用——例如陈云亮（2009）、罗勇等（2011）、何子张等（2012）、邹兵

---

① 基金项目：国家自然科学基金"中部地区县域新型城镇化路径模式及空间组织研究——以湖北省为例"（批准号51178200）.

（2013）等分别以江津市、广州市、厦门市、深圳市在规划编制中创立项目库、改革编制思路与方法以及行动规划实践中的各类探索及问题进行了总结与分析。

同时，针对乡镇领域，在近年来也出现了对于项目带动农村发展的相关理论与实践探索——例如黄叶君、谢正观（2009）提出了以定量化的目标体系为指引，以整合资源的项目库为统一操作平台的新农村建设实施体系；荆万里等（2011）以河南省遂平县城区近期行动规划为案例，思考了欠发达地区行动规划的编制方法；赵迎雪等（2012）以广州市番禺区石楼镇为例，探讨了以村镇规划为平台，引入项目库分析研究的相关方法。

1.1.3 项目库与行动规划

行动规划的特征在于其可实施性，项目库则是编制行动规划的重要工作方式。在乡镇规划中，首先通过将各类项目进行分门别类的梳理与统计，形成动态可控的项目库，再以项目库为基础与指导，制定科学合理的行动计划与方针，能有效指导规划的落实。因此，项目库是编制行动规划的基础性内容及成果表达方式（图1）。

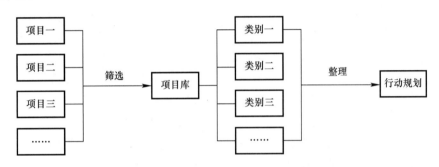

图1　项目库与行动规划关系示意
（作者自绘）

1.2 乡镇规划中行动规划的特点

1.2.1 全域覆盖，范围扩大

乡镇规划的行动规划范围与城市规划不同，其行动规划的覆盖面比城市行动规划的覆盖面大。城市规划中的行动规划，其覆盖面为城市规划区范围；而乡镇规划中行动规划为全域覆盖，其覆盖范围为乡镇全部，规划项目并不局限于镇区范围，大量规划项目位置处于镇区之外。

1.2.2 领域综合，"三农"突出

城市行动规划中，基本以人工设施的建设为主体内容，例如城市道路管网、电力通信设施等；而对于乡镇行动规划，其领域更为全面，环境政治、农田水利、交通环卫等方面项目偏多，并且农业、农村综合，具有更为明显"三农"地域特征。

1.2.3 层级构建，系统整合

乡镇行动规划中的项目，从镇域、镇区到社区、中心村、基层村，具有明确的等级与层次，在规划项目时要求更为精准；同时通过对各层次项目的分类梳理后，将庞杂的项目内容进行系统性的整合，最终形成内容丰富的项目库成果。

2　乡镇规划项目库建构理论基础

乡镇规划项目库的编制，既要符合行动规划与项目库编制的一般要求，又要突出乡镇自身的特点。

2.1　实施主体——政府主导

现代城市发展是政府、市场和公众三种力量的综合产物。市场"无形的手"与政府有意识的宏观调

控共同作用，促成了规划的有效实施。但由于市场调节具有其自身的不确定性及不可预测性（例如楼盘的市场调节等），因此，行动规划更多地强调对可控项目的规划，即由政府主导实施的、基于政府维度的行动计划。如此，通过对能够被政府主动干预并引导的项目进行合理的安排与调控，能够在更大程度上确保规划的贯彻实施。

2.2 领域侧重——公益导向

市场调节以盈利性的项目为主要内容，而政府调节则更多地考虑到公众利益。因此，在行动规划的领域选择上，公共产品、公共服务以及相关政策扶持是其侧重点。对于大部分公用产品及公共服务，是市场调节的空白领域，需要通过政府的投资与管理来提供；而部分涉及国计民生的产业及项目，则需要政府与市场共同调节，政府在这些领域内通过政策扶持影响项目的进程。

2.3 项目类别——公共为重

基于以上分析，以公共利益为导向，行动规划中的建设项目可以大致分为以下三类：一是公共产品，以道路交通、邮政通信等基础设施为主要内容；二是准公共产品，以文、教、卫、体等项目为主；三是政策扶持产品，具体到乡镇建设中则以保障房建设、农村居民点建设为代表。

3 乡镇规划项目库编制的内容建构

乡镇规划项目库以项目为基础，通过规划分析进行统筹与协调。在进行项目库建构时，重点需要明确项目内容与项目实施主体，以确保项目信息及特征明晰，项目实施路径明确。

3.1 项目内容按领域划分

大量的项目经过筛选后进入项目库，规划项目库内项目数量众多，需要按照一定的特征将其分门别类组织起来。在统筹项目库项目时，可依据各项目所属领域进行归纳。

根据行动规划政府主导、公益导向的特点，按照所涉及的国民经济不同方面，结合乡镇规划及建设的具体特征，可以将项目库内的各项目按照基本属性划分为以下三大类十三小类。

3.1.1 公共产品

这里的公共产品指纯公共产品，即为社会公共所消费，在消费过程中具有非竞争性和非排他性的产品。纯公共产品基本由政府提供，公众在消费时无需付出成本。

公共产品主要包括以下五类：

（1）行政管理：以政府服务为主的行政办公设施等都属于这一类别，包括政府大楼、社区服务中心等。

（2）道路交通：以道路交通设施城镇公路、村镇通村路等为代表的道路建设以及以信号灯、交通标志、路面标线、护栏等为代表的交通设施属于此类别。

（3）市政基础：包括与城市发展与人民生活息息相关的能源设施、给水与排水设施、邮电通信设施、防灾设施等。

（4）环保环卫：生态环保领域涉及与绿地建设、环境保护相关的各项建设活动，如垃圾收集与处理、污染治理等。

（5）园林绿化：绿地建设、公园建设等与城市绿化相关的活动属于此类别。

3.1.2 准公共产品

准公共产品介于纯公共产品与私人产品之间，其特点是由政府与市场共同开发，公众在使用时需付出一定的成本。

准公共产品主要包括以下四类：

（1）文化娱乐：与群众文化生活相关的各类建设项目，例如文化馆、艺术馆、青少年宫等。

（2）科技教育：包括各中小学校以及相关科学研究所等。

（3）医疗卫生：镇区医院、卫生院及村镇卫生所等。

（4）体育运动：体育馆、运动场等相关场所及社区健身设施等。

3.1.3 政策扶持产品

政策扶持产品基本上属于市场参与开发建设的项目，但由于在某些方面与城镇建设与发展有着密切的关系，需要政府通过政策进行引导与支持。

政策扶持产品主要包括以下四类：

（1）土地整治：土地整治领域主要包括基本农田建设、增减挂钩以及未开发用地的管理。

（2）农田水利：与农田建设相关的灌溉设施、排水设施等都需要政府引导市场进行建设。

（3）产业发展：产业发展是经济建设的重要内容，主要包括工业发展以及农业发展两个方面。与工业及农业发展相关的建设项目均属于产业发展领域。

（4）住区建设：住区作为乡镇规划中的重要内容，包括有城镇住区建设及农村居民点建设两个方面。

各领域主要建设项目   表 2

领域		主要建设项目
公用产品	行政管理	政府大楼、社区服务中心
	道路交通	镇区道路、通村路、交通设施
	市政基础	给水与排水、电力电信、燃气
	环保环卫	环境整治、垃圾收集及处理
	园林绿化	绿地建设、公园建设
准公用产品	文化娱乐	文化馆、艺术馆、青少年宫
	科技教育	中学、小学、科研机构
	医疗卫生	医院、卫生院、卫生室
	体育运动	体育馆、运动场、健身设施
政策扶持产品	土地整治	基本农田保护、增减挂钩、未开发用地管理
	农田水利	农田灌溉、农田排水
	产业发展	工业园区、现代农业、农田水利
	住区建设	城镇居住区、农村居民点

（作者自绘）

3.2 项目实施主体按行业落实

以政府为实施主体的项目库，在进行项目梳理后，需要明确各项目对应的具体主管部门，以便于后续的项目具体落实与操作管理。在确定政府实施主体时，可根据项目的行业划分进行对应。

3.2.1 项目行业划分

国民经济行业分类（GB/4754—2011）中，将国民经济各行业共划分为20个大类。本文参考国民经济行业分类（GB/4754—2011），结合行动规划的工作与管理特征，将乡镇规划项目库内的项目按行业划分为：农业、林业、制造业、电力、热力、燃气、供水、交通运输业、仓储业、邮政电信业、房地产业、科学研究和技术服务业、水利、环卫、教育、文化、娱乐、体育、社会保障共计19个行业。

3.2.2 政府实施主体

项目库项目的实施基本由政府部门负责与主管，因此需要针对不同的项目在编制中明确各自对应的部门。根据我国"省—市（县）—乡（镇）"各级政府部门的设置及职能分工，表3对于个行业对应的政府实施主管部门进行了说明。

各行业对应政府实施主体 表3

行业类别		政府实施主体		
序号	行业	省级	市（县）级	乡（镇）级
1	农业	农业厅	农业委员会	农业办公室经管站
2	林业	林业局	林业局	林业站
3	制造业	—	经济和信息化委员会	工业办公室经管站
4	电力	国家电网	—	—
5	热力		住房和城乡建设局	—
6	燃气		住房和城乡建设局	
7	供水	—	水务局	水利管理站
8	交通运输业	交通运输厅	交通局	交通管理站
9	仓储业	商务厅 交通运输厅	经济和信息化委员会 交通局	经管站
10	邮政电信业	—	邮政局 电信公司	邮政所 电信公司
11	房地产业	住房和城乡建设厅	房产局	经管站
12	科学研究和技术服务业	科学技术厅	科技局	科教文卫办公室
13	水利	水利厅	水务局	水利管理站
14	环卫	环境保护厅	环境保护局	城镇建设规划所
15	教育	教育厅	教育局	科教文卫办公室
16	文化	文化厅	文化局	科教文卫办公室
17	娱乐	文化厅广播电影电视局	文化局广播电视局	科教文卫办公室
18	体育	体育局	体育局	科教文卫办公室
19	社会保障	人力资源和社会保障厅	劳动保障局	政法民政办公室

（作者自绘）

4 乡镇规划项目库编制方法

在进行乡镇规划项目库编制时，应当从多角度进行考虑，多种方法结合，以保证项目库的编制统筹兼顾、覆盖全面。

4.1 规划引领法

（1）特征：遵循乡镇规划具体内容，确定实施项目。

（2）主要内容：这是项目库编制的最基本方法。项目库内的项目既要来源于规划，也要符合编制的乡镇规划。在编制过程中，通过研究已完成的乡镇规划，了解调整及新建的各类用地；并根据用地调整，确定应当实施的各类项目；最终将由规划提出的各类项目具体化，即将图纸及文转化为各实际项目，形成项目库的重要内容。

4.2 政府申报法

（1）特征：政府依据发展计划，申报建设项目。

（2）主要内容：这是项目库内公共产品及准公共产品项目确定的重要依据。各政府部门均有基于各自实际的年度发展计划。在进行项目库编制时，要主动联系各职能部门，要求县镇各政府部门及各村集体对应乡镇规划的期限、结合自身的计划，申报在规划期内的建设项目。一般此类项目都具有较强的稳定性，并涉及人民生活的方方面面，需要给予重视。

4.3 市场导入法

（1）特征：联系市场开发投资情况，引入开发项目。

（2）主要内容：这是项目库内政策扶持产品相关项目的重要来源。对于非政府投资但与民生息息相关的各项目，通常采取开发引导、市场导入的方式。联系规划乡镇招商引资及建设意向，通过对乡镇开发情况进行整理和梳理，能够为项目库的编制提供基础资料。

4.4 分期分级法

（1）特征：根据建设期限和重点，项目分期分级。

（2）主要内容：这是对项目库进行编制与整理时的综合方法。通过对已有项目按照时效性与重要性进行归纳，能够有效地突出项目库的重点。一般情况下，根据规划期限，可将项目分为近期（3年及以内）与远期（3年以上）实施项目，以近期项目为主；根据项目规模、区位及目的等特征，可将项目分为重点项目与一般项目，对重点项目的信息要求更为明晰。

5 乡镇规划项目库成果表现

5.1 项目库成果形式

项目库的最终成果，应当图、表、文对应，形成乡镇规划项目库"一图一表一文"的形式。"一图"即项目汇总图，在规划图上明确各项目的位置与范围；"一表"即项目汇总表，将项目的各项具体信息以表格形式进行汇总；"一文"即项目说明书，对项目库的关键数据与内容特征进行总结分析。

在表达过程中，由于图纸大小与项目数量的不确定性，对于项目汇总图可采用分区、分领域、分时期等不同的表达方式，但始终要保证图纸、表格与文字的统一。

5.2 项目库成果要求

5.2.1 项目汇总图

项目汇总图以直观的形式将项目在图纸上呈现。图纸应当满足以下要求：（1）以乡镇镇域规划图作为底图；（2）在图纸上对项目的重要信息进行说明；（3）以点、线、面等不同形式表达面积、特征及范围不同的各项目。

如图2所示，五里界街交通规划项目汇总图将各道路建设项目及名称在图中进行了汇总与说明。

5.2.2 项目汇总表

项目汇总表是反映项目属性与具体信息的重要载体。汇总表应当包含以下内容：（1）项目基础信息：包括项目序号、项目名称、项目面积、所在区域、建设期限；（2）项目特征属性：包括具体建设内容、领域划分、所属行业；（3）项目建设属性：包括投资资金估算、投资主体、政府实施主体。

如表4所示，五里界街道路建设项目汇总表将涉及道路工程的各项目进行汇总，并列表标注出了各个项目的基本信息。

5.2.3 项目说明书

项目说明书是对整个项目库进行的分析与总结，反映出项目库内项目的总体特征。项目说明书需要对以下内容进行数据统计：（1）项目总数与投资总量；（2）分期项目比重；（3）不同投资主体项目比重；（4）不同领域项目比重等。

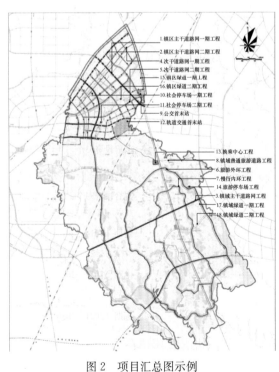

图2 项目汇总图示例

（资料来源：湖北省四化同步规划之五里界街全域规划）

项目汇总表示例   表4

项目类型	序号	项目名称	建设规模	所在区域	建设内容	建设分期	投资估算（万元）	投资类型	项目类型	行业领域	实现效益
交通畅达行动计划	1	镇区主干道一期工程	14.08公顷（4.12公里）	镇区	1 界兴路拓宽改造工程 2 界南路 3 山水大道	2014-2016	7700	混合投资	基础设施建设	城建委	构建合理镇区路网体系，依托道路建设，带动经济发展
	2	镇区次干道一期工程	13.81公顷（5.1公里）	镇区	1 五伊路 2 唐涂路 3 五里路 4 中五路 5 工创路	2014-2016	5000	混合投资	基础设施建设	城建委	
	3	镇区支路一期工程	11.1公顷（6.58公里）	镇区	1 伊托邦路 2 毛家畈路 3 锦五路 4 斜五路 5 工瞳路 6 剧场路 7 安防路	2014-2016	2600	混合投资	基础设施建设	城建委	
	4	镇城主干道一期工程	12.25公顷（6.1公里）	镇域	界梁路扩建	2014-2016	5512	混合投资	基础设施建设	城建委	
	5	慢行内环工程	12.98公顷（10.82公里）	镇域	道路土方、路基及配套工程	2014-2016	2063	混合投资	基础设施建设	交通、城建	
	6	公交首末站	用地面积0.90公顷；建筑总面积4500平方米	文化创意产业研发片	建设调度管理用房、站场管理用房、休息用房、停车坪、回车道、上下车区、候车廊。采用生态节能方式建设。	2016	1600	政府投资	基础设施建设	交通	保障交通枢纽、公交场站等公交设施用地；有效控制停车供给，合理满足停车需求
	7	社会停车场一期工程（共3处）	用地面积0.59公顷；建筑总面积3540平方米	镇区	每处停车场应建管理用房、停车坪、回车道。建设方式采用生态停车场。	2014-2016	830	政府投资	基础设施建设	交通	
	8	镇区绿道一期工程	25.43公顷（10.17公里）	镇区	道路土方、路基及配套工程	2014-2016	5100	混合投资	基础设施建设	镇区绿道一期工程	
小计		合计项目8个，总投资30405万元。其中混合投资项目6个，总投资27975万元；政府投资项目2个，总投资2430万元									

（资料来源：湖北省四化同步规划之五里界街全域规划）

如图3所示，在完成项目库编制后，五里界街对整体规划项目库的内容按照不同性质进行了统计与数据分析。

规划项目合计208个，总投资约143.74亿元。其中：

市场投资48个，共计92.48亿元，占投资总额64.34%，市场为主要投资来源；

政府投资63个，共计26.29亿元，占投资总额18.29%；

集体经济3个，共计0.25亿元，占投资总额0.17%；

混合投资94个，共计24.95亿元，占投资总额17.36%。

近期（2014—2017年）：合计项目69个，占项目总数33.17%；
总投资57.06亿元，投资占比39.70%。

中期（2018—2020年）：合计项目55个，占项目总数26.44%；
总投资42.62亿元，投资占比29.65%。

远期（2021—2030年）：合计项目84个，占项目总数40.38%；
总投资44.07亿元，投资占比30.65%。

图3 项目说明书示例

（资料来源：湖北省四化同步规划之五里界街全域规划）

6 结 语

乡镇规划编制过程中，项目库的编制是关系到规划能否实施以及如何实施的关键。乡镇规划项目库的编制及实施，能够成为城市规划向行动规划发展的前沿地，使得规划能够更好地落实与落地。

参考文献

[1] 赵迎雪，刘雷，刘倩. 项目带动新农村规划实施机制研究初探——以广州市番禺区石楼镇为例 [A]. 中国城市规划学会. 多元与包容——2012 中国城市规划年会论文集（11. 小城镇与村庄规划）[C]. 中国城市规划学会，2012：12.

[2] 黄叶君，谢正观. 新农村建设的实施体系初探 [J]. 城市规划，2009，05：60-65.

[3] 荆万里，彭俊，刘浩. "三划耦合"方法在欠发达地区行动规划中的应用——以河南省遂平县城区近期行动规划为例 [J]. 城市规划学刊，2010，S1：177-182.

碧溪实验：新型城镇化背景下的社会协同发展模式

陈云岗

城市经营研究院（香港）有限公司

摘　要： 随着《新型城镇化规划（2014-2020）》的出台，中国城镇化又迎来新一阵的热潮，但同时也面临着很多挑战。在此背景下，我们于 2011 年开始，选择云南普洱市墨江县碧溪古镇，借鉴先进国际经验，结合本地风土民情，探索社会协同发展模式，从目标协同、组织协同、利益协同、创新协同、信息协同等方面入手，努力探索古镇复兴之道。

"我们最初的旅程曾经鼓励了无数想要上路的人们。" 与远在安徽的碧山实验不同，本文以云南省普洱市墨江县碧溪古镇为例，对新型城镇化背景下的社会协同发展模式做相关的阐述和说明，名之为 "碧溪实验"。

关键词： 碧溪实验；协同共生；古镇保护；新型城镇化

引　言

2011 年中国城镇化率首次突破 50%，达到 51.3%，标志着中国城镇化进入全新的发展阶段，充满前所未有的机遇，也面临诸多战略性挑战。

城镇化是一个空间聚集、社会福利增长的过程，在这一聚集增长的过程中，各个利益主体之间的利益冲突既不可避免，也客观存在。内涵型的城镇化，并不仅仅是 GDP 的增长、城市地理扩张或是城市人口膨胀，而是要着眼于城市功能的多元化挖掘与城市的均衡、可持续化发展，这是一个经济、社会、生态、文化多个要素协同发展过程。因此，城镇化过程中需要对各利益主体之间的利益冲突进行协调，适度保障城镇化的协同发展。

目前，生态资源破坏性利用、旅游资源同质化、空间承载超负荷、商业化发展失控、周边土地资源过度开发、传统生活景观消逝等问题，成为中国城镇发展过程中普遍存在的现象。在此一进程中，传统历史文化古镇发展步入 "十字街头的踯躅"。所以，如何从现实存在问题入手，策划和规划高度适合本土区域发展的解决方案，既能保持旧貌，又能创造新生，彼此协调、相融、共生是至关重要的。

城镇作为一个整体系统，在规划发展过程中不能一蹴而就，而要打破区域内的条块分割，实现结构、功能上的统一，实现共生的目的。那么如何使系统内部及各子系统（政府、居民、投资者、经济、教育、农业、文化等各客观存在因素）之间相互适应、相互协作、相互配合，达到同步、协作与和谐发展的良性循环，最终实现整体上的聚合？

遵循创新规划、保持传统美学、实现人本栖居，这是新型城镇化的三要素，也关系到新型城镇化背景下传统历史文化古镇或新兴主题小镇实现社会协同发展的核心问题。

1　中国小城镇发展概述

自中国共产党的十五届三中全会在《中共中央关于农业和农村工作若干重大问题的决定》中指出 "发展小城镇，是带动农村经济和社会发展的一个大战略" 以来，中国内地小城镇建设进入全面发展阶段。

2013 年中国内地城镇化率达到 53.7%，城镇人口已经达到 7.3 亿。这是一个世界范围内的史无前例的人口城镇化进程。

2 新型城镇化背景

2.1 新型城镇化的动因

2.1.1 强劲消费需求驱动下的城镇化

城镇化的起点是消费需求，中国大部分城镇人均 GDP 已经超过八千美元，进入国际上所谓"逆城市化消费"时期。其特征包括：城市居民大量的消费，无论是旅游玩乐、休闲养生，还是餐饮娱乐，消费的场所、消费的产品以及内容，越来越出现逃离城市，趋向郊区或乡村。另一方面，收入已经提高了的广大农民渴望摆脱土地，向往城市生活向往，常年进城打工，构成另一类型的城市消费需求。

长期存在且日益强化的"城—乡"二元互动的消费需求耦合，构成中国内地城镇化水平持续提速的内在动因。

2.1.2 不可持续的旧城镇化模式

随着城镇化规模的进一步扩大，矛盾也日渐突出，生态系统的物质循环和能量系统逐渐发生改变，面临资源危机；在城镇化中，各类环境污染也以不同方式存在，大气污染、水污染、固体废弃物排放和噪声污染成为城市的主要污染来源；此外，一味地追求物质生活、经济增长，社会和谐出现矛盾；大规模的城镇化活动，导致各中小城镇（包括历史文化古镇）出现"千城一面"的局面，失去了城镇的原真性、整体性、唯一性和可持续发展性。

2.1.3 旧城镇化本质上是"物的城镇化"

旧城镇化本质上是"物的城镇化"而非"人的城镇化"。这样必然导致无论是农民之间、市民之间、还是市民和农民之间，出现内在的系统分裂。从历史的天空俯瞰，过去式的城镇化成为一种"圈地运动"或"造城运动"，远远脱离"以人为本"的本质，学者非议，民怨不断。在新兴城镇化的政策条件下，以城乡统筹、城乡一体、产城互动、节约集约、生态宜居、和谐发展为基本特征的"以人为本的城镇化"的出现成为必然。

3 社会协同发展的必要性

目前，很多城镇发展项目规划往往与初期设想偏离较远，主要问题体现在：效益不明显，无法有效聚集资金；规划高大上，实际建设落实走样；单一的地产开发，未能与当地实际情况结合，脱离百姓民生；政府主导，一味贪大求全……这一系列的问题，归根结底是因为项目主导者没有考虑到社会协同发展，只片面地求经济、扩规模，变成一种简单、粗暴、快速的地产开发，我们称之为"粗鄙的前市场经济"。

作为传统历史古镇的热爱者，我们认为，保护与发展是相辅相成、是并存的。保护不是为了将古镇做成花瓶，而是要让人生活其中，以人为本，通过社会协同的方式，形成城镇应有的"形象"与"格调"，实现可持续发展。可以相信，践行社会协同发展模式，自然会产生一种协同效应，即复合增效作用。政府、企业、农民以及社会每一分子之间相互协调合作，应对外部的公共问题或危机，那么将会实现"2+2>4"的最终效果。

4 碧溪实验：古镇的社会协同发展模式

古镇作为一种非常有代表性的小城镇，对于建立城乡互动、协调发展的新型城乡关系有很大促进作用。古镇城镇化的内涵是在历史文化遗产得到有效保护的基础上，实现物质、功能、文化三方面的发展。

在改造过程中，如何使古镇既保持历史所赋予的厚重感，又具备当下时代的气息而避免"千城一面"局面的产生？中国的古镇大多开发过度、表现单一，内容千篇一律。在经济活力充足的条件下，这样的开发方式势必使古镇失去其本身的"魅力"。相应地，历史文化古镇的"自然力"、"文化力"、"品牌力"等一系列"活的元素"也随之消失殆尽。

那么，如何使具有历史文化传统的古镇风貌得以保存的同时，又能够注入新的活力，让传统城镇重新焕发魅力？作为一个文化大国，我们应重新审视对待文化遗产的态度，提升文化自觉。

4.1 碧溪古镇概况

4.1.1 地理位置

碧溪古镇地属云南省普洱市墨江哈尼族自治县，位于墨江县政府所在地联珠镇北部的北回归线上，是昆明—曼谷国际大通道北段的知名茶马古镇，也是昆明—普洱—西双版纳滇西南国际旅游区的中点。

4.1.2 资源条件

碧溪古镇规划占地面积 2.16 平方公里，覆盖碧溪老街、那雷村、捕干村、瓦窑村及其周边地域。项目地茶马古镇风貌保护完整，哈尼民族风情浓郁，梯田层层、茶园叠翠、紫谷飘香。2006 年，碧溪古镇就列入云南省重点打造的 60 个旅游小镇计划。正基于此，我们规划建议，在未来五至八年内，碧溪古镇将建设成为富有国际影响力的云南风情小镇和国际性自然教育基地（图 1）。

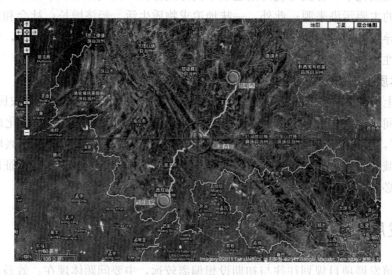

图 1 项目区位图

4.1.3 存在的主要问题

碧溪古镇的整体保护与文化旅游开发存在一定局限性，作为墨江县老碧溪乡政府所在地，古镇外周遭建筑密度大、品级低，人口过多，地方小手工经济相对较发达，但缺乏配套的城镇公共基础设施，是中国乡镇存在的一个普遍问题。另外，当地居民经商意识强，对于传统建筑遗产几乎没有主动保护意识，新型城镇化动因相对不足。

4.2 策划与规划方案简述

碧溪古镇，位于中国云南省普洱市墨江哈尼族自治县联珠镇片区，城镇容纳人口 1 万人，占地约 2.16 平方公里，包括碧溪古镇和周边六个哈尼山寨。

我们的规划致力于在未来五到八年内，以"生生谓易，生命之水"为主线，坚持"传统古镇保护与可持续发展相平衡"的基本法则，采用社会协同型可持续开发模式，依托碧溪独特的茶马古镇资源和原生态的哈尼民族文化资源，通过借鉴国际先进经验，导入社会协同型可持续开发模式，将碧溪古镇及其周边多个村寨建设成为以自然教育为特色，集绿色低碳、普洱茶道、哈尼文化、绘本创作、自然教育、慢食乐活等主题体验于一体的国际性复合型主题旅游小镇，营造继自然观光小镇、度假休闲小镇之后的第三代主题旅游小镇——慢生活方式小镇。

4.3 规划原则

4.3.1 创新性主题小镇原则

把碧溪古镇放在云南旅游的坐标系中，因应海内外旅游市场需求，借鉴国际旅游小镇的发展趋势，通过战略创见和创意策划有效转换旅游资源，做到概念新颖、主题突出、特色鲜明，保证碧溪古镇成长为生态旅游与文化旅游相平衡、实现可持续发展的国际性主题旅游小镇。

4.3.2 国际市场导向原则

把碧溪古镇的茶马古道资源和哈尼族文化资源透过国际旅游的视角，发现独特而丰富的国际旅游价值，为碧溪古镇度身定制生态旅游产品和文化创意精品，保证碧溪古镇成为墨江县、普洱市乃至云南省旅游地图上的极具国际市场吸引力的全新"旅游名片"。

4.3.3 有机更新利用原则

注重导入欧陆小镇的有机再生经验，一方面通过保护性更新规划和生态设计保持碧溪古镇自然文脉的延续性，另一方面透过小额、渐次、多轮次投资的投资节奏控制开发建设进度，保证碧溪古镇保持原初文化生态系统的完好性，保证碧溪古镇项目建设的高度集约性、社会和谐性以及可持续发展性。

4.3.4 生态系统保护原则

不仅注意自然生态环境的保护、森林植被的复植和生态家园的复兴，更为注意对于文化生态环境的甄别、哈尼文化的传承、现代文化因素的融通，特别强调设计遵从自然空间格局和山水流脉，使得原生态、仿生态、衍生态系统循环，建立人与自然的和谐关系，防止破坏性开发。

4.4 碧溪实验的关键点

4.4.1 借鉴国际先进经验

消费有很多独特性，但共性往往大于独特性，这就意味着，国外在消费趋势上走过的一些经验，是很值得我们借鉴的。比如国外小城镇的田园生活方式，与大城市的集约生活方式大不一样，那为什么我们现在很多城镇化建设在盲目模仿大城市，把小城镇做得完全没有田园风光和小镇生活情调？

碧溪古镇的策划与规划方案正是企图借鉴国际先进经验，导入协同性可持续发展模式，进行相对超前的古镇保护与创新性开发建设，实现社会协同共生（图2）。

图2　碧溪古镇未来鸟瞰图

4.4.2 以生态城镇为发展目标

增强环保意识，提高对小城镇可持续发展重要性和紧迫性的认识。小城镇建设只有做到经济、社会和环境效益的高度统一和协调，才能健康有序发展。

日本的黑川纪章在《共生思想》里倡导："把内部空间外部化和把外部空间内部化"，这就意味着排除内外之间，促使内部与外部之间的相互渗透。当内外部之间相互融合，共生的力量便会产生。共生意味着碧溪的农业、林业和传统文化必须是三位一体的。碧溪的共生模式在本质意义上就是人与自然的共生。

确定碧溪以生态小城镇为发展目标，接受历史文化名镇保护法规的上位约束，结合墨江县政府通过的《碧溪古镇保护和管理条例》的强制力，持续监督策划与规划方案的有效实施，致力于解决由于缺乏长远规划或规划缺乏科学性，给建设带来很大盲目性这一普遍存在的问题，避免其在人口、资源、环境等方面的不协调，从而影响到小城镇的可持续发展。

4.4.3 营造特色主题城镇

不同的小城镇，由于自然地理特征、地域历史文化和社会经济水平的不同，其特色各有不同。然而，在建设小城镇的过程中，可能会因为片面的强调经济发展以及追求建设规模，忽视城镇特色的保护与建设，使得城镇特色不足，相似有余。一个有特色的小城镇不仅可以树立城镇形象，提升竞争优势，同时也是对原有环境及文化的尊重与保留，是一种可持续的发展方式。

依据碧溪优越的自然条件和资源优势，我们着力于打造继自然观光小镇、度假休闲小镇之后的第三代主题旅游小镇——慢生活方式小镇。

4.4.4 协同合作模式

城镇化项目既然是一个长期的经营体系，很大程度上做的是未来的生意，项目会消耗大量的资金，需要参与者有巨大的经济实力，只有通过合作来解决风险的不对称。

用什么样的模式才能使这个项目落地？考虑到政府、社区、市场以及产业和文化等各方面的需求，把这几大需求融为一体，这种模式叫社会协同发展模式（图 3）。政府出政策，扶持、配套；社区居民用自己的体力、劳力、财力参与其中；文化人用做文化的善心做 NGO 的善行以及文化创意本身的资源；产业资本用他的绿色产业资本、小规模的资金，商业化地符合市场经济方式的投入方式，形成对四大需求——政府需求、投资需求、社区需求、市场需求融为一体的社会发展模式。

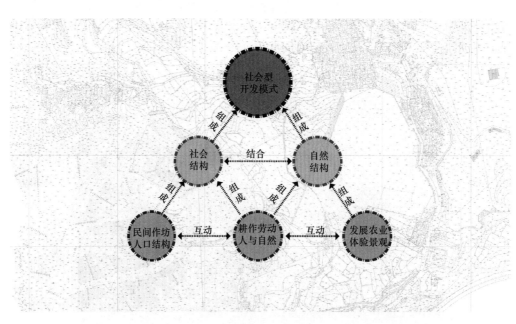

图 3　社会协同开发模式

无论是组织还是个人，无论是政府还是社会，无论是本地居民还是外地来客，当然这是一个我们没有经验的长足的旅行，也是一个探险之旅，其中充满了非常非常多的不确定性。

5 项目实施进度与评价

5.1 项目进度——已经完成的工作

一是蓝图与愿景规划。2011年度主题是"自然规划年"，主要任务是摸清资源情况，消化过往规划成果，形成涵盖战略谋划—主题策划—概念规划—控制规划—保护规划等一系列规划成果。在长达一年的时间里，我们从总体概念性规划出发，为碧溪寻找到一张"自然教育小镇"的蓝图。接下来，陆续完成《碧溪古镇保护规划》《碧溪古镇片区控制性详细规划》以及《首期新开发项目设计方案》，等等。

二是文化旅游细胞群的培育。2013年度主题是"旅游新生年"。碧溪古镇美则美矣，也引得无数游客探寻而来，但美中不足的是，除却古镇老建筑摄影外，几乎欠缺任何旅游服务，古镇的落寞和死寂感像铺排了千年的灰尘，压抑得让人喘不过气来。于是，我们对碧溪古镇的108个老院落进行了详查。在此基础上，以碧溪绘本公益图书馆为发端，选择古镇十字街，完成绘本小铺、碧溪画廊、嘉沐茶舍、哈尼娃娃、田里咖啡馆在内的一批先行示范项目。

三是持续有加的社区营造。2012年是"社区营造年"。历史文化古镇的复兴，不应委身于外来的理想主义者或者适合的投资机构，更多地需要本地精英的主理和当地民众的参与。借鉴东亚文化中历久弥新的社区营造文化，我们以2012年的"再造魅力故乡"的主题启动仪式为开端，随后举办了一系列公益性主题活动："茶马谣歌"六一儿童节、"七月流火"马帮图书馆活动、"野外求生"中秋露营周活动、"回归秘境"科学探索冬令营、"碧溪印象"芒果画家周活动、"布偶乐园"海峡两岸文化交流节、"梯田放歌"哈尼民族文化周活动、"中秋团圆"戈雅吉他音乐会、"碧溪会讲"传统文化活动月，等等（图4）。

图4 社区营造活动集锦

四是文化软组织的引入。作为极具实验色彩的古镇复兴项目，碧溪古镇不仅引入了中国传统经典诵读中心、中国民族地区传统资源保护研究所、西双版纳天籽生物多样性发展中心设立碧溪研究基地，而且获得北京启发文化、耕林文化、成都文旅、成都软通、深圳少儿图书馆等众多机构的公益捐赠。

五是产业投资机构的进入。历史文化古镇的复兴，不仅需要解决文化旅游的引力问题，而且更需要解决产业经济的发展问题和空间承载的容量问题。基于前者，碧溪古镇在旅游度假规划范围设立了普洱庄园、咖啡庄园、紫米庄园、橄榄酒庄四大庄园体系，已经诚心邀请上海汉德投资公司介入普洱庄园项目。至于后者，也难得地获得了100亩城镇建设用地指标，古镇旅居空间扩容得以保障。

值得说明的是，2012年碧溪古镇列入云南省100个特色小镇建设项目库，获得省级重大专项资金支持。

5.2　项目评价——我们的认知

在中国这样一个新富国家里，就像E•F•舒马赫所讲的一样，"一个社会越富有，对有意义的行动就越是迟疑"。三年之前，因为与碧溪古镇的一面之缘，因此一往情深，我们毫不迟疑地选择了碧溪古镇这块试验田。此后数年，无数人持怀疑的初心，无数人盘问投资的回报，无数人观望、动摇、逃逸，然而我们坚持下来了。

请问，在未来的岁月里，先行的我们，或者后来的他们，能不能毫不动摇地去遵循当初选择的社会协同发展模式呢？

熊培云先生曾经写道"最近几年，越来越多离开乡村的游子写下了故乡沦陷的文字，他们站在中国与世界的不同地方发问——为什么我们曾经'热爱的故乡'，变成了一个自己不愿回去或回不去的地方？"。

对碧溪人来说，乃至对普洱市、云南省、中国人来说，碧溪是一个隐喻，听它的名字富含了古代先人留给我们后人的命运，青山碧水、古道人家，这是一个美妙的人与自然和谐的图景，她真的回不去吗？该如何回去呢？是通过一些单纯的文化旅游市场的启动，还是通过大量的投资进入？是通过古镇旅游市场的启动，还是引进现代生态产业项目，还是密集的旅游地产开发？这个问题自始至终盘旋在我们的脑海中。

身居碧溪，长空明月，我们又能期待什么样的未来？

这样的未来，一定是关于如何敬畏自然山水、如何尊重传统价值、如何活出自在人生的未来！

6　结　语

"有一些操之过急的、非理性的或者是利益驱动的倾向，往往在城镇发展过程中，拆除一个村落的时候，没有考虑文化应该怎么安放，怎么传承下去，这是让我特别担忧的。"这是冯骥才先生的焚心之语。诚然，这是各界人士都应该担心的一个问题，如何使城镇化真正"以人为本"？如何使人与自然达到"共生"？如何使古镇的"新"、"旧"相融？

我们认为，社会协同化发展模式在一定程度上，能够有效地解决这些问题，关键在于如何运用与实施。

"来时的路，来时的心"，是为结语。

参考文献

［1］　陈云岗. 碧溪古镇策划与规划实施方案. 香港城市经营研究院. 2011.
［2］　托尼•惠勒莫琳•惠勒. 当我们旅行生活. 上海：生活•读书•新知三联书店，2012.
［3］　新玉言. 新型城镇化——格局规划与资源配置. 北京：国家行政学院出版社，2013.
［4］　（日本）黑川纪章. 共生思想. 北京：中国建筑工业出版社，2009.

[5] 杨桂华. 云南生态旅游. 北京：中国林业出版社，2010.
[6] 致远协同研究院. 协同创造价值. 北京：世界知识出版社，2013.
[7] 陶晓敏. 新型城镇化的专业镇发展路径探析. 山西：山西农业科学出版社，2013.
[8] 袁中金. 小城镇生态规划. 南京：东南大学出版社，2001.
[9] 张鸿雁. 中国新型城镇化理论与实践创新. 北京：社会学研究，2013.

重庆市小城镇发展特征与规划策略

邱建林　倪　明

重庆市规划局

许　骏　易德琴　尹晓水

重庆市规划研究中心

摘　要：小城镇连接城乡，量大面广，是城乡要素交换、资源流动、基础设施和公共服务设施共享的关键环节，在统筹城乡发展中发挥着不可替代的作用。因此，"小城镇是大战略"。本文从重庆小城镇人口、用地、经济、公共服务设施等方面展开研究，分析其现状发展特征，以及在现状发展、规划编制与实施方面存在的主要问题，最后从规划角度提出小城镇的发展策略。

关键词：新型城镇化；小城镇；发展特征；规划策略；规划编制

引　言

小城镇连接城乡、量大面广，是城乡要素交换、资源流动、基础设施和公共服务设施共享的关键环节，在统筹城乡发展中发挥着不可替代的作用。因此，"小城镇是大战略"。根据对全市镇街乡规划基本信息调查，至 2010 年底全市共有建制镇 587 个，主城区 73 个，远郊区县 514 个。远郊区县位于规划城市建设用地范围内的镇 37 个，位于规划城市建设用地范围外的镇 477 个。本次研究小城镇的主要对象是远郊区县城规划城市建设用地范围外的 477 个镇。

1　当前重庆市小城镇发展的主要特征

1.1　小城镇吸纳了全市 20% 的城镇常住人口

至 2010 年底，全市小城镇的镇区常住人口共约 314.2 万，约占全市常住城镇人口（1528 万）的 20%。全市小城镇的镇区常住人口平均为 6588 人。镇区常住人口规模最大的是江津区白沙镇，约 4.3 万人（表 1）。

小城镇镇区常住人口统计表　　　　　　　　　　　　　　　　　　表 1

地区	镇个数		镇区常住人口	
	个数（个）	占比	人口（万人）	比重
城市发展新区	211	44%	144.2	46%
渝东北	196	41%	131.2	42%
渝东南	70	15%	38.8	12%
合计	477	100%	314.2	100%

1.2　镇区常住人口超过 1 万人的镇（91 个）约占小城镇总数的 20% 左右，吸纳了全市 50% 的小城镇镇区常住人口

镇区 1 万人以上的镇的空间分布，城市发展新区 42 个，渝东北 43 个、渝东南有 6 个。按照经济学

有关理论，小城镇镇区人口达到 3 万以上才能形成聚集效益，而全市镇区常住人口 3 万人以上的镇仅 9 个，其中城市发展新区 7 个、渝东北 2 个、渝东南没有镇区人口 3 万以上的镇（表 2）。

小城镇镇区人口规模层级表   表 2

人口规模层级（万人）	镇区个数		镇区常住人口	
	个数（个）	占比	人口（万人）	比重
3 以上	9	2%	30.7	10%
3~2	20	4%	49.3	16%
2~1	62	13%	84.6	27%
1~0.5	114	24%	80.4	26%
0.5 以下	272	57%	69.2	22%
合计	477	100%	314.2	100%

1.3 低于国家设置镇的标准①、镇区常住人口少于 2000 人的镇（99 个）接近全市小城镇总数的 20% 左右

其中城市发展新区 54 个，渝东北 39 个，渝东南 6 个。小于 2000 人的镇，由于规模太小，人口聚集度太低，本地资源匮乏，多以农业主导型为主。

小城镇镇区人口规模区域分布表   表 3

人口规模（万人）	个数	城市发展新区	渝东北生态涵养发展区	渝东南生态保护发展区
3 以上	9	7	2	0
3~2	20	7	10	3
2~1	62	28	31	3
1~0.2	287	115	114	58
0.2 以下	99	54	39	6
合计	477	211	196	70

1.4 约 20% 的小城镇利用了约 58% 的小城镇建设用地

至 2010 年底，全市小城镇建成区总面积约为 195.5 平方千米，平均每镇 40.9 公顷。镇区建成区面积大于 50 公顷的镇属于规模较大的镇，有 107 个，约占总数的 22.4%，建成区面积 112.88 平方千米，约占小城镇建成区总面积的 58%（表 4）。

镇区建成区面积大于 50 公顷的镇占比表   表 4

地区	面积和（ha）	平均值（ha）	数量	在本区域的占比	占全市总数的比
城市发展新区	5936.33	123.67	48	22.7%	44.9%
渝东北生态涵养发展区	3473.25	82.7	42	21.4%	39.3%
渝东南生态保护发展区	1879.39	110.55	17	24.3%	15.9%
			107	22.4%	

1.5 小城镇发展动力以一三产业驱动为主，二产驱动为辅

2010 年底，我市人口在 1 万以上的大镇共有 99 个，其中农业服务型 42 个，并形成了一批特色地理标志产品镇，如石柱黄水镇的莼菜、黄连，涪陵珍溪镇榨菜，江津蔡家镇的"饭遭殃"，武隆羊角豆干，綦江赶水豆腐乳等；文化旅游镇共 14 个，发展势头良好。此外，在城市发展新区和万州周边，部分镇

---

① 据《国务院批转民政部关于调整建镇标准的报告的通知（[84] 国发 165 号）》：总人口在 20000 以下的乡，乡政府驻地非农业人口超过 2000 的，可以建镇。

水资源丰富、区位、用地条件较好，适度地参与了区县城生产分工，发展嵌入型工业，这类镇有23个；五大功能区主导产业各具特色，城市发展新区以资源加工镇为主；渝东北生态涵养发展区以农特产品和旅游为主，兼具部分资源加工镇；渝东南生态保护发展区以旅游、农特产品为主。

1.6　小城镇公共服务能力初步形成

当前小城镇公共服务设施基本能满足教育、医疗、养老等日常生活需求，相关设施配置率普遍在80%以上，其中卫生院89%，小学92%，在大生态区部分镇卫生院、中小学、汽车站辐射范围较大。环境、游憩类设施配置率较低，普遍在60%以下，其中污水处理厂仅为23%，公园仅为8%。

1.7　县镇关系密切且差异明显

我市由于山地屏障、阻隔等原因，县镇关系比平原城市更紧密。2010年底，城镇人口50%以上居住在小城镇的区县有7个，占总数的24%；同时，县镇关系区域差异明显，城市发展新区工业外溢突出，县镇关系以工业联动为主；渝东北地形屏障较多，以职能互补为主；渝东南镇特色资源突出，以职能并列发展为主。

2　当前重庆市小城镇发展的主要问题

2.1　现状发展存在的问题

2.1.1　发展定位和职能尚不清晰

现阶段我市小城镇发展定位仍较模糊，小城镇在城镇化布局中究竟该占多大比重、承担什么职能、现阶段制约发展的突出问题和管控重点是什么等问题尚未明晰，小城镇发展路径仍处于探索阶段。

2.1.2　产业发展缺乏政策统筹和导向

当前我市小城镇产业发展呈现出重产值轻价值的势头，资源等内生型发展因子利用不充分，农特、旅游产品品牌培育力度较小，第二产业发展较为盲目，部分嵌入型工业镇按照招商引资项目发展产业，产业无集群，类型无统筹，有些位于上风上水区位的镇发展造纸等污染产业，少量渝东南生态涵养保护区的镇植入性发展钢铁产业等，不利于产业集群、可持续发展。

2.1.3　工业组团发展低效用地不集约

目前我市小城镇布局了全市30%左右的工业组团，几乎不设企业入驻门槛，产业门类以矿产开采、加工、建材、食品、造纸、化工为主，大部分为主城淘汰的污染性企业，环境压力巨大，且目前镇区工业组团地均产出不足10亿元/平方公里，用地不集约现象较为普遍，有的甚至存在"圈地"隐患。

2.1.4　公共设施服务水平偏低

受发展阶段和经费投入的制约，我市小城镇公共设施建设以满足基本生活需求为主，中小学、卫生院、水厂等配置基本达标，而改善和提升人居环境类的垃圾处理站、污水处理设施、公园绿地、广场等配置率较低，小城镇公共服务水平有待提升。

2.2　规划编制存在的问题

2.2.1　未实现镇规划编制全覆盖

一是截至2013年底全市尚有约10%的镇未完成镇总体规划编制和审批。根据《重庆市城乡规划条例》"城市规划区外的镇，应制定镇总体规划。"2013年底我市城市规划区外的镇共有536个[①]，其中50个镇，正在新编或修编总体规划，19个镇未编制镇总体规划。

---

① 2013年，重庆市共有小城镇611个，主城区69个，远郊区县542个；其中规划城市建设用地范围内的镇75个，主城区42个，远郊区县33个。数据来源：2014年重庆领导干部手册。

二是绝大多数镇未编制镇的控制性详细规划。按照《城乡规划法》第二十条要求"镇人民政府根据镇总体规划的要求，组织编制镇的控制性详细规划，报上一级人民政府审批"，由于编制经费等各种原因，我市绝大多数镇未编制控制性详细规划。

2.2.2 已编制的镇总体规划科学性不足

一是基础资料缺失或不准确。我市小城镇基础地形图的覆盖严重不足，在两翼地区尤为明显。其他资料如资源环境情况、常住人口统计、基础设施资料、地质资料以及各种灾害资料等也存在不准确、不清楚或是缺乏的问题。

二是规划用地总规模确定缺乏明确的上位规划依据。有的区县政府审批小城镇规划用地规模较为随意，规模普遍偏大，据统计，2013年底全市已通过审批小城镇建设用地规模已达1200平方公里，在编和修编规模100平方公里，超过全市城镇建设规划用地规模的一半，这与小城镇在市域城镇化中13%～20%的人口规模占比不匹配。此外，小城镇规划建设用地规模未与市域城镇化布局相匹配，城市发展新区普遍不足，渝东南普遍有较多富余，渝东北内部用地规模不足和富余现象同时存在。

三是未注重分类差异化发展。首先是镇规划编制与城市规划编制类型差异不明显，现行镇规划人均用地标准与城市标准一致，为人均80～100平方米，而镇用地结构以居住为主，普遍不需要区域性功能设施，因而此标准明显偏高，总体上造成土地资源的浪费；其次，不同规模和职能的镇人均用地标准和用地结构需求差异悬殊，而目前的镇规划编制未能分类指导，普遍一刀切；再次，镇规划编制中发展阶段、地域特色、职能特色等差异化发展策略体现不够，小城镇缺乏特色。

究其最主要原因是经费保障不足。通过对我市远郊区县镇规划的调研结果发现，总规带控规，规划编制经费平均为17.05万/m²，最小单价甚至低到3万元/个，远低于市场标准。只有约23%的编制单位具有甲级资质。

2.3 规划实施困难较多

2.3.1 规划管理人才配备不足

全市小城镇大多没有专设镇规划管理机构，规划工作均由有关机构兼顾，这些机构大部分同时承担规划、建设、市政、交通、环保等职能，有的还承担了国土的部分职能，这些机构的管理人员大多只有1～3人，难以承担规划赋予的职能职责。而且在岗人员很少有编制，人员流动性大。有的区县镇规划管理职责未移交给规划主管部门。

2.3.2 小城镇用地指标紧缺

土地建设用地指标绝大部分都集中在主城区、区县城，小城镇分到的非常少。小城镇由于缺乏新增建设用地指标，不少镇居民住房、学校、医院等基地建设和公共服务设施建设多年无法改善，违法建设较多。

2.3.3 规划实施资金保障不足

由于小城镇普遍处于财力有限的窘迫境地，规划实施的经费保障主要为市级部门的扶持资金和区县财政投入，虽然镇人民政府的财政预算、镇人民政府的政府性基金（土地出让金）以及以建设项目的形式进行补贴等其他来源，但后面几种方式都没有形成可靠的资金来源，导致基础设施和公共服务设施建设滞后，除中小学等教育设施实施品质和标准普遍较高外，卫生院、客运站、市场、污水处理和垃圾收运等设施的建设相对滞后，品质较差。

3 对策建议

3.1 大力推进镇规划编制和管理全覆盖工作

3.1.1 推动镇规划编制全覆盖

市规划局计划开展139个镇的总体规划编制和修改工作，13个镇的控制性详细规划编制和修改工作，以此推动镇乡规划建设。

3.1.2 推动镇规划的管理全覆盖

在重点镇和有条件的镇设置规划管理机构，落实管理人员，其他镇乡设置相对固定人员的有关工作。以此强化体制机制保障，实现城乡规划一体化管理。

3.2 加大镇规划编制的保障力度

3.2.1 加大规划编制经费保障力度

一是将规划编制经费纳入本级财政预算。组织编制镇总体规划是镇人民政府的法定职责。主城区的镇总体规划，由所在地的区人民政府报市人民政府审批；其他区县由镇人民政府报所在地的区县人民政府审批。按照法律法规的规定和市政府的有关要求，各级人民政府应将城乡规划编制和管理经费纳入本级财政预算。二是加大市级财政补助。按照市政府第 16 次常务会要求，市财政局和市城乡建委应当每年分别安排 2000 万元，用于对远郊区县区县域、镇域、乡村规划的经费补助，推进其提升规划水平。市规划局将会同有关部门落实好、使用好补助经费。同时，市规划局坚持每年组织开展远郊区县镇优秀规划设计项目评选，并安排一定的以奖代补经费，促进区县不断提高镇规划设计水平。

3.2.2 注重规划编制的科学性

一是重视全域规划研究。市规划局深入指导，要求区县以区县域为单位研究全域城镇化布局，确定有关人口用地规模，各类型小城镇人均规划建设用地标准等，以此指导镇规划的编制。二是科学引导小城镇差异化发展。支持都市功能拓展区内的小城镇加强与城市发展的统筹规划与功能配套，为今后可能拓展成为城市组团创造条件。支持城市发展新区和大生态区区县城周边的专业镇，加强与城市发展的统筹规划与功能配套，逐步发展成为卫星镇。支持加快完善城市发展新区远离区县城的重点中心镇基础设施，提升集聚产业和人口的能力。支持城市发展新区一般小城镇及大生态区远离中心城市或区县城的重点中心镇，加快完善基础设施和公共服务，发展成为服务农村、带动周边的综合服务型小城镇。

3.2.3 加强镇规划编制的技术指导

为不断提高小城镇规划编制质量，市规划局要求各区县在重点中心镇总体规划审批前，应提交市规划局组织专家论证，一般镇总体规划在审批后，要将成果提交市规划局。为了提高规划管理人员专业水平，市规划局坚持每年组织对区县城市和镇乡的规划管理人员的业务培训。

3.3 加大镇规划实施的保障力度

3.3.1 用活土地政策，加强用地保障力度

据了解，近年来，市国土房管局为推进小城镇建设积极开展相关工作。一是积极支持区县统筹县域城镇规划指标，解决集镇发展中急需的建设项目用地；二是统筹安排用地计划、地票、增减挂钩等政策，统筹优化城乡用地结构，保证集镇用地空间需求。按照国家挂钩管理的有关规定，目前我市正在规范开展增减挂钩试点工作。在下一步工作中，市国土房管局将积极指导各区县充分运用地票、增减挂钩、缩小征地范围、农村经营性用地同权同价等大量统筹城乡用地的试点政策，拓展建设空间。市城乡建委将支持和鼓励集镇通过整治挖潜、土地整理、开发利用荒地、改造遗留地等方式节约集约用地，盘活土地存量。

3.3.2 坚持专项补助，加强经费保障力度

据了解，市城乡建委对市级中心镇将坚持执行每年给予 500 万元专项补助资金，对中心镇基础设施、公共服务设施进行补充完善和提档升级，将污水处理厂及其配套管网建设、垃圾收运系统建设列入优先启动的基础设施建设项目。市规划局将坚持每年开展远郊区县镇优秀规划实施项目评选工作，并安排一定的以奖代补经费，促进区县不断提高镇规划实施水平。

参考文献

［1］ 陈治刚. 重庆市主城区镇域新农村规划编制的研究［J］. 重庆建筑 2007（12）.

［2］ 刘瑜. 重庆小城镇发展研究［J］. 涪陵师范学院学报 2002（4）.

［3］ 黄光宇. 山地城市空间结构的生态学思考. 城市生态规划，2005，29（1）.

［4］ 郭跃. 重庆市小城镇发展的特征分析与对策［J］. 重庆师范学院学报（自然科学版）2002（1）.

合理定位、综合利用、产城一体
——新型城镇化背景下苏南地区小城镇总体规划修编新思路探讨

陶特立　邱桃东

常州市规划设计院

摘　要： 本文剖析了苏南地区小城镇发展面临的新形势，回顾了"苏南模式"以前走过的三个经济发展阶段及其小城镇发展的演变方式，对苏南地区中不同类型的小城镇案例进行了详细分析，根据不同地区的案例提出了苏南地区小城镇总体规划修编的总体思路及新的理念。

关键词： 新型城镇化；苏南地区；新思路

苏南地区自 20 世纪 80 年代以来，社会经济快速发展。其发展模式"苏南模式"是我国改革开放以来取得成功经验的三大发展模式，到现在已经走过了近二十多年三个不同的发展阶段。

党的十八大对我国今后的城镇化发展提出了新的要求，指出必须走新型城镇化的道路。"苏南模式"的发展历程也即将进入第四个发展阶段——新型城镇化阶段，在这种新形势、新背景下，苏南地区新一轮小城镇总体规划的修编如何指导今后城镇的发展，值得城市规划工作者进行深入地研究和探索。

1　苏南地区目前面临的新形势

1.1　十八大明确我国将继续推进城镇化，提出走中国特色新型城镇化道路

党的十八大提出坚持走中国特色新型工业化、信息化、城镇化、农业现代化道路，推动工业化和城镇化良性互动、城镇化与农业现代化相互协调，促进工业化、信息化、城镇化、农业现代化同步发展。2012 年中央经济工作会议又进一步提出，要积极稳妥地推进城镇化，着力提高城镇化质量，把有序推进农业转移人口市民化作为重要任务，走集约、智能、绿色和低碳的新型城镇化道路。

1.2　中国城镇化方针导向不断演变，新型城镇化新阶段小城镇地位上升

改革开放以来，我国城镇化方针导向几经演变主要历经 3 次调整，改革开放初期重视小城市（镇）的作用，严格控制大城市、适当发展中等城市、积极发展小城镇。进入 20 世纪更强调大中城市推动作用，主张合理发展大城市，积极发展中等城市，适当发展城镇，再到十六大以来的中国特色新型城镇化道路，强调城乡统筹，促进大中小城市和小城镇协调发展。小城镇在中央受重视的程度显著提高。

1.3　生态文明、城乡统筹及美丽中国建设，小城镇是重要的践行主体之一

十八大报告指出，面对资源约束趋紧、环境污染严重、生态系统退化的严峻形势，必须树立尊重自然、顺应自然、保护自然的生态文明理念，把生态文明建设放在突出地位，融入经济建设、政治建设、文化建设、社会建设各方面和全过程，努力建设美丽中国，实现中华民族的永续发展。

在城乡统筹和美丽中国建设方面，习总书记指出农村绝不能成为荒芜的农村、留守的农村、记忆中的故园。在推进城镇化的同时，协同发展农业现代化和新农村建设，使城镇与乡村建设相得益彰，实现城乡一体化发展。

1.4 苏南地区城镇化发展进入高位稳定发展阶段，半城镇化现象十分明显

苏南地区是近代中国民族工业发祥地，它作为江苏省乃至全国的综合实力较为发达的地区之一，不仅是一个地理概念，更是一个经济区域概念，其发展受到了全国乃至世界的瞩目。目前，苏南地区以27.38%的省域面积，生活着超过40%的人口，为全省贡献了60%以上的地区生产总值。

20世纪80年代开始，苏南地区凭借"苏南模式"快速完成了工业化初期到工业化后期的转变，并推动着城镇化的高水平发展。2013年，苏南地区整体城镇化水平已超过72%（图1），城镇化发展进入高位稳定发展阶段。

也正基于多年来以乡镇工业发展为主体的"苏南模式"，苏南地区的小城镇储备着了一大批"离土不离乡，进厂不进镇"的半城镇化人口，奠定了良好的新型城镇化基础和就业城镇化的巨大潜力。

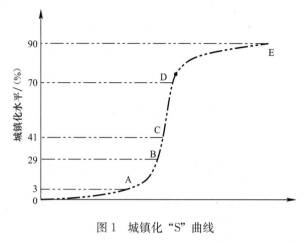

图1　城镇化"S"曲线

下阶段，如何发展苏南地区小城镇，将半城镇化人口转变为实实在在的城镇人口，将是提高苏南城镇化水平和质量、进一步释放内需、推动工业化的重要突破口。对苏南地区小城镇在新时期的总体规划思考亦显得尤为重要。

1.5 苏南现代化示范区建设

2013年5月，我国第一个以现代化建设为主题的区域规划、江苏省第二个国家级战略《苏南现代化建设示范区规划》正式获批。该规划明确了"自主创新先导区、现代产业集聚区、城乡发展一体化先行区、开放合作引领区、富裕文明宜居区"的指导思想和总体要求。

关于城乡发展一体化方面，《苏南现代化建设示范区规划》指出，坚持城镇化和新农村建设双轮驱动，推进新型工业化、信息化、城镇化和农业现代化融合发展，有效破除城乡二元结构，优化城乡资源配置，促进城乡合理分工，让广大城乡居民平等参与现代化进程、共同分享现代化成果，实现城乡发展一体化和城乡共同繁荣。

2 苏南地区的经济发展历程及小城镇发展的演变方式

苏南地区是近代中国民族工业发祥地，也是江苏省乃至中国经济最发达的地区之一。30余年来其独具特色的"苏南模式"不断发展升级，已成为一种成熟的经济发展模式，具体演变过程主要分为以下三阶段。

2.1 20世纪80年代初至90年代初（1978~1992年）——农村城镇化

2.1.1 经济发展——大力发展乡镇企业、加速农村工业化过程，推进农村城镇化

20世纪80年代至90年代初（1978~1992年），苏南地区大力发展乡镇企业，加速了农村工业化进程，以乡村就地城镇化为显著特征。该阶段苏南地区建立了以武进为代表的发展政府主导型乡镇的模式，这个阶段"苏南模式"核心的发展力量是政府主导下的乡镇企业，这个时期苏南经济发达地区，每个市、县、乡镇、村，政府主导建立了很多乡镇企业，乡镇企业占了半壁江山。在城乡二元分割制度对城乡人口和资源流动仍然限制的大框架下，在农村土地集体产权的制度条件下，走出了一条别具特色的发展道路——"苏南模式"，即：农民就地发展非农业产业，此阶段乡

镇企业"遍地开花"式发展，"村村点火，户户冒烟"是当时农村工业化的真实写照，许多镇、村都有自己的工业园，出现"一镇多园"的现象，并由此产生了许多经济强镇、强村。如当时武进县的湖塘、遥观、横山桥镇的五一村经济发展水平都位于全国前列。

2.1.2　小城镇发展

此阶段，小城镇发展的特征是，由于受当时常熟县碧溪乡所推广的"离土不离乡"、"亦工亦农"并得到国家肯定的发展策略影响，农村剩余劳动力得到就地消化，并且在农村工业化的推动和农民就地创业和转移就业的需求驱动下，产生了"自己造城"现象，形成了与工业化模式相适应的特色，表现为以小城镇为主，工业区和村落工业化多种形式并存的城镇化——农村城镇化，同时也推进了改变传统的农村景观，形成了与城市类似的景观形态，农民私建房得到空前发展，农民住房自新中国成立以来得到了根本改善。

2.2　20 世纪 90 年代初至 21 世纪（1992～2000 年）——外向型经济大发展

2.2.1　经济发展——以扩大对外开放为动力推进整个区域开放型经济大发展

20 世纪 90 年代初至 21 世纪（1992～2000 年），苏南地区以扩大对外开放为动力，推进整个区域开放型经济大发展。此阶段，"苏南模式"的特征是以苏州为代表的接受上海、国外产业转移的经济发展模式。1992 年，随着邓小平的南巡讲话及随后的上海浦东大开发，全国的财力、人力进一步倾向于上海、江苏两个地区。原来就遇到困难的"苏南模式"更是遭到唾弃，但是正是由于全面的更具深度和广度的开放环境，尤其是浦东的开放开发，使得具有地缘优势的苏南地区找到了发展的新希望。苏州新加坡工业园的落成，成为这一阶段最具代表性的转折点事件，随着各类开发区的落成，苏南地区小城镇吸引外资的能力得到了前所未有的提升，外向型经济得到迅猛发展。"苏南模式"的发展又有了新的含义，即外向型经济的发展。

2.2.2　小城镇发展

此阶段的小城镇发展以乡镇合并为重点，村镇建设逐渐以镇区建设为主，规划兴建许多乡镇工业园区与各类开发区相适应配套，并且规划确定了以中心镇为代表的重点乡镇建设，把分散在农村区域的乡镇企业逐渐向乡镇工业园区集中，小城镇的镇区初具规模，特别是一些中心镇建设迅猛。

2.3　进入新世纪（2000～至今）——私营经济发展

2.3.1　经济发展——私营、外资共同发力，苏锡常全面合作的发展模式

21 世纪以来（2000 年至今），苏南地区私营、外资共同发力，打造苏锡常全面合作的发展模式。1997 年东南亚经济危机的爆发，以及日本、美国、俄罗斯等经济主体的长期低迷，对以外向型经济为主的苏南带来了打击，因而再次出现了"苏南模式"终结论。但是苏南地区在发展经济的过程中积极借鉴了"温州模式"，利用前两个阶段的资本积累，政府积极支持发展个体私营经济，从而出现了一个更具包容性和稳定性的外资、个私双核心的经济发展模式。

2.3.2　小城镇发展

此阶段小城镇发展的特征是普遍进行了新一轮乡镇合并，新建了许多大规模的工业园区，镇区规模不断壮大，产业园区逐步完善，各乡镇特色产业日趋成熟，同时不断接受周边城市的技术、经济、产业辐射，各乡镇城镇建设用地大批量增加。

2.4　新型城镇化对"苏南模式"提出了新的要求——"苏南模式"的第四阶段

"苏南模式"即将进入第四个发展阶段——新型城镇化阶段。就必须结合国内外的背景，立足人多地少，生态环境脆弱，区域发展不平衡的实际，走一条特色鲜明的新型城镇化道路。首先，必须不断调整经济结构，促进转型，大力发展新兴产业，提升传统产业，小城镇发展也应适应经济转型，在布局结构上、发展方向上、策略应与其同步，走可持续、生态优先的道路；其次，经济增长从粗放式向集约型转

变，优化以前"苏南模式"所确定的城镇布局，特别是在土地利用方式上走集约化的模式，转变以前散、乱的结构模式。破解城乡二元结构，向城乡经济一体化转变，城乡统筹科学协调发展。

3 不同地区、不同类型的小城镇案例分析

苏南地区小城镇数量众多，各自发展基础各有差异，这些城镇按经济发展水平阶段分，可以划分三类（1）处于工业化后期的小城镇，社会经济发展水平高。城镇化率达 70%～80%。（2）处于工业化中后期的小城镇，社会经济发展水平较高，城镇化率达 50%～60% 之间。（3）经济欠发达地区的小城镇，社会经济发展水平较低，城镇化率在 50% 以下。

按地域来分：（1）特大城市边缘区近郊型的小城镇；（2）特大城市边缘区相对独立的小城镇；（3）远离大城市相对独立的丘陵山区点状发展地区（图 2）。

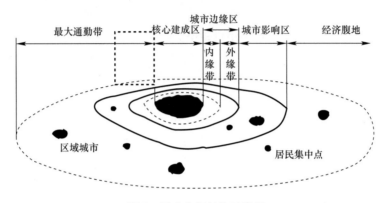

图 2 城乡空间结构示意图

作为苏南现代化建设示范区，苏南地区的小城镇再一次走在前列，已将新型城镇化的发展理念和相关要求在小城镇总体规划编制过程中做了一系列实践。为指导苏南小城镇在新型城镇化背景下的更好更快的发展，进一步促进苏南地区城镇化发展质量和水平的提高。

3.1 江阴市新桥镇——特大城市外围地区，工业化发展后期

3.1.1 主要特征

（1）区域位置——特大城市边缘相对独立的小城镇

新桥镇地处长三角核心区域的地理中心，地处江阴市东南，距无锡、江阴、常熟均为 30 余公里，与张家港市区毗邻，属特大城市外围地区相对独立的小城镇（图 3）。

（2）人口经济——城镇化率较高

总人口约 6 万，城镇人口近 5 万，城镇化率达 80%，外来人口占 60%，其中户籍人口 2.4 万。2012 年，新桥镇完成地区生产总值 111.49 亿元，可比价增长 7.8%；完成全口径财政收入 15.89 亿元，人均产出、人均创利继续位居江阴市第一名，经济发展水平处于工业化后期阶段。

（3）产业发展——经济发展水平较高

坚持以工业化致富农民，着力提升传统产业、培育新兴产业，形成了以毛纺服装为龙头，生物医药、光伏太阳能、生态农林、房产开发、热能电力、冶金机械等支柱产业齐头并进的产业新格局。坚持以产业化提升农业，加快了工业反哺农业的步伐，全镇 92% 的农田实现了规模经营，初步形成了以阳光生态农林为主体，海澜农庄、海馨园艺、神龙生态为辅翼的万亩生态观光带，第一三产业发展步入了良性循环轨道。

（4）城镇建设

坚持以城市化带动农村，倾力打造花园城镇，致力实现均衡发展，全力建设美好新桥，先后建成新桥花园、康宁小区、蕾下花园、新都苑、格林小镇、东方花园等 120 余多万平方米的高档安置小区，绿

图3 新桥镇区位示意图

园、康定、黄河三大社区睦邻中心、大振河水景公园、民乐广场、小太阳成长乐园等一批公共配套设施建成投用，城镇配套功能不断完善，人居环境进一步优化。

3.1.2 规划主要理念

（1）区域层面：片区发展模式

为统筹城乡发展资源，协调乡镇间发展思路，江阴市从多年前开始探索城市总体规划层面以下的片区发展模式，将多个乡镇作为一个发展片区统一编制片区总体规划，以替代每个镇编制的总体规划，从规划层面实现空间资源在市域层面的整合，优化各类资源配置，促进生态环境体的整体改善，塑造特色鲜明的城乡景观空间，形成边界相对清晰的"都市组团"和"都市绿郊"两类高品质空间。

（2）自身层面：城乡一体模式

新桥镇位于城南片区，总体规划以"片区"规划为依据，在片区发展指引下，新桥镇围绕建设创新发展的先行区、科学发展的引领区、民生发展的样板区的部署要求，全力推动城乡发展一体化先导示范区建设。编制了《江阴市新桥镇总体规划》。

①"四个新桥"规划总体目标

一是实力新桥，至2014年，完成地区生产总值160亿元，全口径财政收入突破23亿元，一般预算收入突破10亿元。

二是宜居新桥，完成"三集中"建设，建成四个社区，打开"一体两翼"格局，创建"国家人居环境范例奖"，形成"镇在林中、路在绿中、房在园中、人在景中"的宜居环境。

三是文化新桥，壮大文化产业，丰富文化底蕴，形成以服装文化、马文化、水文化、生态文化等为主要特色的文化环境，提升文化软实力。

四是幸福新桥，至2014年，农民人均收入突破3.6万元，村级经济有效收入比2011年增长50%，完成村社合一改革，公共配套设施更加完善，居民社会保障水平显著提高。

②"五个三"重点工程

一是完成三个集中，人口向镇区集中、企业向园区集中、农田向规模经营集中。

二是实现三类提升，提升老小区、老村庄、老镇区。

三是实施三大项目，完善水系、绿化、节能减排、产业发展等专项规划，建好道路、桥梁、管网等城镇配套设施，做靓南北两翼威尔顿小镇、欧若亚小镇。

四是打造三个高地，即产业高地、人才高地、资本高地，形成新桥人才与产业、实业与资本同步提升的良好局面。

五是创新三项机制，即强村富民机制、社会管理和村社合一机制。

3.2 江阴市璜土镇——特大城市边缘区近郊型

3.2.1 主要特征

（1）区域位置——特大城市边缘区近郊

江阴市璜土镇北枕长江，西、南分别与常州市的新北区与天宁区接壤，是沪宁经济走廊与沿江经济走廊中段的重要节点。璜土镇兼具江阴"外围发展极核"和常州"都市辐射区"的双重地位，甚至显示出更加亲常州的特性（图4）。

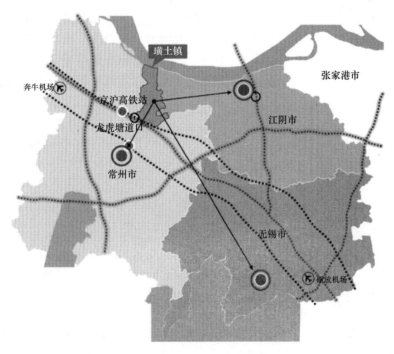

图 4　璜土镇区位示意图

（2）人口经济——城镇化发展中后期

全镇地区生产总值达 71.8 亿元，人均 12.54 万元（约合 2 万美元/人），财政收入 11.27 亿元，三产比重为 4：50：46，第一产业特色鲜明，工业经济实力雄厚、服务经济地位逐步显现。

（3）产业发展

工业用地布局主要分布在镇区南北两端，显示出沿江开发与公路经济并重的空间布局特征，主要以化工、机械、电子、新材料为主。近年来，璜土镇经济增速迅猛，特别在招商方面取得一系列喜人成就，工业投资与到位注册外资均列江阴市第一位。

（4）城镇建设

① 北部连绵成片

璜土镇北部沿江工业园及石庄生活区与常州市新北区工业园及圩塘集镇区连片发展。

② 西南部融为一体

璜土镇西侧紧密围绕龙虎塘道口与常澄路沿线发展，新建的居住区（如龙城福地、百兴澜庭、米兰阳光）与常州市恐龙园板块融为一体，形成独具特色的"跨界楼盘"。

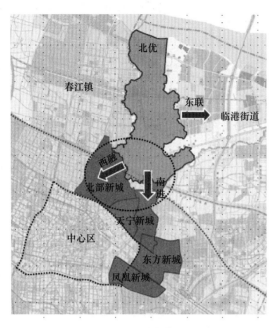

图 5　璜土镇区域融合示意图

③ 路网四通八达

现状镇域内已经形成"四横一纵"道路网骨架（芙蓉大道、常澄路、港城大道、滨江西路、扬子江路）主要道路连接几大组团。镇内部联系道路有待改造，完善镇内部次支路系统。

3.2.2　规划理念——区域融合，产城一体，特色农庄

《江阴市璜土镇发展战略规划》中明确提出，在"打造江阴现代靓丽西大门、创建无锡市城乡发展一体化先导示范区"机遇下，璜土镇未来跨越发展的方向一在区域融合，二在城乡统筹。

（1）区域融合战略

① 功能融合

西融：向西与常州北部新城共融发展。南进：无缝衔接恐龙园——东经 120 板块，共建沪宁线上的特色功能区。东联：与临港街道联动发展，承接其居住等服务功能。北优：加快园区转型升级，优化产业结构，实现工业腾飞。以两横一纵轴线串联区域重要功能板块。

② 产业融合

重点关注沿江产业的变化，避免过度竞争，加强区域分工与一体化协作机制，形成产业联盟，同时进一步发挥龙头企业拉动作用。

③ 交通融合

路网一体：在主干道一体化的基础上，进一步加强区域城市次干道、支路的线型与断面衔接。

水陆联动：扬子江路作为连接璜土镇长江港口与高速公路道口的重要通道，通过控制开口、增加辅道等形式，进一步提高其快速化通行能力。

公共交通一体：与常州市城市轨道交通一号线积极衔接。探索与常州公交一体化机制，重点关注常州市快速公交线的延伸。

④ 环境融合

控制保护开敞生态空间，整治、梳理河网水系，形成区域一体化的开敞空间格局。

（2）城乡统筹战略

① 发展都市经济，夯实城乡统筹基础

打造千亿级产业基地：形成临港石化产业园、临港工程装备产业园、临港机械装备产业园 C 区三大工业园区及临港石化物流园。重点打造化工新材料、电子材料、功能材料三大产业集群。

② 培育都市田园，实现城乡融合

打造独具魅力的现代都市田园：以水乡风貌突出、文化底蕴深厚、第一产业特色鲜明为目标，形成"南城北园三村"城乡融合的总体格局。塑造都市门户，凸显城乡统筹魅力。

放大跨界楼盘效应：打造"常州后花园"，塑造具有强烈识别性的特色空间。

发挥区域商务活力：引入大型商贸商务项目，培育企业总部和中介服务。

培育特色文化产业：依托璜石湖，大力发展婚庆产业、创意办公。

共建商贸物流中心：围绕青洋路高速道口，积极引入奥特莱斯、宜家等特色市场，与常州合力打造沪宁线上商贸物流节点（图6）。

③ 完善都市服务，优化城乡统筹品质

城乡一体的公共服务体系：构建城乡一体，均质均优的公共服务设施体系：（市级）—镇级—社区级（乡村＋城市社区），建立一体化的公共服务设施配置标准。

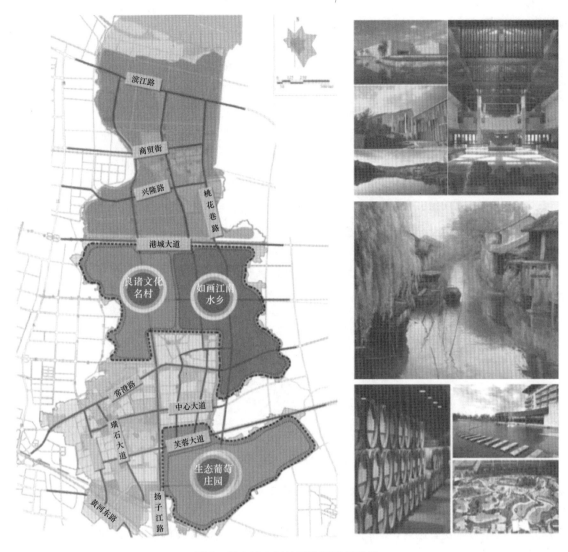

图 6　璜土镇乡村地区分区发展引导

城乡一体的基础设施网络：给排水、网络、供电、燃气、公交等基础设施实现全覆盖。确定因地制宜、分级分类配置标准。强调不同设施间的统筹布局。

都市品质引导：引入高端项目品牌和高品质的教育、卫生等公共服务资源。

3.3　溧阳市竹箦镇——远离特大城市，相对独立，点状发展地区，经济发达地区

3.3.1　主要特征

（1）区域位置——远离特大城市，相对独立的点状发展地区

地处溧阳市北部地区，位于宁杭经济发展带，同时受南京都市圈与苏锡常都市圈辐射。溧阳、金坛、句容三市交界之地，东邻别桥镇，南连溧阳市市区、南渡镇，西与上兴镇毗邻，北与句容市天王镇、金坛市薛埠镇接壤。镇区距溧阳市城区约 20.8 公里（图 7）。

（2）人口经济——经济欠发达地区

竹箦镇镇域总面积 183.6 平方公里，现状城乡建设用地 13.2 平方公里，总人口约 6.5 万人，2011年国内生产总值 17.1 亿元，其中：第二产业 7.8 亿元，第三产业 6.5 亿元元，人均国内生产总值 27542元，处于工业化中期，经济欠发达地区。

（3）产业发展

第一产业：南部以水产为特色，中部以畜牧种植为主，北部以苗木为主。主要特色农产品包括茶

叶、风鹅、水产等。

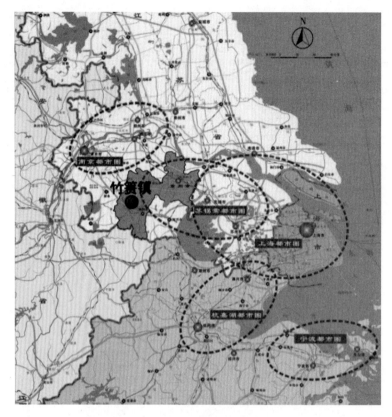

图7 竹箦镇区位示意图

第二产业：形成以工程机械制造、金属冶炼、化工三大支柱产业，轻纺、汽配、电子、活性炭等多行业发展的良好格局

第三产业：旅游业发展迅速，2012年共接待游客16万人次，实现旅游收入5000万元。

（4）发展资源

历史悠久：三千年前属西周吴国都城之地。北宋年间便是溧北地区的政治、经济、文化中心，大量历史资源散布于全镇，其中水西村新四军江南指挥部旧址为国家级文保单位。

环境优越：南部河网交织，水库塘坝众多，北部冈峦起伏，从南到北，可见水网圩区——平原——丘陵地形。

（5）面临挑战

城镇发展逐渐边缘化，偏离区域主要发展轴线和重点发展区域。缺乏高等级贯穿性道路，与区域发展核心和主要发展廊道间的联系不强。

与周边乡镇相比，总体而言处于靠后地位，规模企业、龙头企业相对偏少，带动力不足；土地利用效率低，产业链较短，品牌优势尚未建立。

内部资源尚未完全整合，镇域内有多个行政主体（瓦屋山林场、常州监狱），资源优势未完全发挥，村庄布局零散，规模偏小。

镇区规模偏小，中心不显，能级不高，高等级商业服务设施缺乏，未能发挥集聚带动能力。

3.3.2 规划理念

（1）目标定位

以"特色化、高品质的文化旅游"为标识树立竹箦标杆；结合生态环境资源，将竹箦建设成为生态休闲旅游与现代田园生活的向往之地，从区域角度定位竹箦，以溧阳科技园为依托，实现竹箦产业的科技引领，转型突围。

总体目标：兼具现代城乡品质和诗意田园生活的新型田园城镇。

功能定位：新兴文化旅游地，现代科技产业区，田园休闲示范城。

（2）总体策略

① 区域层面：区域联动、特色突围

与苏南地区：打通区域通道建设，融入区域发展格局。

与常州市域：从点状地区到卫星城镇，打造发展平台，推动产业转型升级。

与周边乡镇：一体化协作发展、特色化突围，以健康体验、田园休闲彰显区域旅游坐标，以科技健康定位竹箦产业坐标。

镇域层面：极核化、片区化、差异化。

引导人口从乡村向城镇集聚，从外围向中心集聚，迅速形成发展核心，提升城镇规模，提升综合竞争力。

依托发展资源，形成片区化、差异化的发展导向，构建乡村地区发展核心，引领片区发展（图8）。

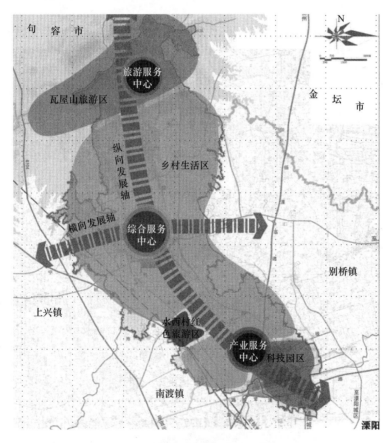

图8 竹箦镇镇域空间结构图

② 镇村层面：产业、旅游、城镇、乡村一体化发展

前马片区：产城一体，前马打造为科技园服务中心

竹箦镇区：产业、旅游服务、城镇的一体化发展，提升镇区品质

常州监狱：人口逐步向镇区、市区转移，打造特色旅游服务中心

乡村地区：引导村庄的特色化主题化发展，大力发展乡村旅游、特色农业和加工业，提升乡村发展质量

③ 镇区层面：镇区提质升级策略

山水入城，文化提品：整合历史文化资源，标识节点，打造山水、城镇、田园交相辉映的田园城镇。完善服务，极核发展：按照中小城市标准配置各种配套服务设施，吸引区域人口集聚，扩张规模，

以城镇化实现现代化，引入高等级设施，提升竹簀影响力与服务能级。分区引导：采用组团化空间布局，划分不同发展片区，采取不同引导措施。

（3）空间规划

① 交通规划

规划目标：便捷畅通的交通网络，打造区域交通高地。

新建 S341、S265，构建区域发展轴线，打造区域发展轴线，强化茅山山脉东部旅游通道，围绕瓦屋山站建设接待中心。

内部加强重要节点联系，北部按照山地特征规划成网，中部和南部核心成环形放射，建成旅游通道，连接镇域主要旅游资源。

② 产业规划

规划目标：抓住溧阳科技园机遇，以"特色＋科技"为主题，打造区域产业高地。

第一产业：政府集体引导，以家庭农庄为平台，实现产业化、特色化，形成北部林木区、中部现代农业区、南部水产区三大农业片区。

第二产业：依托园区，高实现效集聚、科技引领。镇区工业集中区强调产业转移，保留部分都市产业，南部工业集中区与南侧中关村联动发展，以高端装备制造、输变电、新材料为主。

第三产业：特色配套＋提升能级，形成三个服务中心加三个特色服务点的服务体系。

③ 城乡统筹规划

规划目标：构建和谐的城乡关系。

通过发放调研表格和深度访谈，深入了解村民需求及乡村现状。

以新型农村社区推动新型城镇化建设，全镇形成"一主一次十一点"，构建"镇级—社区级"两级服务设施体系，实现公共服务的空间全覆盖。

新型农村社区进行主题化引导，形成 3 个商业带动型社区、4 个农业休闲型，4 个文化主导型社区（图 9）。

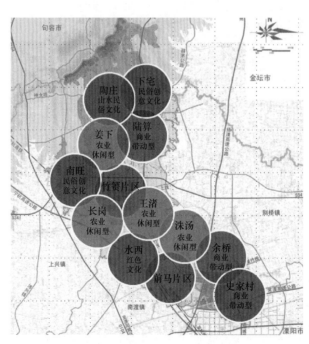

图 9　竹簀镇新型农村社区特色指引

④ 旅游规划

规划目标：具有国家影响力的，大江南地区知名的集观光、体验、休闲、养生于一体的生态文化旅游目的地。

旅游特色分区：以"生态＋文化＋田园"为导向，形成四大片的旅游总体格局：水西村红色文化体验区、瓦屋山山水文化民宿体验区、监狱警示文化体验区、田园乡村体验区。

特色化发展指引：针对每个旅游片区，从其自身条件和发展趋势出发，进行差异化的发展引导。

旅游支撑体系：构建完善的旅游线路和旅游服务体系。

⑤ 基础设施规划

从区域协调、内部统筹角度，构建完善的供水、排水、供电、燃气、环卫、邮政、电信、广电、消防、防洪等设施体系。

⑥ 镇区规划

镇区向西向南发展，以北山河和竹箦河为文脉，构筑茅山——瓦屋山区域旅游集散核心，溧阳北山地区商业服务核心。

规划形成"双核、双轴、一环、五区"空间结构。形成老镇居住片区、新镇居住片区、东南生活片区、生态示范区、西南工业片五大片区，并对每个片区提出相应的规划思路和目标。

点环相扣，聚线成网，规划形成"四园八廊六点"绿化景观结构。

将镇区划分为四个基层社区，并确定社区服务中心规模等级。

近期从发展需求角度出发，完善提升城镇区域职能，转型优化镇区产业布局，落实近期项目建设用地。

3.4　南京市汤泉镇——特大城市外围地区，点状发展地区

3.4.1　汤泉镇概况

（1）区域位置——特大城市外围地区

汤泉镇（街道）位于浦口区西北，距南京市约30公里，距中心城区约15公里，与南京禄口机场和津浦铁路永宁火车站分别相距70公里、9公里。东与永宁镇接壤，南依老山山脉，西与星甸镇毗邻，北与安徽滁州市隔河相望。宁合高速公路穿过南部，是南京市和江苏省通往安徽的主要通道之一（图10）。

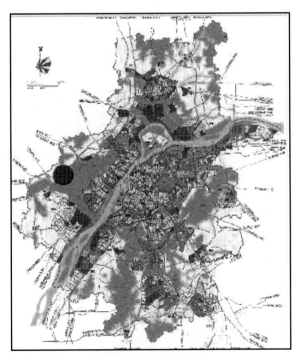

汤泉镇在南京都市圈的位置

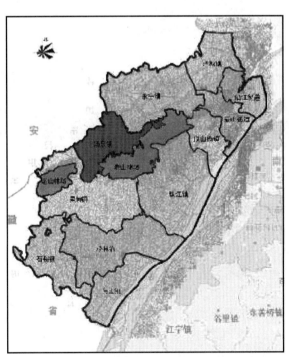

汤泉镇在浦口区的位置

图10　汤泉镇在南京都市圈、浦口区的位置

（2）发展优势

富有特色的旅游资源：汤泉镇（街道）内有"十里温泉带"，有温泉和冷泉，温泉泉水温度适宜。境内山、水、林交错，生态环境和景观条件优越；具有多处文化遗址，人文资源丰富。为汤泉镇（街道）发展旅游业创造了良好的基础（图11）。

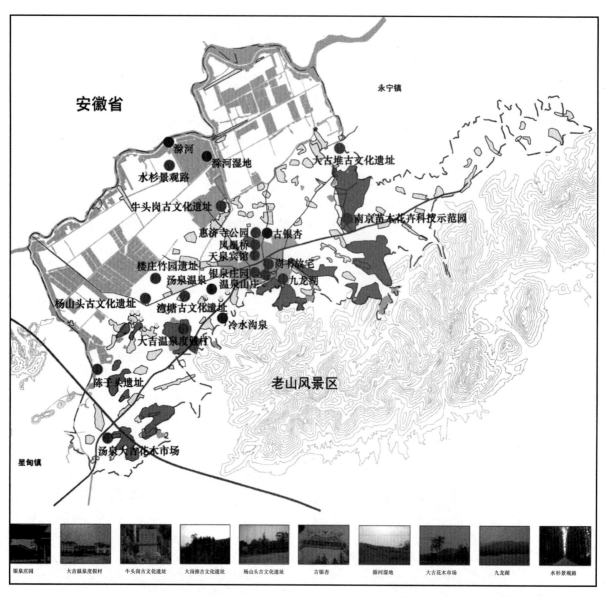

图11　汤泉镇自然文化资源示意

交通优势：长江三桥的开通，宁淮高速公路的建设，在建的纬七路过江通道，长江大桥收费站的撤除等区域交通基础设施条件的完善，拉近了与主城区的时空距离，扩大了辐射吸引范围。

3.4.2　规划理念

（1）目标定位

以老山国家级森林公园为依托，以温泉休闲、花木花卉为特色的国家级旅游度假区，是南京市浦口区北部地区具有综合服务功能的全国重点中心城镇。

（2）规划思路

① 区域协调发展

与南京市"三城九镇"郊县重点城镇发展战略相协调，与"一山三泉"区域旅游规划相协调，与老山北部的周边城镇在空间上一体化协调发展；镇域层面强调空间集聚、协调分工、资源共享、生态环境可持续发展。

② 可持续发展

体现可持续发展的要求，以生态持续发展为基础、经济持续发展为条件、社会持续发展为最终目的，优化镇域土地资源的配置，加强基本农田的保护与规划，逐步合理地缩并零散的自然村，进一步完善镇域基础设施，营造良好的生态景观和优质生活环境，促进城镇走可持续发展的道路。

③ 市场导向

从汤泉镇（街道）社会经济发展实际出发，结合社会发展的新趋势，高标准、高起点、科学合理地确定各项规划目标。

④ 资源整合

对区域内外各种资源进行有效整合，避免低水平重复建设，构筑功能明确、优势互补、资源共享、协调一致的镇域空间布局，做到城镇内部各系统在时间和空间上的有效衔接、有序运作，同时与外部环境相互协调，实现经济、社会与环境的综合效益最优化。

⑤ 创新发展

在整个规划过程中，从规划技术、规划思路到规划成果全面贯彻创新性原则，结合汤泉镇（街道）的自然环境条件和特色景观资源，发展特色农业、工业和以旅游为主的第三产业，形成地方独特优势，增强城镇对外竞争力和吸引力。

⑥ 地方特色

结合汤泉镇（街道）的自然环境条件和特色景观资源，发展特色农业、工业和第三产业，形成地方独特优势，增强城镇对外竞争力和吸引力。

⑦ 引导建设

强调城市设计对镇区空间的发展引导和近期建设分期规划引导整个镇域近几年的开发建设。

（3）总体策略

① 集约化战略：提高土地产出率，推进农业产业化经营；加快城市化进程，集约利用土地。

② 优势化战略：充分利用资源优势、区位优势和交通优势，大力发展特色旅游业，带动其他产业的发展，全面优化产业结构。

③ 差异化战略：在城镇建设和产业发展方面，与汤山及南京、安徽等周边城镇形成差异化竞争，错位发展。

④ 一体化战略：形成苗木种植、加工、销售一体化服务；以特色产业带动一、二、三产业一体化发展，拉动镇域经济快速发展。

⑤ 可持续化战略：善用资源，对区域内外各种资源进行有效整合，构筑功能明确、优势互补、资源共享、协调一致的村庄空间布局，达到可持续发展的目的。

（4）空间布局结构

根据不同区域的自然条件和发展潜力，架构"带状和若干不同旅游主题组团"的城镇空间框架。

"带状"：由一条生态防护功能带和三条旅游功能带构成。一条生态防护功能带分别由中部沿交通走廊的生态防护功能带，三条旅游功能带是指北部的沿滁河湿地、农业休闲旅游带，南部的沿十里温泉带的温泉休闲度假旅游带，老山北坡的沿老山北坡的康体休闲度假旅游带。

"若干不同旅游主题组团"：指在"三条旅游功能带"中，结合村庄布局规划，构建有一定规模、不同主题、满足不同层面需求的主题景区（图12）。

（5）村庄布局规划

按照1～1.5km左右的耕作半径规划居民点，根据汤泉镇（街道）实际地形和用地条件，丘陵圩区的农村居民点人口规模按800人左右集聚，平原地区的农村居民点人口规模按600人左右集聚。根据以上布局的原则，汤泉全镇（包括汤泉农场）规划农村居民点12个。

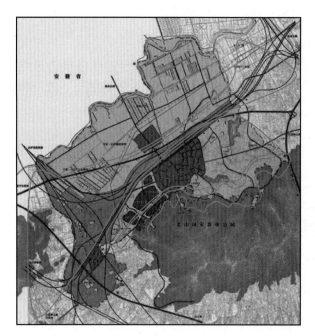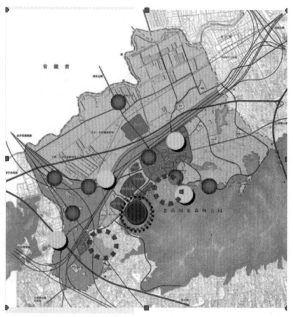

图12　汤泉镇空间布局结构

4　苏南地区小城镇总体规划修编的总体思路、创新理念

4.1　小城镇总体规划修编的总体思路

4.1.1　正确合理确定城镇的功能定位与发展目标

苏南地区小城镇数量众多，各自发展基础各有差异，在各级城镇体系中能级、区域分工亦有不同。《苏南现代化建设示范区城镇体系规划》基于空间结构，按照自然禀赋不同、发展区位差异，划定四大空间分区，即东部城镇密集地区、西部城镇密集地区、中南部点状发展地区、环太湖点状发展地区。城镇密集地区和点状发展地区的城镇在空间、产业、设施等各方面发展引导各有不同。

对于具体某个城镇而言，其发展定位不但要基于自身基础、满足自己发展诉求，更要与上位规划要求进行衔接，处理自身与其他城镇的发展关系，把握自己在新型城镇化过程中的角色。苏南地区具体来说分三类不同的地区、不同的发展水平来分析。

第一类是特大城市边缘区近郊型小城镇。此类城镇地理位置优越，其现状社会经济发展水平较高，但存在着环境容量较差，城镇建设用地"碎化"，发展空间不足等普遍问题，这类城镇未来随着城市外延与城市中心城区融合协调发展，其功能定位应从为整个城市服务的前提目标出发，综合考虑各方面的因素来确定其功能定位及发展目标。例如：江阴市璜土镇，紧靠常州新北区，其西南城战建设用地与常州市天宁区、新北区连片发展。未来的发展目标确立为依托常州、服务常州，接轨常州；功能定位为江阴新花桥、璜土新市镇（图13）。

第二类是特大城市边缘区外围地区相对独立城镇。这类城镇远离主城区，发展相对较为独立，发展基础和潜力较大，未来能有效吸引城市外围乡村的人口向此类小城镇集聚，其中发展前景较好的将成为重点中心镇，其功能定位应从大区域、大范围考虑，从整个苏南现代化建设示范区的前提下考虑，综合分析其在整个范围内的功能定位。例如：常州市的湟里镇位于常州市西南部，距中心城区近20公里，其功能定位为商埠古镇、滨水小城、工贸重镇，发展目标为文化多元、景观多维、产业多赢的常金宜三市边界的综合型小城市。南京市的汤泉镇，位于南京市浦口区北部，紧靠国家级森林公园，功能定位确定为南京市具有综合服务功能的全国重点中心镇，以温泉休闲、花木花卉为特色的国家级旅游度假区（图14）。

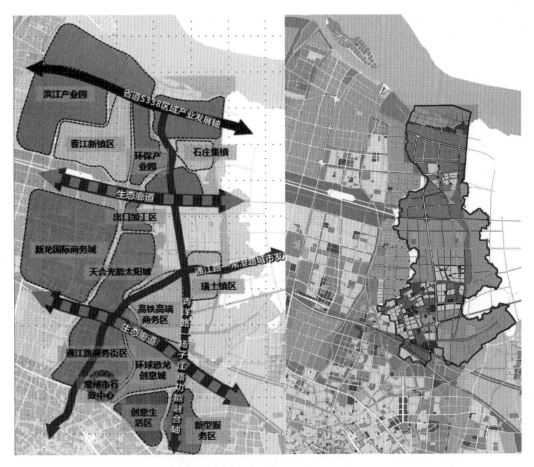

图 13　瑝土镇域空间结构与用地布局图

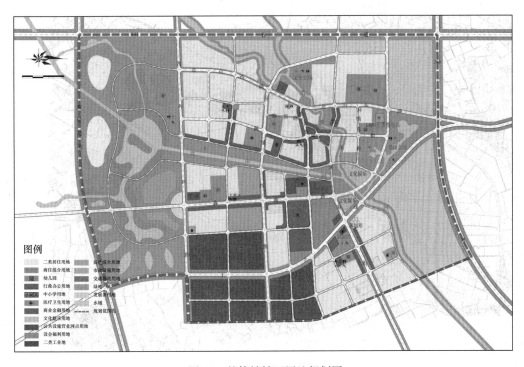

图 14　竹簀镇镇区用地规划图

第三类是远离特大城市相对独立的丘陵山区点状发展的小城镇。此类小城镇发展基础相当较为薄弱，社会经济发展水平较低，属于经济欠发达地区。但其环境质量相对较好，发展潜力较大，在推进城乡统筹、缩小城乡差别方面具有重要作用。此类城镇应综合分析其现状资源，考虑其与先进地区错位发展、跨越发展的策略。例如：溧阳市的竹箦镇，位于苏南地区茅山区域，镇区距离溧阳市城区25公里，经济社会发展水平较低，自然资源较为丰富。综合分析其发展因素，功能定位为兼具现代城乡品质和诗意田园生活的新型田园城镇（图15）。

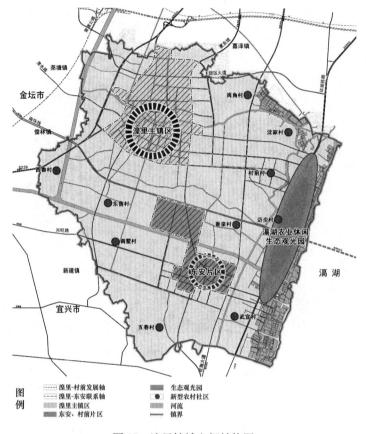

图15　湟里镇域空间结构图

4.1.2　注重城镇人口的集聚，规划布局以产城一体的模式，促进城镇与产业的协调发展

产城一体，即将产业、居住、服务等功能融合为一体。城镇发展以产业为支撑，防止"空心化"，产业发展以城镇为依托，防止"孤岛化"。

城是地域的概念，产是指产业的集聚空间，小城镇是一定区域范围内政治、经济、文化、人口集中之地，是城市资源要素向广大农村地区扩散的重要载体。产业是指由利益相互联系的、具有不同分工的、由各个相互关联行业所组成的业态总称，产业不光是指第二产业，同时也包括第一、第三产业，即三产联动发展。

产业是城镇发展的基础，城镇是产业发展的载体。没有产业，小城镇就缺乏生机和活力，城镇人口就不能得到有效集聚。没有城镇，产业发展就变成难以为继的空城或工业孤岛，落入"有城无业，有业无城"的窘境。

产业发展与城镇功能空间融合是产城一体的重要体现。从产业空心化到经济社会综合体，实现政治经济、生态人口、文化和空间的多向融合，丰富小城镇的内涵和多元价值（图16）。"产城一体"是提升能级的重要途径，是一种科学合理的小城镇空间组织方式。

"产城一体"是一种新理念，苏南不同的地区、不同的经济发展阶段，实现的路径也不一样，应不拘一格。经济发达地区，是以推动空间整合与功能融合为主。例如：江阴市的璜土镇，整个镇域范围内，港城大道以北，按照职住平衡的原则，依托化原石庄镇区居住与公共服务设施的基础，促进融合三

图16 竹簧镇区空间结构图

个产业园区与石庄镇区一体发展。港城大道以南，接轨常州城区，借势高速道口，促进一产、三产联动发展，以生态观光农业、养老产业、商务服务与居住功能的融为一体（图17）。经济欠发达地区，应充分利用现有较好的资源，合理开发，合理利用。第一产业以发展现代农业、高效农业、观光农业为主，第二产业以高科技产业为主。第一、三产业结合，以产业发展来带动小城镇的跨越发展，实现"就地城镇化"的目标。例如：溧阳市的竹簧镇，规划第一产业农业规模化，全产业发展以一三、二三联动的模式来带动城镇的发展。

4.1.3 综合考虑产业发展、生态品质、文化传承需求，坚持可持续发展导向

小城镇的发展壮大必然以经济繁荣为基础，虽然苏南小城镇整体上已具备良好的工业发展基础，但也普遍存在乡镇工业分散、资源能耗高等问题。随着国内大城市生态环境问题日益突出，未来小城镇发展的重要立足优势就在于相对更好环境品质和历史文化发展的意蕴。

新型城镇化关于城镇建设质量化、经济文化可持续发展的内涵要求需在空间层面予以基本保障。总体规划不仅要强化对小城镇产业、生活、生态空间三者之间关系的准确把握，还需强化小城镇历史文化保护，避免城镇化建设对小城镇发展痕迹、文化底蕴的破坏。

总体来说，小城镇总体规划应综合协调城镇建设、合理确定城镇功能定位、产城一体发展、协调产业发展两者与生态品质提升、历史文化传承之间冲突。

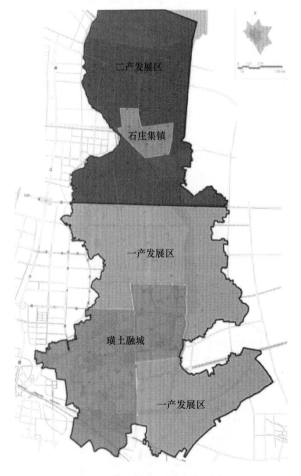

图17 璜土镇产—城空间示意

4.2 小城镇总体规划修编的创新理念

4.2.1 对社会资源、自然资源的综合利用

资源对小城镇而言是对指拥有的物力、财力、人力等各种物质要素的总称，分为自然资源和社会资源两大类。前者为阳光、空气、水、土地、森林、草原、动物等，后者包括人力资源、信息资源以及经过劳动创造的各种财富。以往编制小城镇规划时，对自然资源考虑分析得较多。新型城镇化就是要求对小城镇的资源进行综合利用。其中，特别要求对社会资源进行充分利用考虑。自然资源以严格保护为主，着重考虑生态环境容量的承载度，先行测算小城镇的环境容量承载程度，再确定城镇人口及城镇用地规模，坚持可持续发展。对社会资源也应该充分利用、合理利用。

例如，江阴市璜土镇充分利用紧靠常州市高新区的地理区位优势、常州市高新区较为发达的社会经济资源，发展策略为确定为借势常州、服务常州、接轨常州、融入常州、服务苏南、面向全国。溧阳市的竹箦镇充分利用现有较为丰富的资源，综合利用，发展旅游、养生旅游产业，同时对山体资源、水资源的保护利用进行，规划同时对景区的开放程度进行控制引导（图18）。

图18 新桥镇现状照片

4.2.2 特色化、差别化发展

苏南地区不同地区有不同的发展水平，自然资源现状也不相同，不同地区有不同的风貌。小城镇的建设必须打破原有的空间结构，明确生产、生活、生态空间范围，避免把小城镇与城市建成一样，丧失小城镇独特的地域风貌特点。

例如，江阴市的新桥镇，目前经济发展水平已进入工业化后期，规划城镇风貌以原有两大产业，阳光、海澜集团为基础，打造独具魅力的"欧洲小镇"，以工业旅游为纽带贯穿整个镇区的风貌塑造，以打造本身的独特的特色，与其他镇差别化发展。

4.2.3 规划建设必须以提高城镇化质量与品质为前提

城市与农村的根本差别在公共服务设施的配套设施，新型城镇化就必须要求做到城乡公共服务设施均等化，未来小城镇应加强在教育、医疗、就业、文化、交通、养老等方面的城镇功能的完善，加强对农村新型社区的规划引导，以达到提高城镇化质量、品质的目的。

例如，竹箦镇修编的总体规划对新型农村社区的设施进行了详细划定，江阴市新桥镇在现有较好的基础上对现有镇区的公共服务设施进行提升完善等。

竹箦镇新型农村社区特色发展指引　　　　　　　　　　　　　　　　　　　表1

类型	名称	发展指引
商业带动型 （配套完善地区）	余桥、陆笪、史家	完善商业服务功能，通过就地、就村、就社区来解决农民就业、 农村产业、农业发展等问题
农业休闲型 （平原水网地区）	洙汤、王渚、 长岗、姜下	以农业观光、特色农业休闲为核心引爆点，延伸休闲农业产业链
文化主导型 （丘陵地区）	水西、南旺、 陶庄、下宅	将文化与健康休闲相结合，发展民宿村、书画村、影视基地、曲艺村等， 注重保持文化的原真性，避免过度商业化

苏南地区目前进入了一个新的发展阶段——新型城镇化阶段，小城镇目前进入了新的一轮修编阶段，必须以新的思路、创新的理念来指导今后城镇的发展。

特大产地型农产品市场引领下的小城镇空间格局探讨
——以邳州市宿羊山镇为例

李瑞勤　汪涛　周艳

江苏省住房和城乡建设厅城市规划技术咨询中心

摘　要：本文在分析"特大产地型农产品市场"发展特征的基础上，探讨其对城镇的影响，并从"产镇融合"的角度出发，研究"特大产地型农产品市场"与城镇生活空间和生产空间有机融合的规划方法。以邳州市宿羊山镇总体规划为例，具体探讨"特大产地型大蒜市场"与城镇空间的有机融合模式。

关键词：特大产地型农产品市场；小城镇空间格局；宿羊山镇

1　引　　言

在我国农业经济快速发展、交通条件改善的背景下，大型农产品市场大量涌现，在国民经济中的地位也日益凸显，而作为连接城乡供需纽带的"产地型农产品市场"在农产品流通中的地位至关重要。

小城镇是"产地型农产品市场"发展的主要载体，其空间格局必将会受到市场发展的影响，有正面的，也有负面。如何从规划的角度出发，扬长避短，探索"产地型农产品市场"[①]与城镇空间的有机融合，是值得深入研究的一个课题，而现如今对这一类型问题的研究很少涉及，本文以宿羊山镇总体规划为例，对这一问题进行初步探讨。

2　"特大产地型农产品市场"的特征及对城镇的影响

长期以来，农产品的结构性、季节性、区域性过剩，是农产品市场存在的普遍性问题，究其原因，是由于小农经济的生产经营与大市场、大流通不相适应。

随着近年来网络技术的发展、市场信息的畅通、交通条件的改善，这一问题大大改善，出现很多"特大产地型农产品市场"。与传统的农产品市场相比，这些市场主要有以下几个特征：

2.1　功能的多样性

"特大产地型农产品市场"功能较一般农产品市场功能多样，具体表现在市场自身功能的拓展和对相关衍生产业的带动。

2.1.1　自身功能

随着经济社会的发展，农产品交易市场功能越来越多样化、复杂化，由原来单一的农产品交易场所发展为集交易、配送、仓储、展示、运输、检测、信息、电子交易平台等多功能于一体的农副产品配送和农副产品仓储物流基地。

2.1.2　衍生功能

农产品交易市场的发展还可以带动相关产业的发展，进而促进城镇经济社会的多方位全面发展

[①]　指依托农产品生产基地而发展建设的农产品市场。

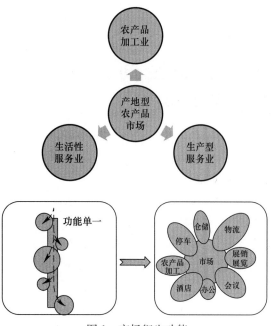

图1 市场衍生功能

（图1）。

首先，带动农产品加工产业的发展。便于就地取材和产品的输出，形成农产品商贸、仓储物流、加工业相互促进、协调发展的良性循环，进而推动农产品加工业的纵深化发展。

其次，带动生产性服务业[①]的发展。为保障"特大产地型农产品市场"的健康可持续发展，金融、物流、交通运输、科技研发、会展等生产性服务业的配套必不可少。

最后，带动生活性服务业[②]的发展。"特大产地型农产品市场"的建设会吸引大量的人流，为更好地服务入驻商家、外来客户以及本地居民，在其周边会配套建设一定的酒店、餐饮、体育健身等服务设施；此外，发展到一定阶段的"产地型农产品市场"会形成特色产业文化名片，带动以特色农产品为主题的观光、体验、度假等旅游业的发展。

2.2 布局的集聚性

传统的交易市场表现为沿道路带状无序延伸、功能区分布不合理、土地利用上的浪费。阻碍城镇集聚效益的发挥，也使得基础建设的成本较高，而且对城镇交通干扰严重。

近年来，我国大型农产品交易市场逐步从当初的"马路市场"发展演变成现代综合性大市场。且综合考虑市场交通量大，对停车、仓储设施要求高的特点，一般布局在城镇外围交通条件较好的区域（图2）。

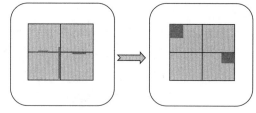

图2 市场空间布局集聚性、边缘性

2.3 季节的差异性

由于"产地型农产品市场"对本地农产品生产的依赖性，不可避免的会受到农产品生产周期的影响，从而决定着农产品的交易量有着明显的季节性差异。

在交易旺季，大量人流和车流涌入市场，给城镇交通和生活带来极大的压力；而在交易淡季，交易量急剧下滑，导致很多交易门店歇业，造成资源和空间的极大浪费。

3 "特大产地型农产品市场"对城镇空间的影响

"特大农产品市场"作为区域农产品集散中心，承担着区域农产品的收购、加工、储藏、流通等功能，是区域物流、信息流、人流等各种要素流汇集的地方，对促进城镇生产、繁荣经济、解决就业起到了积极的作用，同时提升了城镇的自身竞争力[③]，凸显了城镇在区域中的商贸物流中心地位。作为经济社会发展载体的城镇空间，必将会受到"特大产地型农产品市场"影响。

---

① 生产性服务业，指为进一步生产或者最终消费而提供服务的中间投入，一般包括对生产、商务活动和政府管理而非直接为最终消费者提供的服务。主要包括金融、物流、会展、中介咨询、信息服务、交通运输、科技研发、创意、教育培训、农业生产服务等服务行业。

② 生活性服务业，是指以满足居民消费需求或基本民生要求的服务业，包括绝大部分公共服务在内。主要有旅游、商贸、餐饮、酒店、文化、房地产、体育健身、社区服务、农村生活服务等行业。

③ 指一个城镇在一定区域范围内集散资源、提供产品和服务的能力，是城镇经济、社会、科技、环境等综合发展能力的集中体现。

3.1　对空间组织的影响

3.1.1　功能复合

由于"特大农产品市场"自身功能的聚合性、多样性，落实到用地空间上，表现为用地的多功能复合性。除了市场、物流仓储、工业、道路交通等主要用地类型外，还包括配套建设的餐饮、旅馆、金融保险、娱乐康体、绿地广场等多种用地类型。

3.1.2　用地占比调整

"特大农产品市场"规模较大，以商贸物流为主，商业在城镇中的地位突出，相应的商业建设用地占城镇建设用地的比例也会提高。与此同时，城镇其他建设用地比例根据城镇具体建设情况会予以调整。

3.1.3　规模拓展

"特大农产品市场"作为城镇产业集中载体、城镇空间的增长极，在促进城镇经济社会发展、提升城镇区域地位的同时，给城镇带来难得的发展机遇，进而必将会带动城镇规模的拓展。

3.2　存在的问题

3.2.1　产镇分离

近年来，随着"特大农产品市场"的发展，诸多问题逐渐暴露出来；一方面表现为过分追求经济效益和产业集聚，生活功能滞后于生产功能，缺乏对居住、公共服务等配套设施的考虑，忽略了生活需求；另一方面，由于功能分区思想的影响，导致市场综合区和城镇生活区的隔离。

因此，"特大农产品市场"虽然可在短期内积聚大量的产业和人口，但并未完成城镇功能的优化。市场综合区与城镇生活区逐渐形成相对分离的态势，不仅表现在城镇空间结构生活上的不连续，也表现在主体功能、用地布局、发展重点的差异性和独立性。

3.2.2　季节差异

由于"特大产地型农产品市场"发展中"季节差异性"的特征，使得城镇空间也存在着比较明显的季节性差异。旺季的资源紧缺、交通拥挤与淡季的资源浪费、空间闲置之间的矛盾突出。

3.2.3　交通压力

农产品的收购、输出会产生大量的物流量，对周边的交通条件要求较高，给城镇交通带来巨大压力，处理不当很容易产生交通拥堵、交通安全等问题，给城镇交通和附近居民的出行造成很大影响，同时也制约了农产品市场的进一步发展。

4　空间组织对策

4.1　技术路线

在上文对"特大产地型农产品市场"自身特征及其对城镇影响分析的基础上，以问题为导向，以城镇健康可持续发展为目标，引入城镇规划的技术方法，探讨在"特大产地型农产品市场"引领下的城镇规划技术路线（图3）。

本文提出用"产镇融合"的概念来整合市场与城镇空间。"产镇融合"的落脚点是生产、生活、生态三大功能的平衡，并在此基础上实现其他功能的一体化发展。通过将农产品综合市场与城镇生活空间的融合来解决"产镇分离"问题，通过与生产空间的融合来解决"季节差异"和"交通压力"等问题。完善城镇功能，改善市场形象，集聚人气，增强活力，形成复合多元的城镇功能区，从而实现"特色产地型农产品市场"与城镇空间的有机共融，实现城镇工业化、城镇化的健康持续发展。

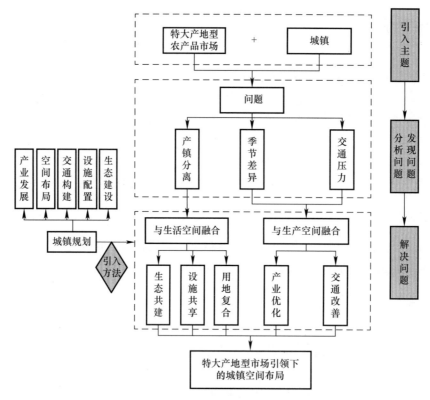

图3　创新技术路线

4.2　与生活空间的融合

4.2.1　生态共建

4.2.1.1　生态前置

小城镇规模较小，周边一般被农田、山体、水系等生态空间包围，生态景观环境优越。

规划中应结合小城镇的"山水林田"的生态空间，并充分利用"产地型"这一优势，把生态和景观因素前置，预留生态空间，将城镇融入山林景观、水系景观、农田生产基地大地景观的大环境中，打造生态小城镇。

4.2.1.2　城镇生态

规划中通过"梳理生态基底"，充分发挥"山水林田"等自然生态要素的"生态缝合、渗透作用"，构建农产品市场与山水林田资源相依相融的生态格局；通过"预留生态廊道"串联市场区与城镇生活区的开敞空间，实现其与城镇生活空间的有机融合；通过"布置开敞空间"提升市场生态环境，美化景观，形成城镇重要的生态景观节点，吸引城镇人口。

构建农产品市场与自然生态空间相依相融的生态格局，最终形成"田园风光、城镇和市场有机对接；水绕山转、镇拥山水"的生态格局（图4）。

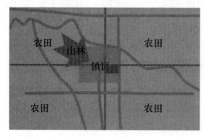
面状基底

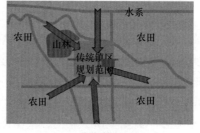
线状渗透

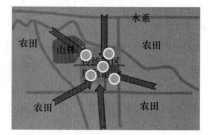
点状提升

图4　生态共建策略

4.2.2 设施共享

规划中公共服务设施的布置打破服务"配套"的概念，而是从市场综合区甚至是城镇整体发展的角度考虑布局，与城镇生活区设施共享，实现与城镇生活空间的有机融合，最大限度发挥设施的服务效率，打造特色鲜明的城镇核心。

4.2.3 用地复合

产镇融合发展要强化市场综合区功能分区与用地的兼容性，明确片区功能，引导大分区、小聚集及适度混合的空间的有机生长，使市场综合区具有适应多种变化的"弹性"。

即在市场贸易的基础上，导入居住、商贸、娱乐、行政管理、研发和创新、文化和生态休闲等功能，实现市场功能从片段式发展向全景式全面发展转变，即实现功能多样化的有机统一。

4.3 与生产空间的融合

4.3.1 产业优化

4.3.1.1 产业延伸

规划中通过丰富产业类型，延伸产业链条，在带动城镇经济社会发展，增加产业附加值的同时，有效地弱化大蒜种植的季节性对市场交易的影响，为城镇经济发展长期注入活力。

首先，丰富产地型市场的交易产品类型，在特色农产品主导的基础上，发展水果、蔬菜、肉类等农产品市场；

其次，发展农产品加工业，增加农产品附加值，避免了农产品交易淡季的市场和相关服务业的闲置和资源的浪费；

最后，通过对特色产业文化的挖掘和提升，结合自然和人文资源的整合，发展具有城镇特色的旅游业，提升城镇知名度、展现城镇形象。

4.3.1.2 组合优化

同时，将产业组合发展，不同产业之间通过属性、空间、时间上的有机组合衔接，实现产业的协调发展，带动经济效益优化发展。

如将农产品加工业与农产品交易市场组合发展，市场交易会带动农产品加工业发展，而加工业的发展又会给农产品交易市场注入活力，两者有机协调，共同促进城镇经济发展。

4.3.2 交通改善

产镇融合必须加强交通衔接，特别是完善市场区路网体系，引导交通无缝连接、优化城镇生长方向和城镇生活区实现空间衔接。

4.3.2.1 体系完善

考虑农产品市场人流、物流的集散作用，对市场综合区内部路网体系进行梳理并适当拓宽、加密，并结合需求配套相应的设施，以满足大量客货流的需求，减少对城镇生活空间的干扰；此外，加强市场与城镇生活区联系，完善城镇的交通体系，实现与城镇协调发展。

4.3.2.2 资源集约

在完善路网体系的基础上，对生活区的道路宽度和路网密度适当进行下调，以实现资源集约利用。

通过主要干道将生活区与市场区进行串联，而其他次要道路则参考相关规范和生活区的具体情况进行调整，缩小道路宽度、降低路网密度、减少设施配置，节约资源，实现集约高效发展。

5 宿羊山镇总体规划实证分析

5.1 宿羊山镇概况

宿羊山镇位于徐州市东北部，邳州市西部偏北。东连赵墩镇，西临贾汪区，南接碾庄镇，北与车辐山镇隔河相望。交通便捷，南有东陇海铁路和徐海一级公路，北依京杭大运河、310国道，省道枣泗公路南北向纵贯该镇。

宿羊山镇是驰名中外的"大蒜之乡"，"中国大蒜第一镇"。产业特色突出，以蒜业流通和大蒜食品加工业为支撑产业。企业数量多、规模小、沿清华路呈带状分布。

宿羊山镇文化灿烂、历史悠久，境内丰富的山水资源造就了其山清水秀、风景如画的旖旎风光（图5）。

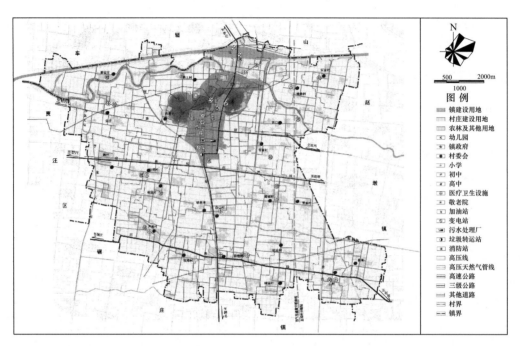

图5　宿羊山镇概况

5.2 "特大产地型大蒜市场"引领下的城镇空间布局规划

作为具有资源禀赋的特色产业型城镇，规划以"特大产地型大蒜市场"的发展为核心，以重点中心镇的建设为契机，以城镇健康可持续发展为目的，探索市场与宿羊山镇生活空间和生产空间有机融合空间布局规划。

5.2.1　与生活空间的融合

5.2.1.1　生态共建

以生态前置的理念引领城镇布局，注重山水资源的渗透和山体景观轴线的打造，通过"面状基底、线状渗透、点状提升"的规划策略，将"特大产地型大蒜市场"与城镇开敞空间、外围山水林田空间进行串联，实现市场与城镇自然空间有机融合。

5.2.1.2　设施共享

宿羊山大蒜市场在区域地位突出，并在不断发展壮大。规划围绕大蒜产业建设集仓储物流、展示交易、商务会展、信息交流、酒店餐饮等多功能于一体的大型现代化农产品市场；并将这些功能围绕大蒜文化主题公园布局，与为城镇居民服务的设施集中连片发展，实现与城镇生活空间的有机融合，最大限度发挥设施的服务效率，打造特色鲜明的城镇核心（图6）。

5.2.1.3　用地复合

在生态共建、设施共享的基础上，在"大蒜市场"周围布局相应规模的居住、农产品加工、公共管理与公共服务设施、商业服务业设施、绿地与广场等用地，引导大分区、小聚集及适度混合的空间的有机生长，实现职居平衡（图7）。

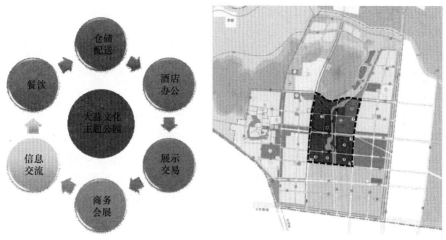

图6 大蒜市场与城镇生活空间的融合

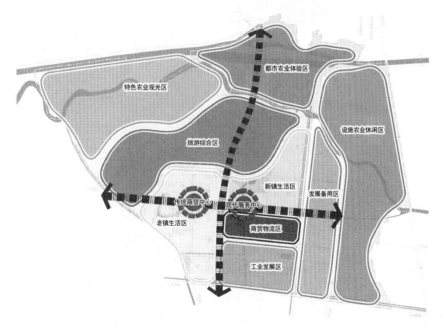

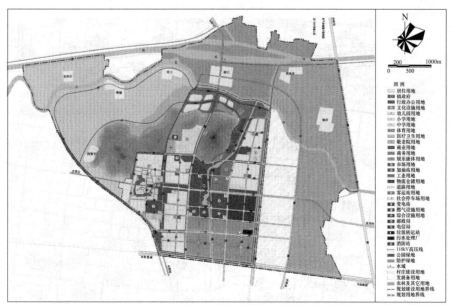

图7 镇区用地布局和空间结构图

5.2.2 与生产空间的融合

5.2.2.1 产业优化

（1）农产品加工业

依托大蒜市场的发展建设，做大做强大蒜加工业，延长大蒜生产产业链，增加产业附加值的同时，有效地弱化大蒜种植的季节性对市场交易的影响，为城镇经济发展长期注入活力。

（2）旅游服务业

凸显产业特色，提升"大蒜产业文化"（大蒜文化节、大蒜文化主题公园等），结合自然和人文资源的挖掘和融入，与周边错位发展，发展独具宿羊山特色、四季可游的旅游项目。

在此基础上，将项目进行空间落实（图8）。并通过"大蒜文化主题游线"和"运河文化主题游线"串联这些项目，形成主题鲜明、特色突出、四季景色各异的特色旅游线路，带动城镇旅游的全季节可持续发展（图8）。

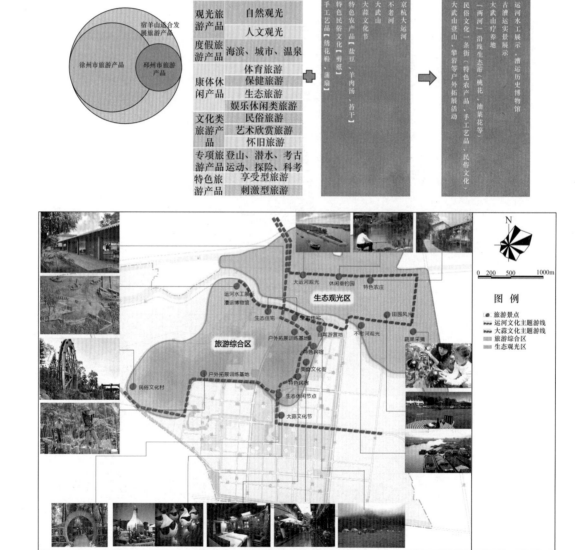

图8 宿羊山镇旅游发展规划

5.2.2.2 交通改善

综合考虑特大农产品市场物流业用地性质综合、交通需求大的特点，提升路网密度、增加道路宽度、完善道路设施配套。此外加强交通监管，保障商贸物流片区交通的畅通和安全（图9）。

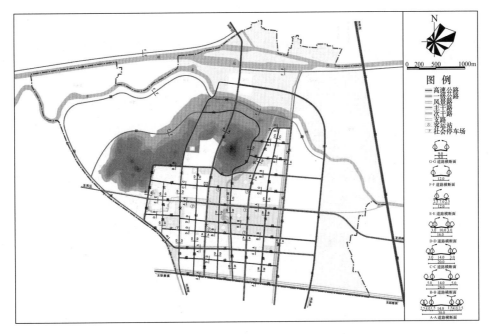

图9　镇区道路交通规划图

提升路网密度：在传统路网密度基础上取上限，完善路网体系；

增加道路宽度：规划主干路断面宽度30米，次干路断面宽度不小于24米，以满足大型货车通行的需求；

完善道路配套设施：结合市场建设，配建相应的停车场、汽车站、货运站、广场等交通设施，构建适合市场物流发展的道路交通体系。

参考文献

[1] 李敏. 我国农产品交易市场近十年来发展情况 [J]. 中国市场. 2012 (7).

[2] 浅析宝清县农副产品批发市场发展现状及对策 [J]. 商业经济. 2011 (23)：8～9.

[3] 姜法竹. 论农产品批发市场组织形态的演进与交易方式的更新 [J]. 广东商学院学报. 2012 (1)：51～58.

[4] 孔翔，杨帆. "产城融合"发展与开发区的转型升级——基于对江苏昆山的实地调研 [J]. 经济问题探索，2013 (5)：124～128.

[5] 李学杰. 城市化进程中对产城融合发展的探析 [J]. 经济师，2012 (10)：43～44.

[6] 许健，刘璇. 推动产城融合，促进城市转型发展——以浦东新区总体规划修编为例 [J]. 上海城市规划，2012 (1)：13～17.

[7] 王兴平. 中国城市新产业空间：发展机制与空间组织 [J]. 北京：科技出版社，2005.

湖北省平原地区乡镇发展特征及规划对策研究[①]

严 寒

武汉华中科技大学 建筑与城市规划设计研究院

摘 要：推进"四化同步"是我国新时期的重大发展战略，"新型城镇化"也将城乡一体与加快农村地区发展列入关注重点。本文以湖北省21个"四化同步"示范乡镇规划为例，将平原农业地区乡镇与大城市城郊型、山地型乡镇进行对比，主要研究以下内容：①平原地区乡镇发展现状特征及主要问题；②平原地区乡镇发展模式分类；③平原地区乡镇规划对策指引。探讨新形势下湖北省平原地区乡镇发展的思路，以期打破该地区各乡镇"低水平均衡"发展的陷阱。

关键词：平原地区；乡镇；发展特征；模式；规划对策

1 引 言

"新型城镇化"将城乡一体与加快农村地区发展列入关注重点，与此同时随着国家"中部崛起"战略的持续推进，武汉城市圈"两型社会"综合配套改革试验区的建设，国家资本投资及沿海产业向内地转移，包括"仙洪新农村实验区"的设立等为湖北省平原地区乡镇的发展带来了新的契机，注入了新的动力。

平原农业地区乡镇是我国最重要的乡镇类型之一，而湖北省平原地区作为湖北省粮食主产地，农业发达、所占比重大，资源优势和发展潜力明显，但是人口异地城镇化率高，农业产业化程度不高，在全省经济社会发展中处于相对困难的地位，面临发展的巨大压力。因此，对该地区乡镇的发展特征和规划对策进行研究具有一定的现实意义和典型性。

2 平原地区乡镇发展现状特征及主要问题

2.1 人口特征

2.1.1 人口分布差异大，人口密度相对较高

（1）人口分布内部差异大

从人口分布密度看，平原地区内部各乡镇的差别比较大。天门、仙桃、潜江这三个省直管市的乡镇人口密度较高，均在800人/平方公里上下；武汉市周边地区乡镇人口密度较高，如鄂州汀祖镇805人/平方公里、汉川沉湖镇1190人/平方公里；边界口子重镇人口密度较高，如小池镇785人/平方公里；离武汉市较远的普通乡镇，人口密度相对较低，约在200~500人/平方公里，如咸宁嘉鱼县潘家湾镇472人/平方公里，荆门沙洋县官档镇264人/平方公里。

（2）人口密度相对较高

如表1所示，综合统计21个四化同步示范乡镇，人口密度均值为497人/平方公里。横向比较平原地区、大城市城郊型和山地地区乡镇，平原地区乡镇672人/平方公里远超过大城市城郊型和山地地区型乡镇；平原地区9个四化同步示范乡镇中，除官档镇264人/平方公里低于21示范乡镇人口密度均值

① 国家自然科学基金"中部地区县域新型城镇化路径模式及空间组织研究——以湖北省为例"（批准号51178200）

外，其余 8 个乡镇均邻近或高于均值，亦远高于大城市城郊型与山地地区乡镇人口密度值。

三类地区乡镇人口密度比较一览表 表 1

乡镇类型	总用地面积（km²）	总人口规模（万人）	人口密度（人/平方公里）
大城市城郊型乡镇	928.2	32.1	346
平原地区乡镇	1160.20	77.98	672
山地地区乡镇	737.3	32.0	434
合计	2830.2	140.8	497

（资料来源：各村镇基本情况基层表）

2.1.2 武汉城市圈辐射范围内的乡镇人口集聚趋势显著

依据 2010 年六普人口与 2012 年的常住人口，综合分析平原地区各示范乡镇的人口密度变化情况，得出评价人口密度增长率为 1.20%，而仙桃彭场镇增长率为 2.11%，孝感沉湖镇增长率为 3.34%，天门岳口镇人口增长率为 3.26%，该三镇的人口密度增幅远高于均值；而同样处于武汉城市圈辐射范围内的鄂州汀祖镇增长率为 0.76%，潜江熊口镇为 0.67%，增幅也高于城市圈外的乡镇；对比下，离武汉城市圈较远的荆门市沙洋县官档镇增幅仅为 0.07%。总体来看，武汉城市圈辐射范围内的乡镇的人口集聚趋势显著（图 1）。

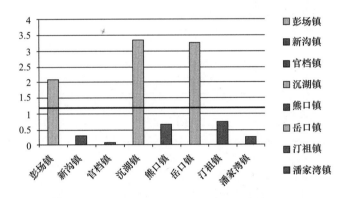

图 1　平原地区各示范乡镇人口密度增幅示意图

2.1.3 乡镇城镇化率整体偏低、差异较大

2011 年湖北省城乡人口实现首次逆转，2012 年湖北省城镇化率达 53.5%，城镇人口 3091.76 万。而依据平原地区各四化同步示范乡镇 2012 年城乡人口统计情况，平原地区 9 乡镇城镇化率为 41.67%，低于省值 10 个百分点，整体的城镇化率偏低。

2012 年平原地区各四化同步乡镇城乡人口与城镇化率一览表 表 2

乡镇名	乡镇面积（km²）	常驻人口（万人）	城镇人口（万人）	农村人口（万人）	城镇化率（%）
彭场镇	158.0	11.6	5.28	6.32	45.48
新沟镇	193.0	10.44	5.88	4.56	56.35
官档镇	148.6	3.91	0.76	3.15	19.43
沉湖镇	71.8	8.55	3.30	5.25	38.60
熊口镇	102.0	6.26	1.92	4.34	30.67
岳口镇	125.0	12.86	5.79	7.07	45.0
汀祖镇	76.5	6.16	2.62	3.54	42.60
潘家湾镇	131.3	6.20	1.98	4.22	32.0
小池镇	154.0	12.0	5.0	7.0	41.67
合计	1160.20	77.98	32.53	45.45	41.72

（资料来源：各村镇基本情况基层表）

依据表2，大部分乡镇的城镇化率在30%～40%之间，城镇化率最高的新沟镇达56.35%，而城镇化率最低的官档镇仅为19.43%，远远低于湖北省平均水平，各乡镇的城镇化率差异极大。

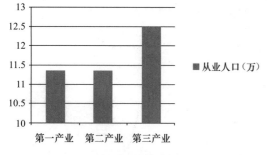

图2　平原地区示范乡镇三次产业劳动力结构图

2.2　产业特征

2.2.1　产业发展处于工业化发展中期阶段

2012年平原地区各四化同步示范乡镇常驻总人口为77.98万人，其中城镇人口为32.50万人；9示范乡镇生产总值达到722.58亿元，整体产业结构为10∶77∶13，三次产业劳动力结构为33∶32∶45（图2）。根据钱纳理的工业化发展阶段论可以判断，目前江汉平原县域基本处于工业化中期阶段。

2012年湖北省各平原地区四化同步试点乡镇三次产业结构一览　　　　　　表3

乡镇名	第一产业（亿元）	第二产业（亿元）	第三产业（亿元）	总产值（亿元）	三次产业结构
彭场镇	6.48	97.2	12.4	116.08	6∶83∶11
新沟镇	8.57	81	4	93.57	14∶75∶11
官档镇	5.5	38.8	7.1	51.54	35∶55∶10
沉湖镇	4.8	87.4	14.1	106.3	6∶81∶13
熊口镇	7.43	75.7	16.5	99.63	16∶69∶15
岳口镇	10	60	5	75	13∶80∶7
汀祖镇	1.67	40	10.3	51.97	27∶58∶15
潘家湾镇	14.78	48.42	4.89	68.09	22∶72∶6
小池镇	6.5	29.8	24.1	60.4	15∶47∶38
合计	65.73	558.32	98.39	722.58	10∶77∶13

（资料来源：各村镇基本情况基层表）

2.2.2　产业结构呈现"二产优，一三产均衡偏弱"态势

综合分析2012年湖北省各平原地区四化同步试点乡镇三次产业结构（表3），各乡镇二产值遥遥领先于第一、第三产业。依据其经济发展水平显示，靠近武汉市的乡镇与处于天仙潜三地的乡镇，其三次产业结构基本呈现二＞三＞一的形式，如汉川的沉湖镇、鄂州的汀祖镇、潜江的熊口镇、仙桃的彭场镇等；远离武汉市的乡镇其三次产业结构呈现出二＞三、一或二＞一＞三的形式，如沙洋的官档镇、监利的新沟镇、嘉鱼的潘家湾镇等。依据图3看出，处于平原地区腹地的乡镇发展水平明显高于边缘区。

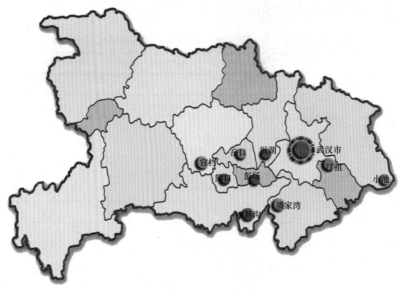

图3　2012年平原地区乡镇经济发展水平示意图

依据图4，平原地区各乡镇的产业发展呈现出"二产强、一、三产均衡偏弱"的态势。彭场、岳口、沉湖三镇，二产所占比重已超过80%，远强于一、三产；除官档镇外，其余乡镇第一产业所占比重均低于20%，平原地区良好的农业发展基础未得到很好的利用；小池镇三次产业比重为16：47：38，是唯一三产比重高于20%的乡镇，也是唯一步入工业化中后期的乡镇，除小池外各乡镇的第三产业发展均处于起步阶段。

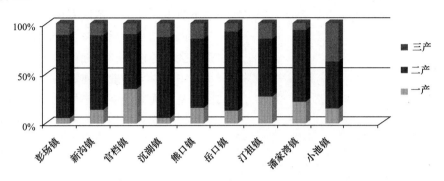

图4　平原地区各示范乡镇三次产业结构比示意图

（1）一产发展基础良好

湖北省作为我国粮食输出大省，平原地区农业发展是其粮食生产的重要保障。湖北省平原地区生态基地良好，水网密布，适合农业发展。依据平原地区乡镇农业发展与大城市城郊型、山地地区乡镇的对比得出，平原地区乡镇农业总产值相对均衡、较高，大城市城郊型乡镇农业生产总值随其乡镇职能定位不同而波动较大，山地地区乡镇农业总产值普遍偏低。

（2）二产平台单一，产业链延伸不足

平原地区乡镇发展以其农业发展为基础，第二产业通常是第一产业的延伸。

依据图5，平原地区乡镇多以农副产品加工业和服装纺织业为其主导产业，其他主导产业门类仍然所占比重低。各乡镇现有产业门类多属于附加值低下的粮食粗加工且大多数乡镇缺乏龙头企业，农业精加工效率低，产品附加值含量低，产业品牌形成意识差，且未形成大型化、规模化的发展。

图5　平原地区各乡镇主导产业示意图

（3）第三产业发展滞后，严重不足

从总量构成看，2012年全国三次产业结构为10.1：45.3：44.6，湖北三次产业结构为12.8：50.3：36.9。2012年与全国相比，湖北一产业高2.7个百分点，二产业高5个百分点，三产业低7.7个百分点。纵观平原地区各示范乡镇三次产业比值，均值为10：77：13，与国家平均水平和湖北省水平相比较，二产比重偏高而三产所占比重则是严重不足（图6）。

以监利县新沟镇为例，从2007年到2011年，新沟镇第三产业发展幅度缓慢，五年仅增长了1.28亿元。三产的产业产值基本呈现逐年递增的态势，然后三产所占的GDP比重确实逐年递减，其三产发展已成为新沟镇经济发展的桎梏，服务提质亟待加速（图7）。

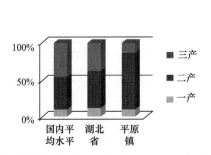

图6　国内平均、湖北省、平原示范镇三次产业结构

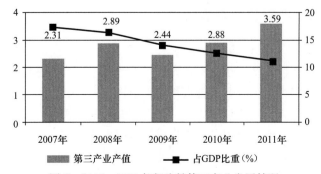

图7　2007～2011年新沟镇第三产业发展情况

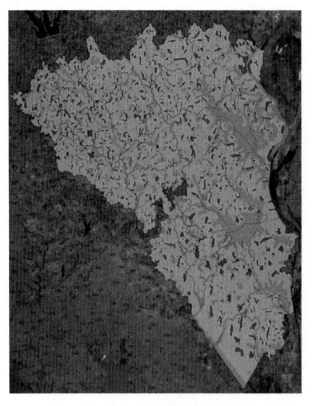

图8 官档镇土地利用现状图

2.3 空间特征

2.3.1 镇村体系不完善，呈现出"镇区——农村居民点"二个层级

目前平原地区乡镇的发展还处于就镇论镇的发展态势下，在关注镇区发展的同时并不能兼顾到农村地区的同步发展，城乡分明，镇村差异显著。城镇社会服务设施、基础设施向农村端的延伸极其不足，中心村与一般村建设无差异，全域范围内除镇区外基本无其他空间集聚点，整体结构无序松散。

以沙洋县官档镇为例，乡镇全域范围内镇区极核明显，全域农村居民点匀质零散分布，与镇区相比，农村居民点规模普遍过小，虽然全域范围内分布密度高，却难以产生聚集效应（图8）。这样的实为"镇区——乡村居民点"形式的二级镇村体系难以有效引导全域空间分片区统筹发展。

2.3.2 农村居民点匀质、线性分布

与大城市城郊型与山地地区乡镇相比，平原地区乡镇农村居民点空间分布呈现出较强的独特性。平原地区乡镇与大城市城郊型乡镇、山地地区乡镇相比，其城乡居民点在全域范围内呈现出明显的匀质、线性式的空间分布。

如图9与图10，平原地区新沟镇与彭场镇的城乡居民点分布呈现出明显的线性分布态势，村民点沿路或沿水展开，肌理性强且分布密度高，特征明显。

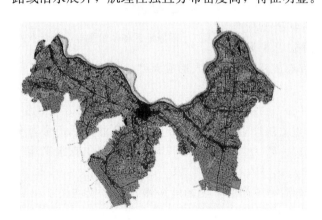

图9 新沟镇土地利用现状图

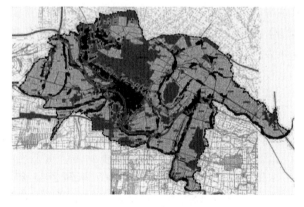

图10 彭场镇土地利用现状图

2.4 公共设施配套特征

2.4.1 镇区设施配套不全

平原地区乡镇资金优先用于生产部门，公共基础设施建设滞后。在城镇内公共设施空间分布较为均衡，但大部分公共设施数量少、结构不完整。

以天门市岳口镇为例，其市政设施基础较差，公共服务设施较为匮乏，总体服务水平较低。现有市政基础设施布点散乱，未形成网络型系统性服务；公共服务设施种类不全，数量不足，空间分布不均；业态较单一，缺乏多样化商业设施，多为沿街一层皮商业，缺少大型集中式商业，难以满足城镇居民日益增长的社会文化生活需求。至2013年，岳口镇镇区现状公共设施用地占比约为9%，仅比2006年的

5％增加 4 个百分点，公共设施建设进程缓慢，配套不全。

2.4.2 乡村公共设施配套缺失

在公共服务设施镇区、道路交通设施与市政基础设施配套方面，农村社区与农村居民点的配套存在严重不足。以平原地区各示范乡镇的市政设施配套为例，各乡镇通自来水、宽带和有线电视的情况尚可，垃圾集中处理的比重略有下降，而污水集中处理的能力则严重不足，基础设施配套缺失严重。

乡村公共服务的配套同样存在不足，以天门市岳口镇为例，各乡村居民点除卫生所和图书馆的配套较为完善外，其余教育设施和文化娱乐设施的配套均严重不足，服务质量亟待提升。

2012 年岳口镇乡村地区公共设施配套一览表　　　　　　　　　　　　　　　　　表 4

乡镇名	村委会个数	卫生所	幼儿园	小学	文化站	老年人活动中心	图书馆	集贸
岳口镇	46	51	10	8	4	13	42	4

（资料来源：各村镇四化同步规划说明书）

3 平原地区乡镇发展模式探讨

3.1 工贸型乡镇发展模式

工贸型乡镇是指总体经济有一定规模，产业结构以工业为主体，商贸在总体经济结构中也占有一定比例的乡镇。随着我国经济快速发展与沿海产业向中部地区的梯度转移，湖北省平原农业地区的工贸型乡镇数量不断增加，规模也日益扩大、工业产值与工业化程度明显提高。而目前多数乡镇的农业现代化水平低，公共基础设施建设滞后于经济发展，功能区混杂，工业化初期粗放型增长模式带来的企业规模小，产业链低端的状况仍然存在，成为了制约乡镇进一步发展的因素。

湖北省平原地区的工贸型乡镇以其农业为发展基础，需要以农带工，以工促农，以此为原则良性发展，其发展模式可以概括为：在农业现代化与工业化协调带动下，强心集聚，镇园企联动互促的乡镇发展模式。

3.2 商贸型乡镇发展模式

以湖北省平原地区的发展特征为基础形成的商贸型乡镇是指以旅游服务业、特色优势工业、农副产品加工和流通业为主要职能的乡镇。此类乡镇或是具有可深挖掘旅游文化资源，或是以其农业为基础形成了乡镇特色品牌，商贸产业链初具雏形。与工贸型乡镇相比，这类乡镇具有良好的发展第三产业的条件，旅游、商品贸易、物流业的发展均具有良好的平台。

湖北省平原地区的商贸型乡镇同样以其农业为发展基础，具有多元化的发展选择，以乡镇特色资源为发展依托，其发展模式可以概括为：以农工协调互促发展为基础，以商品贸易流通与特色资源经济为主的板块协同、有机集中、多点对接的多元化发展模式。

4 平原地区乡镇规划对策

4.1 人口集聚对策

4.1.1 以土地集约利用引导人口向镇区与新农村中心社区的集中

以土地的集约利用带动乡镇人口的集聚。在早期的建设过程中，由于规划的科学性不强，很多镇区土地没有得到充分的利用。盘活现有镇区的存量建设用地，是集约用地，提高乡镇内涵建设的重要举措；同时，在镇区的外延扩建中，要集约利用乡镇非农用地，严格依照规定的非农用地指标，并采取优惠的土地、税收、信贷政策，吸引原有的、分散的乡镇企业向镇区集中，成立相对集中的镇区工业园，实行集中化的管理。

对于平原地区乡镇来说，除了镇区用地的集约化之外，通过合理的村庄集并道路，引导新农村中心社区建设也是通过土地集约利用带动人口集聚的方式之一。如监利县新沟镇提出的"三集中"发展，考虑到现状村庄布局分散、各村建设水平差异大、带状集聚明显以及部分村庄撤并意愿不强的实际情况，对现状建设基础较好和有条件发展的带状村庄以保留整治为主，同时加快散点村的撤并和新社区的建设，实现人口适度集聚（图11）。

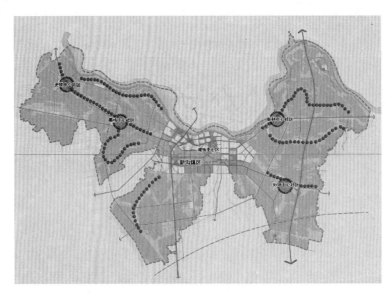

图11　新沟镇"七带四区"的农村居民点体系

4.1.2　以坚持就业优先吸引乡镇人口集聚

就业是民生的根本，有就业就有收入，有收入就有消费，有消费就有需求，有需求就会促进经济增长，促进乡镇发展水平提高。湖北省平原地区乡镇大量劳动力外流、异地城镇化现象愈演愈烈，正反映出区域内就业严重不足的问题。坚持就业优先就是要摆脱"高增长、低就业、低消费"模式，向"高增长、高就业、高消费"的模式转变。

4.2　产业发展规划对策

4.2.1　实现农业现代化、规模化发展

农业规模化、产业化、专业化已成为现代农业发展的必由之路。推进农业产业化是农业和农民走向市场的有效形式，是推进农业现代化进程实现城乡一体化的必由之路。湖北省平原地区乡镇具有不可多得的特色农业资源禀赋和良好的多样化品种基础，然而长期以来由于一家一户式的传统型分散耕作、亦工亦农下的兼业式经营、"靠天吃饭、放其生长"的消极经营心态导致乡镇特色农业生产效率和效益很难得到较大的提升。因此，平原地区乡镇亟待采取农业产业化发展模式，即采取与市场经济相适应的高效集约农业生产经营方式，促进农业产业发展的转型——增长方式由数量型向质量效益型转变。

如荆门市沙洋县官垱镇通过以家庭农场为主体的"人地业"复合发展来实现农业规模化、集约化、商品化生产经营。全镇基于农业镇的特点，通过"人地业"复合发展模式，因地制宜选择合理的居住方式，安置农业及农业转移人口，以农业全产业链为基础，推进以家庭农场为主的经营方式，大力发展现代农业，以此带动新兴工业、商贸流通等产业，形成官垱特色（图12）。

4.2.2　着力龙头培育，打造特色品牌

龙头企业是拉动农业产业化发展的主要动力，决定着特色农业的发展层次和水平。因借平原地区乡镇农业发展的优势，坚持走特色农业产业化道路。依靠"公司＋基地＋农户"的产业化经营格局，充分

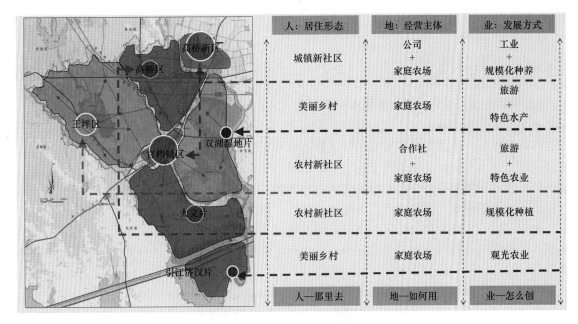

人：居住形态	地：经营主体	业：发展方式
城镇新社区	公司 + 家庭农场	工业 + 规模化种养
美丽乡村	家庭农场	旅游 + 特色水产
农村新社区	合作社 + 家庭农场	旅游 + 特色农业
农村新社区	家庭农场	规模化种植
美丽乡村	家庭农场	观光农业
人—那里去	地—如何用	业—怎么创

图 12　官档镇农业现代化发展路径示意图

发挥龙头加工企业的辐射作用，把千家万户的"小生产"同千变万化的"大市场"联结起来，这样才能促进特色农业的健康发展。

湖北省平原地区乡镇近年来陆续涌现出了一批"农"字号企业，但除了少数几家，如监利县新沟镇福娃集团之外，大都基础弱、规模小，带动能力较弱。因此，发展特色农业要进一步加大机制创新力度，通过招商引资、多元入股等方式，大力发展"农"字号龙头企业，鼓励本地龙头企业与市内外、省内外的大中型企业采取控股、合资、合作或兼并等方式，迅速扩大规模，提升产业档次，增强带动能力；要坚持扶优扶强，"锦上添花"，采取"滚雪球"的奖励办法，帮助现有企业做大做强，促进特色农业的企业化管理、市场化经营。

4.3　空间发展对策

4.3.1　形成"镇区——新农村中心社区——农村居民点"的镇村体系

从城镇的聚集效益讲，只有人口超过 3 万人才能体现出来，有相关报告指出，中国城市成本与效益均衡的底线规模是 25 万人，而且城市规模越大，集聚效应越强，发展动力越大。乡镇发展过程是社会经济要素不断集中的过程，在这个过程中，只有镇区能够成为带动全域发展的核心。从乡镇城镇化的"聚集效应"和"规模效应"来看，乡镇的规模效应无论在吸纳农村富余劳动力还是在带动乡镇全域经济发展方面都有着无可比拟的作用。因此，必须重点发展镇区，集聚人口和产业，提高规模优势，辐射和带动周边片区的发展。

故应该强化镇区集聚效应和规模效应。但由于欠平原地区乡镇镇区不强和村庄布局匀质线性分布的特点，紧靠做大每个镇区来吸引所有人口也不现实。所以以镇区为主，新农村中心社区联动协调的发展路径是必然选择。应贯彻在经济片区内具有一定实力和规模的乡镇，既要讲求效率，又要体现集中，既要兼顾公平，又要保证一定范围内至少有一个新农村中心社区，以此连接镇区和农村居民点，避免镇村体系的断层，保证村镇体系规模等级结构的合理性。

4.3.2　延续肌理，带状聚居，点块结合

尊重农村居民的意愿和诉求，延续平原地区乡镇农村居民点现状沿路、沿河渠带状发展的空间肌理，以"相对集约、利于实施、群众满意度较高"为总体目标，对现有农村居民点进行有机整合。

考虑到现状村庄布局分散、各村建设水平差异大、带状集聚明显以及部分村庄撤并意愿不强的实际情况，保留整治建设较好、布局集中的村庄带并向纵深拓展，逐步撤迁建设基础差和零散村庄，并依托

村庄带和块状村庄密集区建设农村新社区，形成"以带为主、点块结合"的村庄空间布局结构，打造"和谐农村、美丽乡村"。

4.4 设施支撑规划对策

4.4.1 构建乡镇全域一体化交通，实现城乡保畅

湖北省平原地区有沪蓉高速、汉宜高速、随岳高速等穿境而过，区域交通线路完善，省道县道弥补，交通路网密度高，道路交通发展基础好。然而纵观乡镇层面，并没有很好地利用区域交通发达的优势，主要存在以下几个问题：乡镇内交通组织不明确，断头路较多，人车混行；道路断面形式单一，红线宽度不够；交通设施配套不完善，静态交通设施不足；农村地区路网杂乱，不成系统。针对以上四点问题，提出构建乡镇全域一体化交通，实现城乡保畅，具体对策如下：

（1）衔接区域，无缝对接：与区域交通设施的规划、建设与运营相协调，争取重大区域交通设施资源的共享，区域交通与全域交通系统良好衔接，实现区域交通与全域交通的一体化，增强乡镇的集聚和辐射能力。

（2）全域一体，整体构建：构筑由轨道交通、地面快速公交、高/快速路、主干路、次干路、支路等组成的复合交通走廊，引导乡镇全域空间有序拓展，依托交通走廊建设发展。

（3）设施配套，城乡有异：保障交通枢纽、公交场站等公交设施用地；有效控制停车供给，合理满足停车需求，积极发展停车换乘。

4.4.2 层级配置社会服务设施，实现城乡均等

基本公共服务设施是基本公共服务的载体，促进基本公共服务设施的均等化发展是落实基本公共服务均等化，从空间规划与建设角度推动城乡统筹发展的重要方面和技术支撑。乡镇应通过对基本公共服务设施建设的引导，推动镇区公服设施向农村的延伸，改善乡村地区人居环境与生活品质，推动农村生活方式向城镇的转变，具体对策如下：

（1）集中发展，兼顾平衡：首先在镇区内建设形成全域综合化的社会服务设施中心。

（2）城乡联动，协调发展：以镇区的全域综合化的社会服务设施中心，联动新农村中心社区的社会服务设施高标准配置带动周边农村居民点社会服务设施的配套进一步完善。

（3）三级配套，完善体系：按照不同标准层级配套，分成全域综合服务中心、新农村中心社区服务中心、农村居民点服务中心三个层级。

5 结 论

湖北省平原地区乡镇整体仍处于工业化发展的初、中期阶段，其产业结构不尽合理，农业现代化水平需要加强，产业链深度有待提升，三产发展亟待提质。纵观各乡镇空间发展情况，村镇体系的不完善也是导致其人口集中程度低，空间发展集约程度低的重要因素。各乡镇大力发展建设镇区的同时应关注其乡村地区的同步发展，各项公共与基础设施向乡村地区的延伸严重不足。基于种种发展问题，本文旨在分析探讨湖北省平原地区乡镇发展的全新模式，以农工互促为主，空间集约为轴，设施配套为支撑探讨乡镇发展的对策，旨在为乡镇的全面提质发展与乡镇规划的指引做出有益借鉴。

参考文献

[1] 李波. 欠发达地区乡镇财政困境与出路 [D]. 南昌大学，2012.

[2] 张俊. 集聚发展——城市化进程中小城镇的发展之路. 北京：中国电力出版社，2008.

[3] 吴建平. 欠发达县（市）实现新型城市化的路径. 领导科学. 2008（22）：8-9.

[4] 曾菊新. 江汉平原城乡非农产业同构化及对策研究. 华中师范大学学报（哲学社会科学版）1989（5）：14-18.

[5] 林小如. 湖北省欠发达山区县域城镇化路径模式及空间组织研究 [D]. 华中科技大学，2012.

[6] 李家清. 两湖平原城镇体系的结构与功能研究. 华中师范大学学报（自然科学版）. 1995（4）：522-528.

村庄规划与管理研究

安徽省美好乡村建设规划肥东县实施经验总结

陈　玲

合肥华祥规划建筑设计有限公司

摘　要： 本文以安徽省合肥市肥东县美好乡村建设为例，通过对首批 12 个各具特色和风貌的中心村美好乡村规划实施情况进行实地调研、跟踪回访，对在规划编制、实施过程中采用的财政资金重点扶植、村庄整体建设"三结合三集中"、村庄发展"三位一体"等多种实用的建设模式进行总结；同时对在其他村庄规划中暴露出的村庄面貌特色不突出、村庄后期管理维护缺失等问题和困难进行总结后，结合肥东县的实际实施经验，提出村庄风貌"一村一品"、村庄管理建立长效机制等切实可行的解决方法。

关键词： 肥东县；美好乡村；建设模式；实施总结

自 2012 年 9 月安徽省合肥市美好乡村建设动员大会以来，经过了一年多的示范试点建设，肥东县首批遴选的 12 个各具特色和风貌的中心村已全部完成美好乡村规划建设（图 1），总投资约 5800 万元，为下一步合肥市乃至安徽省更深入推进美好乡村建设提供了实践经验与一整套可以借鉴推广的运作机制模式。

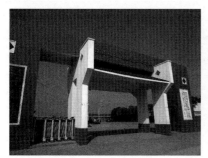

图 1　肥东县首批 12 个示范中心村各具特色

1　整合涉农资金，非均衡性投入

建设资金是实施美好乡村建设的关键与保障，资金的筹措方式与资金使用机制的建立，是关乎美好乡村建设可持续发展的核心命题。安徽省肥东县在美好乡村建设过程中从整合各类涉农资金、完善资金审批流程与更广泛地拓展资金筹措渠道等多个方面着手，建立健全一整套在实践中不断完善的涉及建设资金筹集、使用等相关法定条例规范。

1.1　整合各类涉农资金

2013 年肥东县财政已将用于美好乡村建设的 4000 万专项资金按照 1：1 的比例进行配套投入。坚持以乡镇为投入主体，县级以奖代补，制定和出台了《美好乡村建设专项资金使用管理办法》、《2013 年度整合涉农资金支持美好乡村建设实施方案》等相关文件，并将一事一议、大湖区减负资金、中央财政追加高标准农田建设、农村饮水安全工程、土地整治与新农村建设项目、农村清洁工程、小城镇建设等涉农的 24 个项目资金纳入整合范围，涉及资金总量 6.48 亿元。目前，经过整合，能够直接投入 36 个中心村建设的资金达到 1.65 亿元。

1.2 非均衡性投入原则

明确了涉农资金的审批流程，规定所有的涉农项目都要经过相关审核，最大程度向中心村整合。目前，仅从财政投入这一块来算，省、市、县三级专项资金有近7000万元。在实际工作中，肥东县把握非均衡性投入的原则，重点投向环巢湖的中心村、集镇中心村、有人口规模和产业发展资源的中心村，避免造成过程性浪费。

肥东县首批12个示范中心村建设资金投入一览表　　　　　　表1

村庄	新建（万元）					改造（万元）					合计（万元）
	道路	景观	建筑	市政	小计	道路	景观	建筑	市政	小计	
罗洪	701	157	15	719	1593	0	22	130	0	152	1745
瑶岗	305	222	150	75	753	0	0	200	48	248	1000
西湖	0	33	72	91	196	0	0	137	67	204	400
旭光	75	18	0	70	163	0	0	137	0	137	300
陈集	46	72	0	89	207	45	0	48	0	93	300
竹滩	87	80	0	86	253	0	0	47	0	47	300
大郭	70	93	0	20	183	0	0	117	0	117	300
晨光	108	132	10	13	263	0	0	28	10	37	300
岷山	102	66	0	0	168	0	0	133	0	133	300
小陶	9	93	89	50	241	0	0	49	10	59	300
大张	110	91	52	31	285	0	0	15	0	15	300
石湾	57	145	61	10	273	0	0	27	0	27	300
合计	1671	1203	449	1254	4576	45	22	1067	134	1268	5844

2 "三结合三集中"创新美好乡村规划建设模式

以肥东县陈集镇为例，肥东县在美好乡村建设过程中推行"三结合"、实现"三集中"，走出了富有陈集模式肥东特色的新型美好乡村建设规划模式。

2.1 与集镇建设相结合，引导人口向中心村集中

通过人口集聚，推动基础设施建设规模化和集约化，实现生态环境优美。一是以科学的规划引领人口集中。紧密结合城镇发展规划，将中心村建设点选择在距集镇约100米之处，毗邻传统集镇，群众生产生活更为便利。在集镇原有规划基础上，延伸镇区规划范围，拓宽镇区版图，实现了中心村和传统集镇无缝对接，既建设了农村，又壮大了集镇，实现了美好乡村与传统城镇建设的有机结合。周边群众向中心村集中意愿高涨，普遍支持和参与美好乡村建设。二是以完善的设施吸引人口集中。在加强基础设施建设同时，不断完善公共服务设施建设，提升中心村吸引力，有效促进人口向中心村集中。坚持做到建设规模化、设施配套化，全面提升集镇品味，中心村实现水、电、路畅通，雨污分流；安装太阳能路灯100盏，建成300立方米无动力污水处理沼气池2座，修建农民广场3500多平方米，新建农民公园和体育健身场500多平方米，新增停车场1600平方米，种植草坪10000多平方米，栽植高档树木5000余棵。通过整体推进和功能整合，显规模、上档次、出品味，对群众吸引力日益增强。三是以优美的环境促进人口集中。将环境整治作为提升中心村形象的突破口，城镇整体形象和中心村面貌大为改善。鼓励肥东"圣泉集团"、"宁国恩龙集团"等外来客商前来投资苗木花卉生产，既增加群众收入，又增添美景。整治"八乱"现象，完善各项配套措施，将工作中的好做法，以制度的形式固定下来，形成长效机制。投入67万元重建陈集新街；投入20余万元对店招、店牌进行整治；投入10万元对为民服务中心进行美化亮化；购置垃圾车、垃圾桶并配备专职保洁员，着力打造优美乡村。截至目前，已有1.2万

人到集镇居住，占全镇人口的 40%。（图 2）

图 2　整合资源，整村推进，完善设施，美化环境，美好家园

2.2　与产业发展相结合，整合资源向中心村集中

通过产业提升，壮大农村经济，增加农民收入，实现群众生活甜美。一是整合农业项目，改善农田水利。积极争取农业开发项目，以项目建设为支撑，不断改善农业生产基础条件。紧密依托国家农业开发土地治理等重大项目，与新农村建设同步实行，有机结合。整治农田 1.8 万亩，兴挖当家塘 16 口，兴修砂石路 35 公里，硬化渠道 8.5 公里，实现了田成方、路硬化、林成网、沟相通、渠相连目标，农业生产条件得到改善。二是加大土地流转，优化产业结构。实行以土地招商，积极吸引农业龙头企业建立产业基地，积极发展生态、环保、绿色、有机及循环的现代农业。目前已有宁国恩龙、安徽徽之皇等 2 家省级农业产业化企业和 1 家市级农业产业化企业在中心村落户，种植苗木 1200 亩，蔬菜 1600 亩，百合 800 亩。中心村已初步形成高档苗木花卉区、精品果蔬种植区、高效粮油作物区等七大功能区。产业结构显著优化，大大增加了农业生产附加值。三是壮大农村经济，促进群众增收。立足农业招商引资，实现土地合理流转，实行农业产业化经营，全面推广"龙头企业＋基地（农户）"和"农民专业合作组织＋基地（农户）"的发展模式。通过专家结对、政策帮扶等措施，积极扶持农民种植大户，培养农村致富带头人。村民一部分在村中就近打工，一部分富余劳动力卸下包袱外出打工，逐渐从第一产业向二、三产业转移，加上田租，农民收入比以前大大增加，生活品质显著提升。

2.3　与组织建设相结合，推动服务向中心村集中

通过创新组织建设，提升服务水平，实现乡风人文和美。一是建设阵地，完善服务设施。调整功能设置，整合教育、卫生、计生、文体、综合治理等资源，着力提升村级组织活动场所的综合服务能力，初步建成了软硬件设施相对完备、服务功能相对集中、群众办事比较便捷的社区化综合服务中心，基本满足了群众需求。二是优化队伍，提升服务水平。为主动适应新形势下农村工作的新要求，强化村干部教育和管理，促进干部转变观念、转变职能，重新设岗定责，积极探索新型公共管理服务体制机制。通过"换血"和"洗脑"，逐步将村干部由地域型向功能型和服务型转变。三是提升管理，推动村民自治。成立美好乡村建设村民理事会，积极发挥群众主体作用。健全村民会议和村民代表会议、村务公开、村民议事、村级财务管理等自治制度，依法保障农民在美好乡村建设中的知情权、参与权、管理权和监督权，进一步提升农民群众公共意识和文明素养，共同建设文明和谐的美好乡村。

3　"三位一体"协同推进美好乡村建设

3.1　以"五化同步"改建村庄面貌

硬化、净化、绿化、亮化、美化"五化同步"是美好乡村建设的重要内容，村里的房屋修葺一新，

平整的柏油马路铺到门口，美好乡村建设让乡村面貌焕然一新。通过美好乡村建设，肥东县首批建设的中心村各个焕发新颜，其中岘山村将打造成4A级农家乐景点，经过大半年的装扮，岘山村已经颇具姿色：村前的两座山上，栽种了成片的梨树、桃树，开春时将成一片花海；在一口偌大的池塘上，崭新的浮桥横跨左右，成为游客游山玩水的捷径；宽敞的柏油路、靓丽的文化广场、灵动的绿化效果，已经让岘山村美不胜收（图3）。

图3 环境优美、设施齐全、乡风文明的美好乡村美不胜收

3.2 以"兴产置业"改善居民生活

美好乡村建设带来的村容村貌的巨大改变不光给村民带来最直观的感受，还给村庄的产业、未来发展注入了巨大的活力。以岘山村为例，目前已有7家企业入驻岘山村，重点打造农家乐和苗木花卉，保守估计将带动500人就业。能让老百姓享受到山水田园生活，并且在家门口找到一份工作，真正让村民留在家中，坐享美好乡村带来的实惠。美好乡村建设，兴了产业，鼓了腰包，改善了居民的生活水平，使居民得到实实在在的实惠，享受到了真真切切的政府好政策带来的改变。

3.3 以"十个一"提升精神文明

美好乡村的建设使得村庄内整体精神文明得到了巨大的提升，肥东县在各个中心村开展乡风文化建

设"十个一"活动，即每个中心村都做到有："一段村史、一句村训、一幅村徽、一首村诗、一条长廊、一块广场、一方舞台、一支队伍、一批作品、一群好人"。着力打造文化品牌，构建文化载体，突出文化惠民。在全省首创组建了美好乡村文化艺术团，把美好乡村建设的规划政策、目标任务编写创作成歌曲、小品、相声、大鼓书、诗朗诵等多种文艺形式，深入乡村巡演。从演出情况看，群众非常欢迎，演出现场人头攒动、气氛热烈，实际效果很好，切实发挥以文载道、以文育人、以文寓美的作用。同时，结合美好乡村建设规划要求的农家书屋、村文化站的建设，丰富了农民的空余生活（图4）。

图4 中心村文化活动设施的修建
推动了乡村精神文明建设

4 "一村一品"打造乡村旅游精品村落

依托村庄特色，挖掘地域建筑文化内涵，推动"一村一品"的建设，打造好乡村旅游精品村落，以肥东县首批实施的十二个美好乡村的瑶岗村为例。

瑶岗村以3A级风景区"渡江战役总前委旧址纪念馆"所在地而闻名中外，纪念馆是中宣部命名的第四批全国爱国主义教育基地。多年来为合肥及周边的党员、群众和学生开展爱国主义教育作出了积极贡献，纪念馆每年接待游客数万人，是典型的旅游特色型村庄。

在瑶岗村美好乡村建设过程中，撮镇镇按照"传承红色文化，建设徽派村庄，打造旅游精品"的目

标，打造村馆一体新特色，展示红色瑶岗新形象，该镇专门成立瑶岗美好乡村建设指挥部。美好乡村规划围绕渡江战役纪念馆旧址景区布局，对瑶岗的农舍按照"粉墙黛瓦马头墙"的徽派特色进行升级改造，并配套建设完善村里各项功能设施，让纪念馆同村庄真正融为一体、相互辉映，从而进一步提升瑶岗红色旅游的品质（图5）。

图5　完善旅游配套设施，助力美好乡村建设

5　长效机制建立的探索与改进

针对在本轮美好乡村建设后期村庄建设管理、环境维护方面所暴露出的缺乏长效机制的问题，笔者认为应主要从公共卫生保洁、公共设施维护、系统规划坚持等方面着手。

5.1　建立农村卫生长效管理专项基金

建立农村环境卫生长效运转机制，从队伍、职责、制度、经费等环节入手，创新农村环境卫生长效管理模式，采取政府主导、市场运作、部门指导、农民参与的办法，区分各类基础设施的不同性质，积极探索基础设施管护养护的途径，维持公共卫生清洁，实现可持续发展。

5.2　建立健全"农村公共设施物业化管理"制度

定期维护公共设施，将村庄卫生保洁、垃圾收集、污水处理、路灯照明、用水设施、村道养护等纳入日常管理养护，同时建议将此项工作纳入我市2013年民生工程的自选项目，加大推进力度。

5.3　提高居民参与度，坚持系统规划

加快添置乡镇及中心村的图书室、健身广场、体育设施，加强对农村文化骨干的培养和对日常文化活动的组织，同时通过政府购买公共服务方式让农民在村里能看电影、瞧小戏，丰富农民的文体活动，激发群众参与文化的热情，从而让健康的生活方式占据农民的业余生活，让居民切实感受到美好乡村建设带来的好处，积极参与到美好乡村建设中，自觉维护美丽家园，遵守村庄规划系统。加大舆论宣传，营造浓厚氛围。通过报纸、电视、广播等媒体，采用专版报道、广告标语、宣传手册、橱窗、电视视频、文艺表演、组织农民代表实地考察等形式，广泛宣传建设美好乡村的必要性和紧迫性，燃起广大农民建设美好家园的强烈愿望，形成政府与村民互动的生动局面。

美好乡村建设，是建设美丽中国的基础，是缩小城乡差距、建设和谐社会及国家新型城镇化建设的重要内容。合肥市肥东县通过实施首批12个重点示范村建设，在全省率先成为统筹城乡的典范区、美好乡村的先导区、全面小康的样板区和改革创新的试验区。通过调研、分析与总结肥东县美好乡村建设的实践建设，可以清晰的看到，美好乡村的建设不仅应该坚持生态优先、因地制宜、突出重点、注重实效，更应以农村基础设施建设为重点，充分运用市场机制，建立长效管理机制，才能实现可持续发展！

参考文献

［1］ 安徽省人民政府关于印发安徽省美好乡村建设规划（2012-2020 年）.

［2］ 安徽省美好乡村村庄布点规划导则，2012.

［3］ 合肥市美好乡村规划建设导则（试行）.

［4］ 合肥市关于规范美好乡村建设管理工作的暂行办法（试行）.

皖北村庄特色规划的可行性思考

程堂明　卢　凯

安徽省城建设计研究院

摘　要： 在国家及省市县对农村生产生活极其关注的大背景下、城乡统筹发展的趋势下，探索一条以村庄特色规划为重要示范带动作用的皖北村庄发展之路，是皖北地区村庄规划建设在未来发展中富有活力的重要手段。本文重点从村庄规划的产业发展引导和村庄建设的地域性特色着手，着重研究符合皖北地区村庄传统特色的规划理念，在村庄产业发展引导上，注重既符合地域特点又符合时代特征的产业发展之路；在村庄建设中，注重延续性发展、可行性建设，维护并建构以皖北地域文化特征为主的村庄特色要素，使皖北村庄在建设发展道路上充满活力和生命力。

关键词： 皖北村庄；特色规划；可行性

1　前　言

1.1　皖北的地域特征

安徽位于中国东南部，是华东地区跨江近海的内陆省份，境内山河秀丽、人文荟萃、麦浪滔滔、稻香鱼肥、江河密布。全省地域广阔，处于南北长，东西窄的空间形态，根据地理特征分为皖北、皖中、皖南的三大片区，其中皖北片区主要是指明太祖朱元璋时期的古凤阳地区，以淮河为界的以北地域，包括安徽北部六市及沿淮五县，国土面积和总人口分别占全省的38%和53.5%，分别为阜阳、淮南、蚌埠、宿州、亳州、淮北六个市（图1）。

图 1　地域划分图

皖北土地平坦，属于中原平原地区，主要受中原文化影响，遗存丰富，文化特征明显区别于皖中、皖南地区。皖北人口众多，村庄密集，主要种植小麦和玉米，经济相对落后。在安徽美好乡村的建设上，如何将皖北区的村庄规划结合地域特征，突出特色，紧扣时代发展是成功的关键。

1.2 皖北村庄的规划思路

党的十八大提出建设"美丽中国"的目标，安徽省提出建设"美好乡村"的要求，制定了一系列的美好乡村建设指导意见，提出建设生态宜居村庄美、兴业富民生活美、文明和谐乡风美的美好乡村，根据村庄等级规模分为中心村和自然村两级。皖北地区经济欠发达、人口众多，因而安徽美好乡村建设的重点和难点都在皖北，对于皖北地区村庄规划建设应该紧紧把握时代潮流，选择以村庄整治、特色塑造和制度创新有机结合的综合建设作为主导模式，"让乡村回归乡村"、"让乡村恢复活力"。

2 村庄特色的概念及重要性

村庄特色是指一个村庄区别于其他村庄的个性特征，是村庄的物质形态特征和社会文化特征的综合反映，是特定条件下的村庄符号系统所提供的差异性特征和关系。

村庄特色包括自然、历史、文化、产业、村庄布局、建筑风貌、环境等多方面内容，是建设"一村一品"的基础，是村庄规划建设的生命和活力所在。只有有特色的村庄，才能被认知、识别，才能提高知名度，才具有吸引力，村庄的特色是村庄的品牌和无形财富，村庄特色的规划与塑造，是村庄发展的根基。

3 村庄特色规划的研究范畴

广义上来说，构成村庄特色的要素有很多，既有有形的物质要素，比如村庄的自然环境、村庄的空间格局、空间肌理、空间景观、建筑风貌等；也包含村庄历史、文化、人口、经济结构、产业特征、心理感受等无形的非物质要素。

本文研究皖北村庄特色规划，重点研究村庄的自然环境、产业发展、空间格局、空间肌理、空间景观、建筑风貌以及它们所承载的文化内涵。

4 皖北村庄的特点

4.1 具有较为单一的自然基底条件

皖北地区地形平坦，一望无垠，气候干爽，麦香阵阵，是个大平原，整体大环境较好，环境特征明显。但生态环境较为单一，敏感性高，脆弱性强，同时皖北地区经济相对欠发达，生态环境更容易受经济的发展而遭到破坏。

4.2 村庄产业发展较为传统

皖北地区是全国商品粮的主产区之一，目前广大农村地区沿承着种植小麦、玉米和大豆的轮作习惯，栽植、种植其他的经济作物较少，因而农民的人均收入不仅远远低于东部发达省份，而且普遍低于全省的平均水平，这样对农村的经济发展影响很大。

4.3 村庄分布密集、规模大

皖北地区的现状村庄个数比较多，分布密集，同时村庄人口多，规模大，无序零散分布。皖北地区每个行政村人口普遍在 3000～5000 人，每个行政村的基层村即自然村一般在 8～15 个，不像沿江、皖南地区，人口少，规模小，村庄分布稀疏。同时，皖北地区村庄每户宅基占地较大，建筑排与排之间间距较大，导致村庄大而空，普遍户均占地达到 2～3 亩（1 亩约为 0.067 公顷），极大地浪费土地。

4.4 村庄肌理特征明显

皖北地区的村庄布局和皖南山区民居自由式布局完全不同，皖北农民住房布局讲究南北朝向，建筑基本呈现一排排的整齐布置形式，道路平行于住房而设，所以皖北地区村庄整体看上去较为规整，空间肌理相对横平竖直。

同时皖北地区村庄内的沟塘水系肌理较好，但由于皖北地区的淮河、涡河、西淝河、茨淮新河、阜蒙河、沙河、颍河、新汴河等主要河流网体系没有形成，受地下水位较低影响，导致皖北地区整体缺水，从而使村庄内往往是有沟塘无水流或水流较少，水质较差的状态。

4.5 村庄文化底蕴深厚

历史上由于战争的原因，皖北地区村庄不像皖南古村落那样延续数百年，保存完整，历史遗存明显。但皖北村庄内近现代的乡愁文化底蕴深厚，像传统的民风、村口的记忆、老建筑的留存、手工技艺的传承、传统的生产劳作工具等物质与非物质文化留存随处可见，亟待挖掘与展示。

4.6 村庄风貌与环境特色不突出

目前，皖北地区传统砖瓦房和新建平房、楼房几乎各占一半，但建筑缺失地域特色，没有统一设计引导。因为各家各户根据在外务工地方不同，把当地的建筑形式、风格、色彩照搬回村庄内按个人意愿建设，从而使村庄风貌缺乏地域文化特色，比较杂乱。

因为历史的欠账，村庄缺少统一规划与管理，基础设施不完善，市政设施匮乏，导致道路不硬、垃圾乱倒、污水乱排、柴草乱堆、电线乱拉等现象，从而村庄环境普遍"脏、乱、差"的问题突出。

5 村庄规划的特色思考

通过研判将来村庄发展对比现状发展会有很大的转变，村庄将来的发展趋势是农业规模化生产将占主导地位、农业生产机械化水平将大大提高、农民收入非农化趋势更加明显、村庄所承担的生活功能更加突出、多数村民不再具有农民身份，这些变化势必对现状村庄发展格局造成很大的改变，如何应对将来村庄的建设，对于村庄规划主要从以下几点特色切入。

5.1 布点，引导村庄集中建设

将来的村庄人口居住一定是向中心村集中，很少部分的人口居住在自然村，因此需要选择合适的中心村重点建设，逐步引导周边基础差、规模小、交通不便的零散村庄向中心村集中建设。

5.1.1 中心村选择思路

(1)"排除"：位于乡镇现状建成区或规划建设用地内的村庄将不作为规划培育的中心村；

(2)"老集镇"：老的集镇将优先规划为中心村；

(3)"临水"：选择近临主要河道的规模大、基础较好、生态环境优美的村庄为中心村；

(4)"伴路"：依托交通干道，选择规模大、基础较好村庄为中心村，便于组织生产生活；

(5)"有产业"：选择已有一定产业基础的村庄。

5.1.2 村庄分布模式

以一个配套设施完善的居民点为村庄的中心村，在合理范围内保留几个基础较好的自然村。村庄分布模式主要有环状放射均衡布点、环状放射非均衡布点、线型非均衡布点、线型均衡布点、混合型布点（图 2）。

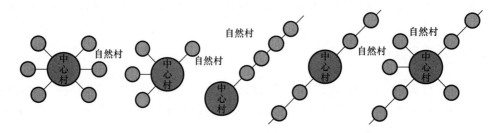

图 2　村庄分布模式图

5.1.3　村庄规模

皖北地区现状村庄分布较为零散，空心村现象明显，占地面积较大，不便于公共服务设施和基础设施的集中配置使用。紧扣土地利用规划，集约使用土地，引导拆并空村、破村及区划调整或重大基础设施建设需要搬迁的村庄，向中心村集中建设。

中心村服务规模即行政村的规模皖北片区宜 3000 人左右；

中心村集聚规模中心村的常住人口皖北片区宜 1000 人左右；

也可以在一定服务及耕作范围内，选择几个村庄基础较好或有一定产业基础的村庄，共同组成中心村。公共服务类设施尽量居中布置，方便几个居民点共同使用。

5.2　治田，产业引导

对于农林产业发展引导向规模化经营转变，鼓励和支持承包土地向专业大户、家庭农场、农民合作社流转；保留特色农业，进一步做大做强；发展城郊农业现代产业园，并依据景观原理布局蔬菜、瓜果等多种经济作物田地，在确保农业生产、供应纯绿色食品的同时，融入充足的观赏性与认知性，将展示现代农业科技与欣赏淳朴田园风光相结合；产业发展片区化，村域到镇域到县域。

5.3　理水，优化肌理

水是活力的源泉，县特色风貌形成的前提条件之一。在延续村庄道路、建筑布局肌理的基础上，对于水的原则：不填塘、不大开大挖，而是串起来。规划依托周边的较大的河流水系，不仅仅在规划的中心村内理水，而是在整个村域、镇域，甚至县域内对河流水系进行沟通梳理，形成水流潺潺的活水网络。

5.4　整村，建设规划

对于村庄建设规划分为旧村整治型和引导新建型两种。

5.4.1　旧村整治型

（1）优化建筑布局，尊重村庄原有肌理，保留历史文物建筑、整治较好建筑、改造老旧建筑、拆除较差建筑及乱搭建的构筑物、插建新建筑；

（2）引导生态环境建设，梳理沟塘水系、建设滨水景观、绿化宅前屋后；

（3）完善公共服务设施体系，使农村生活更便利、更舒心；

（4）兴建基础设施，重点解决道路硬化、安全饮用水、生活污水、生活垃圾等问题；

（5）乡愁文化挖掘与展示，建设乡愁园、文化墙等；

（6）建筑整治简洁、大方，尽量不要平改坡，注重可操作性。

5.4.2　引导新建型

（1）紧扣土地利用规划，灵活使用土地。严格控制户均不超过 0.7 亩建设用地指标，建筑面积控制在 160～220 平方米之间，打破传统的村庄建设用地单纯的民房建设，多元化的利用土地。

（2）绿化景观丰富，村庄布局灵活。绿化景观成环成带划分村庄布局；绿化景观多点划分村庄布局；绿化景观点、带、环结合划分村庄布局，打破村庄规模较大后过于"兵营式"的村庄布局。

（3）注重村庄特色营造。适宜的规模，组团式布局，融入乡野，田园乡村，改变行列式布局模式，多户型选择。

（4）配套建设完善的公共服务设施和基础设施。中心村按照"11＋4"配置设施，11项公服是小学、幼儿园、公服中心、文化室、邮政储蓄、医疗室、金融网点、便民超市、农贸市场、农资站、图书室。4项基础设施是公交站、垃圾收集点、污水处理设施、公厕。自然村配置"2＋1"配置设施，2项公共服务包括健身活动场地、便民超市，1项基础设施即垃圾收集点。配套服务设施内容与规模的界定，一定要结合当地资源和发展规划，如结合将来的乡村旅游、区域性绿道游览合理配置，在"11＋4"基础上适当增减。

5.5 造林，生态环境营造

植树造林，生态建设是创造良好村庄环境的重要规划手段，是特色规划成功的关键因素之一，规划主要采用如下的特色方法：

（1）见缝插针式，结合庭院、宅前屋后的空地栽植绿化；

（2）依水伴路式，结合沟塘水系、道路两侧栽植绿化；

（3）成组成团式，在居住组团之间成片的栽植绿化，既分割组团又绿化村庄。

（4）树种选择以地方树种为主，适当的引进一些常绿树种。最终形成围村林、护路护堤林、庭院林、水口林和环村林带等，使村庄的绿化率不低于50％，道路河渠绿化率达到90％以上，实现森林村庄建设标准。

5.6 兴业富民，最终目的

这是美好乡村建设的最终目的，通过发展规模化、现代化、科技化农业，建设农业产业园，通过农业产业园兴业，以兴业而富民。

6 村庄特色规划的可行性实践

村庄规划在研究全域化、农业发展现代化、配套设施完善化的指引下，运用特色规划理念建设皖北村庄，结合地域特征、农村实际、农民意愿，让规划切实可行，落到实处。

6.1 尊重意愿特色

村庄规划村民是主体，规划始终要尊重群众意愿和风俗习惯，如果引导新建型村庄，为保持原有的邻居关系，原则上同一自然村安置在离原自然村相对较近的同一组团。在户型设计时充分征求村民意见，规划按照需求设计多种户型供村民选择，根据追求多样化，同一种风貌不同的样式，不同的建筑组合，不同的院落空间，依村民要求进行设计。同时在建筑风貌方面也充分尊重村民意愿，提供多种样式供村民选择，在规定宅基地范围内，院落组合方式由村民自行选择（图3）。

图3 村民意愿调查图

6.2 全域研究特色

在全村域范围内，对村庄的农业发展、村庄布点、基础设施、公共服务等进行合理规划和功能布局，体现规划的整体性和前瞻性。比如亳州市蒙城县李大塘村，村域现状有14个自然村，总体是规模小，分布零散。在村民自愿的前提下，引导村庄向交通便捷，人口较多，经济产业基础较好，公共服务和基础设施较完善的李寨中心村集中建设（图4）。

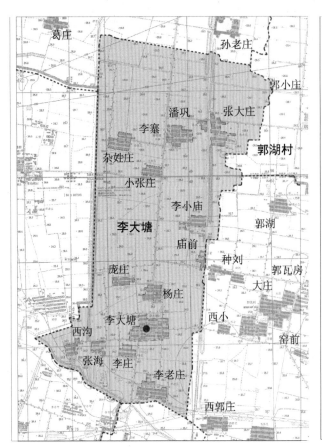
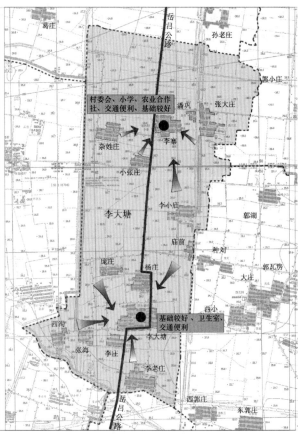
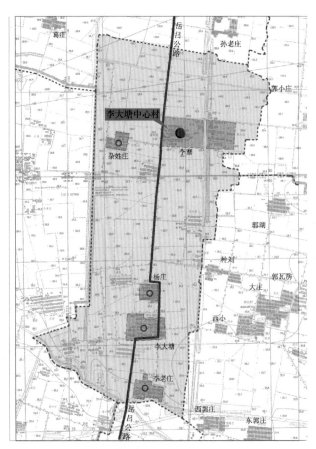

图4 蒙城县李大塘村庄引导建设图

6.3 现代农业特色

规划在坚持土地集体所有权不变、农民承包经营权不变、农地农用方式不变的原则基础上，突出现代农业发展模式探索。在稳定小麦、玉米等主粮生产的基础上，加快发展畜牧养殖、水果、蔬菜及黑豆种植等特色农业，培育和发展循环农业、特色农业、生物能源产业、乡村旅游业等，推进农业的高效化、规模化、特色化、产业化及多元化发展，促进农业增效、农民增收。比如凤阳县小岗村，依托区域现代农业示范园区建设，形成"四区一园"的空间布局。"四区"即：15000亩粮食和5000亩蔬果的现代农业种植区；600亩现代农业养殖区；以果蔬采摘体验园、农事体验园、大田农业观光区为主的休闲农业体验区；1500亩生活及旅游配套服务区。"一园"即绿色有机食品工业园，实施小岗品牌战略，建设发展"小岗"地理标志性农产品及农产品深加工（图5）。

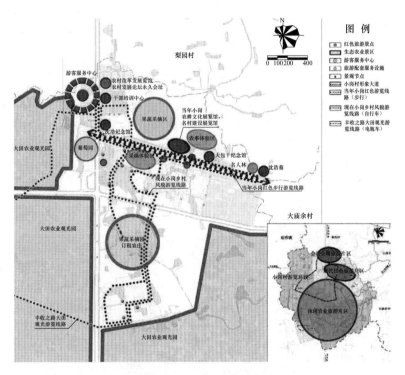

图5　凤阳县小岗村产业发展引导图

村庄旅游业融入区域旅游一体化发展战略，借助名人名村效应，实施乡村旅游的红色精品战略与升级转型战略，提升红色旅游品质，发展农业观光体验游、教育培训等现代旅游服务业。

6.4 乡村布局特色

村庄规划保存与延续现状肌理，尊重现状，不砍树、不填塘、不推平，巧用地形规划，顺应地形高差，就势建房。加强与村庄外部农田等景观要素的整合，最大限度保留村庄内部原生态的林地、耕地、园地、水塘，实现村庄与环境的和谐共生。新建农民住房布局延续质朴的乡村风貌，采取皖北地区传统村庄聚落形式与肌理，保持浓郁乡土气息，创造出门见"园"的乡村体验，体现可居可游的新村风貌。比如亳州市蒙城县李大塘村，在规划中对村庄内的水系进行保留和梳理，对水系周边的树木加以保留和利用。同时结合农房院落，在每家每户的门口布置农家小菜园，既增添乡土气息又解决农民吃菜问题，一举两得（图6）。

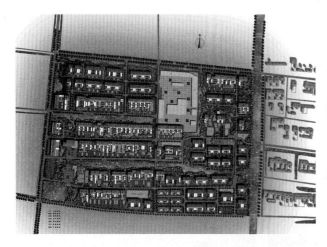

图6　蒙城县李大塘村农家菜园图

6.5　地域风貌特色

规划努力打破以往村庄规划的兵营式、城市社区式，着力探索村庄风貌。把农民住房与庭院经济结合，在房前屋后布置村民自留地，农户可根据需求布置为菜地、果园、家禽养殖等。强调农村特色的院落环境设计，围墙采用木栅栏、竹篱笆等乡土特色的材料，院落种植柿子树、栀子花等本地当家树种，房前屋后种植桂花、月季等常绿灌木花丛。建筑风格与色彩上，延续使用皖北地区的坡屋顶、白墙、灰瓦、朱漆门窗的建筑元素，体现地域性的建筑特征。如利辛县永昌新村建设中，在多轮征求村民意愿的基础上，农民住房风格与色彩采用皖北地区传统的形式（图7）。

图7　利辛县永昌新村农民住房图

6.6　乡愁文化特色

本着地域文化解乡愁的理念，规划中尽量挖掘物质上的乡愁记忆，进行呈现和展示，让乡愁的记忆有物质承载与传递。

比如亳州市蒙城县李大塘村，在村庄东部结合现有树林，保留的20世纪60年代土坯草房子和70年代建设的红砖瓦房，修建林间小路，增设石桌椅，放置过去生产生活使用的老农具，如磨盘、石滚、牛槽等，建设农耕园，从而实现对村庄原有养殖和农业生产生活的记忆进行记录与宣传（图8）。

6.7　完善设施特色

按照设施共享、服务全域的原则，集中设置、统一规划、分期实施。围绕村口、绿化、水系、院落、建筑、"11＋4"配套设施，规划主要干道和局部支路实行硬化，配备相应的垃圾收集箱、排水管线，电力杆线同杆同侧布置，使村民不出村就能享受现代服务。同时按照就地取材、造价低廉、运行费用低的原则进行建设，符合农村实际需求。

散落的磨盘石臼　　　　具有历史感的土坯房　　　　两棵大泡桐　　　　拴羊的木架

图 8　蒙城县李大塘村农耕园（乡愁园）

7　结　语

村庄规划有特色、具有可行性是成功的关键，通过一些具体的规划实践及探索，认为特色规划除了规划方法针对有效、内容的完整与丰富之外，更重要的是它要能指导规划实施及管理。如何将规划成果转化为可指导实施的法规性文件，便于指导规划管理、实施，或是指导下一层次的规划设计，是村庄特色规划中较难把握的难题，也是今后在村庄特色规划中需解决的问题，还需要通过不断探索和深入研究，使之逐步能得到改进、完善。

参考文献

[1]　田洁，贾进. 城乡统筹下的村庄布点规划方法探索［J］. 城市规划. 上海：同济大学出版社，2007（4）

[2]　郭海. 新农村规划中农村产业结构调整与空间布局初探——以原村乡为例［J］. 山西：中北大学学报，2008（5）

[3]　邵丹，蒋晗芬. 政府主导下的农村交通基础设施建设模式及其借鉴——韩国新农村运动道路交通建设考察［J］. 上海城市规划，上海：城市规划杂志社编辑部，2007（2）.

[4]　杨细平，张小金. 村庄整治过程中公共设施配置的标准与途径［J］. 规划师，广西：《规划师杂志社》，2007（10）.

村庄及其意志
——社会学视野下的村庄概念和规划实践

冯楚军 刘克芹

中国经济体制改革研究会公众意见调查部

摘　要：村落是乡村社会最基本的单元，也是乡村社会发展以及乡村文明的重要载体。在新型城镇化背景下，乡村社会也随之发生迅猛变迁。而乡村变迁主要来源于城镇化注入式的被动变化，尤其是在全国席卷而来的"集中居住"、"新型农村社区"、"上楼"等一系列运动式的方式，让中国的村落发生了翻天覆地的变化，也引发很多社会问题。本文拟从社会学视角来阐述村落经济社会文化发展的自然规律，并探讨如何在村镇规划中尊重农民意愿和需求，以达到修正现有村镇规划中将村落仅仅作为其规划中点线面的某个点，过于强调村落的物质形态和表面性的问题。

关键词：村落；共同体；城镇化；集中居住

1　问题的提出

村落作为人类最早出现的聚落单位，承载着农耕时代的人类生活，而其空间演化的过程清晰地对应着农业文明演进的轨迹[1]。自村落形成以来，村落聚落形态一直处于缓慢自演化过程，直至 20 世纪以来的城镇化的推进，将历经千年变迁的村落聚落形态彻底改变、颠覆、甚至终结。据《中国统计摘要2010》的统计数字显示，全国每年减少 7000 多个村民委员会。这说明，在中国这个曾以农业文明兴盛的广袤大地上，平均每天有 20 个行政村正在消失[2]。村落消失有农村人口减少的原因，而直接的原因则是在城镇化的浪潮中推进的"撤乡并镇"以及"合村并点"，而《村镇规划》则是该进程的主要推手，直接影响着村落空间聚落形式的形成。

如果说，行政村数量的减少，在某种程度上是村庄地理边界的行政区划调整，那么，自然村落的减少，则意味着传统村落物理实体的消亡和农村居民逐水（草）而居传统生活方式的改变[3]。虽然村落的消亡是城镇化过程中难以避免的现象，但是，由于很多的《村镇规划》以及行政政策的制定是基于"指标性"的、为了合并而合并，或者为了某种非科学发展的思想，而是"节余土地指标"等城镇发展的需求而制定的"合村并点"，因此在其推进过程中，只能依靠行政手段强推，而对村落的主人——原住居民则没有充分采纳其意见，导致诸多的社会问题。本文拟以社会学视角来阐述村落的经济社会文化发展的自然规律，并探讨如何在村镇规划中尊重农民意愿和需求，以达到修正现有村镇规划中将村落仅仅作为其规划中点线面的某个点，过于强调村落的物质形态和表面性的问题。

2　村落的社会学释义

中国社会学实现本土化最成功之处即为中国的村落研究。村落，在社会学研究中，通常指农村的社区、聚落、地方，是相对于城市社区的特定生活空间。它是中国农村广阔地域上和历史渐变中的一种实际存在的最稳定的时空坐落，作为紧密联系的小群体，它也是在内部互动中构成的一个个有活力的传承文化和发挥功能的社会有机体[4]。而对村落概念的释义源头则要从滕尼斯的《社区与社会》谈起。

《社区与社会》（Gemeinschaft und Gesellschaft）是德国社会学家 F·滕尼斯的主要著作。滕尼斯以

"社区"和"社会"两个概念表明人类共同生活的两种基本形式。"Gemeinschaft"在德文里面也常常译为共同体，表示任何基于协作关系的有机组织形式。滕尼斯运用此词主要强调其成员间唇齿相依的感情。滕尼斯认为社区的主要形式有亲属、邻里、友谊，他们以血缘、感情和伦理团结为纽带，而体现社区生活现实形式是家庭、乡村以及凭借和睦感情、伦理和宗教而建立起来的城市。[5]滕尼斯说："在更狭窄及更严格意义上所谓的社会生活只能从共同愿望即从相互的肯定中推导出来"[6]，他认为在社区这样的有机统一体中存在着共同情感的本质意志，个人意志植根于整体意志。

滕尼斯所描绘的"社区"用来说明中国传统时代的村落共同体是非常恰当的。这或许也是费孝通先生把 Gemeinschaft 翻译为社区的主要原因。而费孝通先生在"乡土中国"里也阐述了中国乡村村落的特殊属性。中国传统社会是重地缘关系的，人们所有的活动都是建立在"地域"范围内。而由于是世代比邻而居的"熟人社会"，农民凭借相对长久的利益关系考虑，通过涵盖社会生活方方面面的礼俗来调节公共生活中发生的冲突，维护村落共同体内部的秩序。

由此看来，村落在社会学释义中是一个有着共同的村落文化观念，共同的乡规民约、民俗风情，互相熟悉的共同体，依靠"差序格局"的人际关系，共同的生存模式存在的乡村聚落。这与规划中对村落的形态描述为住宅用地、耕地、林木及河川、道路等共同的组成的景观集合是完全不同的。

3 村落中的社会要素

在现阶段的村镇规划中，主要偏重于城镇等级规模、职能类型、地域空间结构以及乡村间联系与城镇网络为主要内容，即村镇居民点体系的规划。具体到村庄规划中，则主要关注村落内部的空间组织和设计，注重为具体村落寻找合理实用的功能分区和景观布局，从某种意义上来说就是一种空间地域的土地利用规划，主要研究对象是村落聚落环境的物质形态。

社会学研究中，除了对社会属性要素的关注，并非不关注空间研究，齐美尔在《社会学——关于社会化形式的研究》一书中以专章"社会的空间和空间的秩序"讨论社会中的空间问题，在他看来，空间是社会形式得以成立的条件，但不是事物的特殊本质，也不是事物的生产性要素。[7]齐美尔的思想也影响到芝加哥学派的创始人帕克。帕克认为城市是一个混杂了地理、生态、经济、心理等因素的单位，城市的规划确立了城市的边界，这样的边界对城市发展形成限制[8]。芝加哥学派及同时代的城市研究提供了很多经验研究的范例，也形成了基础空间与社会关系基础之上的理论解释。以费雷为代表的文化区位学派将文化因素引入城市空间研究中[9]。真正把空间要素嵌入社会研究中的划时代人物是法国社会学家列斐伏尔，并且将空间社会学研究正式变为一种专门的学科。而随后的吉登斯、布迪厄、哈维、索加等学者将空间因素作为普遍性社会理论框架的组成部分[10]。

村落与城市一样，是空间与社会关系的组合。村落的发展变迁也是物质空间过程与社会发展过程的统一。而构成村落的要素除了空间地域及自然生态环境外，主要是村落特有的社会因素。

3.1 乡土观念

"中国农民是长在土里的"，费孝通先生在《乡土中国》中将农民称为"泥腿子"，将中国农民的乡土本色描述的淋漓尽致。"对人们的期望来说，土地具有其捉摸不定的特性。恐惧、忧虑、期待、安慰以及爱护等感情，使人们和土地的关系复杂起来了。人们总是不能肯定土地将给人带来些什么。人们利用土地来坚持自己的权利，征服未知世界，并表达成功的喜悦。"[11]传统中国在农耕经济的基础上形成的乡土社会，源于农民村落发展过程中建立的乡土关系。乡即为居住场所村落，而土则是农民生活的根本。中国自古以来的重农轻商，以及严格的户籍管理制度，使得中国农民产生对土地的依赖，形成了整体中国农民的安土重迁。所以乡土意识是村落变迁中必须要面对的问题。

3.2 熟人社会

乡土意识的延续派生出农民对血缘以及地缘关系的重视，而建立在血缘和地缘关系为纽带的统一地区的邻里社会是一种熟人社会。村落社会里的人际关系是按照费孝通先生所阐释的以己为中心的关系网络，"我们的格局不是一捆捆扎清楚的柴，而是好像把一块石头丢在水面上所发生的一圈圈推出去的波纹，每个人都是他社会影响所推出去的圈子的中心，被圈子的波纹所推及的就发生联系，每个人在某一时间某一地点所动用的圈子是不一定相同的。"[12]差序格局和它所体现的伦理体系存在于我们所谓的"乡土中国"的时空情境中，依附于传统中国根深蒂固的结构中。伴随着以城市化、工业化和组织科层化为代表的现代化和城镇化的全面展开，乡土中国的社会基础已经逐步瓦解，与之相符的中国人的关系形式——"差序格局"也随之改变，但是村落社会中的熟人社会并未改变，并且成为村落社会的重要标志性特征。

3.3　村落共同体

对中国村落中是否存在共同体曾经在学术界产生过分歧。平野义太郎在1941年发表的《会、会首、村长》一文中，提出中国村落具有共同体性质的观点。平野认为中国农村存在着"乡土共同体"，他认为所有的亚洲村落以农村共同体为基础，以家族邻保的连带互助形式实施的水稻农业要求以乡土为生活基础，以生命的协同、整体的亲和作为乡土生活的原理；主张村落在农村生活中的农耕、治安防卫、祭祀信仰、娱乐、婚葬以及农民的意识道德中的共同规范等方面具有共同体意义[13]。直至今日的中国农村村落，中国村落的结构类型可以分为以村行政组织为主体的村落和以家庭为主体的村落两种类型，无论哪种类型的村落结构，基于土地界限的明确化，村落居民对本村落的归属感以及在长久比邻而居中形成"乡约民俗"均显示着村落共同体的存在。

4　城乡规划中的居民意愿尊重研究的探索

目前全国各地在城乡统筹和城乡一体化的名义下，普遍都在搞农村居民点整理。农民对社会主义新农村的向往、提高农村基础设施建设和公共服务提供的经济性的客观要求，与地方政府对城市建设用地指标的需求，构成了推动农村居民点整理的驱动力。

本文基于在《平湖市总体规划修编》、《昭山示范区总体规划》和《西昌市市域新村总体规划》三个规划编制过程中，通过随机抽样方法，抽取三市农村居民并对其进行空间居住意愿的调研，结合三市最新统计年鉴，对农村居民点整理过程中农村居民的意愿进行全面阐释，以期对农村居民点整理过程中的农民意愿进行概述性梳理。

4.1　农村居民点整理具备民意基础

调查中发现，无论是西部、中部还是东部，农村居民都有较强的农村居民点整理意愿，也就是说农村居民点整理具有民意基础，符合民众意愿（图1）。

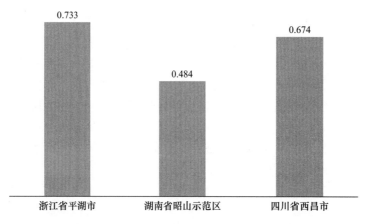

图1　三地农村居民对农村集中居住的意愿

而进一步分析发现，集中居住意愿的大小与个人的性别、年龄、文化程度等因素不相关，与家庭因素（收入水平、家庭外出打工人数、家庭承包地总数）不相关，与农业收入占总收入的比重无关，与对改善农业生产经营服务条件的需求也无关。

通过对影响集中居住的因素进行分析，并将三地数据进行对比发现，与集中居住意愿呈现较强相关的因素有生活服务需求、房屋建造年限、土地流转意愿等三个因素。

三地农村居民调查中集中居住影响因素分析　　　　　　　　　　　　表1

集中居住与影响因素相关关系		四川省西昌市	湖南省昭山示范区	浙江省平湖市
生活服务需求	Pearson Correlation	0.074	0.090	0.011
	Sig.（2-tailed）	0.011	0.019	0.788
	N	1，202	673	628
房屋建造年限	Pearson Correlation	0.064	0.135	0.006
	Sig.（2-tailed）	0.034	0.000	0.870
	N	1，112	688	649
土地转出意愿	Pearson Correlation	0.100	0.211	0.115
	Sig.（2-tailed）	0.001	0.000	0.008
	N	1，081	602	528

浙江省平湖市由于属于东部沿海发达地区，农村地区的公共服务条件与城镇差异较小，并且住房条件比较优越，因此生活服务需求和房屋建造年限两个因素与集中居住意愿相关性不显著。而在四川省西昌市和湖南省昭山示范区集中居住意愿与生活服务需求和房屋建造年限呈显著性相关。也就是说对生活服务需求越强则集中居住意愿也就越强，而房屋建造年限越长则集中居住意愿越强。

在对浙江省平湖市的农村居民调查中发现，生活方便和生活质量提高是赞成集中居住的最主要原因。在赞成集中居住的原因分析中，61.4%的人认为集中居住之后生活会更方便，集中居住后会比较热闹，邻里之间也可以有个照应，并且可以整洁美观，方便管理，也有利于公共设施的布局。而有28.8%的农村居民认为集中居住对社会发展有利，可以有利于节省土地，促进城乡一体化发展等；有7.3%的人认为可以有利于上班方便（图2）。

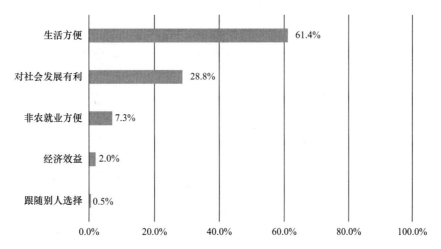

图2　农村居民赞成集中居住的原因

进行农村居民点的整理前提条件应该是农村的土地流转，也就是说农村居民点整理的成败直接取决于土地的集中程度。从三地数据分析发现，三地农村居民的集中居住意愿与土地流转意愿呈强度相关，相关系数均高于0.1，而湖南省昭山示范区则高达0.211。因此在考虑集中居住意愿时应该综合考虑土地流转的意愿。但是三地的土地流转意愿却要远弱于集中居住意愿（图3）。

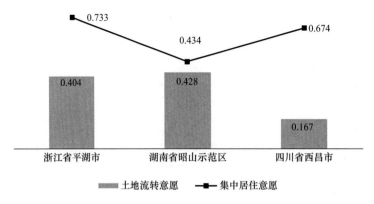

图 3　三地农村居民土地流转意愿与集中居住意愿对比图

综上，真正影响农民集中居住意愿的因素是农民对改善生活的需求、现居住状况和土地流转意愿，也就是说对改善生活的需求越大，其集中居住的意愿越强，对现有居住状况满意度越高，则集中居住意愿就越低。而对土地流转意愿越强烈，集中居住意愿就越强烈。

因此在衡量农村居民对居民点整理的意愿时，应该综合考量农村居民对改善生活的愿望，现有居住条件以及对土地流转的意愿。

4.2　行政村内的农村居民点整理符合农民意愿

在农村居民点整理中，首先要回答的问题是怎样合理确定居民点规模，也就是如何确定农村居民点的整合力度。客观上来说它受到规划末期居民点人口总量、等级结构和规模结构等因素的影响。不论从公共服务设施配置最优角度还是从建设用地的集中利用角度，农村居民点的规模越大就会越能体现规划的科学性。于是在诸多的村镇体系规划中会出现部分地区有人口规模在 5000 人以上的大型农村居民点，有的甚至达万人，而且这种万人农村社区在呈现快速增加趋势。但是在农村居民的调查中，农民普遍认为集中居住点规模不要搞得太大，集中范围最好按行政村集中。

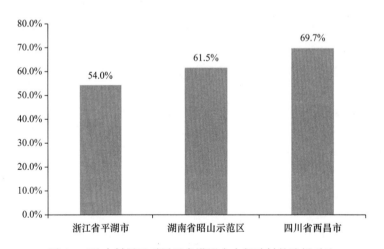

图 4　三地农村居民对居民点设置在本行政村的选择对比

从图 4 可以看到，三地农村居民均有半成以上认为农村居民点应该设置在本行政村。四川省西昌市中这一比例达到近七成。如此可以看来，在农村居民点整理中，诸如将多个村庄进行合并迁居的大规模农村居民点在农村是缺乏民意基础的。

在农村居民点的具体规模的确定上，不应该仅仅考虑用地的科学性，更应该与当地的经济发展水平相结合，并要尊重农村居民的意愿。

在三地的农村居民调查中，浙江省平湖市农村居民认为农村居民点的规模应该在 1439 人为最佳，而湖南省省昭山示范区农村居民则认为 522 人，四川省西昌市农村居民则认为 225 人为最佳。与其所在行政村的现有规模来看，在浙江平湖和湖南省昭山示范区，农村居民认为一个行政村设置两个居民点为合理，而四川省西昌市则是以 1 个村民小组为一个居民点较为合适。

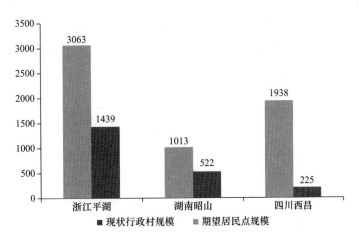

图 5　三地农村居民对农村居民点规模期望对比图

在我国的农村地区，农村居民主要集中居住在一个区域，如山区、平原或是水乡，一般称之为湾，寨，岗，庄，村，屯，营子，自然村等，在这区域之外的还有可能住一些居民，但是不多。而在聚居的社区里，邻里之间是抬头不见低头见的老熟人，农村居民交往按照费孝通先生所说的"熟人社会"的秩序进行。尽管近年来诸多学者也在研究关于乡村"熟人社会"的瓦解，但千百年形成的村落体系以及聚合模式仍然在我国农村地区大量存在并将长期存在。

另一方面，农村居民点的整理是建立在土地流转和调配的基础上的。而在《土地承包法》中明确规定："农村土地承包采取农村集体经济组织内部的家庭承包方式。"也就是说在农村地区，行政村的村集体是土地调配的基本单元。而在《土地承包法》中也明确规定："发包方要维护承包方的土地承包经营权，不得非法变更、解除承包合同；"另外，"承包期内，发包方不得收回承包地，不得调整承包地。"这就意味着在土地的承包期内，土地的发包方（村集体）没有进行土地调整的权利，跨村的农村居民点整理只能停留在理想层面。

4.3　农村居民点整理中农民的最大担忧是担心自身利益受损

调查数据显示，农村居民中，不赞成集中居住的原因中，认为自己利益不能保证的占 42.0%，认为集中居住补贴力度不够，生活没有保障，置换过程管理不规范等。而对集中居住的方式不认同的占 28.0%，认为集中居住太吵，集中居住的面积太小，不习惯被约束等。而认为集中居住后对农业生产不利的占 17.0%（图 6）。

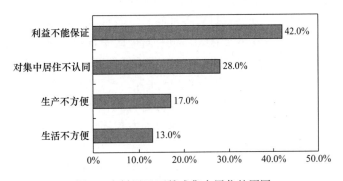

图 6　农村居民不赞成集中居住的原因

5   村镇规划未来发展视野

在新时期背景下，村镇规划的视野应该逐渐拓展，不仅要关注村镇等级规模，不仅仅将村庄作为一个点，从土地节约以及单一地理特征来确定村庄的存留以及规模，而应该更多的将村落作为一个有机共同体，在尊重农民意愿基础上实现村落聚落形态的科学变化。具体应该要遵守以下原则。

5.1   居民点集中应尊重土地经营模式

在居民点集中上，很多政府将土地经营和居民点集中分离，事实上，居民点集中的成功与否，直接与土地的经营模式相关联。在一个以农业种养殖作为主要经营模式的区域，大规模的居民点集中将注定是失败的。如果再以上楼作为主要形态，则必然会出现楼上养鸡、养鸭，绿化带里种菜的各种"半土不洋"的闹剧。而农民也大受其苦，耕种需翻山越岭，非常不便。而如果在非农就业为主的区域比如城郊地区，则会给周边的居民带来生活水平的大力提升，有利于推进城镇化进程。

5.2   居住点集中要保证村落共同体的持续

在部分居民点集中过程中，有些居民点是采取整村搬迁的模式，这样可以有效地保证原来村落共同体的持续，这样即使居住方式改变了，而居民的生活环境以及社会关系改变不大，减少了居民的抵触情绪。而如果采用将原有村落打散，甚至是直接采用货币补偿的方式进行，则会导致村落共同体的瓦解，而使得原来的"熟人社会"迅速进入到"陌生人社会"，造成农村居民的焦虑和恐惧。

5.3   村庄合并永远是伪命题

村庄合并的故事每天都会发生，而这不过是将几个村的名字统一改为相同的名称。但是从现实情况来看，村庄合并是一个伪命题。从村庄合并节余行政成本来看，凡是发生过村庄合并的村庄，村内原有的班子成员仍然存在，只是村主任或者书记变为新合并村的书记或副书记，村主任或副主任。村庄原有的管理工作、财务管理工作等仍是单独进行的。即使是在华西村，社会财富如此丰富的情况下，原住民和合并后的居民之间存在巨大的收益差距，这就意味着村庄的合并，无论如何都是一个伪命题。

5.4   村镇规划不应限定住房形态，是否上楼，请由农民自己决定

村镇规划作为一种政策性规定，可以决定村庄的聚落形态，并以此来实现国家行政与乡村的连接。然而不应该以土地节余为名，规定农民不准盖平房或者二层楼房，而只能建设多层楼房甚至是高层楼房。

中央政府提出的 18 亿亩耕地红线和耕地"占补平衡"的土地管理制度，将地方政府强劲的建设用地需求之满足途径导向农村宅基地的集约化利用，从此形成了通过农村集中居住增加城市建设用地指标的关联机制。中央提出的社会主义新农村建设和城乡一体化的要求，进一步强化了这种关联机制。

各个地方政府在这种关联机制下开展了打着各种旗号，各种各样的规模浩大的集中居住运动，例如城乡统筹、新农村建设、旧村改造、小城市化等。也有对应政策推出，诸如"村改社"、"宅基地换房"、"土地换社保"等，这些集中居住运动使得农民不得不"被上楼"，很多时候甚至是被"逼上楼"或"打进楼房"，由此也导致农民上访和农民群体性事件的增加等，严重影响了中国农村社会的稳定。

农村居民的居住模式不仅是一个居住概念，在农村地区同样也是一个经济概念，"上楼"带来的庭院经济缺少以及邻里关系淡漠这都是长期生活在村落里的农村居民无法承受的。而在进行农村居民点整理中，居住模式应该由农村居民来决定。

在对西昌市农村居民进行调研发现，农村居民更倾向于独门独院的居住模式。而同样我们可以看到有 17.50％的农村居民愿意进行城镇化居住，进入多层楼房居住，这就可以先引导这部分农村居民上楼

居住，而用多层楼房的优势来慢慢吸引其他农村居民搬入楼房（图 7）。

图 7　农村居民对农村居民点居住模式期望图

6　小　结

综上，通过在对社会学视域中的村镇规划的特征综述，在未来的村镇规划中，应该充分考虑社会因素，充分尊重村落主人的意愿，做出符合居民意愿，符合村庄聚落发展形态的，结合物理空间与社会要素的科学的村镇规划。

参考文献

[1]　李立. 乡村聚落：形态、类型与演变——以江南为例. 南京：东南大学出版社，2007：15.

[2]　盛来运，钟守洋. 中国统计摘要 2010. 北京：中国统计出版社出版，2010：15.

[3]　何宇鹏，陈思丞. 城镇化背景下我国村镇发展的现状和趋势分析. 调查研究报告. 2013（218）.

[4]　李善峰. 20 世纪的中国村落研究——一个以著作为线索的讨论. 民俗研究. 2004（3）：25.

[5]　贾春增. 外国社会学史. 北京：中国人民大学出版社，2000：64.

[6]　（德）F·滕尼斯. 社会学引论.

[7]　（德）齐美尔. 社会学——关于社会花形势的研究，林荣远译. 北京：华夏出版社，2002：459.

[8]　（美）罗伯特. 帕克. 城市. 城市社会学——芝加哥学派城市研究文集. 宋俊岭. 北京：华夏出版社. 1987：51-52.

[9]、[10]　叶剑涯. 空间重构的社会学解释. 北京：中国社会科学出版社，2013：15-16.

[11]　费孝通. 乡土中国. 北京：北京出版社. 2005：2.

[12]　费孝通. 乡土中国. 北京：北京出版社. 2005：14.

[13]　贺雪峰. 论中国农村的区域差异——村庄社会结构的视角. 开放时代. 2002（10）：108-129.

乡村旅游嵌入式开发模式探析

韩云峰

北京候鸟旅游景观规划设计院

摘　要：当下乡村旅游开发普遍存在四个误区，即"高大上"的思维定式、缺少专业的指导、旅游产品简单相似、村容村貌"白化""新化"泛滥。嵌入式开发追求时尚与创新，力求自然与协调，能使乡村的保护与发展并行不悖，并且投入产出效应明显。作为一种比较科学的开发方式，嵌入式开发应当被广泛地运用到乡村旅游的开发建设中。

关键词：乡村旅游；嵌入式开发；休闲度假；保护与发展

美丽乡村的建设模式多种多样，其中休闲旅游型模式更受到青睐。实践已经证明，发展乡村旅游能同时带来社会、环境、经济上的效益。因为城市化的快速推进和工业化的强力渗透，象征着农耕文明的乡愁成为某种程度上的稀缺产品，乡村旅游实质上是在贩卖乡愁这种稀缺产品，但显而易见的是乡村旅游也是留住乡愁的一种良好方式。

1　当下乡村旅游开发的误区

这两年，笔者在调研各个地区的乡村旅游现状时发现，因为城镇化的推进，许多乡村被简单地拆掉了，转而建起新的高楼大厦，这种野蛮式的开发改变了居民的居住环境，甚至一些特殊的生活方式，以切断文脉，牺牲当地原生态历史文化为代价，达到发展的目的。还有一些村庄自然风光非常好，村落的原始状态也保持得不错，基于这些自然优势或者人文优势，一些开发商或者政府都在试图开发乡村旅游，但结果并不尽如人意。

当前乡村旅游的开发存在着太多误区，总结起来有以下几点。

1.1　"高大上"的思维定式

现在整个社会环境都呈现出一种暴发户的心理，虚荣主义横行，表现之一就是不管城市还是乡村，各种建筑的体量都非常大。许多人认为，"高大上"就是把房子盖得又高又大，但事实上给人的感觉是突兀、空洞和粗糙，同时造成了巨大的资源和空间浪费。

比如某个自然条件非常优越的地区，某当代著名建筑师在那里设计了一个会展中心和一座五星级酒店，其中会展中心面积超过两万平方米，而酒店规划设计规模则达三万平方米。会议中心和酒店都是解构主义的设计风格，外墙采用黑灰色的石头做表面材质，尽管大师们的评价都很高，但当地村民却以"大黑箱子"来形容这些建筑。

整体上看，开发商和政府喜欢大手笔，这组棱角鲜明的大体量建筑与周围的山水并不和谐，完全没有对话关系，只有对抗关系，村民们体会不到美感也在情理之中。因为盲目追求"高大上"，导致建筑的日后运营成本太高，而实际使用率很低，最终得不偿失。有人张嘴必谈博鳌，博鳌论坛模式不能到处套用，大面积的会议大厅建在深山乡村里，空置不可避免。

1.2　缺少专业指导的开发

国内不少少数民族村庄，环境优美，民俗多样，在那里开发旅游非常有前景。许多村庄确实也动手做了，但是做出来的结果却让人十分惋惜，首要问题就是私搭乱建的现象很严重，其次就是旅游商品的开发基本没有进入正轨。比如某个村子里有一些古法造纸作坊，但所造的都是冥纸，无法成为旅游商品。现在的老挝、泰国的手工纸品种繁多，已经走向全面的旅游商品开发模式，他们会在纸片上植入花瓣、树叶等，以此来提高纸片的观赏性。

因为没有策划、没有规划、没有专业人士的指导，优美的自然资源和民俗资源没有得到有效利用，村民自发的乡村旅游又非常初级，几乎没有业态，吃的、喝的、住的设施都没有，游客的舒适度可想而知。

1.3　简单相似的旅游产品

一些村子的乡村旅游经过了指导开发，但是他们把乡村旅游简单地定性为观光旅游，体验部分则做得太粗糙，旅游产品千篇一律。图腾柱、民俗博物馆、农家乐、篝火晚会等是少不了的招式。比如某村里设有一个民俗博物馆，收藏品大部分没有特色，实用性也不强，游客观看后索然无味。除此之外，还有一些村庄的乡村旅游以各种果园来吸引游客，果园模式已经泛滥了，没有创意。其实，乡村旅游并不单纯的是乡村产业规划和农家乐的简单相加。

这些以观光为主的乡村旅游形态，作为普通游客，不可能停留太长时间，其本身也产生不了太好的效益，发展难以持久。乡村旅游不应该简单地定性为观光旅游，或者说观光不应该成为乡村旅游的唯一吸引物。风景只是乡村旅游的一个大背景，未来乡村旅游更重要的是要让游客来体验生活场景，让游客住好，吃好，玩好。

1.4　"白化""新化"的新农村建设误区

现在，基本上在全国大部分地区都能见到整齐划一的白墙红瓦或者白墙黑瓦的新农村。这些因错误理解新农村建设的含义而诞生的新农村，是很难发展乡村旅游的。乡村旅游最怕"白化"、"新化"，看上去特别虚假，没有味道。

游客来乡村是希望看到斑驳的墙壁，各式各样的房子，以及农民的生活方式，这些都是当地生活的沉淀、历史肌理的自然呈现，结果却被"白化"、"新化"所掩盖，类似的简单处理必然给乡村旅游的发展带来阻力。

2　"嵌入式开发"的内涵

2013 年 12 月，习主席在中央城镇化工作会议上发表讲话：城镇建设，要实事求是确定城市定位，科学规划和务实行动，避免走弯路；要体现尊重自然、顺应自然、天人合一的理念，依托现有山水脉络等独特风光，让城市融入大自然，让居民望得见山、看得见水、记得住乡愁；要融入现代元素，更要保护和弘扬优秀传统文化，延续城市历史文脉；要融入让群众生活更舒适的理念，体现在每一个细节中。在促进城乡一体化发展中，要注意保留村庄原始风貌，慎砍树、不填湖、少拆房，尽可能在原有村庄形态上改善居民生活条件。

这一讲话相当及时，给当前的野蛮开发现象敲了一记警钟。"记得住乡愁"、"融入现代元素"、"保留村庄原始风貌"、"少拆房"等，与笔者多年来在旅游开发、建筑设计等实际操作中所追求的目标不谋而合。

如何"记得住乡愁"？如何"融入现代元素"？如何"保留村庄原始风貌"、"少拆房"而达到正常开发的效果呢？笔者的经验是转变惯常思路，在开发方式上做文章，进行嵌入式开发。

"嵌入式开发"是指在保证和谐的前提下，将某一事物嵌入已经存在的另一事物中，在发展中形成一种共生现象，营造出一种特殊的氛围。

在旅游开发规划中，可将旅游休闲业态嵌入到村庄、街区、沙漠、山地、森林等各类环境中，嵌入的地方多种多样，嵌入的方法因背景环境的改变而改变。

3 乡村旅游嵌入式开发的类型与特征

乡村旅游的嵌入式开发可以具体细分为，一是将旅游休闲业态嵌入在村子周边或者农田等非居民区，与村庄村民聚集处有一定的距离；二是将旅游休闲业态嵌入在村庄民居建筑中间，与村民聚集处零距离；三是将村庄建筑改造为客栈、餐厅、酒吧等旅游休闲业态，亦与村民聚集处零距离。这三种嵌入方式并不是非此即彼的选择，一般情况下采取一种，或者两种，亦或同时采用三种。

我们对嵌入式开发的理解不应该仅仅停留在开发模式上，事实上它是一个体系，包含了开发、规划、设计与运营多个层面。乡村旅游嵌入式开发有如下特征：

第一、在规划中，嵌入式开发对选址有特殊的要求，必须合理而科学，旅游休闲业态在村庄中的地理位置直接影响到建筑的外部造型和内部空间布局，以及后期经营效果。首先在布局上，嵌入的业态必须是点状分布在村庄，而不是成排成片的出现。其次，各类业态具体的选址要根据游客出行的规律和村庄本身的特点来确定。例如度假酒店适合选址在乡村周边，农田边角地或者风景最佳地。而餐饮店、商铺等则适合选址在乡村出入口或者人流密集处。乡村民宿可以选址在民居聚集处。

第二、在设计上，则具体表现为：

① 追求时尚与创新。为保证和谐，形成共生，嵌入的新建筑和原来的建筑的关系并不是简单复制，而是按照现在的时尚理念重新打造，具有很大的创新性。通过嵌入时尚休闲业态，来满足游客的各类需求，同时丰富乡村的商业价值。

② 力求自然与协调。为达到"嵌入"的效果，使建筑物与环境融为一体，不突兀，不张扬，建筑物所使用的材料及其外观造型、色彩都十分讲究。要让建筑和景观都像是从地里长出来的一样，达到"虽由人作，宛自天开"的境界，并具有历史感和生命感。例如在村庄里嵌入的建筑，因为村庄的自然环境一般都较好，应该尽量避免过于白、过于新、过于后现代的都市主义的建筑。建筑材料最好就地取材，紧扣天象气候、地理原貌和造化之势。

③ 追求细节与本土化，而不是贪大求洋。嵌入式开发的建筑或者景观因为要与当地的自然和人文环境统一协调，决定了建筑的体量不能太大，也决定了它们的设计风格的本土化或者泛本土化。为了打造出生活的肌理感，建筑内部的设计要注重细节的打造，而具体的细节皆可以在当地居民家里去了解获得，然后加以利用和提升，使这些细节集本土化、创意性于一体。

第三、在运营层面，乡村旅游要想长足的发展，并在经济上获得收益，除了风光秀美和文化底蕴丰富等吸引点，最终还是需要产业的支撑。而旅游休闲业态的嵌入，为产业的发展提供了基础。嵌入的各类餐吧、客栈等可以租售经营，也可以是开发者自主经营。其次，为了满足游客度假生活需求，乡村本身可以根据当地的特征，培育各种高附加值产业，例如休闲农业、有机食品产业，或者在政府的引导下开发设计旅游商品等。

4 "嵌入式开发"的优势

多年的考察和实操经验得出，嵌入式开发能很好地满足各种要求，使得村落、城镇、自然景观的保护与发展并行不悖。具体总结有以下几点优势：

4.1 嵌入式开发更安全

当前，暴力拆迁的现象并不罕见。强拆导致两败俱伤：老百姓失去了祖辈传下来的居所，对开发商和政府带有偏见；政府和开发商不仅名誉受损，甚至连开发都难以为继。其实一些暴力拆迁完全是可以避免的，只需要从新的角度看待眼前的乡村这个大环境。不要觉得古旧的村貌是个困扰，它们其实是不可多得的资源，应以"万事俱备只欠东风"的心态去面对，这里的东风指开发的智慧。

嵌入式开发并不提倡对现有民居大拆大建，也不提倡迁走所有居民，而是尽量保留老宅和特色民宅等。嵌入式开发不是带着镣铐跳舞，而是站在"历史"这个巨人的肩膀上在开发。

4.2 嵌入式开发使得保护与发展并行不悖

嵌入式开发尊重历史和自然环境，使得历史的烙印得以保存。因为人们旅游是来体验差异性，历史感就是一种差异性所在。嵌入式开发不干扰居民生活，保持了乡土田园本色和原有的地形地貌，新建筑能自然地融入环境，并给当地带来生机。比如将一些特色老宅改造为乡村酒店或者酒吧，这样既保护了老民居、原住民以及当地的非物质文化，还将时尚生活融入了乡村，带来了经济的发展以及环境的保护和恢复，可谓一举多得。

经过改造后的村庄和农户生活可以作为一种人文景观呈现给游客。游客与村民们很自然地混居在一个区域里，相互成为对方的景观和背景，当地人的日常生活场景就是外来游客想要体验的实景演出，而旅游的发展也带动了村民们致富。

4.3 嵌入式开发低成本、高收益

相较大拆大建的模式，嵌入式开发的成本可控。首先，节省了大部分拆迁成本。其次，节省了大规模重建成本。再次，因为嵌入式开发一般是就地取材，且地形改变少，减少了土方量，也节省了相当一部分建安成本。

但是低成本不代表低质量，低投入也不代表低产出。前期的优良基础，加中期的创意设计，再加后期的巧妙运营，嵌入式开发让乡村旅游项目高收益成为一种必然的结果。

5 乡村旅游嵌入式开发的案例

5.1 斯里兰卡哈伯勒内湖地区的索洛瓦度假村

斯里兰卡哈伯勒内湖地区的索洛瓦度假村（Sorowwa Resort & Spa）位于一个风光秀丽的村庄里，紧邻哈伯勒内湖（Habarana Lake），是一家四星级的乡村度假酒店和专业 SPA 理疗中心。酒店的娱乐设施很丰富，包含了酒吧、健身房、游泳池、驻唱歌手、专业 SPA 等。

村庄作为酒店的大背景，基本上没有做环境上的改动，乡村小道和农户都是原汁原味。融入村庄的酒店给村庄带来了生机，犹如画龙点睛。很多村民因为游客的到来而做些日常小生意。整体上，酒店与村庄和谐共生（图1～图3）。

图1   图2

图3

5.2 土耳其希林杰乡村旅游

希腊小山村希林杰（Sirince）位于距离土耳其古城塞尔丘克8公里处的群山之中，"Sirince"一词意指"美好"。由于历史的原因，这座土耳其的村庄散发着浓郁的希腊风情，白色房屋，蓝色窗户，古老的青石板路，家家户户的门前都种植着鲜花，整个村庄风景如画，田园如诗，宛若童话一般。

后来，群山里的希林杰渐渐引起了游客的注意，当地政府也觉察到了商机，于是在希林杰开发乡村旅游。村里植入了各种乡村酒吧、小商店、农家餐厅、各具特色的乡村客栈等。经过改造后的希林杰，其时尚与古朴的魅力吸引了来自世界各地的游客。大批的艺术家也纷纷慕名前来寻找灵感。

随着希林杰的声名远播，游客日益增多，小村庄的商机终于显现了出来。当地的特色辟邪物"蓝眼睛"随处可见，是一种特别流行的旅游纪念品。希林杰产出各种橄榄油制品和果酒，如橄榄油香皂、葡萄酒、苹果酒、蓝莓酒、石榴酒、黄桃酒等。这里的橄榄油都是由当地居民作坊式经营，村民们自己种植，自己榨油，然后罐装出售。一些村民开始出售一些手工制品，如鲜花、袜子、桌布等（图4～图7）。

图4

图5

图6

图7

以上两个案例有着明显的不同之处，斯里兰卡索洛瓦度假村只是借助村庄的环境，在村庄植入酒店，村庄和酒店更多的是地理方位上的关系。而希林杰村则是把整个村庄变成景点，在原有基础上嵌入了酒店、客栈、酒吧、餐厅等旅游休闲业态，它们是紧密融为一体的。造成这两者的差异在于，村庄本身所具备的自然景观基础和人文景观基础，若是基础良好，则如希林杰一样，整体开发；若是基础一般，则如索洛瓦度假村一样，局部开发。但是他们的开发方式，即嵌入式开发，则是异曲同工的。

5.3 西双版纳"雨林传说"旅游度假区

"雨林传说"是一个正在实践当中的乡村旅游开发项目。项目所在的磨憨镇是西双版纳热带雨林分布最为集中、传统民族风情最为浓郁的地区，是真正保留了"版纳味儿"的地方。

但是，该区域也存在非常突出的问题和矛盾：一是村民收入水平较低，收入渠道仅限于茶、橡胶、香蕉等经济作物的种植；二是自然环境和生态系统危机，人们为了生存和改善生活条件，不得不通过毁林垦荒的方式扩大农业种植面积，原始热带雨林不断被蚕食。

基于上述情况，我们提出了"雨林传说"旅游度假区的开发模式和愿景，并且已经付诸实践，具体的做法是在村寨及其附近，利用废弃的宅基地、自然的荒坡地和非保护性集体林地等，嵌入式的建设精品度假酒店，形成旅游休闲度假目的地（图8～图14）。

图8

图9

图10

图11

图12

图13

我们期望通过乡村旅游开发改善农民的生存状态和生活条件，在维护当地村民生存权和发展权的前提下，让雨林生态和自然环境得到保护，甚至恢复，从而实现人与自然的和谐发展。

图14

"雨林传说"旅游度假区只是一个引擎，它将带动整个片区的发展，并形成良性循环。首先，游客的到来会催生吃、住、购、娱等消费市场，当地百姓通过种植和服务获得较高经济收入，而且必须是绿色有机种植和特色服务，这样便减少了环境污染；进而，农产品单价的提高让他们不必追求产量，也不必为了增加种植面积而烧荒，从而使得雨林得到保护和保育；然后，购物和娱乐需求让当地有一技之长的劳动力得到发挥，通过旅游商品生产和售卖增加收入渠道，也使民族传统和非物质文化遗产得到保护与传承；最后，环境的改善和村寨的繁荣又会反过来提升该区域的旅游品牌形象，吸引更多的游客慕名而来，最终形成一个可持续的发展模式。

6 小 结

总的来说，嵌入式开发是延续历史、创新文化的一个有效举措。目前，国内的乡村旅游并不是缺少自然景观，而是缺少休闲业态。我们也可以以不干扰当地人生活为前提，在村庄边缘、农田等边角地或者村庄里植入酒店、度假村、乡村酒吧、茶吧等业态，供游客吃、住、娱。这些植入的酒店或者度假村等一定要秉持与村庄、村民和谐共生的原则，要具有亲民性。一般乡村旅游发展进入正轨之后，会有一些村民自发地开展民宿、餐饮等服务，此时，则可以指导村民如何去开发、经营——授之以渔，而不是横加阻止，维护、拓展与延伸乡村旅游的各条产业链，最终达到多赢的局面。

我国的乡村旅游开发应该摒弃不切实际的流于概念和错误理念的乡村改造模式，通过专业化的指导，嵌入最地道的乡村旅游休闲业态，让乡村旅游走向观光与体验并存的旅游休闲度假的可持续发展之路。为此，我们大可先借鉴国外的优秀范例，这样可以少走弯路，少一些资源浪费和破坏。

参考文献

[1] 建筑与都市中文版编辑部. 建筑与都市杰弗里巴瓦. 武汉：华中科技大学出版社，2011，11.

玉树州称多县灾后重建规划与实施的总结与反思

邻艳丽

中国人民大学公共管理学院

摘　要： 2010 年 4 月 14 日的青海玉树 7.1 级地震给当地带来严重的损失，为响应中央提出的"建设社会主义新玉树"的号召，中国人民大学公共管理学院城市规划与管理系师生承担了玉树州六县之一《称多县城市总体规划（灾后重建）》任务。称多县地处高原高寒，大部分乡镇处于三江源保护区通天河核心区，受资源、环境、文化、人口、施工期短的硬约束，生产力发展水平处于原始农牧文明阶段，灾后重建规划不仅仅是物质空间的重新构建，还需考虑城市和区域功能提升、跨越发展和原住居民的生活方式的延续与跨越。2013 年 9 月灾后重建规划顺利完成，是短时间基本完成 20 年长远规划的特殊案例，因此规划的实施与传统城市建设存在很大的不同，反观规划和实施则有更深的思考。

关键词： 灾后重建；功能提升；跨越发展；规划反思

1　快速复杂的规划建设背景

1.1　称多复杂发展现实

称多县为青海省玉树藏族自治州辖县、省资源开发重点县和畜产品基地，地处青藏高原东部、青海省南部、青海省玉树藏族自治州东北部，是国家三江源保护区县之一。县域东西宽 160.25 公里，南北长 209.5 公里，总面积为 1.54 万平方公里，占到整个玉树州总面积的 7.8%，占整个青海省的 2.2%。称多县总面积 1.53 万平方公里，全县平均海拔 4100 米，总人口 58021 人，GDP2.76 亿元，三产比例 58：22：21，人均 4758 元。称多县辖称文、清水河、歇武、珍秦、扎朵和尕朵、拉布五镇二乡，57 个村，253 个自然村。

称多县具有特殊的自然环境、特殊的政策环境和特殊的人文环境，位于我国三江源自然保护区内，是我国最重要的水源地，平均海拔 4100 米左右，属于高原高海拔缺氧环境，高原生态景观自然优美，有美轮美奂的通天河景观和嘉塘草原景观（图 1），生态本底条件优良；称多县也是少数民族聚集区，藏族居民占了当地居民的 90% 以上，具有浓郁的康巴文化（图 2），同时藏传佛教历史十分悠久，具有独特的藏区民俗文化和寺院文化，造就了其特殊的人文环境。称多县特色高原生态农牧产品优势突出，但总体经济发展水平落后，人口教育程度低，市政基础设施落后，生态环境脆弱，面临生态承载力脆弱与人口快速增长的矛盾，三江源核心区保护与现代农牧业、旅游产业发展的矛盾，城镇产业控制与移民就业扩张的矛盾，区域发展面临诸多困境。

图 1　称多县自然景观

图 2　称多县人文景观

1.2 灾后重建规划要求

2010年4月14日，青海玉树发生7.1级地震，造成大面积房屋倒塌和设施受损，重大自然灾害发生后，党和国家有关部门广泛动员各领域的优势力量发挥自身专长，积极援助建灾区，帮助灾区早日恢复正常生产生活的同时也为日后生产发展、环境改善奠定良好基础。对灾区而言，地震是城市面临的灾难，也是区域发展的契机。因此灾区最先应当做好的工作是灾区进行全面、系统、科学的规划，从远见角度高标准规划，实现优化城市空间结构、深入挖掘文化资源、推动社会事业发展、促进城乡统筹实践、积极推动产业转型、加强生态环境保护等重要目标。

为尽快帮助灾区恢复重建，受青海省住房和城乡建设厅委托，中国人民大学公共管理学院城市规划与管理系和中国城市建设研究院联合义务承担了玉树称多县灾后重建总体规划、城市设计和重点区域控制性详细规划任务。在学校和学院领导的高度重视和大力支持下，公共管理学院城市规划与管理系师生秉承人民大学"立学为民，治学报国"的精神，迅速组建项目组，5月20日赶赴灾区开展工作，经过两个月的紧张工作，7月22日顺利通过青海建设厅组织的专家评审（图3、图4）。称多县灾后重建规划成果包括总体规划说明书、文本、图册和专题研究报告、城市设计、控制性详细规划在内的最终成果，由称多县人民政府报青海省人民政府审批，2011年1月审批通过后，称多县政府颁布实施，用于指导称多县灾后重建和未来城市规划建设。

灾后重建规划是在中央有建设社会主义新玉树的要求，地方政府有功能提升、跨越发展的诉求，原住民有原有产权和生活方式的延续的约束背景下进行的，既面临地形地貌、水利水文、地质灾害、地下管网等基础资料严重缺乏的基础制约，也存在时间短暂、语言不通等产生的与地方政府、居民的沟通可能不足的限制，且处于国家资金投入、灾后重建相关政策尚未出台的观望阶段，建设时序极难把握。称多县属于一般灾区，但评估鉴定县城99％的民房、59％的公建均需拆除重建，重建任务和形势严峻，而且处于特殊区域的称多县灾后重建规划既要克服高原施工期短的限制，又要满足城市发展的长远需求；既要迁就现状，又要兼顾长远；既要解决居民的难题，又要谋划城市科学发展，因此灾后重建应坚持灾后重建与长远发展相结合，发扬民族文化与弘扬时代特征相促进，尊重群众意愿与引导群众树立先进理念相统一、生态保护和生产生活相协调的原则，遵循敬畏自然、珍视资源、善待文化、尊重前人、以人为本的指导思想编制远见而务实的可实施性规划。

图3　工作组全体成员　　　　　　　　　图4　课题组现场调研

2 应对规划的基础调查研究

2.1 基础调研支撑

特殊背景下的称多县灾后重建规划是在较短的时间内（原定一个月，后两个月）完成，按照国家规定在三年内实施。工作点多、量大、面广，头绪杂、时间紧、人手少、任务重，为充分了解现状和居民有效需求，项目组除传统的资料收集和现场踏勘外，通过发放问卷和访谈形式了解居民需求，共发放汉藏双文问卷 250 份，力图涵盖各层次居民，其中县政府机关、企事业单位职工 50 份，上庄村民 100 份，下庄村民 100 份。回收问卷 143 份，上庄村 51 人，占 36%，下庄村 50 人，占 35%，县政府机关、企事业单位 20 人，占 14%，其他占 15%。调查内容包括民生、生态、景观、交通、文化等五方面的问题，包括灾后重建工作最需要关注的内容、住宅重建的模式、希望的住宅形式、家中必须有的功能、县城最急需改善的公共设施、最为重要的宗教活动场所、最喜爱的广场和活动场、必须要原址保留的文化活动场、重点先期启动重修和修缮的文化设施、最能代表称多镇特色的城市标志等意愿的调查，力图全面征求政府各部门和老百姓的意见和建议，为方案制定提供依据。

称多县位于玉树州的东部，称多县城灾后并未出现玉树州政府所在地结古镇的全面倒塌现象，但大多数房屋出现裂缝，由于藏族民居特殊的建筑形式和建筑构造特征，任何工程技术手段都无法修复震裂的建筑，虽然按照地震危害评估属于一般灾区，但灾害程度超过外界的认知。为保障居民安全，项目组建议地方政府聘请专业部门对建筑进行安全评估鉴定，并根据专家鉴定结果绘制灾害安全评价图，其中县城 99% 民房，59% 左右的公建均需拆除重建，以此为依据进行规划（图 5）。

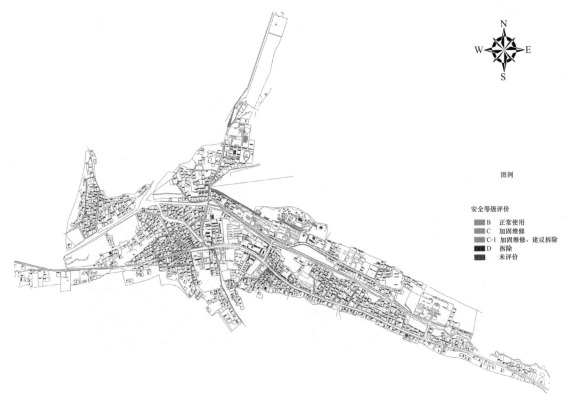

图 5　称多县城震后安全评价图

2.2　科学研究支撑

为保证规划的科学性、合理性和可实施性，为城市总体规划的编制提供决策依据，配套完成编制了人口与用地规模专题研究、产业发展专题研究、三江源保护与生态移民政策、规划实施机制研究四个专题。以人口和用地规模专题为例，2009 年末称多县域统计数据总户数为 14895 户，总人口为 58021 人，针对统计资料历年人口变化，2000～2009 年人口年均增长率为 44‰，本专题以客观的态度承认人口快速增长的现实，确定 2015、2020、2025 年称多县总人口分别控制在 7 万人、8 万人、9 万人，并争取将 8 万人作为县域人口规模控制极限值，远景进入总量下降阶段。

以三江源保护与生态移民政策专题研究为例，我国地震等自然灾害多发区大多为位于中国自东向西的梯级过渡地带，从自然条件来看属于山地农牧交错生态脆弱区，具有典型的地层、地理、地形特征，其生物多样性、水源涵养、水土保持、生态景观等生态功能的地位十分突出。当前称多县生态环境存在植被退化形势严峻、水资源利用缺乏统一规划、气象灾害不断加剧、生活废弃物污染严重污染、现代环保意识薄弱、缺乏科学完备的环境监控体系等环境问题，遭地震破坏后的生态系统更加脆弱。为有效实现生态保护，规划实施生态空间管制，将县域划分三大生态分区，其中城镇人口聚集区是县域重要城镇、人口集中区，根据不同用地的环境特征、建设条件划分出禁建、限建、适建及已建三种类型，进行不同强度的空间管制、实施不同的生态环境保护措施；生态保护核心区主要包括自然保护区及水源涵养区，对于称多生态维护具有重要意义，在区内严格限制开发建设活动，以保持原生态状况为主。规划将通天河沿保护核心区以及境内河流湖泊沿岸沼泽湿地划为生态保护核心区；生态脆弱区生态条件恶劣，不宜开发利用，规划以生态环境治理为主。同时实施生态移民，通过提升教育、扩充产业容量，为当地农牧民与草原脱钩创造前提条件；通过实施生态移民、农牧民定居工程，使农牧民特别是新一代农牧民参与非农劳动；通过禁牧或者圈养的方式改变传统放养模式，最终减少牲畜绝对量，做到草畜平衡；通过人口减少、牲畜减少，降低生态条件本身就十分脆弱的草原负荷，历经若干年自然力量修复，恢复绿水青山的生态格局。

2.3　公众参与支撑

在接到规划任务后，项目组三上称多、六赴青海，克服时间紧张、高原反应等不利条件开展了规划编制工作，编制过程中征求各方面意见，开展广泛的公共参与。其中5月20～5月25日第一次前往称多，进行现场调研和初步方案构思，针对方案广泛征求政府机关和居民的意见；6月3日向省建设厅和当地专家及具有灾后重建经验的相关专家汇报方案纲要，全面征求专家意见；6月21日～6月25日第二次前往称多，进行评审成果全面公示，征求公众意见（图6、图7）；7月2日～7月15日第三次前往称多，按照《城乡规划法》相关规定，在当地对最终成果向社会公示，确保居民全过程参与规划的编制和实施。

图6　为居民介绍方案　　　　　　　　　图7　居民讨论

3　规划宏观决策的长远考虑

3.1　探索产业发展之路

称多县目前处于原始文明、农业文明、游牧文明阶段，依靠本能、体能、畜能，凭借自然生态本底形成自然扩张态势，重大地震自然灾害发生使区域发展面临着来自自然和人为的复杂性双重矛盾。作为生态环境脆弱、地质条件复杂的区域，草场退化和黑土化、土地荒漠化、水土流失、湿地缩减，人口持续增加、牧草地不断减少并逐渐破碎化和低质化动摇了当地的第一产业基础，历史长期破坏性生产导致生态环境的破坏，土地承载力降低，由此造成的水土流失和次生灾害频发和严重不容忽视。因此灾后重建的城市发展基础乃是产业的可持续发展，需要实事求是摸清高原高寒地区、资源规模偏小、交通条件较差、运输成本高昂、思想认识差异、人烟稀少等各项限制性条件，因地制宜在保护生态环境不恶化、地质灾害不重演的基础上发展生态文明，倡导特色文明，强化智能，依靠全能，走和谐发展的路径，推动产业转型以支持城市跨越发展。

根据称多县产业发展趋势和三江源生态环境保护的重要性，积极转变农牧业生产方式，实施产业优化、全境整合的经济发展策略，确定称多县重点发展生态畜牧业、畜产品加工与贸易、文化生态旅游业、藏区特色加工业、通天河梯级水电开发、藏獒产业等六大产业，逐步缩减传统农牧业规模，以绿色产业的发展促进生态移民、退耕还林、退牧还草，减少传统农牧业对生态的破坏，促进三江源环境保护，提高人民生活水平，为称多城镇化进程提供经济支持。在短期内，发展建筑建材和为通天河梯级电站建设服务的相关产业，拉动称多经济短期快速发展，为培育生态旅游、藏区特色加工业和畜产品加工与流通业的发展赢得时间。

3.2 调整城镇发展格局

称多县城镇格局的调整以实现人口有序集中为目标，引导农村人口向各级城镇及中心村转移、从地质灾害易发地区向相对安全地区转移、从山上向山下转移，实现人口的合理流动。为实现上述目标，按照城镇空间分布、人口规模和长远发展特征，撤并规模较小、公共服务功能较弱的乡镇，最终将称多县7个乡镇划分为县城、3个重点镇、2个特色镇和1个一般乡镇，使其在发展上重点突出、特色明确，形成强化核心、带状发展的空间发展策略，科学调整城镇发展格局，适应区域长期可持续发展需要。

规划确定称多县城承担国家三江源通天河核心区生态保护基地、康巴特色文化旅游城、藏区现代农牧业产业加工贸易基地和综合水电能源服务基地、称多县城市化的重要载体的职能，因此城镇性质确定为称多县政治、经济、文化中心，三江源自然保护区通天河核心区生态移民基地，玉树州现代农牧业产品加工贸易基地。规划确定称多县重点镇有3个，其中清水河镇是玉树藏族自治州的东北门户，称多县重要的农牧畜产品交易市场和交通运输业服务基地；歇武镇是玉树州与四川西部联系的枢纽，交通运输业和农牧业产品交易的节点城镇；扎朵镇是西宁方向经由称多县进入曲麻莱县的重要城镇，玉树州重要的虫草交易市场，称多县西北部及曲麻莱东南部部分地区重要的经济社会服务中心。规划确定特色乡有2个，走特色发展之路，其中拉布乡是玉树土风歌舞之乡、寺院文化和特色自然风光为主要特点的历史文化旅游小镇；尕朵乡是乡域农牧业服务中心，尕朵觉悟风景区旅游接待基地。规划确定的一般镇珍秦镇是称多县重要的交通运输和食品加工业城镇。根据城镇性质调整基础设施和公共服务设施的布局，中心城镇配置较为完整的公共服务设施，在重建操作过程中采用适宜和成熟技术，大力推广环境友好型重建模式。并严格依据规划进行重建项目建设，适当提高建设标准。

在优化城市空间结构的操作过程中，居民点的选址在完全保证居住安全，尊重居民意愿，努力保持传统社会结构的基础上，充分考虑未来发展和就业等条件，结合产业调整对人口进行合理布局和空间转移，并采取适当集中的原则结合实际做到因地制宜，形成布局合理、结构完善、功能配套的城镇空间格局，提升整体人居环境，促进人与自然和谐相处。

3.3 优化城市空间结构

称多县城是县域人口聚集的中心，也是该地区产业发展的中心和公共服务的中心，破坏性地震发生后，导致县城城镇结构和空间形态发生剧烈变化。同时，称多县城存在用地和人口规模小、市政基础设施缺乏、公共配套设施不全、未来发展空间有限等问题，缺乏规划导致的自组织格局调整难度大。称多县灾后重建坚持规划先行，在遵循上位规划的指导和约束前提下，统筹城乡和区域，以资源环境承载力为前提合理确定城市重建规模、布局以及空间形态，合理确定重建项目的建设规模和标准。

（1）优化城市规模

根据预测，称多县城区人口规模2015年、2020年和2025年分别达到1.2万人、1.7万人和2.5万人。用地规模是在现有296.45平方米/人的现状城市建设用地基础上，规划建设用地规模控制在150平方米/人之内，规划期末，建设用地规模369公顷，人均城市建设用地约149平方米，为城市发展留足充足的空间。

（2）完善减灾系统

灾后重建规划吸取地震灾害的经验教训，在城市规划中充分考虑抗灾减灾系统，建构生命线系统和疏散运输通道网，改良称多县城城市空间形态，特别是增加道路路网密度，规范道路等级，降低居住密度标准并建设开放空间格局。

（3）提高服务能力

为提高公共服务设施水平，重建规划增加传统商业空间，利用灾后重建契机，搬迁行政办公大楼，重新选址，利用原址建设方便市民利用的公共服务设施；为有效利用现有河道，强化水系的城市景观、生态和休闲功能，规划了通天河文化广场和噶多觉悟文化广场，增加居民休闲空间。为提升市政基础设施水平，重建规划增加环保设施，如环卫设施、污水处理厂，增加集中供暖设施、燃气储备站，完善电力、电信设施，提倡清洁能源的使用。通过上述举措，促进称多县城基础设施和公共服务设施水平的全名提升。

3.4 深入挖掘文化资源

在灾后重建规划中，深入挖掘特色资源，采取能为人所接受的方式体现称多县民俗文化、宗教文化、高原文化、水文化特点，注重对历史遗存的保护和挖掘，空间布局上应当体现不同的文化特征，营造各具特色的小城镇和乡村居民点，为区域未来旅游产业的恢复和发展奠定基础。如为体现地域文化规划建设土风歌舞演艺中心、通天河文化广场；为光大宗教文化，保护原有宗教设施，建设宗教广场，完善内部设施，采用佛教故事雕像作为城市小品，增加文化氛围；为体现水文化，将水系融入城市生活，吸引游人和市民亲水、戏水、观水、听水、爱水，以"水"为纽带将自然元素与人文元素融为一体，建设以"三江源头，康巴河谷"为主题的文化广场，营造身处三江源头的浓厚氛围，雕塑及城市小品，规划建设三江源博物馆（民俗文化博物馆），修建 500 米水故事墙，展示水文化的丰富内涵；为体现民族文化，根据藏族居民传统建筑特点，建筑选型选择传统藏区建筑形态，内部进行结构处理，达到较好的抗震性能，既就地取材，又能形成与自然环境有机融合的景观风貌。

4 规划快速实施的制度应对

4.1 统筹安排建设时序

玉树地震发生后，国家计划用 3 年左右的时间完成恢复重建的主要任务，使受灾地区城乡的基本生活条件和经济发展水平达到或超过灾前水平。而称多县灾后重建由于高原施工期短等原因对规划的可实施性提出更高的要求，在灾后重建规划中注意统筹安排各项设施恢复重建的建设时序、资金投入、建设规模，必须以确保城乡基础设施合理布局、统筹兼顾，城市建设与乡村建设同步推进，突出城乡住房重建优先，学校、卫生等公益设施优先，基础设施优先，产业重建优先等"四个优先"。

重建规划充分重视群众切身利益和权利，保障居民基本的财产权、土地使用权，充分调动群众重建家园的自主性、创造性和积极性，结合科学规划形成良性的居民就业和产业发展的模式，积极创造条件，创造就业岗位，鼓励受灾群众开展生产自救和主动寻找就业门路，加大农民工培训力度，使其参与到旅游业、社区管理、社区服务、商业经营、物流运输等服务业，使受灾群众就业安置与灾后重建工作结合起来。

称多县城主要地质灾害主要有洪水及地震引发的崩塌、滑坡、不稳定斜坡、泥石流。因此县城建设首先强化防灾基础设施建设的建设与提升，包括疏散救援通道、避难场所、生命线工程三大类，修建排水沟，结合道路建设和景观改造整治查拉隆河和西曲河，防洪标准按 20 年一遇设防，同时划定县城汇水区域范围为规划区范围，严禁放牧，加强水土保持，预防泥石流等自然灾害。灾后重建规划按照标准规划建设消防站，确保消防安全。

4.2 公共设施优先建设

灾后重建的重点难点工作在于受地灾后如何快速妥善民生并推动社会事业发展，努力建设安居乐业、生态文明、安全和谐的新家园，为经济社会可持续发展奠定坚实的基础。根据称多县社会发展现状和国家相关政策的要求，确定公共服务采取功能集中、完善服务发展策略，推动人口向城镇集中。

教育设施规划按照三集中"小学集中在乡镇、初中集中在县城、高中集中在自治州"原则，县城高中改建成寄宿制初中，规划新建职业技术学校，县城西部新建走读初中，东部新建一座小学，新建两所幼儿园；各乡镇规划一所寄宿制小学，各行政村规划一个幼儿园。医疗卫生设施规划按照集中与分散相结合的原则，各行政村或自然大村规划一所卫生所，各乡镇规划一所中心医院，县城扩建藏医院，重建人民医院，不断提高卫生服务水平。

社会福利设施得到加强，发挥现有敬老院的作用，扩大规模，提高效率，在此基础上，根据需要，新建部分敬老院。扩大孤儿学校的规模，规范教学。农牧区以行政村为单位，城镇以社区（居委会）为单位建设社区文化站，县城规划建设通天河文化广场、东程文化广场，民俗宗教文化展览馆（三江源博物馆）、体育馆，增加城镇文化体育设施。

商业服务设施侧重规范商业设施和规划专业市场，规范各城镇商业网点布局，提高商业设施档次，结合产业发展需要重点规划清水河农牧产品交易专业市场、扎朵虫草交易专业市场和歇武物资转运中心。

4.3 尊重原有空间肌理

灾后重建规划和建筑设计对自然生态环境采取"低冲击、高尊重"的规划模式。"低冲击"即称多县重建规划依据城镇和村庄原来的历史文脉，依山就势、小型组团、就地重建。"高尊重"即高度尊重高寒山区藏族居民生产、生活、生态地理空间的同一性，尊重农业生产循环利用资源的模式，尊重原有空间肌理（图8），尽可能修复可修复的建筑物和构筑物，局部改善提升，原住居民就地改建，保持原有院落，循环利用一切可以利用的资源，多采用本地建筑材料和技艺，结合现代的抗震技术来建造富有本地传统文化特色的建筑和住宅，并尽可能地采用各种形式的可再生能源，局部调整路网，强化谷地风貌景观，增加绿色空间（图9）。

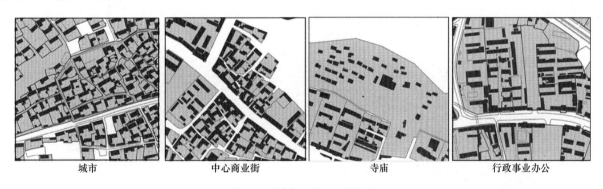

| 城市 | 中心商业街 | 寺庙 | 行政事业办公 |

图8　不同类型用地空间肌理

为适宜近期建设的实施，规划原村民平均每户占地保留420平方米，绝大部分原址重建，增加公共配套设施，制定合理的土地置换或搬迁政策，改变原有住宅建筑结构。

4.4 制定政策跟踪实施

灾后重建是在较短的时间解决大量具体经济、社会、环境、空间问题，尤其是非规划和工程的社会现象、问题的出现并非侧重空间的重建规划所能完全解决，因此在规

图9　城市设计鸟瞰图

划中针对可能发生的现实问题和长远发展目标提出相应配套引导政策。

针对经济发展，侧重引导严格限制破坏和污染地区生态环境的相关产业，推进传统农牧业转型，加大对藏族民风民俗和宗教文化传统保护和发扬力度，为本地居民参与优势产业提供财政补贴，将称多旅游业发展规划纳入玉树州旅游业发展的整体规划，加大对优势产业发展相关基础设施建设项目的支持，为地区优势产业发展提供金融支持。

针对社会发展，提出严格控制人口增长、科学制定人口政策，合理控制人口规模，建立健全教育发展机制，积极发展文化体育事业，努力扩大劳动就业，着力完善社会保障体系，推进城市信息化管理和加强城市公共安全等政策，消除城乡二元管理的体制障碍，统筹城乡发展。

针对生态环境保护，提出水资源利用策略、保护生态绿地、高效利用能源和再生资源、节约集约利用土地资源等策略。重点保护三江源生态环境，争取中央专项资金支持；构建生态系统监测体系，加强对生态环境保护的宣传教育；完善生态移民配套政策，按照《三江源保护规划》测算，该区域承载人口16234 人，承载户数 2952 户，占自然保护区人口 36109 人的 44.9%，计算出需移民规模 19875 人，提出生态补偿机制和移民补偿的基本策略，切实提高移民生活水平。

为促进规划的实施，提出健全规划法律责任，树立灾后重建总体规划的权威性，加强规划区内建设项目的监管，规范规划区建设项目的审批程序，完善土地管理制度，加强土地审批与控制，科学安排建设时序，确保重点项目建设，避免城市建设"四面开花"，构建更为合理的建设管理和监督体系、土地管理和监督体系；提出不同阶段称多城市建设、生态建设投融资方式，借鉴城市营销理念，提出称多的营销策略，引入市场机制，激活土地市场，成立土地储备中心，引入 BOT 等先进机制，多方筹措资金，确保建设资金来源；提出称多发展应当争取的国家政策和需要政府出台的相关政策；加强公众参与，全程进行跟踪技术指导和服务，保证规划公开、公平和效率。

5 规划实施的效果与反思

5.1 城市规划全面实施

2013 年称多县灾后重建规划已经得到全面实施，具体体现在以下六个方面：一是城市空间发展框架全面形成（图 10、图 11）；二是公共服务设施基本完善，新建称多中学（图 12）、幼儿园、体育馆，

图 10　2010 年称多县城全景图

图 11　称多县城灾后重建全景图

（资料来源：称多县人民政府提供，2013 年 9 月摄）

改建、扩建藏医院、人民医院、敬老院和孤儿院；三是城市基础设施水平得到很大提升，新建66千伏变电所，供电电源由不稳定的水电改为稳定的国家电网提供，实现了常年供电。新建污水处理厂和垃圾处理厂，实现了污水的达标处理和垃圾的无害化处理；四是危房改造（图13）、安置工程（图14）全面完成，极大改善城市服务水平；五是绿化、景观格局得到塑造，新建生态公园、民族公园（图15）、滨河公园，城市生态环境得到改善；六是宗教建筑得到全面恢复（图16）。

图12　称多中学

图13　民居改造

图14　安置工程

图15　民族公园

图16　东程寺

5.2　手段创新实施规划

规划实施过程中有两个重要的经验：一是保障原住民权益是根本，做通宗教领袖工作是关键，即规划需要符合宗教规定，尊重宗教习俗；二是传统区域采取传统管理方式，从发展阶段角度，农耕文明仍然是当地主要的生产生活方式，而城乡建设过程中，原住民建设随意性强，私搭乱建、侵街是最大的违法建设，因此规划管理采用农业社会管理方式，借鉴《唐律》规定治理范围，在沿街立"表木"标记范围，并派相关人员经常检查，划定责任范围，确保规划的实施。

5.3 规划实施存在问题

虽然灾后重建任务顺利完成，但规划实施仍然存在较大的问题。

5.3.1 规划多次调整

2010～2011 年间的城市总体规划实施过程中约进行 9 次小的调整，2013 年在原有规划和实施基础上重新修订成果。其原因主要有以下三个方面：一是由于省指挥部对重建项目多次进行调整，如道路施工过程中前期未设置排水管线，施工中途追加该项目，导致排水管线设计只能迁就已施工部分，管线铺设到远离排水源的道路另一侧，工程设计整体协调性不足，增加了施工难度；二是部分规划需要拆迁的居民住宅在调查阶段同意拆迁，但未和居民签订协议，留下证据，真正实施过程中反悔，导致部分项目无法落地，使得公共服务设施项目不得已另行选址建设，导致部分项目落地与规划不符；三是援建单位居高临下，自行选址，如燃气站选址在城市中心，存在较大安全隐患，不按规划选址（城区东郊与现状小型燃气站合建）进行建设。

5.3.2 造血功能不足

我国灾后援建属于典型的输血性质，内在城市发展存在造血功能不足的问题，国家没有后期相关的配套政策跟进。如根据产业选择，当地适宜大力发展旅游业，2013 年为增加称多县造血功能，我校继续义务编制拉司通村历史文化名村规划，制定全部申报第六批全国历史文化名村文件，由于种种原因申报未果，打造旅游特色产业的一个路径未能畅通。

5.3.3 政治重于科学

称多县属于高寒山区，施工期极短，仅有 4～5 个月的时间，按照灾后重建总体部署，作为政治要求三年完成。如果按照工程建设先设计后施工的常规要求，加上设计单位、建设单位以及项目的统筹，很难在规定时间内保质保量完成。为了目标的实现，规划建设采取边设计边施工的方式，并在冬季强行施工，非施工期施工过程中的技术要求在高原很难达到，导致项目设计质量不高，施工质量存在安全隐患。

5.3.4 缺少运营费用

国家投资灾后援建仅局限于具体项目，未考虑后期运营管理费用，以供热锅炉房为例，电取暖成本极高，因此规划采用燃煤取暖，传统政府运营依靠国家政策拨款，属于吃财政饭，供热锅炉房近期运营年需煤量 2.27 万吨，远期 2.45 万吨，按照 2014 年青海省市场价格计算，从西宁购煤每吨煤 700～900 元，从西宁运输到称多县每吨煤运费达到 400 元，近期每年用于采暖的直接燃料成本达到 2724 万元（按平均煤价 800 元计算），而 2013 年称多县地方政府财政收入 1800 万元，如果加上污水处理厂、垃圾处理厂费用，财政更不堪重负，如果没有国家投入，这些基础设施均无法正常运营。

5.4 规划实施后的反思

灾后重建规划属于提升型规划，实质是对传统生产生活方式的改变，会对生态环境、城市景观和文化保护等维度带来冲击：一是生态环境方面。居民采暖原采用牛粪等可再生材料，采暖时间短，牛粪燃烧的碳排放较低，燃烧后的灰烬可降解，可作为肥料使用，使用燃煤后每年将排放 6.29 万吨二氧化碳、0.19 万吨二氧化硫和 0.09 万吨氮氧化物及 1.72 万吨碳粉尘和大量的煤渣，给高原生态环境带来的影响和冲击不容小觑；二是城市景观方面。由于很多项目的设计、施工人员来自于援建地，规划设计的核心思想和审美体现援建地的价值观，援建的价值植入冲击当地传统文化，整齐划一的设计手法与原有住区的依山就势、自然和谐存在极大的反差（图 17），同时由于施工期短，传统藏地干砌石技术和本土建筑材料不得不被现代的快速浇筑技术和现代建筑材料取代，使得城市景观受到挑战；三是文化保护方面。由于供暖时间的延长，原住民抵御严寒的能力出现下降趋势。由于燃料的改变，传统食品的制作和加工工艺发生变化。由于统一集中居住，传统的游牧生活方式发生变化，传统邻里交往方式面临挑战；由于现代监造技术的推广，传统监造工艺面临传承问题。

图 17　排列整齐划一的保障性住房和安置房

乡村规划设计应该走出"城市化"歧途

李昌平

中国乡村建设院 中国乡村规划设计院

摘 要：在我国，只有城市规划设计院，甚至，大学里关于规划设计专业教育也主要是为城市规划设计和建设服务的。因此，从事农村规划设计和建设的专业人才是极度缺乏的。在大规模的新农村建设开始之后，城市规划设计院和大学里的规划设计专业人才下乡进村了，大规模的乡村建设自觉不自觉的走入"城市化"误区就"自然"发生了。新农村建设正在经历住房结构城市化、景观城市化、垃圾污水处理城市化、生活方式城市化……千村一面、万户一律的"城市化"运动。要扭转这种状况，必须从转变规划设计师们的理念和方法开始。中国乡建院创始人孙君一直倡导尽快修改城乡规划法的努力应该受到高度的重视。

关键词：乡村规划；城市化；新农村建设

现在，乡村规划设计和建设越来越受到重视，政府每年都花大量的钱为乡村规划设计买单，这是好事。可是，大部分钱花得毫无意义。这是因为大多数规划设计方案是没法落地实施的，即使付诸实施了的规划设计，也有相当多的是不合理的！

在我国，只有城市规划设计院，甚至，大学里关于规划设计的教育也主要是为城市规划设计和建设服务的。因此，从事农村规划设计和建设的"专业人才"是极度缺乏的。在大规模的乡村建设开始之后，城市规划设计院和大学里的规划设计人才下乡进村了！"农村城市化"便成为不可避免的大趋势了。

其实，城市规划设计及建设和乡村规划设计及建设有很大不同。

首先，城市规划设计因为有拆迁办和开发商做先锋，几乎可以在推倒重来后的"一张白纸"上做规划设计及建设，而正常的乡村规划设计及建设是不能这样的。乡村规划设计既要充分地考虑人与自然环境、人与建筑及工程、建筑及工程与自然环境等之间的和谐程度；还要更充分的考虑乡村的历史、文化、习俗、生产生活方式、邻里关系、祖宗、信仰、水系、道路、产权关系等因素。严格意义上讲，乡村规划设计及建设要比城市规划设计及建设复杂得多，与城市规划设计及建设相比，做农村规划设计及建设需要更多方面的知识。

其次，城市规划设计很少考虑落地实施的问题，而农村规划设计必须以落地实施为前提。城市建设在征地拆迁后，产权关系单一化了，实施主体单一化了，可以推倒重建，规划设计落地实施就变得十分简单了。而农村不一样，不是单一产权人，规划设计落地实施的主体更不是单一的，不可以简单的推倒重来，规划设计必须回应复杂的"关系"才能落地实施，否则，再好的规划设计也只是乌托邦。

再次，城市规划设计有较高的"可复制性"，因为城市的居住、服务等功能是最主要功能，不仅同质化程度高，标准化程度也高。而农村规划设计则难以复制，这是因为农村差异化、个性化严重。有的村子会逐步空心化直至消失，有的村子会进入城市成为城市的一部分，有的村子会成为中心村或集镇。成为中心村或集镇的村庄，有的可能适合做休闲农业，有的可能适合做养生养老，有的可能适合做文化艺术和民俗村，有的适合做商贸服务……。不同的村子，有不同的个性，应该有个性化的定位及规划设计，定位如果出错了，规划设计就毫无价值了。

第四，城市规划设计一旦批准后，过几年实施也问题不大，因为总体上是会推倒重来的；而农村规划设计一旦获准后，就必须马上实施，如果拖延两年在实施，原规划就难以实施了，因为农村两年之中会发生太多的变化，这些变化是不可以逆转的、不可以推倒重来的。这就是农村规划过几年做一次，做了也几乎等于没做的原因。

经过多年参与乡村建设实践，中国乡建院和中国乡村规划设计院的设计师有了一些深入的思考，乡村规划设计及建设应该遵循几个基本原则：

首先，要对乡村进行大的分类和定位。譬如，10％的村庄会进入城市，其规划要重点研究的是村民如何抱团进入城市的问题；60％的村庄会逐步空心化，其规划要重点研究的是如何适应城市化趋势，实施农业经营主体再造和农业现代化模式；30％的村庄会逐步演变成中心村或小镇，这30％的村庄是新农村建设的重点，其规划设计要重点研究是如何适应逆城市化趋势——把农村建设得更像农村，建设有历史、有文化、有传承、有个性的新农村，实现农村农业服务业化。这是做乡村规划设计的人要做的最基础性的功课之一！笔者每年去许许多多的村庄，很多都被规划设计过了，非常多的规划设计内容高度相似，只是村名不同而已。

其次，要以落地实施为前提做规划设计，要用参与式方法做规划设计及建设。譬如，规划A处做一个小水塘，但如果A处的产权主体不同意，这个小水塘的规划就落不了地，与这个小水塘关联的其他建筑工程设计和规划都会受到影响，或根本无法落地。所以，乡村规划设计需要参与式，和村民一起做规划设计。从一定意义上讲，乡村规划是人与人、人与自然环境、工程与自然环境、工程与人及产权等一系列关系的梳理和重构，是复杂巨系统的修复和升级过程。所以，主体必须始终都是规划设计的主角。乡村规划设计及建设是一个以主体为主、由主体主导实施的过程，规划设计师们只是主体的协作者。在一个村庄，村社共同体是一个大主体，村民各家各户都是小主体，各个主体都有各自的主体性，规划设计及落地实施是主体的事情，规划设计师是以自己的专业知识协作主体完成规划设计并指导其实施。如果规划设计师们心中没有村庄主体的位置，不能树立自己协作者的位置，这样的规划设计师创造的再好的作品最后都会被主体——农民修理得"面目全非"。如果是这样，不要抱怨农民不尊重专业，其实是规划设计师们不专业。

再次，乡村规划设计和落地实施是一个整体的、连续的、较长期的现场过程。如果规划设计院来几个人，待上几个小时或几天找了一些资料就回去办公室工作，很快出一个本子，经过"专家评审"后付钱——规划设计完成了。这样的规划设计绝大多数是毫无意义的。与城市规划设计不一样，乡村规划设计必须和落地实施是一个整体过程，并且这个过程是从进场、到落地实施、再到不断调整直至完成的一个连续过程。假如这个过程是一个连续的始终在现场进行的过程，会随时都在规划设计和修正规划设计之中。假如这个整体的连续的规划设计过程值500万元，在办公室花几天时间出一个规划设计的本子（方案）大概只值10万元。所以，农村规划设计必须与实施指导统一起来，最好是一个团队提供服务。

最后，乡村规划设计师们要提供系统性的乡村建设服务。我们开始的时候叫中国乡村规划设计院，后来重新注册了一个名称，叫中国乡村建设院。我们提供如下服务：规划设计、施工指导，内置金融创建及土地抵押贷款、土地流转、合作及集体经济、乡村治理，景观环境改善、垃圾分类、污水处理，居家养老中心及养老村建设营运服务，经营乡村理念方法推广及基层干部村民培训，甚至乡村建设融资投资服务等。新农村建设是复杂巨系统的修复和激活，必须提供系统性的服务，规划设计只是其中之一。政府一定要认识到乡村建设的系统修复和激活，政府要采购系统性的服务，先好好的做一个点，在做点的过程中学习和总结，培养人才，再以点的经验和教训指导其他村的建设。

新农村建设正在经历住房结构城市化、景观城市化、垃圾污水处理城市化、生活方式城市化……千村一面、万户一律的"城市化"运动。要扭转这种状况，必须从规划设计及建设的观念和方法的转变开始。

村庄聚落体系空间布局研究[①]

李 琳 冯长春

北京大学城市与环境学院

摘 要： 本文围绕区域村庄聚落体系布局的中心村选点和村庄体系布局形态两方面问题进行研究。村庄选点采用构建村庄发展潜力评价指标体系的方式衡量现状村庄的发展潜力水平，以定量分析方式遴选出中心村，并借助 ARCGIS 软件对各村庄发展潜力水平的空间分布进行可视化分析，为村庄布局做规划决策支持。总结村庄体系重构的空间形态模式，以山东省潍坊市峡山区为案例，对其 277 个行政村规划布局进行实证分析，目的在于探索中心村选址和村庄体系空间布局的一般性方法，为区域村庄聚落体系布局规划提供借鉴。

关键词： 村庄聚落；发展潜力评价；主成分分析；村庄体系空间布局模式；GIS 核密度分析

1 引 言

村庄聚落体系空间布局立足于区域整体视角，以村庄为基本单元，根据各村庄的现状条件对村庄居民点进行重构布局规划，其目的是使村庄布局合理，土地集约节约利用，村庄基础服务设施和公共服务设施不断完善，村庄生活环境得到优化，更加适宜农民的生产生活，从而促进农民素质的提高、农村生产力的不断进步，促进农村经济发展[1]。近年来国内众多学者从不同视角对村庄布局相关内容进行了研究，可分为以下四类：

定性原则分析视角：曹大贵等[2][3]总结村庄迁并的步骤和方法，归纳出村庄迁并规划中应依据的原则，提出村庄迁并规划的要求为"方便生活、有力组织生产、满足建筑要求、节约用地"，拟定了村庄建设的规模、经济水平、交通条件等标准，为村庄迁并规划的制定实施策略。

村庄发展评价视角：张军民[4]，李建伟[5]，陈山山[6]等在村庄发展条件的评价基础上对现有村庄进行区分，划分为中心村（聚集村）、迁出村（消亡村）等分类，在此基础上综合其他因素确定中心村位置，提出迁村并点规划方案进而制定村庄迁并方案。

空间半径视角：主要是考虑农村居民点耕作半径和公共服务设施的服务半径。陶冶、葛幼松等[7]从耕作出行阻力考虑，以定量空间模型分析村庄迁并前后耕作半径的变化以及对耕作半径增加对村庄规划的检视反馈。叶育成、徐建刚等[8]在划定空间管制的基础上引入耕作半径和设施服务可达性分析来进行村庄布局规划。

综合分析视角：甄延临等[9]就村庄布点规划中农村居民点重构的影响因素和评价方法，村庄建设规模的预测方法和管理措施，村庄体系的空间形态的影响因素和典型布局模式进行了总结。

总体而言，村庄聚落体系空间布局可归纳为两方面主要问题：一是在哪选址建设；二是村庄体系空间形态如何。本文将就村庄体系布局的这两个问题，运用村庄发展潜力评价为村庄选址提供科学判断依据，并归纳村庄体系空间布局模式，在村庄发展潜力、空间可视化分析的基础上组织村庄布局结构，重构区域村庄体系。

---

① "十二五"国家科技支撑计划项目：村镇区域空间规划与集约发展关键技术（项目编号：2012BAJ22B00）

2 中心村选点方法

中心村是一定范围内村庄聚落重构的主要建设区域，也是未来村庄经济社会发展的重点，因此中心村的选址应具有良好的发展条件。本文借助村庄发展潜力评价遴选出中心村，评价步骤主要包括构建评价指标体系、收集处理指标数据资料、确定各指标权重、计算村庄潜力分值。

2.1 构建村庄潜力评价指标体系

评价指标体系是准确衡量村庄发展潜力的关键，结合已有研究，本文构建了3个层次18个指标的村庄发展潜力评价指标体系，指标内容包括村庄规模、区位环境、经济发展水平、设施条件4个方面（表1）。

村庄发展潜力评价指标体系 表1

一级指标	二级指标	三级指标
村庄综合发展潜力评价	村庄规模	人口规模
		总用地面积
		居住用地面积
		居住建筑面积
	区位环境	交通条件
		区位条件
	经济发展水平	村集体财政收入
		人均纯收入
	设施条件	教育设施
		健身设施
		文化设施
		卫生院
		诊所
		敬老院
		商业网点
		供水设施
		燃气供应
		垃圾处理

村庄规模：村庄规模是村庄发展潜力的正向指标，总人口越多、村庄居住用地面积和建筑面积越大，表明村庄现状聚集程度越高，搬迁的难度也越大。村庄用地总面积越大，表明村庄可以容纳的人口和经济活动越多，可能的发展潜力也越大。

区位环境：交通条件是区域农副产品的运输、技术和信息的交流的渠道，同时交通基础设施的改善有利于改善投资环境和提升土地价值。区位条件是村庄到所属街道办的距离。区位条件的距离指标数值是发展潜力的负向指标。

经济发展水平：指一个村庄经济发展的规模、速度和所达到的水准，选取人均纯收入，村集体财政收入两项指标。人均纯收入和村集体财政收入越高，说明村庄经济发展水平越高，发展潜力越大。

设施条件包括教育设施、健身设施、文化设施、卫生院、诊所、敬老院、商业网点、供水设施、燃气供应和垃圾处理设施。评分由每类设施设置与否累计分值，设施条件越好，说明村庄支撑体系越完备，发展潜力越大。

2.2 确定各评价指标权重

主成分分析借助一个正交变换对多变量进行降维处理，采用主成分分析法确定评价指标权重的主要步骤为：

(1) 将原始数据标准化；

(2) 求原始数据相关系数矩阵；

(3) 求相关系数矩阵的特征根 λ、特征向量和贡献率；

(4) 依据主成分累计贡献率 $80\%\sim85\%$ 以及特征根分布的折线图确定主成分数量；

(5) 计算主成分载荷矩阵 f_{ij}；

(6) 计算决策矩阵系数 $u_{ij}=f_{ij}/\sqrt{\lambda_j}$；

(7) 求出权重 $W_j=\Sigma_{j=1}^n\ (\lambda_j u_{ij}/\Sigma\lambda)$。

2.3 计算村庄潜力分值

评价指标与村庄潜力分值间存在正向和负向两种关系：正向关系是指标数值越大，越能增加村庄综合发展潜力，如村庄总人口、人均纯收入、教育设施；负向关系是指标数值越大，反映村庄综合发展潜力越低，包括交通条件和区位条件，交通条件指评价单元与现状二级以上道路的距离，区位条件指评价单元与邻近乡镇（街道）以上级别的行政中心的距离。标准化处理公式分别为：

$$正向指标：P_{ij}=(X_{ij}-\min X_{ij})/(\max X_{ij}-\min X_{ij})$$
$$负向指标：P_{ij}=(X_{ij}-\max X_{ij})/(\min X_{ij}-\max X_{ij})$$

公式中 P_{ij} 为标准化数值；X_{ij} 为原始数据；$\min X_{ij}$ 为指标原始数据中的最小值；$\max X_{ij}$ 为指标原始数据中的最大值。

评价单元潜力得分计算是将每项指标标准化数值与该指标权重加权求和得到的分值，村庄潜力评价得分 S_i 计算公式为：$S_i=\Sigma_{j=1}^n P_{ij}W_j$。

3 区域村庄空间布局

3.1 村庄布局要点

张小林[10]认为乡村空间系统由经济、社会、聚落三大空间结构组成。乡村聚落的空间布局体现了农村经济、社会功能在物质空间上的实现。村庄迁并后构建的农村聚落突破了原有行政村行政划分，由原来多个村庄迁并至既定选址，由自上而下的行政方式合并村庄建制，组成集中的农村聚落空间，这一过程不仅要着眼村庄的选址和空间布局，同时肩负着乡村的产业发展、土地使用、服务设施和基础设施配建等要求。

3.1.1 农村生产生活组织

村庄体系重构是对原有关系和权益的重新组合，村庄调整对各种资源和劳动力的重组将影响农村居民的生产、生活方式，从而进一步影响其对物质空间组织的需求。村庄需要重点考虑传统农业向现代农业转变，农副业生产经营公司化的空间组织和迁并后村民的生活活动要求。

3.1.2 土地集约节约利用

村庄迁并布局是改变传统农村居民点规模较小，人口密度较低且布局分散的状况，重新配置土地资源，促进土地集约节约利用的重要手段，同时迁并实施过程对土地资源的利用应做到切实保护耕地，协调地区发展和土地生态安全的矛盾。

3.1.3 公共服务设施和市政基础设施建设

迁并后居民点相对集中，规模较大，有利于各类设施经济合理的配建，促进居民对更高层次的卫生、教育、文化体育、社会服务、基础设施和城乡环境的需求。新农村居民点要重点加强污水、垃圾的收集处理设施的配建，减少生产生活活动对乡村生态环境的扰动。

3.1.4 地域文化习俗的传承

村庄体系重构规划要充分考虑当地居民世代传承的人文风情，新居民点建设要结合其地区发展和人文特色、民俗习惯综合统筹组织，促进村民对新居民点逐步形成心理认同感和归属感，保护当地文化和风俗的传承。

3.2 村庄聚落空间布局模式

村庄重构的空间布局模式主要考虑的因素是聚集中心数量和空间形态。聚集中心数量可分为单中心和多中心，空间形态可分为中心式和轴线式。峡山区村庄聚落空间布局模式可归纳为四类：单核中心式布局、多核中心式布局、单核轴线式布局、多核轴线式布局。

1）单核中心式布局模式

地势较为开阔的平原地区，以一个发展条件良好的村庄为中心村建设新农村居民点。新居民点与对外道路相贯通，居民点集中配置各项公共服务设施，完善市政基础设施尤其是污水处理设施及管网、垃圾收集转运站点等，周边迁出村庄居民逐步搬入中心村居民点（图1）。

2）多核中心式布局模式

在一个区域内有多个条件良好、空间邻近的村庄，在其中选择发展条件和用地条件最适宜的村庄作为中心村，其余为次中心村。中心村和次中心村间配建共享式的社区服务设施，并结合集贸市场、工业、现代农业产业园区等建设，形成规模较大的新居民点（图2）。

3）单核轴线式布局模式

区域内某方向用地空间受制约，在狭长型空间内结合主要交通流线，形成以一个发展条件良好的中心村为主要建设的居民点，周边迁出村庄向其聚集的轴线式空间布局（图3）。

4）多核轴线式布局模式

在狭长的带状区域内由主要交通流线串联多个发展条件良好的村庄，结合集贸市场、各类社区服务设施和产业用地建设新居民点，由中心村、次中心村与交通道路形成"轴核同构"式的空间布局模式（图4）。

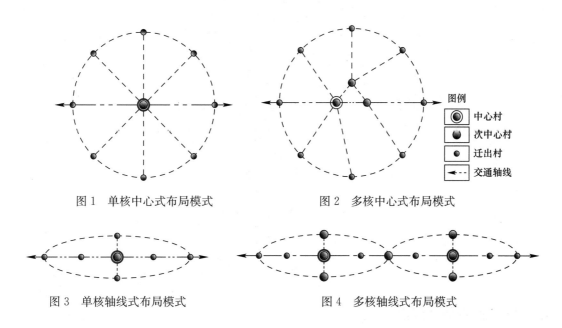

图1　单核中心式布局模式　　　　　图2　多核中心式布局模式

图3　单核轴线式布局模式　　　　　图4　多核轴线式布局模式

图例
◎ 中心村
● 次中心村
• 迁出村
←--→ 交通轴线

4　案例研究

4.1　研究区域概况

山东省潍坊市峡山生态经济发展区（简称峡山区）位于昌邑、高密、安丘、诸城四市交界处的潍河中游地区，是山东省重要的水源生态功能区，辖区拥有占地面积达 144km² 的山东省最大水库——峡山水库。峡山区全区面积为 491 平方公里，辖 4 个街道、277 个行政村，2012 年常驻人口 23 万。

目前，峡山区内村庄居民点规模较小、布局分散，土地利用不够集约，现状公共服务设施和基础设施配置滞后，生产生活污水垃圾集中处理成本高、难度大，给峡山水库及其流域内水源生态环境质量造成了威胁。重构峡山区村庄体系布局，是推动该地区经济发展、提高人民生活水平、集约利用资源和维护地区生态安全的重要途径。

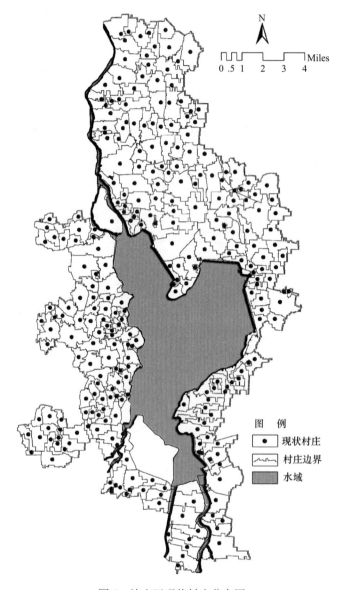

图 5　峡山区现状村庄分布图

4.2　峡山村庄发展潜力评价

区域村庄体系构建的首要步骤是对现状村庄发展水平进行区分，确定出中心村。依据表 1 构建峡山区村庄发展潜力评价指标体系，指标数据由峡山区建设、交通、国土、计生等部门及各个街道办提供，收集各指标数据并进行标准化处理。村庄发展潜力评价以峡山区 277 个行政村为评价单元。

评价指标权重借助统计分析软件 SPSS16.0 进行计算，对指标体系的数据进行主成分分析，分析结果 KMO 检验值为 0.65，表明可以进行主成分分析计算。各权重计算结果如表 2 所示。

村庄发展潜力评价因子权重　　　　　　　　　　表 2

因子	村庄总人口	村庄总用地面积	村庄居住用地面积	居住建筑面积	交通条件	区位条件	人均纯收入	村集体财政收入	设施条件
权重	0.092	0.128	0.148	0.084	0.116	0.109	0.115	0.088	0.120

　　潜力分值计算中村庄规模、经济发展条件和设施条件均为正项指标，即表明指标数值越大，代表村庄发展潜力值越高；区位条件和交通条件为负向指标，即各村庄到上一级行政单位和临近道路的距离越大，代表村庄的发展潜力越低。计算得到各指标处理后数值与权重加权后求和可得各村庄发展潜力值，将各村庄发展潜力值由低到高归入 1 至 10 的数值区间，可得到 277 个村庄发展潜力评价得分（表 3）。

村庄发展潜力分值（部分）　　　　　　　　　　表 3

序号	村庄名称	评价得分	序号	村庄名称	评价得分	序号	村庄名称	评价得分
1	皂角树村	10.00	11	南下湾村	8.75	21	岞山后村	8.41
2	留戈庄村	9.91	12	后甘棠村	8.70	22	西下湾一村	8.31
3	岞山站村	9.88	13	东章村	8.67	23	日戈庄东村	8.31
4	赵戈村	9.49	14	城子村	8.62	24	丈岭街村	8.29
5	大行营村	9.48	15	周家官庄村	8.61	25	戴家官庄村	8.26
6	牟家庄子村	9.34	16	太保庄村	8.59	26	马家屯村	8.25
7	望仙埠村	9.10	17	西下湾三村	8.55	27	西悝悝村	8.19
8	解戈村	8.89	18	西下湾二村	8.50	28	颜家庄村	8.18
9	东下湾村	8.78	19	岞山中村	8.47	29	日戈庄西村	8.17
10	岞山前村	8.77	20	前铺村委会	8.45	30	久远埠村	8.12

4.3　村庄发展潜力空间可视化分析

　　规划居民点的选择必须依托发展潜力良好的村庄，在区域均衡发展的前提下，现状发展潜力水平较好的村庄在空间上越集聚，越有利于在村庄体系重构中最大化利用现有资源，减少搬迁量。借助 ARC-GIS10.1 软件中的密度估计（KernelDensity）工具可实现对村庄发展潜力空间分布的可视化分析。核密度估计可以根据输入离散点或线数值进行插值计算，估算出区域内要素聚集程度，得出值域分布的平滑曲线图像。

　　将峡山区村庄发展潜力评价结果数值与 ARCGIS10.1 数据中村庄分布点相关联，通过核密度估计可得峡山区 277 个村庄发展潜力核密度空间分布图像（图 6）。分析结果可见峡山区北部和东部沿水库一带村庄发展潜力分布较高，表明该区域村庄发展潜力条件良好且村庄空间分布较为集中，这一结果也与现状村庄发展水平的感性认知相符合。借助村庄发展潜力空间核密度分析，村庄体系布局在中心村选址、村庄聚集重构布局等方面可以得到直观的规划决策依据。

4.4　村庄体系空间布局

　　峡山区村庄体系空间布局除通常考虑的农村生产生活组织、土地集约利用、设施配建和传承地区文脉等方面外，还必须考虑协调地区发展和水库水源生态环境保护的矛盾，同时结合道路网的规划建设推动地区均衡发展。

4.4.1　村庄体系布局结构

　　峡山区村庄聚落规划结合地形地貌条件、原有村庄数量和发展条件，采用中心布局式和走廊式布局

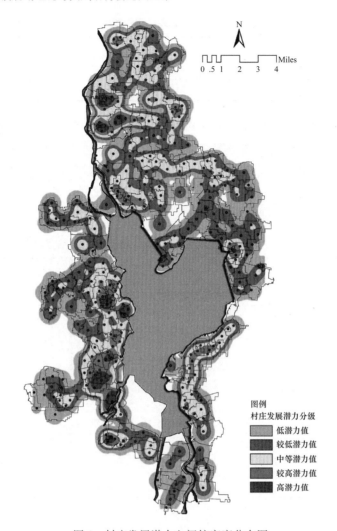

图 6　村庄发展潜力空间核密度分布图

式结合的空间布局模式。峡山区北部和东部用地条件较为开阔，原有村庄分布密集，采用多中心式布局模式；西部和南部区域受水域限制用地呈狭长状，采用走廊式的空间布局模式。各中心村选址退让河流和水库水源保护区域的陆域保护范围，该范围内的现有村庄也逐步迁出。结合交通道路规划，峡山区以"轴线—核心"方式构建村庄体系布局结构（图7）。

4.4.2　村庄布局规划结果

峡山区村庄体系布局规划为1个中心城区，25个中心村，31个次中心村，新构建的农村居民点按照新型农村社区建设管理。新型农村社区居民点分为单中心和多中心两种，在原有村庄发展条件良好、分布集中的社区，社区居民点建设采用多中心方式，即社区中心包括中心村和次中心村，规划社区范围内其他迁出村庄视具体实施条件逐步向中心村迁移。

中心村和次中心村是新型农村社区重点建设的居民点，中心村选址具有良好的交通条件，并与原有村庄的生产生活活动保持良好的协同关系。中心村的建设结合峡山区有机农业、生态旅游、绿色工业等产业发展，并完善中小学、社区卫生服务中心、养老院等公共服务设施的建设，统筹地区生产发展和居民生活活动，着重加强污水、垃圾收集处理设施建设，保障水源保护区生态环境安全。中心城区范围内的村庄临近规划建设的中心城区，农村土地未来逐步转为城市建设用地，规划应控制现状村庄建设活动，引导村民向中心城区聚集。对条件较差但暂不具备搬迁条件的村庄允许其在不扩大建设用地范围的条件下进行局部修整。对现状条件差，未经处理排放废水和废弃物、生产生活活动对水源保护产生威胁的村庄应首先搬迁。

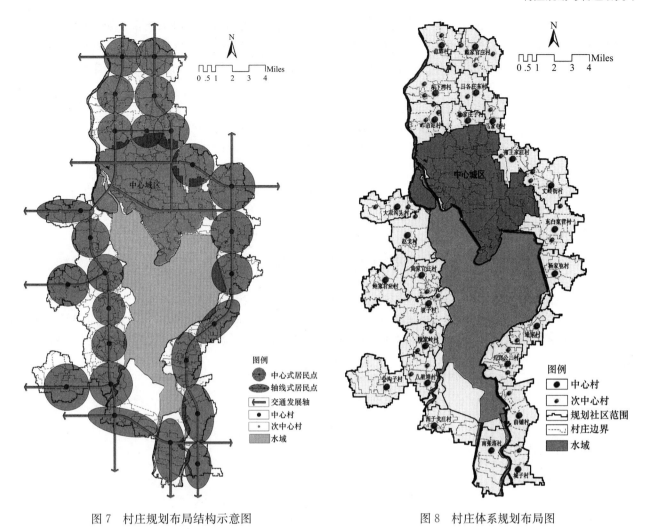

图7 村庄规划布局结构示意图　　　　　　图8 村庄体系规划布局图

5 结 论

本文在总结现有村庄体系布局研究的基础上，着重探讨村庄聚落体系布局的中心村选点和村庄体系布局形态方面内容。本文研究方法具有以下特点：

（1）区域层面视角，以点带面的整体性规划思路。以区域范围内中心村选点为切入，进而由中心村组织区域村庄聚集，构建区域村庄的空间布局形态，由交通网络建设串联各居民点，对区域内的村庄分布做出系统性的重构。

（2）以定性研究的方法科学选址中心村。以发展潜力水平确定村庄建设重心，切合广大农村地区强烈的发展要求。构建评价指标体系，以定性研究方法全面评价村庄发展潜力，避免了中心村选址仅依靠经验的主观判断决策。

（3）空间可视化分析方法支撑规划决策。将村庄发展潜力水平落实到空间上，将数据定量分析转化为直观的空间分布图像，为村庄体系布局提供决策参考。

该研究方法在应用过程中需要注意的是：

（1）我国地域差异明显，本文研究方法较为适用于平原地区，对于河湖水网密布和山地丘陵地区而言，发展潜力评价（尤其是区位环境方面）以及空间布局模式都将因为环境条件复杂而需要做进一步具体研究。在生态敏感区、环境保护区等特殊区域应对生态环境安全和资源利用做更深入的分析，村庄建设需要在空间利用上应与环境生态等要素的保护开发相协调。

（2）村庄发展潜力评价指标体系在实际应用中应针对不同地区具体情况做出调整，如农村产业经济发达的地区，可增加衡量产业水平和产业结构评价指标；对于道路建设较为落后的地区，现状交通条件差异并不显著，该指标可考虑不作为评价因子，而是与村庄布局一并作为规划建设的考虑要素。

参考文献

[1] 廖启鹏等. 村庄布局规划理论与实践 [M]. 武汉：中国地质大学出版社有限责任公司，2012，12.

[2] 曹大贵. 镇（乡）域规划中村庄合并的方法与步骤 [J]. 小城镇建设. 2001，3：26-27.

[3] 曹大贵，杨山. 村庄合并规划研究——以南京市郊县冶山镇为例 [J]. 地域研究与开发. 2002，21（2）：36-40.

[4] 张军民，余丽敏，吕杰等. 村庄综合发展实力评价与村镇体系规划——以青岛市旧店镇为例 [J]. 山东建筑工程学院学报，2003，18（3）：34-38. 771-775.

[5] 李建伟，李海燕，刘兴昌. 层次分析法在迁村并点中的应用——以西安市长安子午镇为例 [J]. 规划师，2004，20（9）：98-100.

[6] 陈山山，周忠学. 中心村选择中村庄发展潜力评价指标体系的探讨 [J]. 安徽农业科学，2012，40（32）：16026-16029.

[7] 陶冶，葛幼松，尹凌. 基于 GIS 的农村居民点撤并可行性研究 [J]. 河南科学，2006，24（5）

[8] 叶育成，徐建刚，于兰军. 镇村布局规划中的空间分析方法 [J]. 安徽农业科学，2007，35（5）：1284-1287.

[9] 甄延临，李忠国. 村庄布点规划的重点及规划方法探讨——以浙江海盐县武原镇村庄布点规划为例 [J]. 规划师. 2008，24（3）：24-28.

[10] 张小林. 乡村空间系统及其演变研究——以苏南为例 [M]. 南京：南京师范大学出版社，1999：11.

引领创新道路的新农村改造规划
——以北京市海淀区某试点村项目为例

李文捷　柴朋成

北京易肯规划建筑设计有限公司

摘　要：社会主义新农村建设是党和国家在新世纪提出的重大发展战略，自从党的十六届五中全会提出推进社会主义新农村建设的任务以来，取得了巨大成就，也反映出了诸多问题。诸多模式的涌现提升了农民的生活质量，但更多是对原始风貌、生态的破坏。北京市海淀区推行的"政府统筹，农民主导"的新模式区别于以往的传统做法，提出了切实可行的方法。本文以某试点村项目为例，详细说明通过科学的设计有机的将政府态度及村民诉求融合，真正铺设了具备可操作性、典范作用的新农村改造的新道路。

关键词：可持续发展模式；试点村；原址改翻建；原肌理；模块化

每个人的心底深处都藏有一个"世外桃源"的梦想，每个人的记忆深处都驻有一处"山青水绿"的农庄，每个人都有一种回归自然的欲望。

从政府"十一五规划"提出开展新农村建设已经过去 10 年了，在此期间涌现了诸多的模式，树立了诸多的新农村形象，给农民的生活带来了质的改观，但是千篇一律的展示形象，推倒重来的建设方式对农村的原始生活方式带来巨大的负面影响，这是一种对文化的亵渎，对风貌的破坏，是不符合可持续发展策略的体现。而北京市海淀区推行的"政府统筹，村民主导"的模式，坚持保护原汁原味生活方式的策略，在设计单位独具匠心的设计思路的强有力地支持下，真正意义上解决了农村提升、农民诉求和政府工作的融合，为杠杆的平衡找到了支点。

1　新农村建设背景基本介绍

"社会主义新农村"概念，早在 20 世纪 50 年代就提出过。农村人口占大多数、经济与社会事业相对落后的现状已困扰了几代党和国家领导人。因此，党的十六届五中全会提出要建设"生产发展、生活宽裕、乡风文明、村容整洁、管理民主"的社会主义新农村的目标，在新历史背景中，全新理念指导下成为农村综合变革的新起点。

2　新农村建设中存在的问题、难点及解决思路

经几年的实践，农村农民的生产生活水平有了一定程度的提高，但同时也存在着各种问题。首先，很多农村在工作中，没有规划，农民一头雾水。部分地区对规划的重要性认识不足，跟着感觉走；有的地方虽然有规划但水平不高，深度不同，缺乏前瞻性、科学性、可持续性；虽然有规划，但不执行或走样变形，规划和建设成了"两张皮"。其次，在新闻中，我们常能听到各种关于所谓"钉子户"的报道。在一场场"大拆大建"政府与原住民们的博弈中，没有胜利的一方。一方面，政府投入了大量的资金与精力，另一方面，原住民们或迫迁出他们世代生活的土地，告别他们熟悉已久的生活方式，或手里拿到大量的拆迁补偿款却不懂经营，甚至有些钻政策空子的人利用这种"大拆大建"模式牟取暴利。另外，

在新农村建设当中，农民"被上楼"的现象普遍存在。一些地方将新农村建设与发展片面理解为"跑马圈地"、大兴土木，盲目赶农民上楼，不仅破坏了农村风光，还导致农民失去土地与精神家园。当这些农民们"被上楼"时，他们就脱离了原来的生产生活方式，带来许许多多的社会问题。

针对这些问题，在海淀区某试点村新农村建设项目中，"海淀模式"首次被提出。该项目以改善村民居住条件、提升村民收入水平为目标，本着就地改造、自愿参与的原则，按照"政府补贴一部分，村民承担一部分"的模式，解决村民住宅改造资金来源，严格根据政策文件要求，合法依规推进村民住宅改造和产业发展。据海淀区委区政府的要求，苏家坨镇在启动某试点村新农村建设之前，进行了极其深入的理论研究与实地考察，全面梳理了政策文件、手续办理和法律保障等相关内容，编制了新农村建设实施流程；论证了规划编制、土地整治、市政配套、绿色农宅和清洁能源利用；综合思考村民住宅改造资金来源，争取通过银行贷款等方式解决村民自筹资金；从市场需求、村庄实际和镇域统筹方面，基本形成某试点村产业发展方向和运营模式；并邀请专业单位，结合村特点，进行了全方位的规划与设计。一言以蔽之，海淀模式可以总结成"政府统筹，农民自愿"八个字，短短的八个字，却包含了很多的内容。引用海淀区苏家坨镇镇长张春明的话："当新农村改造完成之后，这里的山还在、水还在、老街坊还在"。

3 基本信息、建设难点及设计解读

3.1 基本信息

该试点村位于海淀区大西山脚下，村庄整体为东西坐落：东部与颐阳路相连，西部接壤妙峰山，北部连接凤凰岭，南部与阳台山、大觉寺为邻。项目位于半山腰，山体坡度在7%左右。距六环路及北清路较近。位置优越，环境宜人，是离北京最近的民俗旅游村（图1、图2）。

村庄整体有109户居民，总人口为410人左右。

村庄宅基地面积为6.5公顷，整体地势复杂，呈北高南低、西高东低趋势，有较大的高差。

图1　　　　　　　　　　　　　　　　　　　图2

3.2 建设难点

本项目在运作上、操作上、设计上、实施上存在着诸多的矛盾和难点要平衡和解决，只有将相关方面均统筹梳理清楚，才能实现工程推进的目标，政府有关部门、设计单位均做出了巨大的努力。

难点一：原址改翻建，原肌理不变。在村民宅基地面积不变、村庄尺度不变、基本地形地貌不变等多项限制条件下，满足每户村民统一容积率的情况下，开展设计。

难点二：村民是真正的甲方，有自我参与和选择的权利，对方案有评判的权利，这对政府和设计单位工作的推进带来极大的困难。

难点三：政策规定每户村民最大宅基地不能超过4分地（约为266.7平方米），现状大部分宅基地均大于此面积，均存在院落、产权拆分的问题，相应的规划设计和建筑设计都要满足规范、户型功能、统一容积率设计等要求，对设计单位是极大的挑战。

难点四：村民目前只签约 80%，还有 20% 尚未签约，每多一户签约代表设计就有一轮新的变化和调整，也就是说设计不是定数，而是动态的过程，这对设计来说有极大的不确定性。

难点五：整体风貌要符合北方特色，建筑形式要具有华北民居的典型特征，而从居住功能考虑要符合现代生活需求，造价有一定的限额，同时要能够在一定程度上满足半产业化的要求，即模块化的应用，这对设计单位是全面的考量。

难点六：建筑要达到北京市绿色农宅三星标准，目前北京市农宅评分中最高为二星。

易肯设计团队经过全面调研、深入沟通、集思广益、攻坚克难等种种情况之后，解决了以上难点，真正做到了具备可操作性的方案。

3.3 设计解读

3.3.1 现状梳理

对项目现状的地形、地势；宅基地分布；交通系统；街巷尺度；院落布局；建筑排布；门窗样式；屏风、门楼样式等方面全面调研，摸透村庄特质风貌和传统肌理，为规划树立完美依据（图3）。

3.3.2 设计构思及理念

摒弃传统新农村改造兵营排列、推倒重来、千房一貌的做法，采用后现代的新型创新模式，因地制宜，维持原尺度、原肌理，塑造空间，营造舒适、休闲的人文主义乡村生活。

图3

3.3.3 规划解读

保护原有村落肌理——维持原有村落群落感、街巷尺度感、竖向关系及建筑布局方式。

延续传统民居形式——采用传统的围合式院落格局，充分对宅基地规模研究，延续北方特色民居的习惯形式。

还原并升级原有村庄的邻里交流氛围——增加宅前巷尾的开放绿化空间，考虑居民对交流沟通的渴望，还原旧时农庄休憩纳凉，三五邻居品茶、聊天、下棋的生活氛围。

传统风貌的现代风尚体现——在传统风貌的基础上，对立面、造型、材质、平面功能等方面升级改造，赋予建筑全新的生命力，体现高品质的现代风尚。

满足现代生活需要，赋予建筑新的体验——从户型的功能布局到建筑的外部功能承载等方面全面提升，满足不同人群的不同需求，如日后出租、经营、作为其他门类建筑使用等，均可进行相应调整。

符合现行规范要求——延续现有格局的基础上，符合现行村庄规划设计管理办法的各项规范要求，满足"每套住宅应至少有一个卧室能获得冬季日照"的规范，并满足消防、防灾等规范要求（图4～图8）。

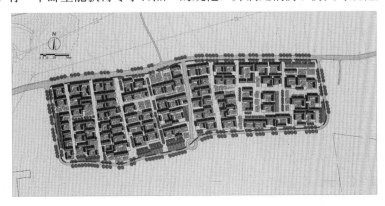

图4

图 5　　　　　　　　　　　　　　　　　　　图 6

图 7　　　　　　　　　　　　　　　　　　　图 8

3.3.4　模块化的应用

100多户村民，每户的宅基地面积均不同，而每户村民的容积率都统一造成每一户都有自己的面积和对应的户型，100多种户型对于任何一家设计单位来说都是不可能完成的任务，因此，设计单位通过多方论证、比对、方案排布，确定有一定模式下的模块化设计，真正解决这一难题，可以说模块化的应用带来是可操作性和可推广性，为未来大范围的村庄改造策略提供了可实施的依据。

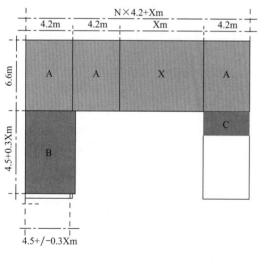

图 9

建筑＝A＋B＋C（图9）

A：主体空间的"模块化＋变量"——4.2×6.6（模块）＋X×6.6（变量）

（1）4.2×6.6的模块可提供主要功能空间内容及内部形式的选择性。

（2）通过X变量的调整可满足不同宅基地面积的变化。

（3）现状，院落不同，宅基地面积无一相同，村民意愿是尽可能提升宅基地上的建筑面积，即尽可能的实现建筑面积最大化，不同宅基地的建筑容积率要求一致。可通过X调整，使建筑面积尽可能贴近容积率的要求。

B：扩出块（厢房）——基于宅基地面积以及相应的建筑容积率要求而产生的可变块体：进一步调整容积率；丰富空间；丰富建筑形式。

C：阳台——在满足住宅建筑功能的基础上，通过调整阳台的尺寸，实现建筑面积微调，达到容积率要求；丰富空间；丰富建筑形式。

4　新农村改造试点的重要意义

4.1　新农村提升改造的试点示范意义——探索农村可持续建设的发展模式

如果说"政府统筹，农民自愿"是对于"海淀模式"的八字高度概括，那么"原址重建，原肌理不变，村民是真正的主人"则是对于苏家坨镇某试点村新农村提升改造的总方法论。

基于本地资源特色的可持续的生产方式和就业机会：项目遵循因地制宜、就地取材的原则，力求把生态、环保要求最大化，利用原有建筑的材料作为辅助建材，配以现代化的建筑建材及施工手法，建设新型农宅。鼓励村民参与建设，同时赋予建筑未来经营的可能，真正为村民后续生产谋划出路，为村庄产业做出未来的美好规划和合理策划。

兼具典型华北农村特征和现代社会影响的生活方式：项目造型美轮美奂，既古朴典雅又具有华北民居典型的建筑特征，可以说这就是大多数村民心中的理想居所；建筑室内功能全面提升，摒弃原有的"主房＋厢房＋庭院"的模式，塑造全新的"居住生活＋旅游接待"的模式，启用"起居＋厅堂＋餐厨＋梯廊＋卫浴"的现代生活居室功能，使农民体会城市人的高端体验。

彻底改变农民和政府就传统土地拆迁补偿的博弈：在某试点村新农村提升改造建设项目中，由于模式与方法的改变，彻底避免了以往"大拆大建"中存在的问题。基于"原址重建，原肌理不变，村民是真正的主人"的方法论，政府花适当的钱，改善了农村农民生活水平和精神文明风貌，同时一方面避免了拆迁问题带来的巨大的人力与物力投入，另一方面避免了迫使原住民离土离乡的强行拆迁。村民自愿参加，不需要和政府讨价还价，不强制参加，没有钉子户。

4.2　新农村规划编制的试点示范意义——推进村庄规划的制定和管理

为了深入贯彻科学发展观，从建设具有中国特色世界城市的高度，实施"人文北京、科技北京、绿色北京"的发展构想，落实市委、市政府统筹城乡经济社会一体化发展的总体要求，北京市规划委员会、北京市国土资源局、北京市住房和城乡建设委员会、北京市农村工作委员会（以下简称"四部门"）依据《北京市城乡规划条例》等有关法律法规，本着"简化、便民、规范、服务"的原则，制定了《北京市村庄规划建设管理指导意见（试行）》（市规发〔2010〕1137号文件，2010年12月6日印发，以下简称《指导意见》）。《指导意见》从村庄规划制定，乡村建设工程管理，村庄规划建设监督检查以及加强服务保障等方面，明确了有关部门和区县、乡镇政府的职责。

本项目是海淀区第一个严格执行《指导意见》，镇政府组织牵头，编制合法合规的村庄规划，在村委会公示30日，经某试点村民代表会议讨论同意，并经市规划行政主管部门派出机构组织审查后，报所在地区县人民政府审批。村庄规划批准后，由苏家坨镇人民政府依法公布并监督执行。正式审批后的规划不得擅自修改。修改村庄规划应当按照原审批程序进行，修改后的村庄规划应当依法重新公布。

推进村庄规划的制定工作：根据《指导意见》要求，位于城乡结合部等地区的现状村庄，按照市政府有关决定，可以采取多种方式加快城镇化进程；确定保留的村庄应当编制村庄建设规划，引导村庄经济社会的健康发展；其他现状村庄，应当结合中心城、新城和小城镇的发展，统筹规划建设，在逐步实现城镇化的过程中，可以参照本指导意见对村庄规划编制原则的要求，适当简化规划内容，编制村庄近期建设与环境整治规划，改善生活环境，消除安全隐患，合理安排近期确需建设的生活生产设施。

完善乡村建设工程的管理工作：根据《指导意见》要求，经依法批准的村庄规划是做好村庄规划建设管理的依据。按照简化、便民的原则，优化国土、规划、建设等相关行政审批事项和办理程序。在办理乡村建设工程管理工作中，应当明确办理时限，建立沟通机制，提高工作效率。建设乡村建设工程应当符合相关法律、法规、规章、设计标准和技术规范。在集体土地建设乡村建设工程一般要经过土地确权、规划许可、用地审批、施工管理、竣工管理和产权登记等六个环节。通过这六个环节的规范化程序和制度建立，有效地完善乡村建设工程的管理。

加强村庄规划建设的监督检查：北京市国土、规划、建设及农村工作相关行政主管部门按照各自的职责，加强村庄规划建设的监督检查，加大对违法行为的查处力度，会同区县、乡镇人民政府，研究建立乡村违法建设信息通报制度，形成联动机制。乡镇人民政府是控制本行政区域内违法建设的责任主体。苏家坨镇人民政府应当建立以村为单位的巡查监控机制，加强乡村建设工程的监督检查。

4.3 新农村环境提升的试点示范意义——一村一品，华北风情，现代农村

典型华北传统乡村特征的继承延续：维持原肌理不变本身就是华北传统特征的延续，同时建筑风貌结合华北民居的特质元素，有机设计运用，如八角透气孔、影壁墙、格栅窗、门楼等，体现典型的特质风貌。

逆城市化和高端休闲旅游的未来融入：传统新农村改造模式就是推倒重来、村民上楼的模式，一个具有浓厚文化色彩的村庄就这样消失了，这是设计的悲哀，是政府的悲哀，更是文化的悲哀，农村不应该城市化，而是应该展现符合农村的自身特色和风貌，这正是某试点村改造的真谛。同时，通过绿色农宅旅游、农业旅游、牧场经营等旅游产品来引领村镇产业，将高端休闲旅游融入到村民的日常生活中，真正实现可持续性发展。

道路和市政基础设施的全面提升：维持原肌理不代表不改变，建筑、道路全面升级，市政基础设施全面按照国家现行标准配置，真正使村民衣食无忧，生活无忧。

5 总结与建议

新农村改造提了很多年，干了很多年，展示了很多年，但是有时也可以说被诟病了很多年，之所以造成这种局面在于没有真正的把农民的需求放在首位，没有真正的让农民当家做主，通过本试点村改造这个项目可以看出，以农民意愿为一定的主导，在配合政府资源、政策引导和有实力的设计单位共同运作下，是能够实现正确新型城镇化的道路的，是具备可操作性和实施性的。

因此，综上所述，在全国范围的新农村改造项目实际工作中"政府统筹，村民主导"的模式值得推广。

参考文献

[1] 骆中钊. 新农村建设规划与住宅设计 [M]. 北京：中国电力出版社，2008.
[2] 裴丽岚，郭玉坤. 新农村建设中旧村改造的几点思考，安徽农业科学 [J]，2008.
[3] 费孝通. 江村经济：中国农民的生活 [M]. 北京：商务印书馆，2005.

新型城镇化背景下村庄特色发展方式探析

张志远　杨　欣

城镇规划设计研究院有限责任公司

摘　要： 在新型城镇化发展的宏观背景下，需转变传统村庄规划照搬城市规划模式，脱离村庄实际，针对村庄发展的现实问题与需求，研究村庄规划的核心内容与工作路径。本文以安徽省小岗村及内蒙古水磨村为例，在生态环境保护、产业发展引导、村庄布局优化、乡土特色文化传承等多方面探索特色发展型村庄的规划方法。

关键词： 新型城镇化；特色发展；村庄规划

1　新型城镇化背景下我国村庄发展现状

2013 年，中国城镇化率达到 53.7%，在城镇化取得显著成效的同时，中国村庄发展中的问题依然突出，城乡居民收入差距仍在加大，城乡二元经济结构矛盾突出，农村人口持续减少，传统村庄面临工业化与城市化巨大冲击，出现发展活力下降、生态环境恶化、传统特色缺失等诸多现实问题。

1.1　发展活力下降

国家进入城镇化发展的加速阶段，城镇发展迅猛，辐射带动能力不断加强。与此形成鲜明对比的是，村庄发展缺乏动力。虽然国家投入大量资金保障农业发展，但土地、劳动力、资本等要素依旧处于净流出状态，农村经济发展缺乏活力，农村社会系统日渐涣散。由此导致我国出现大量"空心村"，农村居民点数量不断减少。以安徽省为例，从 2000 年到 2011 年，安徽省全省行政村由 29745 个减少到 15539 个；自然村由 292107 个减少到 228763 个[①]。一批有特色的村落正面临消失的威胁。

1.2　生态环境恶化

目前，环境污染问题已呈现由城市向乡镇转移，并向农村地区扩张的趋势。城市用地的盲目扩张不断蚕食农村的土地资源，河流水体和森林植被等生态资源被无序开发甚至被破坏。同时由于环保意识薄弱，加上农村环境保护政策法规不健全。农业生产的化学污染、污水排放、秸秆焚烧、禽畜养殖、垃圾随意堆放等现象致使农村生态环境不断恶化。

1.3　传统特色缺失

乡村与城市的功能形态和风貌都是长期人类活动与自然环境相互作用的结果，但乡村风貌又明显有别于城市，它更多地保留有自然景观要素，展现的主题是历史印记和田园风光。但近几年来我国在农村规划建设方面出现了一些偏差，破坏自然山水和历史文化的案例不少，千村一面的问题突出。不少村庄长期形成的水体、植被、山体等自然景观以及建筑、村民生产生活习惯、文化传统等人文资源因某一次村庄"改造"或"整治"或被改变，或被破坏。村庄面貌逐渐趋同，其特有的自然风貌和文化逐渐丧失。

---

① 数据来源：安徽省美好乡村建设规划（2012-2020 年），安徽省住房和城乡建设厅，2012.

2　小岗村特色发展路径选择

2.1　村庄概况

小岗村是中国改革开放第一村，在国内具有相当高的知名度。其位于安徽省凤阳县东部，全村人口3903人。小岗村通过土地租赁承包、特色种植养殖、农产品加工及红色旅游等产业；农村经济发展较为迅速，农民人均纯收入达10200元。2009年，小岗村成功申报并获准为国家4A级旅游景区，红色旅游与农家乐旅游结合发展，旅游收入不断提高，第三产业比重不断增加（图1）。

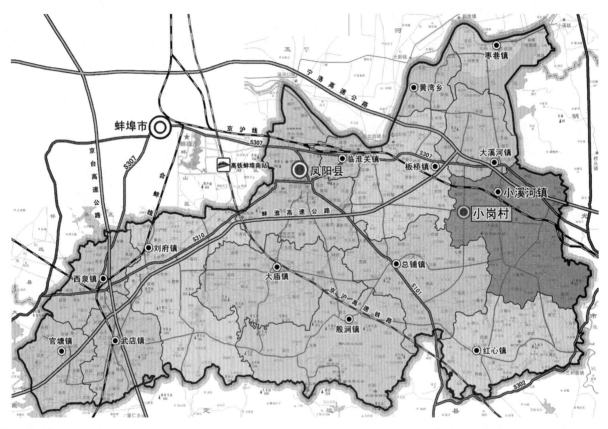

图1　小岗村在凤阳县的位置

2.2　村庄发展现状的思考与分析

2.2.1　存在问题

从区位来看，小岗村与其最近的大城市蚌埠相距约50公里，距离较远，其所处区域总体经济发展水平不高，消费能力相对较弱，具有我国大部分中西部地区村庄的典型特征。村庄发展主要依靠外部输血，造成村庄内生发展动力不足，农民等、靠、要思想比较严重。同时，外部资本进驻所带来的经营收益并未留在村内，村民未分享到发展红利。

其次，小岗村村域内自然村分布数量多，空间布局较为零散，每个自然村规模小，不利于设施的共建共享。根据小岗村原设想，未来将全村居民都集中在小岗、石马及严岗三大社区内。但这样的做法并没有考虑农民的耕作半径，小岗村的地形地势也并不具备大规模机械作业的条件。并且，石马、严岗社区的建设手法简单粗暴，院落布局均为呆板的"兵营式"布局，并未考虑农村特有空间布局形式与地方建筑特色，乡村特色和地域景观被破坏（图2、图3）。

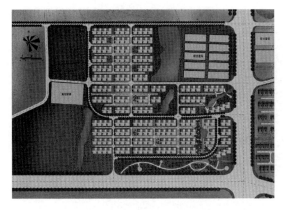

图 2 小岗村严岗社区原规划　　　　　　　　　图 3 小岗村石马社区原规划

2.2.2 村庄发展思路的再构建

小岗村的发展模式在我国极具代表性，可以说，我国村庄发展过程中出现的问题在小岗村集中体现。其特殊的历史地位也历来受到各界人士的关注。在新型城镇化的大背景下，需要扭转之前错误的发展模式，需围绕产业升级发展、自然生态保护、农村特色风貌挖掘等方面，突出基本农田保护，突出现代农业发展模式新探索，突出自然环境保护，突出乡村与地域文化特色挖掘，突出低碳环保适用技术利用，充分展示新时期我国农村发展的新风貌。

2.3 特色产业发展规划

农业产业化的根本目标是提高农业产出效率，提升经济效益；主要手段是区域化发展、专业化生产和农业技术革新；同时以龙头带动作用大力发展规模经营。小岗村所在区域是传统的农业地区，农业产业化发展对进一步提升小岗村及其周边区域农业发展水平、增加农民收入等方面具有重大意义。

首先，要在稳定粮食生产的基础上，积极推进农业产业化经营。扩大特色农业产业化基地建设，鼓励龙头企业与农民建立紧密型利益联结机制，推广订单生产，推进农业结构的优化调整。推广"小岗"品牌，形成一系列具有小岗特色的优质新鲜农产品及经加工的半成品和成品。

其次，在土地流转方式上，要加强土地整理，引导耕地向种粮大户、现代农业企业流转。为此，规划提出，全村域农田可按地形条件，尽可能整治成片，以利于灌溉、排水和小型农田机械化耕作与管理。

再次，深入挖掘小岗村文化内涵，发扬小岗"敢为天下先"的精神以及"沈浩精神"，进一步提升小岗村知名度，同时依靠小岗自身品牌效应和自身景观优势，在原有开展红色旅游的基础上延伸发展乡村风情游和休闲农业观光游。使原来在小岗村的"一日游"变"多日游"，留住游客并增加其消费。这不仅可以提高土地产出效益，促进第三产业的发展，还可以带动本地劳动力就地由一产向三产转化。

2.4 基于乡土化风貌的村庄空间规划

通过研究发现，小岗村具有典型的沿淮地区村落布局特点，即村庄通常会形成几个小组团；组团之间通常是通过道路或水体等分割开；在同一居住组团内部居住建筑的主要朝向通常是一致的，而组团之间居住建筑的主要朝向经常不同，组团之间及村庄外围大多与水系联系紧密（图4、图5）。基于以上分析，规划小岗村每家每户的选址应结合现有的植被和水塘，三五户结合成组，在原有宅基地基础上，通过院落与农宅的不同组合方式，形成外部围合空间，为老人和儿童提供休息和游戏的场地（图6）。

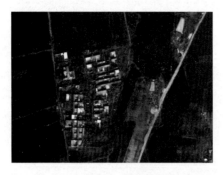

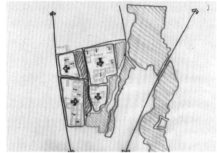
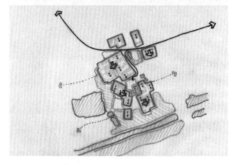

图 4　沿淮某村卫片及村庄聚落分析（一）　　图 5　沿淮某村卫片及村庄聚落分析（二）

图 6　小岗村某组团结构示意图

在进行村庄建设的同时，规划对现有的自然景观资源做最大限度保护，尽可能保留原生态的林地、耕地、园地、水塘，形成村庄与环境和谐共生的关系。延续传统的乡村肌理（图7）。同时，在农宅建筑形式上，设计符合本地特色的村民住宅，并对现有村民住宅进行适当改造，实现房屋内部现代化与外部特色化的和谐统一（图8、图9）。

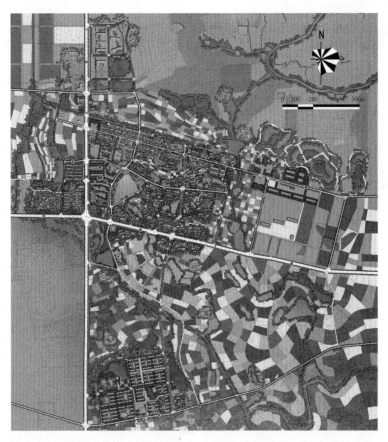

图7　小岗村庄规划总平面图

图8　农宅改造意向图

为保护传统的沿淮村庄风貌特色，规划对仓促上马的严岗和石马社区建设进行补救调整，对未开工的区域进行重新设计，改变现有单调机械的院落布局，丰富村庄边界，并增加了开敞空间（图10、图11）。

2.5　基于生态文明的环境保护策略

小岗村规划在村庄环境治理方面，加强村域林、田、沟、塘等自然风貌的保护和利用，并注重做好村庄内部、道路两侧、沟渠水塘的垃圾治理。市政公用设施设计既要完善配套，又要避免过度建设。按照就地取材、造价低廉、运行费用低的原则，利用适用技术优化完善现有道路及管网，污水处理设施采用成本低、净化效果好的氧化塘技术。在资源利用方面，强化水资源的回收利用，减少传统燃料使用，

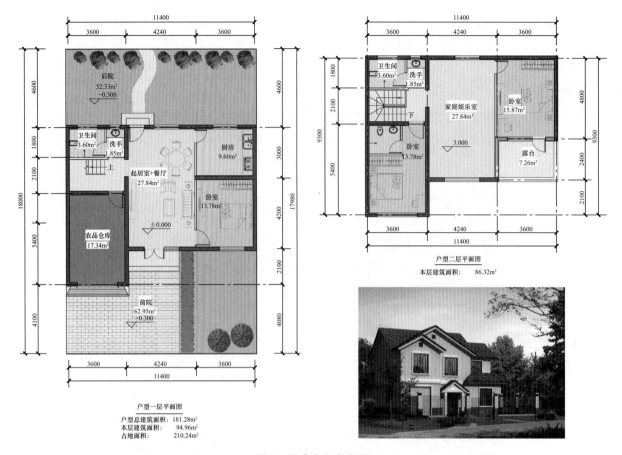

图 9　新建农宅意向图

图 10　严岗社区改造及外部环境改造示意

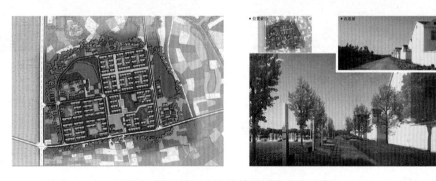

图 11　石马社区改造及外部环境改造示意

推广太阳能、生物质能等清洁能源。同时加强环保意识宣传，把循环经济的理念融入农村生产生活，将低碳生态发展理念贯穿整个村庄规划和建设。

3 呼和浩特市水磨村特色发展路径选择

3.1 规划背景

水磨村位于呼和浩特市新城区的北部山区，距呼市城区 18 公里，地处于大青山国家级自然保护区腹地，村域面积 239 平方公里，总人口 577 人。水磨村属典型近郊山地村庄景观秀美，植被茂盛，空气清新，生态环境良好，村庄依山而建，背山面水，山水环境及布局优良。

近几年，自治区与呼和浩特市政府依托大青山前坡的生态和文化资源，致力于前坡的生态治理与旅游发展，希望将其建设成为集生态保护、现代农业、旅游休闲为一体的呼市后花园。水磨村具有近郊的区位与市场优势，凭借自身良好的生态环境、乡村特色旅游服务基础，有条件成为呼市大青山前坡重要的旅游服务节点。但村庄目前依然存在山地功能区发展条件受限、劳动力吸纳能力不足、人居环境较差、旅游配套服务缺乏、文化主题不鲜明等问题，成为其发展的瓶颈。

3.2 村庄特色发展的路径选择

3.2.1 生态保护、全域引导

规划坚持生态保护、集约发展的原则，优化土地资源，协调生产、生活、生态"三生"空间，形成"三区"协同发展的全域空间发展结构。即：①北部生态保育区：以生态保护，涵养水源为目的，严格控制开发建设，逐步引导生态移民，退耕还林，适度发展特色林业；②中部森林生态旅游区：依托现有旅游项目，发展森林观光、康体休闲、科普拓展旅游，强化区域景区联动，完善旅游配套设施；③南部民俗旅游服务区：以水磨村为基地，发展乡村民俗体验、田园休闲度假游，提升村庄旅游接待能力及服务品质（图 12、图 13）。

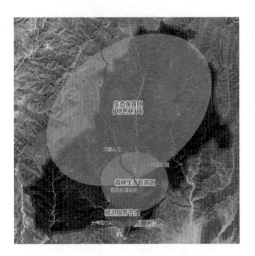 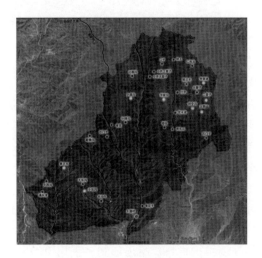

图 12　村域空间发展结构示意图　　　　　　图 13　村域自然村布局现状图

水磨村地处大青山腹地，自然村规模小、布局分散，地质条件复杂。规划在生态安全与环境保护前提下，根据村庄实际情况与村民意愿，保留规模较大的居民点，其他居民点逐步引导生态移民，这样既可保护生态环境、节约土地资源，又保证大部分村民平等获得社会发展带来的收益，实现了经济、社会、环境效益的平衡。

3.2.2 就业引导、农民增收

农民收入增加、集体经济壮大、村庄富裕是村庄规划的核心内容，是村庄规划得以有效实施的有力保障。规划调整优化传统农业结构，提高农产品经济效益，发展有机蔬果种植、山地特色养殖业，加强面向城区的苗圃、种苗等商品林基地建设。同时，以森林康体、田园休闲、乡村体验的特色旅游为驱动，通过特色文化旅游村庄的建设带动村域休闲产业全面发展，让本地村民有效参与到旅游产业链之中，平等分享旅游繁荣带来的收益，同时积极鼓励壮大村庄集体经济。

村庄产业发展规划中除注重传统的项目设置外，还增加了项目经济收益分析，为村民提供更具指导性的就业引导，如对景区服务、农家乐接待、特色农林业生产等不同就业方式可吸纳劳动力规模、人均年收益情况进行分析。通过多元化就业引导和岗位技能培训，逐步引导农村剩余劳动力向第三产业转移，至规划期末，全村可吸纳 240～300 名劳动力就业，农民人均年收入由原来的人均 6500 元/年增长到 1.8～6 万元/年，农民收入获得极大提升。通过乡村茶舍、特色农产品超市、中心农家乐等的设置，为集体经济提供发展空间与动力。

3.2.3 布局优化、环境治理

首先，优化村庄交通、防洪等安全格局。水磨村属典型山地村庄，建设用地的拓展逐步挤占了省道两侧用地及生态安全空间，村庄存在交通安全隐患，面临山洪威胁。规划延续村庄传统格局，重点梳理与消除村庄防洪、交通等方面安全隐患，优化空间布局。南部重点搬迁跨省道布局的农宅，保证过境交通通行能力及村民出行交通安全；北部重点进行村庄内部安全整治，预留行洪通道，减少山洪危害，构建内部交通环线，减少内部交通对过境公路的依赖（图 14、图 15）。

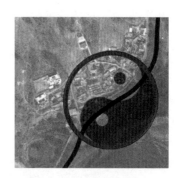

图 14　村规划意向图　　　　　图 15　村庄山水格局示意

其次，村庄规划重点要保护村庄特色与传承乡土文化，在村庄规划、环境整治、农宅建设等方面突出保护具有吸引、可记忆、可识别的乡土特色要素，保护村落及其周边的山水环境，延续村庄肌理。水磨村负阴抱阳，周边传统山水格局极佳，规划顺应整体山水格局，巧借自然山水之势，北部以村庄为阳，应借山势，展现山、林、屋融洽村庄风貌；南部以田溪环境为阴，汇聚水景，构建田、河、林相映衬的生态休闲空间。

3.2.4 乡土元素在民居设计中的体现

通过研究发现，水磨村民居建筑受晋北建筑影响深重，在传承其基本形制及风貌的基础上，又进行了明显的简化和改良，如沿用晋北典型的阔院式院落布局形式、选用更加经济、保温效果好的黄土或土木混合的外墙维护材料、屋顶形制多采用单坡和"阴阳坡"、屋顶多出檐较浅、建筑坡面更加平直简单、屋脊装饰和门窗及窗花形式更加简洁经济等（图 16、图 17）。

农宅设计在建筑形制、细部装饰、围护材料上充分延续传统建筑风貌。户型设计上充分尊重农民意愿，满足现代生活、生产方式及旅游接待功能需要，提供满足农家乐接待的大户型、大家庭自住或适时发展农家乐的中等户型和核心家庭居住的小户型等多套农房建设方案，各户型设计均可满足由于家庭成员和功能变化带来的弹性调整需求（图 18）。

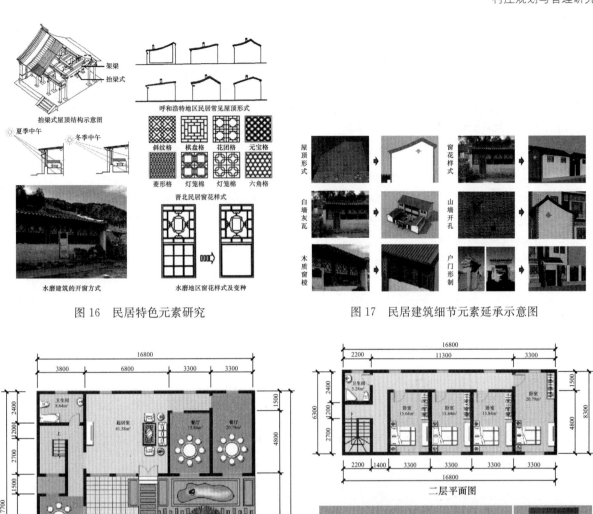

图 16　民居特色元素研究　　　　　　　　　　图 17　民居建筑细节元素延承示意图

图 18　民居建筑细节元素延承示意图

4　结　语

　　新型城镇化的核心依然是城镇化，其背景依然是农村人口向城镇不断转移集中的过程。新型城镇化就是要改变以往重城市、轻农村的传统思路，在经济发展、风貌建设及文化传承方面以农民为本，统筹发展城乡基础设施及公共设施。笔者认为，新型城镇化对农村特色发展路径的指导意义主要体现在三个方面：即依托本地资源走特色产业发展之路、以原有生态和景观环境为基础改善人居环境、延续历史遗存和文化脉络。在村庄规划设计过程中，应根据村庄实际情况和农民意愿，选择适合村庄自身的发展模式；研究农村聚落发展变迁的基本规律，避免村庄建设同质化和城市化的弊病。

参考文献

［1］ 安徽省美好乡村建设规划（2012-2020年），安徽省住房和城乡建设厅，2012.

［2］ 张益峰. 我国当前乡村空间建设存在的问题与对策研究——西欧乡村空间建设的启示. 建筑与文化，2013.04.

［3］ 王东，王勇，李广斌. 功能与形式视角下的乡村公共空间演变及其特征研究. 国际城市规划，2013.02.

［4］ 安徽省农村环境保护与治理研究. 亚洲开发银行、安徽省财政厅，经济研究参考. 2013.

［5］ 李国才. 美好乡村建设背景下的农业产业化发展探讨. 现代园艺，2013.3.

美丽乡村背景下浙江村庄规划编制探讨与思考
——以桐庐县环溪村村庄规划为例

李乐华

浙江建院建筑规划设计院

沙洋

浙江省住房和城乡建设厅村镇建设管理处

摘 要： 自浙江提出"千万工程"和美丽乡村建设两项重大决策以来，村庄规划的编制就受到各级政府和规划管理部门前所未有的重视。但现行的村庄规划编制，部分仍沿用以前的方法与理念。在浙江农村经济、社会面临转型的大背景下，原有做法存在一定的弊端和局限性，不能很好地适应新形势下规划的需要。笔者结合 2013 年全国村庄规划试点工作——桐庐县环溪村村庄规划的实践经验，在村庄规划理念、方法上做了一些探讨与思考。

关键词： 村庄规划；美丽乡村；环溪村

引 言

党的十八大提出了实现中华民族伟大复兴的梦想和建设"美丽中国"的战略任务。实现中华民族伟大复兴，难点和重点在农村；建设美丽中国，重点和难点也在农村。2003 年，浙江省委结合浙江发展实际，作出了实施"千村示范万村整治"工程的重大决策，揭开了浙江美丽乡村建设的宏伟篇章。十多年来，浙江农村面貌和生产生活条件发生了深刻的变化，美丽乡村建设已经成为浙江新农村建设的一张名片。

当前，浙江已全面进入城乡融合发展阶段，美丽乡村已成为美丽浙江建设的重要内容、新型城市化的有机组成部分。新阶段、新要求，在这种背景下，浙江地区村庄规划的编制如何适应时代背景的发展需要，值得我们深入探讨和思考。

1 浙江村庄规划阶段的演进

浙江的村庄整治和美丽乡村规划建设大体经历了四个阶段：第一个阶段是从 2003 年以前，这一时期主要以村民建房为重点，为满足农村村民建房管理审批为主；第二个阶段是从 2003 年到 2007 年，这一时期主要任务是从整治村庄环境脏乱差问题入手，着力改善农村生产生活条件。第三个阶段是从 2008 年到 2012 年，这一阶段主要是按照城乡基本公共服务均等化要求，以生活垃圾收集、生活污水治理等为重点，从源头推进农村环境综合整治。第四个阶段是从 2010 年至今，这一阶段主要是按照生态文明和全面建成小康社会的要求，正式作出推进美丽乡村建设这一决策，明确了从内涵提升上推进四个美（即科学规划布局美、村容整洁环境美、创业增收生活美、乡风文明身心美）、三个宜（宜居、宜业、宜游）和两个园（农民幸福生活家园、市民休闲旅游乐园）的建设。

2 美丽乡村建设时代的新要求

要全面构建"四美三宜两园"的美丽乡村，需要从农村传统历史、人文积淀资源禀赋、地形地貌、群众愿望以及经济社会发展水平等实际出发，全面处理好农村垃圾和污水，从根本上改变浙江乡村风貌和农村生产生活条件，保持良好田园风光和优美生态环境。也要以人为本，着力优化农村公共服务，大力发展乡村休闲旅游等农村新型产业。同时应注重保护农村文化记忆和文化标志，精心保护农村建筑形态、自然环境、传统风貌以及民俗风情，彰显美丽乡村的乡土特色和人文特点。

3 对现行村庄规划的若干反思

近年来，浙江省各地积极响应上级号召、主动推进村庄规划编制工作，使得村庄规划编制覆盖率较高，部分区、县（市）甚至已经实现了全覆盖。部分村庄规划基本由上级政府推动，以区、县（市）级政府为主导，由地方财政全额出资，使辖区内所有村庄的规划编制工作得到了全面、快速地推进，取得了引人瞩目的成绩。但由于农村经济社会发展的特殊性，村庄规划的基础相对薄弱，很多工作仍在不断的探索之中，难免存在各种各样的问题。

（1）城市导向的规划思想脱离农村发展实际

部分区、县（市）的村庄规划仍延续着自上而下的编制模式，以城市建设标准规划农村，脱离农村实际，导致村庄规划实施困难。这主要表现在编制村庄规划时，延续城市建设思维，片面追求图面形式和现代化建设效果。据调查，忽视村庄现有基础和实施可行性地高标准规划村民广场、村庄道路和联排村屋等新村建设模式大有存在。

（2）忽视农村风貌的保护与传承

部分村庄规划没有充分论证当地的自然地理环境、人文风貌特点和经济社会发展水平，没有采取因地制宜的规划理念和编制方法，而是机械、简单地编制规划布局规划，缺乏对农村传统风貌和建筑文化的保护与传承。

（3）忽视与其他相关规划的衔接

《浙江省城乡规划条例》第五条明确"村庄规划的编制应与国民经济和社会发展规划、土地利用总体规划相衔接"。部分村庄规划在编制时"就农村论农村"，没有从区域统筹的角度统一考虑，缺乏对相关上位规划与专项规划的衔接，不少村庄规划在空间上与土地利用总体规划未能有效协调和衔接，建设用地得不到保障，制约了村庄规划的实施。

（4）忽视产业发展研究

部分村庄规划没有立足村庄所处的区位条件、资源禀赋、产业发展以及农民就业等实际，没有合理选择因地制宜的产业发展模式，有些规划甚至缺失产业发展规划方面的内容，把村庄规划简单地理解为"排排房子，通通道路"的机械式规划。

（5）忽视村庄基层的发展诉求

部分村庄规划编制基本上是自上而下的行为，过于强调领导的发展意志，而忽视了村庄村民的发展诉求。表现为：

规划程序上缺乏公众参与的制度设计。部分已编制完成的村庄规划，从规划提出、经费落实、规划设计到最终的审批公示等环节都由村庄规划主管部门主持，村集体和村民很少参与其中。在调研某县时发现，部分已经完成村庄规划编制的村里，村庄规划尚未被部分村民甚至村干部所知，也就更谈不上公众参与和有效地规划落实了。

规划内容上缺乏对村庄村民诉求的基本考虑。规划"对上"负责，政府官员和规划师不自觉地主导了村庄未来发展，村集体和村民的诉求在规划过程中往往被忽视或弱化。因此，有的规划往往落实的只是政府官员和规划师的发展意图，而非村民迫切需要的基础设施建设、村庄环境改善等内容。

（6）过于着眼近期建设，忽视长远发展

由于编制经费等原因，村庄规划的编制单位往往多以地方编制单位为主。规划评审也以地方各职能部门为主，更重视规划在项目实施时的可操作性，因而对近期建设和村庄长远发展两者之间的权衡更倾向前者。从职能部门角度来看，本部门的各项部署能否按期完成、职能部门目标能否实现、领导的政绩能否突出、项目实施时是否会遭遇强大阻挠是其关注的重点，所以评审结果多注重近期实施性，对村庄长远发展缺乏必要的远见。而编制单位往往为了确保规划能顺利通过，只能迎合职能部门要求，这一问题在村庄规划编制过程当中也普遍存在。

(7) 规划基础资料不全，缺乏系统全面的规划数据与相关信息

村庄规划基础数据不完整、基础资料难收集的问题，在部分区、县（市）均有存在。农村自身掌握的数据基本集中在人口、户数和经济指标，但与农村有关的历史文化、相关规划等资料，甚至连规划主管部门都拿不出来。更有甚者，连村庄地形资料都欠缺或不完整。

(8) 经费不足造成规划编制任务难以按质保量完成

村庄规划的编制受政策影响较大，浙江省相继实施了"千村示范、万村整治"、"中心村培育"、"精品示范村"、"美丽乡村"、"风情小镇"、"农房改造示范村"等农村建设工程，都需要编制大量的村庄规划。各区、县（市）需要编制规划的村庄数量较多、时间紧，且规划编制费用相对不高，编制单位对于现场调研和规划设计安排上很难投入大量人力。委托单位常常以委托规划的数量确保编制单位有兴趣进行编制，类似于"批发式"的规划委托。编制单位也大多为本地为主，一是可以降低现状调研成本，二是本地编制单位对现状比较了解，编制出的成果易于实施。这样做固然有些好处，但也有弊端。部分本地规划编制单位设计力量相对薄弱，更容易囿于现状，缺乏长远性的方案构思，因此规划成果以"填充式"或"排排房"方案居多，造成空间形式上雷同和单调，农村特色得不到挖掘和体现。

(9) 村庄规划管理薄弱，难以有效监管与实施

在原有城乡规划管理体制上，规划行政管理部门的主要职责面对的是城市而非农村，且村庄规划管理机构不健全，管理队伍薄弱。无论是在机构设置上，还是在人员配置上，都不能满足统筹城乡发展背景下村庄规划发展的需要，难以有效承担起量大面广的监管责任。

从村庄规划建设相关部门的职能看，规划、建设、农办、旅游、国土等部门职能交叉，且机构繁杂，没有有效的协调机制，不利于村庄规划实施的强力推进。部分区、县（市）乡镇没有村庄规划管理编制，村庄规划缺乏相应的机构和队伍组织实施与监督，规划意图很难落实下去。

农民的多数利益是依赖村级组织来落实和分配的，但村级组织要更多地从本村的地缘关系和血缘关系考虑，维护本村村民个体利益。有的村干部为维持个人在村中的领导地位，往往对某些违规或违法建设持默认态度，导致村庄违法建设难以及时发现并处理。

4 环溪村村庄规划实践

环溪村地处桐庐县东南，距杭州市约75公里，桐庐县城约20公里（图1）。现状包括环溪与屏源两个自然村。桐庐作为"美丽杭州"的先行者，提出了"潇洒桐庐、秀美乡村"和"风景桐庐"等统筹城乡精品工程建设。环溪村利用自身优势，借力政策机遇，通过深入实施生态人居提升、生态文化传承、生态河道改造、生活污水处理等工程建设，也通过率先实现农村建书屋、建立全省第一个农村电子阅览室等措施，使村庄面貌和文化事业日新月异（图2）。

4.1 问题分析及解决策略

通过对村庄进行现场踏勘、详细记录，深入了解环溪的山水形态、历史文化、自然资源、村庄环境、村容村貌、设施水平、产业特征和老百姓的生活状态等现状特征与资源，并且梳理出村庄各方面值得完善和提升的问题，在规划中进一步落实解决。

(1) 环溪居民点通过近几年整治改造和环境的提升，村庄建设与环境都得到了较大改善，但屏源居民点及环溪部分地块仍有待加强与改善。前几轮规划都未将屏源居民点纳入村庄规划一并考虑，

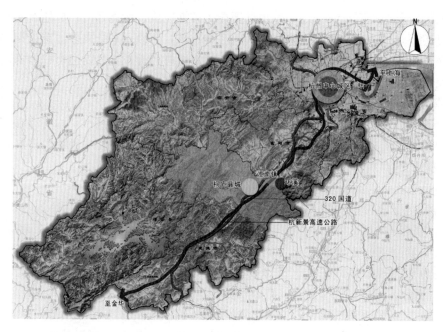

图1　村庄区位

图2　村容村貌

本次规划将屏源居民点纳入规划范围内统一进行布局与考虑，并重点考虑屏源居民点基础设施和公共服务设施的完善与提升。

（2）环溪现状产业基础较好，但是还面临着莲产业提升、工业企业转型、如何发展乡村旅游等问题。我们的具体做法是：①对村庄的产业空间布局进行了明确的安排，划定了乡村旅游片区、果蔬产业发展片区、莲田种植片区、生态保育片区、毛竹产业发展片区和莲产品深加工点等产业发展片区（图3）。②规划在对现状产业分析论证的基础上，提出了产业的发展策略，并分别提出了一产、二产、三产的发展目标和发展思路。③结合乡村旅游业的发展，对"五道"（即绿道、田道、山道、水道、古道）进行了建设引导规划（图4）。④针对产业发展，提出了具体实施举措，共提出了七项建设工程，其中产业转型工程2项、产业升级工程2项、产业延伸工程3项，对项目规模、建设方式、经费概算、资金来源和建设时序都进行了安排。

（3）村庄发展的同时，要处理好保护与开发、生产与生活的关系。规划对山体、水体、田园等提出了具体的引导与控制措施。规划在实施性文件中制定了生态保护行动，制定了山体综保工程、水体综保工程各1项项目，对项目规模、建设方式、经费、资金来源和建设时序进行了安排。

（4）环溪村位于古风民俗精品线范围内，是精品线建设的重要节点。村庄的发展既要依托区域整体的建设与发展，同时要积极将自身打造成区域发展的亮点。随着下一阶段旅游开发的推进，环溪村如何处理与周边村庄休闲旅游开发的同质性竞争，将是一大挑战。规划通过对相关规划和政策的分析，逐一对项目进行安排落实（表1）。规划区别于深澳片区内的其他村庄，挖掘自身文化。以周敦颐理学文化、莲文化、农耕文化和东吴文化为本底（图5），发扬文化创新的精神，结合文化内涵设置具体项目，建设多元文化共荣、共雅的"美丽乡村"。

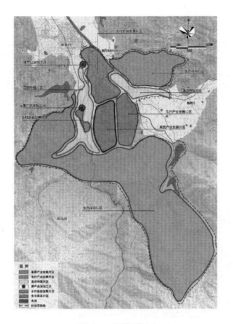

图 3　功能分区

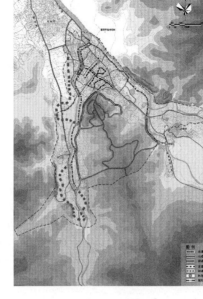

图 4　五道建设

相关规划要求落实一览表　　　　　　　　　　　　　　　　　　　　表 1

相关规划	项目	规划落实情况
《桐庐县江南镇经济社会"十二五"发展规划》	发展毛竹种植	规划中扩大毛竹种植基地，面积约为 187 亩（1 亩为 0.067 公顷），需投入约 50 万元
《江南镇莲产业规划方案》	莲科研基地	用地面积约为 60 亩
	廉政基地	结合爱莲堂设置
	莲博物馆	建筑面积为 2600 平方米，由现状厂房改建
《桐庐县深澳古村落旅游开发总体规划（2011-2020 年）》	环溪村游客服务中心	新建
	禅静花园	水口寺
	禅音素食馆	结合水口寺设置
	爱莲文化街	规划对老街进行提升
	山水会所	涉及土地指标问题，本次规划暂不落实
	依水山居	涉及土地指标问题，本次规划暂不落实
	环溪别院	涉及土地指标问题，本次规划暂不落实
关于"深澳古村落风景区旅游开发建设"的相关文件	银杏会所游客接待中心	已落实
	特色小吃一条街	已落实
	民族音乐展示	经村委核实，暂不考虑此项目
	农居点建设	已落实
	周永烈厂房改造	已落实
	溪滩北区块设置高档民宿	已落实
	莲庭院、美丽庭院打造	改建涉及农户 488 户，整治庭院 20 处

（5）环溪现状古建、历史要素以及非物质文化遗产如何保护，如何处理开发利用和保护的关系？从村庄整体格局、古建筑保护、历史要素保护、非物质文化遗产保护等几个方面来保护村庄文化及特色，并划定了保护和建设控制地带范围（图 6），制定了相应的保护与利用措施和要求；规划对部分文保建筑、历史建筑等提出了具体的展示利用规划（图 7）；在制定实施行动计划中，针对文化传承，规划分别针对品牌创建工程制定了 3 项具体项目、文化创建工程制定了 2 项具体项目。

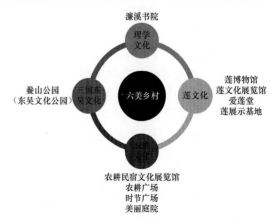

图 5　文化传承与项目策划

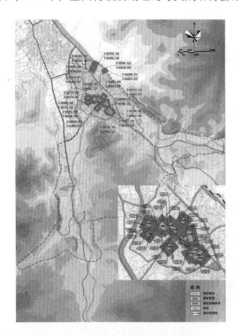

图 6　历史文化保护与建筑控制地带

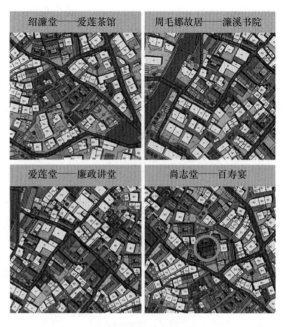

图 7　历史建筑利用

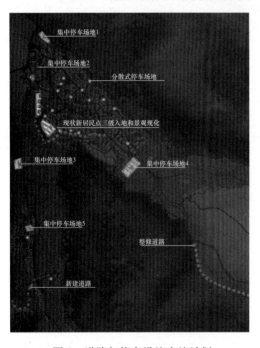

图 8　道路与停车设施实施计划

（6）环溪村对外交通较为通畅，但内部道路仍需加强建设，并解决停车问题。规划对道路系统、停车设施、旅游的交通路线分别进行了规划（图8）；在实施行动计划中，针对道路整治制定了2项具体项目。

（7）村庄现状已建设有莲坊迎宾广场、银杏广场、滨水步道等公共活动空间，但是整体公共活动空间质量和数量仍需进一步提升。规划通过对村庄内部的空间梳理，对闲散荒废地、空置地进行整理和有效利用、对绿地、水系进行了综合整治与利用；规划结合老村内部空间设置24个美丽庭院，提出将"二十四"节气主题融入村庄内部景观空间设计；实施行动计划中针对空间优化，分别提出了庭院改建工程2项，步道提升工程1项，节点优化工程2项，危旧拆除工程2项。

（8）村民自发性建房建筑形式多样，沿徐青线两侧及青源溪侧建筑风貌较为杂乱，整体村庄风貌不协调统一。规划通过现场踏勘，对村庄建筑风貌进行评价分析；规划在建筑风貌分析的基础上，对建筑划定等级，分别为保护建筑、保留建筑、重点整治建筑、一般整治建筑和拆除建筑。规划对每栋建筑进行编号和户主登记，使每栋建筑的整治可以落实到户。并对每类建筑提出整治措施与要求。

（9）村庄通过前几轮的规划建设，整体景观风貌良好，但是环溪居民点沿青源溪侧和屏源居民点内部还存在不足，需对现状环境景观进行提升。规划对环境设施主要包括铺装、桥梁、护栏、围墙、坐凳、树池、垃圾桶、指示牌等进行引导（图9）；规划通过环境提升行动来解决环境问题：在"五道"建设工程中，安排了5项具体的项目；在"三边三化"工程中，安排了1项具体项目；在环境改建工程中，安排了2项具体项目；在活力岸线工程中，安排了2项具体项目；垃圾分类工程也安排了1项具体项目。

（10）村庄在规划建设过程中，需保持其乡土特色。规划通过对村庄整体发展空间、用地布局、建筑设计、风貌控制、景观设计等方面提出具体的举措，最大限度保持村庄的原有特征与特色。同时通过对乡土特色的深层挖掘，将乡土性的元素应用到特色空间的布局设计上（图10）。

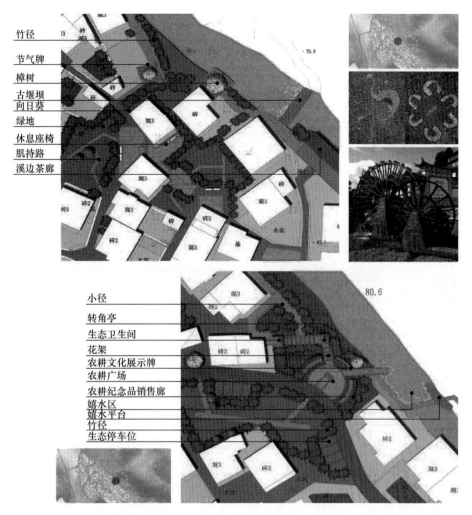

竹径
节气牌
樟树
古堰坝
向日葵
绿地
休息座椅
肌持路
溪边茶廊

小径
转角亭
生态卫生间
花架
农耕文化展示牌
农耕广场
农耕纪念品销售廊
嬉水区
嬉水平台
竹径
生态停车位

图 9　节点整治与提升

（11）空置宅基地和空置住宅如何有效解决；一户多宅如何有效遏制；改善当前住宅条件的需求如何解决。规划对空置住宅和宅基地进行了梳埋，并提出了整治与利用的思路；规划对整理出的闲散荒废用地采取四种处理改造方式：街巷空间、组团绿地、莲池（微生物雨水净化池）、公共交流空间；规划建议在实施过程中，可通过一定政策支持，逐步回收一户多宅的多余建筑，用以村民安置和改作他用；规划新增了一处集中安置区，用以满足村民增长的建房需求。

（12）如何塑造具有环溪村自身文化内涵和特色的空间，向外界展示环溪。规划将传统农耕文化、莲文化、理学文化、东吴三国文化等元素融入节点空间的设计当中，通过设置文化小品等方式，体现环溪文化本底。

图 10　节点整治效果

4.2　村庄定位与规划重点

基于环溪村现状基础与调查结果、自身发展意愿和区域发展的要求。结合桐庐县"潇洒桐庐，秀美乡村"精品工程建设，以及"风景桐庐"特色化发展道路的要求。以景区理念规划村庄，以"清莲环溪"和周敦颐理学文化、农耕文化为本底，以"莲、农"为乡村旅游发展主线，从山水、人文、产业、设施、空间、环境六个方面，打造"美丽杭州"的乡村实践与典范。

（1）保护生态、展现山水幽美

以天子源溪、青源溪、鳌山等优质山水环境为基底，彰显山水画境、村景交融的幽美风光，建设人与自然和谐共生的"美丽乡村"。

（2）传承文化、彰显人文淳美

以周敦颐理学文化、爱莲文化和农耕文化为本底，发扬文化创新的精神，建设多元文化共荣、共雅的"美丽乡村"。

（3）融合产业、保障经济富美

以现有"莲"种植业和乡村观光游为基础，做大做强"莲"和"农"为主题的产业链。建设"莲"与"农"主题产业与乡村旅游产业融合发展的"美丽乡村"。

（4）完善设施、实现生活和美

以"人"的需求为导向，坚持民生优先、功能全面、配套先进，建设生活丰富、配套完善、富有品质的"美丽乡村"。

（5）优化空间，装扮村容优美

以现有村庄空间肌理为基础，优化村庄空间布局，同时融文化展示于一体，建设村庄生活空间和谐精致的"美丽乡村"。

（6）提升环境、塑造村庄秀美

以提升村庄整体环境品质为目的，对路边、山边、水边进行美化、绿化，对村庄整体风貌进行整改提升，建设村貌协调、环境秀美的"美丽乡村"。

4.3 现状调研和公众参与

全面详实的现状调查是做好规划的基础。本次规划试点通过资料收集、实地踏勘、问卷调查、走访座谈四种方式，经历了调查准备、初步调查、深入调查、补充调查四个阶段，对环溪现状进行了深入全面的调查。项目组针对性地设计了农户问卷、企业问卷和部门问卷（图11）。邀请了12名村民代表组成规划协编小组全程参与规划调研。通过发放洗衣粉、食用油等小礼品积极引导村民参与问卷调查，并通过面对面沟通、耐心指导、真诚交流、取得村民信任。村委也给予了积极支持与配合，给前来参与问卷调查的群众，每户发放20元。通过上述这些措施，使得村民参与规划调查的积极性高涨，全村606户村民，共收回问卷566份，实际收到了93%以上村民的有效问卷，除部分在外务工家庭外，基本做到了全民参与。同时通过与部分村民面对面走访和沟通，也了解到了村民的一些真实意愿和需求。

图11 问卷调查情况展示

4.4 规划实施行动计划

项目组通过走访县住建局、乡镇等部门，并积极加强与各部门的沟通衔接，取得了规划所需的相关资料与信息。共收集相关规划10多项，收集多项相关政策文件，以及村庄的人口、历史、文化、产业等基础资料。通过对这些资料进行消化、整理与分析，项目组梳理出了相关上位与专项规划、相关政策文件当中需要本次规划落实的一系列项目和管控要求。

规划统筹兼顾相关规划和区域发展要求、村民规划意愿和村委发展意愿，落实了一系列行动计划与建设工程项目。规划围绕核心目标，提出生态保护、文化传承、产业融合、设施完善、空间优化、环境提升六大建设行动，落实了23项具体工程，56项实施措施和51项具体的建设项目。其中落实相关规划和区域发展要求有6项，村民规划意愿有3项，村委发展意愿有12项。基本落实了上位与相关规划要求、村委发展意愿和村民规划意愿。并通过实施性文件以表格和图解的形式（图12），用最直观的方式为村庄规划实施提供技术依据。

行动		工程、项目名称	项目规模	建设方式	经费概算（万元）	资金来源	建设时序					视企业或村民意愿拖进
							2013年	2014年	2015年	2016~2020年	2020年以后	
生态保护行动		山体综保工程										
	1	黄石山边彩化，美化建设项目	长度：2.2公里	改造提升	50	财政补助、地方配套						
		水体综保工程										
	1	天子源溪、青源溪生态化驳岸建设项目	岸线长度：4.3公里	改造提升	400	财政补助、地方配套、村委自筹						
		农田综保工程										
文化传承行动		文化综保工程										
		品牌创建工程										
	1	"源溪书院"建设项目	建筑面积：280平方米	由"小洋楼"改建	30	财政补助、地方配套						
	2	莲文化展览馆建设项目	建筑面积：300平方米	由"绍德堂"改建	15							
	3	莲博物馆建设项目	建筑面积：2600平方米	由"桐庐华阳旅游用品有限公司"改建	500							
		文化创新工程										
	1	爱莲茶馆建设项目	建筑面积：796平方米	由"绍荣堂"改建		农民或企业投入						
	2	东吴文化公园建设项目	用地面积：120亩	结合黄山公园建设	300	财政补助、村委自筹						
产业融合行动		产业转型工程										
	1	旅游接待中心建设项目	用地面积：0.84公顷 建筑面积：6064平方米	由周永加(桐庐永加塑料制品厂)、周永林(塑料厂)、周乃君(中科医疗器械厂)、周莘(琪雅再生物资有限公司)厂房改建		企业投入						
	2	藏主题餐馆建设项目	建筑面积：800平方米	由"浩琦织带厂"改建								
		产业升级工程										
	1	莲科研与培育基地建设项目	用地面积：60亩	独立建设		企业投入、地方配套						
	2	精品酒店及农家乐项目建设	用地面积：0.51公顷 建筑面积：5895平方米	由周永烈(伟利箱包)、周英余(银线箱包)、周于文(飞洋箱包)厂房改建		企业或农民投入						
		产业延伸工程										
	1	黄山果蔬基地项目	用地面积：250亩	新增项目	100	合作社或农民投入						
	2	壮大莲种植基地	用地面积：750亩	扩大生产	200	企业、合作社或农民投入						
	3	扩大毛竹种植基地	用地面积：187亩	新增项目	50	合作社或农民投入						
设施完善行动		服务优化工程										
	1	村综合服务中心(村委办公与社区服务、便民超市、卫生服务中心、文化娱乐中心、邮政电信报)	用地面积：0.21公顷 建筑面积：3000平方米	右原村委重建	500	财政补助、地方配套、村委自筹						

图12 项目实施行动计划表

5 后续思考

结合对现行村庄规划的反思、环溪村规划实践和美丽乡村时代背景的要求，笔者认为，村庄规划的编制，应重视以下几个方面：

（1）重视详实的现状调研。积极寻求村民的广泛支持与参与，主动、积极地了解村情民意。通过资料收集、实地踏勘、问卷调查、走访座谈等多种方式，分阶段对村庄进行全面深入调查，深入了解了村庄的山水形态、历史文化、自然资源、村庄环境、村容村貌、设施水平、产业特征和老百姓的生活状态等现状特征与资源。

（2）规划定位与目标要符合农村实际。不盲目追求"高、大、上"，不片面追求图面形式和现代化建设效果。

（3）重视规划蓝图展示和行动落实相结合。村庄规划既要高立意，又要接地气。既强调村庄远期发展的蓝图控制与引导，又注重近期建设的具体安排与落实。

（4）注重目标导向与问题导向相结合。紧紧围绕村庄发展定位，确定规划重点，同时针对现状发展中存在的问题，提出相应的对策措施。

（5）强化村庄建设与产业发展相结合。村庄规划既要解决问题，也要引导发展，应结合村庄现有资源与产业基础，合理选择因地制宜的产业发展模式。在美丽乡村的大背景下，将乡村旅游、特色农业与村庄建设相结合，有利于彰显村庄的山水禀赋和人文底蕴。

（6）推动环境提升与文化挖掘相结合。考虑环境景观提升与村庄历史文化相结合，可将一些文化元素应用至村庄环境空间载体，强化文化传承。

（7）注重尊农重农与公众参与相结合。村庄规划要建立在公共治理和公众参与基础之上，重点在于协调与平衡利益相关者（政府、集体和村民）的利益和诉求，并最终达成一致行动。规划编制过程应尊重村民主体地位，保障村民的参与权和表达权，重视村民规划意愿表达，避免大拆大建和伤害村民既得利益。同时应通过村规民约等方式，积极引导村民自觉参与村庄改造建设，逐步转变村民思想观念和生产生活方式，提高村民素质。

（8）注重协调和平衡各方利益与诉求。通过调查问卷、座谈走访，了解了相关管理部门、乡镇、村委、村民等不同主体对规划的不同关切与诉求，并在规划中综合平衡各方关切与诉求，做到统筹兼顾。

（9）注重有效保护与合理利用相结合。对于村庄的山水林田、历史文化、特色风貌等资源，应该加以保护和管控，提出相应措施与要求。在有效保护的前提下，可以结合村庄的发展条件和意愿，进行合理利用。

6 结 语

当前，浙江正处于经济社会的转型阶段，城乡规划作为一项公共政策，需要与各个方面的转型相适应。村庄规划作为一个独立的规划类型由来已久，但其编制的方法、理念、内容等都没有明确规定和要求，各地规划编制单位与规划管理部门，都在积极探索。笔者结合近年来从事村庄规划方面的经验，对浙江现有村庄规划过程中存在的问题进行了认真反思与总结，也对"美丽乡村"背景下村庄规划的编制，谈了一些自己的认识与思考。笔者认为，村庄规划只有做好掌握村庄的实际现状与资源、收集详实资料与信息、了解村民的真实意愿与诉求这些基础工作，才有可能平衡各方利益与诉求，实现规划的有效指导与实施。村庄规划作为"美丽乡村"建设的重要内容，应适应时代发展需要，从编制到管理，从观念到体制，都应有些转型与变革。各地应结合自身情况，创新管理体制，加强规划引导和调控，配套建立相应标准和规范，细化和深化村庄规划编制和管理的依据，以推动村庄规划工作更好地适应时代发展需要。

参考文献

[1] 中华人民共和国住房和城乡建设部. 住房城乡建设部关于印发浙江等地新农村建设经验的通知［EB/OL］. http://www. mohurd. gov. cn/zcfg/jsbwj_0/jsbwjczghyjs/201308/t20130830_214897. html.

[2] 杭州市规划局，杭州市城市规划设计院研究院. 杭州市乡、村庄规划编制办法研究［R］. 2012.

[3] 袁晓辉，谭伟平. 快速城市化地区保留村庄规划编制框架探讨——以江苏省昆山市保留村庄规划为例［J］. 规划师. 2013，（4）：42-47.

[4] 戴世续，杨帆，周骏. 新时期乡规划的探索——以淳安县浪川乡规划为例［J］. 规划师. 2013，（8）：51-55.

村庄规划编制方略探讨
——以广州市为例[①]

刘云刚

中山大学地理科学与规划学院

摘　要： 基于快速城市化过程中乡村地域物质空间发生剧烈变化的客观事实和乡村空间亟待优化重组的客观需求背景，本文以广州市为例，对当前村庄规划的内容、方式、重点及其实施路径等进行了系统回顾和反思，并通过对国内外各地村庄发展及村庄规划历程的比较分析，指出村庄规划应首先有阶段性观点，需要循序渐进，针对不同城市化发展阶段的不同的村庄，采用契合各自村庄发展现状的不同规划内容与方式予以推行。同时据此亦提出，村庄规划的前提是村庄发展现状评估，重点是基础设施建设、经济振兴和生态文化价值挖掘。对于整体处于快速城市化阶段的广州，村庄规划实施重点应偏向乡村地域基础设施建设及培育乡村产业，以基础设施建设引领村庄规划，针对村庄发展现实需求进行分类政策引导，建立城乡一体化的规划体系，实现村民自主建设，政府引导发展。

关键词： 村庄规划；村庄发展；阶段性；管治；分类引导；自主建设

1　引　言

伴随快速城市化，城乡二元地域格局被打破，城乡要素互通流动致使乡村地域物质空间发生系列变化。由于长期忽视乡村的空间管控，乡村发展面临日益多元的制度和非制度因素困扰，如土地制度、户籍制度的障碍，土地利用破碎化、住房违法建设、基础设施不足、环境破坏的问题层出不穷，等等。在此背景下，村庄规划被认为是破解上述难题的有效工具而日益受到重视。广州市自 1997 年起，也先后进行了三轮覆盖全市范围的村庄规划，作了诸多积极有益的尝试。在此过程中，对村庄规划的作用、编制管理实施方法等的认识在逐步深化，另一方面，一些矛盾和难题也日益凸显，如村庄规划的定位、作用、实施有效性问题，传统规划体系与村庄规划的衔接问题等。针对这些问题，国内诸多专家学者展开了积极的探讨，如针对村庄规划内容体系与模式的构建，提出应从农村发展诉求出发建立村庄规划体系并提出对应的技术路线（葛丹东和华晨，2009）；从社会发展的角度，提出村庄规划应充分考虑多种社会力量的博弈（许世光和魏立华，2012）；从村民自治的角度出发，认为应建立村庄规划中全过程的村民参与（周锐波等，2011）；从规划管理的视角，提出要突破城市规划思维，以新的技术手段指导村庄规划的编制与实施（王冠贤和朱倩琼，2011），等等。在此基础上，本文基于广州的村庄规划实践，以及对国内外相关文献案例的考察解读，提出村庄规划应注意的若干规范及技术要点，以期为进一步村庄规划的编制实施完善提供参考。

2　村庄管制制度的阶段性和地域类型

目前村庄规划及建设过程中遇到的诸多问题，都与村庄发展本身的管治模式有关（费孝通，2011）。因此，有效编制和实施村庄规划，须从村庄自身发展历程和管治模式的梳理开始，探讨不同城乡关系下

---

①　基金项目：国家自然科学基金项目（41271165，41401190）.

村庄自身特征的变化及与之相适应的管治特征，应是村庄规划的前提和基础。

以下根据对广州村庄发展的历史考察，综合其他文献资料，可将近代以来的村庄管治分为三种模式，也是三个阶段，即传统乡治阶段、政府管治阶段和乡政村治阶段。

2.1 传统乡治阶段

新中国成立前，传统意义上的村庄是自给自足的自然聚落，代表国家意志的管理机构的权力并未直达农村地区，以士绅为管事的自治团体是村庄事务的主要管理者（罗瑜斌，肖大威，2009）。他们基本决定了村庄经济、公共事务、文化传承等各方面的事务，由此形成以血缘和地缘关系为基础的宗族治理模式。村庄传统聚落形态得以延续，形成了"以水为脉、以祠为宗、以墙为围、以巷为网"的空间结构（杨懋春，1945），这种宗族治理模式由来已久，并对乡村社会至今产生着深远影响。

2.2 政府管治阶段

由于传统乡治不受政府管理，政府意志很难在乡村层面落实。为改变政府管理与乡村治理的脱节，20世纪30年代我国曾尝试恢复保甲制度，但最终因推行受阻而偃旗息鼓（陈松友，2007）。真正实现政府直接管治乡村是在新中国成立后，由于土地改革改变了原有乡治关系的制度基础，从而带来农村地区乡绅自治体系的崩溃和政府体制的建立，国家权力体系第一次切实地延伸到农村。新中国成立初期的社会主义建设使新的农村基层政权带有明显的权力集中与军事化特色，对农村的控制达到极端（周大鸣，杨小柳，2004）。以城市为中心的发展思路催生了户籍制度、土地制度等实现城乡二元体系的制度框架，"政社合一"的人民公社体制成为在乡村地区践行政府意志的典型代表，村庄管理权从宗族士绅转移到了新的人民公社政权，形成了以行政手段指挥生产、以经济组织形式代替政权组织形式的模式，从管理制度、经济建设、文化发展等各方面改变了乡村地区的发展进程。

2.3 乡政村治阶段

1978年后的改革开放又成为乡村发展的一个新的转折点，"一切以经济建设为中心"使乡村地区从封闭走向开放，对乡村发展由"抑"到"扬"的变化带来了村庄管理制度的新变化，国家开始自上而下地引导农村改革，打破了原有政社合一的体制，确立了农村两个基本制度：以家庭承包经营为基础、统分结合的经济制度和以乡政村治为架构的政治制度（杨廉，袁奇峰，2012）。乡政村治就是乡镇政府作为代表国家行政权力的政权机关，村庄施行自治的政治管理体制。村党委成为党组织在村层面的管理机构，传达上级政府意志，村委成为农村社会事务管理的主体，为实现经济利益最大化，村经济合作社应运而生，承担村集体经济管理职能（厉以宁，2009）。乡村发展中的政治经济管理职能再次回到村庄自身。

这三个阶段的特征变化归纳如表1所示。

村庄发展阶段特征对比表　　　　　　　　　　　　　　　　　　　　　表1

制度	传统乡治阶段	政府管治阶段	乡政村治阶段
管治模式	县衙 → 自治组织 ↓	人民公社 ↓	乡镇党委、乡镇政府 → 村党委 ↔ 村委 ↔ 村经济合作社
管治主体	宗族士绅	人民公社	村党委、村委、经济合作社
经济特征	小农经济	计划经济	复合经济
社会特征	地缘血缘	血缘地缘	多元化

制度	传统乡治阶段	政府管治阶段	乡政村治阶段
文化	乡土文化	外来文化冲击	多元文化冲击
生态	自然生态		环境差异
空间发展	自然发展	封闭内向	开放外向

2.4 地域类型：三种管治模式的叠加

中国各地当下的村庄管治现状大体上是上述三种模式的叠加，但三者之间配合情况各地有所不同。边远地区及远郊村庄一般仍具有较强的传统乡治特征，由地缘、血缘关系纽带形成"个人—家庭—邻里—村庄"的基本社会结构，村庄的传统文化、邻里关系也保持比较完整；工业化地区的村庄一般城乡分割较为严重，村庄管治上政府作用也体现的最为明显，比如计划生育、植树造林、生态保育等落实较好，政府在政治、经济、文化上一把抓，但另一方面村民创业积极性低、"重城轻乡"观念较为严重，村庄一般难以实现自我发展；快速城镇化地区的村庄、大城市近郊村庄一般市场化程度较高，村庄对经济发展的诉求强烈，管治特征是政企合一，管理主体落回村庄，但权力缺乏规范引导，村庄发展一般强调经济发展，形成了一系列以经济利益相互联系的团体，而相对忽略乡村地区的社会文化传承与生态环境保护，造成快速非农化过程中出现了诸多新的困难，而这正是当前村庄规划的直接背景，也是下文继续展开分析的重点。

3 快速城市化地区的村庄发展困境

3.1 制度困境

快速城市化地区的村庄发展过程受到许多政策制度因素的影响，尤其是以城乡二元体制下的各种制度的存在，严重扭曲了村庄的自然发展进程，这是目前村庄地区发展困境的根源（厉以宁，2008；罗瑜斌，2010）。

（1）经济制度。以家庭承包经营为基础的农村经济制度曾经极大地促进了农村经济的发展，但如今看来，继续实施单家独户的小农经营方式难以满足农村经济持续发展的需求，也无法满足日益激烈的市场化竞争的需要。同时，村集体经济的发展效益也面临瓶颈。因此，一系列具有创新性的农村经济制度改革方案得以提出。

（2）土地制度。目前农村土地性质为集体所有，所有权与使用权分离。改革开放后的一系列土地制度改革确实带来了集体经济的迅速发展，但同时也造成了土地使用碎片化问题，成为阻碍集体经济进一步发展的桎梏。

（3）人口制度。农村人口制度不健全，尤其是快速城镇化地区外来人口、流动人口数量较多，增加了人口管理困难。

（4）保护制度。"向城市靠拢"的非农化发展，带来了农村优秀传统文化的继承危机。而目前的文化保护制度主要集中于历史文化名村，对于村庄普遍的传统文化建设缺乏支持（苗长虹，1998）。

3.2 非制度困境

制度导致的问题需从宏观层面解决，乡村自我发展出现的部分问题却可以在较短时间内有效解决，这些问题与乡村的生产生活息息相关，对乡村发展有直接影响。

（1）发展意识。由于村庄长期处于自然发展状态，对村庄长远发展缺乏规划，或规划滞后于村庄现实发展需求，而以经济发展为导向的村庄管理往往只注重眼前利益，导致村庄发展难于管理，村庄发展可持续性不强。

（2）土地利用效率。"离土不离乡"、"进厂不进城"的模式带来一系列土地利用问题，如土地分散发展规模效益低、耕地荒废、环境污染难以治理等。一方面是土地资源的浪费，另一方面是村庄对土地规模指标及落实留用地的需求，造成了农村土地利用的困局。

（3）产业体系。农村经济体制改革迎来了农村工业化大发展，分散式的乡镇企业发展格局往往只能带来短期经济效益，乡镇企业同质化发展使乡镇之间形成恶性竞争，均等化发展则造成大量基础设施的重复建设，产业体系低端，缺乏市场竞争力。过度追求非农化发展，对农业生产造成了一定负面影响。土地流转制度的改革进一步引导村庄走向出租经济，自主经营企业的缺乏使村庄产业发展难以为继。

（4）社会特征。乡村地区虽然已经从经济和地域上走向开放，但以宗族关系、邻里街坊为核心建立起来的社会仍具有很强的排外性，这种自我保护造成了明显的空间隔离，在外来人口众多的城中村与城边村地区尤为明显。

（5）环境意识。乡村地区工业发展一般是承接其他地区的产业转移，多为原材料加工等对生态环境产生较大影响的低端工业，而农村缺乏环境保护意识，对耕地、森林植被等造成严重的污染。

（6）传统文化。现代化的城市生活对村庄原有的传统文化产生了极大的冲击，城镇式的建设模式与发展理念带来了"村村像城镇"的怪现象，传统村落文化鲜有继承，乡村特色趋于消失。

4　应对困境的村庄规划：各国经验

4.1　各国村庄规划历程

村庄规划在国家间呈现显著差异，但其产生背景却基本一致。19 世纪末开始，世界各国陆续开始了快速工业化和城市化的进程，随之而来的诸多城市病及城乡差距问题也日益引起社会各界的重视，如乡村地区人口下降、人口老龄化的问题、基础设施不足、居住环境差的问题、城乡发展严重失衡的问题，等等，在此背景下各国陆续开展了乡村整治和村庄规划的行动。

纵观英、德、美、日、韩等国家的村庄规划历程（表 2 所示），其村庄规划的内容及推动方式各有不同。在内容上，如英国重点解决村庄物质环境改善、交通管理、遗产保护等，德国注重新村建设、完善基础设施以及旧村环境整治、农村景观保护，美国注重社区规划的理念，日本注重发展农村经济，韩国注重道德文化建设等。在规划机制上，英国、德国、美国普遍重视通过法律法规体系的建设实现对乡村地区的规划管理，而日本、韩国，除通过立法手段外，政府的资金技术支持也是启动乡村建设的主要动力。此外，各国普遍重视乡村基础设施的建设，也是其共性之一。

国外村庄规划特征对比　　　　　　　　　　　　　　　　　　　　　　表 2

国家	背景	主要法律	阶段性特点
英国	1900 年之后，城市化水平稳定在 75%。工业化大发展导致农业生产力大幅下降，城乡社会差距巨大。	《限制带状发展法》（1935）；《城乡规划法》（1947）；《国家公园和进入乡村法》（1949）；《乡村法》（1968）	城乡统一的规划管理体系；重点解决村庄物质环境改善、交通管理、遗产保护等土地使用和开发问题；公众参与；自然环境与历史文化景观保护
德国	第二次世界大战后，快速工业化和城市化导致城乡之间、地区之间存在着严重的发展不平衡，乡村地区人口流失、人口老龄化问题严重	《土地整理法》（1954）；《建设法典》（1965）；《空间秩序法》（1965）；《农田重划法》、《州规划法》等	1954～1970，对土地进行归并整理，重点在新村建设和完善基础设施两方面；1970～1980，更新注重对村庄原有形态、建筑、交通、环境的整治；1980 至今，对农村地域的景观和乡村文化的保护
美国	20 世纪上半叶，美国在工业革命的带动下经历了快速城市化到郊区化的转变，进入城乡一体化发展	《农业法》（1948）《国家环境政策法》（1969）；《住房和社区发展法案》（1974）；《农村节能计划法案》（2010）	从住房、环境、土地使用等各方面的社区规划建设做出了详细规定，将社区规划的理念带入村庄

国家	背景	主要法律	阶段性特点
日本	第二次世界大战结束后，日本国家经济遭受重创，财政投向大城市，农村地区基础设施落后、居住环境条件差，人口急剧下降	20世纪70年代《农业振兴地域整治建设法》、《农村地区引入工业促进法》；《聚落地域整治建设法》（1987）	1956～1962，建立以政府扶持为主的农村建设机制；1967～1980，推进农业现代化，鼓励工业向农村地区转移，同时消除环境污染；1980至今，造村运动，发挥自身优势，"一村一品"运动，差异化、特色化的农村产业格局
韩国	20世纪60年代，出口导向型发展模式推动了韩国快速城市化进程，城乡发展严重失衡	《国土利用管理法》（1972）；20世纪80年代《农渔村计划法》、《农地扩大开发促进法》、《农业协同组织法》；《环境亲和型农业育成法》（1997）	1970～1980，政府提供物质资金支持，实现农村基础设施优化；1980～1990，转向民间自主开展建设；1990至今，农村社区道德文化和国民意识建设的得到重视

4.2 村庄规划的阶段性

在此基础上，根据对上述五国村庄规划历程的深入梳理，可以把村庄规划大致划为三个阶段层次。

（1）以改善人居环境为主的基础设施建设阶段。这通常是不同城市化发展阶段的国家对乡村进行规划建设的第一步，在日韩主要是以政府投入为主。这一阶段对于改善农村生活质量有重要意义。

（2）以促进村庄经济发展为主，提高村民收入阶段。这一阶段的村庄建设（典型是日本20世纪六七十年代）以产业发展为核心，是提升农村经济发展水平，缩小城乡差距的重要环节，这一环节的成功有赖于城乡统筹的产业发展政策、城市化水平稳定带来的产业转移的可能以及第一阶段基础设施的建设成效。

（3）以教育文化和地域特色建设为主，保护生态环境的建设阶段。各国后期大都如此，在农村经济社会稳定发展的基础上，推动乡村特色文化，使农村社会的经济价值、文化价值、生态价值都达到最佳效应。

5 广州市村庄规划的历程回顾与评价

5.1 规划历程回顾

改革开放后，农民经济收入的增加以及人口数量激增形成了农村地区巨大的建房需求，农村建房致使大规模土地非农化，房屋建设没有科学合理规划指引，形成村庄物质空间布局混乱，用地低效。1981～1983年，广东省先后制定了《广东省农村房屋建设暂行办法》、《广东省农村居民点（村庄）规划要点》和《广东省村镇建设用地实施办法》，成为广州市控制村镇建设用地的主要依据。同时，广州市颁布了《广州市郊区村镇建房用地规划和建设管理暂行办法》，将村民建房纳入管理体系。围绕各阶段广州市农村发展系列问题，广州市开展了三轮的村庄规划工作。

5.1.1 第一轮村庄规划——中心村规划

针对20世纪八九十年代乡镇企业快速发展、"珠江模式"大力推广带来的土地使用、环境污染等一系列问题。1997～1998年，广州市先后出台了《广州市中心村规划编制技术规定》和《广州市中心村规划编制和审批暂行规定》，选取当时辖区范围内人口集聚程度较大的280个村作为中心村，进行了以环境整治为核心的村庄规划，规划体系以城市规划为参考，包括现状调查研究与分析、中心村村域规划、中心村建设用地规划和中心村近期建设规划四个部分（葛丹东，华晨，2009）。

5.1.2 第二轮村庄规划—新农村建设规划

2000年后，城市业态向"重型化"、"大型化"、"资本密集化"升级，乡村地区的产业仍以低端产业为主，农村地区集体土地的地均产出效益低下，城乡差距持续拉大。同时，处于长期无序发展状态的农村地区普遍存在基础设施薄弱、公共服务体系不健全、科教文卫事业落后等情况。十六届五中全会提出建设社会主义新农村，以及在《城乡规划法》的新要求下，广州市开展了以"提升产业结构、增加农民收入"为目标的第二轮村庄规划（刘毓玲，2013），村庄规划内容包括村庄布点规划、村庄规划，实现了村庄规划的全覆盖。

5.1.3 第三轮村庄规划—城乡一体化规划

以2012年《广州市城市功能布局规划》的出台为契机，广州市开始了以建立市域范围内一体化的城乡规划探索（石楠，2008）。本轮村庄规划提出了分类引导村庄规划、实现"三规合一"、村民全程参与村庄规划、固化现状盘活存量深入挖掘村庄土地利用潜力、通过"七化五个一"推进村庄公共服务设施建设等五个方面的革新。规划沿用了村庄布点规划与村庄规划的两个层次，其中将村庄规划分为管理型村庄规划和实施型村庄规划。从空间分布、规模等级、功能结构、产业发展、文化保护、生态环境等方面对市域范围内的1142个行政村进行了统筹规划，形成了较为完整的规划体系。

5.2 规划评估与反思

广州市村庄规划的初衷是解决城乡二元体制下，农村地区发展面临的土地、资本、劳动力等一系列问题，规范村庄发展秩序，保护农村资源能源，促进城乡协调发展（Cherry. G.，Rogers A.，1996；王富更，2006；黎斌，魏立华，2009）。但是由于规划编制与实施过程中产生的很多现实问题，村庄规划与村庄发展需要之间的错位难以避免，广州市三次村庄规划实施中暴露出的问题促使我们反思村庄规划的可行性。

广州市三轮村庄规划特点与问题对比　　　　　　　　　　　　　　　　　　　表3

方面	第一轮村庄规划	第二轮村庄规划	第三轮村庄规划
参与主体	政府 编制单位	政府主导，编制单位 驻村规划师引导村民参与	政府指导，编制单位，村民直接参与（规划工作坊、村民大会等）
编制内容	村域规划 建设用地规划 近期建设规划	村庄布点规划 村庄规划	村庄布点规划 村庄规划（管理型村庄规划、实施型村庄规划）
编制程序	政府组织—规划部门编制—政府审批	政府指导—规划部门编制—村民表决—政府审批	政府指导—镇街组织—规划部门编制—村民参与编制与表决—政府审批
实施机制	中心村近期建设规划	政府财政支持部分村庄基础设施建设	（1）城乡用地指标一体化 （2）项目库带动规划实施 （3）多规合一
主要问题	（1）参考城市规划，针对性差；（2）以城市为核心，忽视村庄自身利益；（3）资金技术支持有限；（4）主体错位，政府导向，村民参与积极性差	（1）技术标准脱离农村现状；（2）规划一刀切，没能充分认识不同村庄之间的差异；（3）与其他规划存在一定冲突；（4）村民参与积极性不高，流于形式；（5）实施效果受经济因素影响，实施率不到10%。	（1）缺乏对自下而上的村庄规划指引；（2）村庄规划成果繁冗复杂，村民适用性差；（3）规划推行缺乏时序性；（4）后续技术支持不足；（5）村庄发展政策公平性问题

广州市三轮村庄规划都有其特定的村庄社会发展需求：第一轮村庄规划以整治乡镇企业、实现产业集聚、规范乡村产业发展秩序为核心，虽然开启了对村庄规划内容及程序的探索，但在以城市发展为主的规划思想下，难以切实从村庄自身发展需求出发；第二轮村庄规划以推进村庄集体经济发展、实现村民增收为目的，尝试将村庄作为独立于城市的体系进行规划，在较充足的资金技术支持下，很大程度上改善了广州市域范围内村容村貌、农村基础设施、公共服务设施等基本条件，但规划中存在的技术性、程序性问题让规划难以在村庄层面有效展开；第三轮规划在构建城乡一体化的规划管理体系要求下，通过对编制内容和程序的创新性探索，在村庄规划内容的系统性、技术手段的创新性、规划主体的多元性、规划实施的可行性上有了很大程度的提高。但另一方面，在规划进一步实施的过程中，也面临着诸

多历史问题、公平问题的难解。综上，广州市村庄规划一直在曲折中前进，探索出许多村庄发展的规划机制，但村庄规划如何实施不仅要考虑我国村庄发展的特殊性，还要充分考虑其所处的阶段性特点，而这一点是本文特别想强调的。

6 讨论：基于阶段性的村庄规划定位

广州市村庄规划发展历程一定程度上代表了我国村庄规划的走向，即以综合全面的视角力求解决村庄生产生活中的各方面问题。然而这样的规划虽然面面俱到，但由于定位不明晰、发展方向不明确，也很难具有实操性。从各国发展历程来看，村庄规划的发展与城市建设是动态相关的，不同发展阶段有不同的任务，不能急于求成，这就要求结合发展的阶段性特点重新审视村庄规划的定位与未来发展方向。

（1）村庄规划定位。村庄规划是《城乡规划法》中明确规定的、具有法律效力的规划，是城乡规划体系中的重要组成部分，不依附于城市规划，与城市规划是并列关系。村庄规划应打破原有的以城市建设为核心的规划体系，从城乡统筹的角度出发，立足于村庄的持续发展，以解决村庄发展中最关键、最迫切的问题为原则，以实现城乡协调发展为目标，以切实可行的规划实施方式为保证，实现对农村地区发展的引导。

（2）村庄规划发展方向。根据村庄规划的定位，村庄规划未来的发展方向应转向注重提高促进村庄经济社会发展，集中高效配套各类设施，提高村民生活水平；更要注重发挥村庄在城乡空间体系中重要的生态系统和环境保障的作用，保持和彰显地域特色与乡土气息。

（3）当前阶段性的任务。目前我国正处于快速城镇化发展时期，城市集聚效益与规模经济仍占主导地位，难以为村庄规划建设提供全面支持，所以我国目前正处于村庄规划发展的第一阶段，改善人居环境、保障基础设施建设是当前阶段我国村庄规划面临的首要任务。《城乡规划法》中明确规定了村庄规划的内容应当包括规划区范围，住宅、道路、供水、排水、供电、垃圾收集、畜禽养殖场所等农村生产、生活服务设施、公益事业等各项建设的用地布局、建设要求，以及对耕地等自然资源和历史文化遗产保护、防灾减灾等。因而，村庄规划应摒弃"大、综、全"的规划思路，以实际问题为导向，以具体可行的规划方式进行。

（4）基础设施建设先行。在认清主要任务的前提下，以政府财政支持为主的基础设施建设应优先规划建设，以适度集聚为原则，科学规划、统筹建设，优化农村基础设施布局，提高农村基本公共服务设施利用效率，优化农村人居环境，改善农民生活条件。以基础设施建设引导村庄结构的调整，形成功能、规模上相互联系的多层次村庄体系。

（5）规划主体多元化。《城乡规划法》明确规定村庄规划的组织编制机关为乡镇人民政府，并由乡镇人民政府的上一级政府审批确定。同时规定，在村庄规划报送审批前，应当经村民会议或者村民代表会议讨论同意。这说明我国的村庄规划的政府主导性质。然而，国外经验表明，村庄规划自主性越强，其实施成效越明显。部分自助式规划的出现也说明规划发展的意识已经开始在乡村地区出现。因而，村庄规划性质未来转向"自上而下"与"自下而上"并存成为一种趋势，多元化的规划模式能够有助于探索更有效的村庄建设方式。应尽快通过制定相关法律法规和提供资金技术支持，培育民间自主规划力量。

（6）实施分类引导。发达国家经验表明，处于不同经济发展水平时，村庄规划的发展侧重也不同。快速城镇化发展导致不同村庄经济发展水平呈现巨大差异，其发展需求也各不相同。因而，村庄规划不能一刀切，而应根据村庄具体发展情况，进行村庄分类指引，有序推进村庄建设。广州新一轮规划中对村庄分类引导进行了有益的探索，城中村以环境整治为主，以城市规划的标准进行建设管理；城边村根据产业发展特点给予不同的政策扶持；远郊村更加注重农业与生态环境的保护，通过资金支持乡村历史文化与景观风貌的塑造；历史文化名村以保护为主，进行合理开发利用，这是一个有益的尝试。

（7）弹性规划，调动村民积极性。村庄规划的初衷是引导村庄走向良性发展，《城乡规划法》中也强调村庄规划要"发挥村民自治的作用，引导村民合理建设，改善农村生产、生活条件"。因此，村庄规划的实施主体是以集体为依托，在村民自治组织的推动下，通过村民们的共同协作努力来实现的。村庄规划在编制过程中应留有一定的发展弹性，给予村庄充分的发展空间，允许更多的发展可能性。这样才能给村庄领导阶层、村内优秀人才更多的施展机会，调动村民参与建设的积极性。

（8）简化成果，提高规划实操性。村庄规划的目的是实现一定时期内村庄的经济和社会发展目标，是面向基层的具有可操作性的规划。与城市规划更多地受到宏观因素影响不同，村庄规划中的市场行为相对较少，利益博弈以基于经济利益形成的合作社为主，周期较短，不需要类似城市规划一样复杂的分析设计过程与规划体系，因而规划成果应面向广大村民，以易读、易认、易懂为原则，尽量简化规划成果，提高规划可实施性。

（9）建立一体化的城乡规划体系。村庄规划不再是城市规划的附属物，应建立完善的村庄规划体系。从空间结构上建立起"县—乡镇—村庄"的规划结构；从等级规模上建立起"集镇—中心村——般村"的规模序列；从内容上，根据不同类型的村庄发展需求，建立起以住房建设、产业发展、生态环境保护、村容村貌整治、历史文化保护等多方面的规划内容；从时间上，以村庄近期建设为重点，设置具有一定弹性的中远期规划。多方面、多层次的规划构成独立于城市规划之外的完善的村庄规划体系。同时，以土地利用总体规划为基础，通过城乡用地指标的协调，提高村庄规划在城乡规划体系中的地位，突破仅仅以建设用地衡量城乡发展关系的观念，从经济、社会、文化、生态等更全面的角度促进城乡规划的对接，真正意义上实现统筹发展的一体化城乡规划体系。

7　结　语

村庄发展具有阶段性，村庄的管治也有不同的阶段性特点，因此村庄规划必须以此为前提进行考虑。在当前的城乡二元体制和乡政村治模式下，在快速城市化地区，村庄规划下一步的发展重点应该是在充分了解村庄发展现状的基础上，首先以基础设施建设引领乡村地区规划建设，推动村庄规划主体的多元化，针对村庄发展现实需求对其进行分类引导，建立城乡一体化的规划体系，实现政府引导发展、村民自主建设。

根据不同城市化发展阶段的城乡关系，国外的村庄发展经历了基础设施建设、大力发展经济、全面实现村庄生态社会文化价值的三个发展阶段。借鉴其经验，快速城市化地区的村庄规划实施重点应首先偏向乡村地域基础设施建设及培育乡村产业。

当前村庄规划在全国范围内逐渐展开，各地区都在进行村庄规划的探索。1990 年代以来，针对村庄发展中遇到的各种问题，广州市先后进行了三轮村庄规划。第一轮村庄规划由于对村庄规划认识不到位，缺乏相关立法引导和有效的规划方法基本未能实施。第二轮村庄规划内容更加充实、更加贴近村庄实际，但规划编制主体与实施主体错位、规划期限过短、缺乏切实可行的实施途径，导致其实施效果也不理想。2013 年开始的第三轮村庄规划建立了从规划程序到规划内容再到规划编制技术手段的系统化的村庄规划体系，同时通过"三规合一"的手段实现了城乡规划一体化，为其他地区村庄规划提供了良好的示范意义。自下而上的村民参与式的村庄规划需更多的科学引导，强化分类引导村庄发展的政策支持手段，破解城乡规划体系中出现的各种矛盾。战略层面，统筹城乡联动一体发展，打破"重城轻乡"的旧格局；技术层面，强化村庄规划技术规范，对接城市规划体系；实施层面，极力探索基层为规划主体的村庄规划新模式，规避规划主体与实施主体错位难题。总之，广州市村庄规划已经做出了诸多探讨，但是这种探索也只能代表村庄规划的其中一种类型，更多的还需要各地结合自身实际进行摸索尝试。希望本研究能为更多地区改进村庄规划的编制事实提供参考和借鉴。

参考文献

［1］　Ban，SungHwan. Formation of Rural Social Overhead Capital by Seamaul Movement.［C］. Theory and Practice of Seamaul Movement Seoul，Seoul National University，1981.

[2]　陈松友. 当代中国农民制度化政治参与研究中国农村村民自治 [D]. 长春：吉林大学，2007.

[3]　Cherry. G，Rogers A. Rural changes and planning：England and Wales in the Twentieth Century [M]. London，New York：E & FN SPON. 1996.

[4]　费孝通. 中国士绅——城乡关系论集 [M]. 北京：外语教学与研究出版社，2011.

[5]　葛丹东，华晨. 适应农村发展诉求的村庄规划新体系与模式建构 [J]. 城市规划学刊，2009 (6)：60-67.

[6]　韩秀兰，阚先学. 日本的农村发展运动及其对中国的启示 [J]. 经济师，2011 (7)：78-79.

[7]　黎斌，魏立华. 村庄规划的可能与不可能——以多重转型背景下珠江三角洲村庄规划的实施结构为例 [J]. 规划师，2009 (1)：66-70.

[8]　李郇. 珠三角社会转型背景下的新型城市化路径选择 [J]. 规划师，2012，28 (7)：22-27.

[9]　厉以宁. 走向城乡一体化：建国 60 年城乡体制的变革 [J]. 北京大学学报，2009 (6)：5-19.

[10]　厉以宁. 论城乡二元体制改革 [J]. 北京大学学报，2008 (2)：5-11.

[11]　李志刚，杜枫. "土地流转"背景下快速城市化地区的村庄发展规划分析——以珠三角为例 [J]. 规划师，2009，25 (4)：19-23.

[12]　刘毓玲. 城乡统筹下对村庄规划的反思与策略——以增城市为例 [D]. 华南理工大学，2013.

[13]　龙花楼，胡智超，邹健. 英国乡村发展政策演变及启示 [J]. 地理研究，2010 (8)：1369-1377.

[14]　龙玲. 日本、韩国与中国新农村建设的比较研究 [D]. 西华大学，2013.

[15]　罗瑜斌，肖大威. 珠江三角洲历史文化村镇的类型及特征研究 [J]. 华中建筑，2009 (8).

[16]　罗瑜斌. 珠三角历史文化村镇保护的现实困境与对策 [D]. 华南理工大学，2010.

[17]　孟广文，Gebhardt H. 二战以来联邦德国乡村地区的发展与演变 [J]. 地理学报，2011，66 (12)：1644-1656.

[18]　苗长虹. 乡村工业化对中国乡村城市转型的影响 [J]. 地理科学，1998，18 (5)：409-417.

[19]　Milbert A. Transformation in rural areas in Germany. GeographischeRundschau：International Edition，2005，1 (1)：2329.

[20]　Murdoch，J. Constructing the countryside：approach to rural development [M]. Taylor & Francis Ltd，1993.

[21]　曲文俏，陈磊. 日本的造村运动及其对中国新农村建设的启示 [J]. 世界农业，2006 (7)：8-11.

[22]　石楠. 论城乡规划管理行政权力的责任空间范畴——写在《城乡规划法》颁布实施之际 [J]. 城市规划，2008，32 (2)：9-15.

[23]　王富更. 村庄规划若干问题探讨 [J]. 城市规划学刊，2006 (3)：106-109.

[24]　王冠贤，朱倩琼. 广州市村庄规划编制与实施的实践、问题及建议 [J]. 规划师，2012，28 (5)：81-85.

[25]　许世光，魏立华. 社会转型背景中珠三角村庄规划再思考 [J]. 城市规划学刊，2012 (4)：65-72.

[26]　许学强，李郇. 改革开放 30 年珠江三角洲城镇化的回顾与展望 [J]. 经济地理，2009，29 (1)：13-18.

[27]　杨懋春. 一个中国村庄——山东台头 [M]. 纽约：哥伦比亚大学，1945.

[28]　杨廉，袁奇峰. 基于村庄集体土地开发的农村城市化模式研究——佛山市南海区为例 [J]. 城市规划学刊，2012 (6)：34-41.

[29]　叶齐茂. 美国乡村建设见闻录 [J]. 国际城市规划，2007 (3)：95-100.

[30]　周锐波，甄永平，李郇. 广东省村庄规划编制实施机制研究——基于公共治理的分析视角 [J]. 规划师，2011，27 (10)：76-80.

[31]　周大鸣，杨小柳. 社会转型与中国乡村权力结构研究——传统文化、乡镇企业和乡政村治 [J]. 思想战线，2004 (1)：107-113.

[32]　朱江，王晓东. 大城市周边新农村规划过程的创新思考——以番禺区钟村镇汉溪村村庄规划为例 [J]. 规划师，2009 (S1)：44-50.

旅游区内村庄就地差异化发展的规划引导策略研究
——以海口市东寨港旅游区为例[①]

栾　峰

同济大学建筑与城市规划学院

王雯赟

上海华奥营造规划建筑设计有限公司

赵　华

同济大学建筑与城市规划学院

摘　要：高密度分布的村庄引导策略，是旅游区创办过程中所经常面临的现实问题。相比经常可见的以搬迁和集中安置为主的案例经验，海口市东寨港旅游区作为紧邻红树林自然保护区的海南省17个重点旅游景区和度假区之一，在规划中创新提出了多层次、多类型的差异化村庄发展导引思路。即在建设控制导引方面划分为迁撤型、限制型、保留型和集中安置区等四大类型，在经济功能转型导引方面划分为渔家游憩型、农业体验型、民俗文化型、生态观光型和复合型等五种类型，并辅以综合性的就业和职业培训、以及其他包括污水处理等多种配套措施。不仅提出了生态保护与村庄就地转型的统筹发展新思路，而且创新了旅游资源良好的乡村地区的就地城镇化新模式。

关键词：海口市；东寨港；旅游区；村庄

1　概　述

随着国家层面的城乡统筹和新型城镇化战略的实施，已经跨越了城镇化率50％的中国，无论在城镇化、乡村地区发展，还是主流的社会生活理念等，都发生了明显的演变。休闲旅游业已经成为越来越多地方的重要经济增长引擎，并且因为基本无污染或者少污染而受到各地欢迎。滨海地带和富有特色的郊野乡村地区，成为休闲旅游业的重要目的地，但也因此带来了上述生态敏感地区的保护与利用方面的议题。特别是这些地区高密度现状村庄的存在，已经成为这些地区在推进旅游业，甚至推动地方发展时，所必须重点关注的议题，而一体化的规划设计统筹也已经成为协调保护与开发及景观关系的重要措施之一。总体上，在上述旅游地区的开发过程中，一些地方采取了大拆大建的集中建设安置区的方法，好处是有利于旅游区内的整体景观风貌的塑造和相对集中提供公共服务设施，但弊端则是涉及较大规模的拆迁安置工作，以及对既有社会结构和生产生活方式，以及传统风貌格局的极大影响，因此虽然实践中被大量采用，但始终饱受质疑。开创更多的发展导引途径，成为海口市东寨港旅游区所重点关注的问题。

2009年12月31日颁布的《国务院关于推进海南国际旅游岛建设发展的若干意见》，标志着将海南建设成为具有国际竞争力的旅游胜地已经正式纳入国家战略层面。2010年6月，《海南国际旅游岛建设发展规划纲要（2010-2020）》（以下简称"《纲要》"）批复颁发，对于海南国际旅游岛的建设进一步明确了总体思路和行动纲领。"统筹旅游开发与城镇发展和新农村建设，推进城乡一体化进程"，是《纲要》中提出的重要要求。东寨港位居海口市东侧，因丰富的红树林资源和优良的湿地条件，1980年由广东省批准建立自然保护区，1986年晋升为国家级自然保护区，并于1992年列入国际重要湿地名录。根据

---

①　国家十二五科技支撑项目课题（2012BAJ22B03）资助。

《海口市城市总体规划（2011-2020）》，海南东寨港国家级自然保护区外围地区被划定为低密度控制区和生态旅游观光区，《纲要》也将其纳入到全省的 17 个重点旅游景区和度假区名录。随着从国家到地方的积极支持，以及时代背景使然，包括东寨港在内的海南滨海地带，再次进入了快速的旅游开发阶段。统筹协调滨海岸线及自然保护区与旅游开发间的关系，不仅是落实《纲要》要求的应有举措，而且是东寨港地区所必须直面的严肃问题，对于海南省类似地区的保护与开发关系的协调也同样具有重要意义。

相对于优良的湿地资源和自然保护区的严格保护要求，定位于生态旅游区的东寨港地区，面临的却是严峻的生态破坏和发展方向不明的挑战。尽管紧邻自然保护区且在总体规划中纳入了限建区，但东寨港地区的实际状况，却是自然保护区因为陆海相连而缺乏明确的可便捷巡视监管的边界，以及高密度的村庄及其长期形成的高强度咸水鸭和鱼虾养殖所带来的海水污染等生态冲击，甚至已经出现了部分红树林成片死亡的现象。而另一方面，缺乏有序组织和良好的运行机制及清晰的管制，旅游开发难以启动，大多数村庄经济陷于较为传统的种养殖业而难有起色，村庄居民外出打工造成的部分空置和相当部分外来人员承包种养殖业的现象较为普遍。因此，如何在处理保护与旅游开发关系的同时，协调好村庄经济和建设导引等发展的关系，已经成为直接影响东寨港地区保护与发展绩效，以及改善村民生活质量的重要议题。

针对上述问题，东寨港旅游区规划，在大量调查、研究和协商的基础上，提出了"以红树林湿地保护和生态修复为核心，适当开发科研教育、特色旅游和休闲养生等功能的生态旅游示范区"的发展定位和"海上森林，优雅海岸"的主题形象策划，在满足了生态旅游区的保护与发展关系统筹部署的基础上，重点研究了区内村庄的差异化发展导引议题，提出了多层次多类型的发展导引策略。从已经推进的规划实施进程来看，上述措施不仅满足了创新村庄发展条件、扭转村庄环境污染的基本要求，而且实现了对历史形成的人文活动与滨海生态格局有机关系的保存和保护，在当今景区和旅游区常常全部外迁原住民并人为仿造原住民风貌的背景下，具有积极的探索意义。而基本就地的生产和生活方式转变，也为以自然生态环境为主要资源的旅游开发地区的新型城镇化，探索了创新性的推进思路。为此简要介绍和讨论如下。

2 村庄发展导引所面临的主要难题

东寨港地区所面临的最突出问题，就是人类生活和生产活动与自然保护间的明显冲突。根据有关部门的调查，东寨港红树林保护所面临的突出问题就是海水污染和寄生虫等所带来的红树林死亡问题。而上述问题的形成，主要因为高密度的人类聚集生活和生产，以及缺乏对污染物排放的有效治理所导致的。

根据规划调查，东寨港旅游区包含内河及坑塘沟渠等水面在内的陆域面积为 64.55 平方公里，容纳了共计 185 个自然村和 2.7 万人，每平方公里的村庄数量密度近 3 个，而人口密度约 420 人，即使在人口稠密的东部地区也属于相对较高的密度。而较高村庄和人口密度的背后，自然是与自然环境高度结合的人类生活和生产活动。相当数量的村庄和人口聚集在滨海岸线，甚至部分村庄与已经划定的自然保护区的实验区甚至核心区直接毗邻。兼之红树林地区所特有的岸线多泥沼甚至陆海相融而陆域边界不清晰，以及历史上形成的嵌入岸线的渔村及其生活活动等，使得自然保护区的法定边界长期无法明确区分，更谈不上封闭管理。无论对自然保护区的保护和管理，还是对保护区外红树林等自然环境的保护等，都直接构成了压力（图 1）。

与上述高密度人类聚集紧密相关的，则是日益高强度的生产活动，特别是在缺乏有效污染治理情况下的种养殖活动，对于东寨港海水水质的严重影响。东寨港海域的典型特征，就是因地质断裂塌陷而形成的海湾水面深入陆域却与外海接口明显狭窄，严重影响了海湾内外的海水交换速度，使得海湾内的水质保持天然的脆弱性。多条河流和较大坑塘水面的存在及其与海湾的互通，固然有利于保持红树林繁衍所需的半咸水，但也使得海湾内水质非常容易受到陆域水面和土壤污染的影响。而事实上，造成东寨港海湾污染的因素也确实是多方面的。高密度的村庄和人口，特别是大量滨海渔村，使得享有盛誉的咸水鸭养殖始终保持在较高密度而难以禁止；陆域上大量坑塘用于养鱼养虾，造成了相当规模因饲料等而富

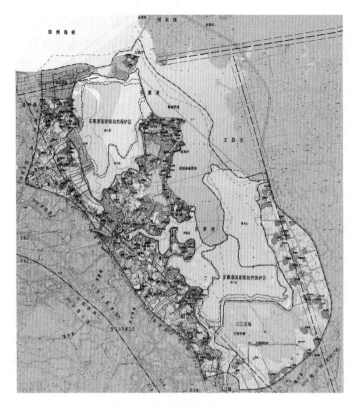

图1　海口市东寨港旅游区村庄分布现状图

营养化，养殖废水未经处理即最终排放进海湾，坑塘底泥及渗漏而造成的土壤污染也最终因雨水等导致海湾地区的污染；相当规模的粮食和经济作物的种植所必需的化肥和农药，也造成了土壤和陆域水面的污染并最终影响到海湾水质；高密度的村庄及人们的日常生活废水，特别是洗涤后污水的无序排放，通过土壤和陆域水面的污染而同样影响到海湾水质。显然，即使不考虑外源性河流所可能带来的水质污染问题，上述4个与高密度人口生活和生产活动紧密相关的因素也对东寨港海湾的水质造成了极大影响（图2）。如何有效控制甚至切断上述污染源，显然是改善海湾水质，保护和恢复红树林湿地环境的必须途径。

图2　种植、养殖导致破坏的红树林

对于上述问题，最为简单也是自然保护区或者以自然生态为主要特色的景区及旅游区所经常采取的措施，就是对大部分甚至全部现状村庄实施搬迁策略，将它们搬迁出景区或旅游区的做法最为常见，而安置于景区或者旅游区内最难造成上述污染问题的区段也是较为常见的手法。然而对于东寨港地区，上述大部分或者全部搬迁村庄的方法，不仅很难操作，也面临着很多保护和发展方面的难题。

最为直接的难题，就是大部分搬迁或者全部搬迁所必须面对的高昂直接成本及后续安置等隐性成本问题。在前者，即使获得大多数村民的同意，也不可避免地面临着巨额的建安成本和稀缺的土地指标的制约。事实上，经过多年的快速发展和社会大众的认知提升与问题示范，大规模"拆迁"所遭遇的集体抵制及因此导致的高昂直接成本，早已成为最大和最急迫的制约因素。特别是在有关推进机制尚不明确，规划实施主体仍主要在企业和场镇层面时，仅直接成本已经成为难以逾越的障碍。在后者，大量拆迁，特别是集中安置，必然严重破坏原有的社会网络和以种养殖为主的谋生方式，后续职业培训、提供就业岗位或提供失业保障等一系列的问题，意味着后续的大量成本支出。

除了上述的高昂成本支出，大量搬迁还不可避免会对东寨港地区的重要历史人文资源和独特风貌造成严重破坏，而它们正是资源保护的重要内容，同时也是旅游开发所依赖的重要资源。譬如历史形成的有力社会网络、普遍的村口风貌、很多村里历史延续下来的公仔戏等，实际上都是直接内嵌于既有村庄格局与自然环境一体化中的重要历史人文资源及风貌特色（图3）。根据调查和判定，东寨港地区各类旅游资源达87项（处），包括人文资源73项和自然资源14处，既有纳入文物保护单位的如东寨港琼北地震遗址海底村庄，也有广泛存在于自然村内的庙宇与公祖婆祖、公期婆期等，特别是后者本身就与大量存在的自然村落及其村民的日常生产和生活紧密结合，村庄搬迁就意味着对这些具有浓郁原生态人文历史风貌的直接破坏。

图3 村口风貌

显然，无论是从搬迁安置成本的角度，还是从历史人文资源保护的角度，大规模的村庄搬迁都不可行。即使从自然环境保护的角度，至少从明朝万历年间琼州大地震造成海湾以来的四百多年历史已经证明，人类活动并不都对红树林湿地造成不可逆的破坏，只是近些年来人类活动强度不断提高，红树林湿地才呈现出一些破坏性的演化趋势。因此，只要合理调整和控制人类的生活和生产密度，就可以在避免大规模的村庄搬迁的同时，实现对红树林湿地资源及内嵌其中的历史人文资源和社会既成网络结构的保护，这显然才是新时期美丽乡村的重要方向，同时也是特定地区就地城镇化的一种有益探索。本次规划为此从多个方面做出了积极的探索。

3 村庄建设发展的分层次导引策略

基于前述解析，总体规划在涉及村庄建设发展导引方面，采取了分层次控制导引的方法，主要划分为迁撤型、限制型和保留型3个主要类型，其中整体迁撤型村庄8个，部分迁撤型村庄25个，限制型村庄138个，保留型村庄39个，并根据实际情况在相对远离自然保护区的本区内规划了3处村庄集中安置区。

从兼顾生态保护和旅游开发的角度，在自然保护区与本区与城市集中建设地区的边界间，主要从分层次生态缓冲的角度划分了两大地区，分别为靠近自然保护区的生态修复区和靠近城市建成区的旅游开发区。两类地区成为类型化区分村庄建设发展引导策略的基础性因素，并在此基础上兼顾毗邻自然保护区、地质断裂带的工程安全要求，以及旅游开发项目的建设布局需要等多方面因素。

迁撤型村庄，指规划期内应予迁撤的自然村落。划定为迁撤型村庄的关键依据包括三个方面，既有强化对自然保护区的保护性缓冲要求，也有工程安全性因素，以及满足旅游开发项目布局的因素。其一，充分考虑到自然保护区的边界地处陆海相接区段，使得监管常常难以便利实施，以及自然保护区甚至核心区和实验区也存在毗邻村庄而特别容易遭受人类生产和生活的活动冲击的问题，通过现场踏勘和多次对接沟通，确定将位于自然保护区边界外围50米范围的村庄设施予以统一搬迁；其二，考虑到历史上的严重地震破坏等隐患，以及建设工程的安全规范要求，对于已经探明的地质断裂带两侧划定了15米控制区范围的村庄，作为迁撤型村庄；其三，经多方面谨慎研究而明确的旅游开发项目所在建设用地范围内的村庄，作为迁撤型村庄。对于纳入迁撤型的村庄，应禁止在控制范围内新增宅基地或从事宅基地翻修和大修等活动，同时应制定有关措施积极引导村民向区外或就近向本区内的村庄集中安置区迁移。

限制型村庄为位于生态修复区及地质断裂带两侧200米控制区范围内的其他村庄，以及位于旅游开发区但与大中型旅游项目开发有明显冲突的村庄。对于限制型的村庄，应严格限制村庄发展，禁止新增宅基地，积极引导村庄居民外迁，适当加强村容村貌整治和特色塑造，合理发展差异化的乡村特色旅游接待功能。

保留型的村庄，主要位于旅游开发区内，且对区内河流水体等资源不构成污染性破坏，以及对大中型旅游开发项目建设不构成冲击的自然村庄，原则上予以保留。对于保留型村庄，规划提出重点加强村庄特色风貌改造，改善村庄综合环境品质，积极发展乡村特色旅游接待功能，在确有需要且符合规划要求情况下，可以适当增加配套服务或者旅游服务等设施，但原则上仍应禁止新增宅基地。

由于在调研中发现，区外集中安置迁撤村庄或引导限制型村庄的居民存在非常大的困难，主要在区内生态敏感性明显较低的地段，统筹考虑生态和工程安全性、乡镇行政边界和传统生活习惯，以及尽可能提供更优越的对外交通和服务条件以增加吸引力等因素，考虑规划旅游服务中心和大型社区等地规划安排了3处村庄集中安置用地。在村庄集中安置用地，结合附近的现状村庄社区，集中配置幼儿园等公共服务设施，并对新增的宅基地严格按照有关规定限制用地面积（图4、图5）。

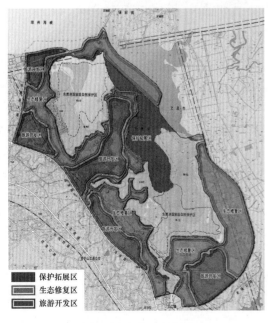

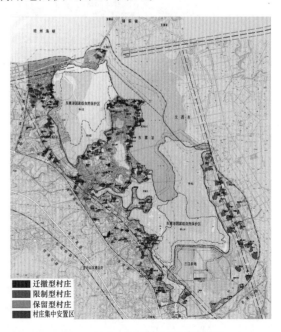

图4　生态分区规划图　　　　　　　　图5　村庄建设发展引导规划图

4 村庄经济功能发展的分类型导引策略

在明确了主要就地转化和分层次实施建设引导控制的基础上，还必须切实引导区内村庄的生产功能转型和升级，这是切实推进生态修复和不断改善居民生活水平提升的必须举措。为此，规划对于区内村庄提出了向旅游接待及休闲服务等功能转型的总体方向，并根据区位和现状资源及发展现状特征，提出了多元化的差异性旅游服务方向，将村庄划分为渔家游憩型、农业体验型、民俗文化型、生态观光型和复合型等五种类型，其中渔家游憩型村庄23个、农业体验型60个、民俗文化型10个、生态观光型62个、复合型21个，并在此基础上结合省市有关部门规定，明确提出了限期清退经济性的咸水鸭和虾塘养殖，及农作物种植等生产功能的要求。

渔家游憩型村庄，主要针对现有的滨海渔村进行针对性的引导，特别是对演丰镇已经形成一定基础的以连理枝而闻名的休闲渔村一线，积极推进整体性的转型发展。在具体措施上，可以充分利用该区段难得的滨海景观，进一步打造滨海渔村景观风貌，并在积极发展红树林水陆观赏等活动的基础上，结合生态示范性海水养殖业，适当发展海鲜捕捞和餐饮、传统渔具加工等渔家民俗活动，设置海南传统渔业展示和科学知识传播等功能。

农业体验型村庄，主要在相对远离滨海一线且具有一定种植业基础的村庄，结合清退高强度经济作物种植，适当发展科学和生态示范性种养殖业、旅游参与性的种养殖业和采摘业，以及传统农具加工等民俗活动，设置海南传统农业展示和科学知识传播等功能，结合村庄改造保护和恢复海南传统农业村庄的特色风貌。

民俗文化型村庄，主要针对那些有着优良的民俗文化资源和至今仍保留有民俗文化活动，且地理位置相对较好并且有一定活动场地的村庄而设置。对于该类型的村庄，除了上述的积极保护和修复传统的村容村貌以外，重点结合民俗文化资源和民俗文化活动，积极推介并整合到旅游区的整体活动策划中，适当开发创意性的地方特色纪念品，促进有关文化艺术经济的发展。

生态观光型村庄，主要在那些相对缺乏其他资源，但毗邻红树林的村庄，如三江镇和三江农场等滨海一线的村庄，重点结合红树林的复育适当开发红树林观光和科普等活动，并适当发展农家乐型的旅游接待等功能，多种方式推动村民旅游增收。

对于兼有多种类型的旅游资源或者各方面旅游资源均不突出的其他村庄，在确保生态安全的前提下，宜采取多元化的措施，多方面推进旅游接待等功能，落实生态保护的同时确保村民旅游增收和经济转型发展（图6）。

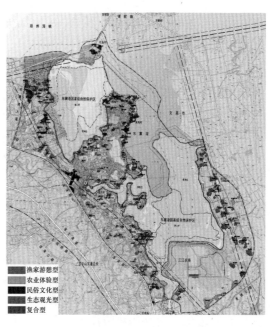

图6 村庄特色旅游发展导引规划图

5 村庄差异化导引的配套措施

在主要从建设和经济功能等方面对区内村庄发展提出分层次和分类型导引策略的同时，为确保生态修复进程和不断改善民生，还应积极配合其他相关政策及措施。除了规划传统的建设及布局等策略，本项规划还特别针对东寨港生态旅游区提出了若干特色化的措施建议。

首先，在旅游接待能力上，主要从自然生态保护的角度，采取了相对稳健的规模预测及控制措施。尽管作为海南省重点推进的旅游区，并且拥有独特的自然和历史人文资源，但考虑到非常敏感的红树林保护要求，规划对旅游接待的能力仍实施了一定的控制。即在对旅游区内部空间划分生态修复区和旅游开发区的基础上，通过水资源、土地资源等多种方法验算旅游区的安全游客承载量，进而提出园区旅游容量达到全市规划容量的 7‰～10‰，日游人容量控制在 5 万人左右，而旅游总收入高于这一比例的发展目标，以推进相对较高品质和较高经济价值的旅游项目开发。2014 年"五一"3 天小长假的实际游人量 3.5 万人次，与规划近期最高日游客量 1.0～1.2 万人已经基本持平，在积极推进旅游接待的同时适当控制接待容量，显然具有重要意义，而具体的措施则可以包括控制社会车辆停放能力、控制各种类型的过夜接待能力和景区游人预警及限制等多种手段。

其次，对于旅游项目开发过程中的就业岗位招聘范围采取必要限制措施并辅以职业培训，以积极推进本区的社会发展转型。在旅游区规模及就业预测中，规划提出度假区旅游高峰时旅游业员工的 80%～90% 应为当地原住民，即保证了中高层旅游业管理人员不受此限制以确保旅游服务行业的管理水平，同时也为本区居民的就业转型预留了充足空间。

再次，本区生产转型后，主要水污染源将来自于各类生活及旅游接待如餐饮、洗涤等，为此必须严格采取污水收集和治理措施。但相比集中的城市建成区段，村庄的明显分散，特别是传统的分期建设和紧迫的污水治理要求，为污水的收集和治理提出了创新性的要求。经过多方案比较后，本区根据区位和地形制定了灵活的多种处理方式。其中，对于一些新开发的旅游建设项目等，统一收集污水并排入城市污水管网；对于零散分布的村庄，则采取就近设置小型污水处理装置实施收集和处理的方法，并且确保出水全部作为中水回用，不外排。对于雨水，为减少初期雨水对红树林所可能产生的污染，规划统一采用生态雨水排放口，对雨水进行消能、过滤后再排入水体，并且雨水排放口尽量布置在本区内部水体和洼地，避免直接排放河流和海域内。

6 结 语

在全国性的快速城镇化进程，和较为常见的通过新农村建设方式推进迁村并点和集中安置，以及同样较为常见的在景区和度假区采取大规模村庄迁撤安置的宏观背景下，东寨港旅游区在强化保护、兼顾发展的理念下所推进的村庄就地转型发展方式，具有积极的探索意义，而伴随着规划编制和批准实施所采取的一系列转型措施，也已经初见成效。东寨港旅游区的游客量明显上升，村民生产方式较为平稳地转型为旅游服务业，另外国家高级领导人的走访调查和肯定评价，也在一定程度上肯定了东寨港旅游区的规划探索价值。概括而言包括以下方面经验，值得进一步的探索总结和推广试点。

其一，滨海岸线，特别是有着优良景观和休憩功能的滨海岸线价值，早已广受重视，成为资本竞逐的稀缺性资源。海南自设立经济特区，特别是国际旅游岛战略定位确立后，滨海岸线资源进入了快速开发阶段，明显加快了国际旅游岛的定位实施。然而，在大规模岸线开发利用的同时，如何切实保护好滨海岸线的自然资源，已经成为非常紧迫的问题。东寨港旅游区总体规划编制的重要前提之一，就是大量旅游开发企业的进驻及其策略方案的提出。这些策划方案的背后，则是高强度旅游开发将带来的自然环境特征的明显改变，尽管这些策划案都有着修复和保护自然生态环境和红树林资源的初衷——因为这也是休闲和旅游经营品质得以保障的重要因素（某企业负责人语），但高强度的旅游开发不可避免地将对原生态的自然环境产生重大影响，甚至转变为半人工乃至纯人工化的自然环境，其背后则是与红树林紧密相连的鸟类和水生物资源，甚至引起海水环境品质的改变。这显然不是滨海岸线开发所应当鼓励的主要方向。因此，对于有着较高自然生态环境保护要求的滨海地带，严格限制旅游开发的容量，并通过适当的退让和其他配套性措施的实施，是在确保自然生态环境安全和修复的基础上，适当发展旅游业的重要前提。

其二，基于东寨港旅游区的调查表明，因为在历史进程中，大多拥有优良自然景观风貌的地区基本已经形成了人文与自然高度融合的特征，大量人文历史资源，以及民俗风貌集聚在滨海岸线地带，譬如东寨港很多村庄可见的村口榕树古井、土庙祠堂和公期婆期等人文活动，都是直接附着于滨海地带的不可移动性历史人文资源。而现代化的大规模开发建设，都将不可避免地造成上述人文历史资源的破坏。

因此，提前介入调查和资源判识，在此基础上合理控制开发的强度和空间分布，以及制定较为完善的统筹性的历史人文资源与自然环境的保护措施，应是滨海岸线地带旅游开发的重要前提性工作。

其三，在快速城镇化以及司空见惯的村庄统一拆迁和集中安置的时代背景下，还应对类似东寨港旅游区等特定地区的城镇化方式或村庄发展模式，进行谨慎判断。在最为常见的表象上，城镇化就意味着人口和建设用地的集中，因此村庄的大规模消失和集中安置也成为其主要方式。但生产和生活水平的不断提高，以及积极参与社会分工并享受其带来的便利，才是城镇化的关键实质。对于类似东寨港旅游区等特定地区，尽管村庄集中安置有利于为旅游开发让路和全新景观形象的塑造，但其背后隐含的拆迁安置成本，和后续的就业和社会组织等成本高昂，并且还常常带来人文历史和自然风貌资源的破坏，以及旅游者对历史真实环境的不了解。同时也剥夺了村庄居民参与旅游开发并共同改善生活的机会。事实上，通过多种措施的积极引导，完全可以结合旅游开发，推动村庄居民在生活和生产方式上的转型，从传统的甚至破坏生态环境的农业生产，转向多种类型的旅游服务行业，从而在实质上实现非集中的就地城镇化。即总体上保持着相对分散的村庄格局，但村民的日常生活和生产则已经高度融入旅游开发环节，甚至成为旅游资源的重要组成部分。这显然也符合《纲要》提出的"统筹旅游开发与城镇发展和新农村建设，推进城乡一体化进程"的要求。

其四，村庄就地城镇化，必须辅以多方面的配套措施，以确保人文历史和自然资源保护与旅游开发，以及村民持续发展的有机结合。就东寨港的经验而言，除了一些相对传统且成熟的规划措施，统筹的配套措施更需要从引导和促进社会转型，以及从针对性的综合环境污染治理等方面予以重点强化。在前者，应包括针对性的制定就业和职业培训等社会转型所必须的政策措施；在后者，则必须针对明显分散分布的村庄的特定生活和生产方式，制定包括污水收集和治理等若干方面的统筹性措施，以确保生态环境的不断改善。

（注：《海口市东寨港旅游区总体规划（2012-2030）》由上海同济城市规划设计研究院和海口市城市规划设计研究院共同编制完成，本文的撰写基于该项目成果。感谢上述编制单位项目组成员的辛勤工作，以及海口市规划局、旅发委及有关专家在项目编制过程中的建议和意见）。

参考文献

[1] 彭震伟，王云才，高璟. 生态敏感地区的村庄发展策略与规划研究［J］. 城市规划学刊，2013（3）.

[2] 盛洪涛，汪云. 非集中建设区规划及实施模式探索［J］. 城市规划学刊，2012（3）.

[3] 张谦益. 海港城市岸线利用规划若干问题探讨［J］. 城市规划，1998（2）：50 52.

[4] 王真，徐建华，赵晗，杨广. 滨海地区的生态化开发模式［C］. 2010城市发展与规划国际大会论文集，2010：342-348.

[5] 李钊. 滨海城市岸线利用规划方法初探［J］. 安徽建筑，2001（2）：41-42.

[6] Traut AH, Hostetler ME. Urban lakes and waterbirds：effects of costal waterfront development on avian distribution［J］. LANDSCAPE AND URBAN PLANNING，2004（69）：69-85.

[7] 焦胜，曾光明，何理等. 城市滨水区复合开发模式研究［J］. 经济地理，2003（3）：397-340.

[8] 武晓楠. 临沂沂河滨水景观规划设计研究［D］，青岛市：青岛理工大学硕士学位论文. 2012.

[9] 朱学燕. 滨水城市驳岸景观设计方法研究［D］. 武汉. 武汉理工大学硕士学位论文. 2008.

贵州村庄风貌指引研究的思路与策略

王　刚　单晓刚

贵州省城乡规划设计研究院

摘　要： 贵州省大力实施"四在农家，美丽乡村"创建活动，在此背景下，本次贵州省村庄风貌指引研究课题创新思路，以"美"为落脚点，切入课题研究，以"风貌"为主线，贯彻上位政策精神，着眼产业构建、公共设施完善、风貌显现三位一体思路，以彰显"风貌"为依归，立体指引，细化分类，并设计操作性的工程抓手，改善农村人居环境，推动贵州新型城镇化进程。

关键词： 风貌规划；美丽乡村；兜底规划；村庄规划

1　引　言

2013年9月习近平总书记作出重要指示，强调各地要认真总结浙江省开展"千村示范万村整治"工程的经验开展新农村建设，坚持因地制宜、分类指导、规划先行、完善机制、突出重点、统筹协调，通过长期艰苦努力，全面改善农村生产生活条件。

国务院总理李克强随后作出批示，各地区、有关部门要从实际出发，统筹规划，因地制宜，量力而行，坚持农民主体地位，尊重农民意愿，突出农村特色，弘扬传统文化，有序推进农村人居环境综合整治，加快美丽乡村建设。

2013年10月，贵州省委办公厅、贵州省人民政府办公厅联合下发《关于深入推进"四在农家·美丽乡村"创建活动的实施意见》，推动贵州美丽乡村建设，这既是贯彻上位的指示精神，也是一以贯之贵州新农村建设的本地实践，并创造性提出自我的途径。所谓"四在农家"即是"富在农家，学在农家，乐在农家，美在农家"。以"富在农家"推动经济发展，以"学在农家"培育新型农民，以"乐在农家"实现文化惠民，以"美在农家"建设美丽乡村。农村人居环境改善，"富学乐美"既是依归也是手段。最终落脚点是"美丽乡村"，或者说用"美"作为切入点来解决村庄发展问题，推动贵州新型城镇化进程。如何发掘村庄特色，彰显贵州村庄之美就提到日程。

2013年10月贵州省住房建设厅委托贵州省城乡规划设计研究院研究课题——贵州省村庄风貌指引研究。

2　总体思路与策略

2.1　立体指引

本课题为形成指向明确的成果，又分成五个内容板块，包含贵州省村庄风貌指引研究报告（以下简称《报告》）、贵州省村庄风貌规划设计导则（以下简称《导则》）、贵州省农村住房建设图集（以下简称《图集》）、贵州省农村住房建设指引（以下简称《指引》）、10个规划模式案例（以下简称《案例》）五个板块。《研究》是为了解决村庄风貌规划的技术路线和方法的问题，并将研究成果转化为技术导则。《导则》是建立风貌要素控制体系和指引体系，核心内容是梳理自然和人文特色要素序列，为贵州村庄风貌规划提供规范的指导性文件。《图集》和《指引》配套使用，指引贵州省村庄农房的规划、建设、管理。《案例》则是提供 10 种规划范例，也是 10 种规划模式。这五个板块相互联系，构成一体的多面，立体指引贵州"四在农家·美丽乡村"创建活动的实施（图 1）。

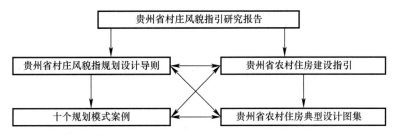

图 1　村庄风貌指引研究课题五个板块的关系

2.2　多维思考

贵州省自然生态环境丰富，孕育了多彩的原生态文化，村庄是文化的重要载体。本课题旨在挖掘和传承地域文化，展现村庄风貌特色，能够科学指导村庄风貌建设，提出相关的措施、方法和技术要求。不唯如此，本次课题研究还有深刻的语境，那就是十八大和十八届三中全会重大的改革背景，2014 年是我国新型城镇化进程的重要节点，是发展方式的历史转捩，"三农"问题是影响全局的关键。所以村庄风貌规划无法罔顾背景，需要拓展思考维度，贯彻落实国家的方针政策（表 1）。

国家相关政策指向的农村问题　　　　　　　　　　　　　　　　　　　　表 1

国家的相关文件	文件关键词	村庄存在的多维问题
十八届三中全会决定	粮食与生态安全的空间管制	生态问题
2014 年中央一号文件	构建新型的生产经营体系	经济问题
2014 年中央一号文件	完善农村基础设施和公共设施，实现城乡等值化	功能问题
国务院办公厅关于改善农村人居环境的指导意见	文化保护与保持乡村特色	文化问题
国务院办公厅关于改善农村人居环境的指导意见	保持村庄整体风貌与自然环境相协调	美学问题

因此"村庄风貌"不仅仅是传统建筑规划学科领域的"风貌"诠释，村庄风貌是反映村庄生产生活生态三位一体的文化景观，是综合体现农村"社会和谐、生产发展、生活富足、景观优美、管理民主"的聚落文化景观。本次课题研究讲求"三位一体"原则，除了保护和显现风貌要素外，还强调经济水平的提升和生活水准的提高。也就是风貌规划、产业发展、公共设施改善三位一体推进，其实也暗合"四在农家"的四位一体精神。

当然产业规划与公共设施规划设计都要依归到"风貌要素"上，"风貌"贯彻始终，用"风貌"统领课题的主线（图 2、图 3）。

2.3　现实接榫

2.3.1　分类指导

以往村庄风貌规划通常按照风貌特色类型进行分类，例如分成民族文化型、自然山水型等，但是存在的主要问题是无法把所有的村庄全部囊括进来，有些村庄无法归类，尤其对于特色不甚明显的村庄究竟如何规划？对于已经进入历史文化名城、传统村落保护序列的村庄又该如何衔接？显然不能和现行国家标准、规范相悖。

村庄的分类方法应该覆盖全省，并和现有的规范、法规体系有效接榫，坚持风貌特色的多样性，充

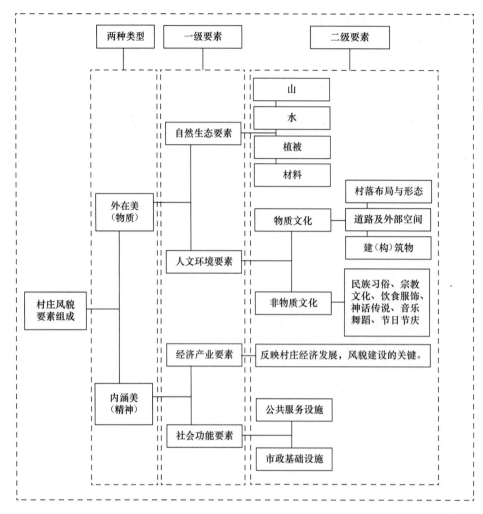

图 2　村庄风貌要素组成框图

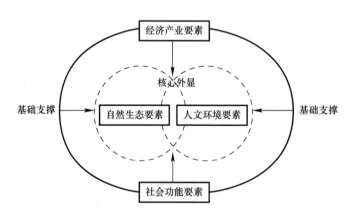

图 3　风貌要素"三位一体"示意图

分表达差异的元素、符号和特征，打造"一村一品、一村一景、一村一韵、一村一业"的贵州"美丽乡村"。

2.3.2　多规衔接

风貌特色规划必须与村庄规划、村庄整治规划等类型的规划相衔接，并对其规划的法律地位予以确认。由于我国城镇化长期偏执于城市的发展思路，导致村庄规划编制的技术规范体系并不完善，《村庄和集镇规划建设管理条例》、《村镇规划标准》和《村镇规划编制办法（试行）》主要着眼于指导集镇的规划建设，对于村庄规划的内容语焉不详，无法有效应对当前改革发展的需要，所以本次风貌规划的内容也有呼应十八大和十八届三中全会精神，补助村庄规划之意。

2.3.3 工程推进

如何把规划转化为具体明确的实施路径，根据各地经济社会发展水平，实事求是，因地制宜，量力而行，是本课题研究一个重要的出发点。结合村庄分类，研究中创新提出三个工程推进包，分别是兜底规划包、风貌要素整理显现规划包和产业设置规划包，不同村庄有选择性的配置工程包，增强风貌规划建设的可操作性。

3 主要思路与策略

3.1 解决政策落实的问题

十八大和十八届三中全会改革力度空前，其影响村庄规划和管理工作的内容主要集中在：农村建设用地与国有土地实施"三同（同等入市、同权同价）"政策的土地制度改革、城乡建设用地增减挂钩的城乡一体化机制调整、农村新型经营体系构建致使的产业转型、粮食与生态安全的空间管制要求、城乡等值化完善农村基础设施和公共设施要求、面向村民民主诉求的新型农村治理结构改变等方面。

3.1.1 强化空间管制

"任何时候都不能放松国内粮食生产，严守耕地保护红线[3]"，要"建立空间规划体系，划定生产、生活、生态空间开发管制界限，落实用途管制。[2]"为了落实政策，首先就是树立底线思维强化空间管制。鉴于现有村庄规划编制办法的滞后，风貌规划在村域层面强化一些内容，所以《导则》中明确要做好用地评价、生态敏感性评价，划分限建和禁建区域，确定"三生空间"的界限，划定生态保护红线，保护生态环境；衔接土地利用规划，明确耕地、水流、森林、山岭、草原、荒地、滩涂的界限，加强空间管制，这本身和风貌彰显和管控也不矛盾。同时要求确定农村建设用地的范围，以适应农村建设用地与国有土地实施"三同"政策，试图导向建立以耕地和资源为保护，基于现代农村生产生活特点，形成适应现代农村规模化经营、资源集约、特色彰显的规划模式。

3.1.2 构建新型农业产业和经营体系

构建新型农业产业和经营体系既是十八届三中全会的政策要求，也是风貌凸显和村庄可持续发展的保障。《十八届三中全会决定》提到："赋予农民对承包地占有、使用、收益、流转及承包经营权抵押、担保权能，允许农民以承包经营权入股发展农业产业化经营。鼓励承包经营权在公开市场上向专业大户、家庭农场、农民合作社、农业企业流转，发展多种形式规模经营。"同时"加快推动农业转移人口市民化，积极推进户籍制度改革，建立城乡统一的户口登记制度，促进有能力在城镇合法稳定就业和生活的常住人口有序实现市民化。[2]"

文件的这两句话勾勒了新型城镇化的重要环节，对于长期外出务工的农民工以及愿意土地流转的农民，推动就近城镇转移就业和落户。农村释放土地，进行农业产业化、规模化经营，调整农村产业结构，构建集约化、专业化、社会化相结合的新型农业经营体系。

那么土地经营权流转、迁村并点、宅基地整合以及产业的设定和用地的选择就成为规划不可或缺的内容。产业判定及其用地的选择非常关键，依托现代技术推动农业的转型，进而提高农村劳动生产率，改变农业产业结构，提升城镇化水平，这是一个内驱式的升级途径。当前村庄规划普遍忽视了农村产业规划研究，所以《导则》要求对产业发展进行统筹考虑。

3.1.3 完善基础设施和公共服务设施

《十八届三中全会决定》和《2014年中央一号文件》对于基础设施和公共服务设施高度强调，基础设施建设是农村人居环境改善的最重要方面，公共服务设施配置则是体现城乡等值化的最突出方面，属于生活的基本要求，"底线"都不满足，遑论风貌的提升，而且基础设施和公共服务设施属于物质实体，也构成村庄风貌的一部分。

《导则》规定基础设施规划最重要的是提炼出模式，农村基础设施建设不能套用城市的思路，应该针对具体实践，基于地域特点和长久以来行之有效的方法，提出一些"模式"，例如浙江安吉县通过污水处理"3 种模式 10 种技术"和垃圾处理"4 个 1"的方式实施村庄清洁工程，收效显著。

公共服务设施则重点突出教育、医疗、社保等的布局要求。

3.2 解决村庄分类的问题

一般而言农村是在农耕的基础上发展起来，通常是基于水、田、地等自然要素，在此基础上诞生出农耕文化并彼此间相互交融渗透，呈现出丰富多元的结果，所以大而化之将村庄分成两大类型：自然要素主导的风貌类型和人文要素主导的风貌类型，这两种类型呈现递进演化关系。

3.2.1 自然要素主导的风貌类型

按照自然要素显著特点分类，可划分为自然风貌一般和自然风貌明显两类。自然风貌一般指大量无明显风貌特征的村庄，是一般性的山地村庄聚落景观，归为类型Ⅰ。既然没有特色资源实则没必要煞费苦心营造特色，除非经济条件允许，那么主要发展方向就是在生态保护、耕地保护、基础设施和公共设施配套基础上做好产业。自然风貌明显，则主要指处于风景名胜区、森林公园、地质公园、水库等自然生态景观优异区域的村庄，归为类型Ⅱ，主要规划内容是梳理和彰显山水、植被、小桥、流水、农户、四季景观等自然要素体系，导向生态旅游产业。

3.2.2 按人文要素主导的风貌类型

按照人文要素富集程度进行分类，可划分为人文风貌一般和人文风貌显著两类。人文风貌一般主要指村庄形态、建筑、民俗风情、服饰等还保留传统聚落文化景观特征的一般性村庄，归为类型Ⅲ，也就是尚未进入历史文化名村、传统村落、生态博物馆等序列，但是尚有一些特色资源尤其人文方面的村庄。侧重于文化要素的梳理，如村落格局、院落、建筑、仪式、服饰、图案、文化事件等，也包括一些自然要素梳理，主要导向文化旅游产业。人文风貌显著，主要指进入历史文化名村、传统村落和生态博物馆等的受到国家及地方认定的村庄，归为类型Ⅳ，有着相关法规条例界定和保护方法的村庄（图 4）。

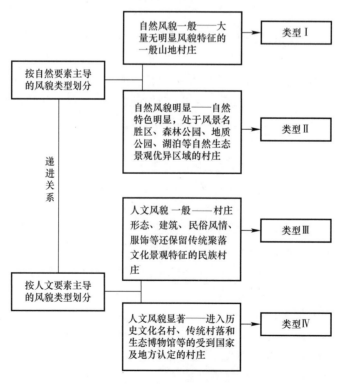

图 4 村庄风貌类型划分关系图

这样的分类方法可以覆盖所有村庄，并且和现有的法规体系有效结合。在大类的基础上再细分类型，也就是用两级分类体系来确定村庄类型（表2）。判断一个村庄究竟属于何种类型，其实常识判断就可以，很便于操作。但是为严谨起见可以建立评价标准。程序是首先判断是否能进入类型Ⅳ，因为历史文化名村、传统村落等都有评价体系，如果达不到标准就判断是否是类型Ⅲ，人文要素是判断的主要依据，住建部颁布的《传统村落评价认定指标体系（试行）》，可作为参考基准。该《指标体系》分为村落传统建筑评价指标体系、村落选址和格局评价指标体系、村落承载的非物质文化遗产评价指标体系三个评价打分表，贵州省不同地区可以根据自身情况确定分值区间。为区分类型Ⅰ和Ⅱ，也可设置一个判断标准，主要采取植被、地貌、河流、山体、区位等自然特色要素作为评价因子，进行评价判断。

村庄风貌类型表　　　　　　　　　　　　　　　　　　　表2

风貌类型分类	自然风貌一般类（Ⅰ类）				自然风貌明显类（Ⅱ类）				人文风貌一般类（Ⅲ类）		人文风貌显著类（Ⅳ类）		
类型细分	交通引导型	城镇近郊型	农业景观型	生态移民型	依山风貌型	滨水风貌型	依山滨水风貌型	山原坝子风貌型	民族文化型	历史文化型	历史文化名村	传统村落	生态博物馆

3.3　解决可操作性的问题

3.3.1　工程包设置

为增强美丽乡村建设的可操作性，设置了"3个工程包（表3）"，即"4+3"的操作模式，也就是"4种村庄风貌类型"和"3个工程包"。"3个工程包"分别指兜底规划包、风貌要素整理显现规划包、产业设置规划包。

3个工程包设置　　　　　　　　　　　　　　　　　　　表3

工程包类型	工程包定义	工程包内容
兜底规划包（简称工程1）	指与"生活底线"相关的规划内容，是美丽乡村建设的基础保障	包括生态环境保护、市政基础设施配套、公共服务设施配套和农房改善四个方面。生态和环境保护主要通过用地评价、生态敏感度分析，使用空间管制的手段，保护山、林地、山川河流和生态环境等；市政设施配套包括道路交通、给排水、电力电信、环卫设施、三改工程、能源利用、综合防灾等，关键是提炼出适合本地特点的"模式+导则"；公共服务设施配套是推进城乡基本公共服务均等化，合理安排教育机构、医疗保健、社会福利、集贸市场等各类公共服务设施的布局和用地；农房改善主要是尊重农村经济发展和区域差异，按照改善型、晋及型、提升型三类进行农房改造或建设
特色要素整理显现规划包（简称工程2）	指的是对村庄风貌要素的规划和设计	主要内容在《导则》中明确，一是确定村庄风貌的基调、风格定位；二是筛选风貌构成要素并分级、保护、利用。三是建立风貌要素控制体系和规划体系，包括村庄风貌总体控制（村落形态、历史文化和民俗风情保护、山水格局、植被景观等）、道路外部空间风貌控制和设计（道路风貌控制与引导、村口景观设计、公园广场设计、重要节点设计等）、农房规划设计（规定文化分区、文化要素提取方法、依山就势等设计方法。）、环境设施小品规划设计（标志牌、报栏、垃圾桶、厕所、座椅、路灯、雕塑）等
产业设置规划包（简称工程3）	指对村庄产业发展进行定位和规划。生态和环保原则是第一原则	结合村庄资源禀赋，研判产业发展类型。根据贵州村庄发展特点可分为特色农业发展模式、乡村生态旅游发展模式、乡村旅游农业生产复合发展模式、庭院循环经济发展模式四种

3.3.2　操作模式

通过"4+3"的操作方式，村庄类型与工程包直接绑定（图5）。类型Ⅰ缺乏特色资源，特色要素显现规划可以弱化，所以称为103工程，也就是只需配置兜底规划包（工程1）和产业设置规划包（工程3）；类型Ⅱ和Ⅲ不同在于一为突出自然要素一为突出人文要素，为区别分称为113和123工程；类型

Ⅳ也就是列入传统村落、历史文化名村、生态博物馆的村庄，相比Ⅲ类型而言，其特色要素体系的梳理，要遵守国家相应的法规体系和标准规范体系的匡正，所以确定为133工程。

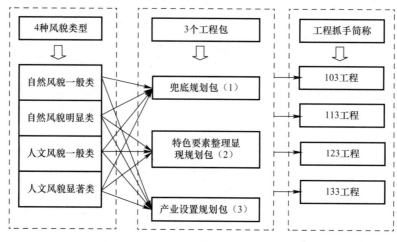

图5 "4+3"操作模式示意图

4 村庄风貌规划编制的主要程序和内容

4.1 现状调查与分析

确定调查计划和居民调查方案（包括农房调查等）。除了自然条件外对于发展条件（社会经济、人口规模、民族文化、产业基础等）进行判断分析，尤其了解规划村庄的历史变迁情况，包括聚落起源、历史演变等。

4.2 特色要素构成及其质量综合分析与评价

对实体特色要素进行重点调研，主要包括山川、水景（河流景观、滨河景观）、生态、植物、建筑、文化遗存、文化仪式等内容进行调查分析；同时对非物质特色要素及非物质文化继承人等进行调研。

4.3 明确村庄类型及定位

在村域层面进行特色资源评价和生态敏感度评价，结合村庄规划和土地利用规划做出用地评价；村庄层面做好建筑质量评价。在此基础上，依据镇乡总体规划提出的镇村体系和村庄发展方向，确定村庄规划类型（Ⅰ、Ⅱ、Ⅲ、Ⅳ）与定位，明确村庄消亡、改造、扩张、新建及合并的方向。

4.4 明确规划范围、期限，目的和主要任务

明确村庄规划的范围和期限，范围分为村域和村庄两个层面；明确规划的主要任务，也就是明确如何配置规划推进包。

4.5 村域层面规划

村域层面主要侧重于从区域的角度优化布局，协调村庄发展和区域发展间的关系，协调村庄发展和生态环境的关系，做好空间管制，划定生产、生活、生态空间开发管制，边界和开发强度的规定；划定村域山区、水面、林地、农地、草地、居民点建设、基础设施等用地空间的范围，提出各类用地空间开发利用、设施建设和生态保育措施；梳理村域特色资源分布，明确保护利用方案；解决产业选择和城镇化路径问题，提出空间方案亦即具体落实迁村并点、土地流转、宅基地整合、产业布局、公共服务设施

和基础设施安排等。

4.6　村庄风貌总体布局

结合村庄规划，确定人口和建设用地规模，划定建设用地范围。基于生产生活的形态分析，以彰显风貌特色为导向，明确村庄的聚落形态和空间结构，划分不同特色功能分区，明确总体布局（用地布局、建筑布局）。

村庄规划的主要内容主要是对住宅和供水、供电、道路、绿化、环境卫生以及生产配套设施作出具体安排；而风貌规划的重点是研判村庄聚落形态和住宅规划整合方案以及特色要素资源的利用，同时安排产业的用地、从彰显村庄风貌角度合理利用村庄建设用地，以适应农村产业化、农村现代化、农民生活及生产服务均等化的要求。[6]

重点要明确风貌要素构成及其结构关系，主要与河流山川、地貌植被、村落形态、街巷空间、文物古迹、建筑小品、园林绿化、环境卫生等因子有关，由这些因子构成的风貌节点（村庄入口、广场等）、风貌廊带（河流、街巷等）和风貌体面（建筑院落或绿地）构成村庄风貌系统。充分尊重现有村庄格局和地理环境，注意保护地方历史文化、宗教信仰、风俗习惯、特色风貌和生态环境等。[7]对于Ⅳ类村庄以保护为主，尽可能不做"加法"，对于Ⅰ、Ⅱ、Ⅲ类村庄视情况做好"加法"。

4.7　设定规划推进包

视村庄的类型采用不同配置，兜底规划包和产业设置规划包属于必备配置，特色要素显现规划则视村庄类型进行不同深度的规划，3个规划推进包也是相互协调互为补充，以构建"富学乐美，四位一体"为旨意，最终的结果是呈现村庄独特的风貌，展现可阅读、可识别、可记忆的"美丽乡村"。

4.8　项目库与近期建设

确定近期项目库和建设序列，形成抓手和梯度推进的计划。

4.9　保障措施和政策建议

关键一点是，贵州村庄风貌规划应纳入和村庄规划相同的审批程序，其法定性和村庄规划相同。理论上贵州村庄风貌规划与村庄规划、土地利用规划三规合一，不存在内容冲突。但是从《十八届三中全会决定》和《2014年中央一号文件》精神来看，以往的村庄规划编制存在滞后的问题，无法有效应对政策要求，为避免浪费性规划，本次贵州村庄风貌规划确实有弥补之意，当然村庄风貌规划和村庄规划的研究对象毕竟存在差异，编制中应互为前提，相互衔接是最佳的途径。

5　结　语

本次贵州村庄风貌研究以"美"为落脚点，切入"四在农家，美丽乡村"建设工作，以"风貌"为主线，贯彻上位政策精神，从现状研究到资源盘点，从发现特色所在，找出经济发展点，再到产业导出，以彰显"风貌"为依归，在用地规划、建筑布局等方面空间落实，以此成为操作性的抓手，推动贵州城镇化进程。

该课题研究体现合理分类和因地制宜的原则，分类涵盖所有村庄类型，并和现行一些分类接轨；体现可操作性原则，村庄分类直接和操作方法绑定；体现多规衔接思路，风貌规划与村庄规划和土地利用规划相衔接；体现民生为本原则，把生态保护、住房改善、公共设施配套提升高度；体现多维视野，不但梳理风貌特色要素而且关注农村产业和经营模式的构建。

参考文献

[1]　中国共产党第十八次全国代表大会报告，http://www.mlr.gov.cn/tdzt/hygl/sbd/wxhb/201211/t20121120_

1158245. htm，2012-11-20.

［2］　十八届三中全会《决定》、公报、说明（全文），http：//www. ce. cn/xwzx/gnsz/szyw/201311/18/t20131118_1767104. shtml，2013-11-18.

［3］　中共中央《关于全面深化农村改革加快推进农业现代化的若干意见》，简称"2014 年中央一号文件"，http：//baike. baidu. com/view/12052464. htm？ fr＝aladdin，2014-01-19.

［4］　邰艳丽，刘海燕. 我国村镇规划编制现状、存在问题及完善措施探讨［J］. 规划师，2010（6）：69～74.

［5］　葛丹东，华晨. 论乡村视角下的村庄规划技术策略与过程模式［J］. 城市规划，2010（6）：55～61.

［6］　侯静珠. 基于产业升级的村庄规划研究［D］. 苏州科技学院硕士研究生论文，2010：80～95.

［7］　刘慧. 城市风貌特色评价研究［D］. 苏州科技学院硕士研究生论文，2011：38～46.

实效指向型村庄规划方法的实践性探索与流程化解析
——以江苏省宜兴市湖父镇张阳村村庄规划为例

王　婧　汪晓春

江苏省住房和城乡建设厅城市规划技术咨询中心

摘　要：本文基于新的时代背景，解析了我国村庄规划的发展过程，并将村庄规划的现状问题总结为针对性不足和操作性不强两类，提出村庄规划应在这两方面进行优化提升，形成实效指向型的规划方法。基于此方法的基本特征，确定规划流程"四步曲"，即：第一步曲：系统分析村庄，确定规划重点；第二步曲：区别实施主体，确定规划思路；第三步曲：根据地方特点，确定设计手法；第四步曲：针对规划受众，确定表达方式。同时，以江苏省宜兴市湖父镇张阳村村庄规划的实践为例，展示了实效指向型村庄规划方法的良好效果。

关键词：村庄规划；实效；方法；流程；"四步曲"

1　背　景

在城乡统筹的背景下，城乡规划被赋予了新的内涵，乡村地区的规划工作也得到更多重视。然而，由于受长期的城乡二元结构影响，我国的城市规划起步较早，体系也已经较为完善；而乡村地区规划，特别是村庄规划则显得相对薄弱，呈现出较多的问题。这就亟需在理论和实践上进行更深入的探索和研究，优化村庄规划的方法。基于这一情况，本文通过对大量的村庄规划实践工作进行经验总结，以江苏省宜兴市湖父镇张阳村村庄规划为例，对指向实效的村庄规划方法进行一些探讨。

2　村庄规划及其发展

2.1　村庄规划的发展过程

我国的村庄规划经历了一个从无到有、逐渐完善的过程。

改革开放以前，相关工作基本是一片空白。改革开放初期，第一次全国农村规划工作会议在青岛召开，正式拉开了我国村庄规划的序幕。1993年，《村庄和集镇规划建设管理条例》和《村镇规划标准》出台，第一次在国家层面对村庄规划的具体内容提出了明确、系统的规定[2]。在此之间，村庄规划的研究和实践都还十分有限。此后，在农村改革和"三农"问题受到重视的时代背景下，同时受到西方相关理论、技术的影响和推动，我国涌现出一系列的村庄规划研究。进入21世纪，随着全球可持续发展理论影响的深入以及我国城乡统筹战略的提出，城乡关系得到充分认识，村庄规划的重要性也得到了前所未有的重视。2008年《城乡规划法》出台，村庄规划确立了自身的法律地位，相关研究和实践大量展开，进入了快速发展的阶段。

然而，无论从数量上还是质量上，村庄规划的研究和实践较之城市规划仍相差甚远。以对《城市规划学刊》中相关文献的统计结果为例，2000年至2012年间，关于乡村地区的实证研究仅占3.9%，远远低于特大城市和大城市实证研究的89.3%[1]。同时，村庄规划作为规划学界的后起之秀，规划方法多沿袭传统的城市规划方法，且形式类型十分庞杂，还没有形成自身的一套体系，实施效果也往往不尽人意。

2.2 村庄规划的主要问题

由于村庄规划的发展时间较短，发展还不成熟，其规划对象——村庄又有着完全不同于城市的特殊性，因此当前的村庄规划出现了一些明显的问题，究其实质可以归纳总结为两类。

2.2.1 针对性不足

村庄规划需要对农业性生产生活活动进行组织。一方面，不但要对农民聚居点中的各类建设性空间进行规划，也要关注农业区域、自然环境等非建设性空间；与此同时，不同的自然条件、经济水平、历史文化等造就了村庄不同的规划需求，规划成果的不同用途和不同受众也对村庄规划有着不同的要求。

而在当前许多村庄规划中，由于规划师受到传统城市规划思维模式的影响，或受到经济、人员、技术等力量的限制，往往忽略了非建设空间的规划和地域差异的考量，忽略了规划用途和受众的多样性，导致村庄规划无法针对性地解决当地农民和农村的实际需要，甚至带来了生产生活不便、生态环境破坏和地方特色消失等一系列严重后果。

归根结底，以上问题的出现都是因为村庄规划没有真正针对村庄、针对村民来进行，手法单一、批量生产、缺乏研究，是村庄规划针对性不足的问题。

2.2.2 操作性不强

村庄规划需要对村庄多元主体在集体土地之上的建设行为进行管理和引导。但由于村庄建设的实施主体十分多样，土地权属较为特殊和复杂，这就要求村庄规划不能采取城市规划"统规统建"的传统方法，而是要进行更多的沟通协调，探索更灵活的规划编制方法，才能有效实施。与此同时，由于村集体、村民对村庄规划的认知有限，对规划内容的接受度和理解力不是很高，因此将村庄规划的图文成果真正落实为建设成果也更加困难。

而在实际的村庄规划中，一些规划人员或对村庄的认识仅停留在物质层面，或对农民的了解还不够深入，往往忽略了村庄自组织行为的复杂性和土地制度的特殊性，忽略了多样化实施主体的多样化需求，导致规划成果脱离实际、不受理解、无法实施，最终流为一纸空文。

归根结底，以上问题的出现都是因为村庄规划没有深入农村和农民，缺乏协调、引导不力、可读性差，是村庄规划操作性不强的问题。

2.3 村庄规划的优化方向和路径

2.3.1 优化方向

从针对性不足的问题出发，村庄规划在针对性上的优化应当重点注意几个方面：针对农业生产，即考虑村庄产业发展的空间和方向；针对农民生活，即考虑农民的生活习惯和提升需求；针对自然环境，即考虑村庄的生态保护和利用；针对历史文化，即考虑民俗、传统和乡土特色的传承和塑造；针对规划受众，即考虑规划成果的实际用途和表达方式。

从操作性不强的问题出发，村庄在操作性上规划的优化应当重点注意几个方面：提高灵活性，即因地制宜地确定规划的内容、深度和设计手法，便于发挥规划作用；提高可读性，即根据对象变换规划的表达方式，便于理解规划内容；提高开放性，即多与村庄的各类建设主体进行沟通和协调，便于展开规划实施。

2.3.2 优化路径

综合以上两点，村庄规划要向着更具针对性和操作性的方向进行优化，其路径是要探索形成"实效指向型"的村庄规划方法。所谓实效，包括"实"和"效"两个概念："实"是指针对村庄实际，以解决问题、满足需求为根本进行规划；"效"是指能够操作和实施，最终达到规划目的、实现理想效果。

实效指向型的村庄规划方法是贯穿于整个规划过程中的，在每个规划步骤都需要以"实效"为指向，灵活变通具体的规划手法和内容，从而达到提高村庄规划针对性和操作性的目标，为村庄建设和发展提供切实可行的指导。

3 实效指向型的村庄规划方法——基于案例实践的流程化解析

3.1 实践探索的案例背景

实效指向型的村庄规划方法是在大量村庄规划实践的经验中不断总结得出的，并集中在个别案例上进行了探索和应用。现基于《江苏省宜兴市湖父镇张阳村村庄规划》的典型案例实践加以解析。

《江苏省宜兴市湖父镇张阳村村庄规划》是在2013年住建部村庄规划试点工作下，作为江苏省试点展开规划的。张阳村地处宜兴市南部山区，坐落在风景优美的阳羡景区入口处，村域面积14.1平方公里，常住人口约2400人，下辖14个自然村（图1）。村庄以苗木和茶树种植为特色产业，村民收入水平较高，设施配套条件也较好。但村庄也面临着产业发展停滞、建设水平较低、空间布局零乱等问题，发展和建设进入了瓶颈阶段，亟需规划引导实现全面提升（图2）。

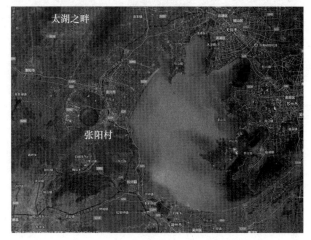

图1 张阳村在太湖周边地区的区位

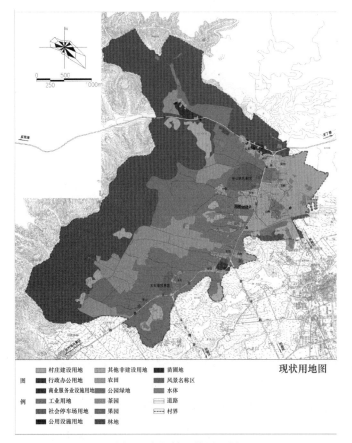

图2 张阳村现状用地图

3.2 规划方法"四步曲"的流程化解析

由于实效指向型的村庄规划方法是基于规划流程的方法改进和创新，紧密融合于村庄规划的工作步骤，适合采用流程化解析的方法进行说明，可以总结为村庄规划的"四步曲"（图3）。

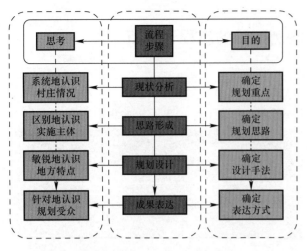

图3 规划方法"四步曲"解析图

3.2.1 第一步曲：系统分析村庄，确定规划重点

村庄是村民生产生活的基本场所，是一个相对完整的人居系统，故而村庄规划也应是综合的，必须具备系统性的规划眼光。在规划前期，首先要用系统的观念去认识和研究村庄，在对村庄人居系统的解构中展开现状分析。

与此同时，由于村庄规划涉及内容较多，如果面面俱到，则内容庞杂且没有针对性。村庄规划其实不应追求规划内容的全面性，而是要通过系统分析找到村庄的实际需求，有所选择地进行编制，"有所编、有所不编"，以保证规划更具针对性。

张阳村村庄规划中就采取了这样的思路。在现状分析时，一方面从系统的观念和全域规划的理念出发，综合地考察村庄的现状情况；另一方面将张阳村的村庄人居系统分解为自然、人、社会、产业、空间、支撑六大要素，深入地进行分析和研究（图4）。通过解读各人居系统要素的优势、劣势和相互作用关系，找到系统提升的关键，认为张阳村目前人居环境的症结主要集中于产业、空间、支撑三个方面，从而明确了张阳村人居系统提升目标是：在产业引导下优化空间、整治环境、塑造特色、完善支撑。

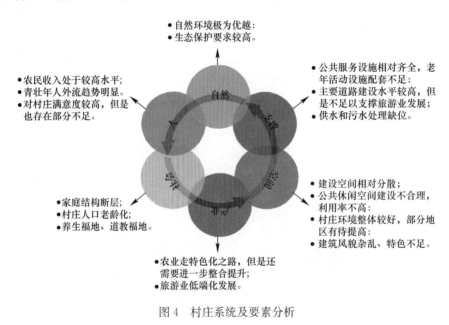

图4 村庄系统及要素分析

在此基础上，规划对一般村庄规划的总菜单内容进行梳理，只选择了其中生态保护、产业发展引导、建设空间整合、村庄环境整治、特色风貌塑造与引导、公共服务设施布点与建设、道路工程规划、市政设施规划、综合防灾规划等9项工作作为本次规划的主要内容，针对性地展开规划编制工作（图5）。

3.2.2 第二步曲：区别实施主体，确定规划思路

在确定规划重点的基础上，村庄规划应根据相关内容实施主体和方式的不同，确定差异化的规划思路，在不同规划内容编制的深度和弹性上区分出明显的层次性和差异性。

对于具有较强的公共性和具有一定的进度要求的规划内

村庄规划菜单

- 生态保护
- 地址安全
- 污染防治
- 人口流动与就业
- 社会关系与结构
- 传统文化继承与发扬
- 产业发展引导
- 建设空间整合
- 公共空间布局与建设

- 特色空间塑造
- 村庄环境整治
- 特色风貌塑造与引导
- 农房建设
- 公共服务设施布点与建设
- 道路工程规划
- 市政设施规划
- 综合防灾规划

图5 村庄规划总菜单

容，一般由县市或镇村主导实施，实施要求较为严格。此类规划内容应当采取较为刚性的编制方法，严格控制相关指标，达到指导实施的深度，用以保障规划实施的成效。

在张阳村村庄规划中，对于镇村主导实施的内容编制了具体详细的"实施工程"，如道路建设工程、公共服务配套工程等，详细说明实施方法，严格规定实施效果，并针对实施工程的具体内容进行投资估算，对各类建设的名称、规模、单价、内容及出资方式都进行了详尽的安排，使实施工程更具操作性（图6、图7）。

 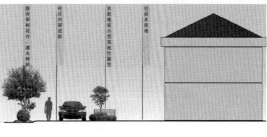

图6　绿化整治工程示意图

近期建设项目投资估算（部分）　　　　　　　　　　表1

	名称	规模	单价	整治内容	整治费用（万元）	备注
公共服务设施	老年活动中心 前村组老年活动中心	100 平方米	80 元/平方米	扩充 50 平方米、增加音像设备、座椅	8	
	老年活动中心 阳泉组老年活动中心	100 平方米	800 元/平方米	扩充 70 平方米、增加音像设备、座椅	8	
	老年活动中心 白马组老年活动中心	100 平方米	1000 元/平方米	建设老年活动中心 100 平方米、增加棋牌、座椅、音像设备	10	
	健身活动广场 红星小路组健身活动广场	2 处（各 400 平方米）	100 元/平方米	小型绿化 100 平方米，场地铺装 300 平方米，石桌石凳两套，健身器材一套	8	村集体投资
	健身活动广场 前村宫前山南组健身活动广场	2 处（各 400 平方米）	100 元/平方米	小型绿化 100 平方米，场地铺装 300 平方米，石桌石凳两套，健身器材一套	4	
	健身活动广场 阳泉规划安置区健身活动广场	1 处（各 400 平方米）	100 元/平方米	小型绿化 100 平方米，场地铺装 300 平方米，石桌石凳两套，健身器材一套	4	
	健身活动广场 甘泉向阳组健身活动广场	2 处（各 400 平方米）	100 元/平方米	小型绿化 100 平方米，场地铺装 300 平方米，石桌石凳两套，健身器材一套，休憩廊架一个	8	
	农贸市场改造 张公洞农贸市场	1000 平方米	—	建筑整治，增加树池兼作休息座椅	3	
	农贸市场改造 阳泉组农贸市场	100 平方米	—	增加遮阳棚	1	
道路交通工程	绿道改造 张灵慕线、丁张公路、金沙路、玉女谭路	16800 平方米	200 元/平方米	自行车道：彩色沥青	252	纳入区域旅游体系，由宜兴市投资
	旅游步道 临潭路等	17800 平方米	180 元/平方米	碎石、卵石	213	
	修复 甘泉路西段、谭山路西段	6000 平方米	100 元/平方米	水泥混凝土	60	村集体投资
	拓宽 新山路、张玉路南段、张玉路南段、茶博路等	12400 平方米	100 元/平方米	机动车道：水泥混凝土，人行道：砌块砖。	124	
	新建 红星路、张玉路中段等	18500 平方米	100 元/平方米	机动车道：水泥混凝土，人行道：砌块砖	185	
	新建与改造社会停车场	6 处	6000 平方米	80 元/平方米	植草砖铺设	48	
村庄绿化	乔木	500 株	200 元/株	—	10	村集体投资
	花灌木	400 株	30 元/株	—	12	

对于迫切性较弱、自主性较强的规划内容，实施主体一般为村民，对实施成果的要求也不是完全硬性的。此类内容则可以进行引导性规划，在编制表达上应具有一定的弹性，编制深度也可有所降低，给村民留有自主建设的空间。

张阳村村庄规划中，对于相应内容就运用了引导性规划方法，如产业升级引导、村庄风貌引导等。例如，规划对村庄的建筑、绿化等采用"模式设计＋分类引导"的形式，在控制总体原则和方向的基础上，分类给出改造、建设的模式设计，引导实施操作。这种方法一方面能够从宏观上引导控制村庄建设，形成较为和谐的整体风貌；一方面便于直接借鉴和采用，提高实施效率，优化实施效果；一方面还留有一定的自主空间，有利于发挥村民的主观能动性，让村民在建设家园的自觉过程中塑造出乡土特色（图7）。

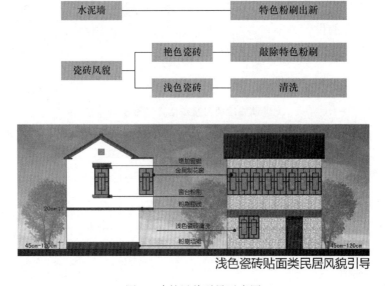

图7　建筑风貌引导示意图

3.2.3　第三步曲：根据地方特点，确定设计手法

在确定规划思路之后，还要进一步展开深入、具体的规划设计，以指导和展示村庄规划的建设效果。

村庄规划应始终把保护和塑造地方特色作为规划的重点，针对村庄实际，主要从保护山水田林自然风貌、弘扬历史文化、彰显建筑特色着手对村庄进行设计，让平原地区更具田园风光，丘陵山区更具山村风貌，水网地区更具水乡风韵。[3]通过针对性的规划设计，避免"千村一面"和村庄小区化。

在张阳村村庄规划中，规划顺应村庄西高东低的地势条件和带状形态，控制建设空间和生态空间的边界，延续了村庄的自然生长模式。在对建筑、绿化、景观等元素的设计中，融入了当地的苗木产业、茶文化和道家文化，从细节中展示张阳村的历史文化和地方特色（图8）。与此同时，引导广泛种植乡土植物——茶、竹等，采用传统的建造材料和技艺，打造生态、乡土的村庄景观，形成张阳村独特的村庄风貌。

在空间规划方面，传统规划普遍偏重总图设计，在村庄规划中其实是不利于思路表达和项目落实的，而应从村庄规划向村庄设计转变。村庄设计即是从人视景观角度出发，以人在村庄中的空间感受为基础，针对村庄各主要场景提出绿化配置、建筑整饰、小品设计等方案，以场景式设计拼图成规划方案。这种方法直观明确、利于理解，而且便于落实到项目进行操作实施（图9）。

图8　建筑山墙文化符号示意图

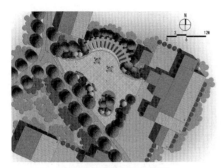
向阳健身活动广场平面图

向阳健身活动广场效果图

图 9　组合式空间设计

　　张阳村的空间设计就采用了这种组合式设计方法，即将平面图和人视角度效果图相结合，生动地表达村庄各个建设、改造节点的设计方案，实施效果显而易见，实施操作也更加简明易懂。

3.2.4　第四步曲：针对规划受众，确定表达方式

　　村庄规划的最后一步，要准确地将规划工作的成果用合适的方式表达出来，才标志着规划的最终完成。村庄规划应当针对不同的受众，形成多样化的成果形式，以加强规划的可读性和操作性，具体包括面向专家的技术性成果和面向农民的公示性成果。其中，技术性成果用于规划审查、报批和管理，一般包括规划文本、规划图纸、规划说明书和基础资料汇编等，表述应当专业化、正规化；公示性规划成果则主要供村民讨论和反馈，应当使用图文并茂、通俗易懂、活泼亲民的形式（图 10）。同时，各类成果的表达都应当尽量简明扼要，抓住规划的核心内容，针对不同的受众加以有侧重的精炼，才能够更加明确、有力地指导村庄发展。

图 10　图文并茂的规划公示图

　　张阳村村庄规划在技术性成果上探索创新了"技术简本"的成果表达形式，代替传统的"规划文本"，由最为核心的文字和图纸组合而成。"技术简本"以精炼规划内容为目标，以条目化语言为突出特点，对村庄的关键性控制要求和项目建设要求作出表述，以严格规范村庄的建设和发展。此外，其他技术性成果以说明书、附件的形式出现，也全部避免冗长，参考条目化的表述方法，言简意赅地表达了规划意图。

张阳村村庄规划的成果中，还包含了一套"规划公示图"作为公示性成果。规划公示图浓缩为6张宣传图纸，运用生动的漫画和活泼的语言，将规划的核心内容通俗、直观地用村民喜闻乐见的形式传达了出去，为村庄规划深入人心、落到实处提供了一种保障。

3.3 实效指向型村庄规划方法的实践效果

实效指向型的村庄规划方法当然要用实践的实际效果来检验。在张阳村村庄规划的实践中，这套方法得以进一步探索和应用，同时也得以在实施过程和结果上检验成效。

目前为止，张阳村村庄规划的实践效果良好，且从规划到实施都有所体现：在规划的开展过程中，就由于开放互动获得了当地干部群众的普遍欢迎和认可；在住建部评选中，规划由于理念、方法、内容等方面的创新获得了评审专家的一致好评并取得了全国第一的好成绩；在此后的规划实施中，由于针对性和操作性较强，推进十分顺利，也获得了地方上和村民们的大力支持。目前，张阳村已按照规划展开了部分道路的拓宽修复、农贸市场的改造、建筑环境整治等多项工程，并逐步推进当地产业升级发展。在此过程中，规划的各项引导控制目标和项目工程实施都在预期范围内逐步实现和推进，实效指向型规划方法的良好实践效果正日益显现。

4 小　结

实效指向型的村庄规划方法是从村庄规划的实践中总结而来，也在村庄规划的实践中得到了检验，有效地提高了村庄规划的针对性和操作性，取得了较好的效果。这套方法本身就不是一成不变的，需要规划师在实践中灵活利用方法、变通具体手法，为特定的村庄提供特定的规划服务。

与此同时，我们也应清醒地认识到村庄规划面临的诸多困难，例如：村庄农地和建设用地的权属关系较为复杂，数据量较大，且地籍资料不全，梳理清楚较为困难；村庄规划主体的多样性带来意愿多样化等问题，村庄规划的沟通协调难度较大，工作量也更大；同时，由于村集体的规划实施能力十分有限，村民的规划实施又带有较强的随机性，村庄规划的实效性难免不能完全得到保障。

在新型城镇化的背景下，村庄规划的困难还加入了种种其他问题，如城乡关系的处理、土地制度的冲突、人口流动的复杂、产业发展的交叉等。新的问题需要我们展开新的思考，在新形势下，村庄规划还有待在理论和实践两方面同时前进，不断在提高实效性及其他方面进行更多的探索和总结。

参考文献

[1] 黄建中，刘嫒，桑劲. 2006-2011年间《城市规划学刊》的统计及分析 [J]. 城市规划学刊，2012（3）：53-62.

[2] 葛丹东，华晨. 适应农村发展诉求的村庄规划新体系及模式建构 [J]. 城市规划学刊，2009（6）：60-67.

[3] 张泉. 城乡统筹下的乡村重构 [M]. 北京：中国建筑工业出版社，2006.

逆城市化背景下的系统乡建
——河南信阳郝堂村

王 磊

CNRPD 中国乡建院

中国城市化进程仍在加速，逆城市化势头不断上升，此背景下，人们对乡村的期待也越来越高，乡村价值与日俱增。乡建工作在新的阶段中不断涌现出好的业绩，但大多数不符合农村的本源规律和未来发展，基本上在沿用城乡规划法，按照城市建设的规律营造农村，如此造成的结果可想而知，梦中的美丽乡村、传统村落逐年消失，换来的是兵营式的、崭新的、无文化的农村场景。农民住新房，但过更穷的日子，村庄又处于新一轮凋敝状态；还有一种情况，就是由 NGO 组织（非政府组织）发起，政府协助完成的乡村营造，也呈现了很多具有乡村感的优秀建筑规划作品，此事值得鼓励。总之，大多数新农村建设只停留在单一层面的建设，却没有全面的、系统进行，因此中国乡建院选择郝堂村进行实验，就是在这个大的背景下进行的，目标就是找到一条系统地乡建之路，此种乡建内外兼修，注重乡村的内生机制建设的同时，一步步系统地实现外在形象的改善。

1 郝堂村的基本情况

郝堂村位于河南信阳平桥区五里店镇东南部，面积约 16 平方公里，地处大别山的余脉，属山区村。之前郝堂村和千千万万的村庄一样也是一幅凋敝的景象：到处是垃圾和污水，满山是无人采摘的板栗和荒废的茶园，还有留守的老人、小孩和惆怅茫然的村干部及忠诚的狗（图1）。

图1

2009 年以来的郝堂实验，大体可以分为两个阶段，一是 2009～2011 年以夕阳红养老资金互助社——内置金融为核心的、以"四权统一"（产权、财权、事权、治权）和"三位一体"（经济发展、社区建设、社区治理）为主要特征的村社共同体重建实验。此阶段工作主要由三农问题专家、乡建院李昌平院长来负责；另一是 2011～2013 年以"郝堂茶人家"建设为契机的、以探索适应逆城市化趋势建设"三生共赢"——即生产生活生态共赢的、农村农业服务业化的新农村建设实验，此阶段主要由著名画家、乡建院的创始人孙君负责。经过这两个阶段的乡村建设实验，郝堂取得了巨大的改变。

郝堂系统乡建体现在政府各级和各部门、村民、李昌平为主导的村社共同体建设团队、孙君为主导的规划设计团队、以及各领域专家顾问志愿团队等，系统性体现在，各种资源的合理组织和分工协作，形成目标一致的工作整体。

2 孙君乡村建设基本思想和郝堂规划

孙君热爱乡村，几乎绝大多数时间是在乡村度过，十多年的乡建总结，最重要的一句话就是"把农村建设的更像农村"。农民喜欢的、支持的、有责任、并能主动参与的就是新农村，对农民来说就是树上有鸟，河里有鱼，家里有粮，住上好房，邻里互助。孙君的乡建思想最主要的是体现在文化建设上，注重文化是他的思想的根。

2.1 树——神，树谓之天。

郝堂建设是围绕着村里年龄最高的 200 多年银杏树做规划，村里人把这棵树视为神灵，看成村庄的守护神。2011 年初他刚来郝堂村时，村里人与干部总说这棵树有问题，生病了，怕活不了啦，总之这棵树的命运常牵着全村人的思想。树成为神，一是因为年龄；二是树是庙"昭庆禅院"的部分，位居庙之前的是郝堂村的郝家家祠，原来有两棵，目前只剩一棵，祠没有了，庙也没有了；三是郝堂村的村委会也与树相邻，这里是全村的最高位置。郝堂村建设中不允许砍一棵树，所有建设都给树让道。因为他的环保理念，村干部开始禁止砍柴烧炭，禁止伐树。慢慢地，村民也在美丽的环境中看到绿色的价值，明白保护环境的重要性。

2.2 水——风，水谓之地。

郝堂规划首先是调水，原有村庄农田用水不便，于是把路经的水流截流，筑一道水坝。用途有七：一是为防缺水的年头；二是提高水位，让水能服务于农田灌溉和做两百亩荷花塘；三是提升村庄景观感，四周的用地就随之升值，为此先让村集体提前流转了两百亩土地，为村庄的集体经济做好准备；四是我们并不想做旅游，可是挡不住来的人，成为旅游景点是注定的，种两百亩的荷花田也为了未来大面积农家乐的污染做好净化准备；五是由原来的稻田改为荷花塘，从经济收益角度的考虑。原来种一亩水稻收入在 500 元左右，现在改种荷花，一亩收入约在 800 元；六村庄污染是因为把河塘、水池、堰河给个体承包，如果不解决这个问题，水永远就破坏了，污染就开始，生态与微生物就慢慢消失了，郝堂采取这种做法实际就是从最重要的基础性工作开始；七所谓风水，有水风才益，无水就是祸害。

2.3 孝——道

"孝道"这个词，是先有孝才有道，孝道成为中国文化中的重要的价值观与品德，乡村建设中"孝道"是遵循乡村社会中的重要原则，郝堂建设中先有李昌平先生在村里组织了"夕阳红养老资金互助社"，不论李昌平是否考虑到"孝"的问题，可是本质上李昌平触动了乡村社会中最核心的文化。于是他全力推进养老中心，后又开始筹建郝堂小学。在近千百年来乡村只要学校消灭了，村庄很快就会慢慢地消灭，所以中国农民特别重视学校，只需要有一个孩子上学，他们的社会让学校存在。这种情怀在中国贫困的地区特别突出。孝道做好了，谓之人。

"天、地、人"是乡村建设中的原则，这个原则是中国农耕文明的共性，不论哪个村，不论东与西，不论贫与富，这个原则是不变的。

郝堂的规划

如果不能解决"天、地、人"的事，规划与建筑仅仅是躯壳。村庄的发展是一个自然生长的过程，而不是两三年就忽然移居的一个社区，这是城乡间的差别。郝堂最初只有两户人家，后来拆庙建人民公堂，有了小学，人越来越多，这是乡村发展的自然过程，这个过程很慢，乡村在成长过程中有很多好的消化过程，有文化沉淀的过程，这是文明必经的。今天的设计师们太忙，想获得更大更多的利益，很少有人研究规划、建设精神与文化的统一性。郝堂项目正是在一种系统性下进行的，把规划与建设做为一种文化植入到生活中，以村里农民幸福指数为价值的一次全面实践。

很多领导说乡村杂乱无章，更多的专业规划人员说乡村无规划，这些说法其实是对乡村文化的无知，正是因为这种无知，才使近 10 年的部分新农村建设遭遇了比近百年更彻底的破坏，全全面面的破坏，而这种破坏目的是侵夺农民的土地，这种侵夺正面口号是以农村建设为理由，以规划为前提的。郝堂项目历经两年，两年下来没有做规划，没有像很多新农村建设一样，事先有很多专家与领导一起讨论与评审。郝堂有规划，这个规划在村主任与村书记心里，村干部的想法结合就是规划的方向与目标。孙君的工作一直处在一个活的规划与调整之中。乡村的诸多问题我们无法在项目一开始就知道，也不可能知道项目在进行中又会发生什么？更不了解项目在实践中遇到的各种问题，比如政府官员突然调走，农民因为思想不通，不配合，那样所有的规划都会付之东流。乡村规划前六个月只是概念性规划，一切均是不确定的，只有 6 个月之后，规划才成型，这时可以做规划，可是不能做详规，是控规，只有项目到一年之后才可确定详规，这叫乡村动态规划法。

2013 年，住建部评比"中国美丽乡村宜居村"郝堂村综合评比第一名，无疑郝堂的规划应该是成功的一种模式，同时也告诉大家什么是乡村规划，什么又是专业性的最好回答。那这种模式的原则又是什么？

（1）保持村庄田地之间的形态，方便村民生活，村庄规划以村干部想法为主体，尊重本地风水先生，设计师只是从控规的角度适当调整。

（2）全力修复庙宇、家祠、家庭中堂文化、修复村文化中乡土与熟人社会。

（3）新房建设与旧房改造保持原有的乡村血缘关系的居住形式，增加室内功能，室内与卫生间要比城市更加现代，提高农村生活的舒适感。

（4）村庄的公共建筑中（灯、垃圾桶、坐凳、花池等），基本要求公园与景区有的村庄都不能有。

（5）全面对接好政府项目与国家政策，确保项目具有落地性。破坏环境不做，对农民有伤害的事不做，违规的项目不做。

（6）先做资源分类，家庭卫生、拆围墙、改厕所项目，小事做好，大事才能有希望。

（7）选择与协调好村两委班子，选好村干部项目就成功 70%。

（8）专家评审组中，村干部有一票否决权。

（9）坚持财力有限、民力无限的"公众参与性"，同时要完善民主集中制的严格民约。

（10）成立项目领导小组，专家占 30%，村干部 10%，本家文化人站 15%，城市青年人（旅游人群）15%，政府官员 10%。艺术家占 20%，乡村项目不同于城市，乡村有文化，有文化的地方，项目小组成立是关键。

（11）项目重点是民意与村况调研，一般要多到三个月。这项目工作做得越细，规划就越有落地性（平均三次）。

（12）乡村色彩，乡村建设自古就是取建材本身的色彩，建筑外表不装饰，不包贴，越自然越具有地域性和真实性。色彩越多价值越低。

（13）不要大，要做小，小才能做精、做细、做到极致。这个过程中，施工技术香薰景观与质量的培训最为关键，也是把规划落地的重要途径（图 2）。

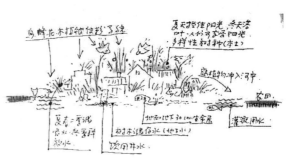

图 2　（一）

图 2　（二）

3　乡村建筑案例

3.1　孙君乡村实践落地成果

郝堂的乡村实践有新建的建筑，也有大量的旧房改造。一个村庄要避免大拆大建，避免否定旧建筑的价值，改造旧村就是保护村庄的灵魂。在新农村建设中，旧房改建容易被忽视，但这却是一个村庄可持续发展的关键。在新的农民居住点规划设计中，我们需要尽量保留各个历史时期建造的房屋，发掘传统文化元素，并且让旧房更加适应当今的生活方式。这样的话，一个丰富多样，有变化、有文化的自然乡村便得以呈现。

3.1.1　1号院

一号院是郝堂村旧房改造的第一家，因此得名。户主为村内一个村组的小组长，叫张厚建，本身也是木匠，对当时要启动的建设非常积极，希望村子发展得更好，主动愿意成为第一个试点改造家庭(图3)。该户建筑原来的情况是常见的农村二层楼，模仿城市建筑，瓷砖上墙，并且有典型的围墙。在改造中，并没有动主体架构，而是从加固外墙改造的角度，实现了房子具备了乡村村落的古朴、自然与美观。此外，说服户主，拆掉砖石围墙，而以更加生态、自然的方式形成院落的景观（图4）。作为院落景观一部分的仿湿地的生态小池塘，实际上是一个小型的家庭污水净化池。

图 3　　　　　　　　　　　　　　　　　　图 4

3.1.2　3号院

3 号院主体为土木结构，此前房屋荒废，屋主已经离开村庄，长年无人居住，基本放弃该房屋（图 5）。乡建院用 2 万元买下院子，在尽量保留原貌的基础上，花费 20 万元装修成一座茶室和接待中心。整个改造保留了原房屋古朴的农业气息，同时，又用新的技术和生态方式，实现了更环保的污水处理，更宜人的室内温度控制。更为重要的是，3 号院的改造完成使得在郝堂周边很大区域内再也不会拆土房子了。在农村，农民盖房子容易模仿城市，而我们在乡村工作中要说服农民，其实并非一件易事，而我们必须尊重农民的意愿，毕竟他们才是主体。所以不少项目经常会是设计师和农民意见各自妥协的结果。而乡建院通过买下院子，完全自主地按照设计师的想法改造。这会对当地村民起到一个很好的示范作用。事实上，这里已经成了来郝堂参观、旅游的人特别喜欢停留的场所（图 6～图 10）。除了尽量保持的和突出的农村民居的古朴风格外，院内的水循环、污水处理也有精心的设计。

图 5

图 6

图 7

图 8

图 9

图 10

3.1.3 其他建筑

郝堂实践除上述案例外还有很多，比如改造的部分还有村委会、乡村客栈（由原小学改建）、2 号院、村民民居等；新建建筑有小学和幼儿园、龙潭宾馆、村养老中心、乡村银行、手工坊、新民居、自行车租赁服务中心、河道、石拱桥、水系、荷塘村标等。这些建筑大量地融入了地方文化，豫南民居和楚文化是孙君寻找郝堂建筑和环境文化的根源，通过绘画的方式来表达建筑，并且与工匠密切配合，实现的梦想转化为现实，有韵味的砖、石建筑很受地方老百姓的喜爱，只做了几个，百姓如此建房的积极性便提升起来，争先恐后的请孙君到家里吃饭，商讨自家如何改造和新建，如今孙君模式的乡土建筑已经影响很远，郝堂周边人建房也都在尽力的效仿，一句话，百姓是认同文化的，其实是我们设计师和政府的问题，孙君就是在告诉老百姓何种建筑更有价值，将来不但能居住，还会带来产业。这样做，农民定会跟着走，这也是孙君多年的乡村经验（图11～图14）。

图 11

图 12

图 13

图 14

3.2 谢英俊乡村工作室的郝堂实践

谢英俊乡村工作室在郝堂设计并落地实施了三个轻钢结构建筑，廊桥、小学尿粪分离式厕所和茶室。符合工业化条件下现代审美观的新钢构建筑，给郝堂村带来了生机，丰富了建筑类型，在众多传统豫南风格建筑中脱颖而出，十分惹人。建造主要结构材料为冷弯薄壁型钢，局部钢拉索（廊桥中运用），还有木料、玻璃、草席等辅助维护材料。每个建筑均有各自的特点：廊桥在乡村建造跨度问题上提供了方法，有水山村一般有三座桥，上水口、村中、下水口，此桥位于村中，方便村民上山耕种茶园，轻钢、拉索形成整体的桁架，跨度为24米，桥的轻盈感和桥下乱石堆放的河道形成对比，粗中有细，刚中有柔；小学尿粪分离式厕所，依据粪尿不同的理化特性，实行粪尿分集，节水、卫生、无害化、容易还田。实现粪尿进入自然界的再循环，利于发展生态农业，回归传统思维。现在郝堂小学200个多学生和老师使用该厕所效果非常好，他们将校园内空地改建成菜园，使用有机肥来耕种蔬菜，供应学校食堂，实现了真正的生态循环。茶室建筑位于湿地污水处理尽端，村中水入河的节点上，建筑用玻璃、阳光板作为维护，获得了最大的通透效果，作为重要的乡村公共建筑，实现了建造的逻辑，开放性得以体现（图15～图22）。

图 15　　　　　　　图 16　　　　　　　　　　图 17

图 18　　　　　　　图 19　　　　　　　　　　图 20

图 21　　　　　　　　　　　　图 22

3.3　乡建院乡村培训中心建筑

　　乡建培训中心建筑位于村委会的东侧，百亩荷塘包围，是进村第一个重要建筑，其功能作为乡村建设培训和交流基地，建筑面积500平方米，一层大空间为主，二层小房间住宿和办公兼顾。利用旧材料（旧砖、旧瓦、旧石料、旧木料）组合新建筑，体现豫南民居传统建筑精神，植入现代建筑空间的组合方法是其最大的特色，各种材料组合合理，在村建造活动中具有示范作用，百姓常规建筑能够学到70%就很不错了。将地域性建造技艺还给本地农民，我们一直在秉承着这个理念。该建筑是设计师和地方工匠共同智慧的结晶，没有地方工匠（罗山人，名叫李开良，郝堂80%的建筑是由他主持修建的），不可能有该建筑很好的展现（图23、图24）。

图 23   图 24

4 结 尾

对未来的郝堂，我们有无穷多的憧憬和遐想。但最最担心和害怕的是因大规模快速的开发建设而导致郝堂失去个性和制度意义；对当下的郝堂，最期待的是大家都停下来，回过头去看一看、想一想、理一理，再花时间搞明白——我们到底需要建设一个何样的郝堂？我们该如何去建设？或许郝堂的那些古树、古井、古泉和残存的禅院，还有沉默的老人、活泼的小孩和匆匆而过的游人与禅者会给我们更大的智慧。每次到郝堂，都会在昭庆禅院残垣内的那颗参天的千年古银杏树下体会和思考村庄是什么？村庄意义是什么？郝堂的历史是这颗古银杏树记录的，中华文明是村庄文明记录的。我们要建设的郝堂是500 年、1000 年都依然存在和根繁叶茂的村庄（图 25）。

图 25

（摄影：中国乡建院、谢英俊建筑师事务所〈乡村建筑工作室〉）

关于我国村庄用地分类的思考
——记《村庄规划用地分类指南》的编制

王　粟　熊　燕　李菁丽

城镇规划设计研究院有限责任公司

陈　伟　郭志伟

住房和城乡建设部村镇建设司规划处

刘　贺

城镇规划设计研究院有限责任公司

摘　要：为填补技术空白，为村庄规划建设管理提供技术依据，同时也为落实国家建立城乡统一的建设用地市场、引导和规范农村集体经营性建设用地入市等政策的需要，进行村庄规划用地分类指南的研究工作。村庄用地现状情况各地差异较大，村庄建设主体、方式以及用地管理等也存在较大区别，村庄规划用地分类指南是在现有国家政策方针下提出的一个技术指导，将为下一阶段形成全国性村庄用地分类标准打下良好的基础。

关键词：村庄规划；用地分类；指南；村庄规划建设管理

1990年，《城市用地分类与规划建设用地标准》（GBJ 137—90）颁布实施，经过21年的实践，2011年，按照城乡统筹等新的城乡规划理论与城乡建设实际，该标准原主编对其进行了修编，形成了新一版《城市用地分类与规划建设用地标准》（GBJ 137—2011），新的标准增加了城乡用地分类体系；调整了城市建设用地分类体系；调整了规划建设用地的控制标准，应该说新版标准为进一步适应新时期城市用地规划与管理提供了重要的技术指导，也为促进多规合一提供了很好的技术基础，新版标准意在探索打破城乡二元的规划建设管理模式，建立城乡统筹的技术体系，然而，受标准名称、适用范围、编制原则、以及长期的城乡二元标准体系的影响，该标准虽在城乡用地分类体系上有所创新，但对于镇建设用地、乡建设用地、村庄建设用地等农村建设用地的分类尚难深入与细化。

2007年，《镇规划标准》（GB 50188—2007）颁布实施，原《村镇规划标准》（GB 50188—93）废止，自此，村庄规划用地分类缺少全国性的标准规范，各地在指导村庄规划建设管理的过程中，除部分地区（如北京、上海等地）以外，多数均延续《村镇规划标准》（GB 50188—93）或参照《镇规划标准》（GB 50188—2007）中的用地分类方法。

为填补这一技术空白，为村庄规划建设管理提供技术依据，同时也为落实国家建立城乡统一的建设用地市场、引导和规范农村集体经营性建设用地入市等政策的需要，2014年4月，应住房城乡建设部村镇建设司的要求，我院承担了村庄规划用地分类指南的研究工作。

研究组梳理了《土地管理法》、《城市用地分类与规划建设用地标准》（GBJ 137—2011）、《镇规划标准》（GB 50188—2007）、《土地利用现状分类》（GB/T 21010—2007）等相关法律、法规、规范标准，与北京、山东等多地村庄规划建设管理人员进行了座谈，对比研究了23个省（市、区）的村庄规划编制的地方法规规定，深度解读了30多个具有代表性的各地优秀村庄规划案例。

通过前期研究，发现村庄用地以及相关分类标准的特点与问题主要存在以下几方面：

1. 村庄内用地相对复杂，土地权属与土地使用性质共同影响了用地的建设与管理。按照《中华人民共和国土地管理法》的规定，农村土地既包括农民集体所有，也包括"法律规定属于国家所有"的用地，在实际操作中两种类型用地的管理制度、管理主体、管理对象差异巨大。

2. 村庄不同于城市，对于我国广大农村地区而言，村庄内建设存在规模小、用途多、功能高度集中复合的现实情况，特别是公共服务设施的建设，往往一个村民委员会办公楼复合了行政、医疗、图书阅览、休闲娱乐等多种功能，部分地区还存在小学教学点、幼儿园、敬老院等设施与村委合设的现象，因此，过于详细的用地类型划分不利于村庄现状情况的反映以及村庄规划的编制。

3. 村作为基层单位，村民住房用地属劳动群众集体所有制，村民是住宅建设的主体，此外，村内配套设施服务层级相对单一、类型少、规模小，其建设方式、建设主体以及管理方式与城镇存在较大差异，因此，村庄用地分类中不能简单套用城镇用地分类中的"居住用地"概念。

4. 我国村庄普遍规模小、面积小、功能少，村民基本生活休憩场所形式灵活多样、位置不一，宅前院后的零散空地往往成为村民活动的场所，对大多数村庄而言，村内小广场、绿地设计应以满足村民休闲活动等生活功能、以小面积、分散式布局为主，应引导村庄规划编制中对满足村民休闲活动需求的公共场地的设置，而非形式化、景观化、盆景式的绿地广场设计。

5. 随着我国农业现代化发展，传统农业向现代农业转变，特别是近年来农村土地承包经营权流转进程加快，农业生产经营规模不断扩大，农业设施不断增加，农业生产效益得到提高。然而，以发展设施农业为名，擅自将农用地改为建设用地、扩大建设用地规模的情况也时有发生，为促进设施农业健康有序发展，理应增强对设施农用地管理，促进对农村土地建设监管制度的完善。

6. 新时期的相关用地分类标准在满足建设部门管理需求的同时，也注重与其他部门相关标准的对接和衔接。这集中体现在《城市用地分类与规划建设用地标准》（GB 50137—2011）的编制中，该标准在同等含义的地类上尽量与《土地利用现状分类（GB/T 21010—2007）》衔接，充分对接《中华人民共和国土地管理法》中的农用地、建设用地和未利用地"三大类"用地，以利于城乡规划在基础用地调查时可高效参照土地利用现状调查资料，也为促进多规合一提供了重要支撑。

基于以上问题与农村用地特点，研究组提出村庄规划用地分类的原则为：紧扣国家政策、促进多规合一、引导村庄规划、有利部门管理、实现全域管控，重点做到与现有标准相衔接、分类宜粗不宜细。

最终提出村庄规划用地共分为 3 大类、10 中类、15 小类，适用于村庄的规划编制、用地统计和用地管理工作。

具体分类详见表 1：

表 1

类别代码			类别名称	内容
大类	中类	小类		
V			村庄建设用地	村庄各类集体建设用地，包括村民住宅用地、村庄公共服务用地、村庄产业用地、村庄基础设施用地及村庄其他建设用地等
	V1		村民住宅用地	村民住宅及其附属用地
		V11	住宅用地	只用于居住的村民住宅用地
		V12	混合式住宅用地	兼具小卖部、小超市、农家乐等功能的村民住宅用地
	V2		村庄公共服务用地	用于提供基本公共服务的各类集体建设用地，包括公共服务设施用地、公共场地
		V21	村庄公共服务设施用地	包括公共管理、文体、教育、医疗卫生、社会福利、宗教、文物古迹等设施用地以及兽医站、农机站等农业生产服务设施用地
		V22	村庄公共场地	用于村民活动的公共开放空间用地，包括小广场、小绿地等
	V3		村庄产业用地	用于生产经营的各类集体建设用地，包括村庄商业服务业设施用地、村庄生产仓储用地
		V31	村庄商业服务业设施用地	包括小超市、小卖部、小饭馆等配套商业、集贸市场以及村集体用于旅游接待的设施用地等
		V32	村庄生产仓储用地	用于工业生产、物资中转、专业收购和存储的各类集体建设用地，包括手工业、食品加工、仓库、堆场等用地

类别代码			类别名称	内容
大类	中类	小类		
V	V4		村庄基础设施用地	村庄道路、交通和公用设施等用地
		V41	村庄道路用地	村庄内的各类道路用地
		V42	村庄交通设施用地	包括村庄停车场、公交站点等交通设施用地
		V43	村庄公用设施用地	包括村庄给水排水、供电、供气、供热和能源等工程设施用地；公厕、垃圾站、粪便和垃圾处理设施等用地；消防、防洪等防灾设施用地
	V9		村庄其他建设用地	未利用及其他需进一步研究的村庄集体建设用地
N			非村庄建设用地	除村庄集体用地之外的建设用地
	N1		对外交通设施用地	包括村庄对外联系道路、过境公路和铁路等交通设施用地
	N2		国有建设用地	包括公用设施用地、特殊用地、采矿用地以及边境口岸、风景名胜区和森林公园的管理和服务设施用地等
E			非建设用地	水域、农林用地及其他非建设用地
	E1		水域	河流、湖泊、水库、坑塘、沟渠、滩涂、冰川及永久积雪
		E11	自然水域	河流、湖泊、滩涂、冰川及永久积雪
		E12	水库	人工拦截汇集而成具有水利调蓄功能的水库正常蓄水位岸线所围成的水面
		E13	坑塘沟渠	人工开挖或天然形成的坑塘水面以及人工修建用于引、排、灌的渠道
	E2		农林用地	耕地、园地、林地、牧草地、设施农用地、田坎、农用道路等用地
		E21	设施农用地	直接用于经营性养殖的畜禽舍、工厂化作物栽培或水产养殖的生产设施用地及其相应附属设施用地，农村宅基地以外的晾晒场等农业设施用地
		E22	农用道路	田间道路（含机耕道）、林道等
		E23	其他农林用地	耕地、园地、林地、牧草地、田坎等土地
	E9		其他非建设用地	空闲地、盐碱地、沼泽地、沙地、裸地、不用于畜牧业的草地等用地

小　结

村庄用地现状情况各地差异较大，村庄建设主体、方式以及用地管理等也存在较大区别，村庄规划用地分类指南是在现有国家政策方针下提出的一个技术指导，随着该指南在各地实践中的不断应用、全国村庄发展情况的不断变化，问题也将逐步呈现，下一阶段，在形成全国性村庄用地分类标准之时，有必要对村庄用地的现状、建设方式、管理机制等做更为全面深入细致的调查与研究。

村落更新中本土文化保护的四有原则
——以滇川地区典型村落为例

王　蔚

西南交通大学

张秀峰

天津大学

摘　要：中国新农村建设将与前三十年的城市化过程逆向生长，不如此则无以保护我们的"乡愁"；城市化过程中的中国伦理精神、公共文化生活、本土建筑语言和城市保护均受到严峻考验，其中的经验教训势必为新农村建设中的村落更新带来同样课题。本文以云南和四川地区的典型村落为例，提出村落建设中的五大误区，涉及人文、产业、聚落形态等，探讨在村落更新中本土文化保护的原则。

关键词：村落更新；本土文化；四有原则；滇川地区

当前的新农村建设离不开中国城市化背景。在过去三十年的城市化进程中，如何统筹城乡，在均衡、包容、和谐的前提下，实现低碳、绿色、可持续的城乡一体发展，成为目前城市和乡村都面临的课题。新时代的城市建设离不开城乡统筹的背景，同样，新农村建设也深深地受到来自城市的资本、技术、观念、人群的影响。

在城市化过程中，城市人的伦理精神、公共生活、本土建筑语言和文化保护均受到严峻考验，所有在城市中出现的问题，随着新农村建设的大潮来临，不可避免地摆在我们面前。

如何建村如村，而不是建村如城，让新农村建设的下一个十年少一些弯路，多一些成绩，是当下关于新农村建设的必须话题。乡村建设，尤其是村落更新，保护住乡村的原生文化，就能留住乡愁。

1　新农村建设的当下议题

城乡统筹背景下的新农村建设，引发了太多话题。

新农村建设什么是新？乡愁的核心是什么？什么是乡村风格？村庄自治的可能性与参与主体是什么？设计在村庄建设中的价值？村落保护到底保护什么？什么样的村落值得保护？等等。

乡村建设无论是重建、更新还是开发，最终都将以本土文化的认同作为评价优劣的标准。重建是在尊重原生物质和文化生活基础上的重建，更新是在保留、保护旧有元素基础上的更新，而开发，则面临更为苛刻的审视和文化认同风险。

当年晏阳初先生在定县的实验和运动，期望达到一个"对于民族的衰老，要培育它的新生命；对于民族的堕落，要振拔它的新人格；对于民族的涣散，要促成它的新团结新组织"的目的（《农村运动的使命及其实现的方法与步骤》），无论结果如何，定县实验的意义，在今天确实为我们树立了一个标杆。新农村建设的前提，不再是在城市里画好图纸，由他方施工，最后验收，而是真真实实地回到农村，回到民间。

郝堂村经验、山西大寨村、山西许村，河南南街村，以及有争议的碧山，都是在回到乡村的状态下实施的。

按李昌平先生的估计，在工业化过程中，大约有10％的村落会变成城镇，60％的村落会空心化，

30％的村落具有保护价值。

村落保护，只有在更新的过程中维护它原有的物质与文化价值，才是以村民为主体，以文化认同为价值目标的成功的前提。

2 村落更新的意义

有专家把乡村重建分为：保护式修复，改造式修复，组合式重建，民艺还原式新建，以及现代地域实践建设。

我们不可能像"打造"城市一样去打造一个乡村，所有的新农村都是在旧农村基础上产生的。我们也不能像推倒一个城市的片区重新竖起一个城市新区一样去毁掉一个原生态的乡村，因此，乡村建设的大量工作都会在村落更新上发生。村落更新将是新农村建设中最大机率的事件，村落更新中的原址更新、原址修复、新址重建，前两者应该是我们所倡导的主要方式。

以云南沙栗木庄村为例。沙栗木庄自然村位于大理古城四公里处，远望苍山，面朝洱海，东边紧邻大理路，西部有国道紧贴而过；该村海拔2100米，年平均气温15.7度，年降水量800毫米，适宜种植水稻、玉米等农作物。有耕地454亩，人均耕地7亩，林地120.78亩，全村辖2个村民小组，有农户124户，有乡村人口549人，劳动力302人，其中从事第一产业人数157人，2006年全村经济总收入1660万元，农民人均纯收入3712元。目前村内居住主要为老人和孩子，年轻人外出打工或者经商。

沙栗木庄自然村现状中保留着传统建筑同盟会成员故居与本主庙、文昌阁等，还有百年古树、传统街巷，有典型的云南"四面田"村落特征（图1）。

另一四川典型林盘村落崇州市榿泉镇群安村余花林盘，形成于清代，地处川西坝子，村域面积4.98平方公里，村庄占地97亩，户籍人口4206人，常住人口2900人，村民人均年收入18000元，村集体年收入50万元；以发展种植荷花、红提以及乡村旅游为主，有800平方米清朝余氏祠堂（图2）。

图1 云南沙栗木庄村　　　　　　　　　　图2 四川崇州群安村

上述两个村，一个是以四面田为特征的典型的云南村落，一个是以林盘为特征的典型的川西平原村落；一个接近空心急待资金注入重唤活力，一个是初次重建完成，但本土建筑文化呈现较苍白，待整理。

村落更新在这两个村体现不同，对沙栗木庄村而言，是公共空间整理、民居更新、新建筑的本土风貌还原、新型产业引入、土地功能整理等一系列全面工作；对群安村而言，是纠正村落更新中的诸多误区，还原林盘村落特质、休整建筑风貌、通过注入本土文化语言提升村落品质的问题。无论对于大理坝子还是川西坝子，都是典型的村落更新问题。

沙栗木庄村的更新将带来村落的重生，群安村的更新将填补灾后快速重建中缺失的部分乡土文化。

但是这个过程，须先纠错，才能避免以试错的方式达成的高代价成果。

3 村落更新中文化保护的五大误区

村落的本土文化保护，一方面体现在对住居方式、生活习俗、公共交往等无形价值的保护上，一方面还体现在建筑风貌、街巷空间模式、材料与工艺等有形物质的保护上。

在我们调查的村落中，有相当数量是旅游开发非常成功的，但原始村落状态被旅游经济所覆盖的，原生态的本土建筑文化痕迹被分解。

因此，需认清在村落更新中文化保护的五大误区，主要在：

误区一，把装修当文化；

一些地方在村落改造更新中，既存在不分青红皂白把具有原始价值的建筑语言用廉价的装修材料覆盖的情况，也存在形式语言不伦不类的情况（图 3）。

图 3　群安村的装修"文化"

误区二，把造价当原则；

图 4

在云南的民居更新中，石材本是当地最随手可得的材料，而原始村落的最大特色也在于石头房子的多姿多彩，但是，石头房子平均造价 2500 元每平方米，而砌体建筑加抹灰平均造价 1600～1800 元每平方米，而且修建速度快，几乎所有的新建房都用这样的方式，原始村庄风貌被破坏很大。

误区三，把规模当成绩；

村落更新讲求需要论，需要更新的更新，不需要的就保留。推倒一片的城市建设中出现过的一些极端做法，不但对乡村破坏很大，而且不可修复，对村落本土文化是难以估量的灾难（图 5）。

图5　云南村落的开发式改造和原生住居对比

误区四，把工艺当装饰；

地域性的修建工艺，有些甚至是非物质文化遗产中需要保护的部分。工艺与匠人，都是村落生命力的一部分，远超装饰的价值。对村落作有文化价值的更新，对地方工艺的尊重是非常重要的一方面。

误区五，把更新当开发；

更新绝不是开发，开发式的更新缺乏对局部生活的精致设计，倡导模型化、样板化的设计处理，同样也会带来本土文化生活保护的极大风险。

4　村落更新的四有原则

鉴于此，就乡建的核心价值来讲，人是主体，既是为什么人而建，为什么人而乡愁的问题，也是什么人来建的问题。

在云南存在很多空心村（图6），有些地方政府寄希望于能够把资金和外来人员带进村落的艺术家们，事实上，碧山计划之所以引起争议，原因就在于核心问题的争议：乡建该由谁主导？叶铮认为"乡建是一个社会大系统问题，是一个文化生态工程"，显然不是几个艺术家、策展人、室内设计师等人力所能及的。

图6

在村落更新中，需要做到：有村有人，有房有田，有居有社，有车有行。这是我们提出的乡村建设四有原则。

"有村有人"，是指可持续的乡村建设，需有原生居民的持续居住，而不是被城里人的别处生活所占领；乡村建设的核心是为原住民服务，原住民的日常生活，带有深深的田园肌理的痕迹，是乡愁不能抹掉的部分（图7）。

图 7

"有房有田"，是指可持续的乡村建设，除了建设性的保护房子，还要保护原生态产业。中国乡建院在十堰鲍峡推动的中国原种水稻胭脂米扩种，就是一种尝试（图 8、图 9）。

图 8　云南四面田 　　　　　　　　　　　　　　　图 9　四川林盘

"有居有社"，是指除了保护原生居民外，还要保护他们的聚落文化生活，这是居民的凝聚力所在，也是村落的生命力体现（图 10）。

图 10　村落中的社庙和教堂

"有车有行"，在一些村落改造中，修路曾经成为第一件大事，路修宽了，汽车进了村，但是少了阡陌交通步行相达带来的邻里关系。我们倡导田野间的步行健康生活，需要还汽车道给乡间小路。

综上，村落更新的宗旨在于恢复乡村生活活力的基础上，进行本土文化的保护，遵循四有原则，建村如村，是回归乡愁的有效途径。

新型城镇化发展背景下的村镇规划管理思考[①]
——以云南省为例

郭凯峰

云南省设计院集团

摘 要： 本文以当前村镇规划的内涵为切入点，系统分析了其在相关法律法规中所明确的工作任务、含义界定、规划编制、机构建设等的法理依据。通过在村镇规划管理中法理依据不充分、规划偏滞后、机构不健全、职能多交叉、管理较混乱、经费无保障等主要存在问题分析的基础上，结合云南省的地方实践与做法对村镇规划管理的法理与机构建设进行探讨，借此为进一步积极稳妥、科学有序完善村镇规划管理的法理与机构建设提供地方实践参考。

关键词： 村镇规划；管理；法理；机构；云南

1 引 言

村镇是我国农村地区经济社会发展的主要生产力空间组织形态，以村庄和集镇为载体的社会发展单元在我国城乡统筹发展进程中发挥着越来越重要的作用。在以区域城镇群作为推进城镇化的主体形态受到广泛重视和认可后，城镇化的另一实现途径——农村现代化也随之提上了议事日程。农村现代化不是要把农村转变为城市，而是要通过面向广大农村和城乡联系的节点——村镇，来带动农村经济社会的全面发展和进步，使村镇作为带动农村发展的重要环节，以此全面推进农业生产体制改革，引导促进农村人口城镇化和土地城镇化在速度和质量上的有效匹配、在空间上实现有效契合（暨空间城镇化），进而完善农村社会化服务体系的基本单元。

然而，从全国层面来看，村镇数量多、分布广、效能低、投入产出比不高、生产方式较单一、管理模式多元化等特征显著。在当前国家城镇化快速推进的现状下，村镇规划管理无论是在规划编制还是实施管理中，均不同程度地表现出"法律依据不足、管理体制不顺、规划地位不清、设置机构不够、管理人才不专、保障经费不多"等复杂而现实的问题。

对村镇规划管理的法理与机构建设进行探讨，是有效解决村镇规划管理问题的前提和基础，也是进一步积极稳妥推进城镇化和城乡统筹的必然选择。

2 村镇规划内涵及规划管理的法理基础分析

2.1 村镇规划的内涵与任务

我国现行的城乡规划体系包含了城镇体系规划、城市规划、镇规划、乡规划和村庄规划五类。村镇规划是村庄与集镇规划的总称：自然村和行政村谓之村庄；乡人民政府所在地谓之集镇。村镇规划涵盖了城乡规划体系中的部分镇规划（镇总体规划中涉及所辖的村庄规划）、乡规划和村庄规划三类。

村镇规划是乡级（或镇级）人民政府为实现村镇的经济社会发展目标而进行的规划编制工作，其基

---

① 基金项目：云南省住房和城乡建设厅、国家开发银行云南省分行"2013年云南省特色城镇化发展战略研究"重点资助项目（2013001）部分研究成果。

本任务为：（1）研究并确定村镇的性质及发展规划；（2）在集约节约的前提下合理安排村镇各项建设用地；（3）科学组织、统筹安排各类建设项目；（4）通过规划实现适应地区经济社会发展和满足农村居民生产生活的需要。

我国现行城乡规划体系分类及类别划分　　　　　表1

	城乡规划体系	主要分类	规划所属类别 （从属但不涵盖）
I	城镇体系规划	全国城镇体系规划、省域城镇体系规划、跨行政区域城镇体系规划（包括城市群规划）、市域城镇体系规划、县域镇村体系规划	区域规划
II	城市规划	设市城市（直辖市、设区的市、县级市）的总体规划和详细规划	城镇规划
III	镇规划	县人民政府所在地镇的总体规划和详细规划、县人民政府所在地镇以外其他镇的总体规划和详细规划	城镇规划
		在镇总体规划中，涉及一部分镇所辖的村庄发展布局规划	
IV	乡规划	乡人民政府所在地的集镇规划和乡域村庄发展布局	村镇规划
V	村庄规划	自然村规划、行政村规划	

2.2　法理中的村镇规划界定问题

《城乡规划法》第二条第二款规定："本法所称城乡规划，包括城镇体系规划、城市规划、镇规划、乡规划和村庄规划"。在乡规划和村庄规划中是否等同于村镇规划？在《城乡规划法》中并没有明确的法理界定和内涵解析。《城乡规划法》第十五条规定："县人民政府组织编制县人民政府所在地镇的总体规划，报上一级人民政府审批。其他镇的总体规划由镇人民政府组织编制，报上一级人民政府审批。"实质上充分表明了镇规划的存在是以县人民政府或镇人民政府的存在为前提，将镇规定为有行政建制的城镇规划，进而排除了集镇这类非建制镇的规划。同时，在《城乡规划法》第十八条第二款最后一句明确指出："乡规划还应当包括本行政区域内的村庄发展布局"。这在整个城乡规划体系中，基本明确了乡规划的内涵基本等同于村镇规划。

《土地管理法》将土地分为农用地、建设用地和未利用地三种基本类型。《土地管理法》第二十二条第二款和第三款作出规定："城市总体规划、村庄和集镇规划，应当与土地利用总体规划相衔接，城市总体规划、村庄和集镇规划中建设用地规模不得超过土地利用总体规划确定的城市和村庄、集镇建设用地规模。在城市规划区内、村庄和集镇规划区内，城市和村庄、集镇建设用地应当符合城市规划、村庄和集镇规划"，将建设用地分为城市建设用地、村庄建设用地、集镇建设用地，将集镇和村庄作为调整农村地区建设用地管理的两类主体，进而在界定上突出了城乡统筹的内涵和本质。

在《村庄和集镇规划建设管理条例》第三条第一款和第二款明确了："本条例所称村庄，是指农村村民居住和从事各种生产的聚居点。本条例所称集镇，是指乡、民族乡人民政府所在地和经县级人民政府确认由集市发展而成的作为农村一定区域经济、文化和生活服务中心的非建制镇"。本条例虽然充分明确了村镇规划的界定问题，却并非一个严格的法律概念，且在1999年11月1日起施行后，一直未与新出台的上位法进行有效衔接，造成了上位法与下位操作缺乏统一的实施主体和对象。

2.3　法理中的村镇规划编制工作问题

在《城乡规划法》第三条第二款中提出"县级以上地方人民政府根据本地农村经济社会发展水平，按照因地制宜、切实可行的原则，确定应当制定乡规划、村庄规划的区域"，也就是乡规划和村庄规划含义基本接近的村镇规划在编制范围和数量上，上级人民政府有一定的自由裁量权，并不是全域覆盖，而是有一定的选择和比较。在我国特别是乡级人民政府财力有限、规划人才不足，无法有效承担起村镇规划的实际编制要求。这也就造成了因编制主体而造成村镇规划"不编制、不管理"或"有编制、无管理"的原因之一。

2.4 法理中的村镇规划管理体制问题

"属地管理、分级审查"是城乡规划管理工作体制的重要特征。

根据《城乡规划法》第二十二条提出"乡、镇人民政府组织编制乡规划、村庄规划，报上一级人民政府审批"与《村庄和集镇规划建设管理条例》第八条明确的"村庄、集镇规划由乡级人民政府负责组织编制，并监督实施"的规定相一致，这也就明确了村镇规划的编制主体是乡、镇人民政府。

《城乡规划法》第四十一条提出"在乡、村庄规划区内进行乡镇企业、乡村公共设施和公益事业建设的，建设单位或者个人应当向乡、镇人民政府提出申请，由乡、镇人民政府报城市、县人民政府城乡规划主管部门核发乡村建设规划许可证"，可以明确村镇规划的实施管理主体是乡、镇人民政府和县人民政府城乡规划主管部门。

从管理体制上看，无论是编制主体和实施管理主体，都是村镇所在的上级城乡规划主管部门，并没有明确提出村镇一级的规划管理目标和工作要求，呈现比较显著的"上级规划、上级管理"构架，这与城乡规划的"属地管理、分级审查"核心机制不统一。

2.5 法理中的村镇规划管理机构问题

我国的城乡规划管理主体主要分为国务院城乡规划行政主管部门和县级以上地方人民政府城乡规划行政主管部门。《城乡规划法》将主要的事权划分给城市、县一级的城乡规划主管部门，促使我国主要省（自治区、直辖市）地级以上城市均建立了独立的规划管理机构，绝大多数实现了城乡规划的集中统一管理，规划管理机制比较健全，机构建设相对完善，然而大多数县级市、县的规划管理体制仍然还不完善，机构设置不尽合理，管理职能和事权不够明晰，许多地方仍没有独立的规划管理机构或管理机构设置层级较低。但村镇规划管理中，出现主体虚置、规划多头管理或无人管理，规划机构人员、编制、经费无保障，独立执法资格缺失等问题，严重削弱了村镇规划工作的权威性，制约了村镇规划作为重要政府职能的综合调控作用的发挥，也直接影响了城乡统筹发展和建设的质量与水平。

《村庄和集镇规划建设管理条例》第六条提出："国务院建设行政主管部门主管全国的村庄、集镇规划建设管理工作。县级以上地方人民政府建设行政主管部门主管本行政区域的村庄、集镇规划建设管理工作。乡级人民政府负责本行政区域的村庄、集镇规划建设管理工作"。同样将村镇规划管理的事权主要划分给县级以上地方人民政府规划建设行政主管部门，造成村镇规划管理机构缺乏法律依据。

村镇规划管理机构问题还表现在"管理职能越位"，规划管理与建设管理行政主体不清晰。村镇建设管理职能统一由县级规划主管部门所替代，而国家与较多地方的相关村镇建设法规，是明确将村镇建设主要职能均赋予建设主管部门，规划主管部门只承担规划编制、实施和对下指导、监督职能。规划与建设的两重管理机构，常常引发互相推诿或多头管理的情况出现。

3 当前村镇规划管理中主要存在问题

3.1 现行法理依据的指导不足

随着我国城乡统筹及城镇化进程的不断加快，当前广大农村地区特别是村镇发展的现实环境已经发生了较为显著的改变，都要求我们必须创新规划编制实施与村镇建设的技术、方法与管理水平，全面提高规划管理、建设实施的水平和质量，以实现加快城乡统筹、促进推进城乡一体化、全面建设社会主义新农村的目标。现行的《村庄和集镇规划建设管理条例》无法满足新形势下对村镇规划建设和管理的有效指导需求，涉及村镇规划建设管理的国家级大法又不存在，从而在法理上缺失了对村镇规划管理工作的有效支撑。

3.2 规划编制工作整体较滞后

村镇规划编制相对滞后，没有规划，村镇建设管理就没有依据；没有规划，村镇建设就无章可循；没有规划，处理违章乱建就没有法律依据。少数地方政府对村镇规划编制工作不够重视，存在着"等、靠、要"思想，在规划资金不到位的情况下，往往简单拼凑村镇规划。同时，村镇规划的编制质量不够高，建制镇详细规划编制率较低，村庄建设规划编制起点较低、执行力度不够。

村镇规划规模偏小，规划编制费用少，很难请到编制资质高的规划设计单位，同时当前规划设计单位设计业务繁忙，没有作充分的基础调查研究，用城市总体规划的模式和城镇规划的技术路线去编制村镇规划，过于追求面面俱到，其中部分内容是不切合实际或指导意义较弱，反而淡薄了村镇规划真正应该起到的作用，且村镇的建设活动一定程度上还是依靠村规民约来约束，因而简单明了、通俗易懂的规划才是农民真正需要的规划。

3.3 村镇建设管理机构不健全

基层村镇规划技术和管理力量薄弱，多数地区村镇管理力量薄弱，仅有 1～2 名专门管理人员甚至没有，而且基本上是兼职，专业技术人员奇缺导致整体专业技术与管理水平较低。大部分乡镇村镇规划管理机构不健全，人员编制和经费保障不到位，难以满足量大面广、日益繁重的村镇规划编制与实施工作要求。

从全国现状来看，绝大多数乡镇没有健全的规划建设管理机构，以致城乡一体化的规划建设管理无法有效延伸到乡镇，乡镇没有健全的规划建设管理机构，也就造成了城乡规划建设一体化的政策和目标在乡镇和村庄就没有具体机构和人员去落实。

3.4 村镇建设管理职能多交叉

县级建设系统缺乏统一的协调部门，结构平行设置，工作相互干扰，行政效率不高。我国大部分乡镇规划建设管理均采用条块结合、以块为主体的管理体制，行政上隶属于当地政府，业务上受上级建设行政主管部门指导。县级建设系统将村镇规划建设管理机构作为派出机构，对其垂直管理、监督管理，一些乡镇领导急于出政绩、树形象，违反规划和法规的现象屡见不鲜，使村镇规划管理工作的有效建设实施成为空话。

3.5 村镇建设实施管理较混乱

现有的建设法规大多适用于县城以上，乡镇没有行政执法权和处罚依据，对于出现的违法工程，申请上级部门或法院执行的周期一般较长，对于建设周期较短的违法工程在管理上常常感到无能为力。往往造成执法主体在县乡两级处于盲区，在村镇出现管理机构断层，无法实施对村镇违法建设行为的处理，或者得知违法行为后也无法立即进行有效执法。未批先建、少批多建等现象较为严重。许多村庄规划实施和管理力度不大，不少村干部对村庄规划建设认识不够，不按规划的要求建设，随意性太大，再加上许多村干部更换频繁，规划实施缺乏连续性。

规划和建设管理跟不上，建筑技术力量及服务缺乏，导致村镇盲目建设和发展，居住分散，增加了基础设施配套的成本。特别是农村新建住房，不按规划选址、不按图纸施工、不规范施工、不竣工验收。

3.6 村镇规划管理经费无保障

从地方实践来看，我国省一级财政投入村镇规划管理经费力度小，城市、县人民政府财政投入更为紧缺，难以为村镇规划编制提供可靠资金保障。很多省没有将村镇规划编制和实施经费列入财政预算，给市县财政造成了较大的困难。许多村镇特别是偏远地区的村镇财力非常有限，再加上村镇建设配套费在许多乡镇已取消，村镇规划的经费无保障，许多村镇无力投入资金编制规划。村镇规划编制完成的数量因规划资金投入的不足，不能满足新农村建设发展的需要。

4　云南的实践与做法

4.1　制定和出台地方法规、文件

云南省委省政府高度重视村镇规划建设管理工作，认为村镇规划建设管理是城乡规划建设工作的重要一环，也是城乡规划建设管理工作中的薄弱环节。随着经济社会的加快发展，云南省城乡规划工作出现了一些新情况：规划管理范围从城市扩大到镇、乡和村庄，乡村规划及其监督管理活动亟待制度规范；《城乡规划法》对城市、镇、乡和村庄规划编制及管理制度规定比较原则，需要进一步细化和明确；个别地方在编制城乡规划特别是村镇规划中，存在过量规划、过度超前、求大求快、盲目扩张、过多占用坝区耕地的现象；村镇规划编制及管理经费不足，村镇规划管理的机构设置、人员配备不能适应城乡建设发展的需要。云南省认为这些问题在一定程度上影响了全省经济社会的科学发展和云南桥头堡建设的实施。因此，构建科学完善的村镇实施管理制度亟需通过地方性法规予以落实，同时对《城乡规划法》中的一些授权性和原则性规定进行细化，由此于2011年正式启动《云南省城乡规划条例》立法工作。目前，该条例于2012年7月顺利通过云南省十一届人大常委会第32次会议一审审议，争取在2012年9月底前通过省人大二审审议及颁布实施。

云南省为了规范镇乡规划的编制工作，全面强化村镇规划的管理和实施工作，根据《中华人民共和国城乡规划法》等法律、法规和政策的规定，于2012年1月21日起正式施行《云南省镇乡规划编制和实施办法》。该实施办法明确提出镇规划和乡规划编制、镇乡规划的审批和修改、镇乡规划实施要求等。例如云南省大理市为了强化村庄规划建设，全面开展了村庄规划编制工作，并在全省率先出台了《大理白族自治州村庄规划建设管理条例》，对农村集体建设用地特别是宅基地管理作出了系统规定，规范村庄建设，合理利用土地，加强基础设施和公共服务设施建设，提高生态环境质量。通过建设新农村，发展新城镇，打破城乡界限，消除城乡分割，推进了新型城镇化，推动了城乡一体化进程，促进了区域协调发展。

4.2　全面推进村庄规划编制工作

云南是一个集边疆、民族、山区、贫困"四位一体"，城乡二元经济结构突出的欠发达省份，由于历史、自然和经济社会发展等原因，全省村庄规划编制工作严重滞后，村民无规划建房现象普遍。为切实解决全省村庄规划编制工作滞后和管理缺位问题，云南省于2005年启动了村庄规划编制试点工作，2007年又制定下发了《云南省社会主义新农村建设规划纲要（2006-2010）》。按照省委、省政府的部署和要求，全省住房城乡建设系统认真履行职责，深入探索，积极推进，结合实际，做了大量力所能及的工作，并取得了一定成效，为全面推进村庄规划编制工作奠定了一定基础。

4.3　加快建立健全村镇管理机构

《云南省城乡规划条例》中也进一步清晰明确了：乡、镇人民政府所属的规划建设管理机构，依法做好村镇规划管理工作。街道办事处配合县（市、区）城乡规划主管部门做好城乡规划管理的有关工作。村（居）民委员会可以配备规划协管员，协助做好相关管理工作。这为进一步建立健全村镇规划管理体系奠定了扎实的基础。特别是在规划协管员制度的创新上，为村镇规划的落实和监督提供了必要的基层机构保障。例如云南省普洱市为实现城乡规划建设从上到下的有效监管，决定在全市乡镇设立村镇规划建设管理站所，于2008年在全省率先组建103个乡镇规划建设管理所，并配备2至3个编制，以解决过去村镇规划建设管理不到位和缺位的问题。具体做法是批准设立的村镇规划建设管理站所为乡

（镇）人民政府直属财政全额拨款事业单位，机构规格股所级，核定事业编制 1-3 名。主要职责是宣传贯彻国家和省、市有关乡村规划、建设和管理的法律法规及方针政策；组织实施本乡镇村镇建设发展规划；负责本乡镇范围内村镇规划建设管理工作等。

4.4　科学强化村镇规划管理工作

云南省充分结合地方实际建立健全组织领导机构，要求未设立村镇规划管理机构的乡镇或暂时不具备单独设立规划建设管理所的乡镇，可在国土资源所加挂村镇规划建设管理机构牌子，并明确专人负责此项工作。

明确要求严格落实规划监督管理制度。加强对村镇规划编制、修改、审批、实施管理的监督检查，进一步增强依法批准的村镇规划、未经法定程序不得修改的法律意识。严格按照《城乡规划法》的规定，依法定程序和要求对村镇规划编制、修改、审批、实施管理全过程进行监督检查；加大规划行政执法的力度，严厉查处违规违法建设，切实维护规划的严肃性，保障群众的合法权益；强化对村镇规划管理人员违纪违法行为的监督检查和责任追究，加强城乡规划领域党风廉政建设，全面推进城乡规划管理法制化、规范化进程。特别是《云南省城乡规划条例（草案）》明确了："乡、镇人民政府对本行政区域内违反城乡规划管理的行为依法进行查处。街道办事处对本辖区内的违法建设行为，应当及时予以制止，并配合城乡规划主管部门予以处理。村（居）民委员会、物业服务企业发现违反规划的违法建设行为的，应当予以劝阻，并及时报告城乡规划主管部门或者乡、镇人民政府、街道办事处"，这为村镇规划的监督实施管理工作提供了重要保障和依据。

4.5　努力保障村镇规划编制经费

为了确保云南省村庄规划编制工作的顺利开展，云南省从 2010 至 2012 年，省级财政按照每个村补助 1000 元的标准，共安排省级补助资金 1.5 亿元，专项用于各地村庄规划编制补助。各州、市政府则按照每个村 1000 元的标准安排补助资金，确保配套补助资金及时足额到位，为村庄规划编制工作提供保障。县（市、区）政府全面抓好规划编制的组织工作。省、州（市）资金补助不足的由县级财政自筹。同时，各地进一步加强了对规划编制成本的控制，科学合理、公开透明使用财政资金，确保平均每个规划编制成本控制在 0.3 万元以内。

4.6　系统分级开展技术人员培训

云南省按照分级负责、各司其职的要求，建立健全分级培训制度，加强对以乡镇和村干部为主、新农村建设指导员和大学生村官为辅的规划编制队伍建设，采取现场指导和组织技术培训等灵活多样的形式，进一步提高规划编制队伍素质。云南省城乡规划主管部门积极做好对州（市）、县两级骨干人员的培训指导；各州、市政府负责做好对乡（镇）人员的培训教育；各县（市、区）政府负责做好对村庄人员的培训管理。通过分级培训，使相关人员能够真正胜任村镇规划编制工作，为规划编制工作提供技术保障。

感谢云南省住房和城乡建设厅刘学总规划师的悉心指导和帮助，感谢元谋县住房和城乡建设局吴元春副局长提出的宝贵建议，同时本文观点不代表所在单位意见、文责自负。

参考文献

[1]　中华人民共和国城乡规划法. 北京：法律出版社，2008.
[2]　村庄和集镇规划建设管理条例. 北京：中国农业科学技术出版社，1993.
[3]　国家新型城镇化规划（2014-2020 年）[R]，2014.
[4]　云南省新型城镇化规划（2014-2020 年）[R]，2014.
[5]　郭凯峰. 云南省城镇化发展特征、路径及对策研究 [J]. 规划师，2011，(12)：95-100.

［6］　冯薇. 村镇规划设计中的集约利用［J］. 江西农业大学学报，2007，6（1）：72～75.

［7］　梁湖清，沈正平，沈山. 村镇规划与土地规划的比较及协调研究［J］. 人文地理，2002，17（4）：14～16.

［8］　胡滨，薛晖，曾九利，何旻. 成都城乡统筹规划编制的理念、实践及经验启示［J］. 规划师. 2009（08）.

［9］　程茂吉. 从城乡统筹再谈城乡规划全覆盖［J］. 规划师. 2009（01）.

［10］　薛友谊. 基于绩效分析的新农村村庄规划评价研究［D］. 浙江大学建筑工程学院硕士学位论文，2008.

［11］　田洁，贾进. 城乡统筹下的村庄布点规划方法探索——以济南市为例［J］. 城市规划. 2007（04）.

［12］　傅立德. 《村镇规划编制办法（试行）》的施行情况及修订建议［J］. 规划师. 2006（11）.

［13］　汤书福. 欠发达地区村镇规划编制的主要矛盾及对策［J］. 城市规划，2008，32（12）：62～64.

［14］　云南省城乡规划条例，2013.

［15］　云南省镇乡规划编制和实施办法，2011.

新社区规划：美好环境共同缔造

李　郇

中山大学城市化研究院

黄耀福　刘　敏

中山大学地理科学与规划学院

摘　要： 在城市社会转型时期村庄空心化、产业不景气等一系列问题不断显现的背景下，厦门提出了美好环境共同缔造的行动计划。本文以乡村社区为研究基本单元，在阐述社区发展过程中物质环境、人的活动和社会的关系内涵的基础上，分析了新社区规划的工作路径；以厦门市海沧区西山社为案例，从空间环境、群众参与两个方面展现了公众参与促进农村社区活动，空间营造重构社会关系的新社区规划过程；并得出结论：新社区规划是行之有效的村庄规划与治理模式，村庄规划应向社区规划转型，从"蓝图导向出发"转向"问题导向出发"、从"注重空间结构"转向"注重社会关系"、从"编制物质规划"转向"商定行动计划"。

关键词： 空间；社区；社会关系；共同缔造

1　问题的提出

在经历了改革开放三十多年的快速城市化过程后，中国的乡村发展仍然面临严重的问题，如大量劳动力的外出务工导致乡村的空心化，出现乡村经济活力的丧失；传统的家族社会在现代化的冲击下破碎，农村呈现"去集体化"的现象，不仅基层组织建设困难，而且在乡村出现生人社会的现象。因此，解决"三农"问题每年都成为政府的重点。

在这种环境下，通过规划引导村庄发展的需求凸显。从 2005 年至今，全国多地市尝试编制新农村规划、宜居村庄规划、山区帮扶规划、美丽乡村规划等，终因实施难而未取得预期成效。究其原因主要是我们忽略了村庄作为一个集体社会存在的特性，空间环境建设只是乡村社会状态的体现。事实上村庄规划应区别于传统的以建设为主体的物质空间规划，走向"以人为本"的社区规划。

本文认为村庄规划应尝试新的社区规划方法：以空间环境为载体，通过公众参与，促进社区环境改善，从而重构邻里关系，再现熟人社会。厦门市"美好环境共同缔造"行动正是对新社区规划的实践。

2　新社区规划的缘起："美好环境共同缔造"

"美好环境共同缔造"是厦门市委市政府的社区发展战略，理论基础是人居环境科学。吴良镛先生在《再寄中青年城市学者》中提到，"人居环境的核心是人，是最大多数的人民群众……人居环境建设是全人类的共同事业，创造有序空间与宜居环境是治国安邦的重要手段。"人居环境科学梳理了人居环境建设过程中人、自然与社会相互间的关系，通过空间建设建立起联系，从而实现三者良好互动，以此建设美好的人居环境。"美好环境共同缔造"不是单纯的投资与建设过程，更是一个面对社会、环境变化的政治、经济、文化的管理过程；不仅是建立人与人之间和谐关系的过程，也是建立人与自然、人与社会、社会与自然之间和谐关系的过程。

"美好环境共同缔造"基础在社区，核心在"共同"。美好环境共同缔造是以社区为基础、居民为主力、激发社会活力的发展模式，旨在将人居环境的建设与社会发展融合为整体，通过空间改善带动公众参与。爱德华·格莱泽在《城市的胜利》一书中写道，"城市不是没有生命的建筑物，真实的城市是有血有肉的，而不只是钢筋混凝土的合成物而已。"人创造人居环境，人居环境又对人的行为产生影响。因此，美好环境需要通过社区居民的行动共同实现，在规划中达成共识，在建设中形成共建。社区参与、社区主体的共同缔造是推动美好环境建设的基本原则。

不同于社会规划的是"美好环境共同缔造"以空间环境改善为载体，通过制度建设培育精神、发展产业。共同缔造以培育精神为根本，通过制度建设把社区文化、发展机制稳固并延续下去，让共同缔造成为居民日常生活的方式，促进美好环境建设的可持续发展；以奖励优秀为动力，激发群众共同缔造的热情，促进群众参与到共同缔造的过程；以分类统筹为手段，因地制宜开展共同缔造，而不是采取统而泛的方法；以组织建设为平台，重新凝聚社区分散的个人，变生人社会为熟人社会，推动产业振兴。

3 新社区规划的工作路径

3.1 新社区规划的步骤

正确认识人与社区的关系，寻找社区发展问题。吴良镛先生说："社区是人最基本的生活场所，完整社区规划与建设的出发点是基层居民的切身利益，不能仅当作一种商品来对待，必须要把它看成从基层促进社会发展的一种公益事业。"社区是连接空间、经济、社会的载体，人处于核心位置；社区与人的行为规范之间存在密切的联系，当这种归属或者认同的联系消失，人与社区之间的关系出现脱节时，就可能产生一系列社会问题。从这些问题出发是新社区规划的第一步。

其次，要明确居民在新社区规划中的核心位置。与社区紧密相关的主体有三个：政府、企业和居民。政府影响着地方的决策和建设的内容与建设量；企业主要包括房地产公司、开发商等，规划并建设了大量的城市公共空间；居民包括生活在社区当中的人和因为邻里关系、商业关系和各种现实问题（包括兴趣等）组合在一起的团体，是社区的主要使用者。这三者之间并非自上而下的线性关系，而是相互影响的。在这三者中，居民的主动性尤为重要。社区是居民长期生活的地方，社区的大小事务与居民息息相关。新社区规划的实质就是要重建社区居民的认同感，培养良好的睦邻关系，使其获得稳定的精神生活家园。

新社区规划的内容包括社区的物质环境、人的活动以及社会关系三大方面，核心在重构社会关系。物质环境是自然因素和社会因素相互作用的产物，是人活动得以发生的载体。组成物质环境的要素虽然是简单的，但是在不同的自然、社会、经济、政治和文化的作用下，会产生丰富多彩的空间形态。人的活动是新社区规划的重要内容，活动本身也是社区存在的意义。此社区之所以不同于彼社区，是因为通过社会活动的构建、选择、传承，可以将一个物质的空间最后塑造成为一个具有特定象征意义和空间体验的场所；同时，居民主动参与共同缔造，会对社区产生情感依恋——新社区规划本身就是一种行之有效的活动。通过活动，让社区成为集聚的中心，在反复的日常生活中，逐渐建构个人的体验记忆与集体的共同意识。社会关系是人与社区之间、人与人之间的情感依附，对地方认同感产生的核心的就是营造一种邻里关系。通过新社区规划借助物质环境的改善与人的活动的良好作用，可以形成社区的发展共识，以社区为纽带凝聚邻里关系，重唤地方感。

最为重要的是新社区规划倡导公众参与。公众参与实际上贯穿于新社区规划的每一环节。通过社区居民的参与，促使大家关心并且热爱自己的社区，在规划中达成共识，并且在活动中可以相互合作，从而增强对社区的认同感。新社区规划倡导居民自发营造空间，倡导通过集体行动建设宜居环境。每个街坊都有自己独特的社会背景。伴随时间流逝，它甚至会因此得到一个集体认同的称号。不管这个称号是否可以保留，每个街坊的特征都不会改变，它的名字会成为未来的遗产。也就是说，生活在街坊里的居民的每个行为，包括日常事务、节庆活动等都会影响着它的特征、社会空间格局等，这些又会在文化中熏陶影响自己，对自己的行为作出约束。因此，居民参与共同缔造，不仅可以改善社区的空间品质，创造交往空间；还可以通过自身参与这一"事件"，构建与集体之间的行为规范，从而增强对社区的认同感，促进社会融合。

通过上述分析，总结新社区规划的工作路径为：从"人"与"社区"的关系出发，以问题导向的思路，认为新社区规划的主体包括居民、企业和政府，但居民应该充分发挥主动性。规划的内容包括物质环境、人的活动以及社会关系，其中物质环境是载体，通过空间建设带动居民参与，促进社区活动，从而重构社区社会关系，建设良好的人居环境。

3.2 新社区规划的原则

（1）注重区域特征，彰显地方特色。在全球化和城市化双重推动下，城市面貌越来越千篇一律，缺乏本地特色。吴良镛在人居环境规划设计的指导原则中提出："每一个具体地段的规划与设计（无论面积大小），要在上一层次即更大空间范围内，选择某些关键的因素，作为前提，予以认真考虑。"每一个社区都在地球表面上具有特定的本地性，它必须对特定的区域、街区或者社区具有一定的归属或者依附的情感，而不是标准化、大众化的产物。因此，区域环境的自然、文化的多样性都为共同缔造提供了丰富的资源和机会，使得社区更加独特和本土。好的社区具有独一无二的特性，除了自己什么都不是。它不是其他地方的复制品；相反，可以在跟其他社区的比较中彰显自己的特征。

（2）改善空间品质，营造集聚中心。社区的"场地"（Local）是人的关系产生、活动发生的物质载体；但物质载体是发散的，需要营造集聚中心。公共空间是居民实现良好互动的重要场所，提供居民日常活动、交流休憩的载体。通过捕捉发现某些户外空间，进行整治提升，赋予休息、交流的用途，让公共空间成为集聚居民交往的平台。空间品质的提升，对当地人来说，能够提高生活质量，促进交流，变"生人社会"为"熟人社会"；对外地人来说，能够促进社会融合，减少社会分异，促进社区可持续发展。

（3）重视历史文化，建构集体记忆。冯骥才先生说："城市文化的记忆纵向地记忆着城市的史脉与传衍，横向地展示着它宽广而深厚的阅历，并在这纵横之间交织出每个城市独有的个性与身份"。文化会在居民身上产生长久的烙印，但是文化缺乏根基就会成为无源之水。因此首先要挖掘历史资源，重视地方节庆活动，唤起民众记忆，引发共鸣。其次重视地方文化，把地方化的独特要素融入到社区建设中。社区是历史沉淀的产物。特别对老一代人而言，大榕树、宗祠、古屋代表了久远的年代记忆，更应该得到重视。然而在当今城市发展在土地资源紧缺的压力下，很多具有沉淀的社区不断被推倒、铲平。以地方的历史文化为特色，保存当地的集体记忆，发掘社区的文化符号，维持原有地方的社会关系网络，是当今快速城市化下村庄规划最紧迫的工作。

（4）丰富邻里活动，凝聚社会关系。当今传统的熟人社会不断被打散，人际关系渐趋冷漠，社会也变得个体化、私密化。城市的意义在于人的聚集而居，而今日居住在城市的人们之间却各自形成一个个心灵与物质的堡垒。简·雅各布斯指出，街道中存在监视的"目光"很重要，店铺中相互照看、邻里间照顾小孩、街道上的问候、路边的闲聊等活动，可以保持社区的活力，也可以创造良好的地方感与安全感。邻里不仅意味着空间距离临近，更是社区成员心理上的彼此贴近。张铁志认为："对一个城市来说，每一个异质的空间都可以生产出不同的社会连带与认同，甚至不同的文化创造，因而丰富了城市的灵魂。"社区应该通过社会建构不断丰富自身内涵，通过活动重构社区的社会关系，促进不同人群的融合（图1）。

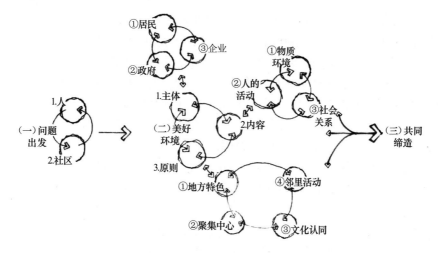

图1 新社区规划的工作路径

4 海沧区西山社的实践

西山社位于海沧区东孚镇，紧邻天竺山森林公园西大门，自然景观优美。2013年户籍人口370人，流动人口60多人。村里以种植农作物为主，集体经济薄弱。青壮年劳动力大多外出务工，留下大量的"386199"（妇女、儿童、老人）部队。市场经济不断冲击着乡村的发展建设，经济关系嵌入社会关系后，经济社会生活的世俗化、理性化不断挑战传统乡村社会的伦理规范和价值准则，农村越来越破碎化，乡村原有的同质性、地方感也在减少。社区认同趋于消解，传统的集体化社会关系不断被瓦解；公共空间不断被侵占，村民越来越变为独立的个体。

西山社新社区规划内容包括改善水池、建设和谐亭、美化房前屋后、铺设市政排污管道等。本文主要以风水塘改造（图2中①、②处）、房前屋后美化（图2中③处）为案例进行分析，论述西山社在新社区规划中如何通过空间的改善带动居民参与，以此重焕熟人社区里的集体意识。

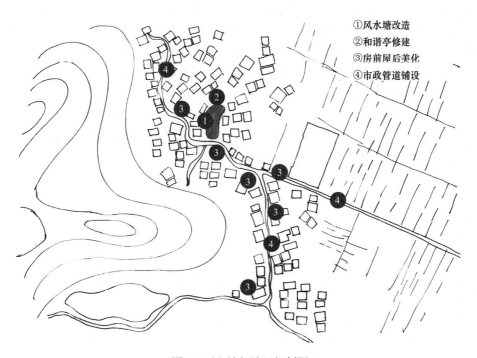

①风水塘改造
②和谐亭修建
③房前屋后美化
④市政管道铺设

图2 西山社新社区规划图

西山社区池塘旁边有个养了20多头猪的猪圈，猪排除的粪便溢出后，鱼塘臭气熏人，周边村民叫苦不迭。"美丽厦门共同缔造"行动计划开展后，居委经常到该村民家拜访，劝他把猪圈拆除。村民后来意识到自己不该占用村里公共空间谋取利益，于是带着工人拆除了猪圈。社区组织村民商讨决定将其改造为风水塘，同时在猪圈原址上修建纳凉亭并树石碑。这一决议得到村民的极大认可与支持，大家积极动手对鱼塘进行了清淤与改造。为使纳凉亭早日建好，在乡贤理事会的号召下，村民与附近的企业都积极筹资捐款建设。修建纳凉亭后，村民们聚在一起，想为这座代表村民同舟共济的凉亭取一个名字。老人提议叫"和谐亭"，一来展现西山社区村民共同改变村庄面貌的努力，以及风雨同舟、和谐美满的生活氛围；二来作为村庄的象征，向后代传颂着西山的故事。风水塘的建设，凝聚了村民的共同意识，从分散的个人走向具有共同目标的集体；它也成为西山的符号，见证了西山的历史，象征着西山和睦邻里的意识。

房前屋后是居民最关心的空间，能够展现家庭、社区良好的风貌。在猪圈变凉亭、臭鱼塘变风水塘后，收获了意想不到的效果。村里掀起了改造房前屋后的浪潮——纷纷对有碍观瞻的建购物、藤架等进行拆除与改造，种上花卉植物，将房屋周围的土地用鹅卵石砌起来，在里面种植蔬菜。远远望去，村民房前屋后洋溢着勃勃生机，充满诗情画意的田园意境。西山房前屋后的建设提升了每个村民的自豪感与地方感。他们用鹅卵石将公共领域和庭院空间连接起来，也把人与人之间的关系连接起来，打开了左邻右舍交流的通道，让家庭与家庭、家庭与街道之间开始对话。这是世界上最小的"地方"，却是村民日常生活的缩影。村民用自己熟悉的农作物，去创造一个熟悉的空间，建立人与自然的关系，重新焕发村庄活力，营造邻里和睦氛围。

西山社区村民间存在血缘关系、地缘关系，在个体特征及社会背景上具有较高的同质性，但在市场经济力量冲击下熟人社会不断被瓦解。新社区规划注重西山社原有地域特色，充分发挥村民主体角色，通过空间品质改善（猪圈变凉亭）营造村民集聚中心，通过风水塘建设建构集体记忆，借助村庄乡贤重新凝聚原有的集体组织（乡贤理事会等），重构社区社会关系，焕发村庄集体活力。

5 结 语

村庄规划的编制在城市政府自上而下的推动之下，对村庄的发展有了一定的指导作用；但传统的村庄规划强调物质空间的形态规划和功能布局，以城市政府为主导的规划思想忽视农村集体自治的组织架构与财政体系，脱离了村庄的实际情况与村民的真实诉求，从而导致村庄规划难以实施。

海沧区西山社的实践证明新社区规划是行之可效的社区规划与治理模式，村庄规划应该向社区规划的模式转型：从"蓝图导向出发"转向"问题导向出发"，没有宏伟蓝图、规范式成果与图集，而是从问题出发，因地制宜，保留特色，通过规划解决社会问题。从"注重空间结构"转向"注重社会关系"，通过空间改善带动居民参与，重构社区社会关系。从"编制物质规划"转向"商定行动计划"，不是外来的、千篇一律的、线性的规划，而是以居民为主体的、从身边小事做起的、富有弹性的行动规划。

参考文献

[1] Tim Cresswell. Place：A Short Introduction [M]. Blackwell Publishing Ltd，2008（9）：1-52.

[2] Fred R. Myers. Ways of Place-Making [M]，Grafo s. p. a，2002：101-119.

[3] 李郇. 自下而上：社会主义新农村建设规划的新特点 [J]. 城市规划. 2008（12）：65-67.

[4] 周锐波，甄永平，李郇. 广东省村庄规划编制实施机制研究——基于公共治理的分析视角 [J]. 规划师. 2011（10）：76-80.

[5] 吴良镛. 世纪之交展望建筑学的未来 [J]. 建筑学报. 1999（8）.

[6] 程世丹. 当代城市场所营造理论与方法研究 [D]. 重庆大学建筑城规学院，2007.

[7] 简·雅各布斯. 美国大城市的死与生 [M]. 第2版. 南京：译林出版社，2006（8）：127-160.

[8] Tuan Yi-Fu. 经验透视中的空间和地方 [M]. 潘桂成译. 台北：国立台湾编译馆，1998：129-141.

［9］ 曾旭正. 台湾的社区营造［M］. 远足文化事业股份有限公司，2013：24-44.

［10］ 刘合林. 论场所与场所营造［J］. 城市与区域规划研究，2008（3）.

［11］ 约翰·弗里德曼，陈芳. 走向可持续的邻里：社会规划在中国的作用——以浙江省宁波市为例［J］. 国际城市规划，2009，vol. 24，No. 1.

［12］ 约翰·弗里德曼，陈芳. 邻里相连：再生我们的城市［J］. 国际城市规划，2010，01：16-19.

［13］ 张中华，张沛，王兴中. 地方理论应用社区研究的思考——以阳朔西街旅游社区为例［J］. 地理科学，2009（1）.

［14］ 刘佳燕. 论"社会性"之重返空间规划［A］. 规划50年——2006中国城市规划年会论文集（中册）［C］，北京：中国建筑工业出版社，2006：335-342.

［15］ 吴良镛. 人居环境科学导论［M］. 第一版. 北京：中国建筑工业出版社，2001（10）：37-146.

［16］ 侯志仁. 城市造反：全球非典型都市规划术. 初版. 左岸文化事业有限公司，2013（9）：8-10.

［17］ 爱德华·格莱泽. 城市的胜利［M］. 上海：上海社会科学院出版社，2012（12）：1-14.

［18］ 李九全，张中华，王兴中. 场所理论应用于社区研究的思考［J］. 国际城市规划，2007，06：85-90.

［19］ 张中华. 浅议地方理论及其构成［J］. 建筑与文化，2014，01：35-39.

［20］ 吴欢欢. 乡村社区公共空间的重建与社区认同［D］. 广西民族大学，2010.

广州市村庄规划的空间协调方法

肖红娟

广东省城乡规划设计研究院

姚江春

广州市城市规划勘测设计研究院

摘　要：2013 年以来，广州市开展了新一轮覆盖全市的村庄规划工作，为解决村庄规划"落地难"问题，推进"多规协调"，创新性的建立了"前期、中期、后期"一体化的空间协调方法，通过制定规划成果模版、进行规划核查和协调、推进部门协同和数据入库等工作，实现村庄规划与土地利用总体规划、城市总体规划、控制性详细规划的协调，真正实现了城乡规划"一张图"。

关键词：村庄规划；空间协调；规划核查；多规融合

1　引　言

改革开放以来，广州乡村地区形成了"向土地要效益"的发展模式[1]，乡村空间面临着日益严峻的挑战，一方面表现为乡村建设用地的低效蔓延，如较为普遍的"一户多宅"、"空心村"现象；另一方面，在土地财政的驱动下城市空间不断蚕食乡村空间[2][3]。为应对城乡二元结构和乡村发展的困境，2000 年以来，广州市通过政府主导的村庄规划的形式做出了积极应对，以改善农村环境面貌、优化村庄空间布局作为政策目标，包括 2000 年的中心村规划、2007 年的社会主义新农村规划。然而，这些规划最直接的问题就是难以落地和实施机制的缺失，乡村空间发展问题依然难以解决。

2013 年以来，广州市在美丽乡村规划试点的基础上，开展了新一轮覆盖全市的村庄规划编制工作（下文简称"本次村庄规划"），创新性的提出了空间协调方法，其核心是建立了"多规融合"机制，以解决村庄的空间发展问题和村庄规划"落地难"的问题。

本文首先回顾了广州近年来村庄空间发展的问题、历次村庄规划的应对以及当前村庄规划仍然面临的困境，进而重点研究本次村庄规划的空间协调方法，为快速城镇化、城乡关系剧烈变化地区的村庄规划编制提供经验方法。

2　村庄空间发展问题和村庄规划的应对

2.1　空间发展问题

广州村庄空间发展问题表现在三个方面：

一是村庄建设用地低效蔓延。2012 年村庄人均建设用地达到 145.8m²，远高于《村镇规划指引（GD DPG—002）》确定的中心村规划期内户籍人口建设用地人均 120m² 以内的标准；村庄建设用地经济效益低，2012 年农村集体建设用地产出率为 1.21 亿元/km²，仅为国有建设用地的 1/10；"一户多宅"现象普遍，2012 年全市共有农村住宅 171 万栋，户均住宅 2.2 栋[4]。

二是村庄空间布局破碎化。村庄住房建设、集体经济项目建设缺乏统筹布局，经济发展留用地大部分是以村为单位，村内"就地解决"，导致空间破碎、布局零散，2012 年市辖十区内经济发展留用地约

$87km^2$，平均每个村庄 $14hm^2$，部分村庄的经济发展留用地不到 $10hm^{2[5]}$。

三是村庄发展需求面临建设用地指标的约束。2020 年土地利用总体规划的村庄建设用地规模为 $215km^2$，而现状建设用地规模已经超出了这一指标；新增分户村民"无地建房"现象明显，根据村庄全面摸查数据，预计至 2016 年，全市新增分户人口约 30 万人，需要安排农村住宅用地面积约 $40km^{2[6]}$。

2.2 历次村庄规划的应对

在本次村庄规划之前，为应对村庄低效建设用地蔓延、村庄发展空间受限等空间发展问题，广州市开展了两次村庄规划工作，通过政府主导、自上而下的规划，改善村庄物质环境面貌，取得了一定的成效。

第一次是 2000 年前后开展的中心村规划。2000 年，为协调城村关系，限制村庄的无序蔓延，防止新的城中村出现，广州市开始推进中心村规划，制定了《广州市村庄规划建设管理规定》等五项配套文件，完成市区 60 个中心村及县级市大部分中心村规划的编制工作。根据《广州市中心村规划编制和审批暂行规定》，中心村规划以村土地利用规划为核心，以新村建设、旧村改造、公共服务设施配置为重点，关注重点为村建设用地的控制和物质环境的改善。

第二次是 2007 年开展的社会主义新农村规划。2004 年以后，国家提出了城乡统筹和建设社会主义新农村的政策；同时，随着广州战略规划的实施，城乡对空间资源的博弈和争夺日益加剧。2007~2009 年期间，广州市开展了全域覆盖的新农村规划。根据《广州市村庄规划编制要求》，这次村庄规划的目标是改善村庄人居环境、完善公共设施配套，规划重点内容是村庄住宅建设、旧村整治改造等物质环境方面。新农村规划解决了一些农村地区积累已久的实际问题，比如农民最关心的宅基地问题、村庄拆迁安置及经济留用地的配置等问题。

2.3 村庄规划面临的困境

2000 年以来，广州市的两次村庄规划工作取得了较好的成效，解决了当时乡村发展面临的一些突出问题，但随着村庄发展需求的多样化和村庄功能的复杂化，村庄规划仍然面临着突出的难题，表现在三个方面。

一是村庄规划与土地利用规划不衔接。村庄规划没有与土地利用总体规划的建设用地指标、建设用地范围衔接，村庄规划建设用地指标缺口较大。

二是村庄规划与城市规划不衔接。2011 年 8 月，广州市政府批准《广州市控制性详细规划（全覆盖）》，实现了对原市辖十区的控规全覆盖。为了促进控规全覆盖和村庄规划全覆盖的衔接，在这两个层次规划过程中均建立了"规划管理一张图平台"，形式上实现了原市辖十区的城乡规划全覆盖。然而，由于二者编制时间、内容深度等的差异过大，并没有很好的衔接，尤其是在建设用地不突破总量要求的前提下，控规全覆盖所反映的城市建设用地总量与村庄规划全覆盖所反映的村建设用地总量无法协调。

三是村庄规划缺乏有效的实施机制。广州过去几次村庄规划带有明显的政府"自上而下"主导推动的特征，缺乏有效的实施机制，除了少数示范村，大部分村庄规划实施效果不理想，村民对规划可能的实现程度普遍不乐观。

3 本次村庄规划的空间协调方法

2013 年以来，在前两次村庄规划的基础上，为全面响应新型城市化战略部署和推动城乡发展一体化，建立新型城乡关系，解决村庄空间发展的问题，广州市推进覆盖全市的村庄规划编制与实施工作。这次规划工作重点在空间协调方法上进行了探索，创新性的提出了"前期、中期、后期"的协调模式。

3.1 空间协调基础

本次村庄规划的空间协调有良好的工作基础：一是规划范围覆盖广州市域全部，包括 1142 个行政村（6138 个自然村）；二是建立了"多方协同"的工作组织架构，成立了市长任组长的"市村庄规划工作领导小组"，并建立联席会议制度，各区层面均成立区级村庄规划领导小组，形成"市指导、区（县级市）负责、镇（街）具体组织、村参与"的协同工作机制（图 1）；三是制定了八个技术指导文件，包括《广州市村庄规划编制指引》、《广州市村庄规划现状摸查工作指引》、《广州市村庄规划成果要求》等，规范了村庄规划成果。

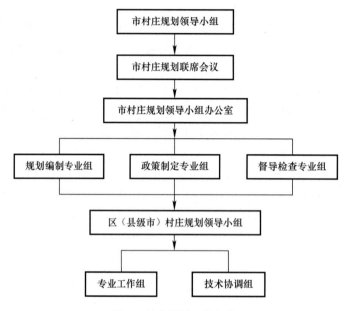

图 1　村庄规划工作架构

此外，本次工作有完善的编规划体系基础。2012 年以来，广州市先后开展了一系列的规划编制工作，包括城市功能布局规划、"三规合一"、功能片区土地利用总体规划、重点功能区控制性详细规划、专项规划（交通设施、养老设施、文化设施等）等，结合正在开展中的城市总体规划，形成了四个层次的新型城市化规划体系。通过村庄规划与各个层次在编规划的协同，空间协调工作具有广阔的操作空间（图 2）。

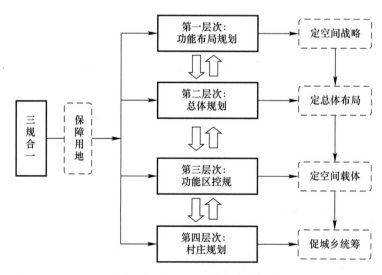

图 2　广州市较为完善的规划体系

3.2　空间协调思路

本次村庄规划在编制过程中建立与城乡规划和土地利用规划的协调机制，通过核查规划差异，提出协调措施，真正形成城乡规划"一张图"，增强村庄规划的可实施性，具体包括以下几个方面：一是与功能片区土地利用总体规划空间管制分区的协调，核查和协调村庄建设用地与功能片区土规允许建设区、有条件建设区的关系①；二是与城市总体规划建设用地布局的协调，包括建设用地规模、用地布局、用地性质等；三是与"三规合一"工作的协调，核查和协调村庄规划建设用地与"三规合一"建设用地规模控制线、建设用地增长边界控制线的关系②；四是与城市控制性详细规划的协调，核查和协调村庄规划建设用地与控规建设用地规模、用地性质的差异。

3.3 空间协调内容

本次村庄规划工作建立了"前期、中期、后期"一体化的空间协调模式，根据各个阶段规划工作内容和目标的不同，明确各个阶段的协调重点内容。

3.3.1 前期协调

在本次村庄规划工作前期，空间协调的重点是制定成果模版，明确村庄规划的成果内容、图表形式等，明确协调内容。

一是统一成果构成。本次村庄规划成果模板包括"两书十二图"：村庄规划说明书、公共参与报告书、土地利用现状图、功能分区图、土地利用规划图、与功能片区土地利用总体规划协调图、与城市总体规划协调图、与"三规合一"协调图、与控制性详细规划协调图、近期行动计划及示意图、村民住宅用地使用方案图、历史文化资源分布图（可选）、历史文化保护总图（可选）、规划总平面图（可选）。

二是明确规定规划协调内容，形成"一图一表"。成果模版除了规定村庄规划的一般内容要求外，明确要求将规划协调内容单独成章，规划说明书中增加了"规划协调"的章节，重点说明村庄规划与功能片区土地利用总体规划、城市总体规划、"三规合一"、控制性详细规划的协调情况，与每项规划的协调均以"一图一表"的形式表达，如村庄规划与控制性详细规划的协调要表达村庄规划与控规村庄建设用地、市政公用建设用地、道路用地、其他建设用地的空间关系。

三是明确各项内容的输入要素，重点突出新增建设用地和低效用地的管控。对于"两书十二图"均明确了内容要求和输入要素，除一般性要求外，以新增建设用地和低效用地为重点。如在"现状分析"章节中，明确要求在"用地现状"中增加"三旧改造"标图建库用地、泥砖房用地等内容，为建设用地集约利用、综合整治提供基础；在"规划方案"章节的"用地空间管制"中，划定村庄建设用地控制线、基本农田保护控制线，便于与功能片区土地利用总体规划、"三规合一"进行协调；在"村庄建设用地布局"中，增加"村庄新增建设用地一览表"；在"新村建设规划"中，列明"村民住宅建设需求摸查表"、"村庄新增住宅用地一览表"、"村民住宅建设控制表"。

3.3.2 中期协调

在中期阶段，空间协调的重点是进行规划核查，以建设用地控制线的核查为核心，分析差异图斑，提出协调措施，实现规划衔接，真正形成城乡规划"一张图"。

一是以建设用地控制线核查为核心，分析规划差异。根据《广州市"三规合一"控制线实施管理规定》，建设用地控制线包括建设用地规模控制线和建设用地增长边界控制线，分别形成一定规划年限内的城乡建设用地规模边界和城乡建设用地扩展边界。本次规划核查的核心是村庄规划建设用地与建设用

---

① 根据 2012 年 8 月国土资源部批复《广州市城乡统筹土地管理制度创新试点方案》（国土资函〔2012〕635 号）（下称《方案》），广州市可依据市级土地利用总体规划，在不突破市级土地利用总体规划确定的建设用地规模和耕地保有量基础上，编制功能片区的设置方案和功能片区土地利用总体规划，由广州市人民政府审批，作为用地报批的依据。广州市的土地利用总体规划编制实施体系，由"市、区（县级市）镇"三级调整为"市、功能片区"两级。

② 根据《广州市"三规合一"控制线实施管理规定》，广州"三规合一"工作划定了建设用地规模控制线、建设用地增长边界控制线、产业区块控制线、基本生态控制线、基本农田控制线，其中：建设用地规模控制线是指在规划建设用地区域范围内，按照一定规划期限内土地利用总体规划确定的建设用地规模，作为"三规"允许建设区域；建设用地增长边界控制线是指在规划建设用地区域范围内，为了增强规划弹性，更好的引导建设用地增长，对建设用地规模控制线进行拓展，作为"三规合一"城乡扩展范围和城乡规划编制范围，在符合一定条件的基础上可以进行工程建设。

地控制线的空间关系，具体包括四项内容：一是核查分析村庄规划建设用地在功能片区土地利用总体规划允许建设区、有条件建设区、限制建设区、禁止建设区的分布情况，包括位于基本农田保护区的情况；二是核查分析村庄规划建设用地在城市总体规划建设用地和非建设用地的分布情况；三是核查分析村庄规划建设用地在"三规合一"建设用地规模控制线、建设用地增长边界控制线及建设用地增长边界控制线以外的分布情况；四是核查分析村庄规划建设用地与控制性详细规划的协调情况，包括用地规模、用地性质的差异等。核查反应的问题主要可概括为两大类：一是村庄规划建设用地位于规划非建设用地区域；二是村庄规划建设用地与已批或在编控规的用地性质不一致。

二是提出村庄规划建设用地位于相关规划非建设用地区域的协调措施。这类问题主要涉及建设用地规模，由于规划非建设用地区域包含生态控制线，从生态功能的维护视角，分以下两种情形处理：一是村庄规划建设用地位于城市生态控制线①以内的，按照严格管控城市生态控制线的要求，建议核减规模，修改村庄规划，恢复为生态用地。二是村庄规划建设用地位于规划非建设用地区域以内、城市生态控制线以外的，按照"住宅优先、腾挪挖潜"的思路处理，对于村民新增住房用地和配套公共服务设施用地，按照"对农民住房需求合理诉求应予满足"的原则，利用"三规合一"腾挪的建设用地规模解决，并相应修改功能片区土地利用规划；对于村庄经济发展留用地，通过零散用地集约利用、腾挪置换、复垦挖潜、增减挂钩等方式力争落实。

三是提出村庄规划建设用地与控规不一致的协调措施。主要涉及用地性质、公共服务设施、道路交通等方面的不一致，按照"一固化二保障三落实"的规划协调原则进行协调，提出规划协调措施，形成规划协调图（图3）和协调一览表（表1），两规协调一致后，进行控规报批或控规调整、村庄规划报批，并纳入城乡规划"一张图"。

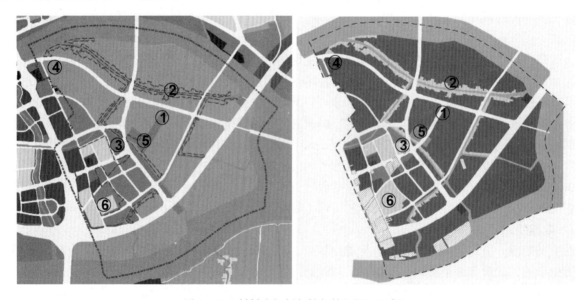

图3　××村村庄规划与控规协调图（示例）

"一固化二保障三落实"的规划协调原则具体包括：①固化村庄用地。对于大面积、连片的现状村庄用地，位于建设用地增长边界控制线之外且不在城市生态控制线以内，未纳入拆迁安置计划的，控规按村庄规划落实，还原为村庄建设用地（H14）；②保障重点项目。对于省、市、区确定的重点建设项目、土地储备用地、保障性住房项目等用地，均按控规落实此类用地性质；③保障产业用地。村庄规划对控规确定的工业用地（M）和物流仓储用地（W）的，且在"三规合一"产业区块线范围内的，原则上按控规予以落实；④落实控规路网。村庄规划落实控规确定的主、次干路网，控规支路网，如与村庄

---

①　根据广东省住房和城乡建设厅关于印发《广东省城市生态控制线划定工作指引》的函（粤建规〔2014〕92号），广东省各地级以上市需划定城市生态控制线，广州市目前正在"三规合一"划定的基本生态控制线基础上，按照省工作指引要求划定城市生态控制线。

建设地块存在较大冲突且难以实施的，可在村庄规划中优化调整，并在控规中落实；⑤落实公共服务设施。村庄规划对控规确定的医院、学校、燃气站点等公益性设施原则上予以落实，如确需调整，应在其附近置换同性质的用地，且需征得相关主管部门同意；⑥落实生态控制。村庄规划对控规的绿地与广场用地（G）及位于生态控制线以内的，原则上予以落实，如确需调整，按照占补平衡原则落实控规的生态用地。

××村村庄规划与控规协调一览表（示例） 表 1

项目类别	编号	项目名称	用地面积（平方米）	控规情况	村庄规划情况	调整原因	调整结果
路网调整	1	规划支路××路	—	控规中为规划支路，东西向，道路红线宽度××米	村庄规划调整为××（等级、线型走向、红线宽度）	1. 充分利用现状已建道路 2. 减少道路拆迁量 3. 保持控规、优化路网主次干道，调整村内支路，满足交通消防要求	调整道路等级/线型走向/宽度
生态用地调整	2	固化旧村住宅	×××	控规中为远景用地/农林用地	村庄规划按现状保留为村居住用地	1. 现状为村居住用地，按现状固化 2. 功能片区土规中有建设用地规模	规划保留现状
	3	新增分户住宅建设	×××	控规中为公共绿地	村庄规划规划为村居住用地，容积率为××，建筑密度××，绿地率××	1. 解决新增分户和历史欠房的住房需求 2. 功能片区土规中有建设用地规模 3. 根据分户需要和参考控规中周边居住用地容积率，考虑环境和景观要求，容积率调整××	规划新增
公共服务设施调整	4	村属幼儿园扩建	×××				
其他用地调整	5	旧厂房改造	×××				

3.3.3 后期协调

空间协调的后期工作主要是两个方面：一是进行部门协同，包括规划、国土、发改等主要部门以及规划部门内部不同业务处室之间的协调，根据规划核查发现的问题、协调处理措施建议，明确规划协调的最终处理措施，并相应开展规划修改工作；二是建立村庄规划成果数据库，确定规划成果入库标准，制定了《广州市村庄规划成果数据建库工作指引》、《广州市村庄规划成果空间数据库标准》、《广州市村庄规划成果空间要素编码规范》、《广州市村庄规划成果制图规范及成果提交规范》，以国际流行的大型关系型数据库（Oracle）和先进的空间数据引擎（ArcSDE）为依托，建立 ArcSDE 地理数据库，并反馈至相关规划。

4 结 论

广州市村庄规划空间协调工作具有良好的工作基础，为空间协调提供了广阔的、可操作的平台，空间协调方法正是基于这样的基础提出，具有较强的针对性；对于大部分城市来说，如果缺乏这样的工作基础，需要进一步研究更加通用、适合本地的空间协调方法，以促进村庄规划和其他相关规划的衔接。同时，广州市村庄规划空间协调工作迈出了"多规融合"的第一步，通过分析和处理村庄规划与土规、总规、控规之间的差异，有效解决了村庄规划落地难问题，但本次工作仍然局限于规划技术层面，为真正推动"多规融合"，下一步需要从规划程序、规划技术、规划实施等方面研究"多规融合"的标准问题。

参考文献

[1] 魏立华，刘玉亭，黎斌. 珠江三角洲新农村建设的路径辨析——渐次性改良还是彻底的重构 [J]. 城市规划，2010，34（2）：36～40.

[2] 田莉，孙玥. 珠三角农村地区分散工业点整合规划与对策——以广州市番禺工业园区整合规划为例 [J]. 城市规划学刊，2010，（2）：21～26.

[3] 陈秉钊. 当前城市建设中的关键问题——土地财政 [J]. 城市规划学刊，2012，（1）：98～99.

[4] 广州市规划局，广东省建科建筑设计院. 广州市村庄摸查问题总结及策略规划 [R]. 2013.

[5] 广州市规划局. 广州市村庄规划编制工作情况报告 [R]. 2013.

[6] 广州市规划局. 广州市村庄规划编制指引 [R]. 2013.

北京市村庄改造模式回顾与思考

于彤舟

北京市城市规划设计研究院

摘　要： 城镇化推进过程中，经常会涉及对现有村庄的改造，村庄改造模式和路径不同，实施效果有很大差异。十八届三中全会提出健全城乡发展一体化体制机制，推进以人为核心的城镇化，坚持走中国特色新型城镇化道路，对城乡发展提出了新的要求。在此背景下，本文对北京市过去各个历史时期尤其是近年已实施的村庄改造模式进行梳理，分析问题，总结经验，汲取教训，探索新形势下北京市村庄改造的新模式，并提出建设性的意见，将对健康推进北京城镇化进程有所裨益。

关键词： 城镇化；村庄改造；路径和模式

城镇化推进过程中，经常会涉及对现有村庄的改造。由于所处历史阶段、经济发展水平等要素差异，村庄改造的目的和驱动力各不相同，改造模式和路径差别很大，实施效果相去甚远。

改革开放以来，为了提高农村的生产生活条件，北京市各级政府和相关部门一直在探索村庄改造的实施路径和模式。随着认识不断深化，村庄改造目标也从最初改善农民住房条件、节约用地等目标，向发展集体产业，提升公共服务、增加农民就业，促进农民增收等多重目标转变，近年又提出保护传统文化、建设生态文明等综合目标，村庄改造实施模式也在不断变化。

十八届三中全会提出健全城乡发展一体化体制机制，推进以人为核心的城镇化，坚持走中国特色新型城镇化道路，对城乡发展提出了新的要求。尤其是近 20 年北京市城镇化进程加快，集体建设用地规模越来越大，人口资源环境矛盾日益尖锐。据统计，2013 年北京市城镇建设用地与集体建设用地面积之比已达到 1∶1。在此背景下，对过去各个历史时期尤其是近年已实施的村庄改造模式进行总结，分析问题，总结经验，汲取教训，探索新形势下北京市村庄改造的新模式，并提出建设性的意见，对今后科学编制村庄规划，盘活存量建设用地，提高土地使用效率，促进规划实施、集体产业升级，健康推进北京城镇化进程都具有积极的意义。

1　过去 30 年北京市村庄改造的探索和实践

北京市村庄改造试点工作从 20 世纪 80 年代就开始了。从 20 世纪 80 年代初期昌平区沙河镇踩河村农民集中上楼，到 90 年代朝阳区东三乡房地产介入的村庄改造，再到 2000 年后如火如荼的新农村建设以及 2011 年后政府主导的新型农村社区建设试点，其间还包括险村险户搬迁工程、历史村落保护等专项工程。应该说有关部门在探索村庄改造实施模式和路径方面进行了大量实践，京郊农村面貌有了较大改善。

回顾过去 30 年的村庄改造历程，可以看出村庄改造模式具有明显的多样性特征。不同的经济发展阶段，不同的需求和目的，以及村庄自身在区位条件、资源禀赋、历史文化、经济实力、人口规模、村民素质等方面的巨大差异，形成了多样化的村庄改造模式和路径。

因此，本文的主旨在于全面揭示现有各类村庄改造模式的经验及问题，了解在当前历史阶段的农民诉求，以及政府在实施村庄改造中扮演的角色和面临的困难，评估相关政策的实施效果，为今后的村庄改造工作提供借鉴。

总结北京过去三十年的村庄改造历程，大致可以分成"政府主导、政府引导、政府支持"三个阶段，每个阶段都呈现出不同的特征。

1.1　20 世纪 90 年代以前，计划经济体制下，政府主导村庄改造阶段

20 世纪 90 年代以前，还是以计划经济为主体的时代，土地使用制度改革刚刚开始经历从"无偿、无限期、无流动"到"有偿、有限期、有流动"的转变，人们对房地产商品属性的认识还不强，国有土地和集体土地的商品价值也没有那么悬殊。从经济发展来看，虽然已经改革开放十几年，但农村总体经济水平还比较落后，只有少数先富起来的村集体或农民有改善住房条件的需求。因此，这一阶段村庄改造的组织方式基本上是政府主导、农民参与。村庄改造的主体目标是改善农村的生产生活条件，包括改造农房，完善基础设施，利用腾退出的宅基地发展村镇企业等方面。

昌平区沙河镇的踩河村就是 20 世纪 80 年代以政府主导方式，进行村庄改造的试点。当年全村有 1202 人，344 户，8 个自然村，占地 58 公顷（878 亩）。村里乡镇企业起步早，积累了一些财富，农民有改善住房的愿望，村集体也需要建设用地发展企业。经过村民大会同意，采取村集体补助 30%，农民个人负担 70%，分期付款的方式进行村庄改造。该村原有八个自然村占地 2000 多亩（1 亩约为 0.067 公顷），改造后节约 1000 亩地，原踩河村（自然村）保留，用来安置孤寡老人，南园子、东大兴庄两村腾退宅基地作为企业用地，其他自然村腾退宅基地还耕。农民住上了每户 64～100 平方米的二层小楼，生活条件得到改善。而且在 20 世纪 90 年代耕地冻结期间，别的村没有产业用地，而踩河村利用腾退的宅基地发展企业，集体经济得到发展（图 1）。

图 1　踩河新村影像图（2004 年）

从踩河村村庄改造实践可以看出，计划经济年代，村庄改造不以盈利为目的，而是满足有一定经济实力的农民改善住房和生产条件的需求，由政府主导，农民参与，双方协作，主动建设自己的家园，利益链相对简单，效果较好。

除此之外，20 世纪 90 年代以前，北京市部分山区险村险户搬迁工作，也是由政府主导进行的，目的是改善生存条件，保证农民生命财产安全，实施效果也比较好。

1.2　20 世纪 90 年代初至 2005 年，市场经济推动与政府引导并存的村庄改造阶段

90 年代开始，土地使用制度从"三无"变"三有"，全国掀起了房地产开发热潮。由于处于变革初期，各方面制度建设很不完善，村庄改造模式表现为由市场经济推动，房地产开发为主要动力，被动城市化的特征。这个时期自主进行的村庄改造从实施主体、资金来源、利益分配、农民权益保障及操作程序等方面都很不规范。因此，村庄改造虽然一定程度上推进了城镇化进程，但遗留问题也很多，对资源环境的破坏较大。

1.2.1　朝阳区东三乡由房地产开发带动的不规范的村庄改造模式

朝阳区东三乡幺铺村和老君堂村是 20 世纪 90 年代政府引导进行的村庄改造试点。试点的初衷是改善农民生产生活条件，实现东三乡承担的中心城大环境绿化和市政走廊等功能。因此，改造目标是"节约土地、紧凑发展、增加绿化用地，保证市政用地，改善农民的生产生活条件"，但实施结果却不尽人意。主要原因是村庄改造在 20 世纪 90 年代房地产开发热潮中受到强烈冲击，由政府引导变成市场驱动，最后完全依赖房地产开发，土地供给严重失控。一方面，新建大量手续不全的商品房，占用大量农地，配套设施跟不上，给城市环境和城市管理带来很大压力；另一方面，有些村的农民没有全部上楼，旧村也没拆，不但没有节约土地，反而原住农民生活条件更加恶劣，试点村设定的

目标基本没有实现。

从改造前后影像图的对比可以看出，幺铺村几乎全村的农用地都变成了建设用地，老君堂村新建了大量小产权房，旧村却大部分没拆，生活条件更加恶劣（图2、图3）。由此看出，由房地产带动的村庄改造，必须在完善的体制、程序、政策框架内规范进行，否则村庄改造就变成追逐利润的战场，既不能保障农民权益，也不能为城市功能服务，还会带来资源浪费、管理混乱、环境恶化等一系列问题，是很不可取的改造模式。

图2　幺铺村庄改造前（左）幺铺村庄改造后（右）影像图（2004年）

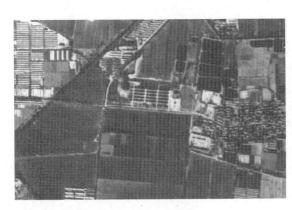

图3　老君堂村改造前（左）老君堂村改造后（右）影像图（2004年）

1.2.2　第一道绿隔由政府引导，城市化推动，管理规范的村庄改造模式

第一道绿化隔离地区的村庄改造是以"以维护分散集团式布局，绿化和生态环境建设，控制城市建设规模，引导经济发展，全面实现城市化"为目标的城镇化改造，是一种由政府引导、市场驱动、管理规范、开发带动的村庄改造模式。由于村庄改造动力主要来源于城市发展空间需求和市场化利益驱动，因此，农民处于相对被动的地位，对农民来说是一种被动城市化的过程（图4）。

第一道绿化隔离地区的村庄改造模式总体来说是优点与问题并存。优点是通过近20年的实施建设，当初设定的绿化及人口安置等指标完成了一半，基础设施建设成效显著。但在实施过程中也暴露出对农民就业安置、集体产业发展等后续问题考虑不足，以及依赖房地产开发平衡资金，使第一道绿化隔离地区人口、资源、环境压力不断增大，拆迁安置成本不断增加，实施难度越来越大，监督机制不健全，违法建设多发，相关政策亟待完善等问题。

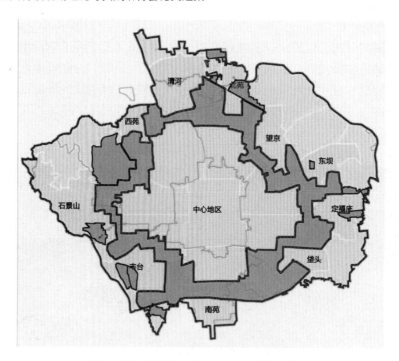

图4　第一道绿化隔离地区空间结构示意图

（图片来源：北京市城市规划设计研究院）

1.2.3　先富起来的村庄为改善自身生产生活条件，由能人带动，自主进行的村庄改造模式

这是一种"企业再造村庄"的改造模式，即通过村集体产业发展的资金积累，自主进行村庄改造。具体来说，这种模式的主要特征是先由能人创办企业，企业利用村庄资源创造村集体经济积累，再牵动村庄实现现代化建设和改造。这种模式的典型代表有由韩建集团公司带动的房山区韩村河镇韩村河村的村庄改造和由宏福集团带动的昌平区北七家镇郑各庄村的村庄改造。

图5　韩村河村影像图（2013年）

韩村河村建筑企业发展较好，20世纪90年代开始，利用村集体的资金积累，自主进行村庄改造。通过村庄改造，村民居住条件大为改善，还配套建设了中小学、托幼、公园绿地等公共设施，改善了市政设施，为引进的优秀教师和人才建设住宅，集中安排产业用地，为村庄以后的发展和村民素质提高创造了条件（图5）。

这种模式的优点一方面由于是村集体自筹资金、自主改造、不给政府增加负担；另一方面，由于地缘、亲缘等关系，村庄的自主改造更容易得到村民信任，满足村民迫切需求，村庄条件改善，村民受益。产业发展方面，企业与村庄财产关系较为明晰，比如郑各庄村形成了以资产经营公司向村庄承租集体建设用地，以土地招商引资、发展产业、取得收入、回馈村庄，形成良性循环的财产关系。主要问题是人均建设用地指标过大，当年房山区政府特批了韩村河村户均四分宅基地用于村庄改造，其他建设用地也超标。郑各庄村大量违章建设，占用过量土地资源。这些问题都涉及体制机制创新问题，还有待进一步研究探讨。

1.2.4　迎合市场需求和利益驱动，自发形成的村庄自主改造模式

这种村庄改造模式的特征是凭借村庄自身在区位、交通、生态环境、自然资源、历史文化资源等方面的优势，在不进行"大拆大建"的前提下，针对市场需求，村民自发或村集体领导，对现有农房、宅基地或其他土地资产进行经营，实现"微循环渐进式"的村庄改造，达到农民致富增收的目的。朝阳区的何各庄村、高碑店村，通州区宋庄镇的小堡画家村等都属于这种类型。

（1）何各庄村——"农宅打包出租"，盘活农村宅基地

何各庄村发挥村庄自身的区位和环境优势，将农民宅基地作为农民持续增收的手段，由村集体"打包"出租，增加农民收入。同时，整合产业用地，发展文化创意产业。其村庄改造的特点是：自主发展，经济活跃；农民收入增加，生态环境改善，地区品质提升，抑制了低端外来人口的聚集。问题是项目建设与规划存在矛盾，违章占地多，远期仍然面临拆迁问题。

（2）小堡村——自发形成的画家村，间接了带动当地文化产业发展

小堡村现状常住人口1400人，外来人口4700人。20世纪90年代以后，陆续有200多位画家从当地农民手中购买农房，经过改造建成画家工作室。由于画家村属于自发形成，缺乏合理引导，没有对村庄发展起到直接的带动作用，而且，由于这种宅基地的私下交易不受法律保护，隐藏纠纷隐患。但是由于画家的聚集效应，间接带动了小堡村文化产业的发展（图6）。

图6　小堡村改造后的画家工作室

（图片来源：北京市通州区村庄规划评估报告，北京市规划委，2009年）

1.3　十六届三中全会以后，政府财政支持的村庄改造阶段

1.3.1　政府财政支持的新农村建设模式

十六届三中全会以后，"三农"问题成为我党工作的重中之重，从2004年开始，中央1号文件连续多年聚焦三农，形成"工业反哺农业，城市支持农村"的局面。这一阶段村庄改造的特征是政府财政支持，以"推进城镇化进程，改善农民生产生活条件，促进农民增收，改善城市环境"为目的，试点先行、全面推进。

2005年全市进行了13个试点村的规划建设，2006年开展了79个试点村规划建设，2007~2008年开展五项基础设施推进工程、"三起来"工程等。改善了农村基础设施，提高了生活服务设施水平，为农民致富创造了条件。密云县蔡家洼村的改造，怀柔区官地村的改造，平谷区玻璃台村的改造等都属于上述类型。

这一阶段的试点村建设是政府财政支持项目，禁止房地产开发，防止了新一轮圈地热潮。有些村民把改造后的农房建成农庄旅馆，接待游客，增加了收入；有些村庄利用改造后节约腾退出的宅基地发展农村产业，促进了农村经济发展。各部门及各级政府大规模的财政资金投入，提升了农村基础设施和生活服务设施水平，村庄面貌大大改善。

但同时普遍存在建设用地指标偏大问题，审批环节问题也比较多，以及缺乏对农村基础设施的后续维护机制，尤其是缺乏对维护运营资金来源的有效设计，基础设施后续维护堪忧。

1.3.2　政府支持，进行50个重点村改造的土地储备模式

为推进中心城全面城市化，解决绿隔地区的历史遗留问题，2012年北京市政府17号令提出政府支持，土地储备，"一村一策"的村庄改造模式，即按照"远近结合、以近为主，先易后难、积极推进"的原则，确定了全市50个重点村进行村庄改造，逐步完成绿隔地区近远期任务。规划实施后，50个市级重点村的农民将全部搬迁安置，全部劳动力得到妥善安排，城乡结合部地区的城市功能和城市环境将有较大提升（图8）。

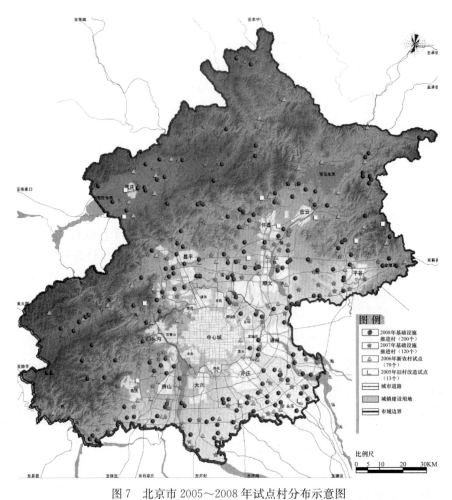

图 7　北京市 2005～2008 年试点村分布示意图

（图片来源：北京市近期建设规划年度实施计划（2008～2009 年度），北京市城市规划设计研究院，2009 年）

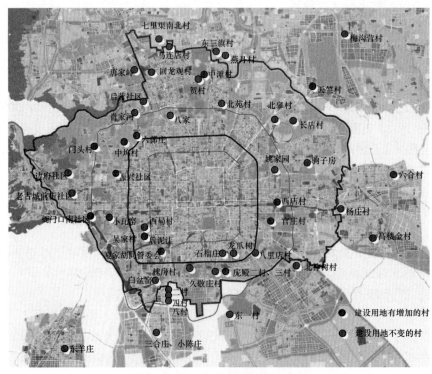

图 8　全市 50 个重点村分布示意图

（图片来源：北京市域集体建设用地基本情况分析，北京市城市规划设计研究院，2013 年）

唐家岭村是全市 50 个重点村之一。地处西北旺镇东北部，是中关村科技园区建设发展的腹地，周边有中关村软件园、永丰产业基地、生命科学园、航天城等高科技园区。全村户籍人口 2905 人，流动人口约 5 万人，是户籍人口的 17 倍。村内违章建设严重，90％以上的房屋已建到两层以上，最高建到 7 层，存在多种安全隐患，社会管理矛盾复杂，市政基础设施薄弱。海淀区政府于 2010 年对该村进行改造，原村址实施绿化，目前基本完成。

50 个重点村采取土地储备方式，虽然将实现 13 平方公里的城市绿色空间，但需要拆除村庄宅基地和低端集体产业用地约 33 平方公里，征地拆迁资金 2000 多亿元，给当地政府财政造成很大压力，随着拆迁成本越来越高，这种村庄改造模式难以持续。

1.3.3 政府支持，财政投入的险村搬迁改造模式

2004 年以来，北京市实施了两轮山区搬迁工作（2004～2007 年和 2008～2012 年），九年内全市共搬迁农民 2.45 万户、6.26 万人，涉及 7 个山区区县的 67 个乡镇 383 个行政村。搬迁范围包括山区地质灾害易发区、受洪水威胁地区及饮水困难、居住分散、交通不便等生存条件恶劣地区。

2004～2012 年，北京市山区新建村庄 125 个，拆迁村庄 410 个。新建村多数被评为最美乡村和民俗村。

2013 年已开始第三批山区搬迁工作。经初步统计，新一轮山区农民搬迁共涉及 7 个山区县、60 个乡镇、300 个行政村，3.5 万户、7.4 万人。

北京市山区村庄搬迁工程的运作模式是农业委员会拨款，部分项目结合发改委的五项基础设施建设资金进行配套建设。搬迁具体工作主要由区县组织、乡镇落实（图 9）。

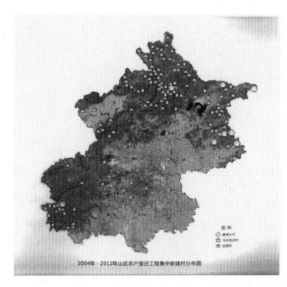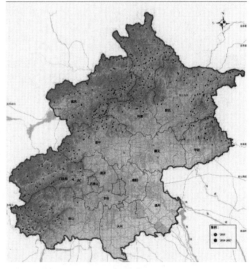

图 9　2014～2012 农户搬迁工程集中新建村分布图（左）2013～2017 规划搬迁村分布图（右）
（资料来源：2004～2012 年北京市山区泥石流易发区及生存条件恶劣地区农户搬迁工程画册，
中共北京市委农村工作委员会，北京市农村工作委员会，2013 年）

险村险户搬迁工程资金与新农村试点资金整合，进行村庄改造，改善了农民的生产生活条件，消除了安全隐患，是值得肯定的。主要问题：一是由于搬迁工作主要由政府组织实施，基本都是统一建设，大部分村庄缺乏特色。而流水线式的建造方式不能有效调动农民的主观能动性；二是由于资金和规划目标所限，大部分村庄搬迁后缺乏完善的服务配套设施。

1.3.4 政府支持，政策扶持的新型农村社区试点建设模式

2011 年 5 月，市政府下发《关于开展新型农村社区试点建设的意见》（京政发【2011】22 号），要求全市重点做好 10 个新型农村社区试点，提升农村建设水平，实现"产业发展、就业充分，环境适宜、住房舒适，设施完善、服务均等，民主管理、文明和谐"的目标，促进率先形成城乡经济社会发展一体

化新格局（图 10）。

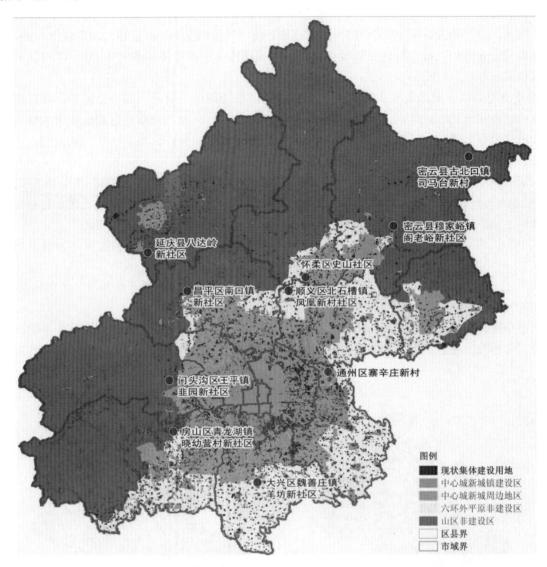

图 10 新型农村社区试点分布示意图
（资料来源：北京市域集体建设用地基本情况分析，北京市城市规划设计研究院，2013 年）

目前晓幼营、司马台、八达岭、团泉村、阁老峪 5 个村已启动建设。由于村庄特点不尽相同，村庄改造模式也有较大差异。

青龙湖镇晓幼营村是"政府引导、政策扶持、自筹资金、自主发展"的村庄改造模式，村集体以采矿业积累资金 3000～4000 万元，并整合政府支持的多种政策性补贴，作为村庄改造启动资金，滚动建设。村民不花钱住上新楼房，再将农民宅基地折价入股，发展集体产业，增加农民就业机会。

古北口镇司马台新村是"政府主导，企业参与，城乡结合"的村庄改造模式，政府作为联系企业和村庄的纽带，利用村庄本身的风景旅游资源，借助部分城市建设用地指标，企业发展旅游项目的同时，出资进行司马台村的改造，农民不花钱搬入新居，为以家庭为单位的民俗接待创造了条件。

延庆县八达岭镇新型农村社区是"依托镇区，将镇区建设与村庄改造相结合"的村庄改造模式，全镇整合山区搬迁、抗震补贴、市政道路征地补偿等各种政策性资金及部分农民集资，在规划镇区建设新民居，经济实力比较雄厚的村庄的村民按照成本价购买，政府扶持，改善农民生活条件，探索远郊区"自上而下与自下而上"相结合的新型城镇化模式。

九渡河镇团泉村是"村企合作，产业带动"的村庄改造模式。具体来说，就是先引进外来企业，出资建设多层住宅楼，部分村民上楼，企业将腾退出的农宅进行改造发展文化产业，再带动村庄进行下一步改造。改造后农民收入不减少，未来还可能增加。

穆家峪镇阁老峪村是"政府支持、企业帮扶、农民筹资"的村庄改造模式，华润集团出资帮助进行村庄改造，将5个自然村合并建设成新型农村社区，农民以较低价格搬迁上楼。改善生活条件，完善公共设施，还耕部分用地。改造后将解决阁老峪村全部劳动力就业，农民人均纯收入翻一番。

已部分完成的试点村，居民住房条件、基础设施和公共服务设施都得到一定程度改善，有些村农民不花钱就能住上宽敞的新房，村集体产业发展空间也有一定考虑，取得了初步成效（图11）。

司马台村安置房客厅景观

阁老峪新村安置房

司马台村安置房卧室景观

八达岭镇新村安置房

图 11　新型农村社区试点实施照片

新型农村社区建设试点存在的主要问题是如何破除城乡二元体制。这个制度性的问题不解决，相关法规政策不配套，导致试点村建设在各个审批环节都不顺利。例如产权问题、融资问题、指标问题、监管问题、利益分配等各种问题成为新型农村社区试点建设中的障碍和瓶颈。

2　近几年北京市村庄改造模式存在的主要问题

综上所述，过去30年村庄改造模式总体来说可以归纳为四种模式：一是政府财政拨款的模式；二是城镇化地区土地储备模式；三是有一定经济实力的村庄由能人带动自主改造的模式；四是以新型农村社区试点为代表的政府支持、融资方式多元化、盘活存量集体建设用地进行村庄改造的模式。

政府财政拨款模式受政府财力制约，只局限于特定公益为主的村庄改造类型；土地储备模式是过去城镇化地区比较成熟的村庄改造模式，随着拆迁安置成本不断攀升，这种模式也很难持续；自主改造模式，一般情况比较特殊，往往缺少监管，与政策冲突较大，很难推广；以新型农村社区试点为代表的村庄改造模式也存在银行抵押贷款、规划建设用地指标、审批手续慢等诸多问题。主要体现在以下方面：

2.1 传统体制对村庄改造模式的束缚

城乡二元结构体制和传统的农村集体所有制是中国特色城镇化道路中村庄改造建设所面临的最主要的两个制度性约束。分别导致了要素市场的城乡分割及农民与村集体的产权关系无法厘清，无法有效处置在农村的集体资产。

由于集体建设用地还不能依法流转，企业作为投资主体参与村庄改造的风险很大，积极性受到压制。

另一方面，集体建设用地不能抵押，不能以集体建设用地上的建设项目向银行申请抵押贷款，难以获得融资支持。房山区晓幼营村一期安置房项目不能进行银行抵押贷款就是一个典型例子。试图通过产业带动村庄改造的模式，由于企业投资回收周期长，收益率低，承担风险加大，而政府的资金投入以及绝大部分村集体经济积累有限，导致新型农村社区建设难以获得稳定的资金支持。2013年顺义区后沙峪镇董各庄村村庄改造试点规划至今没能付诸实施，最主要的原因就是承担村庄改造的房地产开发企业担心在集体建设用地上开发的商业地产，在项目建成后建筑物无法进行分割转让、交易流转，只能采取长期租赁的形式回收投资，难以实现资金平衡。

2.2 村庄产业发展与农民保障措施未能同步跟进

村庄建设改变了农民传统的生产方式和收入来源，"资产变股权，农民变股东"，村民的主要收入转变为财产性收入、股权收入以及工资性收入，农民变成产业工人或自谋职业者，对村民的传统生活方式和后续生活保障带来巨大冲击。村民普遍有两个担心：一是村集体产业的盈利能力，能否保证自己稳定的分红收益；二是对集体产业经营收益的分配是否有权威的监管，以保证股权人的利益。

而现阶段新型农村社区建设试点中，对后续产业发展、农民上楼后长久生活保障等具体措施普遍缺少全面考虑，存在"摸着石头过河"的现象。例如，晓幼营村未来产业发展方向还比较模糊。八达岭镇村民基本上是自谋生路，尚未从集体经济组织中获得分红收益。司马台村已经完成全部村民的上楼安置，但后续村民转居、社会保障、征地补偿款发放和分配的问题尚待解决。

2.3 村庄改造目标仍显单一

虽然新型农村社区建设的基本定位是："转变农村经济发展方式，促进优质资源和要素向农村转移，实现农民充分就业和人口集聚，提高公共服务水平"，但是在实施过程中，与近年的新农村改造相似，仍然过度重视物理空间建设，而在发展模式、农民就业、公共服务、文化民主、社区化管理等方面缺少特色和创新。

如何在形成以工促农、以城带乡、工农互惠、城乡一体的新型工农城乡关系，让广大农民平等参与现代化进程、共同分享现代化成果的同时在村庄改造中传承和发扬地域文化、民族文化、乡土文化，尊重村庄的自然条件和生态环境，建设生态文明，创新民主化、法制化的村庄管理体制，在现阶段村庄改造模式中都重视不够。

2.4 缩减现状建设用地规模的目标难以实现

节约和集约高效利用土地，建设用地规划稳中有降是村庄改造的目标之一，也是北京目前人口资源环境协调发展的客观要求。但是，从目前村庄改造的探索和实践来看，无论采取哪种村庄改造模式，其根本的资金来源还是"以地生钱"。村庄居住条件改善的同时，建设规模明显增加。农民回迁安置需要建设用地，集体产业发展需要建设用地，企业参与村庄改造需要平衡资金用地，不仅腾退现状建设用地难以还耕还绿，建筑规模还会倍增，给城市土地、水、能源、环境等各方面都带来更大的压力。

3 启示和建议

总结 30 年的村庄改造历程和存在的问题，得到以下启示和建议：

（1）破除城乡二元结构体制是村庄改造工作的根本保障，土地制度改革创新是保障村庄改造的先决条件；政府主导，农民主体，充分尊重农民意愿，充分尊重人与自然的内在规律，充分尊重乡土文化是科学进行村庄改造的前提；高效有序的实施模式，适时跟进的配套政策，对农民利益的充分保障是推进村庄改造实施的有力手段。

（2）村庄改造的模式不能单一化，要针对不同情况和需求进行分类指导。村庄经过几千年的历史传承，无不形成自己的个性，村与村千差万别。村庄虽小，却是复杂而富有生命的有机体。过去通过房地产开发或土地储备"被动城市化"方式让农民上楼，使传统的乡村文化日渐消失，随着拆迁成本逐年提高，这种方式也难以持续。因此，以农民为主体，充分调动农民的积极性和创造力进行村庄改造，塑造和传承村庄个性，更加关注村庄在新型城镇化背景下的集体经济持续发展、村民长远保障、社区化管理、村民市民化、村庄发展特色延续等切实问题，因地制宜的村庄改造模式应是未来村庄改造模式探索的主要方向。

（3）"没有规矩、不成方圆"，在制度保障前提下，必须完善土地、规划、金融、财税等相关法律、法规、制度、政策，明确程序、保障监管，将村庄改造工作纳入法制轨道，做到"有法可依、有法必依、违法必究"。

（4）明确政府在村庄改造中扮演的角色和职能。需要政府主导的工作，像险村险户搬迁工程、统筹城乡基础设施建设和社区建设、推进城乡基本公共服务均等化等，要明确各级政府的权责，并严格监督执行。对于那些由市场主导的村庄改造，政府应着重制定规则，"建设统一开放、竞争有序的市场体系，使市场在资源配置中起决定性作用"，部门统筹，加强监管，充分尊重农民意愿，调动农民积极性和创造性。集约高效利用集体建设用地，稳步推进城镇化进程。

（5）划定城市增长边界，加快生态文明制度建设。目前，北京处在推进城镇化进程的新的发展阶段，必须严格落实十八届三中全会要求，"建立系统完整的生态文明制度体系"，"从严合理供给城市建设用地，提高城市土地利用率"，优化城市空间结构和管理格局，增强城市综合承载能力。

（6）以农村集体经营性建设用地为突破口，试点先行，摸索建立和完善城乡统一的建设用地市场，建立兼顾国家、集体、个人土地分配收益机制，在符合规划和用途管制前提下，盘活和高效利用存量集体建设用地，推动产业和城镇融合发展，促进城镇化和新农村建设协调推进，拓展城市空间，推进产业升级。

参考文献

[1] 北京市域集体建设用地基本情况分析. 北京市城市规划设计研究院. 2013.

[2] 北京市村庄体系规划（2006～2020 年）. 北京市城市规划设计研究院. 2007 年.

[3] 北京市新型农村社区规划实施情况调研. 北京市城市规划设计研究院. 2013.

[4] 《北京城市总体规划（2004～2020 年）》实施评估. 北京市城市规划设计研究院，2010.

[5] 北京市通州区村庄规划评估报告（2008 年）. 北京市规划委. 2009.

[6] 2004～2012 年北京市山区泥石流易发区及生存条件恶劣地区农户变迁工程画册. 中共北京市委农村工作委员会. 北京市农村工作委员会. 2013.

[7] 北京市第一道绿化隔离地区规划实施评估. 北京市城市规划设计研究院. 2013.

[8] 农村主动城镇化实践探索——由"郑各庄现象"引发的思考. 北京：中国社会出版社，2013.

探寻塑造新时代乡村风貌特色的内在机制
——以浙江舟山海岛乡村为例

张　静

浙江省城乡规划设计研究院

沙　洋

浙江省住房和城乡建设厅

摘　要： 乡村风貌是一种活态的文化，有其形成的内在机制。随着当前各种客观条件的改变，机制也在改变。新时代的乡村应顺应这种改变，塑造既不割裂历史又具有时代感的新的风貌特色。本文以浙江舟山海岛乡村为例，从传统风貌特色的形成机制入手，分析传统机制在现阶段发生的变化及其原因，寻找新老机制之间的联系，归纳出当代的新机制。最后，在其指引下，对不同特色的村庄采取不同的风貌塑造措施。如此形成的当代乡村新风貌才是群众乐于接受的，也更加具有价值和生命力。

关键词： 传统乡村风貌；内在机制；当代乡村新风貌

1　引　言

2012年11月，党的十八大报告中提出"努力建设美丽中国，实现中华民族永续发展"，把"美丽"放在突出地位，社会主义新农村建设进入经济、政治、文化、社会全面提升的崭新阶段。乡村风貌的塑造作为建设美丽乡村的一项重要内容，受到越来越多的关注。

乡村风貌特色近年来已成为规划建筑界研究的热点，取得了丰硕的成果，也进行了大量的实践。如吴萍等提出的村庄特色塑造的三大方法：探寻村庄资源特色、反映村民根本诉求、保护传承村庄特色；崔曙平、刘海英总结归纳了江苏乡村文化特征，将样本村庄分为历史保护型、传统风貌型、民俗风情型和现代新建型四类，提出乡村风貌特色的保护与提升策略；张弘等提出在引入现代文明生活模式的同时延续传统风貌特征的若干建议，并对住宅形态做了一定的探究；朱宇恒等提出的"和而不同"的新农村风貌规划建设的方针和原则。

但是，以往研究的重点主要集中在传统风貌表现形式的归纳上，对传统风貌形成的原因较少涉及；延续方式也以简单承袭为主，较少创新。规划实践中要么无视传统，千村一面；要么对传统进行简单的模仿，脱离现实条件。笔者认为，特色的塑造既不能割裂历史，又应当具有时代特征，应能够反映当时当地生产生活的要求。从传统风貌特色的形成机制入手，分析这些客观机制在现阶段发生的变化及其原因，寻找出新老机制之间的联系，归纳出当代当地的新机制。最后，遵循现实机制，对不同特色的村庄采取不同的风貌塑造措施。这种既传承历史，又符合现实规律，群众乐于接受的当代乡村新风貌，才更加具有价值和生命力。

2　乡村风貌的概念与成因

2.1　乡村风貌的概念

本文所指的乡村风貌，不仅包括村落布局、村落与环境的关系、村落建筑以及村落空间等物质载体，还包括当地的各类艺术、宗教、民俗、生产生活方式等非物质载体。它反映了不同时期、不同地区的乡村在经济社会不同的发展阶段中形成和演变的历史过程，凝聚了当时当地的人居理念、建筑艺术、民俗民风和建造者的智慧。

2.2 传统乡村风貌特色的成因

传统乡村风貌特色的形成有其历史、自然、社会等多方面的原因，受到当时当地各种条件和村民生产生活方式的影响和作用。主要包括气候地质、经济社会、工艺材料和历史文化等各个方面。传统乡村在这种内在机制的制约下，历代建造者们发挥智慧，形成了各具特色的传统乡村风貌，本文重点讨论浙江舟山海岛乡村特色风貌。

3 舟山海岛乡村风貌特色的形成

3.1 舟山海岛乡村传统风貌特色概述

典型的舟山海岛乡村通常背山面海布置在山谷中。村庄道路依山就势，如叶片的脉络般沿山谷自下而上生长，码头及其附近地带为村庄最主要的公共活动空间。宗祠极少出现，但几乎村村都建有供奉佛、道、妈祖、龙王的村庙。坑道、炮台等现代军事设施分布广泛，抗倭遗迹偶有留存。建筑群层层叠叠，依山而建，布局有机，与山体结合紧密，建筑密度极高（图1）。舟山传统渔村的典型民居——"石屋"很有地方特色。通常墙体由块石或毛石砌筑，建造工艺水平较好的建筑通常有勾缝。屋顶是传统的三角木屋架屋顶结构体系，坡面低平，屋面防水主要采用青瓦，瓦上覆盖渔网，并间隔放置石块压住瓦片（图2）。典型的"石屋"梁板均为石作，通常为整石打磨而成，建筑开间、悬挑及门窗洞口均较小，门窗以方形为主。

图1 典型的舟山海岛　　　　　　　　图2 典型的舟山传统石屋群
　　　村庄的布局方式

3.2 形成舟山海岛乡村传统风貌特色的主要机制

对于舟山海岛乡村传统风貌特色的形成影响较大的方面主要有：气候地质、工艺材料、生产生活方式、历史文化等。

舟山自古以来经常遭受台风侵袭，尤其对于海岛上的建筑，抗风是建筑首先需要考虑的要求。因此，传统建筑多采用厚重的石墙，低矮的屋顶，即使是新建筑也尽量减少屋檐、阳台等悬挑结构的面积，降低风阻，给人坚实、厚重的感觉。

其次是工艺与材料的限制。在舟山多数渔农村形成的时期，建设条件以人力、畜力为主，村庄建设对自然环境的依存度极高。村庄建设总是尽量少的改变地形，尽量多的争取日照和空间。因此，村庄精细化利用地形，依山就势，有机布局，体现了人类与自然共生的智慧。由于孤悬海外交通不便，村庄建筑多就地取用石材，但石材抗弯抗剪能力弱，难以取得较大的跨度，因此海岛建筑阳台、窗洞狭小，同时也符合保温隔热抗风的要求。

渔民生产生活方式的要求，主要包括船只停泊修理、渔具运送维护、产品晾晒加工交易，以及居住、日照、通风、交通、交流集会等。因此码头一带多成为集交通、贸易、劳作、交流等多功能为一体的公共活动中心，并沿主街向村内延伸。

由于受到明清两代海禁和倭乱的影响，舟山海岛乡村普遍历史不长，宗族观念淡薄，但是海防文化、佛教文化和渔业文化在舟山渔农民的精神生活中举足轻重。因此，海岛村庄各地移民混居，姓氏杂乱，少有宗祠；但庙宇分布广泛，信仰多元，村庙中常出现多种神佛、鬼怪甚至军人一同祭祀。渔民审美观念呈现"大陆崇拜"倾向，并延续至今。每年休渔季开始时的"谢海祭洋"和结束时的"祭龙王"、"请令旗"是海岛渔民一年中最重要的民俗活动，通常在码头一带举行。

3.3 现阶段机制的变化

在新的历史条件下，海岛乡村的发展在开发建设方式、资源环境利用、生产生活需求等各方面与过去相比都发生了很大的变化。有些影响因素减弱甚至消失，有些新的因素产生，也有些仍在发挥作用。如交通运输方式的改变、建造工艺和材料的改变，生产生活方式的改变，审美情趣的改变、政策法规的影响等。研究这些变化是为下一步分析归纳出现阶段和未来一段时期内海岛乡村发展的新机制打下基础。

如工艺与材料的通用化。在"千村一面"形成的诸多原因中，工艺与材料的通用化是其中重要的一项。物流业的高度发达使得建设无需就地取材，交通不再是限制建筑材料运用的门槛，人力成本的提高和石材资源的保护使得建造"石屋"反而成本更高，现代建筑形式同样能够满足抗风、排水等气候地质条件的要求。海岛和大陆采用相似的建造工艺，相似的建筑材料，模式化的建设方式，使海岛乡村失去地方特色。

再如生产生活方式的改变。现代集约化的渔业生产方式使得村庄逐渐剥离了生产功能，海岛乡村旅游的发展使部分村庄兼具旅游度假功能，并且对环境品质的要求大大提高，传统的村庄布局和建筑形式已不能完全满足现代生活方式的需要。随着近海渔业资源的衰落和人们生活水平的提高，以旅游度假为主的服务业已逐渐成为海岛乡村的支柱产业，观景、休闲和文化展示的要求提高。框架结构、大面积落地窗、露台以及拥有丰富灰空间的建筑形式将更受欢迎，海岛建筑风貌也将随之发生改变。

3.4 新老机制之间的联系

新老机制不是完全割裂的，有些一直在发挥作用，有些转化为新的形式。新的机制应当在传统村落格局、传统建筑形式、传统建筑材料工艺、传统地方文化等方面对传统有所延续和传承，有机更新不是"无源之水，无本之木"。

一是传统格局可以延续。依山就势的布局方式、传统的街巷空间、宜人的建筑尺度等是传统文化精髓在村庄格局上的体现，应积极保护和延续。在建设新的农居建筑时，采用原址更新、见缝插针的方式，对于严重不符合日照、通风等现代生活要求的建筑，可在规划要求下逐步拆除。但对于空间格局上具有较为突出保护意义的传统村庄，可适当降低间距要求，并在消防上参考古建筑保护的做法，以消防栓、消防水池取代消防通道，保护村庄传统格局不受破坏。

二是传统建筑形式可以借鉴。完全传统的建筑形式虽然可能并不完全适应现代生活方式的需求，但仍可提炼其中的部分要素，融入现代建筑的设计中，形成具有地方传统意味的现代建筑，由此勾起传统生活的记忆，与保护的传统建筑相呼应，体现村庄的时代感和历史厚重感。地方材料和工艺也可以有条件的、小面积的、创新性的使用。

三是地方文化可以创新性的继承。给予地方文化充分的展示、交流空间，结合旅游业，促进渔农民精神文化生活丰富开展。留住原住民，保护地方文化与生产生活方式的关联。

3.5 舟山海岛乡村发展的新机制

制约当代舟山海岛乡村风貌特色的新机制具体可以表现在村庄布局、农房建造、环境建设、文化传承四个方面：

1）村庄布局

依山就势的布局方式依然适用，但同时须满足日照通风、消防交通等现代生活要求，并根据海岛乡村的不同类型充分考虑渔用场地、避风、蓄水排水、观景、民俗活动、发展海岛乡村旅游等方面的要求。

2）农房建造

敦实厚重的建筑仍然适应海岛自然条件，新的材料和工艺带来更加舒适的居住体验，也带来农房建筑形式的本质改变从而具有时代特征（图3、图4）。对传统文化的重新重视使得传统工艺和材料的运用虽减少但不会消失；易于排水的坡屋顶和易于晾晒的平屋顶可以结合；对于有景观度假需求的农房，露台和大面积玻璃窗带来经济价值；良好的遮阳和通风设计适应海岛气候，但同时要考虑避免台风破坏等。

图3　敦实厚重的建筑风格和传统材料的局部运用　　图4　传统建筑形式和旅游度假需求结合并具有时代感

3）环境建设

保护礁石、沙滩、动植物等特征性环境要素，也是保护海岛脆弱的生态环境的要求。相对于高大乔木，落叶蔓藤类植物和低矮灌木更适应海岛气候，可用于改善村庄小环境。温馨质朴的小院既是渔农家生活的需要也符合休闲度假的要求（图5）。

图5　蔓藤和灌木塑造温馨宜人的村庄小环境

4）文化传承

传统文化的空间载体应当得到保护和发扬，创新的文化表现形式可以尝试。通过产业提升留住原住民，增强原住民的文化自信心和自豪感，传统文化才能真正深入人心，后继有人。

4 当代海岛乡村特色塑造对策

舟山海岛乡村的有机更新应以地方特色和传统文化的保护为前提，采用遵循村庄发展机制的方法，针对不同村庄的特色，采取不同的塑造对策。但不同对策适用的范围并不是彼此独立的，可能会有部分交叉和重叠，需要在具体的规划中根据实际情况制定相应的措施。

4.1 以传统建筑为主要特色的村庄

对于历史建筑或地方特色建筑实体保存较为完好的海岛乡村，如定海区的大鹏村、里钓村，普陀区的翁家岙村等，除常规的保护现有建筑、道路、水井等要素外，塑造特色风貌还应主要从以下几个方面入手：

1）尽量采取"新老分离"的布局方式

将传统建筑比较集中的区域划定为核心保护区，区内以建筑本身的修整加固和建筑内部设施的更新为主，严格保护传统建筑的外观、布局肌理和与之共生的环境。将新建建筑集中布局，并与核心保护区保持清晰的界定。如两区能相距一定的距离或在视线上有一定的阻隔，将更有利于保护老村风貌特征的完整性。

2）新建建筑应与传统建筑相协调，并具有年代识别性

新建建筑应在建筑高度体量、色彩风格、材料工艺以及布局方式等方面与传统建筑相协调，但也应具有时代感，体现现代的功能需求。如传统建筑多为一到两层，新建筑则控制在不超过三层；采用与传统建筑统一色彩或类似构造的局部坡屋顶；采用与传统建筑较为接近的墙面色彩；在建筑底层、院墙、台阶或部分墙面使用石材砌筑或石材贴面；采用具有传统意味的门窗、栏杆、围墙形式等。

3）在保护传统建筑的前提下提升村庄的环境品质

传统建筑通常与环境共生多年，已达到相互融合相互依存的状态。但在环境卫生、道路交通、市政设施等方面与现代生活要求尚有一定的差距，有待整理和完善。因此，需要深入研究和识别与传统建筑共生的环境中积极和消极的要素，将破败感转化为历史感。如保护与石墙共生的蔓藤植物，保护河道溪流的驳岸植被，清理垃圾和污水，整理杂乱摆放的农具，用乡土植物和本地特色农产品绿化边角空间，有条件的疏通机动车道路，用毛石或碎石铺设步行道路等。

4.2 以空间格局为主要特色的村庄

对于传统建筑遗存相对不多，但村庄整体空间格局特色比较突出的村庄，如普陀区的筲箕湾村、漳州村等，应重点保护与村庄相生相伴的外部环境和村庄内部的空间布局，新建建筑应体现海岛特征，提高村庄内外的环境品质。

1）尽量采取"原址更新"的布局方式

即保持村落原有的农田、山林、水系、沙滩、海塘和建筑的景观格局，主要包括两大方面的内容。一，保持村落外围边界和村落各景观类型之间的边界，不随意扩大或缩小各部分的面积。尤其是不随意侵占沙滩、海塘，不随意收窄、硬化河道，控制村庄建设区范围等。二，保护村庄内部格局，如以"原拆原建"的更新方式保护村庄依山就势的布局特征，禁止大面积平整土地；保护传统街巷空间，新建及改建道路时不随意拓宽、拉直道路，充分发挥步行交通在村庄中的主导作用；延续传统的建筑尺度和空间尺度，不作大幅度的突破等。少量新增宅基地的选址在规划确定的村庄建设范围内，在满足日照、通风、消防、交通等规划要求以及宅基地面积标准的前提下，鼓励村民发挥自身的智慧，自主进行农房选址，精细化利用地形，将有利于形成更为有机合理的村庄布局。

2）新建建筑应体现海岛特征

新建建筑应满足现代生产生活，包括开展旅游度假服务的需求，同时与传统建筑在尺度、构件、材料、元素等方面有所呼应，体现当代海岛建筑的特征。如在背山面海、自然环境优美的海岛乡村，新建筑可以采用新型结构体系，如框架结构、钢结构等，以大面积落地玻璃窗吸纳景观，体现海岛度假功能的需求。同时采用与传统建筑一致的坡屋顶、局部石墙或传统的门窗形式，体现与传统海岛建筑的呼应和协调。

3）提升村庄的环境品质

主要涵盖两方面的内容：一是提升村庄所处的自然山水大环境的环境质量，包括周边山体林相的保护和更新，使之向乡土化、多样化、景观化方向发展；修复开山采石或道路建设等造成的山体创伤面，降低地质灾害和景观的不利影响；清理溪流垃圾，生态化修复河道，保护和补充驳岸植被；清理沙滩，必要时采取人工补沙的方式，弥补之前挖沙建房造成的沙滩缩减等。二是提升村庄内部环境品质，包括清理垃圾、疏通道路、完善市政设施、房前屋后的绿化美化等。

4.3　以非物质遗产为主要特色的村庄

对于非物质文化遗存比较丰富的村庄，如以渔民画为特色的嵊泗田岙村、以"祭海谢洋大典"为特色的岱山沙洋村等，应在保护和发扬非遗的物质基础和文化基础的前提下，采取更新措施。

1）强调非遗空间的保护和非遗活动的开展

在村庄更新过程中应着重保护和利用如码头、井台等传统地域开展非遗活动空间，提供便利的设施和合适的场所，并与旅游体验有机结合。如沿环岛公路在码头附近开辟专用的渔用场地和民俗活动场地，防止被机动车停车挤占；搭建乡村戏台为地方戏剧演出提供场所；建设渔民画展示长廊，开展渔民画评比，培育渔民画大师等。

2）以物质形态体现非物质文化

以物质形态体现非物质文化遗产有利于非遗的展示和弘扬，如嵊泗田岙村创新性的采用渔民画上墙的方式，塑造了独具特色的海岛渔村形象，值得肯定和借鉴。此外还有建设民俗活动展览馆、布置民俗活动雕塑、拍摄反映民俗活动的电影等方式。

3）提升环境品质，提供产业空间，提升对原住民的吸引力

非遗的保护和发展有赖于原住民的积极参与和推动，海岛乡村只有留住人才能留得住魂。在目前城市化大背景下村庄需要提升自身的吸引力，才能留住原住民。主要从两个方面入手，一，改善居住环境，完善公共设施，让原住民享受到不亚于城市的环境品质和服务水平；二，提供产业机会和产业空间，让原住民留在乡村有事做、有钱赚，比如大力发展乡村旅游业等。

5　结　语

对舟山海岛乡村发展内在机制的分析和运用只是一个案例，这种分析村庄传统特色形成的内在机制和发展脉络，探索当前村庄发展的新机制并加以运用的技术路径和方法可以在其他类型的村庄中继续尝试。当然，以上仅是个人浅见，尚有许多考虑未及完善的地方，不足之处敬请指正。

参考文献

[1] 吴萍，吴波，黄山建."康居乡村"目标导向下村庄特色塑造探讨——以无锡市西前头村为例 [J]. 江苏城市规划，2012（11）：36～39.

[2] 叶步云等. 城市边缘区传统村落"主动式"城镇化复兴之路 [J]. 规划师，2012（10）：67～71.

[3] 吴迪华等."链接"与"生长"——兼并过程中小城镇形态保护的两种方式 [J]. 城市规划，2005（1）：89～92.

[4] 王建波. 江南运河古镇——塘栖古镇国家历史文化名城研究中心历史街区调研 [J]. 城市规划，2010（3）.

[5] 刘宇红，梅耀林，陈翀. 新农村建设背景下的村庄规划方法研究——以江苏省城市规划设计研究院规划实践为例

［J］. 城市规划，2008（10）.

［6］ 张弘，凌永丽，付岩，王颖. 传统农村风貌在新时代的适应性及其完善与提升——以上海市金山地区为例［J］. 上海城市规划，2008（s1）：137～142.

［7］ 杨豪中，张鸽娟. "改造式"新农村建设中的文化传承研究——以陕西省丹凤县棣花镇为例［J］. 建筑学报，2011（4）：31～34.

山东省农村新型社区和新农村规划实践探索

张卫国　刘效龙　朱　琦

山东省城乡规划设计研究院

摘　要：农村新型社区和新农村建设是山东省全面建设小康社会、推进城乡一体化发展、提升农村社会治理水平的重要途径，是推进就地就近城镇化的重要载体，是符合农民意愿、切合山东实际的实践探索。探索农村新型社区和新农村规划的编制内容与编制方法，明确农村新型社区和新农村建设的指导思想、模式、数量和发展路径，对指导全省农村新型社区和新农村健康发展、优化农村居民点布局具有重要意义。山东省在农村新型社区和新农村规划实践上对其他地区农村发展可提供参考和借鉴。

关键词：农村新型社区；新农村；建设模式

　　"十八大"以来，中央对农村发展提出了"农业还是'四化同步'的短腿，农村还是全面建成小康社会的短板；要健全城乡发展一体化体制机制，构建以工促农、以城带乡、工农互惠、城乡一体的新型工农城乡关系；注意保留村庄原始风貌，慎砍树、不填湖、少拆房，尽可能在原有村庄形态上改善居民生活条件；要在社会主义新农村建设上取得新进展"等一系列科学论断，对新时期农村发展提出了新要求。

　　山东省高度重视农村新型社区和新农村建设与发展。2013年以来，省委、省政府先后出台了《关于加强农村新型社区建设推进城镇化进程的意见》、《农村新型社区纳入城镇化管理标准》、《农村新型社区规划建设管理导则》等一系列政策文件和技术标准，并召开了全省农村新型社区建设工作会议，对农村新型社区和新农村建设作了全面部署。省有关领导提出，按照"建设新农村、发展新社区、保护老村落"的思路，对全省农村新型社区和新农村建设"摸清底子、定好盘子、指出路子"，积极探索省域农村新型社区和新农村发展规划的编制思路、内容与方法，不断总结经验，指导全省农村新型社区和新农村的科学、健康发展。

1　山东省农村新型社区及新农村发展现状

1.1　乡村居民点数量持续减少，农村新型社区建设全面展开

　　1996~2013年，山东省城市建成区外乡数量从1022个减至89个，行政村数量从8.3万个减至6.5万个，自然村数量从9.8万个减至8.6万个，许多村庄呈现"空心化"态势（图1、图2）。

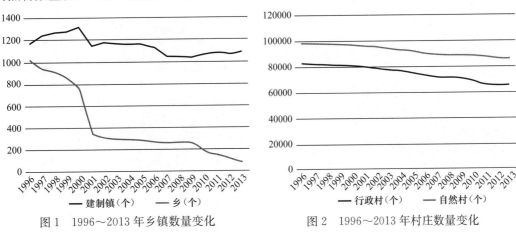

图1　1996~2013年乡镇数量变化　　　　图2　1996~2013年村庄数量变化

作为社会主义新农村建设的重要基点和平台，山东省农村新型社区建设扎实推进、稳步展开。截至2013年底，全省已形成农村新型社区5790个，其中：城市建成区以内的1638个、城市建成区以外的4152个；从密度分布上看，济南、枣庄、泰安、威海、莱芜、德州等市较高，青岛、东营等市较低（图3）。

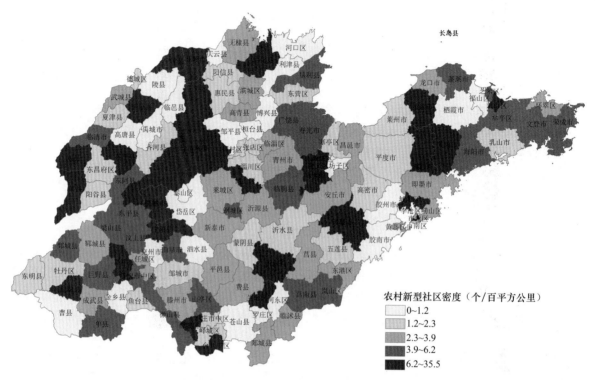

图3　山东省各市已建农村新型社区密度图

1.2　农村人口总量大，农村人均建设用地指标偏高

近年来，山东省积极开展"和谐城乡建设行动"、"百镇建设示范行动"、实施"两区一圈一带"战略等，加快推进新型城镇化，促进了农村人口向城镇转移。2000～2013年，农村户籍人口从6880万人减至5482万人，农村常住人口从5782万人减至4502万人，两栖人口稳定在1000万人左右，空间上呈现西高东低、南多北少格局（图4、图5）。2013年镇、乡、村人均建设用地面积分别为231平方米、232平方米和210平方米，相对偏高；实有耕地面积约7.7万平方公里，农村劳均耕地5.9亩（1亩约为666.7平方米），农村户均耕地面积5.3亩。

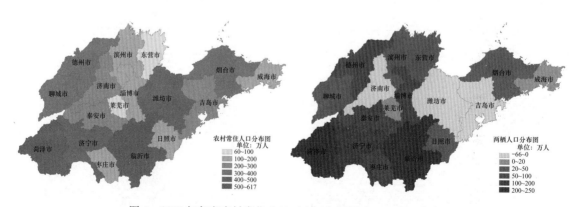

图4　2013年各市农村常住人口（左）与两栖人口（右）分布图

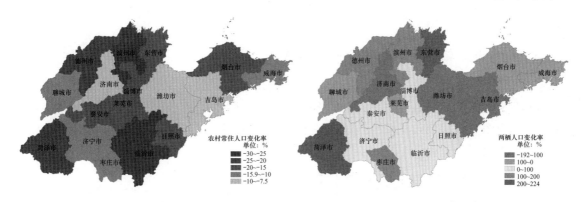

图5　2000～2013年各市农村常住人口（左）和两栖人口（右）变化率分布图

1.3　产业集聚功能逐渐显现，农村居民收入较快增长

农村新型社区和新农村建设与产业联动发展，方便了农民就近到产业园区就业，推动了农村产业转型升级，增加了农民收入。2013年城镇居民人均可支配收入28624元，农村居民人均纯收入10620元，城乡收入比2.7：1，低于全国城乡收入比3.0：1，城乡居民收入差距显著缩小。

1.4　农村基础设施建设力度加大，生产生活条件明显改善

山东省农村基础设施建设扎实推进，取得较大成绩。油路、客车、自来水、有线电视、金融服务基本实现村村通，农村电网改造全面完成。2013年，村庄人均道路面积27平方米，村庄集中供水率91％，有生活垃圾收集点的村庄达78％。已建农村新型社区集中供水率100％，燃气覆盖率49.3％，供暖覆盖率29.9％，通宽带率48.6％，建设生活污水处理设施社区比例57.8％，平均每个社区有垃圾收集点11.5个。

1.5　农村社会事业全面进步，基本公共服务水平不断提升

义务教育全面普及。文化设施配置比较完善，基本实现了县有文化馆、图书馆，乡镇有文化站，村有文化大院的目标。城乡居民基本医疗保险、基本养老保险制度初步建立。

1.6　村容村貌综合整治深入推进，农村人居环境显著改善

省委省政府连续多年开展生态文明乡村建设和乡村文明行动，改善了农村环境面貌，促进了村容村貌综合整治。

2　山东省农村新型社区和新农村建设中的主要问题

农村新型社区和新农村建设是一项系统工程，涉及多个行业和部门。由于缺乏统筹规划，相关部门衔接不够，造成布局不尽合理、资源配置浪费。具体表现为：

2.1　设施建设标准普遍较低，城乡公共资源均衡配置差距较大

楼房建设速度较快，基础设施和公共服务配套建设不同步。部分农村新型社区和村庄规模偏小，配套不经济。

2.2　农村新型社区建设与产业发展统筹不够

有的地方非农产业不发达，农民集中居住后生产生活不便，一定程度上增加了农民生活成本，降低

了生活满意度。

2.3　建设资金不足，缺乏有效的资金投入渠道

受城乡二元公共财政投入体制影响，各级财政投入远不能满足农村新型社区和新农村建设的资金需求；广大农村区位优势不足，难以对社会资本形成足够的吸引力；金融部门基于自身经济利益考虑，对投资农村新型社区和新农村建设积极性不高；税费改革后，农村集体经济收入较少，自身无力投入农村新型社区和新农村建设。

2.4　综合配套改革措施不健全，管理水平不高

户籍、行政体制、土地管理、住房产权、社会保障、集体资产处置都有待规范。有些经济以非农产业为主、人口达到一定规模的农村新型社区，还没有纳入城镇化管理，居民也没有享受到市民待遇。有些社区没有实行物业化管理，环境面貌亟待改善。

2.5　坚持以人为本、尊重农民意愿仍有差距

有的地方没有认真广泛征求群众意见，出现了"被上楼"现象。有的地方盲目追求建设速度，出现了工程质量问题。

2.6　传统村落保护不够，建设风貌趋同，地域特色不明显

有的地方片面理解农民迫切需要改善居住条件和生活环境的愿望，在"拆旧建新"、"弃旧建新"时，对传统村落格局和历史风貌保护不力。有的农村新型社区和新农村在建设中对自然景观、历史文化、地形地貌等要素考虑不足，忽视乡村特色（图6）。

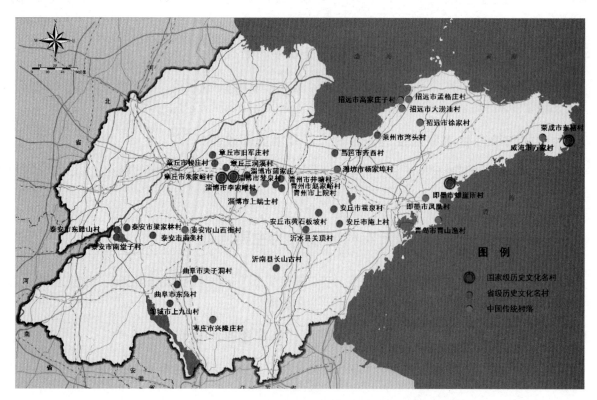

图6　山东省国家级、省级历史文化名村和中国传统村落

3 山东省农村新型社区和新农村规划的主要内容

3.1 明确规划编制原则

（1）充分尊重农民意愿，完善公众参与制度，广泛听取农民意见，突出农民主体地位，积极稳妥推进社区和新农村建设。

（2）加强与土地利用规划、经济社会发展规划、城镇体系规划、新型城镇化规划等相关规划衔接。

（3）统筹考虑人口规模和地域范围，合理划定生活生产半径，方便服务，有利管理。

（4）注重与产业发展同步推进，积极培育适宜社区发展的产业，宜农则农、宜工则工、宜商则商，方便居民就业。

（5）突出基础设施和公共服务设施配套，重点加强水、电、路、气、暖、环卫等基础设施和教育、医疗、养老、劳务中介、社区服务等公共设施建设，不断完善服务功能。

（6）坚持因地制宜、传承文化、突出特色，根据自然环境、发展基础和资源禀赋，打造各具特色的农村新型社区和新农村。对保留的特色村庄，按照历史文化、风俗民情、自然风光、产业发展、城郊休闲等五种类型培植特色。

3.2 因地制宜确定建设模式

3.2.1 农村新型社区建设模式
3.2.1.1 城镇聚合型社区
包括城市聚合型社区和小城镇聚合型社区两小类（图7）。

（1）城市聚合型社区。城市聚合型社区是指位于现状城市建成区周边，未来进入城市改造的村庄合并建设的新型社区。其建设和选址应服从城市总体规划，在城市居住组团范围内选址。基础设施和公共服务设施应按照城市居住区标准，结合城市现有资源和城市相关规划进行建设。

（2）小城镇聚合型社区。是指镇驻地村及2公里范围内纳入镇驻地改造的村庄合并，集中建设的新型社区，其选址应服从镇总体规划，并建设较为完善的社区服务中心。

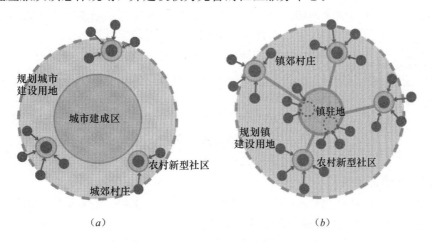

图 7　城镇聚合型社区建设模式图
（a）城市聚合型社区；（b）小城镇聚合型社区

3.2.1.2 村庄聚集型社区
包括村企联建型社区、强村带动型社区、多村合并型社区、搬迁安置型社区和村庄直改型社区等五小类（图8）。

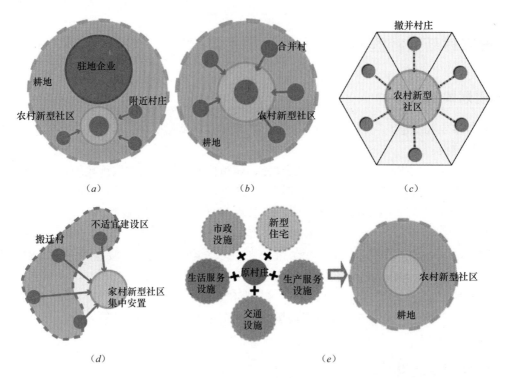

图 8　村庄聚集型社区建设模式图

（*a*）村企联建型社区；（*b*）强村带动型社区；（*c*）多村合并型社区（*d*）搬迁安置型社区；（*e*）村庄直改型社区

（1）村企联建型社区。村庄周边有能够带动社区建设的工业小区、农业龙头企业、经济合作组织或者旅游开发企业，村庄与企业联合建成人口 3000 人以上、非农就业达到 70% 的新型社区。

（2）强村带动型社区。多个村庄向地理位置较为优越、规模较大、经济实力较强的村庄合并，以强村带动周边村建设的农村新型社区。

（3）多村合并型社区。多个村庄选择交通方便、用地充足、多村交界处新建农村新型社区。

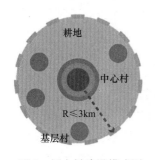

图 9　新农村建设模式图

（4）搬迁安置型社区。现状村庄位于矿产资源压覆区、风景区、水源地保护区、黄河滩区、库区、偏僻山区、地质灾害易发区等不适宜居住的地区，规划将其搬迁至安全地域，并组建的农村新型社区。

（5）村庄直改型社区。村庄直改型社区指村庄规模较大，且周边无可以合并的小村，或不宜合并的村庄，自身改造建设的农村新型社区。

3.2.2　新农村建设模式

按照地域相近、规模适度、产业关联、有利于整合资源要素等原则，在服务半径合理的前提下，结合交通条件，优先选择被撤并乡镇驻地村、大村强村作为中心村，建设公共服务中心，辐射带动周边基层村发展（图 9）。

3.2.3　农村新型社区适宜规模

城镇聚合型社区一般应达到 5000 人以上。村庄聚集型社区根据平原、丘陵、山区等地形地貌不同一般不少于 3000 人。中心村连同辐射带动的基层村人口规模一般在 3000 人左右，人口稀疏地区一般不少于 1500 人；中心村服务半径一般不大于 2 公里，村庄极稀疏地区一般不大于 3 公里。

3.3　科学预测农村新型社区和新农村数量

3.3.1　农村人口数量预测

结合《山东省城镇体系规划（2011-2030）》、《山东省新型城镇化规划》及相关研究，规划预测农村户籍人口 2017 年约为 5140 万人，2020 年约为 4850 万人，2030 年约为 3750 万人；农村常住人口 2017

年约为 4180 万人，2020 年约为 3915 万人，2030 年约为 2970 万人。

3.3.2　农村新型社区和新农村数量预测

（1）城市聚合型社区。规划预测 2030 年全省城市建设用地控制面积约为 16700 平方公里（图 10）。按照社区服务半径 2 公里计算，2030 年城市聚合型社区约为 900 个，聚集城市人口约 700 万人。

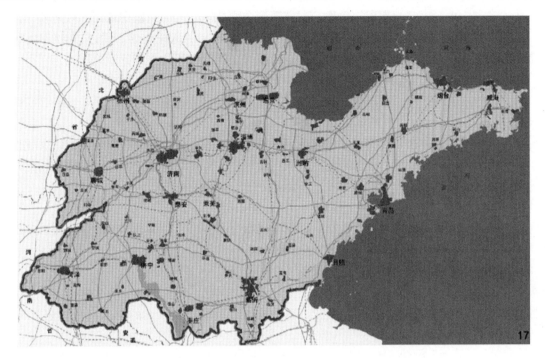

图 10　山东省现状建成区与规划 2030 年建设用地叠加图

（2）小城镇聚合型社区。规划预测 2030 年全省小城镇人口为 1680 万人，增加 383 万人，为城镇化进程贡献 4 个百分点。考虑乡镇合并和纳入城市等因素，平均每个小城镇建成区面积将达到 4 平方公里。距离建成区 2 公里以内的村庄宜纳入小城镇，则小城镇聚合型社区地域面积将达到 2.7 万平方公里左右，按照服务半径 2 公里计算，小城镇聚合型社区将达到 2100 个。

（3）村庄聚集型社区。根据各市现状基础及上报数据，预测 2030 年村庄聚集型社区约 4000 个。

（4）村庄。预测 2030 年中心村约 5000 个，基层村约 25000 个。

3.4　合理引导农村新型社区和新农村建设

3.4.1　设施配套原则与标准

按照"经济实用、有效可行、同步建设、充分预留"的配套原则，制定与农村新型社区居住形态、人口规模、居民生活需求相适应的公共服务设施与基础设施配套标准，共分 12 大类、30 小类。新农村分级配置相应公共设施，提高村庄基本公共服务水平。

3.4.2　配套公共服务设施

公共服务中心应以综合体形式集中布置，满足办学规模的可配置规范化小学，生源数量不足的可只设置低年级部教学点，建设用地面积不低于 500 平方米的文体活动中心，配置不少于 80 平方米的标准化卫生室，幸福院应按照每千名老年人 40 张以上的标准配备床位。

3.4.3　完善基础设施

加强供水水质监管，水质标准应符合现行国家《生活饮用水卫生标准》有关规定。采用适宜的污水处理模式，离城区较近的可纳入城区污水管网，人口规模较大的可单独建设小型污水处理设施，居住较为分散的鼓励采用化粪池、生态氧化塘等技术进行分散处理。因地制宜实施家庭改厨改厕工程。合理设置生活垃圾收集站（点），每 100 户设置一个垃圾收集箱，生活垃圾及时转运，做到日产日清。合理选择供热模式，靠近城镇的纳入城镇集中供热系统，周边区域有工业余热或企业热源的利用附近热源集中供热，规模较大、无可利用热源的可新建环保供热设施。

3.4.4 建设用地控制

按照"保护耕地、集约用地、严控增量、盘活存量"的原则，控制新建人均建设用地面积，充分利用闲置土地和未利用地，提高土地利用效率。对城镇聚合型社区，人均建设用地面积按照城镇规划的要求执行；对村庄聚集型社区，平原地区的不得超过100平方米，山地丘陵的不得超过80平方米，盐碱地、荒滩地的最多不得超过160平方米。中心村适当预留基础设施和公共服务设施用地。

3.5 加强建设风貌引导与特色保护

3.5.1 建设风貌

农村新型社区和新农村建设应突出风貌特色，继承和延续原有历史文脉、风俗习惯、文化底蕴和地域特征，优化内部空间布局，精心设计特色建筑和空间环境，传承特色文化，体现风貌与自然环境、人文环境的和谐统一。

3.5.2 村庄整治

以农房改造、道路排水、环境卫生为重点，加强环境综合整治和"空心村"治理，完善基本公共服务体系，尽可能在原有村庄形态上改善居民的生产生活条件。

3.5.3 特色保护

分析全省478个特色村庄的现状和问题，按照传承历史文化、保护自然景观和继承独特乡风民俗的原则，打造体现齐鲁传统文化、胶东海滨文化、独特村居风貌和田园风光的美丽乡村。至2030年，全省各类特色村庄达到4000个以上。

3.6 完善规划实施保障机制

3.6.1 尊重农民意愿

始终把农民群众的利益放在首位，充分发挥农民群众的主体作用，尊重农民群众的知情权、参与权、决策权和监督权。村庄是否迁并、选择何种住宅形式应充分尊重农民的意愿，让农民选择。探索建立民主制衡制度，可尝试建立村民代表大会制度或成立村民理事会。继续发挥"一事一议"制度作用。

3.6.2 加强规划编制

各级要科学编制农村新型社区和新农村布局规划、农村新型社区规划、村庄整治规划和相关专业规划。

3.6.3 严格工程质量管理

规范建设程序，严格工程竣工验收管理，限额以上工程建设应纳入县级建设部门质量监管范围，建筑使用年限须达到50年以上。

3.6.4 推进环境综合整治

分类指导环境综合整治，基本生活条件尚未完善的要以水电路气房等基础设施建设为重点，比较完善的要以环境整治为重点，比较优越的要积极打造"宜居村庄"。

3.6.5 引导适度集中发展

鼓励村庄向城市、县城和小城镇、中心村合并集中，推动农民居住区由分散向集中转变、粗放用地向集约用地转变、村庄向社区转变，促进人口向城镇集中、产业向园区集中。

3.6.6 提升产业支撑能力

根据资源禀赋条件，对农村新型社区和新农村产业发展按照城镇经济型、现代农业型、旅游带动型和商贸市场型进行分类引导，加快产业园区建设，促进就地就近城镇化。

3.6.7 完善农村社会治理

强化农村社会综合治理，扩大城乡居民养老保险、医疗保险、最低生活保障等覆盖范围，依托公共服务中心建立和完善劳务中介机构，加强创业就业培训，提高物业管理覆盖率。

3.6.8 推进行政管理体制改革

规范"村改居"程序，大力推动资产改制，科学调整"村改居"的基本条件，把"村改居"社区纳入城市社区管理。将符合条件的农村新型社区纳入城镇化统计和管理。

4 结 语

农村新型社区和新农村是伴随新型城镇化发展，农村居民点空间形态重构的自然历史产物，是现代社会治理体系的基本单元，是广大农民平等参与现代化进程、共同分享现代化成果的重要途径。加强农村新型社区和新农村发展的现状与问题研究，探索农村新型社区和新农村规划的编制内容与编制方法，明确农村新型社区和新农村建设的原则、模式、数量和发展路径，有助于深化对农村发展战略意义的认知，指导农村新型社区和新农村的健康发展，合理优化农村居民点布局，推动城乡一体化发展。

（本文主要根据《山东省农村新型社区和新农村发展规划（2014-2030）》整理而成，该规划由山东省住房城乡建设厅委托山东省城乡规划设计研究院编制，由柴宝贵院长、扈宁副院长指导，项目组包括张卫国、刘效龙、朱琦、王勇、路超、李晓玮、丁爱芳、杨明俊、刘玲玲、柴琪、陈晓、王庆峰等。）

参考文献

[1] 陈振华，侯建辉，刘津玉. 新型农村社区建设：空间布局与建设模式 [J]. 规划师，2014，（03）：5～12.
[2] 王颖，潘鑫，肖志抡，程相炜. 基于农村社区经济与制度条件的规划方法探析 [J]. 城市规划，2013，（11）：28～33.
[3] 刘洪民. 中原经济区新型农村社区民生保障问题研究 [J]. 地域研究与开发，2013，（03）：172～176.
[4] 徐文君，仝闻一，冯启凤. "两区共建"视角下的农村社区规划方法探析 [J]. 规划师，2014，（03）：28～31.
[5] 张卫涛. 农村社区空间布局与配置研究 [D]. 河南大学硕士学位论文，2012.
[6] 胡冬冬，黄晓芳，莫琳玉. 新型城镇化背景下农村社区规划编制思路探索 [J]. 小城镇建设，2013，（06）：49～54.

浅析农村新型社区规划设计中的地域文化表达方法
——以成都市新都区石板滩镇为例

赵　兵　王长柳

西南民族大学城市规划与建筑学院

摘　要： 地域文化在快速城镇化过程中逐渐消失的问题应当引起规划工作者的警惕。农村地区是地域特色文化保护的前沿阵地，新农村规划和建设中地域文化的传承和表达具有重要的意义。本文结合成都市新都区石板滩镇土城村客家风情新型社区规划设计实践，基于地域文脉的精神内核，从大尺度的空间肌理、中尺度的场所和建筑风貌和小尺度的景观小品和节点设计三个层次，探讨在农村新型社区规划设计中塑造独特地域文化的方法。

关键词： 地域文化；客家；农村新型社区；规划

1 引　言

近十年来，在城乡统筹发展的指引下，农村土地综合整治和新型农村社区建设迅速在全国范围内铺开，我国传统农村景观风貌发生了巨大变化。这些新农村的规划大多是以传统城市规划理论为基础的，注重功能的实用性、结构的条理性和组织的秩序性，然而，在经济条件有限的情况下，造价低、适用性强的一般性"火柴盒"和"营房式"建筑成为了典型。在"运动"式的发展和"批量"建设过程中带来的是"千村一面"，一些富有地方特色的村庄逐渐消失，面对这样的新情况、新形势，为了保护和发展传统村落民居、推动和开展新型城镇化建设，四川省住房和城乡建设厅在"百镇建设行动"和"百万安居工程建设行动"中提出要把农村危房改造、新村建设、连片扶贫开发等紧密结合起来，按照因地制宜、宜聚则聚、宜散则散、适度聚居的原则，进一步完善村庄规划，优化调整新村（聚居点）布局，合理确定聚居规模，展现"房前屋后、瓜果桃梨、鸟语花香"的田园风光和农村风貌，注重突出民族特色、文化特色和地域特色，切实提升规划设计和建设水平。作为拥有浓郁地方特色和文化内涵的多民族省份，四川省的村镇建设和发展必然应保持蜀文化和川西民居特色，进一步承接和延续天府之国独特的地域文化表达。

地域文化是指人类在特定的地域范围内，在自然环境的基础上，在长期生产和生活中创造并积淀下来的各种文化的总和[1]。独特性是一个地区区别于其他地区的核心属性特征，没有特色的景观风貌、历史传承、风土人情，地区发展就没有活力和吸引力。地域文化恰恰是创造独特性的最佳条件，对农村地区的可持续发展具有良好的促进作用。由于发展较城市缓慢，我国广大的农村地区依然保留着传统习俗和风土人情，是地域文化的巨大载体，是地域文化保护的前沿阵地。在新农村建设过程中挖掘潜在的地域文化并以正确的方式表达和展示，塑造特色乡村，有利于对地方文脉的传承和延续，形成多元丰富、具有生命力的城乡文化。

地域文化在提升地区的独特性和历史性方面的重要作用使其在规划设计中的地位日趋突出，在风景园林规划、城市设计、形象设计、住区规划等方面的应用广泛，创造了许多经典设计，取得了显著成果[2~5]。一般的思路是将地域文化作为总体规划的核心，首先挖掘和提炼地域文化精髓，然后以空间实体为载体，将非物质地域文化注入空间实体中，使其得以延续和发展，实现规划设计、地域文化和空间实体三者融合。操作步骤可分为：地域现状资源分析、特色文化提取——规划设计理念——空间组织和景观建筑设计——规划管理和保护措施。

本文将结合成都市新都区石板滩镇土城村客家风情新型社区规划设计实践，通过思路与方法的完整分析，从三个尺度层面阐述在农村新型社区规划设计中塑造独特地域文化的具体表达方法。

2 地域文化的表达方法

景观生态学把尺度作为其核心理论之一，认为尺度不同，景观格局及其生态过程就不同。规划设计时，考虑的尺度不同，地域文化的关注点和表达方式就不同。将多尺度的地域文化符号和特征与景观物质实体进行有效复合和综合，融入相应的规划设计中，才能得到更加本质和综合的地域文化景观[6]。

在乡村整体空间组织和景观格局的尺度上，地域文化的表达尤为重要，关系到新农村的总体面貌和精神气质。聚落空间格局组织首先要融入生态环境，顺应地域大地肌理，让聚落扎根具体的地形地貌；建筑朝向和街巷布局具有气候适宜性。其次要融入生产生活，公共空间、街巷肌理的设计符合日常生活习惯、满足婚丧节庆活动需求；另一方面，充分考虑居住模式和农业景观之间的联系，布局注重方便、合理，满足生产需求。农村土地利用肌理是农耕文明的直接反映，体现地域自然与文化景观的特征。最后，要融入历史过程，农村聚落格局会随着经济社会发展不断演变和发展，形成不同历史时期特有的景观风貌，是传统地域文化和经济社会发展相互作用的结果，反映一个地区动态过程和历史文脉，乡村规划可将反映不同历史时期的局部街巷肌理有序衔接，有机融合，综合反映地域文化发展历程。

建筑本身就具有地域性和文化性，不同的地域文化孕育着不同的建筑，而不同的建筑是不同地域文化的标志。具有地域文化特色的建筑设计最重要的原则是尊重自然环境和人文环境。首先要坚持生态观，建筑形式顺应地理气候环境，造型表达自然环境，整体设计上使建筑和自然融为一体；另一方面是找准切入，汲取地域文化精华，寻找传统与现代相结合的元素，要将人们的生产生活方式、风俗习惯、心理需求等融入到建筑内部构造中去，在内部功能和结构上满足人居需求。表达方法主要有：①撷取法，有选择地继承文化传统，取其精华部分，通过形式和空间营造两方面来具象传承，体现地域文化的精髓。②更新法，在传统的建材越来越难寻和昂贵的条件下，新农村建设在建筑用材上可以考虑"新"，苏州博物馆就是最好的范例，努力寻找传统文化和现代技术的交融点，充分利用现代建筑材质的特性，通过独特的形体和布局也能够鲜明地阐述地域文化。另一方面，在建筑的造型和细部处理方面可以基于地域传统进行适当的变异，作为对传统文脉的发展。

新农村建设中的景观小品不仅包括雕塑、指示标志，还包括水体小景观、服务设施、乡村小型广场等，虽体量不大，却是乡村景观的点睛之处。具有地域文化特色的景观小品能为建筑增添情趣、丰富空间层次，对于提高景观魅力具有重要意义。景观小品设计原则首先是要因地制宜，体现独特的地域风情文化和无可复制性，优先使用当地材料；其次是保持真实性，反映地域文化的时间和空间文脉；最后是发展性，对地域文化和全球文化批判地继承，遵循绿色生态原则。表达方法主要有：①模仿和再现，运用直接的表达手法对某些具有重要文化意义物质实体原型进行模拟，使人在视觉上能够直接了解与当地相关的文化和历史信息，唤起人们的情感和联想。②象征和隐喻，充分挖掘和搜集相关的历史文脉、民风民俗、传奇故事等，从中提炼出具有地域特征的文化符号，通过隐喻或象征的手法实现对历史的追忆。③抽象和重构，将地域文化符号进行夸张和变形，结合现代技术，通过点线面等基本元素进行重构，突出事物的本质和内在精髓，以达到传承精神的目的。

3 案例分析

3.1 规划区概况

石板滩镇位于成都市新都区东南部（图1），镇区距新都主城区17km，距成都中心城区18km，属成都半小时经济圈，石板滩镇历史悠久、区位优越，是四川省首批试点镇和历史文化名镇，区域交通方便，道路基础设施完善，全镇辖区面积约 43.74km²。"石板滩"得名于清乾隆年间，清道光三年誉为成都"东山五场之首"。石板滩镇有悠久的客家文化，全镇有超过 90％的人口为客家人，是西南地区客家人居住最多的小镇，目前仍存有文昌宫、火神庙等古遗迹。

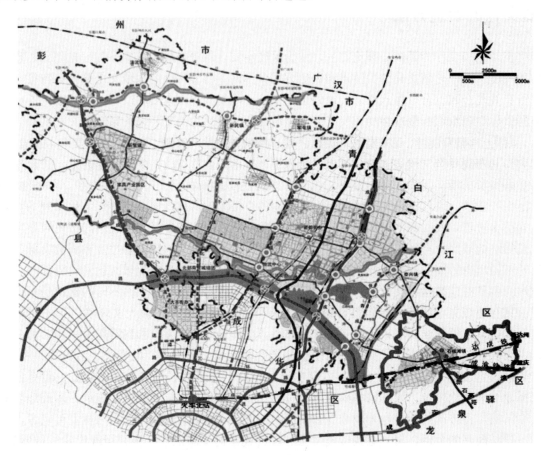

图 1　成都市新都区石板滩镇地理位置示意

3.2　客家文化解析

客家是中华民族大家庭中独具特色的汉族民系，他源自中原地区，从两晋之交（公元 317 年）起，历经五次大迁徙，可以说没有迁徙，就没有客家人，客家民系在千百年的迁徙路上，不断锤炼，不断吸取各种文化净化，创造了辉煌的客家文化。客家文化的最鲜明特色主要有：

其一，崇尚正统文化、语言和习俗，客家人有"宁卖祖宗田，不卖祖宗言"的传统，顽强地沿用方言乡音，在客家话中能找到源于最远古的中原的语言的古音。客家习俗丰富多彩，多为中原汉族风俗习惯的延续，最特别的是正月十五日的"游大龙"和"走古事"。婚嫁习俗一般都要经过"六礼仪式"：说亲、送亲、报日子和说聘金、盘送嫁妆、接亲和送亲、拜堂[7]。

其二，崇文重教，耕读传家。客家人特别看重读书人，有"茅寮出状元"之谚。在客家人看来，要想改变境遇，惟一办法就是晴耕雨读。到过客家地区的人一定会发现，在其家族祠堂前立有许多石旗杆，那便是客家人崇文重教的明证，那些石旗杆是族中子弟中举人、中进士的标志。

其三，富有地方特色的客家民居。在不断迁徙的过程中，客家人将中原汉族的建筑艺术与当地实际相结合，因地制宜，建造了风格独特并影响深远的建筑物。江西赣南、广东梅州的多层围垅屋、永定的土楼、长汀的九厅十八井等都是典型的客家建筑。在一些大型土楼内，有石柱雕联、石鼓承柱、雕梁画栋；有天井、花园、假山、盆景、鱼池，美不胜收。甚至还有土楼附设学堂，楼有楼名，柱有雕联，如"振成楼"、"振纲立纪，成德达才"、教人遵纲纪，重德才，奋发进取。这些文化印记都闪耀着中原文明崇文尚武、耕读传家的精神光芒[8]。这些浸润着客家人历史文化的独特建筑形式，在世人眼里成了客家人的典型家园构造，成了客家人情感世界的象征符号，同时为世人留下了一批珍贵的文化遗产[9]。

3.3 规划背景

随着统筹城乡发展工作的深入，成都市提出了建设生态田园城市的战略构想。农村地区主要任务是依托农村土地综合整治，推进"三个集中"（工业向集中发展区集中、农民向城镇和新型社区集中、土地向适度规模经营集中）[10]，整合城乡资源，集约利用资源，构建布局合理的城乡体系结构，实现城乡一体化的协调发展。石板滩镇是成都市新农村建设示范区之一。

3.4 规划设计思路

首先，总体上遵循发展性、多样性、相融性、共享性的"四性"原则，新农村建设要与农业生产、产业发展相结合，兼顾农村生产生活近期需要和长远发展，突出产业支撑，充分体现发展性；要紧密结合并利用好自然地形地貌、民风民俗，在建筑布局、形态、环境、材质、色彩等方面塑造特色，务求风貌的多样性；要保护并利用好川西林盘等自然资源，实现与林盘、田园、山林、水体等自然环境的和谐共融，体现相融性；要与城镇共享公共服务和基础设施，落实公共服务和基础设施的配置标准，实现共享性[10]。

其次，把握地域文化精髓，将地域文化与景观要素相结合，使地域文化根植于景观中。在景观建筑上挖掘地域文化特色，依托当地浓厚的客家人文基础，打造具有客家风情、客家民俗特色的乡村景观风貌。将文化资源优势转变为产业优势，以客家田园风情为核心，整合区域优势，发展特色旅游。通过旅游业的发展，繁荣当地商贸经济，增创新收，复兴"东山五场之首"的悠久传统。

3.5 地域文化的表达

3.5.1 布局上体现文化意蕴

"客家"的本意是指外来的人，客家人迁徙至新的地方往往受到本地人的排挤，因而喜欢群居，特别是本姓本家人总要聚居在一起，形成特有的居住文化。石板滩镇新型社区总体布局从空间形态上体现客家人聚族而群居的特点和迁徙文化。以客家人的五次迁徙对应一个社区公服配套组团和四个居住组团，每个组团由若干个围拢屋组成（图2）。新农村整体布局呈现出分散式组团居住模式，分布均匀，与农田、林地、绿地相间，构成典型的川西乡村景观，体现传统农耕文化（图3）。

图2　石板滩镇新农村社区鸟瞰图

（图片均来自四川三众建筑设计有限公司石板滩镇新农村规划社区规划，下同）

图 3　石板滩镇新农村社区总体布局

3.5.2　建筑上保持传统风格

　　客家民居建筑有多种类型，例如围楼、走马楼、五凤楼、四点金、殿堂式、围拢屋和中西混合式等，但以围拢屋最为普遍，并最具"客"味。该社区居住组团按照"类围拢屋"模式进行设计，形成既统一又富有变化，既符合地域传统特色又体现新时期的建筑形态。住宅高度为 2～3 层，合理安排户型室内空间，保障居民对现代生活的需要，又通过组团形成相对独立的邻里结构，提供居民日常交往的公共空间，从而保持整个居住组团的肌理[11]（图 4～图 7）。

图 4　石板滩镇新农村社区院落和建筑 a

3.5.3　公共空间上承载非物质文化内容

　　民俗活动是历史相沿而积淀形成的风尚、习惯和礼仪，是民族文化贯彻社会生活的机制，是民族文化存在的现实表征和传承延续方式[12]。社区公共开敞空间设施为非物质形态的历史文化遗产提供展示舞台，让人们在活动中感受历史文化的博大精深，唤醒对非物质文化遗产的保护和传承。新社区结合地方历史文化和风情，规划设计了集观赏、休闲、娱乐和公共服务为一体的综合社区服务中心（图 8～图 9）。

图 5   石板滩镇新农村社区院落和建筑 b

图 6   石板滩镇新农村社区建筑单体 a

图 7   石板滩镇新农村社区建筑单体 b

图8 石板滩镇新农村社区服务中心 *a*

图9 石板滩镇新农村社区服务中心 *b*

3.5.4 景观节点上提取文化符号

景观节点是构成景观体系的重要元素，节点设计可根据使用功能、构成要素、历史文化等确定文化主题，提升文化品位。景观节点处巧妙设计的建筑、小品、绿化、照明等均可作为地域文化符号，强化门户形象（图10~图11）。

图 10　石板滩镇新农村社区入口节点牌坊

土城村——入口牌坊

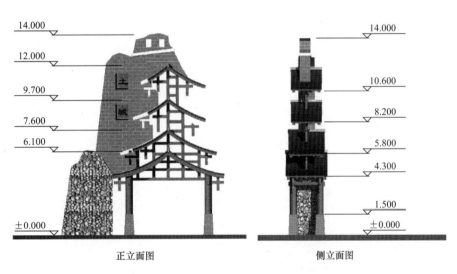

正立面图　　　　　　　　　　　　　　侧立面图

图 11　新农村社区入口节点牌坊设计图

4　结　语

　　地域文化是一笔宝贵的物质和精神财富，在新农村建设中传承地域文化，可以较好地解决快速城镇化与民族文化传承的问题。此外，做好地域文化的传承与发展，是提高农村地区核心竞争力和吸引力的要素之一，有利于农村地区的可持续发展。我们应当在规划设计中注重自然和文化传承，展现农村自然生态、山水田园、传统文化的独特风貌，不断寻找地域文化保护与传承的新技术、新方法和新理念。

参考文献

[1]　邱德华. 基于地域文化的城市形象设计策略研究——以苏州为例. 苏州：苏州科技大学，2009.
[2]　王云才. 风景园林的地方性——解读传统地域文化景观. 建筑学报，2009，(12)：94～96.

［3］ 舒波，张朦. 根植地域文化，构建特色城市空间——以达州市白塔片区城市设计为例. 华中建筑，2011，（7）：161～165.

［4］ 闫如山. 谈基于地域文化的城市视觉形象构建. 艺术与设计（理论），2011，（2）：77～78.

［5］ 汪瑾. 基于地域文化特征的住区规划与环境设计. 住宅科技，2009，（1）：40～43.

［6］ 王云才. 传统地域文化景观之图式语言及其传承. 中国园林，2009，（10）：73～76.

［7］ 郑丽鑫. 客家文化地理浅析. 福建地理，2006，21（2）：74～76.

［8］ 婺源民俗风情——客家文化·婺源旅游 http://www.wysjdw.cn-2011-3-28.

［9］ 吴兴帜. 客家土楼的结构功能与文化隐喻. 百色学院学报，2009，22（4）：1～6.

［10］ 赵钢，朱直君. 成都城乡统筹规划与实践. 城市规划学刊，2009，（6）：12～17.

［11］ 伍颖明. 建筑空间形式的秩序建构初探. 重庆：重庆大学，2005.

［12］ 吕贤军，李志学，蒋刚. 湖南张谷英历史文化名村保护规划探析. 中外建筑，2009，（5）：122～126.

浙江历史文化村落保护探索[①]

赵华勤　江　勇

浙江省城乡规划设计研究院

摘　要：浙江省历史文化村落数量多，分布广，具有独特的内涵。具有整体观、营造观、风水观、文化观4个鲜明的主要特征，也面临着传统特色消亡、村落衰落、传统建筑数量递减3个主要问题，浙江省在村落普查、规划编制、政策支撑、资金支持、规划实施、考核验收等6个方面努力探索历史文化村落保护，为历史文化村落的保护和合理利用提供有益的尝试。

关键词：历史文化村落；主要问题；实践探索

1　引　言

浙江省历史文化村落数量多，分布广，具有独特的文化内涵，但随着自然与人为的破坏，部分历史文化村落逐步衰落甚至消失，浙江省对历史文化村落的保护与发展进行了一系列的探索与实践，对历史文化村落的保护与合理利用进行了有益地尝试，文章通过对浙江省历史文化村落发展现状的揭示，展现历史文化村落独特的历史与人文魅力，揭示历史文化村落保护与发展的矛盾，总结归纳浙江省在历史文化村落保护中进行的探索与努力，为历史文化村落保护与发展提供有益的参考。

2　浙江历史文化村落的现状

从浙江历史文化村落的建筑年代、功能、数量、分布等方面对浙江历史文化村落现状特征进行把握，主要有以下特征：

2.1　明清建筑主导，居住功能突出

在历史文化村落建筑总量构成中，从年代特征看，明清建筑总量最大，为13775幢，占比最大，为47.80%，民国建筑总量也较大，为6867幢，占比为23.83%，"文化大革命"、"大跃进"年代的建筑总量不高；从历史文化村落建筑的功能看，居住、旅游、商业是古建筑的主要功能，其中居住是最主要的功能，超过65%的建筑是居住功能主导，旅游其次（14%），商业比例不高（6%），由于历史文化村落的保护不足以及基础设施落后，仍然有相当比例的空置用房（11%）。

2.2　具有量多面广特征

浙江共有历史文化村落324个、古建筑28821幢，总量较大；从空间分布看，11个地级市历史文化村落与古建筑都有分布，呈现面广的特征，浙江历史文化村落主要分布在全省历史文化村落中占比超过10%的城市有丽水（27%）、衢州（18%）、绍兴（15%）、杭州（11%）等城市，建筑分布超过10%的城市有衢州（21%）、金华（14%）、杭州（13%）、绍兴（10%）等城市，空间分布表现出浙中、浙北、浙西南、浙东等分布特征。

---

① "十二五"农村领域国家科技计划课题"基于浙江省的村镇区域集约发展优化技术及标准研究"（2012BAJ22B03-03）

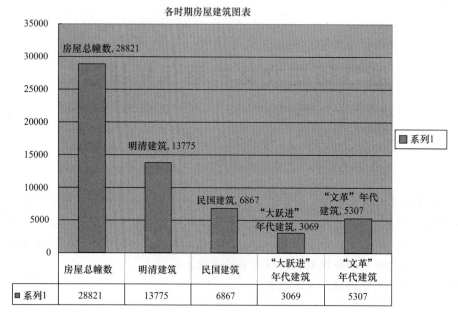

图1

（资料来源：浙江省实施"千村示范万村整治"工程、建设美丽乡村资料汇编（2003～2013））

古村落房屋用途图表

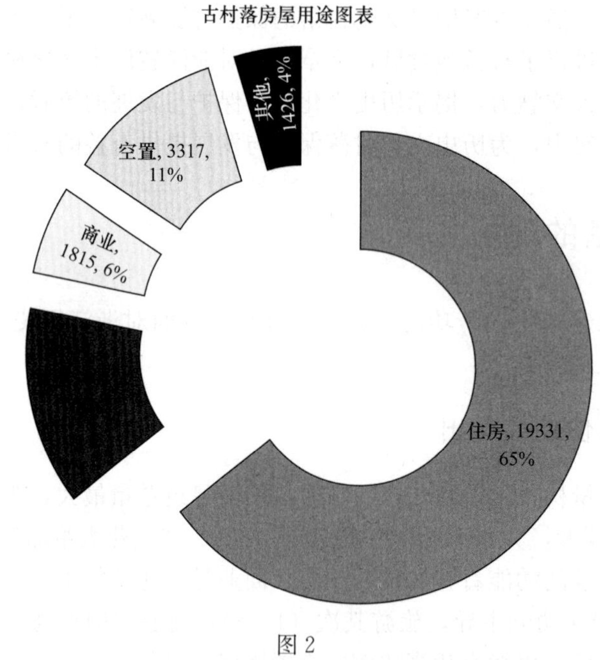

图2

（资料来源：浙江省实施"千村示范万村整治"工程、建设美丽乡村资料汇编（2003～2013））

各市历史文化村落及古建筑数量分布情况表（2010年） 表1

	杭州	宁波	温州	湖州	嘉兴	绍兴	金华	衢州	舟山	台州	丽水	合计
历史文化村落（个）	36	9	31	9	6	47	22	59	8	10	88	324
古建筑（幢）	3663	2275	1436	186	2	2845	3949	6028	3357	2506	2574	28821

（资料来源：浙江省实施"千村示范万村整治"工程、建设美丽乡村资料汇编（2003～2013））

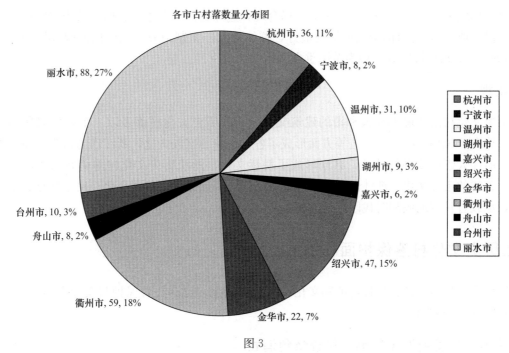

图 3

（资料来源：浙江省实施"千村示范万村整治"工程、建设美丽乡村资料汇编（2003～2013））

3 浙江历史文化村落的特征

从浙江历史文化村落的主要特征看，在建筑风格、建筑文化方面表现出独特的特质，主要有以下特征：

3.1 整体观

浙江历史文化村落选址布局巧妙，依据乡村的独特地理环境，与自然山水的空间关系和谐，考虑了村落的防洪、排水、防火防灾等综合需求，内部建筑布局也特别完善，综合考量了多种活动的需求，如聚会、餐饮、耕作、取水、防火、防盗等活动与功能，村落中宗祠、学堂、书院、寺庙、民居、店铺、作坊、戏台、客栈、牌坊、桥、亭、园林等整体功能布局合理，街巷井然有序，民居朴素典雅，园林考究大方，整体规划严谨，浓缩着强烈的区域文化特征。

3.2 营造观

浙江历史文化村落建筑风格迥异，在建筑构造中传承了徽州民居的马头山墙，融入了独特的地方木雕、石雕、砖雕工艺，家庭生活空间私密，公共生活空间开敞，祠庙殿宇规模宏大、型制复杂，民居路亭小巧精致，建造工艺独特，拥有科学的营造理念和精湛的技术工艺．浙江在建筑风格上具有特色的建筑群主要有常山县球川镇球川村的"三十六天井"古建筑群、兰溪市芝堰村"九堂一街"古建筑群，浦江郑宅镇古建筑群，永康市后吴村明清民居群体等。

3.3 风水观

浙江历史文化村落表现出浓厚的风水观念，主要有对山、水环境的风水附会，对村落与外围环境之间关系的风水附会，对村寨内部街巷系统和建筑格局的风水附会。如兰溪市诸葛八卦村表现出九宫八卦的风水观念，村内地形跌宕起伏，从高空俯视，全村呈八卦形，房屋、街巷的分布走向恰好与历史上写的诸葛亮九宫八卦阵暗合。诸葛八卦村地形中间低平，四周渐高，形成一口池塘，池是诸葛八卦村的核心所在，也是布列"八阵图"的基点，以钟池为核心八条小巷向外辐射，形成内八卦，村外八座小山环抱整个村落，形成天然的外八卦。古建筑群布局合理，连绵起伏。专家学者们称其为"江南传统历史文化村落、古民居典范"，是目前全国保护的最好，群体最大，型制最齐，文化内涵很深厚的一个历史文化村落，1996年诸葛村被国务院列为全国重点文物保护单位。

3.4 文化观

浙江历史文化村落体现了天人和谐的建筑文化，浙江历史文化村落多以一个宗族聚居形成，在婚嫁、节庆、饮食、风物、西区、工艺等方面形成了各自独特的宗族文化，浙江作为鱼米之乡，农耕文明印记显著，浙江人崇尚读书的特征，共同形成了耕读文化，浙江历史文化村落街巷纵横，市井生活丰富，形成了独特的市井文化，浙江民居凝聚了建筑文化、宗族文化、耕读文化、民俗文化、市井文化等多种文化，承载着具有地域和时代印记的文化特质。

4 浙江历史文化村落保护面临的主要问题

浙江历史文化村落在具有独特价值和文化特质的基础上，也存在着保护与发展方面的矛盾与问题，主要表现在以下几个方面：

4.1 保护不力与发展无序影响，传统特色消亡

针对量多面广的历史文化村落现状，缺乏有效的管控，农民群众作为古民居保护的主体力量，保护意识淡薄，乡村领导缺乏正确的保护观念，对古民居的保护也不到位，另外，乡村保护资金不足，多数乡村缺乏充足的保护资金支持，专项文物经费呈现重城市轻乡村的特征，乡村民居缺乏必要的保护与维护资金；另外，在对古民居的利用方面认知不正确，有些历史文化村落在乡村保护利用中拆旧建新，采用粗放式的推倒重来的建设模式，大量古建筑遭到破坏，有些历史文化村落在商业利益的驱使下进行过度地商业开发，实行"腾笼换鸟"开发，严重破坏了原有的民俗和文化生态，传统特色逐渐消亡。

4.2 生存环境影响，历史文化村落趋向衰落

一方面历史文化村落民居往往位于交通不便的偏远山区，乡村生活对年轻人缺乏吸引力，乡村旅游发展滞后，难以为村民提供足够的就业岗位，村民外出谋生的人数日益增加，如嵊州古民居中居住的人口仅占户籍人口的12.4％，人口外流严重；另一方面，浙江城市经济和乡镇经济快速发展，城市生活与就业选择的多元化富有吸引力，城市生活的吸力推动人口外流。

4.3 天灾人祸影响，历史传统建筑数量递减

一方面，由于历史文化村落多为砖木结构，容易受到洪水、火灾等自然灾害的影响，侵蚀破损严重，有些房屋受到雨水侵蚀已经成为危房，有些房屋由于年久失修坍塌，古民居自然损毁严重；另一方面，具有较高艺术价值的古建筑构件受到更多地人为毁损，受到人为盗窃或搜刮而逐渐流失，盗窃已经从花格门窗等小构件发展到青石柱础等大构件，严重地影响了建筑整体的艺术价值。

5 浙江历史文化村落保护与发展的探索实践

针对历史文化村落保护与发展现状存在的问题，浙江在政策、制度、规划、资金、考核等方面进行了一系列的探索与实践，主要体现在六个方面。

5.1 政策支持

在历史文化村落的保护利用方面，浙江省出台了一系列的政策文件，推动了历史文化村落保护的制

度化，地方法规主要有《浙江省历史文化名城名镇名村保护条例》（2012），条例对历史文化名城、街区、名镇、名村的保护与管理进行了详细的规定，提出了申报、规划编制、审批、调整修改、监督检查以及责任的要求；地方规章包括《关于加强历史文化村落保护利用的若干意见》（浙委办〔2012〕38号）、《中共浙江省委办公厅浙江省人民政府办公厅关于成立浙江省历史文化村落保护利用协调小组的通知》（浙委办〔2012〕63号）、《浙江省"深化千万工程、全面建设美丽乡村"年度工作检查办法》、《浙江省"千村示范万村整治"工程项目与资金管理办法》等相关意见、通知，其中《关于加强历史文化村落保护利用的若干意见》提出历史文化村落保护利用的重要性和紧迫性，指出历史文化村落保护利用的指导思想、总体目标和基本原则，提出加强历史文化村落保护利用的主要任务，提出了组织领导方面的保障措施，《关于成立浙江省历史文化村落保护利用协调小组的通知》提出成立浙江省历史文化村落保护利用协调小组，确定了省农办、省委宣传部、省民政厅、省财政厅、省国土资源厅、省环保厅、省建设厅、省水利厅、省林业厅、省文化厅、省旅游局、省文化局等省级各部门全方位联合的工作机制；《浙江省"深化千万工程、全面建设美丽乡村"年度工作检查办法》的通知中提出历史文化村落重点村、一般村的资金保障、形象进度完成要求，检查程序、报送材料等要求；《浙江省"千村示范万村整治"工程项目与资金管理办法》中提出了申报历史文化村落保护利用重点村、一般村的申报标准，重点村、一般村的补助标准，提出了以奖代补、差别化补助标准。此外，浙江省还建立了历史文化村落评价体系、第三方验收考核评估制度等。

5.2　开展历史文化村落普查

采取面上普查与逐村剖析相结合的办法，浙江省从2012年起对全省所有县（市、区）的历史文化村落进行摸底普查，建立相应的档案库，为全面开展历史文化村落保护利用提供基础资料和科学依据，普查工作对全省的历史文化村落分为古建筑村落、自然生态村落、民俗风情村落，对各类村落设定相应的登记条件，成立由农办牵头，规划、建设、文化、文物、财政、国土、林业、旅游、乡镇（街道）等参加的普查工作班子，开展规范的业务培训，制定普查方案，安排相应的经验指导人员，保障历史文化村落普查顺利进行。

古建筑村落调查表　　　　表2

县/乡镇/村名	2011年底户籍人口（人）	2011年村集体经济收入（万元）	古建筑村落年代					古建筑数量（处）																是否历史文化名村	
			明代以前	明代	清代	1912年～1949年	1950年～1980年	总数	其中															是	否
									古民宅	古祠堂	古戏台	古牌坊	古桥	古道	古渠	古堰坝	古井泉	古街巷	古会馆	古城堡	古塔	古寺庙	近现代建筑	特色建材		
其中属历史建筑数量																										

5.3　规范规划编制基本内容

《浙江省历史文化村落保护发展规划编制基本要求》对列入浙江省历史文化村落保护利用重点村建设年度计划的村庄规划设计、管理提出了基本的要求，明确了"历史文化村落保护发展规划应达到修建性详细规划深度"。

发展规划内容主要有：空间布局规划、居住环境改善规划（含古道修复、古建筑与历史环境整治）、道路交通规划、公共服务设施规划、市政工程规划、防灾规划、环境保护规划、绿化景观规划、文化发展规划、旅游发展规划、近期保护与发展规划（落实 3 年内的保护项目与发展项目）、实施保障措施等。基本内容应包括保护规划及发展规划两部分内容。保护规划的内容主要有：历史文化村落特征分析与价值评价，明确保护对象，划定保护区划，明确保护措施。

历史文化村落保护发展规划成果应包括规划文本、规划图纸和附件、规划说明书、历史文化村落档案。

5.4　分期分批规划编制

通过分期分批开展规划编制与审批，2012 年开展第一批 42 个历史文化村落（重点村）保护发展规划编制，2013 年开展第二批编制 40 个历史文化村落（重点村）保护发展规划，2014 年即将开展 40 个历史文化村落（重点村）规划编制工作，逐步推进由历史文化村落（重点村）到历史文化村落（一般村）的由点及面的整体保护。

5.5　加大资金投入力度

多方资金筹措，历史文化村落保护利用重点村和一般村的项目建设周期原则上不超过 3 年，对一类市县的历史文化村落保护利用重点村建设平均每村补助 700 万元，二类市县的历史文化村落保护利用重点村建设平均每村补助 500 万元，县级配套资金 1：1，省补助资金主要对古建筑修复项目、村内古道修复与改造项目、村道硬化项目、垃圾处理项目、卫生改厕项目、污水治理项目、村庄绿化项目等项目进行补助，提升乡村的基础设施，优化乡村人居环境。

浙江省历史文化村落保护利用省级重点村建设补助市县分类　　　　　　表 3

一类（25 个）	泰顺县、松阳县、庆元县、开化县、文成县、景宁县、龙泉市、仙居县、缙云县、常山县、天台县、淳安县、遂昌县、磐安县、云和县、岱山县、洞头县、嵊泗县、江山市、永嘉县、龙游县、苍南县、青田县、武义县、衢州市、丽水市、三门县、安吉县、舟山市、金华市、平阳县、兰溪市等。
二类（31 个）	嵊州市、临海市、浦江县、东阳市、桐庐县、建德市、新昌县、临安市、诸暨市、永康市、上虞市、德清县、长兴县、海盐县、富阳市、嘉善县、桐乡市、海宁市、平湖市、玉环县、瑞安市、乐清市、温岭市、义乌市、绍兴县、湖州市、台州市、嘉兴市、温州市、绍兴市、杭州市等。

（资料来源：浙江省实施"千村示范万村整治"工程、建设美丽乡村资料汇编（2003～2013））

省补助资金重点补助项目　　　　　　表 4

古建筑修复项目	主要对古建筑的墙体加固、顶瓦修补、立面改造、构件修复及附属设施的材料、设备等购置与建造费用进行补助，古建筑是指古民宅、古祠堂、古戏台、古牌坊、古渠、古堰坝、古井泉、古街巷、古会馆、古城堡、古塔、古寺庙等，还包括具有鲜明时代印记的食堂、会堂等建筑，以及具有显著地域特色的土坯房、石头屋等
村内古道修复与改造项目	主要对古道（含古桥）的路基、路面、边沟、边坡、沿路附属设施等修复与改造的材料、设备等购置与建造费用进行补助；
村道硬化项目	主要对村内主干道建设的水泥、沥青、钢材、沙石、土方等材料购置费用进行补助；
垃圾处理项目	主要对垃圾箱购置、垃圾清运工具购置、垃圾集中房及分拣设施建造的水泥、钢材、沙石等材料购置费用进行补助；
卫生改厕项目	主要对农户卫生户厕改造、农村卫生公厕建造的水泥、钢材、沙石、管道等材料及污水处理设备购置费用进行补助；
污水治理项目	主要对净化池、截污管网建设的水泥、钢材、沙石、管道等材料及污水处理设备购置费用进行补助；
村庄绿化项目	主要对绿化苗木购置费用进行补助

（资料来源：浙江省实施"千村示范万村整治"工程、建设美丽乡村资料汇编（2003～2013））

5.6　实施年度考核验收

年度考核验收评估具体包括组织协调、管理制度、工作落实、要素保障四部分内容，评估组进行实地考察，采用定量与定性相结合的方式对拟评估乡村进行综合评估，组织协调主要从领导机构、组织协调机制、专职专业人员配备、工作部署等方面进行检查，对机构、人员、工作、协调等多方面进行综合考察；管理制度围绕着村庄规划的编制、项目的管理、相关工作档案的完整性进行综合考察；工作落实从上层指导与同级交流、业务培训、技术学习、信息报送等具体工作层面进行考核；要素保障重点对资金、土地、制度等重要制约因素进行考核，突出保障效应。

考核的重点是对建设的实效进行综合考核，主要包括古建筑修复项目、与历史风貌有冲突的建（构）物整体改造项目、搬迁安置区基本公共建设施项目、古道修复改造等项目，强调建筑的安全性、风貌的协调性、公共设施的便利性以及道路的通达性，通过对实效的综合考核，反映出历史文化村庄的保护与建设的成效，增强对以后建设的指导价值。

年度建设实施评估内容　　　　　　　　　　　　　　　　　　表5

评估内容	古建筑修复项目								与历史风貌有冲突的建（构）物整体改造项目						搬迁安置区基本公建设施项目			古道修复改造	
	顶瓦修补		墙体加固		立面改造		构建修复		立面改造		结构降层		整体拆迁	异地搬迁	用地面积（亩）	安置户数	基础设施投资额	面积（平方米）	里程（千米）
	幢数	面积	幢数	面积	幢数	面积	幢数	个数	幢数	面积	幢数	面积	面积	户数					

6 结 语

浙江历史文化村落保护与发展还在进行着积极的探索，相关的经验在不断积累，各类支持政策在陆续出台，各项制度改革在逐步深化，需要做进一步的跟踪研究。为此，省级各部门之间应加强协调沟通的力度，在实践的基础上逐步形成日渐完善的浙江历史文化村落保护与发展的政策、制度、管理体制及机制，以应对今后生产生活方式变革、治理模式变化以及生态、智能化等新技术发展对历史文化村落影响，为未来历史文化村落保护发展规划的编制、实施、管理提供支撑，促进历史文化村落保护事业可持续发展。

参考文献

[1]　彭一刚. 传统村镇景观分析 [M]. 北京：中国建筑工业出版社，1994.

[2]　浙江省农业和农村工作办公室. 浙江省实施"千村示范万村整治"工程、建设美丽乡村资料汇编（2003～2013），2013.

[3]　刘沛林，董双双. 中国历史文化村落景观的空间意象研究 [J]. 地理研究. 1998（1）

[4]　陆元鼎，杨新平. 乡土建筑遗产的研究与保护 [M]. 上海：同济大学出版社，2008.

[5]　单德启. 从传统民居到地区建筑 [M]. 北京：中国建材工业出版社，2004.

[6]　王一丁，吴晓红. 历史文化村落的生长与其传统形态和历史文化延续——以太湖西山明湾，东村的保护规划为例 [J]. 南京工业大学学报，2005（3）.

[7]　杨荣彬，李汝恒，谭粤. 大理地区历史文化村落保护、更新与发展模式探析 [J]. 大理学院学报，2013（05）.

[8]　孙晶，陈志宏，费迎庆. 历史文化村落的保护与开发——以厦门市同安区汀溪镇洪坑村为例 [J]. 中外建筑，2013（04）.

[9]　刘克生. 农村城镇化建设中的历史文化村落保护措施 [J]. 甘肃农业，2013（03）.

[10]　熊筱伟. 一个中国传统村落的保护与挣扎 [N]. 四川日报，2014-3-21-（005）.

一个中国乡村的死与生
——城乡一体化的村庄规划方法论

赵宜胜

重庆渝蓉城乡发展研究院

摘　要： 在经历了疾风暴雨般的城市化"大跃进"之后，我们不得不面对城镇和乡村日益严重的一系列问题。长期的城乡二元结构、在此基础上形成的政府职能分割以及非互联网时代的产业局限等现实障碍，使规划的有用性和可操作性受到挑战。必须在政策、产业和空间三个层面，将城乡二元结构下的离散、割据，转变为城乡一体化条件下的聚合、协同。本文记述和阐明的是，笔者率领团队历时六年多，深入到一个被城市化和工业化包围的基层乡村，就城乡一体化背景下的村庄规划所进行的从研究、编制到实施的全程试验及其心得。在此基础上，笔者试图就城乡一体化背景下村庄规划提出"包容式规划"的理念和方法。

关键词： 城乡一体化；村庄规划；方法

　　"生存还是死亡，这是一个问题"。1961年，简·雅各布斯以其鲜明的建设性的批判立场，发表了《美国大城市的死与生》，在西方规划界掀起了一场大地震。今天，同样的问题摆在我们面前，在经历了城乡二元结构下疾风暴雨般的城市化大跃进之后，我们不得不面对城镇和乡村日益严重的一系列问题。

　　重庆市九龙坡区西彭镇千秋村，是九龙坡区最偏远的乡村之一，辖区面积4500亩（1亩≈0.067公顷），人口2061人，703户。在重庆市被确定为全国统筹城乡综合配套改革试验区后，该村被市政府确定为"十大城市资源下乡示范项目"。2008年，《城乡规划法》颁布实施后，我们在该村进行了村规划从研究、编制到实施的全程试验。以"三规叠合"的村庄规划编制为先导，以"土地整理＋产业重组＋制度创新"的综合举措推进规划的实施，探索"农村社区化、农业产业化和农民集体化"的新农村建设之路。

1　"千秋之死"：城乡分治下的"农村病"

　　千秋村位于重庆主城区西南端，由于处于重庆市主城重要的水源涵养区，该村庄必须长期保持农村空间形态和农业产业形态。但是，在城乡规划分治条件下，处于快速推进的城市化浪潮包围之中的千秋村，"农村病"日益严重：一方面是家庭外出务工不断增加而导致务农劳动力减少、农活无人打理、土地撂荒非常严重；另一方面是这些撂荒闲置的土地，由于姓"农"不姓"城"，无法像周边城镇规划区域那样吸引投资展开建设。在现行的城乡二元结构制度体系下，如果不进行改革探索，在周边快速推进的工业园区和城市新区的包围下，千秋村要么逐渐演化为诸多类似的难以改造的"城中村"，要么坐等本村调整为城镇规划区，然后被征地，使这片水源涵养地终被水泥森林覆盖。

　　千秋村的问题，反映出中国农村普遍存在的问题，具有很强的典型性：

　　第一，过去乡村被置于规划管理之外，其资源价值和功能预期难以充分融入经济社会发展，其资源要素被屏蔽在市场经济体系之外，无法参与正常的和有效的资源配置。广袤的乡村，既缺乏规划赋予其发展条件，又缺乏规划管理对其发展行为进行监管；

　　第二，如果不将其纳入城乡一体化的规划管理中，那么，美丽的乡村要么只能作为城镇空间发展的

"后备军"而坐等城镇化征地的到来，要么乱搭乱建成为"城中村"，要么被冷落于城镇化发展之外而长久贫困落后。对于千秋村这种近郊农村，农田大面积撂荒或被蚕食将不可避免。

2 "千秋之变"：从离散、割据转变为整合、互动的"包容式"规划

现实让我们看到，当前村镇规划所面临的基本矛盾，是城乡发展的一体化要求与城乡制度的二元化现实的矛盾；在此基本矛盾下，村庄规划管理要具备有用性和可操作性，必须面对两大难题：一是在现行的政策法规体系缺乏对农村建设行为的有效覆盖的情况下，城市资源下乡可能给农村空间发展、资源保护（尤其是耕地保护）和公共管理带来灾难性破坏的问题；二是农村土地属集体所有，土地经营的主体是农民和农村集体经济组织，这与国家所有、管理体系完善、经营主体强大的城镇土地形成巨大落差。

由于"城镇规划区"和"非城镇规划区"在土地制度上的人为区分以及在空间利用方式上的诸多不同，城乡空间规划也存在诸多不同的特点和要求，因此，城乡一体化背景下的村庄规划，必须结合城乡土地制度的不同以及乡村空间发展的特有规律，在具体的方法和规范等方面区别于城镇规划。鉴于长期的城乡二元结构、在此基础上形成的政府职能分割以及非互联网时代的产业局限等现实障碍，从规划的有用性和可操作性角度看，必须在政策、产业和空间三个层面，将城乡二元结构下的离散、割据，转变为城乡一体化条件下的聚合、协同。我们借用经济学界"包容性增长"的提法，将这种村庄规划理念表述为"包容式规划"（Inclusive Plan）。

"包容性增长"（Inclusive Growth）概念最早由亚洲开发银行在 2007 年首次提出。它的原始意义在于"有效的包容性增长战略需集中于能创造出生产性就业岗位的高增长、能确保机遇平等的社会包容性以及能减少风险，并能给最弱势群体带来缓冲的社会安全网。"最终目的是把经济发展成果最大限度地让普通民众来受益。包容性增长即为倡导机会平等的增长，最基本的含义是公平合理地分享经济增长。而我们提出的"包容式规划"，除了倡导规划赋予城乡公平、均衡的发展机会，强调部门合作、公众参与以外，针对中国现行规划管理行政割离、各次产业人为割裂、城乡空间人为区隔的不合理现状，在村庄规划层面，提出"政策包容、产业包容、空间包容"的"包容式规划"理念和方法，并在以重庆市西彭镇千秋村为重点的若干基层村庄进行了长达六年的跟踪观察和试验。

2.1 政策包容："三规叠合"、部门合作与村民参与

长期以来，即使在城镇规划区域，也存在着"发展规划"、"土地利用规划"和"城市规划"相脱节、相抵触的情况，造成有规划也难以实施、项目落地缺乏相关规划的响应和支持等问题。三规脱节，在很大程度上造成了规划落地实施的困难。但是，恰恰在乡村，由于长期的"以禁代管"、"以限代管"，相比于乱象丛生的城镇区域，村庄恰似一张白纸，使分属于不同部门的规划在此协调、叠合成为可能。

我们抓住我国颁布实施《城乡规划法》的有利时机，指导村委会和建设业主，主动争取发改委、国土局和规划局这三个分别管理发展规划、土地利用规划和城乡规划的部门的指导，探索破除城乡分治的规划管理体制的路径和"包容式规划"的方法。2008 年完成了《千秋生态农业园区总体规划》（即以产业为主线的综合规划）并通过了区政府组织的评审和区发改委的审批；2009 年初，结合已经批准的产业规划，编制了《千秋村村级土地利用规划》并通过了市国土房管局组织的专家评审和行政审批，由区政府下达正式批文；同年 9 月，作为市规划局编制村规划的全市首个试点村，结合上述两个规划编制的《重庆市九龙坡区千秋村村规划》也通过了评审和公示并由市规划局下达了正式批文。至此，全市第一个"三规叠合"、部门合作、村民参与的村庄规划体系全面完成。

在城乡二元结构条件下，基本建设管理在农村几乎是盲区。这也造成了一些地区新农村建设出现规划失控、建设失序、牺牲耕地、破坏环境等问题，同时也加大了城市资源下乡的无序性和风险性。这也是我国当前之所以要严控农村建设行为的主要原因之一。而千秋试验引入了基本建设管理的各环节，使

其建设行为能够像城市建设项目那样得到政府各相关部门的指导和监管。

有了"三规叠合"的村庄规划，村庄的建设管理就有了基本依据。如村内的农民新型社区建设项目，参照城市建设项目的管理流程，争取到区发改、区国土、区规划、区建委、区环保、区消防等部门的全面介入，并与村民代表参与工程质量监督的制度有效互动，在统筹城乡建设项目管理方面进行了很有意义的村级基层试验，也为今后项目建成后给入住农户办理产权产籍、探索城乡土地同地同权打下了必要的基础。

2.2 产业包容：IPad式的"平台搭载法"

长期以来，发展的着眼点在城市，不在农村，经济的增长点在第二三产业，不在农业。在如何看待农村及农业的问题上，普遍认为要不断地向现代部门转移无限供给的农村剩余劳动力，必须加快城市化的步伐。于是，城市化变成农村土地的城市化，主要表现为不断扩大城市规划范围和城市征地，而农民仍被留在乡村。这种方式，一方面导致失地农民快速增加，造成社会不稳定因素；另一方面导致城市公共服务体系跟不上人口增长，而患上"城市病"。

正如杰拉尔德·M·梅尔和詹姆斯·E·劳赫在《经济发展的前沿问题》中指出："城市被迫竭尽全力扩展公共设施——水、公共交通、学校、医院等——这将耗去大量资金，可以用于农村的资金所剩无几。因此，城乡在生活福利设施方面的差距愈发扩大，移民潮流由此增加。城市失业的问题无法通过为城市花费更多的钱来解决。基本的解决办法应该是让乡村具有经济上的生存能力，拥有更多的耕作地，农业生产率不断提高，建设更多的乡村工业，以及更好的社会公益设施。"我们认为，人类正全面进入信息时代，新型城镇化不能再像过去那样将城镇和乡村割裂开来，现代产业经济也不能再像以前那样将农业、工业、服务业截然分开。城乡之间的界限正变得模糊，农业与非农产业也无法清晰可辨。

在欧洲，如荷兰等国，创意农业、特色效益农业已经将第一产业、第二产业、第三产业有机地融合在一起。在我国，随着城乡一体化改革的不断推进，村镇规划必须面对全新的土地利用制度和产业发展特点。未来的村庄，将会在乡村形态的空间背景和农业产业的基础平台上，搭载一系列切合当地区位、资源和农业产业实际的高效益的非农产业，构成既不同于传统农村和农业，又不同于传统城镇和传统工商业的空间风貌和产业形态。我们把这种包容农业现代化、新型工业化和新型城镇化发展要求，实现传统农业和传统村庄的根本改造的新农村发展模式称为"IPad模式"：即在农村和农业的基础平台上，在确保平台容量和"三农"特质的前提下，因地制宜地整合发展其他产业，正如风靡全球的IPad个人信息终端平台，可以搭载各种APP软件，集成笔记本电脑的功能（可以收发邮件、浏览新闻）、手机的功能、电子阅读器的功能、游戏机的功能、随身听等功能一样。

2.3 空间包容："多中心组团式"原则

"三规叠合"的千秋村村庄规划，正是体现了上述"Ipad"式的平台搭载理念，打破传统的二元结构，将一、二、三产业重整为一种新型的复合产业体系。这种新型的村庄规划理念，采取多中心组团式的空间布局，将以农业为主体的各类产业用地、公共服务用地和居住用地有机地整合在一起，大大提升了农村空间的产业经济容量和空间利用质量，这种包容式空间规划，呈现以下三方面的特点：

1) 力争在农村内部解决"三农"问题，利用农用地，发展农民专业合作社，实现农业产业化和规模经营；同时利用富余的经营性集体建设用地发展现代服务业和高新技术产业，使现代农业、现代服务业和高新技术产业在一个村庄内形成优势互补、有机互动的系统，从而实现农民增收致富、农村经济发展的目标。也就是说，农地就如IPad基础平台一样，被规划成不同的农业观光园（如蔬菜、粮食、水果、养殖等），这实现了农地的规模经营，将产生规模效应；与此同时，由于引进资本、先进的种植、养殖技术和人才，可以大幅度提升农业附加值。

2) 将有限的经营性集体建设用地多组团分布在上述农业观光园之间，以非征地方式适度发展与农业观光园相辅相成的现代服务业和高新技术产业。一般认为，在一个面积不大的村庄，建设用地应该集中布局在一起，但那样将无法充分发挥建设用地带动农用地价值提升的作用。如果按照多中心组团式的法则将建设用地相对分散布局在全村范围，那么，这些建设用地将会像血脉一样带活全村农用地。在确保村庄原有耕地不减少、原有集体建设用地不增加的前提下，发挥建设用地的独特作用，引进休闲服务业和高新技术产业项目，这样就把农业与工业和服务业整合起来，大大增加了土地利用价值。按照这个法则布局后，面积仅 3 平方公里的千秋村，产值总量可达到百亿元以上，这对于一个地处城市规划范围以外的村庄来讲，是难能可贵的。

3）从根本上改善农村人居品质，促进农民生活方式的现代化。以往的城市化或城镇化，往往将目的当手段。农民进入城市，不仅仅是在身份上成为"市民"，更重要的是享受更加舒适卫生的人居条件、更加便捷周到的生活配套。千秋农民新型社区按照城市花园式住宅小区标准设计，农民住房的水、电、气、宽带、闭路电视等公共配套设施一应俱全，小区内设有商铺、超市、幼儿园、医务室、公共服务中心等，生活方式市民化。引进的休闲服务业项目，不仅接待外来客人，还可以为村民和进村的高新技术企业提供生活和商务配套。以前，农民分散居住，就近耕种承包地，住家既是工具房、仓库，也是生产管护房，宅基地占地不小，实际居住条件并不好；但村民在按照村庄规划实施土地流转并加入专业合作社后，专业合作社统一组织生产作业，每个作业片区有统一的生产管护房，农民告别了上班下班分不清、生产生活分不清的低水平生活和繁杂凌乱的居住环境。因此，采取集中居住方式的千秋农民新型社区，避免了农民"被上楼"，实现了生活方式的科学转变和人居品质的提升，也节省出大量宅基地，为包容式的产业发展提供了宝贵的建设用地指标。

4）按照村庄规划实施土地整理工程，全面提升村庄基础设施水平。作为市国土房管局与九龙坡区政府"以土地整理为契机、推进城乡统筹发展、共建社会主义新农村"试点项目，千秋村取得了市级项目资金支持，按照"三规叠合"的规划要求，编制了对 3 平方公里村域面积土地进行全面整理的《土地整理实施方案》，并对全村的沟、渠、路、道进行全面的改造和升级；另一方面，充分运用现代通信、环境保护、能源等领域快速发展的各项新技术，如分布式能源、污水处理等适应农村多中心组团式空间布局要求的新技术，改变过去农村在生产生活和环境保护等方面的落后面貌。

3 "千秋重生"："包容式规划"下空间价值的提升

来自中国社会科学院社会学所和国土资源部的专家在调研了千秋村后均认为：过去城市化、农业现代化的思路，往往将农业、工业、服务业及城乡空间平台割裂开来，通过剩余劳动力从农村转移到城市，进入第三产业或第二产业工作，在人口减少后的农村实行农业规模化经营。但是，千秋村的规划，包容了现代农业、高新技术产业和现代服务业，兼顾了的农村发展的实际需要和保护耕地保护三农的基本国策要求，顺应了信息化时代产业发展和土地空间利用方式的巨大变化。政策包容、产业包容、空间包容，使原有的土地空间价值得到巨大的提升。

3.1 耕地价值的提升

产业重整后的农用耕地，进入城市资本与农民土地合资的股份公司或以农民为主体的新型股份合作社，让这种城乡融合的经营主体在政府相关部门的监管下进行规划实施。打造规模化的农业产业园（如蔬菜、花果、水产等），引进先进的种植、养殖技术、人才和经营资源，尤其是配套布局的经营性建设用地，使原本功能单一的田园如同增添了血脉一般，顿时焕发了生机。经营性建设用地的与农用耕地的有机组合，使农用耕地的年产值由原来每亩不到 2000 元被放大 10～20 倍。这既确保了城市资本投资的基本收益，又通过劳务费、股份合作社分红和土地流转固定分红三重分配机制，为农民普遍增收和共同富裕提供了源源不断的现金来源。

3.2 现代服务业和高新技术产业完全可以以非征地方式与农业产业相辅相成

利用宅基地富余出来的、采取多中心组团式布局的农村集体建设用地，在与农用地适度结合以后，成为引进休闲观光项目、建设以农业科技孵化和创意产业为主体的现代服务业和涉农企业总部基地的最佳场所。

涉农高新技术企业总部基地：引进重庆酝良生物科技有限公司，将建立具有国际领先水平的生物固态发酵产业孵化基地，重点发展食用菌、微生物农药、酿造制曲、调味食品等固态发酵项目。目前，以生物固态发酵新技术进行食用菌生产示范的第一套食用菌及菌棒智能化生产装置已建成投产，该项目将实现年产20万吨食用菌、年产值20亿元人民币的产能，并可带动周边一万户农民每年户均增收5万元以上。

创意设计及产学研基地：千秋村是中英共建可持续发展乡村示范项目，将建立低碳建筑项目示范基地。目前已与英国CFL公司、英国伊博森公司等低碳建筑技术服务商、北京圣东木屋等低碳建筑生产商、供应商达成一系列合作意向；国内一些创意设计机构以及重庆籍艺术家、大学教授也意欲在千秋村建立创意会所或工作室。可望发展以低碳建筑技术推广为特色、综合各类创意设计机构的建筑服务产业集群。

商政服务区：目前在建的大溪河风情商业街、葡萄主题园、花果休闲园等项目，将与生态酒店项目、园区管委会办公区、金融及商务配套服务区等项目共同为园区提供商务和行政配套服务，并大大提升土地价值和产业聚集能力。

4　结　语

长期的城乡二元结构、在此基础上形成的政府职能分割以及非互联网时代的产业局限等现实障碍，使目前脱胎于城市规划的村庄规划的有用性和可操作性受到挑战。必须在政策、产业和空间三个层面，将城乡二元结构下的离散、割据，转变为城乡一体化条件下的聚合、协同。

第一，在城乡二元体制下，城镇化成为一个减少村庄数量和制造"城中村"的过程，被屏蔽在规划管理之外的村庄，只能等待自行"消亡"，因此，必须全面推进城乡规划的一体化，使乡村在新型城镇化的全新框架中获得新生。

第二，村庄规划对于规划界是全新的课题，如果无视村庄规划所应该面对的一系列问题，村庄规划不仅不能给村庄新生，反而会将村庄破坏。农民与市民、农业与非农产业、农村社区与城市社区，存在巨大的差异，而且这种差异在现代化过程中正经历着快速地变化。如何在规划中把握好农民、农村产业和农村社区的特性，尤其是这些特性在现代化过程中的演变，对于规划从法规、编制、管理到实施的每一个环节都是巨大的挑战。不了解农村，不懂农村产业和农民生活及其在现代化过程中的需求和演变，照搬城市规划的一些原则和方法，也会使村庄破坏。而如果我们能够立足于乡土中国的实际，创造性地探索村镇规划的方法和规律，必将创造出真正属于中国的先进的规划体系。

第三，村庄规划更重要的环节在于能否真正付诸实施。现行城乡二元体制还在许多方面制约着村庄规划的落地实施。农村发展的基本矛盾是城乡一体化的要求与城乡二元制的现实之间的矛盾。要解决这一基本矛盾，首先就会遇到两大问题：一是在现行的政策法规体系缺乏对农村区域的有效覆盖的条件下，无序的投资开发可能给农村空间发展和资源保护（尤其是耕地保护）带来灾难性破坏的问题；二是在农民缺乏投资能力以及农民与投资主体利益共享机制尚未建立的情况下，社会资本投资可能会侵害农民利益、激化社会矛盾的问题。针对这些问题，千秋试点采取了一系列极具针对性的措施。但是，根本性的制度障碍还是制约了美好蓝图的实施。过去在城乡二元结构条件下所建立起来的政策法规是一个自上而下的严格体系，处于基层的探索试验无法打破"上位法"的至高无上的权威，造成了"依靠现有政策去改革现有政策"的悖论。村庄规划解决了村庄建设的合法性，但村庄建设的可行性，现行的土地政策和金融体系从根本上制约着村庄规划的实施，面对美好的蓝图和广袤的土地，无论是村民还是外来投资者，谁都无法像城市经济那样获得金融等各类市场要素的认可和聚集，只能望"图"兴叹。

村庄规划蓝图的实现，亟待城乡一体化改革在多方面的推进，中国乡村的新生，还在披荆斩棘的路上。

参考文献

［1］ 法律出版社法规中心. 中华人民共和国城乡规划法注释本［M］. 北京：法律出版社，2008，1.

［2］ （美）杰拉尔德·M·梅尔，（美）詹姆斯·E·劳赫. 经济发展的前沿问题［M］. 上海：上海人民出版社，2004，7.

［3］ 茶世凯. 论城乡包容性增长的路径选择［J］. 山东财经学院学报，2012（1）.

［4］ 王小乔，赵宜胜. 沉睡的资本开始醒来［N］. 南方周末，2008，10.

［5］ 傅夏莉，陶冶，徐旭忠. 重庆城市资本成新农村建设"加速器"［N］. 经济参考报，2012，12.

［6］ 吴红缨，王静. 重庆需要回答的命题：统筹城乡何处破题?［N］. 21世纪经济报道，2013，2.

［7］ 重庆渝蓉城乡发展研究院. 一个改革试验者的艰难求索与期盼——来自重庆统筹城乡综合配套改革试验区的调查报告［R］. 2013，4（未公开发表）.

后　记

第一届全国村镇规划理论与实践研讨会由住房和城乡建设部村镇建设司指导，住房和城乡建设部县镇建设管理办公室主办，宁夏回族自治区住房城乡建设厅承办，由于研讨会是在准备时间较短的情况下组织召开，主办方和承办方为紧张而周到的组织工作付出了艰辛的努力，在此特别鸣谢。

本次研讨会共收到各类论文 286 篇，经论文评审专家委员会多次组织专家进行严格的筛选，最终评选出会议论文 133 篇，其中优秀论文 51 篇，良好论文 82 篇，这些论文观点新颖、角度独特、涉及范围广。在会议论文基础上，编辑组精心筛选出论文 123 篇，汇编成本论文选集出版，其中 57 篇作为刊选论文，66 篇作为录选论文。

本书得以顺利出版，离不开各位投稿作者和审稿专家的支持，同时，中国建筑工业出版社、小城镇建设杂志社在出版过程中提供了大力支持，在此深表感谢。

本着文责自负的原则，出于对作者的尊重，需修改的地方已与作者沟通，受时间、技术和能力的局限，编辑印刷中还有可能存在不足之处，我们真诚地希望广大作者、读者批评指正。

编辑组

2015 年 5 月